国家自然科学基金重大项目课题(71790602)

国家社科基金重大项目(20&ZD111)

资

助

CORPORATE ENVIRONMENTAL PERFORMANCE:

DETERMINANTS AND ECONOMIC CONSEQUENCES

公司环境绩效：

影响因素及经济后果

杜兴强　等　著

厦门大学出版社　国家一级出版社
XIAMEN UNIVERSITY PRESS　全国百佳图书出版单位

图书在版编目(CIP)数据

公司环境绩效:影响因素及经济后果/杜兴强等著.—厦门:厦门大学出版社,2022.6
ISBN 978-7-5615-8606-8

Ⅰ.①公… Ⅱ.①杜… Ⅲ.①上市公司—企业环境管理—企业绩效—经济效果—中国 Ⅳ.①X322.02 ②F279.246

中国版本图书馆 CIP 数据核字(2022)第 081444 号

出 版 人	郑文礼
责任编辑	江珏玙
特约编辑	李瑞晶
美术编辑	李嘉彬

出版发行	厦门大学出版社
社　　址	厦门市软件园二期望海路 39 号
邮政编码	361008
总　　机	0592-2181111　0592-2181406(传真)
营销中心	0592-2184458　0592-2181365
网　　址	http://www.xmupress.com
邮　　箱	xmup@xmupress.com
印　　刷	厦门集大印刷有限公司

开本	787 mm×1 092 mm　1/16
印张	27.5
插页	2
字数	635 千字
版次	2022 年 6 月第 1 版
印次	2022 年 6 月第 1 次印刷
定价	89.00 元

本书如有印装质量问题请直接寄承印厂调换

厦门大学出版社
微信二维码

厦门大学出版社
微博二维码

前　言

近半个世纪以来,中国经济的高速发展缔造了世界范围内前所未有的奇迹。2010 年,在 GDP 总量上中国已超越日本,成为世界上第二大经济体(尽管中国仍属于新兴市场国家)。2020 年,中国的 GDP 总量首次超过 100 万亿元人民币,达 101.6 万亿元人民币,约相当于美国的 71%,且中美 GDP 总量差距进一步缩小。国际货币基金组织(IMF)预测,最快到 2030 年,中国 GDP 将反超美国;其他经济智库和研究机构的预测更为乐观,认为中国 GDP 总量最快在 2025—2026 年就可超过美国①。

与其他发达国家类似,伴随着中国经济的快速发展,环境问题的重要性日益凸显。近年来,我国一直非常重视生态与环境问题,强调经济高质量发展,并颁布了包括《中华人民共和国环境保护法》在内的一系列法规,敦促企业切实履行环境责任,提高公司环境绩效。2017 年 10 月 18 日,习总书记在十九大报告中指出:"坚持人与自然和谐共生","必须树立和践行绿水青山就是金山银山的理念,坚持节约资源和保护环境的基本国策"。2021 年 10 月 12 日,国家主席习近平在《生物多样性公约》第十五次缔约方大会领导人峰会视频讲话中提出:"绿水青山就是金山银山。良好生态环境既是自然财富,也是经济财富,关系经济社会发展潜力和后劲。我们要加快形成绿色发展方式,促进经济发展和环境保护双赢,构建经济与环境协同共进的地球家园。"实际上,经济高质量发展是供给侧结构性改革的根本目标,主要体现为创新驱动型的经济增长和"节能环保为基础的增长",强调智慧经济与质量主导,推动经济建设、政治建设、文化建设、社会建设、生态文明建设五位一体全面可持续发展的增长方式②。

自 2012 年开始,我和合作者开始关注与环境保护相关的公司环境信息披露与公司环境绩效问题。为了扎根于中国情境进行经验研究,参考 Global Reporting Initiative(GRI)和 Clarkson 等(2008),我和当时在校的博士生和硕士生一起,基于中国上市公司环境信息披露,构建了公司环境绩效评分体系,手工搜集和建立了公司环境绩效数据库,并围绕"公司环

---

① 参见:206815 亿美元! 2020 年,美国 GDP 下滑 3.5%! 和中国比如何? [EB/OL].(2021-02-02).[2021-11-22].http://news.hexun.com/2021-02-02/202952150.html.

② 参见:陈世清.对称经济学 术语表(二)[EB/OL].(2019-10-15)[2021-11-22].光明网.

境绩效的影响因素与经济后果"开展了深入研究,且已经延续了 10 年左右。

从 2012 年到 2021 年,公司环境绩效数据库不断完善,我们的研究论文也得以在 *International Journal of Accounting*、*Journal of Business Ethics*、*Asia Pacific Journal of Managament*、*Journal of Management and Organization*、*Asia Pacific Journal of Accounting and Economics*、*China Journal of Accounting Studies*、*China Accounting and Finance Review*、《会计研究》、《金融研究》等期刊上发表。此外,另有一本相关的研究著作在斯普林格出版社(Springer)出版。

具体地,围绕公司环境绩效(包括但不限于影响因素与经济后果),近年来我们的主要研究问题如下:

第一,分析国家宏观政策、公司治理的不同维度(如分析师关注、国际化董事会等)与非正式制度维度(语言、以人口婚姻结构代表的个人主义或集体主义文化,宗教社会规范等)如何影响公司环境信息披露或公司环境绩效。

第二,分析公司环境绩效的经济后果,例如审计师、贷款人、资本市场是否关注公司环境信息披露和公司环境绩效等"软信息",进而如何使用公司环境绩效进行决策。

第三,基于公司环境绩效创新性地构建了"漂绿"(greenwashing)这一指标,并分析了公司"漂绿"行为的影响因素,以及资本市场能否识别"漂绿",并在累计超额收益率(CAR)上呈现出泾渭分明的"传染效应"(污染企业)和"竞争效应"(环保型企业)。

第四,分析正式制度与非正式制度如何交互影响公司环境绩效,以及正式制度(如法律法规、内部控制等)如何调节利益相关者(审计师、贷款人、分析师和投资者)对公司环境绩效这一"软信息"的使用。

第五,关注公司环境绩效的重要子项(如水资源保护绩效、有毒气体排放等)①的影响因素与经济后果。

第六,聚焦宏观层面的碳排放和环境绩效指标体系内含的公司层面的碳排放,分析其影响因素与经济后果。

第七,基于中国情境,发掘和深入研究了公司环境绩效相关的伪善行为(hypocrisy),分析中国上市公司如何借助公司慈善捐赠声誉资本(reputation capital),掩盖其环境不友好行为(environmentally unfriendly behavior)和环境违规行为(environmentally misconducts)。

值得一提的是,"公司环境绩效的影响因素与经济后果"领域的研究也使得我和合作者的研究与国家的重要宏观政策以及人类福祉联系起来,不再囿于冷冰冰的数据,从而更具人文情怀。

---

① 根据 Global Reporting Initiative(GRI)和 Clarkson 等(2008),公司环境绩效是一个综合评价体系,包括"公司治理与管理系统""可信度""环境业绩指标""有关环保的支出""远景及战略声明""环境概况""环保倡议"等 7 个重要组成部分,以及 45 个子项。

《公司环境绩效：影响因素与经济后果》一书主要涉及如上第一至第五个部分的内容。部分内容是未发表的工作论文，另有部分内容是已经发表于英文期刊的译稿和发表于中文期刊的论文，但纳入本书时进行了必要的增补或删减。基于此，值得指出的是，本书有些章研究的样本区间（截止时间）可能比较早。尽管如此，本书并未更新样本区间，目的是保持原貌①。

感谢国家自然科学基金重大项目课题（71790602）、国家社科基金重大项目（20&ZD111）与国家自然科学基金面上项目（71572162）的资助。

本书主要由杜兴强教授（厦门大学会计发展研究中心与厦门大学会计学系）完成，其中独立撰写第一章、第八章、第九章、第十二章和第十三章，其余章为合作完成。参与者包括曾泉、杜颖洁、蹇薇、常莹莹、殷敬伟、张颖、谢裕慧、肖亮、裴红梅、翁健英等②。感谢合作者慷慨地允许将我们的合作成果纳入本书③。感谢常莹莹、张颖、肖亮、林峤、谢裕慧、张乙祺、蔚锐、张心舒、陶和锌、李睿宁等在书稿部分内容的编写过程中的辅助工作和辛苦付出。感谢常莹莹对本书初稿按照出版社要求进行了必要的文字编辑、文字校对及文献格式修改。此外，由于公司环境绩效这一核心变量的数据源自手工搜集，费时费力，非常艰苦，而这些工作主要由当时在校的研究生完成，为此，在本书出版之际，我必须感谢参与手工数据搜集的博硕士们，包括但不限于杜颖洁、裴红梅、殷敬伟、熊浩、侯菲、谭雪、徐丝雨、罗百灵等。

感谢厦门大学出版社的江珏玓老师，她的支持是本书得以顺利出版的重要保证之一。

由于受到时间、精力与自身学识的制约，本书难免有错漏，请您不吝指出！

杜兴强

2021 年 11 月 22 日
于亿力百家苑“且住屋”

---

① 实证研究的核心问题是变量的度量是否相对科学、是否较好地从理论角度阐释所研究的问题，经验研究设计是否基本合理等，并不苛求样本期间更新到最新。

② 各章具体参与情况如下：曾泉：第 4、7、10 章；杜颖洁：第 7 章；蹇薇：第 7 章；常莹莹：第 10 章；殷敬伟：第 3 章；张颖：第 6 章；谢裕慧：第 11 章；肖亮：第 2、5 章；裴红梅：第 10 章；翁健英：第 10 章。

③ 由于部分章的合作者不止一位且不尽相同，因此可能无法逐一在封面上具名。是以，本书署名方式为“杜兴强等著”，且已征得所有人同意。

目　录

第一章　导论

一、公司环境绩效（信息披露）：需要重点关注的领域

企业作为环境污染的源头、环境资源的占用者和环境治理的投资者,其环境治理是整个社会环境治理体系中极其重要的一环。随着中国面临日益严峻的环境压力,公司环境信息披露已经成为加强外部监管、促进企业加强环境治理和履行环境责任的重要手段之一。2008 年 5 月 1 日起实施的《环境信息公开办法(试行)》为中国公司环境信息披露提供了法律依据,《办法》明确指出了国家鼓励企业自愿公开的 9 类环境信息、强制企业披露的 4 类环境信息及污染物排放超标的企业黑名单。2010 年环境保护部颁布《上市公司环境信息披露指南》,进一步明确规定了 16 类重污染行业上市公司应当以年度为单位发布环境报告、定期对节能减排情况进行细致的披露等。为保护和改善环境,防治污染和其他公害,保障公众健康,推进生态文明建设,促进经济社会可持续发展,我国于 2014 年 4 月 24 日修订了《中华人民共和国环境保护法》,自 2015 年 1 月 1 日起施行修订后的法律。

环境与生态问题一直是党和国家关注的重要问题。2017 年 10 月 18 日,习总书记在十九大报告中指出,"坚持人与自然和谐共生","必须树立和践行绿水青山就是金山银山的理念,坚持节约资源和保护环境的基本国策"。2018 年 6 月 16 日颁布的《关于全面加强生态环境保护　坚决打好污染防治攻坚战的意见》指出,"我国生态文明建设和生态环境保护面临不少困难和挑战,存在许多不足。一些地方和部门对生态环境保护认识不到位,责任落实不到位;经济社会发展同生态环境保护的矛盾仍然突出,资源环境承载能力已经达到或接近上限;城乡区域统筹不够,新老环境问题交织,区域性、布局性、结构性环境风险凸显,重污染天气、黑臭水体、垃圾围城、生态破坏等问题时有发生。这些问题,成为重要的民生之患、民心之痛,成为经济社会可持续发展的瓶颈制约,成为全面建成小康社会的明显短板"。

国家主席习近平 2021 年 4 月 22 日在北京以视频方式出席领导人气候峰会,并发表题为《共同构建人与自然生命共同体》的重要讲话,明确指出:"中华文明历来崇尚天人合一、道法自然,追求人与自然和谐共生。""中国以生态文明思想为指导,贯彻新发展理念,以经济社

会发展全面绿色转型为引领,以能源绿色低碳发展为关键,坚持走生态优先、绿色低碳的发展道路。""中国将力争 2030 年前实现碳达峰、2060 年前实现碳中和","中国承诺实现从碳达峰到碳中和的时间,远远短于发达国家所用时间,需要中方付出艰苦努力"。

为了实现碳达峰和碳中和的目标,《关于深化生态保护补偿制度改革的意见》(2021 年 9 月中共中央办公厅、国务院办公厅印发)明确指出:"生态环境是关系党的使命宗旨的重大政治问题,也是关系民生的重大社会问题。生态保护补偿制度作为生态文明制度的重要组成部分,是落实生态保护权责、调动各方参与生态保护积极性、推进生态文明建设的重要手段。"

2021 年 10 月 12 日,国家主席习近平在《生物多样性公约》第十五次缔约方大会领导人峰会视频讲话中提出:"绿水青山就是金山银山。良好生态环境既是自然财富,也是经济财富,关系经济社会发展潜力和后劲。我们要加快形成绿色发展方式,促进经济发展和环境保护双赢,构建经济与环境协同共进的地球家园。"

《关于深入打好污染防治攻坚战的意见》(2021 年 11 月 2 日,中共中央、国务院),明确指出:"良好生态环境是实现中华民族永续发展的内在要求,是增进民生福祉的优先领域,是建设美丽中国的重要基础。党的十八大以来,以习近平同志为核心的党中央全面加强对生态文明建设和生态环境保护的领导,开展了一系列根本性、开创性、长远性工作,推动污染防治的措施之实、力度之大、成效之显著前所未有,污染防治攻坚战阶段性目标任务圆满完成,生态环境明显改善,人民群众获得感显著增强,厚植了全面建成小康社会的绿色底色和质量成色。同时应该看到,我国生态环境保护结构性、根源性、趋势性压力总体上尚未根本缓解,重点区域、重点行业污染问题仍然突出,实现碳达峰、碳中和任务艰巨,生态环境保护任重道远。"

虽然个人、企业/组织与社会都对环境保护负有各自的责任,但企业通常被认为是滋生环境问题和保护环境的主体。企业披露环境信息有助于政府、公众等利益相关者及时了解公司的环保情况并做出正确的评价和决策,促进发挥市场的监督、约束作用,调动企业进行环境治理的积极性,对企业制定兼顾经济效益和环境效益的决策具有重要的意义。自环境信息披露制度实施后,中国上市公司的环境信息公开取得较大进展,特别是重污染行业的环境信息披露较之前有明显好转,定量披露和自愿披露逐渐增多,披露方式逐步从财务报告中的董事会报告转向社会责任报告、单独的环境报告书或可持续发展报告。但目前相关的法律法规仅从原则层面和框架层面进行了规范,而缺乏具体内容的约束、可实现的保障机制和有效的执行能力。总体而言,中国上市公司在披露环境信息时仍带着狭隘的自利动机,自愿性环境信息披露水平普遍偏低且参差不齐,披露的内容不规范、形式不统一、缺乏客观性,披露内容的实用价值和参考性也有待提高。

如何才能促使企业及时、真实、全面地披露环境信息,不断地完善环境信息披露制度以更好地发挥企业在环境治理中的作用,这迫切需要理论界与实务界的回答。学术界尝试从以下三个层面对公司环境绩效进行研究:(1)应该采用怎样的标准评价企业的环境信息披露情况,进而评估其环境绩效?(2)公司环境信息披露和环境绩效的影响因素有哪些?(3)环境绩效将导致怎样的经济后果?三者之间的传导机制见图 1-1。

图 1-1　公司环境治理传导机制

　　值得指出的是,本书将不对公司(企业)环境信息披露与公司(企业)环境绩效两个概念做严格的区分,理由有二:第一,已经有大量的研究证实了环境信息披露与环境绩效之间具有一致性(Clarkson et al.,2008;Shane,Spicer,1983);第二,目前学术界大多数度量公司环境绩效的方法都是以环境信息披露为基础的(Wiseman,1982;King,Lenox,2001;Clarkson et al.,2008)。事实上,前期研究对于环境绩效与环境信息披露也交叉使用,不做严格的区分。例如,学者在讨论公司环境治理的影响因素时研究公司环境信息披露的居多,而在分析公司环境治理的经济后果时又多从环境绩效的角度出发,但无论使用环境绩效还是环境信息披露,都旨在对公司环境治理进行合理的、有效的研究。为此,本书将主要沿用上述惯例,对公司环境绩效与公司环境信息披露等概念交叉使用。

二、公司环境绩效的影响因素：文献回顾

　　目前关于公司环境信息披露的研究可以概括如图 1-2 所示。图 1-2 表明,前期文献广泛研究了公司股权特征、董事会特征、财务特征等内部因素和外部因素对公司环境信息披露的影响,具体涉及股权集中度、股权结构、股权性质、独立董事、两职合一、政治联系、公司规模、财务杠杆、盈利能力、外部审计、政府监管、媒体监督、行业特征、传统文化等。但是,目前关于政府监管、公众压力(媒体监督)、传统文化、地区发展水平如何影响环境信息披露与环境治理的研究相对较少,且董事会的多样性、国际化战略、机构投资者对环境信息披露与环境治理的影响等子领域的研究仍有进一步拓展的必要。以下内容将详细阐述国内外关于公司环境信息披露影响因素的研究现状和发展动态。

(一)股权特征因素

　　1.股权集中度。国内外学者对于股权集中度与环境信息的披露水平之间的关系意见并不统一。Keim(1978)、Cormier 和 Magnan(1999)、Brammer 和 Pavelin(2008)、Walls 等(2012)的研究认为,环境信息披露水平与公司股权集中程度之间呈负相关。Leftwich 等(1981)则发现,环境信息的披露程度与股权集中度呈正相关。舒岳(2010)和杨熠等(2011)采用中国资本市场的数据也发现股权集中度能显著提高企业的环境信息披露质量。此外,

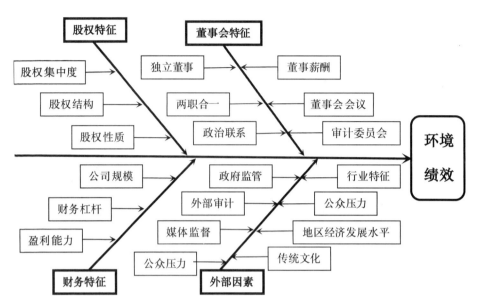

图1-2　公司环境绩效影响因素相关研究领域图示

也有学者认为二者之间无显著的相关关系。例如,李晚金等(2008)的经验证据表明,我国上市公司环境信息的披露程度与股权集中度之间不存在相关关系。

2.股权结构。国内外学者多从控股股东持股、外资持股、机构持股等角度研究股权结构对环境信息披露的影响,例如 Walls 等(2012)发现机构持股、管理层持股对公司环境信息披露无显著的影响;Karim 等(2006)发现外资股权集中度较高的公司环境信息披露的较少;da Silva Monteiro 和 Aibar-Guzmán(2010)以葡萄牙上市公司为样本,发现外资持股与公司环境信息披露无显著关系。国内学者的研究主要如下:舒岳(2010)的研究结果表明机构持股、高管持股与企业的环境信息披露无显著的相关关系,杨熠等(2011)发现第一大股东持股比例显著提高了企业披露环境信息水平;黄珺和周春娜(2012)发现控股股东和制衡股东对管理层的监管能有效引导管理层积极披露环境信息,管理层持股也有助于提高环境信息披露质量。

3.股权性质。多数学者认同国有股权能促进公司环境信息披露的观点。例如,Cormier 和 Gordon(2001)发现国有控股电力公司比私有电力公司更愿意披露环境信息;杨熠等(2011)的研究结果表明国有股权对环境信息披露水平的提高有显著影响,王琼(2013)、毕茜等(2012)也得到了类似的结论。但何丽梅和侯涛(2010)发现实际控制人性质对环境信息披露的影响并不显著。

(二)董事会特征因素

1.独立董事。目前关于独立董事与环境信息披露之间的关系尚未达成一致的结论,主要的观点包括三类:第一,正向关系。Ho 和 Wong(2001)认为独立董事能促进公司环境信息披露;阳静和张彦(2008)发现当公司希望凭借环境信息传导公司的社会责任信息时,独立董事比例对环境信息披露行为有显著影响;毕茜等(2012)研究发现独立董事能促进制度对公司环境信息披露监督作用的发挥。第二,负向关系。Eng 和 Mak(2003)研究认为环境信息披露水平与独立董事比例显著负相关;Brammer 和 Pavelin(2008)发现非执行董事越多的公司披露的环境信息越少;Walls 等(2012)的研究结果表明独立董事比例越高,基于信息披露的环境绩效评价越差。第三,无相关关系。蒙立元等(2010)发现独立董事在董事会所占比例和独立董事背景因素对环境信息披露水平没有显著的影响。

2.两职合一。Berrone 等(2010)、Walls 等(2012)发现董事长和总经理是否两职合一与基于环境信息披露的环境绩效评价无显著的相关关系;蒙立元等(2010)发现 CEO 与董事长的两职合一会导致中国上市公司自愿性环境信息披露水平的显著降低;毕茜等(2012)发现中国上市公司的两职分离有助于环境信息披露制度作用的发挥,进而提高公司环境信息披露水平。

3.其他特征。国内外学者还从政治联系、董事会规模、董事会薪酬水平、持股比例、董事会会议、审计委员会或环保部门设立等方面对董事会特征与环境信息披露之间的关系进行了大量的研究。例如,姚圣(2011)的研究结果表明政治关联对环境信息披露具有显著的负向影响。胡立新等(2010)发现董事会薪酬水平、董事会持股比例、董事会会议次数等与环境信息披露行为无显著的相关关系。蒙立元等(2010)的研究表明设立审计委员会的上市公司,环境会计自愿性信息披露水平更高;董事持股人数比例越多的上市公司,环境会计自愿性信息披露水平越低。Walls 等(2012)研究发现董事会规模越大、多样性越差的公司,其环境信息披露水平显著越低,而在董事会中设置环境委员会的公司,其环境信息披露水平显著更高。

(三)财务特征因素

1.公司规模。Cowen 等(1987)和 Gray 等(2001)发现公司规模是公司环境信息披露的主要影响因素。Trotman 和 Bradley(1981)、Gao 等(2005)发现环境信息披露水平与公司规模显著正相关。Brammer 和 Pavelin(2008)认为公司规模越大,对社会的影响越大,其环境责任履行情况越容易受到关注,进而更倾向于披露环境信息。汤亚莉等(2006)发现中国上市公司环境信息披露与公司规模之间存在显著的正相关关系;何丽梅和侯涛(2010)也得到了相同的结论。但也有学者认为二者没有相关关系,如 Lynn(1992)的实证结果显示公司规模影响环境信息披露的假设未通过实证检验。

2.财务杠杆。对于环境信息披露水平与财务杠杆之间的关系,学者们持不同意见。Ferguson 等(2002)认为,财务杠杆意味着财务风险,进而导致股东和债权人等产生担忧,因此企业会选择披露更多环境信息弥补其他信息的缺失。但是,Cormier 和 Magnan(2003)、Brammer 和 Pavelin(2008)却认为为了对外维护企业的良好形象,负债比率越低的公司越可能披露环境信息。此外,也有学者,例如何丽梅和侯涛(2010)等认为资产负债率对公司环境信息披露无显著的影响。

3.企业盈利能力。盈利能力与环境信息披露水平之间的研究主要如下:Belkaoui(1976)、Anderson 和 Frankle(1980)、Bowman(1978)以及 Preston(1978)等学者通过实证研究发现,盈利能力与环境信息披露水平呈正相关关系。Wilmshurst 和 Frost(2000)以澳大利亚 40 家采掘业公司为研究样本,研究发现盈利能力对公司环境信息披露水平有显著的促进作用。国内学者汤亚莉等(2006)也研究发现,公司盈利能力与环境信息披露水平呈显著的正相关关系。然而,Freedman 和 Jaggi(1982)、Ingram 和 Frazier(1980)等通过实证研究得出相反的结论,他们认为企业盈利能力与环境信息披露水平呈负相关关系。此外,还有部分学者如何丽梅和侯涛(2010)等认为二者之间不存在显著的相关性。

(四)外部因素

1.政府监管。在政府监管对企业披露环境信息的影响研究中,国内外学者得到的结论基本一致。Barth 等 (1996)发现,SEC(美国证券交易委员会)、FASB(美国财务会计准则委员会)和其他监管部门等制定的环境相关政策的出台会影响公司环境信息披露。Hughes 等(2001)通过分析 1992—1993 年 51 家美国制造业企业,研究发现环境绩效差的企业之所以披露更多的环境信息,是因为监管部门加大了对公司环境信息披露的监管力度。Alciatore 和 Dee(2006)研究发现,在 20 世纪 90 年代,SEC 等相关监管机构对公司环境信息披露的监管加强,直接导致天然气和石油行业企业的环境信息披露增多。得到类似结论的还有 Akhigbe 等(2009)的研究。国内学者主要有以下研究:王建明(2008)研究发现,上市公司的环境信息披露状况受到行业差异和外部环境监管制度压力的显著影响;何丽梅和侯涛(2010)发现外部监管压力较大的上海证券交易所上市公司的环境信息披露水平显著高于深圳证券交易所;沈洪涛和冯杰(2012)、毕茜等(2015)也同样发现政府监管或正式的环境制度与公司环境信息披露呈显著的正相关关系。

2.公众压力和媒体监督。Patten(1992)以 1989 年阿拉斯加石油泄漏事件为背景,研究发现社会公众舆论发生转变,尤其是不利转变会引起公司环境信息披露上的反应。Darrell 和 Schwartz(1997)认为环境问题的发生及发生时间对公司环境信息披露有影响,企业为了缓解公共政策的压力会披露更多的环境信息。国内学者肖华和张国清(2008)也得出类似结论。此外,也有学者从媒体监督的角度讨论公众压力对公司环境信息披露的影响。例如,Brown 和 Deegan(1998)发现媒体对行业的负面报道数量越多,业内企业披露的正面环境信息越多;Aerts 和 Cormier(2009)从媒体报道的内容出发,验证了舆论监督与公司环境信息披露之间的关系;沈洪涛和冯杰(2012)以重污染行业上市公司为样本,研究发现舆论监督能显著提高企业的环境信息披露水平。但也有学者持不同意见,如 Brammer 和 Pavelin(2008)认为媒体曝光未能有效地促进企业披露环境相关的信息。

3.行业特征。大量学者研究了企业所属行业对环境信息披露水平的影响,并得到了相对统一的结论,即环境敏感行业(environmentally sensitive industries)的企业会披露更多的环境信息(Hackston,Milne,1996;Deegan,Gordon,1996;Gao et al.,2005;Brammer 和 Pavelin,2008)。这些结论的基本假设是:环境敏感行业的企业由于高污染的倾向会受到更严格的环境信息披露方面监管,而且面临更多的利益相关者的压力,因此需要披露更多的公司环境信息。国内学者的相关研究如下:王建明(2008)认为由于受制于政府的行业监管和制度压力,环境信息披露水平在重污染和非重污染行业之间存在明显差异;唐国平等(2013)

发现重污染行业企业比非重污染行业企业投入了更大规模的环保资金。

4.其他特征。前期文献还研究了境外上市、外部审计、地区经济发展水平、传统文化等对公司环境信息披露的影响。田云玲和洪沛伟(2010)发现位于经济发达地区的、由大规模的会计师事务所审计的、多地上市的公司披露的环境信息质量显著更高。何丽梅和侯涛(2010)发现公司环境会计信息披露水平与所属地区的经济发展水平无显著关系。毕茜等(2015)从非正式制度角度,发现传统文化显著促进了上市公司的环境信息披露。

三、公司环境绩效的经济后果：文献回顾

目前,公司环境绩效经济后果方面的研究,可以概括如图 1-3 所示。概括来说,学者们主要从财务绩效、市场反应、企业风险、资本成本、股权结构等角度展开了研究,但主要集中在对财务绩效或权益资本成本的研究上,而对公司环境机会主义行为的市场反应、债务期限结构、分析师盈余预测的研究相对较少。以下内容将详细阐述国内外对公司环境绩效经济后果的研究现状和发展动态。

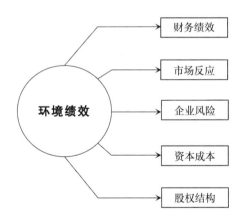

图 1-3　公司环境绩效经济后果相关研究领域图示

资料来源:作者根据相关文献整理

1.财务绩效。关于公司环境信息披露(或基于环境信息公开的环境绩效评价)与财务绩效的关系是学者们重点关注的一个领域,存在竞争性的假说:首先,目前的研究普遍认为公司环境绩效和财务绩效之间存在显著的正相关关系(如 Nehrt,1996;Russo,Fouts,1997;Spicer,1978)。该分支文献内含主要观点如下:

(1)环境绩效被视为企业运营效率的体现(Porter,van der Linde,1995;Starik,Marcus,2000)。环境污染是一种资源浪费,是企业不必要的成本支出,因此环境绩效所体现的运营效率的提高,能有效降低成本、增强创新,进而提高企业的竞争优势(Aragón-Correa,1998;Christmann,2000;Judge,Douglas,1998;Klassen,Whybark,1999;Russo,Fouts,1997;

Shrivastava,1995)。

(2)好的环境绩效是企业组织和管理能力的体现,环境绩效好的公司更专注于持续创新,具有更为长远的视野、更低的组织风险(Aragón-Correa,1998;Hart,1995;Sharma,2000;Russo,Fouts,1997;Sharma,Vredenburg,1998;Shrivastava,1995)。

(3)环境绩效好的公司更容易积累声誉,进而提高自身的组织合法性,吸引和留住高质量的员工,增加销售收入(Hart,1995;Turban,Greening,1997;Russo,Fouts,1997)。

(4)根据利益相关者理论,环境绩效是企业满足不同利益相关者需求的体现(Freeman,Evan,1990;Sharma,Vredenburg,1998)。Ambec 和 Lanoie(2008)系统分析了公司环境绩效提高财务绩效的不同机制。他们认为,好的企业环保实践能更好地贴合特定市场的需求,差异化自身产品、销售环境污染控制技术,进行风险管理及处理与外部利益相关者的关系,降低材料、能源及服务成本,降低资本成本及劳动成本。

其次,也有少数观点认为公司环境绩效和财务绩效之间存在显著的负相关关系或者不存在相关关系(Fogler,Nutt,1975;Freedman,Jaggi,1986)。传统的经济交换理论认为企业提高环境绩效需要耗费大量成本,甚至会超过增加的财务效益(Friedman,1970;Greer,Bruno,1996;Walley,Whitehead,1994)。此外,企业提高环境绩效意味着将社会成本转移至企业自身(Bragdon,Marlin,1972)。因此,这一分支研究认为提高环境绩效对企业而言是无利可图的,也是不合适的。

纵观公司环境绩效和财务绩效之间关系的文献,出现不一致结论的原因可能在于:(1)二者关系的研究是跨学科的(管理学、财务学、会计学、经济学、市场营销学),因此在理论上的整合及解释存在难度;(2)实证研究中对于公司环境绩效、财务绩效恰当的度量方法缺乏一致的标准,对必要控制变量的选择也存在争议。

2.市场反应。部分学者研究了公司环境绩效/环境事件的市场反应,比如 Endrikat(2016)研究发现正向(负向)的环境事件会带来正向(负向)的市场反应,且资本市场对负向环境事件的反应要比正向环境事件的反应强烈;Du(2015)研究发现漂绿事件与公司的超额累计收益率存在显著的负向关系,而且在漂绿事件发生后,资本市场的反应对环境友好型公司表现出竞争效应,而对环境绩效差的公司表现出传染效应。

3.企业风险(市场风险和会计风险)。Muhammad 等(2015)采用澳大利亚 2001—2010 年上市公司样本进行研究并发现公司环境绩效与市场风险、跌价风险之间存在显著的负相关关系,环境绩效具有财富保护或类似保险功能的作用;Du(2018)采用中国资本市场样本进行研究,发现公司环境绩效能有效降低企业的崩盘风险;Sharfman 和 Fernando(2008)研究发现公司环境绩效与企业的盈余波动性、市场系统风险存在显著的负相关关系。

4.资本成本。Sharfman 和 Fernando(2008)研究发现提高公司环境绩效能有效降低企业的债务资本成本、权益资本成本,进而提高税务利益;Marshall 等(2009)和 Clarkson 等(2010)研究发现公司环境绩效与权益资本成本之间存在显著的负相关关系。Schneider(2011)研究发现公司环境绩效与债券市场利息率存在显著的负相关关系,说明公司环境绩效是债券定价的一项重要影响因素。颇多国内学者也对此问题进行了研究,比如 Du 等

（2017）采用中国上市公司样本发现公司环境绩效越好的企业其债务资本成本越低；沈洪涛等（2010）发现中国重污染行业上市公司的环境绩效与其权益资本成本呈显著的负相关关系；吴红军（2014）同样发现公司环境绩效与权益资本成本之间存在显著的负相关关系。

5.股权结构。也有学者研究了环境绩效对股权结构等的影响，例如 Sharfman 和 Fernando（2008）发现，环境绩效越好的公司，其股权结构越分散，机构投资者的持股比率越高。

综上，尽管学术界对于公司环境绩效的经济后果给予了极大的关注，但由于跨学科以及多种理论、度量方法的复杂与不一致等，当前的文献主要集中在讨论公司环境绩效与企业财务绩效或价值以及与权益资本成本的关系上，本书认为很有必要就财务会计领域内可能产生的其他重要的经济后果进行拓展研究，尤其是针对企业某些环境治理机会主义行为的市场反应、环境绩效对企业债务融资的影响、环境绩效对分析师盈余预测的影响等。

四、公司环境绩效度量：文献回顾与公司环境绩效综合评价体系

目前文献中衡量公司环境绩效的方法大致有以下几种类型：（1）直接采用来自综合性数据库的数据，比如 TRI、KLD 等数据库或环境绩效评级等（Wiseman，1982；King，Lenox，2001）。（2）采用与环境相关的财务指标进行度量，比如环境 R&D（research and development，研发）支出、环境负债、环境罚款支出（Cormier，Magnan，1999；Lefebvre et al.，2003；Barth et al.，1997）。（3）量化公司环境信息，例如以企业是否拥有环境政策、环境管理体系或环境管理人员等作为公司环境绩效的替代变量，或者根据公司环境政策、环境承诺、环境认证、环境实务等环境管理要素构建环境绩效指标（Ienciu，Napoca，2009）。（4）采用年报中包含环境信息的页数、句子或包含的字数来衡量（Ferguson et al.，2002；Unerman，2000；Campbell，2000；Deegan，Gordon，1996；Zeghal，Ahmed，1990）。（5）对公司年报或社会责任报告中披露的环境信息进行内容分析（content analysis），并据以进行系统性的评分。例如，Clarkson 等（2008）、Du 等（2014）与 Clarkson 等（2010）以 GRI（全球报告倡议组织）的《可持续发展报告指南》的 7 类指标为依据，采用内容分析法度量环境绩效。

上述各种方法虽都在一定程度上被采纳，但多数研究依然是基于公司环境信息披露进行环境绩效的评价。回顾文献并结合中国情境，目前尚无综合性的数据库对公司环境信息予以评价，而且量化公司环境信息采用或字段分析的方法存在一定的主观性和片面性，故本书更倾向于参考 Clarkson 等（2008）和 GRI（2006）构建公司环境信息披露的评价体系，并进一步度量公司环境绩效。与其他方法相比，Clarkson 等（2008）的度量方法更具适用性、透明性和有效性（Rahman，Post，2012）。

借鉴 Clarkson 等（2008）、Du（2015，2018）、Du 等（2014，2016，2017，2018），本书构建公司环境信息披露的评价体系，并据以评价公司环境绩效的程序如下：（1）从企业年报与社会责任报告等中提取企业披露的环境信息；（2）采用内容分析法就环境信息中有关公司治理与

管理系统、可信度、环境绩效指标、环保支出、远景及战略声明、环保概况、环保倡议等 7 大类项目及 45 个子项目进行评分;(3)计算公司环境信息披露的总得分并据以评价企业的环境绩效。公司环境信息披露与环境绩效综合评价体系详见表 1-1。

表 1-1　公司环境信息披露与环境绩效综合评价体系

公司治理与管理系统		
A1.1	存在控制污染、负责环保的管理岗位或部门	3.1 报告机构的管治架构,包括董事会之下、负责制定机构战略以及对机构进行监督的各主要委员会。说明各主要委员会的职责范围,并指出其对经济、社会和环境绩效的直接责任。
A1.2	董事会中存在环保委员会或者公共问题委员会	3.1 报告机构的管治架构,包括董事会之下、负责制定机构战略,以及对机构进行监督的各主要委员会。说明各主要委员会的职责范围,并指出其对经济、社会和环境绩效的直接责任。
A1.3	与上下游签订了关于环保的条款	3.16 用以管理上游和下游影响的政策和/或体系,包括:①与外包业务以及供货商的环境和社会业绩有关的供应链管理;②产品与服务管理计划。管理行动计划包括改进产品设计以尽可能减少与制造、使用和最后处置相关的负面影响。
A1.4	利益相关者参与了公司环保政策的制定	1.1 报告机构的可持续发展的远景构想与战略的陈述。 此陈述应反映报告机构未来的总体远景构想,尤其应阐述报告机构准备如何管理与其经济、环境和社会业绩有关的各种挑战。陈述至少应该回应以下问题:就报告机构而言,与可持续发展主题有关的主要问题是哪些? 利益相关者如何参与确认这些问题? 对于每个问题,哪些利益相关者受报告机构的影响最大? 这些问题如何反映在报告机构的价值观中,并融入其业务战略? 针对这些问题,报告机构确定了何种目标,采取了哪些行动? 3.10 与利益相关者协商的方式,按协商类型和利益相关者群体分类,以协商的频率表述,可包括调查、重点关注小组、社区小组、公司顾问小组、书面交流、管理层/工会结构以及其他方法。
A1.5	在工厂或整个企业执行了 ISO 14001 标准	3.14 经机构签署或认可,由外部机构开发的自愿性的经济、环境和社会章程、原则或其他行动计划,包括通过日期和应用的国家/业务部门。 3.20 与经济、环境和社会管理体系有关的认证状况。包括对以下内容的遵守情况:环境管理标准、劳工或社会问责管理体系以及其他有正式认证的管理体系。
A1.6	管理者薪酬与环境绩效关系	3.5 行政管理人员的薪酬与实现机构的财务和非财务目标(例如,环境绩效、劳资关系实践等)之间的联系。
可信度		
A2.1	采用 GRI(Global Reporting Initiative,全球报告倡议组织)报告指南或 CERES (Coalition for Environmentally Responsible Economics,环境责任经济联盟)报告格式	3.14 经机构签署或认可,由外部机构开发的自愿性的经济、环境和社会章程、原则或其他行动计划,包括通过日期和应用的国家或业务部门。

续表

A2.2	独立验证或保证在环保绩效报告(网站)中披露的环保信息	2.20 用以提高和保证可持续发展报告的准确性、完整性和可靠性的政策和内部实务,包括内部管理体系和程序,以及管理层赖以确保报告数据正确、完整和可靠的审计制度。 2.21 为整个报告提供独立认证的相关政策和现行做法。
A2.3	定期对环保绩效或系统进行独立的审计或检验	3.19 与经济、环境和社会绩效有关的计划与程序。包括对以下内容的讨论:重点和目标的设定;提升绩效的主要项目;内部交流与培训;绩效监测;内部和外部审计;高级管理层评议。
A2.4	由独立机构对环保计划进行认证	3.20 与经济、环境和社会管理体系有关的认证状况。包括对以下内容的遵守情况:环境管理标准、劳工或社会问责管理体系以及其他有正式认证的管理体系。
A2.5	有关环保影响的产品认证	3.16 用以管理上游和下游影响的政策和/或体系,包括:与外包业务以及供货商的环境和社会绩效有关的供应链管理;产品与服务管理计划。管理行动计划包括改进产品设计以尽可能减少与制造、使用和最后处置相关的负面影响。
A2.6	外部环保绩效奖励、进入可持续发展指数	
A2.7	利益相关者参与了环保信息披露过程	1.1 报告机构的可持续发展的远景构想与战略的陈述。 此陈述应反映报告机构未来的总体远景构想,尤其应阐述报告机构准备如何管理与其经济、环境和社会绩效有关的各种挑战。陈述至少应该回应以下问题:就报告机构而言,与可持续发展主题有关的主要问题是哪些? 利益相关者如何参与确认这些问题? 对于每个问题,哪些利益相关者受报告机构的影响最大? 这些问题如何反映在报告机构的价值观中,并融入其业务战略? 针对这些问题,报告机构确定了何种目标? 采取了哪些行动? 3.10 与利益相关者协商的方式,按协商类型和利益相关者群体分类,以协商的频率表述,可包括调查、重点关注小组、社区小组、公司顾问小组、书面交流、管理层/工会结构以及其他方法。
A2.8	参与了由政府部门资助的自愿性的环保倡议	3.15 主要参与哪些行业和商业协会和/或全国/国际性倡导机构并成为会员。
A2.9	参与为改进环保实践的行业内特定的协会、倡议	3.15 主要参与哪些行业和商业协会和/或全国/国际性倡导机构并成为会员。
A2.10	参与为改进环保的其他环保组织/协会(除 A2.8、A2.9 外)	3.15 主要参与哪些行业和商业协会和/或全国/国际性倡导机构并成为会员。
环境绩效指标		
A3.1	关于能源使用、使用效率的环境绩效指标	EN3.按主要来源划分的直接能源耗用。用于报告机构自身经营,以及为其他机构生产和提供能源产品(例如电能或热能)所耗用的全部能源。报告单位为焦。 EN4.间接能源耗用。用于生产和提供报告机构所购买的能源产品(例如电能或热能)所耗用的全部能源。报告单位为焦。 EN17.运用可再生能源,提高能源效益的倡议。

续表

A3.2	关于水资源使用、使用效率的环境绩效指标	EN5.总用水量。 EN17.运用可再生能源,提高能源效益的倡议。
A3.3	关于温室气体排放的环境绩效指标	EN8.温室气体[二氧化碳(CO_2)、甲烷(CH_4)、氧化亚氮(N_2O)、氢氟碳化物(HFCs)、全氟化物(PFCs)和六氟化硫(SF_6)]排放。 按吨数及二氧化碳当量的吨数分别报告每种气体的小计数量: ·来自报告机构所拥有或控制的源头的直接排放; ·来自外来电热或气体的间接排放(见世界资源研究所和世界可持续发展工商理事会制定的《温室气体议定书》)。
A3.4	关于其他气体排放的环境绩效指标	EN9.臭氧消耗物质的使用和排放。 根据《蒙特利尔议定书》附录 A,B,C 和 E,按三氯氟甲烷(CFC-11)当量(臭氧消耗)吨数分别报告每一数字。 EN10.按种类计算氮氧化物(NO_x)、硫氧化物(SO_x)及其他重要污染物空气排放,包括受以下法规管的物质排放:当地法律及规例;关于持久性有机污染物的《斯德哥尔摩公约》(附录 A,B,C)——持久性有机污染物;关于在国际贸易中对某些危险化学品和农药采用事先知情同意程序的《鹿特丹公约》。
A3.5	EPA-TRI 数据库中土地、水资源、空气的污染总量(EPA:Enrironmental Protection Agency,美国环境保护局;TRI:Toxics Release Invertory,排放毒性化学品目录)	EN11. 按种类和目的计算的废物总量。"目的"指处理废物的方法,包括堆肥、再用、循环再造、焚化或填埋。应解释分类方法和估算方法的种类。
A3.6	其他土地/水资源/空气污染总量(除 EPA-TRI 数据库)	EN12.按种类计算向水域的重大排放。见《GRI 水务准则》。 EN13.以总数和总量计算化学品、油类和燃料的严重溢漏。严重与否取决于溢漏规模及对周边环境的影响。 其他土地、水资源、空气的污染总量(除 EPA-TRI 数据库)。
A3.7	关于废弃物质产生和管理的指标(回收、再利用、处置、降低使用)	EN11. 按种类和目的计算的废物总量。"目的"指处理废物的方法,包括堆肥、再用、循环再造、焚化或填埋。应解释分类方法和估算方法的种类。
A3.8	关于土地、资源使用,生物多样性和保护的绩效指标	EN6.在生物多样性丰富的栖息地拥有、租赁或管理的土地面积和地理位置。有关生物多样性丰富的栖息地的进一步指引,可浏览 www.global-reporting.org(即将备存)。 EN7.机构在陆地、淡水和海洋环境中的活动及/或提供产品和服务,对生物多样性造成的主要影响。
A3.9	关于环保对产品、服务影响的指标	EN14.主要产品与服务的重大环境影响。在相关地方说明和计算数量。
A3.10	关于承诺表现的指标(超标情况、可报告的事件)	EN16.违反任何适用于环境问题的国际宣言/公约/条约及国家、区域和地方规例的事件及所处罚款。按营业所在的国家解释。
有关环保的支出		
A4.1	公司环保倡议所建立的储备金	
A4.2	为提高环境表现或效率而支出的技术费用、R&D 费用支出总额	EN35.按类型计算的环境总支出。解释各类支出的定义。

续表

A4.3	环境问题带来的相关罚金总额	EN16.违反任何适用于环境问题的国际宣言/公约/条约及国家、区域和地方规例的事件及所处罚款。按营业所在的国家解释;环境问题带来的相关罚金总额。

远景及战略声明

A5.1	管理层说明中关于环保绩效的陈述	1.1 报告机构的可持续发展的远景构想与战略的陈述。 此陈述应反映报告机构未来的总体远景构想,尤其应阐述报告机构准备如何管理与其经济、环境和社会绩效有关的各种挑战。陈述至少应该回应以下问题:就报告机构而言,与可持续发展主题有关的主要问题是哪些? 利益相关者如何参与确认这些问题? 对于每个问题,哪些利益相关者受报告机构的影响最大? 这些问题如何反映在报告机构的价值观中,并融入其业务战略? 针对这些问题,报告机构确定了何种目标? 采取了哪些行动? 1.2 首席执行官(或职位相当的高级管理人员)声明,阐述报告的主要内容。报告机构首席执行官或职位相当的高级管理人员的声明确定了报告的基调,并在内部和外部用户间确立报告的可信度。GRI 并没有明确规定首席执行官声明的具体内容。但是,GRI 相信,声明如果能明确提及报告机构对可持续发展的承诺以及报告的关键要素,将具有最大的价值。GRI 建议,首席执行官声明应包括以下内容:报告的重点内容以及对目标的承诺;报告机构领导层对经济、环境和社会目标的承诺;报告机构的成功和失败经验;参照前一年的绩效和指标以及行业标准等基准,对机构进行的绩效评估;报告机构为促进利益相关者参与所采取的措施;报告机构及其所在的业务领域在综合财务、经济、环境和社会绩效责任方面所面临的主要挑战,以及对未来商务战略的影响。
A5.2	关于公司环保政策、价值、原则、行动准则的陈述	3.7 使命和价值观陈述,内部制定的行为守则或原则,与经济、环境和社会绩效相关的政策及其实施情况。 从整个机构所在的不同地区和部门/单位应用行为守则的程度,阐述行为守则的实施情况。"政策"系指适用于整个机构的政策,但这些政策不一定详细反映 GRI《可持续发展报告指南》丙部分第五节绩效指标项下所列的具体影响层面的内容。 1.1 报告机构的可持续发展的远景构想与战略的陈述。 此陈述应反映报告机构未来的总体远景构想,尤其应阐述报告机构准备如何管理与其经济、环境和社会绩效有关的各种挑战。陈述至少应该回应以下问题:就报告机构而言,与可持续发展主题有关的主要问题是哪些? 利益相关者如何参与确认这些问题? 对于每个问题,哪些利益相关者受报告机构的影响最大? 这些问题如何反映在报告机构的价值观中,并融入其业务战略? 针对这些问题,报告机构确定了何种目标? 采取了哪些行动? 1.2 首席执行官(或职位相当的高级管理人员)声明,阐述报告的主要内容。报告机构首席执行官或职位相当的高级管理人员的声明确定了报告的基调,并在内部和外部用户间确立报告的可信度。GRI 并没有明确规定首席执行官声明的具体内容。但是,GRI 相信,声明如果能明确提及报告机构对可持续发展的承诺以及报告的关键要素,将具有最大的价值。GRI 建议,首席执行官声明应包括以下内容:报告的重点内容以及对目标的承诺;报告机构领导层对经济、环境和社会目标的承诺;报告机构的成功和失败经验;参照前一年的绩效和指标以及行业标准等基准,对机构进行的绩效评估;报告机构为促进利益相关者参与所采取的措施;报告机构及其所在的业务领域在综合财务、经济、环境和社会绩效责任方面所面临的主要挑战,以及对未来商务战略的影响。

续表

A5.3	关于环保风险、绩效的正式管理系统的陈述	3.19 与经济、环境和社会绩效有关的计划与程序。包括对以下内容的讨论:重点和目标的设定;提升绩效的主要项目;内部交流与培训;绩效监测;内部和外部审计;高级管理层评议。
A5.4	关于公司执行定期检查、评估环境表现的陈述	3.19 与经济、环境和社会绩效有关的计划与程序。包括对以下内容的讨论:重点和目标的设定;提升绩效的主要项目;内部交流与培训;绩效监测;内部和外部审计;高级管理层评议。
A5.5	关于未来环境表现中可度量目标的陈述	1.1 报告机构的可持续发展的远景构想与战略的陈述。 此陈述应反映报告机构未来的总体远景构想,尤其应阐述报告机构准备如何管理与其经济、环境和社会绩效有关的各种挑战。陈述至少应该回应以下问题:就报告机构而言,与可持续发展主题有关的主要问题是哪些? 利益相关者如何参与确认这些问题? 对于每个问题,哪些利益相关者受报告机构的影响最大? 这些问题如何反映在报告机构的价值观中,并融入其业务战略? 针对这些问题,报告机构确定了何种目标? 采取了哪些行动? 1.2 首席执行官(或职位相当的高级管理人员)声明,阐述报告的主要内容。报告机构首席执行官或职位相当的高级管理人员的声明确定了报告的基调,并在内部和外部用户间确立报告的可信度。GRI 并没有明确规定首席执行官声明的具体内容。但是,GRI 相信,声明如果能明确提及报告机构对可持续发展的承诺以及报告的关键要素,将具最大的价值。GRI 建议,首席执行官声明应包括以下内容:报告的重点内容以及对目标的承诺;报告机构领导层对经济、环境和社会目标的承诺;报告机构的成功和失败经验;参照前一年的绩效和指标以及行业标准等基准,对机构进行的绩效评估;报告机构为促进利益相关者参与所采取的措施;以及报告机构及其所在的业务领域在综合财务、经济、环境和社会绩效责任方面所面临的主要挑战,以及对未来商务战略的影响。
A5.6	关于特定的环保改进、技术创新的陈述	1.1 报告机构的可持续发展的远景构想与战略的陈述。 此陈述应反映报告机构未来的总体远景构想,尤其应阐述报告机构准备如何管理与其经济、环境和社会绩效有关的各种挑战。陈述至少应该回应以下问题:就报告机构而言,与可持续发展主题有关的主要问题是哪些? 利益相关者如何参与确认这些问题? 对于每个问题,哪些利益相关者受报告机构的影响最大? 这些问题如何反映在报告机构的价值观中,并融入其业务战略? 针对这些问题,报告机构确定了何种目标? 采取了哪些行动? 1.2 首席执行官(或职位相当的高级管理人员)声明,阐述报告的主要内容。报告机构首席执行官或职位相当的高级管理人员的声明确定了报告的基调,并在内部和外部用户间确立报告的可信度。GRI 并没有明确规定首席执行官声明的具体内容。但是,GRI 相信,声明如果能明确提及报告机构对可持续发展的承诺以及报告的关键要素,将具最大的价值。GRI 建议,首席执行官声明应包括以下内容:报告的重点内容以及对目标的承诺;报告机构领导层对经济、环境和社会目标的承诺;报告机构的成功和失败经验;参照前一年的绩效和指标以及行业标准等基准,对机构进行的绩效评估;报告机构为促进利益相关者参与所采取的措施;以及报告机构及其所在的业务领域在综合财务、经济、环境和社会绩效责任方面所面临的主要挑战,以及对未来商务战略的影响。

续表

	环保概况	
A6.1	公司执行环境标准的陈述	
A6.2	整个行业环保影响的概述	
A6.3	公司运营、产品、服务对环境影响的概述	
A6.4	公司与同行业环保绩效的对比	
	环保倡议	
A7.1	对环保管理和运营中员工培训的实质性描述	对环保管理和运营中员工培训的实质性描述： 3.19 与经济、环境和社会绩效有关的计划与程序。包括对以下内容的讨论：重点和目标的设定；提升绩效的主要项目；内部交流与培训；绩效监测；内部和外部审计；高级管理层评议。
A7.2	对环境事故的应急预案	
A7.3	内部环保奖励	
A7.4	内部环保审计	3.19 与经济、环境和社会绩效有关的计划与程序。包括对以下内容的讨论：重点和目标的设定；提升绩效的主要项目；内部交流与培训；绩效监测；内部和外部审计；高级管理层评议。 3.20 与经济、环境和社会管理体系有关的认证状况。 包括对以下内容的遵守情况：环境管理标准、劳工或社会问责管理体系以及其他有正式认证的管理体系。
A7.5	环保计划的内部验证	3.19 与经济、环境和社会绩效有关的计划与程序。包括对以下内容的讨论：重点和目标的设定；提升绩效的主要项目；内部交流与培训；绩效监测；内部和外部审计；高级管理层评议。
A7.6	与环保有关的社区参与、捐赠	SO1.因社会、道德和环境绩效出众而获得的奖项。阐述应用何种政策来管理社区所受到的冲击，以及解决的程序/计划，包括监督系统和监督结果。同时解释用以确定社区利益相关者并与之进行对话的程序。 EC10.对社区、民间团体和其他团体所做的捐赠，以每一种团体所获现金和实物细分。

注：最右侧一列内容对应 GRI《可持续发展报告指南》中的相关内容。

五、公司环境绩效的政府监管

(一)环境领域的政府监管

环境问题的外部不经济性、广泛性和长远性，决定了环境管制（又称规制；下同）成为政府实施公共管理的一个基本职责。诸多文献分别从可持续发展、环境资源的稀缺性、市场失灵、有限理性、外部性和公共产品等角度分析了实行环境管制的必要(Hardin,1968;Pigou,

2013)。作为世界上最大的发展中国家,中国经济自改革开放以来快速发展,但伴随而来的一系列重大环境生态问题成为必须面对的严峻的挑战。迫于国内和国际环境压力,政府近年来开始重视环境问题,并不断加强对环境的管制。总的来说,我国环境管制体系的演变经历了创建、完善和发展、创新等三个阶段,环境政策的地位从基本国策发展到可持续发展战略,环境监管机构从无到有、从临时到常设、从附属到专职、从低级别到高级别,环境法律法规从缺失到逐步建立与完善,政府对环境管制的探索不断深入和发展。

1.环境政策

1973 年第一次全国环保会议确立了环境管理的"32 字方针",即"全面规划、合理布局、综合利用、化害为利、依靠群众、大家动手、保护环境、造福人民"。1978 年环境保护首次被纳入我国《宪法》:"国家保护环境和自然资源,防治污染和其他公害。"1983 年第二次全国环保会议明确提出环境保护是一项基本国策,并确定了"预防为主、防治结合"、"谁污染、谁治理"和"强化环境管理"的三大环保政策。1992 年我国政府提出"环境与发展十大对策",明确提出走可持续发展道路,其成为我国经济和社会发展的基本指导思想。2011 年国务院发布《国家环境保护"十二五"规划》,提出将环境保护作为贯彻落实科学发展观的重要内容、转变经济发展方式的重要手段和推进生态文明建设的根本措施。党的十八大和国家"十二五"规划进一步强调了推进生态文明建设和可持续发展战略的重要性,这种重大举措充分显示了我国确立了以保护环境优化经济发展的治理理念,环境保护已成为中国经济社会发展的重要着力点。

2.环境监管机构

1973 年国务院环境保护领导小组办公室的成立,标志着中国自此建立了专门的环境监管机构。1982 年,国家组建城乡建设环境保护部,下设环境保护局。1984 年,环保局更名为国家环保局,作为国务院环保委员会的办事机构。1988 年,国家环保局升为国务院直属机构。1993 年增设了全国人大环境保护委员会。1998 年,国家环保局升为正部级,同时组建国土资源部,全面负责自然资源的规划保护工作。2008 年,国家组建环境保护部,成为国务院成员单位,进一步参与国家重大决策。此外,全国各省市县等地方政府、各行业主管部门也设立相应的环境管理部门或机构,逐渐形成了由全国人大立法监督、统一监管与分级分部门监管相结合的环境监管体系。

3.环境法律法规

1979 年中国颁布了第一部综合性环保法律《环境保护法(试行)》,标志着环境保护正式进入法治阶段。该法对环保的基本原则和基本制度、环境管理机构和职责等做了原则性规定,将环境影响评价、污染者责任、排污收费、"三同时"等作为强制性制度确定下来。其后,多项环保行政法规、环保标准和部门规章制度等得以不断制定、修订和完善,基本形成了以《环境保护法》为主体,以环境保护专门法、与环保相关的资源法、环保行政法规与规章、环保地方性法规为主要内容的环境法律法规体系,以及相关的环境标准体系。到 1997 年底,我国已颁布环境法律 6 部,与环境有关的资源法律 9 部,环境行政法规 28 件,部门环境规章 70 多件,各类环境标准 390 项,其中环保国家标准 361 项,行业标准 29 项。截至 2015 年 7

月,我国已累计发布各类国家环境保护标准 1890 项,其中现行标准 1652 项。这充分显示了我国的环境污染防治由末端治理转向源头和全过程治理,从浓度控制转向总量与浓度控制相结合,从点源治理转向流域综合治理。

政府在发挥对环境资源的配置作用时需选择一定的工具或手段,常见的管制工具可大致划分为以下三类(Sterner,2005):(1)行政强制型工具,通常包括发布禁令、制定技术标准和绩效标准、进行配额限制等以行政强制手段为基础的管制工具;(2)市场型工具,如排污减排、押金返还、可交易许可证、税收优惠或补贴、绿色证券及绿色信贷等以市场激励为基础的管制工具;(3)自愿型工具,如环境信息披露、环境认证、生态标志或自愿协议等以信息公开和公众参与为基础的新型工具。

综上所述,我国环境管制的研究框架可大致使用图 1-4 表示。

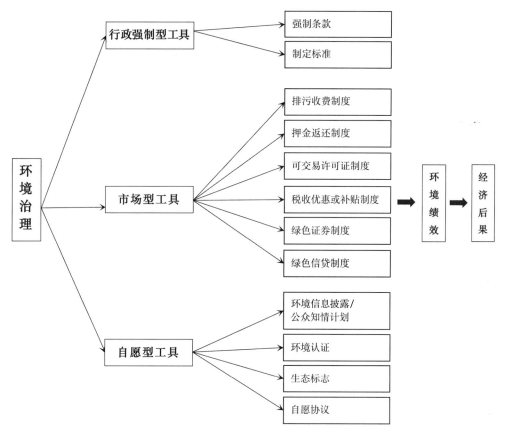

图 1-4 环境管制研究框架图

随着环境保护实践的深入和市场化程度的提高,中国的环境管制越来越重视以信息公开和公众参与为基础的自愿型工具,而不再以原来的行政强制手段和传统的市场型工具为主。自愿型工具更强调政府职能由环保政策的制定者向环保政策的引导者转变,并借助市场的手段,将企业由政策的被动执行者逐步转变为环境政策的主动参与者,因此其对微观企业的管制效果、经济后果,对资本市场等发挥着越来越重要的调控作用。但回顾文献,目前关于环境管制的相关研究主要倾向于行政强制手段或传统的市场型工具,而对以信息公开和公众参与为基础的自愿型工具的关注比较匮乏(赵玉民 等,2009)。例如李永友和沈坤荣(2008)利用跨省工业污染数据研究了排污收费制度、可交易许可证制度等对污染排放的效果;李树和翁卫国(2014)用地方颁布的环境行政规章数作为环境管制的代理变量等。研究内容主要涉及基于中观或宏观层面的环境管制对经济增长、竞争力、技术创新等的影响,以及不同环境管制工具的环境治理效果等方面(Kalt,1988;Jaffe,Palmer,1997;Popp,2006;李斌 等,2013),但是对于微观层面的环境治理效果和经济后果方面的理论分析与经验证据都相对较少。

通过梳理环境治理领域内的相关文献,目前度量"政府对环境监管强度"的方法主要有以下几类:(1)用政府颁布的与环保相关的法律法规的数目度量(李树,翁卫国,2014)。(2)采用实验研究法。例如,毕茜等(2012)以环境信息披露制度的实施元年(2008 年)构建政府监管的虚拟变量。(3)按照一定的评分标准,量化政府执行某项环保政策的情况,并以此度量政府的环境监管强度(沈洪涛,冯杰,2012)。(4)从投入的角度,以政府技术研发方面的支出或者清理和控制污染方面的支出作为衡量政府监管强度的指标(van Beers,van den Bergh,1997)。(5)从产出的角度,以能源消费密度、废物回收利用率、污染排放达标率等指标构建衡量政府环境监管的指标(Harris et al.,2002)。

上述各种方法中,第(4)与第(5)种方法更适用于从宏观角度研究政府的环境监管,而当结合政府、企业、公众"三位一体"分析环境治理时则不太恰当;第(1)至第(3)种方法尽管在一定程度上能体现政府对公司环境治理的直接监管,但度量的方法显然是不够全面、系统的,甚至是略显粗略的。因此本书尝试构建更系统和全面的政府监管强度评价体系。

(二)文献回顾

环境污染是一类典型的社会责任弱项(weaknesses;Zyglidopoulos et al.,2012)。企业的生产给外部环境带来负面影响,而企业却独享生产的绝大部分收益。政府对环境污染的治理需要强制地约束企业的生产行为,使企业以社会整体福利最大化而不是股东价值最大化为目标。正如 Gupta 和 Lad(1983)指出的,政府管制所具有的强制执行力保障了管制本身在约束企业行为时发挥重要作用。政府的环境监管力度是决定地区环境治理状况的关键性因素之一。Kagan 等(2003)指出政府管制带来的合法性要求和政治压力是促使企业加大对环保控制技术的投入的主要原因,并进一步通过实证分析方法发现政府管制可以有效地减少企业对环境造成的污染,进而提升了当地整体的环境状况。从理论上来说,政府对环境保护监管的强化一方面会增加企业污染的成本,提高重污染性行业的生存门槛,促进企业调整产业结构(Russo,Fouts,1997);另一方面会促进监管范围内的企业采取更多有效的污染防控技术。因此,政府以环境保护为目标的管制有助于规范企业的行为,促进企业加大在环境保护方面的投资力度,进而通过改变企业的产业结构和技术水平以对当地的环境治理产生最为直接和有效的影响。例如,张学刚和钟茂初(2009)研究发现政府对环境污染物排放的一系列管制是导致我国环境库兹涅茨曲线(即环境质量在经济增长的初始阶段呈恶化趋势,当经济发展到一定水平时,环境污染恶化的态势达到最高点,最后环境质量趋于改善)的重要原因。赵海霞等(2006)以江苏省各地区污染排放作为研究对象,在控制诸多经济发展影响因素后发现政府监管可以显著地降低地区内污染物排放总量。

文献表明,政府监管能有效地规范企业的信息披露行为。Heflin 等(2003)发现美国发布"公共披露规则"(FD 规则)后企业自愿性的信息披露频率显著增加;Kothari 等(2009)认为 FD 规则减少了企业隐瞒坏消息的行为;Kedia 和 Rajgopal(2011)证实了监管压力对财务报告信息质量的提升作用。具体论及环境监管,《环境信息公开办法(试行)》第六条明确规定,政府环境信息公开工作的具体职责包括"监督本辖区企业环境信息公开工作"。由于法律制度环境、经济发展水平和环保意识的不同,各地区企业面临的政府对环境治理的压力也存在明显的差异。地方政府越重视环境信息公开工作,对公司环境治理的监管力度也越大,进而越能规范企业的环境信息披露行为,促进环境绩效的提高。

(三)环境治理和环境信息披露的政府监管评价体系 I

环境信息公开是政府进行环境管制的重要手段之一。中国近年来开始重视环境信息披露问题,出台了一系列相关的法律法规,推动政府的环境信息公开。2008 年 5 月 1 日起施行的《中华人民共和国政府信息公开条例》和《环境信息公开办法(试行)》是规范中国环境信息公开的主要法律,标志着政府环境信息公开制度的初步确立。《中华人民共和国政府信息公开条例》第十条明确规定,县级以上各级人民政府及其部门应当在各自职责范围内确定主动公开关于环境保护信息的具体内容。同时,《环境信息公开办法(试行)》明确了环保部门环境信息公开的范围、方式和程序,其中第十一条规定了环保部门应当在职责权限范围内向社会主动公开的十七类政府环境信息。

但在立法和政策制定取得进展的同时,如何以可量化的方法评估执行的情况,已成为推进中国环境信息公开实践的关键问题。目前环境信息公开的相关法规没有明确"公开为原则、不公开为例外"的原则,而只是概括性地规定了环境信息公开的大致范围、方式和程序,导致政府主动公开的环境信息多,而依申请公开信息少;各地政府部门环境信息公开的质量参差不齐,甚至出现某些污染严重的地区环境信息公开反而较少的情况。以北京为例,目前已基本实现了日常监管信息发布的系统化,并在日常超标违规记录、信访投诉、依申请公开等三大关键的信息披露上表现出色。其实行的手段包括:建立专栏公布相关数据,于次日公布前一天的污染物监测浓度均值,并汇总各重点监控企业实时发布监测数据的链接以栏目公示;开通专门的环保投诉网站,用于公布公众投诉及处理结果等信息。而作为中国空气污染较为严重的城市之一,大同市 2013—2014 年度污染源信息公开中竟然没有涉及企业自行监测、重点公司环境数据、清洁生产和环境影响评价信息(以下简称"环评信息")的任何披露,显然其政府在环境信息公开的监管上表现薄弱。此外,《环境信息公开办法(试行)》第四条规定,环保部门应当遵循公正、公平、便民、客观的原则,及时、准确地公开政府环境信息,但在实践中,信息的及时性和准确性难以界定,容易受到各级政府主观判断的影响。尤其是在应对突发性事件或者环保群体事件时,政府环境信息公开多是在媒体和公众的压力之下被动公开的,披露的信息也是不到位、不及时的。这一点从 2015 年 8 月 12 日发生的"天津爆炸案"事件中可见一斑。

为客观地了解各级政府对环境信息公开制度的执行情况,评估环境监管信息公开是否能够满足公众、企业和其他利益相关方的信息需求和环境治理实践的需要,统一对政府环境信息公开有关法规的理解,发现和推广各地在环境监管信息公开方面的优秀执法案例,健全对政府环保作为的监督,我们认为有必要搭建一个系统性的评价政府对环境信息披露监管的体系,并进一步讨论政府监管是否影响企业的环境治理。

实际上,我们可以主要结合环境信息公开的相关法规,通过对各级政府披露的环境监管信息、互动回应、政府对企业排放数据的公开披露、环境影响评价信息等四大类指标的定量和定性分析,客观地评价各级政府执行环境信息披露政策情况的数据,进而用以度量当地政府信息披露的透明度和对环境信息披露的监管力度。具体地,如表 1-2 所示,我们可以以全国所有地市级以上城市为评价对象,保证涵盖上市公司注册地或办公地所在的城市,搭建如下环境治理与环境信息披露的政府监管评价体系。

表 1-2   环境治理与环境信息披露的政府监管评价体系

类别	评价项目	具体内容
环境监管信息	污染源日常超标、违规记录信息公示	基于《环境信息公开办法(试行)》和《国家重点监控企业污染源监督性监测及信息公开办法(试行)》的规定,本项主要对以下两点进行评价:(1)对企业日常超标、违规记录信息的公示情况,例如行政处罚公示,环境执法公报、环境稽查行动、挂牌督办通知等;(2)环保部门对污染源监督性监测的开展情况与监测结果的公示情况。
	公司环境行为评价、公司环境信用评级信息公示	根据《关于加快推进企业环境行为评价工作的意见》的规定,公司环境行为评价是由环保部门根据企业的环境信息,按照一定的程序和指标,对其环境行为进行综合评价定级,评价结果通常以绿色、蓝色、黄色、红色和黑色分别进行标示,被评为黄色以下的企业均属于超标或超总量,或有其他环境违法行为的企业;另外,根据2014 年 3 月 1 日起施行的《企业环境信用评价办法(试行)》,企业的环境信用分为环保诚信企业、环保良好企业、环保警示企业、环保不良企业四个等级,依次以绿牌、蓝牌、黄牌、红牌表示,相关机构单位可以结合工作职责,在行政许可、公共采购、金融支持、资质等级评定等工作中充分应用公司环境信用评价结果。因此,根据黄色或黄牌以下的评级特点,本项主要根据黄色评级以下企业与第一项"污染源日常超标、违规记录信息公示"中涉及的违规企业的对应关系来评估公司环境行为、评价工作的开展情况与结果的公布情况。
	排污收费相关信息公示	排污收费信息公示情况的评价主要包括排污费征收的项目、征收数额、征收的标准和程序,以及排污费减、免、缓情况。
	在线监测信息公开	根据《国家重点监控企业自行监测及信息公开办法(试行)》的规定,企业应将自行监测工作开展情况及监测结果向社会公众公开。本项主要评价全国各省环保厅自行监测平台的建设情况、企业自行监测的公布内容以及公布量等方面。

续表

类别	评价项目	具体内容
互动回应	信访投诉	根据《环境信息公开办法（试行）》的规定，环保部门对环境信访、投诉案件及其处理结果信息公示情况，包括对信访投诉事由、被投诉对象（企业）名称、案件受理情况、调查核实情况和处理结果的信息公示等。
	依申请公开	根据《环境信息公开办法（试行）》规定，不属于法定免于公开的信息，或者难以确定是否应当公开的信息，环保部门应对所申请信息进行公开或告知已经主动公开相关信息的信息源。本项主要评价环保部门对于处理信息公开申请是否设置了规范完善的回应体系，例如是否公开申请的渠道和途径、是否设置了规范和及时的回应体系、是否能对申请给予完整的回复。
企业排放数据	重点企业年度排放数据公开	根据《国家重点监控企业自行监测及信息公开办法（试行）》的规定，企业应于每年1月底前编制完成上年度自行监测开展情况年度报告，并向负责备案的环保部门报送。另外，根据《危险化学品环境管理登记办法（试行）》的规定，危险化学品生产使用企业应于每年1月向公众公布危险化学品环境管理年度报告。本项主要评价发布年度排放数据的内容完整性，包括污染物排放量、危废转移与处理、危险化学品释放与转移等。另外，发布年度排放数据的时间和发布企业量也会作为指标参与评价。
	清洁生产审核信息公示	根据《环境信息公开办法（试行）》的规定，本项主要对如下两种信息公示情况进行评价：(1)政府部门对强制清洁生产审核企业名单（重点企业的名单）的公示；(2)强制清洁生产审核名单公布一个月后，企业未依法公布其主要污染物排放情况，政府部门是否依法代为公布。
环境影响评价信息		根据《建设项目环境影响评价政府信息公开指南（试行）》的规定，主要对以下两种信息进行评价：(1)环境影响评价报告书全本的公开情况；(2)各级环保主管部门在对建设项目做出批准或不予批准环境影响评价报告的审批决定前通过媒体、社区沟通会、公开听证会等方式征集公众意见并公布利害关系人行政复议与行政诉讼权利的情况。

资料来源：作者根据各级政府网站的相关资料整理而得。

上述度量政府对环境信息披露监管力度的评价体系，不仅能为实现对政府环境信息公开的有效监督提供依据，而且为从微观层面上研究政府监管对环境治理的效果提供了实证检验的可能。

(四)环境治理和环境信息披露的政府监管评价体系Ⅱ

此外，我们亦可根据环境治理和环境信息披露对政府监管进行评价，主要参考由公众环境研究中心与美国自然资源保护委员会共同开发的度量污染源监管信息公开指数的方法，并结合百分制与档位制和系统性控制得分规则对每个评价项目的系统性、及时性、完整性和用户友好性等四个方面进行评价。采取如下的评价程序和标准：(1)根据评分细则对每一个评估项目的每个方面确定"原始得分"；(2)根据原始得分评定为"优秀、好、中、一般、差、极差"六档中的某一具体档位；(3)根据"进退档规则"进行"前进"提档，或者"后退"退档；(4)确定最终得分。系统性控制得分规则指某一具体的评估项目的系统性方面的得分将限制该评估项目的及时性、完整性和用户友好性三个方面的最终得分，即其他"三性"的最终定档不得高于同一评估项目在系统性方面的档位。其中，具体的评分标准如表1-3所示。

表 1-3　环境治理和环境信息披露的政府监管评价体系

类别	评估项目	评价方面	优秀	好	中	一般	差	极差	评价标准
日常监管（50分）	日常超标违规记录发布（23分）	系统性（7分）	7	5.6	4.2	2.8	1.4	0	（1）计算各地实际公布的年度超标排放、环境违法企业的数量占当地年度工业 COD、SO₂、NH₃-N、NOₓ 超标排放量的比例；（2）根据这前 20 名城市的比例，选择比例低的前 20 名城市，推导得出每一万吨工业 COD、SO₂、NH₃-N、NOₓ 排放量分别与其超标违规企业数量的对应比值关系系数 A；（3）用 A 分别乘以当地工业 COD、SO₂、NH₃-N、NOₓ 排放量，分别得出各地应全面公布的超标违规记录的数量；（4）假设收集到各地的超标违规记录的数量评估值 a，相应城市公布的超标违规记录的数量为 b，b/a 大于等于 8/9，得 7 分；b/a 大于等于 7/9，得 6.3 分；b/a 大于等于 6/9，小于 7/9，得 5.6 分；b/a 大于等于 5/9，小于 6/9，得 4.9 分；b/a 大于等于 4/9，小于 5/9，得 4.2 分；b/a 大于等于 3/9，小于 4/9，得 3.5 分；b/a 大于等于 2/9，小于 3/9，得 2.8 分；b/a 大于等于 1/9，小于 2/9，得 2.1 分；b/a 大于 0，小于 1/9，得 1.4 分；b/a 等于 0，不得分。
		及时性（4分）	4	3.2	2.4	1.6	0.8	0	实时公布超标违规信息，得 4 分；每月公布环境监管信息，得 3.2 分；每个季度发布并存在下一个季度第二个月前公布的 15 日前公布的结果，得 2.4 分；每半年发布环境监管信息，得 1.6 分；零散发布信息，得 0.8 分；没有信息，得 0 分。
		完整性（8分）	8	6.4	4.8	3.2	1.6	0	按照下列信息条目的公布情况依次累计得分：公布违规时间、地点、企业名称，得 1.6 分；公布超标或具体违反法律、具体排放标准或超标排放限值，得 1.6 分；公布超标因子、超标倍数或超标倍数结果，具体浓度，得 1.6 分；公布具体处罚决定书，得 1.6 分；公布监督性监测的原因，得 0.8 分；公布监督性监测年度报告，得 0.8 分。以上每一项内容公布不全面的，得 0.8 分。
		用户友好性（4分）	4	3.2	2.4	1.6	0.8	0	无专栏无搜索引擎，也没有有用信息，或者栏目为空，搜索栏不能使用，得 0 分；无专栏无搜索引擎，但环保部门官方网站或其他官方网站能够提供有效信息，可得 0.8 分；环保部门有相关信息零散分布，可得 0.8 分；环保部门监管记录零散分布，可得 2.4 分；历史数据至少保存 1 年，加 0.8 分；有网站有搜索引擎，并且专栏可搜索到相关有效信息，加 0.8 分。

续表

类别	评估项目	评价方面	优秀	好	中	一般	差	极差	评价标准
日常监管（50分）	公司环境行为评价（5分）	系统性（2分）	2	1.6	1.2	0.8	0.4	0	设依系数估计算出应公布企业数量即应公布的黄色以下企业数量为a，实际评级公布的黄色以下企业数量为b，则：$b/a \geq 1$，得2分；$8/9 \leq b/a < 1$，得1.8分；$7/9 \leq b/a < 8/9$，得1.6分；$6/9 \leq b/a < 7/9$，得1.4分；$5/9 \leq b/a < 6/9$，得1.2分；$4/9 \leq b/a < 5/9$，得1分；$3/9 \leq b/a < 4/9$，得0.8分；$2/9 \leq b/a < 3/9$，得0.6分；$1/9 \leq b/a < 2/9$，得0.4分；$0 < b/a < 1/9$，得0.2分；若$b=0$，不得分。
		及时性（1分）	1	0.8	0.6	0.4	0.2	0	若在文件形成后1个月内公布则视为及时，得1分；在2~3个月内公布，得0.8分；在4~6个月内公布，得0.6分；在7~12个月内公布，得0.4分；在1年以上公布，得0.2分；无信息公布，得0分。
		完整性（1分）	1	0.8	0.6	0.4	0.2	0	按以下信息条目的公布情况依次累计得分：有企业名称和颜色或档标志，得0.4分；颜色或以下信息条目中，每公布其中任意两个，就可得0.2分；以下信息条目的评价标准与上级环保部门所出台的相关政策基本一致——是否达标排放，是否满足总量控制指标，是否有过环境违法行为，是否发生过环境污染事故，是否有过群众投诉。以及项目是否按规定程序进行等，是否实行"三同时"制度。
		用户友好性（1分）	1	0.8	0.6	0.4	0.2	0	无专栏无搜索引擎，也没有用信息，或者专栏为空，搜索引擎不能使用，得0分；无专栏无搜索引擎，但环保部门门户网站或其他专栏网站能够提供有效信息，可得0.6分；环保部门门户网站有专栏记录有监管信息，加0.2分；历史数据保存至少5个月，加0.2分；有网站专栏可搜索引擎可搜索到相关有效信息，加0.2分。
	排污费公示（2分）	系统性（0.5分）	0.5	0.4	0.3	0.2	0.1	0	以公布的信息涵盖全年度时间的多少为标准，进行评价：若涵盖丁1年度的信息，得0.5分；涵盖9~11个月的信息，得0.4分；涵盖6~8个月的信息，得0.3分；涵盖3~5个月的信息，得0.2分；涵盖1~2个月的信息，得0.1分；无信息公布，得0分。
		及时性（0.5分）	0.5	0.4	0.3	0.2	0.1	0	若文件形成后20个工作日内公布，得0.5分；第21个工作日到3个月内公布，得0.4分；第4~6个月内公布，得0.3分；第7~12个月内公布，得0.2分；1年以上公布，得0.1分；无信息公布，得0分。

续表

类别	评估项目	评价方面	优秀	好	中	一般	差	极差	评价标准
	排污费公示（2分）	完整性（0.5分）	0.5	0.4	0.3	0.3	0.1	0	按如下指标的公布情况，依次累计得分：企业名称为必公布项，为评价完整性的前提条件，公布企业名称，得 0.1 分；公布排污费征收因子，得 0.1 分；公布各个因子的实际排放量或排放浓度，得 0.1 分；明确超标排放量。
		用户友好性（0.5分）	0.5	0.4	0.3	0.3	0.1	0	无专栏无搜索引擎，也没有有用信息，或专栏不能使用，得 0 分；无专栏无搜索引擎，但环保部门网站或其他网站能够提供有效信息，可得 0.1 分；环保部门专栏，并且专栏能提供有效信息，可得 0.3 分；历史数据至少保存 1 年，加 0.1 分；有网站搜索引擎，并且搜索引擎可搜索到相关有效信息，加 0.1 分。
日常监管（50分）	在线监测信息公开（20分）	系统性（5分）	5	4	3	2	1	0	设应公布自动监测数据为 a，有效监测数据为 b：b/a≥0.8，得 5 分；0.6≤b/a<0.8，得 4 分；0.4≤b/a<0.6，得 3 分；0.2≤b/a<0.4，得 2 分；0<b/a<0.2，得 1 分。
		及时性（5分）	5	4	3	2	1	0	根据 24 小时内抓取的有效数据，分析（$T_{最晚}-T_{最早}$）/有效数据条数，衡量每条数据需要的时间 t：若 t 小于等于 2 h，得优秀档；若大于 2 h，小于等于 4 h，得好档；若 t 大于 4 h，小于等于 8 h，得中档；若 t 大于 8 h，小于等于 16 h，得一般档；若 t 大于 16 h，小于等于 24 h，得差档。
		完整性（5分）	5	4	3	2	1	0	监测时间，监测点位，监测信息（包含 SO_2，NO_x 浓度），得 1 分；基本指标：废水监测信息（包含 COD，NH_3-N 浓度），废气监测信息如 pH，烟（粉）尘，总磷，重金属等指标；其他指标必须公布，得 1 分；若公布 2 个以上的得 1 分[得 1 分的情况是公布了烟（粉）尘]，各监测指标对应标准限值，达标情况（包括是否超标，超标倍数，超标流量），得 1 分。
		用户友好性（5分）	5	4	3	2	1	0	省级统一的污染源在线监测数据平台，得 1 分；结合电子地图公开，得 1 分；结合电子地图公开，可查看电子地图上标注污染源位置（不必有经纬度）；用带有时间轴的趋势图凸显 1 年或更长时段的超标违规情况，得 1 分；有历史数据，得 1 分；数据可被采集，得 1 分。

续表

类别	评估项目	评价方面	优秀	好	中	一般	差	极差	评价标准
	信访投诉（7分）	系统性（3分）	3	2.4	1.8	1.2	0.6	0	根据公布的环境信访、投诉案件及处理结果信息涵盖全年度月份的多少进行评分；涵盖1年度的信息，得3分；涵盖9～11个月，得2.4分；涵盖6～8个月，得1.8分；涵盖3～5个月，得1.2分；涵盖1～2个月，得0.6分；无信息公布，得0分。
		及时性（1分）	1	0.8	0.6	0.4	0.2	0	若在文件形成后20个工作日内公布则视为及时，得1分；在21个工作日到3个月内公布，得0.8分；在4～6个月内公布，得0.6分；在7～12个月内公布，得0.4分；1年以上公布，得0.2分；无信息公布，得0分。
		完整性（2分）	2	1.6	1.2	0.8	0.4	0	评价主体必须是有效回复的信访投诉。企业污染环境信访或投诉信件和电话记录得0.4分；信访或投诉有效的处理状态，得0.4分；环保局现场检查核实的回复，得0.4分；回复中含监测数值的，得0.4分；回复中含有处理结果的，得0.4分。
		用户友好性（1分）	1	0.8	0.6	0.4	0.2	0	无专栏无搜索引擎，也无有用信息，或者专栏为空、搜索引擎不能使用，得0分；无专栏无搜索引擎，但环保部门网站或其他官方网站有相关信息零散分布，可得0.2分；环保部门网站有专栏，并且专栏能够提供有效信息，可得0.6分；历史数据至少保存1年，加0.2分；有网站搜索引擎，并且搜索引擎可搜索到相关有效信息，加0.2分。
互动回应（15分）	依申请公开（8分）	系统性（2分）	2	1.6	1.2	0.8	0.4	0	依申请公开项下的系统性评价主要着眼于环保局对于接受信息公开申请是否设置了规范完善的回应体系。按照回复的具体表现分档得分，不累计。评价细则如下：通过在线申请、电话、传真申请，或邮箱申请后，能够确认申请人的申请，得0.4分；在收到申请后，环保部门口头沟通回复到申请人，有明确的口头沟通回复的，得0.8分；就申请主动回应申请人面回复的内容进行回应，有明确书面回复的，得1.2分；在收到申请后，环保部门就所申请问题全部提供回复的，得2分。
		及时性（1分）	1	0.8	0.6	0.4	0.2	0	如果在15个工作日之内公布则得满分1分；如果在15个工作日之后答复，每推后一天减一档分数，减完为止。

续表

类别	评估项目	评价方面	优秀	好	中	一般	差	极差	评价标准
互动回应（15分）	依申请公开（8分）	完整性（4分）	4	3.2	2.4	1.6	0.8	0	评价环保部门是否对申请人依法提出的两类信息申请给予完整的回复。评价细则如下：回复无所申请的信息，得1档分；回复第三季度受理的建设项目环境影响报告书项目，得2档分；回复告知所申请的链接可以明确找到全市第三季度受理的建设项目环境影响报告书，或者通过告知所申请的链接可以明确找到全市第三季度受理的建设项目环境影响报告书项目，得2档分；回复第三季度全市环境行政处罚找到名单，包括国控、省控及市环境行政处罚决定书，得3档分。
		用户友好性（1分）	1	0.8	0.6	0.4	0.2	0	评价环保部门是否对公众依申请公开提供了清晰、明确的申请途径。评价细则如下：网站上列有依申请公开专栏的，得0.2分；每明确提供以下申请途径之一即可得0.2分。评价细则如下：网上在线申请系统、电话和传真、邮箱、邮寄地址与邮编，计得分，满分不超过0.8分。
排放数据公开（20分）	重点企业排放数据公开（16分）	系统性（4分）	4	3.2	2.4	1.6	0.8	0	（1）国控（3档）：按照发布了年度污染物排放量的国控企业除以评价城市评价年度国控企业总数所得比例为：a≥80%，得3档分；40%≤a<80%，得2档分；0<a<40%，得1档分。（2）省/市控（2档）：按照公布的非国控企业污染物排放数量，公布20家以上（含20家）省/市控，得2档分；公布20家以下省/市控企业，得1档分。
		及时性（2分）	2	1.6	1.2	0.8	0.4	0	每年1月31日以前公布上一年的排放数据，视为及时公布。每推迟1周退一档，最低退至"差"档。
		完整性（6分）	6	4.8	3.6	2.4	1.2	0	公布废水、废气常规污染物排放数据，得1.2分；公布废水、废气特征污染物排放数据，得1.2分；公布废气危险废物转移/处理量，得1.2分；公布重点环境管理危险化学品及其特征污染物的释放与转移数据，得1.2分；公布危险化学品种、危害特性、相关污染物排放及事故信息，污染防控措施等情况，得1.2分。
		用户友好性（4分）	4	3.2	2.4	1.6	0.8	0	企业发布，环保部门提供链接一数据披露平台，且能够提供有效信息，得0.8分；环保部门建立统一数据披露平台，得0.8分；定期公布多年度数据，加1.6分；提供1.6分；环保部门将数据分享给媒体等第三方机构发布，加0.8分。

续表

类别	评估项目	评价方面	优秀	好	中	一般	差	极差	评价标准
排放数据（20分）	清洁生产审核信息公示（4分）	系统性（1分）	1	0.8	0.6	0.4	0.2	0	（1）政府部门对强制清洁生产审核企业名单（重点企业的名单）进行了公示，得0.4分；实际公布清洁生产审核企业数量占应公布强制清洁生产审核企业数量的1/2（含）以上，得0.4分；实际公布的企业数量占应公布企业数量的1/2以下，得0.4分。（2）强制清洁生产审核名单公布1个月后，企业未依法公布其主要污染物排放情况，得0.6分；代为公布企业数量占应公布企业数量的1/3以下，得0.2分；代为公布企业数量占应公布企业数量的1/3（含）以上，得0.4分。
		及时性（1分）	1	0.8	0.6	0.4	0.2	0	若在文件形成后1个月内公布则视为及时，得1分；在第2～3个月内公布，得0.8分；在第4～6个月内公布，得0.6分；在第7～12个月内公布，得0.4分；1年以后公布，得0.2分；无信息公布，得0分。
		完整性（1分）	1	0.8	0.6	0.4	0.2	0	（1）政府部门对强制清洁生产审核企业名单（重点企业的名单）进行了公示，得0.4分，其中：明确清洁生产审核企业的名单，得0.2分；（2）强制清洁生产审核名单上的企业属于超标总量，或使用有毒有害原材料生产的，得0.2分。环保部门依法公布企业名单代为公布，得0.6分。其中：明确以下指标之一的，得0.2分——主要污染物的名称、去向、排放方式、排放浓度和总量，超标、超总量情况、受影响人群等；明确主要污染物名称，超标、超总量、有超标数值或超总量数值的，得0.4分。
		用户友好性（1分）	1	0.8	0.6	0.4	0.2	0	媒体或者环保局公布投诉信息，无专栏无搜索引擎，也没有有用信息，或者专栏为空，搜索引擎不能使用，得0分；无专栏无搜索引擎，但环保部门网站或其他官方网站能够提供有效信息，可得0.6分；信息零散分布，得0.2分；环保部门有专栏，并且专栏能搜索到有效信息，得0.2分；有网站搜索引擎，并且搜索引擎可搜索到相关有效信息，得0.2分；历史数据至少保存1年，得0.2分。

续表

类别	评估项目	评价方面	优秀	好	中	一般	差	极差	评价标准
环评信息（15分）	环评信息（15分）	系统性（5分）	5	4	3	2	1	0	评价公开环评报告全本的项目数量（b）占当地环评项目数量（a）的比例：$b/a=1$,得5分；$3/4≤b/a<1$,得4分；$2/4≤b/a<3/4$,得3分；$1/4≤b/a<2/4$,得2分；$0<b/a<1/4$,得1分。
		及时性（4分）	4	3.2	2.4	1.6	0.8	0	环评开始之初便通过多种媒体广泛通知,得0.8分。披露环评报告全本并征集公众意见：征求公众意见的期限在10~20天间,得0.8分；征求公众意见的期限在20~30天间,得1.6分；征求公众意见的期限大于30天,得2.4分。社区沟通会议和环评公开听证会提前至少10天广泛通知,得0.8分。
		完整性（3分）	3	2.4	1.8	1.2	0.6	0	环评之初发布确认相关后的信息通告,即一次公示中提到涉及社区,得0.6分；在利益相关社区对项目进行说明和沟通,得0.6分；公布环评报告全本并对重大影响项目召开公开听证会,得0.6分；公布环评验收文件,包含公众意见采纳与否和途径,得0.6分；公布行政复议与行政诉讼权利和途径,得0.6分。
		用户友好性（3分）	3	2.4	1.8	1.2	0.6	0	环保局网站建立环评信息公开的专栏,得0.6分；对于有重大潜在影响和公众广泛关注的环评报告全本通过网络媒体、大众媒体或社交媒体（包括但不限于微博和微信公众号）进行公示,得0.6分；社区沟通会议和听证会通过电视和网络进行现场直播,得0.6分；保留环评全本的1年以上的历史记录,得0.6分。

资料来源：作者根据相关文献资料整理。

六、行业自律与公司环境绩效

(一)公司环境绩效的行业自律概述

图 1-5 概括了环境保护方面行业自律的各种形式(Andrews,1998)。

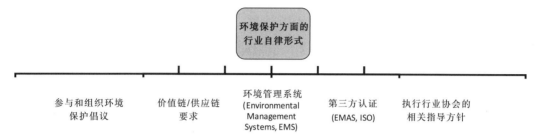

图 1-5　公司环境绩效相关的行业自律

Andrews(1998)、Gupta 和 Lad (1983)强调非市场化的管制行为存在多种形式,其中行业自律(industry self-regulation)是一种主要的形式,他们认为行业自律是政府行政管制的有益补充,在一定程度上能够代替政府进行直接管制。Gupta 和 Lad(1983)认为管制可以区分成四个层次:第一层是政府所有权,第二层是法律法规以及政府的行政条令,第三层则是行业自律和协会的规章,第四层是利益相关者参与的企业内部管制行为。行业自律被认为是一种自愿行为,但是它与公司的自愿行为不同的是行业自律的执行往往依靠行业协会或同行业内不同公司之间的制衡和协议(Eisner,2004;Gupta,Lad,1983)。自律规则一旦达成,则意味着行业成员对该契约安排一致认可,因而行业自律具有较高的自愿执行效率和相对较低的执行成本 (Gunningham,Rees,1997)。

作为对整个行业行为造成影响的制度性因素,行业自律的经济后果研究一直吸引着大量学者的关注(例如,Andrews,1998;Eisner,2004;Gunningham,Rees,1997;Gupta,Lad,1983;King,Lenox,2000;Lenox,Nash,2003)。近年来由于环境问题突显,越来越多的行业开始注意到环境污染问题将影响本行业的生存和发展,因而纷纷采用行业自律的形式来进一步规范企业的环境治理(Andrews,1998;Eisner,2004)。Gupta 和 Lad(1983)指出行业自律有助于降低行业整体负担的成本,因而行业自律的产生与行业成本息息相关,那些整体成本较高的行业越容易形成行业自律。Andrews(1998)进一步指出行业自律的形成必然与执行行业自律所带来的私有收益密切相关,当且仅当执行的私有收益大于执行的私有成本时,行业自律才能有效且持续地发挥作用。

行业自律的支持者认为行业自律这类自愿性活动有助于从制度层面提高环境绩效,然而反对者则认为缺少强制性特征的处罚机制将导致行业自律执行过程中公司的机会主义行为盛行,最终使得行业自律无法持续地执行(Campbell,2006;King,Lenox,2000;Lenox,Nash,2003)。因此,基于上述正反观点,学者们分别对行业自律的经济后果展开学术研究,但目前仍然未形成一致的结论。例如,Campbell(2006)指出行业自律发挥的监督职能能够有效地促进企业履行社会责任,行业协会中关于社会责任的要求将强化企业在相关社会责任方面的意识和执行力。Eisner(2004)指出,在荷兰关于环境治理的管制往往是通过行业内的协议谈判达成的,这类源于自愿性协议而形成的行业自律在监督和控制企业执行环境政策方面发挥了积极的作用。此外,Lenox 和 Nash(2003)指出缺乏类似法律法规的强制性,将导致行业自律过程中产生严重的逆向选择问题。King 和 Lenox(2000)检验了关于环境保护的行业自律政策的经济后果,发现缺少强制监督的行业自律导致了执行过程中大量机会主义行为的产生。Gamper-Rabindran 和 Finger(2013)采用美国化学类制造企业作为样本,发现参与行业自律计划的公司排放了更多的有毒污染物,进而说明这类公司通过参与具有行业自律性质的计划来掩盖它们在环境保护方面的过错。

在我国,关于行业自律的研究相对不足,虽然取得了部分成果(郭薇,2010;余凌云,2007),但是这些研究从资料收集、研究方法、研究的广度与深度上与国外研究存在较大差距。特别是在履行企业社会责任方面,国内外研究对行业自律的概念、特征、原则、功能及发挥作用的方式,自律的障碍性因素,实现自律的可能性,自律失灵的表现及原因等诸多方面存在空白。

(二)文献回顾

管制作为一类重要的制度影响着公司的行为和决策(Campbell,2006),法律和行政管制需要强制实施,不可避免地产生较高的强制执行成本。Andrews(1998)以及 Gupta 和 Lad(1983)指出现实中存在多种形式的管制,行业自律作为一种公司自愿行为,具有典型的自我规范特性,是管制在行业层面的体现。现实世界中,行业自律的执行成本相对较低,因而与法律法规和行政命令相比是一种成本收益更高的解决方式(郭薇,2010)。如果能促进行业自律的实现,使行业自律与政府监管相互配合,让一部分问题消化在行业层面,而不是各种问题都被提升到法律和政府的层面,那么改善市场监管、弥补政府失灵就有了更大的可能。

在环境治理的层面上,存在着同样的问题。政府运用法律法规进行环境管制时,可凭借权力优势节约被管制对象之间的组织和协调成本。但是一味强调政府在治理过程中的作用而忽视行业自律这种“经济”的管制手段,将在很大程度上导致环境治理的执行成本不断增加,最终可能影响节约社会总体运行成本目标的实现。行业自律与企业履行社会责任之间存在正相关关系,例如,Campbell(2006)强调制度是影响企业履行社会责任的重要因素,行业自律作为一类重要制度安排对企业社会责任的行为产生了促进作用。这种正相关关系可从以下几个方面理解:

第一,行业自律是内部成员在价值和信念上达成一致的制度安排(Campbell,2006;Gunningham,Rees,1997)。Gunningham 和 Rees(1997)指出行业自律行为的产生是与成员广泛接受的共同伦理紧密联系的,成员采用行业自律就意味着它们认可了所倡导的伦理规范,进而形成行业道德(industry morality)。因而,行业自律的执行成本相对较低,执行效率更高,能促进企业积极关注相关领域、遵循自律规则的同时增加其对该领域的资源投入(Andrews,1998;Eisner,2004;郭薇,2010)。

第二,参与行业自律具有一定的声誉效应,增加了企业的曝光度,因此,吸引了更多的利益相关者来关注企业行为(Gunningham,Rees,1997;Khanna,2001)。这类压力可能来自多个方面,包括政府干预、企业信誉、合法性(legitimacy)、顾客和供应商等。企业的生存和发展依赖于利益相关者提供的关键资源(Freeman,1994),因此企业为满足利益相关者的需要,往往执行高标准的行业要求(Khanna,2001)。

第三,倡导行业规则的公司往往都是本行业内规模较大的公司,通过行业自律引入新的行业标准有助于这些公司建立自身的竞争优势(Gunningham,Rees,1997)。在短期内环境标准在一定程度上能够成为阻止潜在进入者的壁垒,但是从长期来看,随着原标准的普及,这些倡导行业自律的公司的竞争优势在逐渐消失(Gunningham,Rees,1997)。因而,倡导行业自律的公司总是期望通过不断提升行业标准来获得竞争优势进而形成行业壁垒,最终促进其环境治理的不断改善。

此外,值得注意的是,行业自律的反对者认为缺乏强制性和权威性将导致行业自律在执行时伴随着大量的机会主义行为,进而沦为企业掩盖错误行为的遮羞布(Eisner,2004;Gamper-Rabindran,Finger,2013;Gunningham,Rees,1997;King,Lenox,2000;Lenox,Nash,2003)。正如 Lenox 和 Nash(2003)所指出的,行业自律的自愿性原则为企业提供了掩饰不道德行为的机会,缺乏类似法律法规的强制性措施,将使那些不达标的企业更愿意加入行业自律倡议计划以掩饰它们的不达标行为。King 和 Lenox(2000)则发现,加入行业环保倡议的企业,污染物的排放量水平和排放比重显著更高。Gamper-Rabindran 和 Finger(2013)采用美国化学类制造企业作为样本,发现参与环境保护倡议计划的公司排放了更多的有毒污染物,进而说明这类公司利用参与具有行业自律性质的环保倡议来掩盖它们在环境保护方面的过错。

(三)公司环境绩效:基于行业自律

1. Andrews(1998)的方法

Andrews(1998)指出在环境保护方面,企业参与行业自律的形式包括:(1)参与和组织环境保护倡议;(2)价值链或供应链的要求;(3)实施环境管理系统;(4)获得关于环境保护的第三方认证;(5)执行行业协会的相关指导方针。

2. Clarkson 等(2008)的方法

表 1-4 概括了 Clarkson 等(2008)框架中与行业自律相关的内容:(1)环境保护方面的行业自律总指数(SF_SCORE)——按一定的标准对表 1-4 中Ⅰ、Ⅱ、Ⅲ、Ⅳ相关内容进行赋值,并加总;(2)环境保护方面的企业战略远景规划指数(VSC_SCORE)——按一定的标准对表 1-4 中Ⅲ的相关内容进行赋值并加总;(3)环境保护方面的环境保护倡议指数(EI_

SCORE)——按一定的标准对表 1-4 中Ⅳ的相关内容进行赋值并加总。

表 1-4　行业自律的度量

Ⅰ.公司治理与管理系统（每项 1 分,共 6 分）

1.存在控制污染、环保的管理岗位或部门

2.董事会中存在环保委员会或者公共问题委员会

3.与上下游签订了有关环保的条款

4.利益相关者参与了公司环保政策的制定

5.在工厂或整个企业执行了 ISO14001 标准

6.管理者薪酬与环境绩效有关

Ⅱ.可信度（每项 1 分,共 10 分）

1.采用 GRI 报告指南或 CERES 报告格式

2.独立验证或保证在环保业绩报告（网站）中披露的环保信息

3.定期对环保业绩或系统进行独立的审计或检验

4.由独立机构对环保计划进行认证

5.有关环保影响的产品认证

6.外部环保绩效奖励、进入可持续发展指数

7.利益相关者参与了环保信息披露过程

8.参与了由政府部门资助的自愿性的环保倡议

9.参与为改进环保实践的行业内特定的协会、倡议

10.参与为改进环保实践的其他环保组织/协会（除 8、9 中列示外）

Ⅲ.远景及战略声明（每项 1 分,共 6 分）

1.管理层说明中关于环保表现的陈述

2.关于公司环保政策、价值、原则、行动准则的陈述

3.关于环保风险、业绩的正式管理系统的陈述

4.关于公司执行定期检查、评估环境表现的陈述

5.关于未来环境表现中可度量目标的陈述

6.关于特定的环保改进、技术创新的陈述

Ⅳ.环保倡议（每项 1 分,共 6 分）

1.对环保管理和运营中员工培训的实质性描述

2.存在环境事故的应急预案

3.内部环保奖励

4.内部环保审计

5.环保计划的内部验证

6.与环保有关的社区参与、捐赠

资料来源:作者根据 Clarkson 等(2008)、Du(2015;2018)和 Du 等(2014;2016;2017;2018)进行整理。

七、本书的内容框架

本书的研究内容,除了第一章"导论"与第十三章"结论与进一步的研究方向"之外,其余11章分专题讨论公司环境绩效的影响因素与经济后果。具体内容参见图1-6。

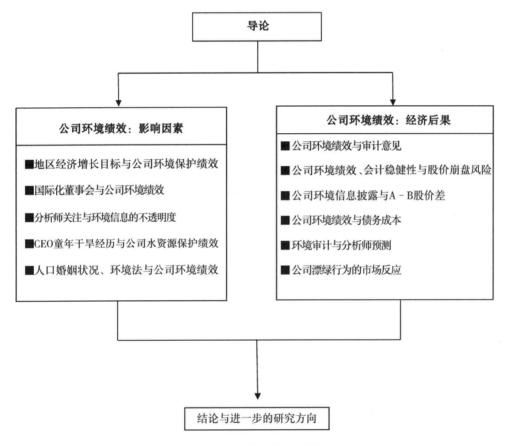

图 1-6　本书内容框架图

第二至第六章讨论公司环境绩效的影响因素,包括但不限于宏观因素、内部公司治理、外部公司治理、CEO过往经历、社会文化因素对公司环境绩效的影响。

第二章"地区经济增长目标与公司环境保护绩效"侧重于宏观因素,探究地方政府在面对高经济增长目标压力时,如何影响当地企业的环保行为——地方政府是否在完成经济增长目标的过程中放松了对辖区企业的环境治理。第三章"国际化董事会与公司环境绩效"探讨了包括境外董事的国际化董事会对公司环境绩效的影响,并考察了地区绿色发展指数对这一关系的调节作用。本章旨在分析区别于本土董事会的国际化董事会能否在道德与战略动机方面起到强化企业承担环境责任的作用,进而提升公司环境绩效。第四章"分析师关注与环境信息的不透明度"研究了分析师关注作为外部公司治理的一个关键维度是否降低了公司环境信息披露的不透明度。第五章"CEO 童年干旱经历与公司水资源保护绩效"基于心理学的烙印理论,分析了童年干旱经历是否促使 CEO 强化公司的水资源保护,从而提高水资源保护绩效。第六章"人口婚姻状况、环境法与公司环境绩效"基于社会婚姻文化、以"离结率"作为"集体主义 VS 个人主义"文化的替代变量,分析其对公司环境绩效的影响。

第七至第十二章分析公司环境绩效的经济后果,包括但不限于公司环境绩效对审计师出具审计意见、贷款人债务成本、公司股票崩盘风险、A-B 股价差、分析师预测的影响,并分析了公司环境绩效相关的漂绿行为所引起的市场反应,包括竞争效应与传染效应等。

第七章"公司环境绩效与审计意见"将公司环境信息披露与公司环境绩效视为一项相对于财务报表的"硬信息"(hard information)的软信息(soft information),研究了公司环境绩效对审计师发表非标准审计意见倾向的影响,并进一步考察了内部控制和公司漂绿行为对"公司环境绩效与审计意见"关系的调节作用。第八章"公司环境绩效、会计稳健性与股价崩盘风险"检验了公司环境绩效能否抑制公司股价崩盘风险,并进一步研究了会计稳健性对"公司环境绩效与崩盘风险"关系的调节作用。第九章"公司环境信息披露与 A-B 股价差"基于中国 A-B 股市场的独特背景,采用同时在 A、B 股市场上市的公司为样本,研究了公司环境信息披露是否可以抑制 A-B 股价差。第十章"公司环境绩效与债务成本"旨在检验公司环境绩效作为一项软信息,是否增进了贷款人对企业的信任,从而降低贷款成本,并进一步分析了内部控制对"公司环境绩效与贷款成本"关系的调节作用。本章拓展了前期关于企业社会责任(CSR)与企业财务行为之间联系的研究。第十一章"环境审计与分析师预测"探索了企业层面自愿性的环境审计是否可以优化分析师信息环境,提高分析师预测准确度,降低分析师预测分歧度。第十二章"公司漂绿行为的市场反应"主要研究了当公司被新闻媒体贴上"漂绿"标签时股票市场的反应,并进一步以公司环境绩效为基准,检验环保型企业与非环保型企业的股票市场反应是否存在竞争效应与传染效应。

八、本书可能的理论贡献

本书围绕公司环境绩效的影响因素与经济后果进行研究,其理论与现实意义可以概括如下[①]:

第一,本书基于 GRI《可持续发展报告指南》的方法,参考 Clarkson 等(2008)、Du(2015;2018)和 Du 等(2014;2016;2017;2018),系统勾勒了公司环境信息披露与公司环境绩效的综合评价体系。在此基础上,本书不同章构建了多维的公司环境绩效替代变量,着重分析了影响公司环境绩效的因素与公司环境绩效的经济后果。

---

① 本书每章都针对相关主题论及研究的理论意义与现实应用。此处是针对本书整体的概括。

第二,将宏观因素纳入公司环境绩效的相关研究领域,通过对地方政府在经济增长目标下的政绩压力与 GDP 竞争分析,探究地区经济增长目标对公司不同环境问题的环保绩效的影响,丰富了现有文献中关于公司环保行为的认识,并丰富了政府行为对环境影响的相关文献。

第三,研究了国际化董事会与分析师跟踪等公司治理因素对公司环境绩效或环境信息透明度的影响,拓展了关于公司治理与公司环境绩效研究的相关文献。此外,本书还发现国际化董事会对公司环境绩效的影响在中国不同地区具有不对称性。

第四,挖掘了 CEO 童年干旱经历这一特殊因素,并分析其对公司水资源保护绩效(公司环境绩效的一个特定维度)的影响,丰富了"CEO 过往经历与公司行为"和"公司环境绩效影响因素"这两类文献。

第五,将文化维度纳入影响公司环境绩效的研究范畴,首次基于人口婚姻状况这一独特视角,将"人口婚姻状况"指标(离结率)作为个人主义文化的一个替代变量,分析其对公司环境绩效的影响,对公司环境绩效的影响因素的相关文献做出了重要补充。

第六,本书首次考察了公司环境绩效对审计师行为、贷款人决策与分析师预测的影响。具体地,本书首次研究了:(1)公司环境绩效对审计意见的影响,并深入研究了公司环境相关的漂绿行为对环境绩效和非标准审计意见之间关系的调节作用;(2)公司环境绩效对债务成本的影响,丰富了债务融资定价的相关文献;(3)环境审计这一环境治理工具对分析师预测的影响,丰富了分析师预测的相关文献。

第七,探讨了公司环境绩效和股价崩盘风险的关系,并分析了环境信息披露对 A-B 股价差的影响,丰富了流动性假说和信息不对称假说等相关研究。

第八,本书首次考察了与公司环境绩效相关的漂绿行为的市场反应。此外,通过考察如何利用公司环境绩效区分环境友好型企业与非环境友好型企业,首次将公司环境绩效得分与市场反应(CAR)联系起来,发现了围绕漂绿名单曝光前后所有公司市场反应的两种截然不同的效应——环境友好型的竞争效应和非环境友好型的传染效应。

参考文献

[1]毕茜,彭珏,左永彦.环境信息披露制度、公司治理和环境信息披露[J].会计研究,2012,7:39-47.

[2]毕茜,顾立盟,张济建.传统文化、环境制度与企业环境信息披露[J].会计研究,2015(3):12-19,94.

[3]郭薇.政府监管与行业自律——论行业协会在市场治理中的功能与实现条件[D].天津:南开大学,2010.

[4]何丽梅,侯涛.环境绩效信息披露及其影响因素实证研究——来自我国上市公司社会责任报告的经验证据[J].中国人口·资源与环境,2010,20(8):99-104.

[5]胡立新,王田,肖田.董事会特征与环境信息披露研究——基于我国制造业上市公司的调查分析[J].财会通讯,2010(33):101-103.

[6]黄珺,周春娜.股权结构、管理层行为对环境信息披露影响的实证研究——来自沪市重污染行业

的经验证据[J]. 中国软科学，2012（1）：133-143.

[7]李斌，彭星，欧阳铭珂. 环境规制、绿色全要素生产率与中国工业发展方式转变——基于 36 个工业行业数据的实证研究[J]. 中国工业经济，2013（4）：56-68.

[8]李树，翁卫国. 我国地方环境管制与全要素生产率增长[J]. 财经研究，2014，4（2）：19-29.

[9]李晚金，匡小兰，龚光明. 环境信息披露的影响因素研究——基于沪市 201 家上市公司的实证检验[J]. 财经理论与实践，2008，29（3）：47-51.

[10]李永友，沈坤荣. 辖区间竞争、策略性财政政策与 FDI 增长绩效的区域特征[J]. 经济研究，2008，5：58-69.

[11]蒙立元，李苗苗，张雅淘. 公司治理结构与环境会计信息披露关系实证研究[J]. 财会通讯：综合（下），2010（3）：20-23.

[12]沈洪涛，冯杰. 舆论监督、政府监管与企业环境信息披露[J]. 会计研究，2012（2）：72-78.

[13]沈洪涛，游家兴，刘江宏. 再融资环保核查、环境信息披露与权益资本成本[J]. 金融研究，2010（12）：159-172.

[14]舒岳. 公司治理结构对环境信息披露影响的实证研究——来自沪市上市公司 2008 年的经验证据[J]. 会计之友，2010（1）：81-84.

[15]唐国平，李龙会，吴德军. 环境管制、行业属性与企业环保投资[J]. 会计研究，2013（6）：83-89.

[16]汤亚莉，陈自力，刘星，等. 我国上市公司环境信息披露状况及影响因素的实证研究[J]. 管理世界，2006（1）：158-159.

[17]田云玲，洪沛伟. 上市公司环境信息披露影响因素实证研究[J]. 会计之友，2010（3）：66-69.

[18]托马斯·思德纳. 环境与自然资源管理的政策工具[M]. 张蔚文，黄祖辉，译. 上海：上海三联书店，2005.

[19]王琮. 我国上市公司环境信息披露影响因素实证研究[D]. 杭州：浙江大学，2013.

[20]王建明. 环境信息披露、行业差异和外部制度压力相关性研究——来自我国沪市上市公司环境信息披露的经验证据[J]. 会计研究，2008（6）：54-62.

[21]吴红军. 环境信息披露、环境绩效与权益资本成本[J]. 厦门大学学报（哲学社会科学版），2014（3）：129-138.

[22]肖华，张国清. 公共压力与公司环境信息披露——基于"松花江事件"的经验研究[J]. 会计研究，2008（5）：15-22.

[23]阳静，张彦. 上市公司环境信息披露影响因素实证研究[J]. 会计之友，2008（32）：89-90.

[24]杨熠，李余晓璐，沈洪涛. 绿色金融政策、公司治理与企业环境信息披露——以 502 家重污染行业上市公司为例[J]. 财贸研究，2011，22（5）：131-139.

[25]姚圣. 政治关联、环境信息披露与环境业绩——基于中国上市公司的经验证据[J]. 财贸研究，2011（4）：78-85.

[26]余凌云. 行业协会的自律机制——以中国安全防范产品行业协会为个案研究对象[J]. 清华法律评论，2007（00）：81-103.

[27]张学刚，钟茂初. 环境库兹涅茨曲线再研究——基于政府管制的视角[J]. 中南财经政法大学学报，2009（6）：40-44.

[28]赵海霞，曲福田，郭忠兴. 环境污染影响因素的经济计量分析——以江苏省为例[J]. 环境保护，2006，2：57-61.

[29]赵玉民,朱方明,贺立龙. 环境规制的界定、分类与演进研究[J]. 中国人口·资源与环境,2009,19(6):85-90.

[30]AERTS W,CORMIER D. Media legitimacy and corporate environmental communication[J]. Accounting,organizations and society,2009,34(1):1-27.

[31]AKHIGBE A,MARTIN A D,NISHIKAWA T. Changes in risk of foreign firms listed in the US following Sarbanes-Oxley[J]. Journal of multinational financial management,2009,19(3):193-205.

[32]ALCIATORE M L,DEE C C. Environmental disclosures in the oil and gas industry[J]. Advances in environmental accounting and management,2006(3):49-75.

[33]AMBEC S,LANOIE P. Does it pay to be green? A systematic overview[J]. The academy of management perspectives,2008,22(4):45-62.

[34]ANDERSON J C,FRANKLE A W. Voluntary social reporting:an iso-beta portfolio analysis[J]. Accounting review,1980,55(3):467-479.

[35]ANDREWS R N L. Environmental regulation and business "self-regulation"[J]. Policy sciences,1998,31(3):177-197.

[36]ARAGÓN-CORREA J A. Strategic proactivity and firm approach to the natural environment[J]. Academy of management journal,1998,41(5):556-567.

[37]BARTH M E,BEAVER W H,LANDSMAN W R. Value-relevance of banks' fair value disclosures under SFAS No. 107[J]. Accounting review,1996,71(4):513-537.

[38]BARTH M E,MCNICHOLS M F,WILSON G P. Factors influencing firms' disclosures about environmental liabilities[J]. Review of accounting studies,1997,2(1):35-64.

[39]BELKAOUI A. The impact of the disclosure of the environmental effects of organizational behavior on the market[J]. Financial management,1976,5(4):26-31.

[40]BERRONE P,CRUZ C,GOMEZ-MEJIA L R,et al. Socioemotional wealth and corporate responses to institutional pressures:do family-controlled firms pollute less? [J]. Administrative science quarterly,2010,55(1):82-113.

[41]BOWMAN E H. Strategy,annual reports,and alchemy[J]. California management review,1978,20(3):64-71.

[42]BRAGDON J H,MARLIN J. Is pollution profitable[J]. Risk management,1972,19(4):9-18.

[43]BRAMMER S,PAVELIN S. Factors influencing the quality of corporate environmental disclosure [J]. Business strategy and the environment,2008,17(2):120-136.

[44]BROWN N,DEEGAN C. The public disclosure of environmental performance information:a dual test of media agenda setting theory and legitimacy theory[J]. Accounting and business research,1998,29(1):21-41.

[45]CAMPBELL D J. Legitimacy theory or managerial reality construction? Corporate social disclosure in Marks and Spencer Plc corporate reports[J]. Accounting forum,2000,24(1):80-100.

[46]CAMPBELL J L. Institutional analysis and the paradox of corporate social responsibility[J]. American behavioral scientist,2006,49(7):925-938.

[47]CHRISTMANN P. Effects of "best practices" of environmental management on cost advantage:the role of complementary assets[J]. Academy of management journal,2000,43(4):663-680.

[48]CLARKSON P M，LI Y，RICHARDSON G D，et al. Revisiting the relation between environmental performance and environmental disclosure：an empirical analysis[J]. Accounting，organizations and society，2008，33(4-5)：303-327.

[49]CLARKSON P M，FANG X H，LI Y，et al. The relevance of environmental disclosure for investors and other stakeholder groups：which audience are firms speaking to？[EB/OL].(2010).[2021-01-03]. http://dx.doi.org/10.2139/ssrn.1687475.

[50]CORMIER D，MAGNAN M. Corporate environmental disclosure strategies：determinants，costs and benefits[J]. Journal of accounting，auditing & finance，1999，14(4)：429-451.

[51]CORMIER D，GORDON I M. An examination of social and environmental reporting strategies [J]. Accounting，auditing & accountability journal，2001，14(5)：587-616.

[52]CORMIER D，MAGNAN M. Environmental reporting management：a continental European perspective[J]. Journal of accounting and public policy，2003，22(1)：43-62.

[53]COWEN S S，FERRERI L B，PARKER L D. The impact of corporate characteristics on social responsibility disclosure：a typology and frequency-based analysis[J]. Accounting，organizations and society，1987，12(2)：111-122.

[54]DA SILVA MONTEIRO S M，AIBAR-GUZMÁN B. Determinants of environmental disclosure in the annual reports of large companies operating in Portugal[J]. Corporate social responsibility and environmental management，2010，17(4)：185-204.

[55]DARRELL W，SCHWARTZ B N. Environmental disclosures and public policy pressure[J]. Journal of accounting and public policy，1997，16(2)：125-154.

[56]DEEGAN C，GORDON B. A study of the environmental disclosure practices of Australian corporations[J]. Accounting and business research，1996，26(3)：187-199.

[57]DU XQ. How the market values greenwashing? Evidence from China[J]. Journal of business ethics，2015，128(3)：547-574.

[58]DU XQ. Corporate environmental performance，accounting conservatism，and stock price crash risk：evidence from China[J].China accounting and finance review，2018，20(1)：1-43.

[59]DU XQ，JIAN W，ZENG Q，et al. Corporate environmental responsibility in polluting industries：does religion matter？[J]. Journal of business ethics，2014，124(3)：485-507.

[60]DU XQ，CHANG Y Y，ZENG Q，et al. Corporate environmental responsibility (CER) weakness，media coverage，and corporate philanthropy：evidence from China[J]. Asia Pacific journal of management，2016，33(2)：551-581.

[61]DU XQ，DU Y J，ZENG Q，et al. Religious atmosphere，law enforcement，and corporate social responsibility：evidence from China[J]. Asia Pacific journal of management，2016b，33：229-265.

[62]DU XQ，WENG JY，ZENG Q，et al. Do lenders applaud corporate environmental performance? Evidence from Chinese private-owned firms[J]. Journal of business ethics，2017，143(1)：179-207.

[63]DU XQ. A tale of two segmented markets in China：the informative value of corporate environmental information disclosure for foreign investors[J]. The international journal of accounting，2018，53 (2)：136-159.

[64]DU X Q，JIAN W，ZENG Q，et al. Do auditors applaud corporate environmental performance?

Evidence from China[J]. Journal of business ethics, 2018, 151: 1049-1080.

[65]EISNER M A. Corporate environmentalism, regulatory reform, and industry self-regulation: toward genuine regulatory reinvention in the United States[J]. Governance, 2004, 17(2): 145-167.

[66]ENDRIKAT J. Market reactions to corporate environmental performance related events: a meta-analytic consolidation of the empirical evidence[J]. Journal of business ethics, 2016, 138(3): 535-548.

[67]ENG L L, MAK Y T. Corporate governance and voluntary disclosure[J]. Journal of accounting and public policy, 2003, 22(4): 325-345.

[68]FERGUSON M J, LAM K C K, LEE G M. Voluntary disclosure by state-owned enterprises listed on the stock exchange of Hong Kong[J]. Journal of international financial management & accounting, 2002, 13(2): 125-152.

[69]FOGLER H R, NUTT F. A note on social responsibility and stock valuation[J]. Academy of management journal, 1975, 18(1): 155-160.

[70] FREEDMAN M, JAGGI B. Pollution disclosures, pollution performance and economic performance[J]. Omega, 1982, 10(2): 167-176.

[71]FREEDMAN M, JAGGI B. An analysis of the impact of corporate pollution disclosures included in annual financial statements on investors' decisions[J]. Advances in public interest accounting, 1986, 1(2): 193-212.

[72]FREEMAN R E. The politics of stakeholder theory: some future directions[J]. Business ethics quarterly, 1994, 4(4): 409-421.

[73]FREEMAN R E, EVAN W M. Corporate governance: a stakeholder interpretation[J]. Journal of behavioral economics, 1990, 19(4): 337-359.

[74] FRIEDMAN A. Foundations of modern analysis [M]. North Chelmsford: Courier Corporation, 1970.

[75]GAMPER-RABINDRAN S, FINGER S R. Does industry self-regulation reduce pollution? Responsible care in the chemical industry[J]. Journal of regulatory economics, 2013, 43(1): 1-30.

[76]GAO S S, HERAVI S, XIAO J Z. Determinants of corporate social and environmental reporting in Hong Kong: a research note[J]. Accounting forum, 2005, 29(2): 233-242.

[77]Global Reporting Initiative. Sustainability reporting guidelines[R]. Amsterdam: GRI, 2006.

[78]GRAY R, JAVAD M, POWER D M, et al. Social and environmental disclosure and corporate characteristics: a research note and extension[J]. Journal of business finance & accounting, 2001, 28(3/4): 327-356.

[79]GREER J, BRUNO K. Greenwash: the reality behind corporate environmentalism[M]. Penang: Third World Network, 1996.

[80]GUNNINGHAM N, REES J. Industry self-regulation: an institutional perspective[J]. Law & policy, 1997, 19(4): 363-414.

[81]GUPTA A K, LAD L J. Industry self-regulation: an economic, organizational, and political analysis[J]. Academy of management review, 1983, 8(3): 416-425.

[82]HACKSTON D, MILNE M J. Some determinants of social and environmental disclosures in New Zealand companies[J]. Accounting, auditing & accountability journal, 1996, 9(1): 77-108.

[83]HARDIN G. The tragedy of the commons[J]. Science, 1968(162): 1243-1248.

[84]HARRIS M N, KONYA L, MATYAS L. Modelling the impact of environmental regulations on bilateral trade flows: OECD, 1990-1996[J]. World economy, 2002, 25(3): 387-405.

[85]HART O. Corporate governance: some theory and implications[J]. The economic journal, 1995, 105(430): 678-689.

[86]HEFLIN F, SUBRAMANYAM K R, ZHANG Y. Regulation FD and the financial information environment: early evidence[J]. The accounting review, 2003, 78(1): 1-37.

[87]HO S S, WONG K S. A study of the relationship between corporate governance structures and the extent of voluntary disclosure[J]. Journal of international accounting, auditing and taxation, 2001, 10(2): 139-156.

[88]HUGHES S B, ANDERSON A, GOLDEN S. Corporate environmental disclosures: are they useful in determining environmental performance? [J]. Journal of accounting and public policy, 2001, 20(3): 217-240.

[89]IENCIU I A, NAPOCA C N. Environmental performance versus economic performance[J]. International journal of business research, 2009, 9(5): 125-131.

[90]INGRAM R W, FRAZIER K B. Environmental performance and corporate disclosure[J]. Journal of accounting research, 1980, 18(2): 614-622.

[91]JAFFE A B, PALMER K. Environmental regulation and innovation: a panel data study[J]. Review of economics and statistics, 1997, 79(4): 610-619.

[92]JUDGE W Q, DOUGLAS T J. Performance implications of incorporating natural environmental issues into the strategic planning process: an empirical assessment[J]. Journal of management studies, 1998, 35(2): 241-262.

[93]KAGAN R A, GUNNINGHAM N, THORNTON D. Explaining corporate environmental performance: how does regulation matter? [J]. Law & society review, 2003, 37(1): 51-90.

[94]KALT J P. The political economy of protectionism: tariffs and retaliation in the timber industry [M] //BALDWIN R E. Trade policy issues and empirical analysis. Chicago: University of Chicago Press, 1988:339-368.

[95]KARIM K E, LACINA M J, RUTLEDGE R W. The association between firm characteristics and the level of environmental disclosure in financial statement footnotes[J]. Advances in environmental accounting and management, 2006, 3, 77-110.

[96]KEDIA S, RAJGOPAL S. Do the SEC's enforcement preferences affect corporate misconduct? [J]. Journal of accounting and economics, 2011, 51(3): 259-278.

[97]KEIM G D. Corporate social responsibility: an assessment of the enlightened self-interest model [J]. Academy of management review, 1978, 3(1): 32-39.

[98]KHANNA M. Non-mandatory approaches to environmental protection[J]. Journal of economic surveys, 2001, 15(3): 291-324.

[99]KING A A, LENOX M J. Industry self-regulation without sanctions: the chemical industry's responsible care program[J]. Academy of management journal, 2000, 43(4): 698-716.

[100]KING A A, LENOX M J. Does it really pay to be green? An empirical study of firm environmen-

tal and financial performance[J]. Journal of industrial ecology, 2001, 5(1): 105-116.

[101]KLASSEN R D, WHYBARK D C. The impact of environmental technologies on manufacturing performance[J]. Academy of management journal, 1999, 42(6): 599-615.

[102]KOTHARI S P, SHU S, WYSOCKI P D. Do managers withhold bad news? [J]. Journal of accounting research, 2009, 47(1): 241-276.

[103]LEFEBVRE É, LEFEBVRE L A, TALBOT S. Determinants and impacts of environmental performance in SMEs[J]. R&D management, 2003, 33(3): 263-283.

[104]LEFTWICH R W, WATTS R L, ZIMMERMAN J L. Voluntary corporate disclosure: the case of interim reporting[J]. Journal of accounting research, 1981(19): 50-77.

[105]LENOX M J, NASH J. Industry self-regulation and adverse selection: a comparison across four trade association programs[J]. Business strategy and the environment, 2003, 12(6): 343-356.

[106]LYNN M. A note on corporate social disclosure in Hong Kong[J]. The British accounting review, 1992, 24(2): 105-110.

[107]MARSHALL A, HENWOOD F, CARLIN L, et al. Information to fight the flab: findings from the Net. Weight study[J]. Journal of information literacy, 2009, 3(2): 39-52.

[108]MUHAMMAD N, SCRIMGEOUR F, REDDY K, et al. The impact of corporate environmental performance on market risk: the Australian industry case[J]. Journal of business ethics, 2015, 132(2): 347-362.

[109]NEHRT C. Timing and intensity effects of environmental investments[J]. Strategic management journal, 1996, 17(7): 535-547.

[110]PATTEN D M. Intra-industry environmental disclosures in response to the Alaskan oil spill: a note on legitimacy theory[J]. Accounting, organizations and society, 1992, 17(5): 471-475.

[111]PIGOU A C. The economics of welfare[M]. London: Palgrave Macmillan, 2013.

[112]POPP D. International innovation and diffusion of air pollution control technologies: the effects of NO_x and SO_2 regulation in the US, Japan, and Germany[J]. Journal of environmental economics and management, 2006, 51(1): 46-71.

[113]PORTER M E, VAN DER LINDE C. Toward a new conception of the environment-competitiveness relationship[J]. Journal of economic perspectives, 1995, 9(4): 97-118.

[114]PRESTON L E. Analyzing corporate social performance:methods and results[J]. Journal of contemporary business, 1978, 7(1): 135-150.

[115]RAHMAN N, POST C. Measurement issues in environmental corporate social responsibility (ECSR): toward a transparent, reliable, and construct valid instrument[J].Journal of business ethics, 2012, 105(3): 307-319.

[116]RUSSO M V, FOUTS P A. A resource-based perspective on corporate environmental performance and profitability[J]. Academy of management journal, 1997, 40(3): 534-559.

[117]SCHNEIDER T E. Is environmental performance a determinant of bond pricing? Evidence from the US pulp and paper and chemical industries[J]. Contemporary accounting research, 2011, 28(5): 1537-1561.

[118]SHANE P B, SPICER B H. Market response to environmental information produced outside the firm[J]. Accounting review, 1983, 58(3): 521-538.

[119]SHARFMAN M P, FERNANDO C S. Environmental risk management and the cost of capital [J]. Strategic management journal, 2008, 29(6): 569-592.

[120]SHARMA S. Managerial interpretations and organizational context as predictors of corporate choice of environmental strategy[J]. Academy of management journal, 2000, 43(4): 681-697.

[121]SHARMA S, VREDENBURG H. Proactive corporate environmental strategy and the development of competitively valuable organizational capabilities[J]. Strategic management journal, 1998, 19(8): 729-753.

[122]SHRIVASTAVA P. The role of corporations in achieving ecological sustainability[J]. Academy of management review, 1995, 20(4): 936-960.

[123]SPICER B H. Investors, corporate social performance and information disclosure: an empirical study[J]. Accounting review, 1978, 53(1): 94-111.

[124]STARIK M, MARCUS A A. Introduction to the special research forum on the management of organizations in the natural environment: a field emerging from multiple paths, with many challenges ahead [J]. Academy of management journal, 2000, 43(4): 539-547.

[125]TROTMAN K T, BRADLEY G W. Associations between social responsibility disclosure and characteristics of companies[J]. Accounting, organizations and society, 1981, 6(4): 355-362.

[126]TURBAN D B, GREENING D W. Corporate social performance and organizational attractiveness to prospective employees[J]. Academy of management journal, 1997, 40(3): 658-672.

[127]UNERMAN J. Methodological issues: reflections on quantification in corporate social reporting content analysis[J]. Accounting, auditing & accountability journal, 2000, 13(5): 667-681.

[128]VAN BEERS C, VAN DEN BERGH J C J M. An empirical multi-country analysis of the impact of environmental regulations on foreign trade flows[J]. Kyklos, 1997, 50(1): 29-46.

[129]WALLEY N, WHITEHEAD B. It's not easy being green[J]. Harvard business review, 1994, 72(3): 46-52.

[130]WALLS J L, BERRONE P, PHAN P H. Corporate governance and environmental performance: is there really a link? [J]. Strategic management journal, 2012, 33(8): 885-913.

[131]WILMSHURST T D, FROST G R. Corporate environmental reporting: a test of legitimacy theory[J]. Accounting, auditing & accountability journal, 2000, 13(1): 10-26.

[132]WISEMAN J. An evaluation of environmental disclosures made in corporate annual reports[J]. Accounting, organizations and society, 1982, 7(1): 53-63.

[133]ZEGHAL D, AHMED S A. Comparison of social responsibility information disclosure media used by Canadian firms[J]. Accounting, auditing & accountability journal, 1990, 3(1): 0-0.

[134]ZYGLIDOPOULOS S C, GEORGIADIS A P, CARROLL C E, et al. Does media attention drive corporate social responsibility? [J]. Journal of business research, 2012, 65(11): 1622-1627.

第二章 地区经济增长目标与公司环境保护绩效

摘要:在中国官员"晋升锦标赛"模式的背景下,宏观层面的证据表明地方官员过度追求经济的增长会破坏当地环境。企业是经济增长的源动力,更是环境污染的主要制造者,因此,本章聚焦企业微观层面,探究地方政府在面对高经济增长目标压力时,如何影响当地企业的环保行为。基于手工整理的 2007—2017 年间地级市经济增长目标数据与 A 股上市公司披露的相关环保信息,研究发现,地方政府设置高经济增长目标会降低企业自发性环保绩效、能源(水资源)使用效率的环保绩效及温室气体排放的环保绩效;但是对能产生严重后果的环境问题,包括污染性气体排放、有毒物质排放、废弃物质回收与管理以及土地资源、生物多样保持的环保绩效没有显著影响。上述结果经一系列稳健性测试后依然成立。相关研究发现说明,地方政府在完成经济增长目标的过程中,一定程度上放松了对辖区企业的环境治理,但是仍然保留对严重环境问题的关切。

一、引言

目标是管理控制的重要元素,通过对目标完成与否的绩效评估,以实现有效的组织管理,因而目标被认为可以提升组织绩效(Luft,Shields,2003)。中国各层级政府同样实施目标绩效管理,通过对年初政府工作报告中提出的各种目标完成情况进行评估,实现对地方官员的绩效考核。这些目标中,经济增长目标尤为重要,因为中国地方政府的考核主要集中在以 GDP 为核心的政绩评价,能否完成经济目标与地方官员的晋升息息相关(周黎安,2004;Li et al.,2019)。中国过去经济的快速增长被归因于地方政府的经济绩效考核(皮建才,2012)。在实现经济增长目标的激励与压力下,地方政府可能缺乏对不能直接促进经济增长的问题的考虑。而生态环境保护是一种公共投入,并不能直接带来经济效益(张文彬,李国平,2014),同时,加强辖区环境污染治理,会在一定程度上束缚企业的生产。在由上而下"层层加码"的经济增长目标压力下(Li et al.,2019),地方政府是否会选择优先发展经济而忽视所在辖区的环境监管,以此让步于企业的生产活动?本章拟从地区不同经济增长目标下公司不同的环保绩效这一微观视角来回答这一问题。

在上级政府以经济绩效为主要考核的导向下,经济增长目标作为政府工作计划的重要部分,被认为可以影响地区经济增长状况以及市场运行结果(余泳泽 等,2019)。地方政府为完成经济增长目标,采取必要手段以期实现立竿见影的经济增长效果,促进地区投资、吸引外商直接投资等要素流入成为有效选择(刘淑琳 等,2019;Wu,Burge,2018)。不管何种形式的经济增长措施,都需要生产资料的大量投入、能源的消耗作为支撑(Dogan et al.,2019),随着相关资源要素耗费的增加,会带来一系列的环境问题(Gozgor,Can,2017)。此外,地方政府在追求经济增长的过程中,常常出现经济行为决策的短期化,诸如地方政府之间为吸引外商直接投资存在明显的环境政策博弈,降低环境标准来吸引更多外商投资(朱平芳 等,2011);或为了获取自身最大利益,地方政府会降低当地环保投资(易志斌,2011)。由此可见,为完成经济增长目标,地方官员在很大程度上会放松地区的环境管制要求,以完成经济增长目标,实现在"经济竞争锦标赛"下的晋升可能。理论分析也表明地方政府在经济发展与环境保护之间更倾向于发展经济而忽视环境保护(张文彬,李国平,2014)。

尽管中国行政管理体系中形成的政绩奖励提供了地方官员发展经济的强有力激励,但是完成经济增长目标实现政治晋升的前提是无严重行政处分。2006 年原国家环保总局颁布施行《环境保护违法违纪行为处分暂行规定》,对发生重大环境事故与生态污染事件的主管人员进行行政处分。不少地方官员因环境问题直接被记过、撤销职务或刑事处罚等[①]。因此,发展经济的同时,确保无严重环境问题的发生也是地方官员所重视的。鉴于企业是经济发展的主要参与者,更是生产要素的直接消费者与污染的主要制造者,地方官员在努力实现经济增长目标的过程中,应该差异化对待企业的环境问题,放松无严重后果的环境问题的监管,而谨慎对待有严重后果的相关环境问题。生态可持续性发展是多维度的,呼吸的空气、喝的水、接触到的物种多样性、土壤保持等都是需要有效保护才能实现长期利用(Grossman,Krueger,1995)。因此,考察经济增长目标对公司环境绩效的影响,应该从尽可能多的维度来分析。

本章利用手工整理的 2007—2017 年间地级市政府在政府工作报告中公布的地区经济增长目标与上市公司公开披露的环境信息数据分析发现,地区经济增长目标会影响辖区公司的环境绩效。具体而言,地方政府设置较高的经济增长目标,显著降低了公司的自发性环保绩效、资源(能源与水)使用效率绩效及温室气体排放绩效。上述结果是稳健的,采用不同的指标替代、工具变量回归以及不同子样本回归,上述结论没有发生明显改变。但是,经济增长目标对能产生严重后果的环境问题的环保绩效没有影响,表现为经济增长目标并没有显著降低污染性气体(二氧化硫、氮氧化物等)、高毒性物质排放、废弃物质产生和管理、土地资源使用与生物的多样性及保持方面的环境绩效。上述结果说明尽管设置经济增长目标给地方政府带来了完成经济目标的压力,使其对辖区环境管制做出一定让步,但是地方政府对直接不利于环境表现、可能造成重大不良后果的环境问题持有底线。进一步的研究发现,经

济增长目标降低了企业进行环境技术投资的可能,也降低了企业管理者对年报中环保表现进行陈述的可能。通过公司、其母公司与子公司是否被列入环境保护重点检查名单的分组测试表明,经济增长目标对企业相关环保绩效的负向影响在不同监管程度下表现出差异性,经济增长目标对相关环保绩效的影响在公司被列入环保重点检查名单中并不成立,说明经济增长目标对公司相关环境绩效的负向影响取决于一定外部条件。

本章研究贡献主要有以下几个方面:(1)本章拓展了地方政府经济增长目标在微观层面的经济后果的相关研究。之前关于地方经济增长目标的研究主要集中在宏观层面,诸如辖区土地出让、地区投资以及全要素生产率(胡深,吕冰洋,2019;刘淑琳 等,2019;余泳泽 等,2019)。然而,企业作为经济发展的主要源动力,地方政府在地区发展中扮演着主导角色,很显然,关于地方政府经济增长目标对企业微观行为影响的研究有限。(2)本研究通过对地方政府在经济增长目标下的政绩压力与 GDP 竞争分析,探究地区经济增长目标对公司不同环境问题的环保绩效的影响,丰富了现有文献中关于公司环保行为的认识。之前研究对公司环保绩效的关注主要是综合层面的分析,即公司的整体环保绩效(Du et al.,2017;Du et al.,2018;武恒光,王守海,2016;曾泉 等,2018),缺乏对不同类别的单一环境问题的探讨,诸如公司自发性环保、能源与水资源使用、温室气体等无直接严重后果的环境问题,以及污染性气体、高毒与废弃物质、生物多样性保护等有严重不良后果的环境问题。(3)本章丰富了政府行为对环境影响的相关文献(潘越 等,2017;齐结斌,胡育蓉,2013;易志斌,2011;张文彬,李国平,2014)。政府为实现经济增长,并非完全纵容企业牺牲环境而为提升经济让道,也非环境监管上的"一刀切"。本章研究结果表明,地方政府在实现经济增长目标压力下会放松一般性环境问题的监管,仍然关切有严重不良后果的环境问题,即对不同环境问题"区别对待"。

二、理论分析与研究假说

中国地方官员过度追求经济增长是有一定制度原因的。财政分权是中国转型时期的重要基本制度(Xu,2011)。1994 年分税制改革,形成中央税、地方税及共享税三大税类,中央回收重点经济领域财政权力,在一定程度上增加了地方政府的财政压力,促使地方政府在追求经济发展的过程中,需要参与有限资源的竞争。此外,财政分权背景下,中央政府向地方政府下放部分财政管理与决策权力(陈硕,高琳,2012),地方政府及官员拥有了辖区经济发展的更大权力,与之相对应的是,地方官员晋升的考核重点也从政治绩效转向经济绩效。因此,财政分权为地方官员发展区域经济水平提供了强有力动机。这种动机有利亦有弊:一方面,良好的经济发展水平可以大大降低地区的财政压力,另一方面,地方官员的私人利益与地区经济发展水平息息相关,不可避免地导致地方官员激烈的晋升标尺竞争(Li et al.,2019;Liu et al.,2020)。

地方政府定期公布经济增长目标,在公布之前经过内部多轮讨论形成,表明地方政府对经济增长目标极其重视(Li et al.,2019)。地方政府设立经济增长目标会激发其努力完成该目标,甚至超额完成目标。中国的政治提拔制度主要提拔能力较高的地方官员(Yao,Zhang,2015),因此,较高能力的官员有动力表现得更好,以向上级彰显自己的能力。地方官员为在晋升竞争中脱颖而出,更倾向于制定相对更高的经济增长目标(Li et al.,2019),由此,他们承受着实现经济增长目标的巨大压力。为了完成地区经济增长目标以及获得在同级政府中的竞争优势,地方政府有着强大动机来发展地区经济。Liu 等(2020)研究发现,全国与邻近省份的 GDP 竞争促使企业进行更多的投资,地方政府在面对高经济增长压力时,优先选择让企业进行更多投资,因为公司层面的投资更容易被观测、更可信,也更能确定其对 GDP 的贡献。刘淑琳等(2019)通过对地方政府经济增长目标的研究发现,地方经济增长目标每提高 1%,地区的投资增长上升约 0.44%。

然而,实现经济的增长必然伴随着更多的资源使用,而能源的使用又会造成环境污染(Zhang et al.,2013)。Christainsen 和 Haveman(1981)认为,经济的增长与环境的保护之间是相悖的,实现经济的快速增长必然会付出一定的环境代价;而强有力的环境保护则会限制生产活动,不利于经济的增长(Becker,2011)。Gray(1987)基于 20 世纪 70 年代美国的环境管制背景研究发现,环境管制让制造业的年均生产率降低了 0.17%～0.28%,该发现提供了严格的环境监管不利于经济发展的证据,表明了强有力的环境监管会增加生产企业的治污成本,也会对正常生产形成束缚。Levinsohn 和 Petrin(2000)对美国造纸业的污染治理分析后发现,造纸业的污染治理成本很高,而企业的生产效率长期处于低水平,也为严格环境监管降低企业生产效率提供了证据。在中国的经济优先政策和政治体制下,对地方官员的评估是基于他们实现地方经济增长的能力(Li,Zhou,2005),放松地区环境监管,实现地方政府效益最大化,也就导致地方官员可能会纵容环境破坏、滥用环境资源的情况发生(张文彬,李国平,2014)。Li 等(2020)通过对中国河长制度的水污染治理分析,发现地方政府并没有在经济发展和环境治理之间进行权衡,地方经济发展仍然优先于环境治理。

此外,环境是典型的公共物品,决定了地方政府不会选择环保优先而经济发展为次的策略。社会各主体在环境消费的过程中具有非竞争性(个体享受环境保护的最终成果不会减少其他人对该成果的享受)与非排他性(个体无法排除别人享受环境保护成果),会导致区域污染程度的增加以及环境治理的不足(齐结斌,胡育蓉,2013);也正因为环境的公共物品属性,环境保护具有正效益外溢性(张文彬,李国平,2014),即地方政府在考虑加大环境保护力度的同时,必然考虑环境保护的成本与收益,由于环境保护的正效益外溢,该部分收益不会被地方政府考虑,会出现付出成本远大于收益的情况,从而降低地方政府在环境保护上的动力。若放松对辖区环境的管制,在资源使用增加的同时,尽管牺牲了环境,但是经济规模的增加带来的财政收益全部由地方所得,而环境的成本会扩大到周边,总的收益高于成本。高翔(2014)基于 41 个水库和湖泊数据的研究发现,水库周边的地级市行政区数量越多,水质越差,由此说明了环境保护的公共物品属性。

对企业而言,地方政府公布的经济增长目标是未来经济政策以及经济发展形势的直接信号,企业一般会顺应政府的经济增长目标加大生产(刘淑琳 等,2019),以把握当前的经济形势。地方政府控制着关键的资源与众多的商业活动,有能力影响其辖区企业的融资资源、税收优惠等(Liu et al.,2020),企业有动机迎合地方政府的发展战略。但是,随着生产投入的增加,企业需要将更多的资源投入主要生产项目,为减少对主要经济业务资源的挤占以及人力投入,企业有动机减少环境方面的资源投入,尤其在环保监管部门非强制要求的事项方面,企业很可能会忽视。企业的生产者知道当地政府面临的经济压力,若因环保的非重大问题而停产停工造成生产停滞、投资减少,最终损失的是当地的税基以及财政收入。由此,地方政府作为企业的重要利益相关者之一,其在追求经济增长中对环境问题上的忽视必然导致企业在环保问题上的懈怠,毕竟企业的主要目标是实现经济利益最大化。基于上述分析,地方政府设置的经济增长目标越高,其面临的经济增长压力就越高,因而地方政府会更加关注区域经济发展情况,在一定程度上放松辖区的环境管制,使企业的自发性环保绩效降低。

经济的迅速增长引发了能源消耗的快速增加(Liu et al.,2009;Gozgor,Can,2017)。能源是企业正常生产必不可少的重要资源,企业在加大投资以实现快速增长的过程中,会直接增加对能源的消费与依赖。从地方政府的角度来看,在承受巨大经济增长目标的压力下来讨论提升能源的使用效率、降低能源使用等问题并不现实。减少能源的使用会降低生产,提高能源的使用效率,会增加生产企业成本,企业在达不到相关标准时很大可能会选择减产甚至停产,这些都不利于地区经济增长目标的完成,正如余泳泽等(2019)提及,在经济增长目标压力下,地方政府的行为呈现短期化的特征。此外,企业作为多方利益的契约结合体,既要重视地方政府引导下的生产活动(诱发更多的能源使用),又要重视社会其他利益相关者的利益诉求,如社会环保组织、公众等对环保的关注,在自知能源使用效率不佳的情况下,可能会减少能源相关信息的披露以掩饰能源使用及效率方面的环保不足。同理,水资源作为企业生产必不可少的资源之一,为保障企业扩大生产,水资源的使用也将增加。在水资源使用效率方面,效率的提升是需要一系列管理流程及技术作为支撑的。然而,在自上而下追求经济增长、企业生产增加的背景下,企业在提升水资源使用效率方面的意愿并不强。虽然中央政府提出了节能减排的要求,但是具体的环境监管是地方环保部门负责,而地方环保部门除服从于上级环保部门领导,同样受地方政府的领导(主管环保的副市长),在以实现经济增长目标为主要行动原则的背景下,环保部门相关环境绩效评价及数据统计质量会有所折扣(张文彬,李国平,2014)。因此,在经济增长目标设定越高的地区,企业能源、水资源使用效率越不理想,表现为企业能源与水资源使用效率相关的环保绩效水平较低。

王中英和王礼茂(2006)进一步分析了中国GDP的增长与碳排放量之间的关系,发现中国依赖投资的经济增长方式以及以工业为主的经济结构导致了大量二氧化碳的产生。二氧化碳作为主要温室气体之一,虽然各国签署了《联合国气候变化框架公约》(1992)以降低温室气体排放,但是地方政府与中央政府之间存在显著不同的利益诉求(张文彬,李国平,2014),地方政府之间激烈的经济竞争促使其优先发展经济、加大投资而忽视对温室气体的关注。为实现经济增长目标,伴随着企业投资的增多,相应大量资源的消耗会产生更多的温室气体。若企业追求较高的温室气体排放绩效,势必会减少生产,这与地方政府经济发展预期相悖;若改进相关技术,便会增加企业负担,造成企业降低温室气体排放的动力不足。根据上述分析,地方政府在追求高经济增长目标的背景下,能源被大量使用,企业的温室气体排放绩效表现出较低水平。

虽然地方官员在面临经济绩效考核的同时也面临环境绩效的考核,但是相对于经济绩效,地区环境绩效在宏观层面难以量化(Li et al.,2020)。Holmstrom 和 Milgrom(1991)提出的多任务代理理论认为,当一个代理人面临多重任务时,该代理人倾向于完成那些容易监督的任务,而忽略那些难以监督的任务。该理论为地方政府发展地区经济而在一定程度上放松环境监管提供了支持。

综合上述分析,提出如下假设:

假设 2-1:限定其他条件,地方政府设置较高的经济增长目标,会降低当地企业的自发性环保绩效、能源(水资源)使用及效率的环保绩效以及温室气体排放方面的环保绩效。

如前所述,地方政府为实现经济增长目标会在一定程度上放松对当地企业的环境管制,为企业生产活动松绑(Li et al.,2020),辖区企业很大可能会出现自发性环保绩效较低、能源(水资源)使用效率的环保绩效以及温室气体排放环保绩效的下降,但是对上述环保问题的不重视并不会给当地带来直接可见的严重环境后果,也就不会引起社会公众的重点关切。企业的环境问题并不是单维度的,而是涉及多方面的,地方政府也不太可能因为企业生产活动在 GDP 中的贡献而完全放任其在环境问题上的不作为。中国政府高层关注到了环境问题对实现可持续发展的阻碍,习总书记在十八大提出生态文明建设,倡导"绿水青山就是金山银山"的环境理念。在各级政府工作报告中也不乏提出减少污染性气体排放,改善空气质量的年度工作计划。随着中央对环境问题的重视,官员在面临经济绩效考核的同时,同样会面临环境绩效考核。环境问题上目标责任制、环境离任审计、一票否决、终身问责等的逐步实施(袁方成,姜煜威,2020),使得地方政府即使面临高经济增长目标的压力,在很大程度上也会坚守环境保护应有的底线,因为一旦环境问题触及红线,会直接影响官员的环境绩效考核,最终被一票否决。

企业生产中除了会产生温室气体外,其他污染性气体如二氧化硫、氮氧化物的产生及其过度排放会形成酸雨、空气质量降低等后果;而高毒性物质的排放则会对区域生态造成严重破坏,污染土地与水资源,对当地居民、其他动植物的生存形成直接威胁;工业生产废弃物质若处理不当,轻则影响人居环境,重则破坏生态大环境;因环保的不力,最终造成土地资源、生物多样性的破坏则更是中央政府以及社会公众所重点关切的(汪伟全,2014;曾贤刚 等,2015;谢申祥 等,2015;Li et al.,2020;Paulo,Camões,2019)。上述环境问题的发生,大部分不会在短时间内表现出来,为公众所知,而一旦之后表现出来,对当地生态环境的破坏在很大程度上是灾难性的。一旦发生严重环境问题,社会公众会谴责地方政府的环境治理不力,地方媒体也会聚焦严重环境污染事件,并放大该事件,由此,会给当地政府带来巨大的负面舆论压力(潘孝珍,魏萍,2019)。因此,尽管地方官员放松了地区的环境管制,努力实现经济增长目标,但是对于后果严重的环境问题,地方官员仍然保持底线,不敢懈怠。综合上述分析,提出如下假设:

假设 2-2:限定其他条件,地方政府设置较高的经济增长目标,不会显著降低公司的其

他污染性气体排放、高毒性物质排放、废弃物质处理与回收以及土地资源、生物多样性保持方面的环保绩效。

三、研究设计

(一)样本选择及数据来源

本章选择 2007—2017 年的中国沪深 A 股上市公司为研究样本。样本始于 2007 年是因为上市公司直到 2007 年才开始披露更多环境保护相关信息(Du,2018)。本章首先选择 CSMAR 数据库中该样本区间资产未缺失、值大于 0,且观测值年度为上市当年及之后年度的样本作为初始样本,按照如下原则进行样本的进一步筛选:(1)剔除公司所在地级市经济增长目标不可获得的观测值;(2)剔除银行、保险、证券等金融行业观测值;(3)剔除处于特殊状态(ST、*ST、退市)的观测值;(4)剔除公司特征相关变量缺失的观测值,最终获得 3 303 家上市公司的 22 274 个观测值。为减少极端值对最终结果的影响,对控制变量中的连续性变量在前后 1% 水平上缩尾(winsorize)处理。

数据来源如下:(1)上市公司的环境保护相关绩效数据源于公司披露的年度报告、社会责任报告以及官方网站相关信息,最终进行手工整理;(2)地级市以及省级经济增长目标源于地方政府各年年初公布的政府工作报告,通过地方政府网站以及百度搜索引擎网页获取;(3)公司特征及相关财务数据来自 CSMAR 数据库,不足部分由 Wind 数据库补充;(4)市场化指数源于 2016 年度市场化指数报告(王小鲁 等,2017)。

(二)模型及变量

本章构建了如下 Tobit 回归模型来进行假设检验:

$$
\begin{aligned}
ENV(Y) = {} & \alpha_0 + \alpha_1 TARGET + \alpha_2 BLOCK + \alpha_3 BOARDSIZE + \alpha_4 INDR + \alpha_5 DPC + \alpha_6 ISO \\
& + \alpha_7 SALARY + \alpha_8 INST\_SHR + \alpha_9 SIZE + \alpha_{10} LEV + \alpha_{11} ROE + \alpha_{12} GROWTH \\
& + \alpha_{13} LISTAGE + \alpha_{14} STATE + \alpha_{15} MKT + Industry\ Dummies + Year\ Dummies + \varepsilon
\end{aligned}
$$

$$(2\text{-}1)$$

其中,ENV 表示公司环境保护相关绩效,作为本章的因变量,其包含 8 个小类别:自发性环保绩效(ENV_SELF);资源使用效率相关的环保绩效,包括能源使用效率(ENV_ENERGY)、水资源使用效率(ENV_WATER)以及温室气体排放(ENV_GHG)的环保绩效;环境保护不足会导致严重不良后果的相关环保绩效,具体为以下 4 类:其他污染性气体排放(ENV_OG)、高毒性物质排放(ENV_POI)、污染物的产生与管理回收(ENV_WASTE)、土地资源与生物的多样性的保持(ENV_LRBC)(Clarkson et al.,2008;Du 等,2017;Du 等,2018;Du,2018)。上述指标的最小值为 0,最大值为 6,具体分值构建参见附录 2-1。上述相关环境绩效使用公司公开披露的信息,若公司没有做出相关环境保护行为,就不会披露相关环境保护信息。鉴于地方政府的经济增长目标设定是在往年实际经济增长的基础上综合各种因素提出的,因此,本章使用变化的环境绩效 ENV_(Y)_DIF,即当年与上一年的环境绩效的差值作为因变量的敏感性测试。

TARGET 为主要解释变量,表示地级市经济增长目标;对于地方政府提出的经济增长目标包含"之上""左右""约"等修饰的以具体数值为准,以区间值出现的取均值(刘淑琳等,2019)。为确保结论的可靠性,本章使用地级市与所在省份经济目标的差值作为自变量的敏感性测试。根据本章的研究假设,预期在自发性环保绩效及无严重社会影响的环保绩效(前四类指标)的回归中,回归系数 α_1 显著为负;有严重社会影响的环境保护绩效(后四类指标)的回归中,回归系数 α_1 不显著。

根据影响公司环保绩效的相关因素(Du et al.,2014),模型(2-1)的相关控制变量包含:(1)治理层面:第一大股东持股比例(BLOCK)、董事会规模(BOARDSIZE)、独立董事比例(INDR)、是否设置控制污染的环保的管理岗位或部门(DPC)、公司有无执行 ISO14001 环保标准(ISO)、高管的薪酬与环境业绩相关(SALARY)、机构投资者持股比例(INST_SHR);(2)公司特征方面:公司规模(SIZE)、财务杠杆(LEV)、净资产收益率(ROE)、公司成长速度(GROWTH)、公司上市时间(LISTAGE)、企业属性(STATE);(3)市场化指数(MKT)。最后,考虑到行业和年度可能对公司环保绩效产生影响,模型控制了行业、年度的固定效应。为解决可能的异方差,本章对所有 t 值进行了公司层面的聚类调整(White,1980)。附录 2-1 提供了模型(2-1)中涉及变量的详细定义。

四、实证结果及分析

(一)变量的描述性统计

表 2-1 为变量的描述性统计。公司自发性环保绩效(ENV_SELF)的均值为 0.282,最大值为 6,最小值为 0,说明上市公司在自愿进行环境保护方面存在较大差异,这为探究公司自发性环境保护的内在原因提供了基础。公司能源使用效率(ENV_ENERGY)、水资源使用效率(ENV_WATER)、温室气体排放(ENV_GHG)的环境业绩指标的均值分别为 0.177、0.106、0.065,表明上市公司资源使用效率相关的环保绩效较低;此外,污染性气体排放(ENV_OG)、高毒性物质排放指标(ENV_POI)、废弃物质产生和管理的指标(ENV_WASTE)、土地和资源使用及生物的多样性保持方面的绩效指标(ENV_LRBC)均值分别为 0.134、0.060、0.111、0.028,且 3/4 分位数为 0,表明上市公司的重大环境污染治理绩效不高,且公司之间差异显著。地级市的经济增长目标(TARGET)的均值为 0.099,与中国近些年经济增长速度的 10% 这一数值相差不多,而最小值与最大值之间相差 0.28,也表明地方政

府完成经济增长目标所面对的压力相差较大。至于控制变量,在样本区间,独立董事占董事会比例(INDR)均值为 0.371,与"上市公司董事会成员中应当至少包括三分之一独立董事"相符;DPC、ISO 的均值为 0.101 和 0.238,说明在董事会中设置环境保护相关委员会、通过 ISO14001 环保认证的上市企业并不多;其他控制变量的相关统计特征可见表 2-1,均在合理范围之内。

表 2-1　描述性统计

变量	观测值	均值	标准差	最小值	1/4 分位	中位数	3/4 分位	最大值
ENV_SELF	22 274	0.282	0.656	0	0	0	0	6
ENV_ENERGY	22 274	0.177	0.611	0	0	0	0	5
ENV_WATER	22 274	0.106	0.450	0	0	0	0	5
ENV_GHG	22 274	0.065	0.367	0	0	0	0	5
ENV_OG	22 274	0.134	0.527	0	0	0	0	5
ENV_POI	22 274	0.060	0.365	0	0	0	0	4
ENV_WASTE	22 274	0.111	0.450	0	0	0	0	5
ENV_LRBC	22 274	0.028	0.219	0	0	0	0	3
TARGET	22 274	0.099	0.024	0.030	0.080	0.095	0.120	0.310
BLOCK	22 274	0.356	0.150	0.089	0.235	0.338	0.461	0.750
BOARDSIZE	22 274	2.152	0.200	1.609	2.079	2.197	2.197	2.708
INDR	22 274	0.371	0.052	0.308	0.333	0.333	0.400	0.571
DPC	22 274	0.101	0.302	0	0	0	0	1
ISO	22 274	0.238	0.426	0	0	0	0	1
SALARY	22 274	0.013	0.114	0	0	0	0	1
INST_SHR	22 274	0.363	0.235	0.001	0.154	0.359	0.547	0.868
SIZE	22 274	21.960	1.268	19.640	21.020	21.780	22.680	25.910
LEV	22 274	0.430	0.212	0.047	0.260	0.424	0.594	0.899
ROE	22 274	0.067	0.106	−0.508	0.033	0.072	0.114	0.327
GROWTH	22 274	0.203	0.448	−0.561	0.000	0.126	0.300	2.917
LISTAGE	22 274	1.967	0.920	0	1.386	2.197	2.708	3.178
STATE	22 274	0.393	0.488	0	0	0	1	1
MKT	22 274	7.868	1.676	3.490	6.660	7.930	9.610	10.27

(二)变量的相关性分析

表 2-2 为变量之间的 Pearson 相关性系数。从表 2-2 得出,经济增长目标(TARGET)与环境绩效相关指标呈显著负相关关系,初步印证了地方政府为了完成过高的经济增长目标

表 2-2　Pearson 相关系数

变量		(1)	(2)	(3)	(4)	(5)	(6)	(7)	(8)	(9)	(10)	(11)	(12)
ENV_SELF	(1)	1											
ENV_ENERGY	(2)	0.335***	1										
ENV_WATER	(3)	0.330***	0.598***	1									
ENV_GHG	(4)	0.263***	0.417***	0.368***	1								
ENV_OG	(5)	0.408***	0.388***	0.426***	0.465***	1							
ENV_POI	(6)	0.279***	0.197***	0.222***	0.160***	0.457***	1						
ENV_WASTE	(7)	0.359***	0.408***	0.454***	0.309***	0.493***	0.214***	1					
ENV_LRBC	(8)	0.164***	0.259***	0.293***	0.155***	0.167***	0.066***	0.241***	1				
TARGET	(9)	−0.090***	−0.031***	−0.024**	−0.055***	−0.054**	−0.066***	−0.015**	0.009	1			
BLOCK	(10)	0.069***	0.134***	0.096***	0.069***	0.081***	0.028***	0.072***	0.096***	0.016**	1		
BOARDSIZE	(11)	0.091***	0.134***	0.089***	0.065***	0.081***	0.040***	0.092***	0.071***	0.115***	0.020***	1	
INDR	(12)	−0.008	0.000	−0.009	0.012*	−0.015*	−0.026***	−0.020***	0.020***	−0.049***	0.042***	−0.483***	1
DPC	(13)	0.369***	0.270***	0.251***	0.197***	0.263***	0.178***	0.250***	0.155***	−0.016**	0.057***	0.079***	0.001
ISO	(14)	0.256***	0.198***	0.197***	0.103***	0.158***	0.118***	0.189***	0.109***	−0.046***	0.024***	0.043***	0.000
SALARY	(15)	0.187***	0.160***	0.138***	0.092***	0.124***	0.072***	0.115***	0.092***	0.020***	0.028***	0.027***	−0.021***
INST_SHR	(16)	0.165***	0.189***	0.136***	0.097***	0.108***	0.086***	0.099***	0.096***	−0.057***	0.278***	0.156***	−0.029***
SIZE	(17)	0.286***	0.341***	0.243***	0.213***	0.237***	0.140***	0.220***	0.176***	−0.132***	0.225***	0.256***	0.019***
LEV	(18)	0.082***	0.130***	0.071***	0.073***	0.065***	0.042***	0.073***	0.044***	0.084***	0.057***	0.171***	−0.022***
ROE	(19)	0.029***	0.033***	0.020***	0.020***	0.006	0.002	0.017***	0.004	−0.002	0.119***	0.030***	−0.022***
GROWTH	(20)	−0.014**	−0.027***	−0.018**	−0.011	−0.007	0.002	−0.010	−0.014**	−0.005	0.014**	−0.020***	0.006
LISTAGE	(21)	0.123***	0.100***	0.057***	0.015***	0.059***	0.094***	0.050***	0.025***	−0.019***	−0.092***	0.108***	−0.029***
STATE	(22)	0.129***	0.197***	0.107***	0.078***	0.093***	0.056***	0.093***	0.107***	0.102***	0.223***	0.257***	−0.063***
MKT	(23)	−0.008	−0.013*	−0.005	0.013***	−0.024***	0.018***	−0.024***	−0.053***	−0.474***	0.005	−0.122***	0.025***

续表

变量	(13)	(14)	(15)	(16)	(17)	(18)	(19)	(20)	(21)	(22)	(23)
DPC (13)	1										
ISO (14)	0.218***	1									
SALARY (15)	0.189***	0.080***	1								
INST_SHR (16)	0.102***	0.070***	0.048***	1							
SIZE (17)	0.191***	0.121***	0.058***	0.420***	1						
LEV (18)	0.036***	0.000	0.003	0.217***	0.488***	1					
ROE (19)	0.003	0.023***	0.020***	0.126***	0.109***	-0.139***	1				
ENV_SELF (20)	-0.018***	-0.033***	-0.018***	0.006	0.058***	0.036***	0.219***	1			
ENV_ENERGY (21)	0.049***	0.015**	0.021***	0.377***	0.367***	0.432***	-0.122***	-0.027***	1		
ENV_WATER (22)	0.098***	-0.005	0.045***	0.316***	0.343***	0.297***	-0.033***	-0.061***	0.394***	1	
ENV_GHG (23)	-0.057***	0.046***	-0.040***	-0.040***	0.004	-0.118***	0.078***	0.014***	-0.125***	-0.192***	1

注：*，**，*** 分别表示 10%，5% 和 1% 的显著性水平。

会主要关注经济的发展,而对环境保护问题的重视不足,放松对环境问题的管制。此外,BLOCK、BOARDSIZE、DPC、ISO、SALARY、INST_SHR、SIZE、LEV、ROE、LISTAGE、STATE 与公司相关环境绩效呈现显著的正相关关系,与预期相符;公司的主营业务收入增长速度(GROWTH)与自发性环保绩效以及能源、水资源使用效率的环保绩效(ENV_SELF、ENV_ENERGY、ENV_WATER)表现为显著的负相关关系,表明企业为追求快速成长,降低了对环境保护的重视,表现出自发的环境保护动机不足。

(三)主要假设的实证结果分析

表 2-3 报告了地区经济增长目标对公司自发性环保绩效以及资源利用效率环保绩效的影响结果。首先,地区经济增长目标(TARGET)与自发性环保绩效(ENV_SELF)在 5% 水平上显著负相关(系数 = −4.417,t = −2.33),说明地区经济增长目标越高,完成经济目标压力越大,地方政府越注重经济发展,放松地区环境治理,企业对于可做可不做的环境保护举措倾向于不做,因而自发性环保绩效显著下降;此外,TARGET 与能源使用绩效(ENV_ENERGY)、水资源使用绩效(ENV_WATER)和温室气体排放绩效(ENV_GHG)在 1% 的水平上显著负相关,表明地方政府在经济增长的压力下,降低了能源与水资源的使用效率以及温室气体排放的监管强度,上述结果支持了假设 2-1。就经济显著性而言,地区经济目标每增加一个标准差,ENV_SELF、ENV_ENERGY、ENV_WATER 和 ENV_GHG 分别平均降低 37.59%、31.19%、17.21% 和 28.98%。

控制变量方面,公司设置了环境保护相关部门(DPC)、执行 ISO14001 标准(ISO)、高管薪酬与环境绩效关联(SALARY)、机构投资者持股(INST_SHR)等治理层面的因素与公司相关环保绩效显著正相关,表明有效的内外部治理对企业的自发性环保绩效以及资源利用效率绩效产生积极影响;公司特征层面,公司规模(SIZE)越大,更有实力进行自发性环境保护、提升资源利用效率,如表 2-3 结果显示,SIZE 与环境相关绩效显著正相关;而公司增长速度(GROWTH)越快,需要更多资源,会降低企业环保意愿,结果表现为 GROWTH 与自发性环保绩效以及资源利用效率相关绩效负相关。

表 2-3　假设 2-1 实证结果

变量	(1)ENV_SELF		(2)ENV_ENERGY		(3)ENV_WATER		(4)ENV_GHG	
	系数	t 值	系数	t 值	系数	t 值	系数	t 值
TARGET	−4.417**	−2.33	−2.300***	−5.61	−0.760***	−2.62	−0.785***	−3.99
BLOCK	−0.030	−0.13	0.079	1.53	0.020	0.50	−0.013	−0.44
BOARDSIZE	0.208	1.08	0.052	1.18	0.003	0.08	0.009	0.34
INDR	−0.319	−0.49	0.225	1.33	−0.042	−0.40	0.127	1.40
DPC	1.376***	16.47	0.314***	8.54	0.225***	7.01	0.160***	6.43
ISO	0.987***	14.63	0.171***	8.47	0.131***	8.93	0.040***	4.05
SALARY	1.252***	6.77	0.508***	3.96	0.295***	2.75	0.159**	2.28

续表

变量	(1)ENV_SELF		(2)ENV_ENERGY		(3)ENV_WATER		(4)ENV_GHG	
	系数	t 值	系数	t 值	系数	t 值	系数	t 值
INST_SHR	0.308**	2.10	0.071**	2.16	0.058**	2.47	0.037**	2.00
SIZE	0.383***	10.07	0.138***	12.74	0.069***	8.87	0.053***	8.06
LEV	−0.376**	−1.96	−0.069*	−1.69	−0.070***	−2.60	0.010	0.49
ROE	0.429*	1.73	−0.068	−1.34	−0.067*	−1.94	−0.040	−1.26
GROWTH	−0.104**	−2.37	−0.033***	−4.02	−0.011*	−1.93	−0.013***	−3.15
LISTAGE	0.069	1.54	−0.015	−1.45	−0.015**	−2.02	−0.034***	−6.09
STATE	0.269***	3.15	0.075***	3.98	0.010	0.71	0.006	0.72
MKT	−0.023	−0.99	0.011**	2.27	0.007*	1.95	0.004	1.37
截距	−12.602***	−13.42	−3.039***	−12.08	−1.435***	−7.77	−1.036***	−6.29
行业	控制		控制		控制		控制	
年度	控制		控制		控制		控制	
观测值	22 274		22 274		22 274		22 274	
Pseudo R^2	0.158 6		0.136 1		0.130 8		0.121 6	
Log likelihood	−13 802.85		−17 825.38		−3 304.08		−3 280.65	
LR Chi^2	6 508.21***		5 615.17***		3 610.70***		2 253.88***	

注:所有 t 值经过 White(1980)稳健调整;*、**、*** 分别表示 10%、5%和 1%的显著性水平。

　　假设 2-2 预测高经济增长目标对能产生严重后果的环境问题的环保绩效没有显著影响,原因在于地方官员在发展经济的同时,仍然担心过度地放松环境管制会引起极端环境事件,造成恶劣社会影响,触发环境监管红线,影响政治评价。因此,本章选择了公司四个维度的能产生重大环境不良后果的指标:其他气体(二氧化硫、氮氧化物等)排放的环保绩效(ENV_OG)、有毒物质排放的环保绩效(ENV_POI)、废弃物质产生和管理的环保绩效(ENV_WASTE)、土地资源及生物多样性保持的环保绩效(ENV_LRBC)。表 2-4 呈现了该假设的结果,经济增长目标(TARGET)与 ENV_OG、ENV_POI、ENV_WASTE 和 ENV_LRBC 并没有显示出显著的相关性,说明地方政府在高经济增长目标压力下,不会触及环境监管红线,未因过度追求经济增长而放松对可能产生严重环境问题企业的环保监管。结合假设 2-1 的实证结果,表明地方经济发展目标对公司环境保护行为的影响呈现异质性,对公司环保绩效是否产生影响取决于该环境问题能否产生严重的不良后果。

表 2-4　假设 2-2 实证结果

变量	(1)ENV_OG		(2)ENV_POI		(3)ENV_WASTE		(4)ENV_LRBC	
	系数	t 值	系数	t 值	系数	t 值	系数	t 值
TARGET	−0.242	−0.68	0.036	0.13	0.118	0.39	−0.131	−0.81
BLOCK	0.034	0.92	0.012	0.49	0.003	0.09	0.027	1.26
BOARDSIZE	0.002	0.06	−0.019	−0.94	0.033	1.05	0.022	1.04
INDR	−0.144	−1.34	−0.237 ***	−3.54	−0.078	−0.79	0.132 **	2.32
DPC	0.279 ***	8.67	0.141 ***	6.14	0.226 ***	7.95	0.058 ***	3.55
ISO	0.094 ***	6.64	0.048 ***	4.99	0.122 ***	8.89	0.036 ***	4.47
SALARY	0.280 **	2.56	0.093	1.37	0.215 **	2.41	0.097 *	1.70
INST_SHR	0.025	1.05	0.026	1.61	0.003	0.14	0.017	1.60
SIZE	0.071 ***	8.91	0.019 ***	4.62	0.057 ***	8.63	0.024 ***	4.90
LEV	−0.061 **	−2.02	−0.019	−0.94	−0.028	−1.06	−0.052 ***	−3.05
ROE	−0.083 **	−2.01	−0.011	−0.41	−0.015	−0.44	−0.047 **	−2.37
GROWTH	−0.009	−1.24	0.002	0.29	−0.009	−1.57	−0.003	−1.38
LISTAGE	−0.017 **	−2.43	0.024 ***	6.55	−0.014 **	−2.28	−0.012 ***	−3.75
STATE	0.008	0.62	0.006	0.63	0.013	1.07	0.016 ***	3.02
MKT	0.000	0.07	0.008 ***	2.92	0.005	1.53	−0.003	−1.59
截距	−1.431 ***	−8.02	−0.418 ***	−4.09	−1.314 ***	−8.17	−0.551 ***	−5.54
行业	控制		控制		控制		控制	
年度	控制		控制		控制		控制	
观测值	22 274		22 274		22 274		22 274	
Pseudo R^2	0.120 7		0.114 5		0.121 3		−0.445 4	
Log likelihood	−15 236.66		−8 124.63		−12 136.79		3 199.24	
LR Chi^2	4 184.93 ***		2 100.24 ***		3 350.28 ***		1 971.55 ***	

注：所有 t 值经过 White(1980)稳健调整；*、**、*** 分别表示 10%、5% 和 1% 的显著性水平。

(四)敏感性测试

1.基于地级市与省份经济目标设定差异的敏感性测试

本节使用地级市与所在省份的经济增长目标差异(TARGET_DIF)替代主假设中的地区经济增长目标(TARGET)作为敏感性测试。根据 Li 等(2019)，中国各级政府的经济增长目标设定表现为"层层加码"，地级市的经济增长目标设定大都高于省级政府。因此，地级市经济增长目标设定与所在省级经济增长目标差值设定越大，完成该目标压力越大，地级市政府越可能放松对所在辖区企业的环境管制。表 2-5 呈现了该敏感性测试结果。TARGET_DIF 与自发性环境保护绩效(ENV_SELF)、能源使用效率环保绩效(ENV_ENERGY)、水资源使用效率环保绩效(ENV_WATER)以及温室气体排放环保绩效(ENV_GHG)显著负相关，该结论为假设 2-1 提供了进一步支持。

表 2-5　自变量的敏感性测试

变量	(1)ENV_SELF		(2) ENV_ENERGY		(3)ENV_WATER		(4) ENV_GHG	
	系数	t 值	系数	t 值	系数	t 值	系数	t 值
TARGET_DIF	−5.337**	−2.09	−1.912***	−3.81	−0.705*	−1.96	−0.676***	−2.74
BLOCK	−0.030	−0.13	0.081	1.56	0.021	0.51	−0.013	−0.42
BOARDSIZE	0.213	1.11	0.054	1.24	0.004	0.11	0.010	0.37
INDR	−0.320	−0.49	0.223	1.32	−0.042	−0.41	0.126	1.40
DPC	1.378***	16.47	0.316***	8.55	0.226***	7.01	0.161***	6.44
ISO	0.984***	14.58	0.169***	8.38	0.130***	8.90	0.040***	3.99
SALARY	1.251***	6.76	0.508***	3.94	0.295***	2.75	0.159**	2.28
INST_SHR	0.312**	2.12	0.074**	2.24	0.059**	2.50	0.038**	2.04
SIZE	0.385***	10.16	0.139***	12.74	0.070***	8.88	0.054***	8.07
LEV	−0.388**	−2.03	−0.077*	−1.87	−0.072***	−2.68	0.008	0.37
ROE	0.425*	1.72	−0.072	−1.41	−0.068**	−1.97	−0.041	−1.30
GROWTH	−0.104**	−2.36	−0.032***	−3.99	−0.011*	−1.91	−0.013***	−3.12
LISTAGE	0.070	1.56	−0.014	−1.42	−0.015**	−2.01	−0.034***	−6.07
STATE	0.266***	3.11	0.075***	3.97	0.010	0.70	0.007	0.72
MKT	−0.008	−0.39	0.019***	3.91	0.010***	2.69	0.007**	2.43
截距	−13.198***	−14.67	−3.375***	−12.97	−1.543***	−8.23	−1.150***	−6.73
行业	控制		控制		控制		控制	
年度	控制		控制		控制		控制	
观测值	22 274		22 274		22 274		22 274	
Pseudo R^2	0.158 5		0.134 6		0.130 4		0.120 7	
Log likelihood	−13 804.70		−17 856.00		−12 005.80		−8 150.82	
LR Chi²	6 506.10***		5 553.93***		3 601.06***		2 237.62***	

注：所有 t 值经过 White(1980)稳健调整；*、**、*** 分别表示 10%、5%和 1%的显著性水平。

2.基于自发性环境保护绩效变化的敏感性测试

本节进一步使用公司自发性环保绩效、能源与水资源使用效率绩效以及温室气体排放环保绩效的变化作为因变量的敏感性测试。由于环境相关绩效的分值范围为 0～6,当年与上一年度相关环保绩效差值范围在[−6,6],因此使用与模型(2-1)相同控制变量的 OLogit 回归模型。从表 2-6 第(1)至(4)列结果可以看出,地区经济增长目标(TARGET)与自发性环保绩效变化、能源(水资源)使用效率环保绩效变化、温室气体排放环保绩效变化显著负相关,进一步支持了本章的假设 2-1。

表2-6　因变量的敏感性测试

变量	(1)ENV_SELF_DIF		(2)ENV_ENERGY_DIF		(3)ENV_WATER _DIF		(4)ENV_GHG_DIF	
	系数	z值	系数	z值	系数	z值	系数	z值
TARGET	−2.065*	−1.82	−2.705**	−2.22	−2.959*	−1.85	−3.822**	−2.07
BLOCK	0.118	0.99	−0.105	−0.87	0.097	0.64	−0.106	−0.50
BOARDSIZE	−0.014	−0.13	0.016	0.13	−0.013	−0.09	0.324	1.59
INDR	−0.412	−1.06	0.458	1.05	0.654	1.26	1.565**	2.05
DPC	0.564***	7.75	0.217**	2.02	0.149	1.15	0.468***	3.13
ISO	0.305***	6.20	0.288***	4.88	0.233***	3.51	0.172**	2.02
SALARY	0.261	1.20	0.247	0.72	−0.171	−0.38	−0.393	−0.85
INST_SHR	0.045	0.48	−0.048	−0.44	0.012	0.09	0.077	0.46
SIZE	0.069***	3.53	0.098***	4.06	0.097***	3.76	0.177***	5.10
LEV	−0.114	−1.15	−0.258***	−2.88	−0.119	−1.08	0.003	0.02
ROE	0.340*	1.77	0.447*	1.80	0.103	0.39	−0.056	−0.15
GROWTH	0.032	0.71	0.094*	1.92	0.056	1.01	−0.001	−0.01
LISTAGE	0.039	1.40	−0.072**	−2.57	−0.054*	−1.67	−0.226***	−4.38
STATE	0.009	0.23	0.083**	2.20	0.066	1.56	0.034	0.55
MKT	−0.009	−0.75	−0.009	−0.80	−0.039***	−2.64	−0.019	−0.88
截距	−2.065*	−1.82	−2.705**	−2.22	−2.959*	−1.85	−3.822**	−2.07
行业	控制		控制		控制		控制	
年度	控制		控制		控制		控制	
观测值	19 519		19 519		19 519		19 519	
Pseudo R^2	0.034 5		0.012 4		0.013 1		0.021 3	
Log likelihood	−10 475.23		−7 976.94		−6 079.17		−3 968.66	
Wald chi²	839.85***		372.36***		312.73***		251.43***	

注:所有z值经过White(1980)稳健调整;*、**、***分别表示10%、5%和1%的显著性水平。

(五)工具变量回归

尽管前述部分已经证明了地区经济增长目标会降低企业自发性环保绩效与资源使用效率相关的环保绩效,但仍有可能由于未观察到的遗漏变量而产生内生性问题。因此,本节使用工具变量法来测试主要研究发现在控制内生性后是否成立。该方法依赖于工具变量与地区经济增长目标(TARGET)相关,但与误差项无关。根据刘淑琳等(2019)、余泳泽等(2019)的研究,地区所在省的地级市数量(CITY_NUM)可能是合适的工具变量,原因在于省内地级市数量越多,在晋升职位固定且有限的情况下,地级市官员之间的GDP竞争越大,在自上而下"层层加码"的经济增长目标设定中,地方官员为了在竞争中突出于同省其他地方官员,更可能制定比上一级政府更高的经济增长目标,以实现在中国官员竞争"锦标赛"下的晋升可能(Li et al.，2019)。一省中地级市数量的规划是国家层面的考量，且数量相对固定，较少随着时间的变化而变化，同时并不受经济发展水平的影响。理论上而言，省内地级市数量与地级市经济增长目标高度相关，并没有相关文献支持其对公司环保绩效产生影响。

表 2-7 报告了采用两阶段 OLS-Tobit 回归的结果。第(1)列可以看出，地级市的数量(CITY_NUM)与经济增长目标(TARGET)显著正相关(系数=0.001，t 值=25.01)，且第一阶段回归中的 F 值统计量显著高于 Staiger 和 Stock(1997)对弱工具变量检验的临界值 10，表明 CITY_NUM 并非弱工具变量。第(2)至(5)列的结果表明，经济增长目标设定越高，公司自发性环保绩效、能源(水资源)使用效率绩效、温室气体排放环保绩效越低，系数都通过了 1‰水平上的显著性检验，并且系数略微高于表 2-3 未使用工具变量回归结果，再次支持了假设 2-1。

表 2-7　工具变量回归

变量	(1)TARGET		(2)ENV_SELF		(3)ENV_ENERGY		(4)ENV_WATER		(5)ENV_GHG	
	系数	t 值	系数	t 值	系数	t 值	系数	t 值	系数	t 值
CITY_NUM	0.001***	25.01								
TARGET*			−5.429***	−2.70	−2.178***	−5.60	−0.745***	−2.61	−0.790***	−3.98
BLOCK	−0.002	−1.28	−0.012	−0.05	0.086*	1.66	0.022	0.55	−0.011	−0.37
BOARDSIZE	−0.000	−0.29	0.209	1.09	0.051	1.18	0.003	0.08	0.009	0.34
INDR	0.005	1.25	−0.337	−0.52	0.213	1.26	−0.046	−0.44	0.123	1.36
DPC	−0.002***	−3.52	1.383***	16.60	0.317***	8.62	0.226***	7.02	0.161***	6.47
ISO	0.000	1.21	0.983***	14.60	0.169***	8.37	0.130***	8.89	0.040***	3.97
SALARY	0.001	0.54	1.254***	6.79	0.508***	3.95	0.295***	2.75	0.159***	2.29
INST_SHR	−0.001	−1.52	0.316**	2.15	0.075**	2.26	0.059**	2.51	0.039**	2.05
SIZE	−0.000*	−1.92	0.386***	10.17	0.140***	12.81	0.070***	8.90	0.054***	8.11
LEV	0.003***	2.65	−0.393**	−2.06	−0.080*	−1.94	−0.074***	−2.73	0.007	0.32
ROE	0.001	0.75	0.414*	1.68	−0.075	−1.47	−0.070**	−2.00	−0.043	−1.34
GROWTH	0.000	0.67	−0.105**	−2.39	−0.033***	−4.07	−0.011*	−1.95	−0.014***	−3.18
LISTAGE	−0.000	−0.00	0.070	1.55	−0.014	−1.40	−0.015**	−2.00	−0.034***	−6.06
STATE	−0.000	−0.50	0.276***	3.23	0.078***	4.16	0.011	0.80	0.008	0.85
MKT	−0.005***	−28.77	−0.002	−0.07	0.021***	4.25	0.010***	2.89	0.007***	2.72
截距	0.159***	30.37	−13.374***	−14.93	−3.443***	−13.10	−1.568***	−8.29	−1.174***	−6.85
行业	控制		控制		控制		控制		控制	
年度	控制		控制		控制		控制		控制	
观测值	22 274		22 274		22 274		22 274		22 274	
Pseudo R^2	0.614 7		0.158 8		0.135 6		0.130 7		0.121 4	
Log likelihood			−13 800.51		−17 835.19		−12 002.27		−8 144.00	
F/LR Chi²	276.02***		6 515.22***		5 595.55***		3 608.10***		2 251.26***	

注：所有 t 值经过 White(1980)稳健调整；*、**、*** 分别表示 10%、5%和 1%的显著性水平。

(六)采用面板数据的进一步检验

面板数据能够处理不随时间变化的不可观测因素所遗漏造成的内生性问题(Mundlak, 1978)。为确保实证结果的可靠性,本节进一步构建了相同样本区间的 638 家公司的 7 018 个观测值的平衡面板数据。表 2-8 呈现了该实证结果,可以发现,地区经济增长目标(TARGET)与公司自发性环境保护绩效、能源(水资源)使用效率环保绩效以及温室气体排放环保绩效显著负相关,再次证明地方政府实现经济增长目标的压力越大,越会放松对辖区企业无严重后果环境问题的管制。

表 2-8　面板数据回归

变量	(1)ENV_SELF		(2)ENV_ENERGY		(3)ENV_WATER		(4)ENV_GHG	
	系数	t 值	系数	t 值	系数	t 值	系数	t 值
TARGET	−4.844**	−2.55	−2.060***	−2.95	−0.879*	−1.79	−0.756**	−2.35
BLOCK	0.554**	2.49	0.122	1.18	0.106	1.45	−0.082	−1.43
BOARDSIZE	−0.034	−0.20	0.083	1.28	−0.008	−0.16	0.020	0.44
INDR	−0.784	−1.26	−0.269	−1.20	−0.130	−0.81	−0.020	−0.17
DPC	1.212***	15.04	0.477***	6.89	0.248***	4.26	0.241***	4.69
ISO	1.009***	15.24	0.213***	5.64	0.172***	5.85	0.052**	2.57
SALARY	1.164***	6.62	0.258	1.41	0.128	0.85	−0.006	−0.06
INST_SHR	0.290*	1.75	0.085	1.24	0.037	0.79	0.007	0.18
SIZE	0.445***	14.03	0.153***	8.02	0.070***	5.06	0.054***	4.76
LEV	−1.143***	−5.78	−0.119	−1.48	−0.129**	−2.17	−0.005	−0.10
ROE	−0.008	−0.02	−0.202*	−1.71	−0.140*	−1.85	−0.051	−0.70
GROWTH	−0.121	−1.61	−0.036**	−2.09	−0.020*	−1.69	−0.014	−1.53
LISTAGE	0.074	0.89	−0.057*	−1.82	−0.035	−1.42	−0.071***	−3.74
STATE	0.138**	1.98	0.021	0.67	−0.002	−0.09	−0.005	−0.30
MKT	−0.014	−0.60	0.004	0.43	0.001	0.19	0.009*	1.78
截距	−13.241***	−14.69	−3.071***	−7.60	−1.295***	−4.32	−1.012***	−3.53
行业	控制		控制		控制		控制	
年度	控制		控制		控制		控制	
观测值(公司)	7 018(638)		7 018(638)		7 018(638)		7 018(638)	
Pseudo R^2	0.178 9		0.141 1		0.129 9		0.149 8	
Log likelihood	−4 837.94		−6 271.30		−4 229.61		−2 715.03	
LR Chi^2	2 108.45***		2 060.19***		1 262.55***		957.05***	

注:*、**、*** 分别表示 10%、5% 和 1% 的显著性水平。

(七)进一步研究

1.地区经济增长目标的设定与公司环境技术投资、管理层环保表现说明

环境技术是指企业的生产设备、方法和程序、产品设计和交付机制能够有利于能源和自

然资源的节约,减少人类活动对环境的影响,并有效保护自然环境(Shrivastava,1995)。公司进行环境相关技术投入表明企业有较强的动机去减少环境污染。但是技术的投入可能面临一定的不确定性(张治河 等,2015),导致最终的技术效果未达到期望水平但却付出较多的环境成本。因此,在地区经济增长目标压力下,地方政府将经济建设的目标更多的转嫁给当地企业(Liu et al.,2020),企业将更多资源投入到当地政府引导或者规划的项目中。综上所述,地区经济增长目标设定越高,越可能会降低企业进行环境技术投资的意愿。根据企业公开披露的年报信息、社会责任报告等,获取企业有无环境技术相关投入信息(ETI),有取值为 1,否则为 0[①]。在采用与模型(2-1)相同控制变量的 Logit 回归后,表 2-9 第(1)列的结果表明,地区经济增长目标的系数在 5%的水平上显著为负(系数=−4.063,z 值=−2.17),说明地区经济增长目标降低了企业进行环境技术投入的可能。

之前的研究已表明地区经济增长目标的设定降低了企业自发性环保绩效以及无严重不良环境后果相关的环保绩效,在上述结果下,企业进行自发性环境保护的活动并不多,最终也会表现为在公司年度报告的管理层说明中较少涉及环保表现的陈述。通过对上市公司年度报告中管理层说明的解读,若涉及公司环保表现相关陈述,则取值为 1,否则为 0。利用与模型(2-1)相同控制变量的 Logit 回归,如表 2-9 第(2)列结果所示,地区经济增长目标的设定显著降低了企业在管理层说明中涉及企业环保表现的陈述。

表 2-9　地区经济增长目标的设定与环境技术投资、管理层环保表现说明

变量	(1)ETI		(2)DECLARE	
	系数	z 值	系数	z 值
TARGET	−4.063**	−2.17	−4.178**	−2.18
BLOCK	0.117	0.45	0.525**	2.21
BOARDSIZE	0.291	1.38	−0.279	−1.37
INDR	−0.010	−0.01	−0.558	−0.80
DPC	0.844***	9.06	0.756***	8.02
ISO	0.802***	11.60	0.705***	10.13
SALARY	0.675***	3.05	1.460***	5.37
INST_SHR	0.284*	1.89	0.328**	2.37
SIZE	0.304***	7.78	0.246***	6.35
LEV	−0.316	−1.55	−0.073	−0.36
ROE	−0.335	−1.29	−0.035	−0.14
GROWTH	−0.030	−0.62	−0.117***	−2.62
LISTAGE	−0.209***	−4.62	−0.402***	−9.78
STATE	0.058	0.61	0.072	0.78
MKT	0.044*	1.75	0.003	0.10
截距	−9.354***	−9.28	−5.962***	−6.14

① 上市公司大多只陈述是否有环境技术相关投资,而较少涉及具体金额。

续表

变量	(1)ETI		(2)DECLARE	
	系数	z 值	系数	z 值
行业/年度	控制		控制	
观测值	22 274		22 274	
Pseudo R^2	0.148 6		0.133 4	
Log likelihood	−8 531.56		−10 557.53	
Wald Chi^2	940.45***		995.29***	

注:所有 z 值经过 White(1980)稳健调整;*、**、***分别表示10%、5%和1%的显著性水平。

2.不同监管程度下地区经济增长目标对公司自发性环保绩效、资源使用效率相关环保绩效影响的异质性分析

若污染性企业的污染源不能得到有效控制,则会给生态环境带来严重不良后果。因此,环保总局(现生态环境部)《关于加强和改进环境统计工作的意见》(环发〔2005〕100 号)指出,环境工作中需要筛选重点污染企业,及时采集污染物排放相关信息,加强环境监督,实现污染源和集中式污染的有效治理。本章通过手工整理上市公司自身、其母公司以及子公司是否有被列入环境保护重点检查名单后,将总样本分为受到不同程度环境监管的两个子样本,来检验地区经济增长目标对公司相关环境绩效的影响是否在不同程度环境监督下呈现差异性,表 2-10 呈现了该结果。实证结果表明,地区经济增长目标对公司自发性环保绩效、能源(水资源)使用效率环保绩效以及温室气体排放环保绩效的影响在企业未被列入环境保护重点检查名单的子样本中更加显著,地区经济增长目标对受到重点环境监管的企业的相关环保绩效没有显著影响。此外,两个子样本之间的系数差异在统计上是显著的($p<0.00$),表明上述结果的可靠性。

3.不同的子样本分析

为了确保之前结论的稳健性,因此将进一步考虑高的地区经济增长目标与公司相关环保绩效的负相关关系在污染性行业、排除四大直辖市的影响之后是否依然成立。若公司属于污染性行业,会受到更强的环境监管,企业日常经营无疑会更加重视环保,地区经济增长目标是否仍然会影响污染性行业的环保行为并未可知。因此,根据杨熠等(2011)的研究,将原环保总局要求核查的 13 个重点污染行业根据证监会行业分类指引(2001)合并为 8 类,即采掘业、金属非金属、石化塑胶、生物医药、水电煤气、纺织服装皮毛、食品饮料、造纸印刷。表 2-11 中的第(1)至(4)列呈现了该实证结果,较高的地区经济增长目标显著降低了公司自发性环保绩效、资源(能源与水)使用效率以及温室气体排放的环保绩效,假设 2-1 依然成立。此外,在排除了公司位于四大直辖市的观测值后,结论依然稳健。

表 2-10　不同监管程度下地区经济增长目标对公司自发环保绩效、资源使用效率保相关环保绩效影响的异质性分析

变量	因变量:ENV_SELF (1)列入 系数	t值	(2)未列入 系数	t值	因变量:ENV_ENERGY (1)列入 系数	t值	(2)未列入 系数	t值	因变量:ENV_WATER (1)列入 系数	t值	(2)未列入 系数	t值	因变量:ENV_GHG (1)列入 系数	t值	(2)未列入 系数	t值
TARGET	−2.011	−0.42	−4.219**	−2.10	−4.712*	−1.68	−2.288***	−5.62	−0.300	−0.16	−0.731**	−2.55	0.503	0.24	−0.773***	−4.12
BLOCK	0.426	0.94	−0.078	−0.31	−0.090	−0.32	0.087*	1.70	0.108	0.42	0.018	0.46	−0.325	−1.03	−0.001	−0.05
BOARDSIZE	0.908**	2.37	0.126	0.61	0.530**	2.29	0.034	0.80	0.310	1.60	−0.013	−0.43	0.413*	1.75	−0.007	−0.30
INDR	3.187**	2.46	−0.522	−0.74	0.661	1.02	0.208	1.21	−0.123	−0.22	−0.038	−0.37	1.576*	1.67	0.089	1.09
DPC	0.781***	5.69	1.421***	15.56	0.272***	2.91	0.327***	8.51	0.183**	2.37	0.225***	6.94	0.027	0.37	0.169***	6.40
ISO	0.216*	1.75	1.073***	14.93	0.160**	2.07	0.171***	8.48	0.181***	2.85	0.128***	8.71	−0.041	−0.63	0.043***	4.32
SALARY	0.969***	4.12	1.280***	6.10	0.715***	2.24	0.469***	3.50	0.154	0.60	0.319***	2.87	−0.049	−0.50	0.178***	2.43
INST_SHR	−0.494	−1.61	0.364**	2.33	0.011	0.06	0.073**	2.27	0.100	0.63	0.050**	2.14	0.041	0.19	0.038**	2.21
SIZE	0.026	0.38	0.404***	9.80	0.188***	4.88	0.134***	12.29	0.093***	2.68	0.067***	8.84	0.099**	2.30	0.049***	7.62
LEV	−0.176	−0.49	−0.413**	−1.99	−0.215	−1.19	−0.061	−1.48	−0.042	−0.24	−0.067***	−2.60	0.049	0.22	0.009	0.45
ROE	−0.531	−1.26	0.512*	1.88	−0.465*	−1.89	−0.046	−0.90	−0.343*	−1.69	−0.053	−1.51	0.040	0.15	−0.057*	−1.93
GROWTH	−0.156	−1.23	−0.092**	−1.98	−0.090*	−1.78	−0.031***	−3.81	−0.026	−0.50	−0.011**	−2.00	−0.067	−1.18	−0.011***	−2.64
LISTAGE	0.140	1.51	0.089*	1.84	0.003	0.06	−0.015	−1.43	0.021	0.49	−0.015**	−2.02	−0.243***	−4.12	−0.026**	−5.05
STATE	−0.289*	−1.87	0.311***	3.39	−0.044	−0.54	0.079***	4.26	−0.112	−1.38	0.015	1.10	−0.054	−0.72	0.009	1.08
MKT	0.024	0.66	−0.021	−0.82	0.027	1.28	0.010*	2.11	0.011	0.55	0.007**	2.30	0.006	0.33	0.004*	1.68
截距	−10.711***	−5.75	−12.986***	−12.56	−5.086***	−4.93	−2.890***	−11.58	−2.896***	−3.03	−1.349***	−7.53	−2.522**	−2.08	−0.938***	−5.95
行业	控制		控制		控制		控制		控制		控制		控制		控制	
年度	控制		控制		控制		控制		控制		控制		控制		控制	
观测值	977		21 297		977		21 297		977		21 297		977		21 297	
Pseudo R^2	0.107 8		0.153 5		0.148 1		0.138 1		0.099 8		0.140 8		0.057 6		0.194 8	
Log likelihood	−1 302.50		−12 181.83		−1 041.85		−16 600.37		−1 001.92		−10 469.50		−1 153.62		−5 075.64	
LR Chi²	314.14***		5 714.63***		362.26***		5 317.68***		222.21***		3 430.34***		141.15***		2 456.50***	
系数差异(p值)	0.00				0.00				0.00				0.00			

注:所有 t 值经过 White(1980)稳健调整;*、**、***分别表示 10%、5% 和 1% 的显著性水平。

表 2-11 不同子样本分析

变量	只考虑污染性行业								排除四大直辖市（北京、上海、天津、重庆）的影响							
	(1) ENV_SELF		(2) ENV_ENERGY		(3) ENV_WATER		(4) ENV_GHG		(5) ENV_SELF		(6) ENV_ENERGY		(7) ENV_WATER		(8) ENV_GHG	
	系数	t值	系数	t值	系数	t值	系数	t值	系数	t值	系数	t值	系数	t值	系数	t值
TARGET	-8.872***	-3.09	-3.052***	-3.92	-2.030***	-3.56	-1.099**	-2.44	-9.523***	-4.29	-1.085***	-2.65	-0.450	-1.57	-0.560***	-2.83
BLOCK	-0.004	-0.01	0.148	1.43	0.167*	1.84	-0.001	-0.02	-0.343	-1.31	0.038	0.72	-0.034	-0.86	-0.020	-0.66
BOARDSIZE	0.218	0.67	0.140	1.46	-0.071	-0.95	0.026	0.38	0.199	0.91	0.069	1.50	-0.003	-0.08	-0.003	-0.13
INDR	-2.423**	-2.10	0.093	0.23	-0.442***	-2.20	-0.037	-0.19	-0.422	-0.57	-0.084	-0.55	-0.120	-1.11	0.006	0.06
DPC	1.283***	9.51	0.331***	5.63	0.235***	4.49	0.175***	4.14	1.397***	14.93	0.269***	7.17	0.185***	5.80	0.130***	5.18
ISO	0.959***	8.44	0.193***	4.83	0.163***	5.55	0.049**	2.16	0.984***	13.16	0.159***	8.03	0.115***	8.02	0.045***	4.55
SALARY	1.417***	6.27	0.344***	2.61	0.137	1.14	0.098	1.23	1.313***	5.92	0.387***	3.14	0.211*	1.90	0.140*	1.80
INST_SHR	0.343	1.43	0.027	0.37	0.055	1.11	0.037	0.85	0.341**	2.05	0.047	1.42	0.040	1.59	0.018	0.88
SIZE	0.252***	3.80	0.164***	7.30	0.103***	5.46	0.074***	5.08	0.415***	9.20	0.110***	8.87	0.056***	6.65	0.040***	5.02
LEV	-0.440	-1.34	-0.054	-0.57	-0.064	-1.05	0.058	1.10	-0.613***	-2.77	-0.021	-0.55	-0.047*	-1.80	0.019	0.90
ROE	0.450	1.19	-0.085	-0.85	-0.119	-1.56	-0.060	-0.82	0.092	0.35	-0.015	-0.29	-0.027	-0.81	-0.043	-1.27
GROWTH	-0.137	-1.63	-0.048***	-2.93	-0.018	-1.25	-0.007	-0.62	-0.099*	-1.96	-0.029***	-3.24	-0.009	-1.48	-0.007	-1.52
LISTAGE	0.047	0.62	-0.011	-0.56	-0.023	-1.37	-0.056***	-4.05	0.072	1.39	-0.011	-1.14	-0.022***	-2.89	-0.028***	-4.76
STATE	0.105	0.73	0.118***	2.87	-0.018	-0.56	0.018	0.99	0.294***	3.05	0.064***	3.26	0.019	1.34	0.006	0.57
MKT	-0.034	-0.95	0.025**	2.25	-0.002	-0.25	0.013**	2.12	-0.010	-0.39	0.003	0.57	0.001	0.43	0.001	0.43
截距	-7.164***	-4.64	-3.716***	-6.89	-1.652***	-4.00	-1.488***	-4.08	-12.333***	-11.33	-2.437***	-8.30	-1.083***	-5.35	-0.681***	-3.54
行业	控制		控制		控制		控制		控制		控制		控制		控制	
年度	控制		控制		控制		控制		控制		控制		控制		控制	
观测值	6 108		6 108		6 108		6 108		17 842		17 842		17 842		17 842	
Pseudo R^2	0.162 6		0.129 5		0.122 4		0.095 4		0.159 0		0.120 0		0.120 9		0.103 7	
Log likelihood	-4 633.29		-5 969.96		-4 566.96		-3 656.03		-11 022.84		-12 769.68		-8 512.96		-5 575.57	
LR Chi^2	2 046.73***		1 776.20***		1 273.93***		771.09***		5 168.28***		3 483.53***		2 341.26***		1 289.69***	

注：所有 t 值经过 White(1980)稳健调整；*、**、***分别表示 10%、5%和 1%的显著性水平。

五、研究结论与启示

(一)研究结论

经济发展与环境污染之间的矛盾冲突长期受到关注(Brock，Taylor，2005；Li et al.，2020；Katircioglu et al.，2018)。在中国背景下，长期以来实行单维的 GDP 考核方式，极大地激励了地方政府发展地区经济，实现经济增长(周黎安，2007；Li et al.，2019)。也因为企业带来的就业、税收等利益，地方政府在公司环境污染问题上"睁一只眼、闭一只眼"，甚至包庇纵容企业的环境污染行为。部分文献认为地方政府与中央政府的利益诉求不同，地方政府更倾向于发展经济而忽视环境问题(张文彬，李国平，2014；Li et al.，2020)；另外一部分文献则认为中央政府对环境问题的重视，将环境绩效纳入官员晋升考核，有助于区域环境质量的改善(潘越 等，2017；孙伟增 等，2014)。本章研究发现，地方政府在面对需要努力完成的经济增长目标任务时，放松部分环境问题的监管，不触及重大环境问题的监管红线，从而最大可能实现经济优先发展，表现出在环境治理上"不求有功，但求无过"。

具体而言：(1)地方政府设置较高的经济增长目标，降低了辖区企业自发性环保绩效、能源(水资源)使用效率的环保绩效以及温室气体排放的环保绩效。表明地方政府在经济增长目标管理背景下，在一定程度上放松了对当地企业的环境治理，企业自发性的环保动机不强。(2)地区经济增长目标对会产生严重后果的环境问题的环保绩效没有显著影响，表现为污染性气体排放、有毒物质排放、废弃物质回收与管理以及土地资源、生物多样保持等四方面的环保绩效并没有随着经济增长目标的提升而下降。说明地方政府在追求实现经济增长目标的同时，仍然保持对能产生严重不良后果的环境问题的关切，这与中国近些年来政府高层对环境问题的重视有关。由此也说明地方政府并非一味追求经济增长而对环境不管不顾，而是差异化对待企业不同的环境问题。(3)进一步的分析表明地区经济增长目标降低了公司进行环境技术投资、管理层陈述环保表现的可能，说明在较高经济增长目标的引导下，公司对环保技术的投资意愿不强，会将更多资源投入生产以谋求立竿见影的效果；也正因为公司环保意愿及相关环保绩效的下降，公司管理层对环保表现进行说明的意愿也就降低了。(4)经济增长目标对企业相关环保绩效的影响在企业自身、其母公司或者子公司有被列入环境保护重点检查名单的样本中不显著，说明强有力的环境监管可以降低地方政府追求高经济增长目标而对企业环保绩效造成的不利影响。

(二)研究启示

本章研究有如下启示：(1)地方政府在追求经济增长目标的过程中，差异化地影响了企业不同后果的环境问题的环保绩效——对一般性的无直接严重后果的环境问题放松监管，影响了相关环境问题的环保绩效但是对会产生严重后果的环境问题,并没有影响其环保绩效。在分析地方政府对当地环保干预与治理时,应该区别不同环境问题,有针对性地分析,而不是对环境治理进行整体评估,毕竟不同类别环境问题的经济后果有所差异。(2)经济目标管理虽然有效提升了地方政府的经济绩效,但实质上降低了辖区公司环境保护的主动性,降低了能源、水资源的使用效率绩效,对温室气体排放方面的环境绩效也影响显著。能源、水资源是人类生活必不可少的资源,而温室气体排放带来的气候变暖正引发一系列环境危机,尽管这些环境绩效的降低并不会被直接察觉,但是从被忽视到被人们关注的过程中的累积,可能形成量的质变,最终造成灾难性后果。把环境绩效纳入官员政绩考核应该力求全面,对不同环境问题进行不同考核,从而从根本上杜绝地方政府在环保问题上的差异性投机选择,实现经济的高质量发展。(3)研究发现经济增长目标对公司相关环保绩效水平的负相关关系在公司受到严格环境监管(列入环保部门的环境保护重点检查名单)下并不成立,这表明强有力的外部监督能够削弱地方政府在追求高经济增长目标时对地区公司环境保护产生的不利影响。因此,完善环境治理体系、加强环境监管,有针对性地形成环境监管,才能有效提高地方政府以及企业自身对环境问题的重视。(4)地区经济增长目标是地方政府工作的行动指南,对地区经济增长目标经济后果的分析目前还主要集中在宏观层面,辖区企业与地方政府相关利益关联注定了企业会受到地区经济计划的影响,通过对经济目标管理的微观影响分析,能够认识目标管理的局限性,从而有针对性地改进地方政府工作计划。

(三)研究的局限性

本章参考之前公司环保绩效的相关研究(Clarkson et al.,2008;Du et al.,2017;Du et al.,2018),基于环境信息披露体系,提取公司自发性环保行为、相关环境问题是否具有严重后果的分类指标,以此刻画公司不同环境问题的环保绩效。研究结论在一定程度上依赖于环境信息披露质量的高低,未来的研究可以通过其他更多维的、详尽的环保绩效指标或数值来支持本章的主要结论。

参考文献

[1]陈硕,高琳.央地关系:财政分权度量及作用机制再评估[J].管理世界,2012,6:43-59.

[2]高翔.跨行政区水污染治理中"公地的悲剧"——基于我国主要湖泊和水库的研究[J].中国经济问题,2014,4:21-29.

[3]胡深,吕冰洋.经济增长目标与土地出让[J].财政研究,2019,7:46-59.

[4]刘淑琳,王贤彬,黄亮雄.经济增长目标驱动投资吗?——基于2001—2016年地级市样本的理论分析与实证检验[J].金融研究,2019,8:1-19.

[5]潘孝珍,魏萍.媒体关注能否督促地方政府治理环境污染[J].中南财经政法大学学报,2019,6:103-112.

[6]潘越,陈秋平,戴亦一.绿色绩效考核与区域环境治理——来自官员更替的证据[J].厦门大学学报(哲学社会科学版),2017,1:23-32.

[7]皮建才.中国式分权下的地方官员治理研究[J].经济研究,2012,47(10):14-26.

[8]齐结斌,胡育蓉.环境质量与经济增长——基于异质性偏好和政府视界的分析[J].中国经济问题,2013,5:28-38.

[9]孙伟增,罗党论,郑思齐,等.环保考核、地方官员晋升与环境治理——基于2004—2009年中国86个重点城市的经验证据[J].清华大学学报(哲学社会科学版),2014,29(4):49-62.

[10]汪伟全.空气污染的跨域合作治理研究——以北京地区为例[J].公共管理学报,2014,11(1):55-64.

[11]王小鲁,樊纲,余静文.中国分省份市场化指数报告(2016)[M].北京:中国社会科学出版社,2017.

[12]王中英,王礼茂.中国经济增长对碳排放的影响分析[J].安全与环境学报,2006,5:88-91.

[13]武恒光,王守海.债券市场参与者关注公司环境信息吗?——来自中国重污染上市公司的经验证据[J].会计研究,2016,9:68-74.

[14]谢申祥,王祯,胡凯.部分私营化国有企业中的外资份额、贸易政策与污染物排放[J].世界经济,2015,38(6):49-69.

[15]杨熠,李余晓璐,沈洪涛.绿色金融政策、公司治理与公司环境信息披露——以502家重污染行业上市公司为例[J].财贸研究,2011,22(5):131-139.

[16]易志斌.地方政府竞争的博弈行为与流域水环境保护[J].经济问题,2011,1:60-64.

[17]余泳泽,刘大勇,龚宇.过犹不及事缓则圆:地方经济增长目标约束与全要素生产率[J].管理世界,2019,35(7):26-42.

[18]袁方成,姜煜威."晋升锦标赛"依然有效?——以生态环境治理为讨论场域[J].公共管理与政策评论,2020,9(3):62-73.

[19]张文彬,李国平.环境保护与经济发展的利益冲突分析——基于各级政府博弈视角[J].中国经济问题,2014,6:16-25.

[20]张治河,许珂,李鹏.创新投入的延迟效应与创新风险成因分析[J].科研管理,2015,36(5):10-20.

[21]曾泉,杜兴强,常莹莹.宗教社会规范强度影响企业的节能减排成效吗?[J]经济管理,2018,40(10):27-43.

[22]曾贤刚,谢芳,宗佺.降低$PM_{2.5}$健康风险的行为选择及支付意愿——以北京市居民为例[J].中国人口·资源与环境,2015,25(01):127-133.

[23]周黎安.晋升博弈中政府官员的激励与合作 兼论中国地方保护主义和重复建设问题长期存在的原因[J].经济研究,2004,6:33-40.

[24]周黎安.中国地方官员的晋升锦标赛模式研究[J].经济研究,2007,7:36-50.

[25]朱平芳,张征宇,姜国麟.FDI与环境规制:基于地方分权视角的实证研究[J].经济研究,2011,46,6:133-145.

[26]BECKER R A. Local environmental regulation and plant-level productivity[J]. Ecological economics, 2011, 70(12): 2516-2522.

[27]BROCK W A, TAYLOR M S. Economic growth and the environment: a review of theory and empirics[J]. Handbook of economic growth, 2005, 1, Part B: 1749-1821.

[28]CHRISTAINSEN G B, HAVEMAN R H. The contribution of environmental regulations to the slowdown in productivity growth[J]. Journal of environmental economics and management, 1981, 8(4): 381-390.

[29]CLARKSON P M, LI Y, RICHARDSON G D, et al. Revisiting the relation between environmen-

tal performance and environmental disclosure：an empirical analysis[J]. Accounting，organizations and society，2008，33(4)：303-327.

[30]DOĞAN B，SABOORI B，CAN M. Does economic complexity matter for environmental degradation? an empirical analysis for different stages of development[J]. Environmental science and pollution research，2019，26(8)：31900-31912.

[31]DU X Q. A tale of two segmented markets in China：the informative value of corporate environmental information disclosure for foreign investors[J]. The international journal of accounting，2018，53(2)：136-159.

[32] DU X Q，JIAN W，ZENG Q，et al. Corporate environmental responsibility in polluting industries：does religion matter? [J] Journal of business ethics，2014，124(3)：485-507.

[33]DU X Q，JIAN W，ZENG Q，et al. Do auditors applaud corporate environmental performance? evidence from China[J]. Journal of business ethics，2018，151(4)：1049-1080.

[34]DU X Q，WENG J，ZENG Q，et al. Do lenders applaud corporate environmental performance? evidence from Chinese private-owned firms[J]. Journal of business ethics，2017，143(1)：179-207.

[35]GOZGOR G，CAN M. Causal linkages among the product diversification of exports, economic globalization and economic growth[J]. Review of development economics，2017，21(3)：888-908.

[36]GRAY W B.The cost of regulation：OSHA，EPA and the productivity slowdown[J]. American economic review，1987，77(5)：998-1006.

[37]GROSSMAN G M，KRUEGER A B. Economic growth and the environment[J]. The quarterly journal of economic，1995，110(2)：353-377.

[38]HOLMSTROM B，MILGROM P. Multitask principal-agent analyses：incentive contracts，asset ownership，and job design[J]. Journal of law，economics and organization，1991，7：24-52.

[39]KATIRCIOGLU S，KATIRCIOGLU S T，KILINC C C. Investigating the role of urban development in the conventional environmental Kuznets curve：evidence from the globe[J]. Environmental science and pollution research，2018，25(15)：15029-15035.

[40]LEVINSOHN J，PETRIN A. Estimating production functions using inputs to control for unobservables[J]. Review of economic studies，2000，70：317-341.

[41]LI H，ZHOU L. Political turnover and economic performance：the incentive role of personnel control in China[J]. Journal of public economics，2005，89(9-10)：1743-1762.

[42]LI X，LIU C，WENG X，et al. Target setting in tournaments：theory and evidence from China [J]. The Economic Journal，2019，129(623)：2888-2915.

[43]LI J，SHI X，WU H，et al. Trade-off between economic development and environmental governance in China：an analysis based on the effect of river chief system[J]. China economic review，2020，60：101403.

[44]LIU H，GUO J，QIAN D，et al. Comprehensive evaluation of household indirect energy consumption and impacts of alternative energy policies in China by input-output analysis[J]. Energy policy，2009，37：3194-3204.

[45]LIU Q，HAO Y，DU Y，et al. GDP competition and corporate investment：evidence from China [J]. Pacific economic review，2020，20(3)：402-426.

[46]LUFT J，SHIELDS M D. Mapping management accounting：graphics and guidelines for theory-consistent empirical research[J]. Accounting，organizations and society，2003，28(2-3)：169-249.

[47]MUNDLAK Y. On the pooling of time series and cross section data[J]. Econometrica，1978，46：69-85.

[48]PAULO F，CAMÕES P. Ecological fiscal transfers for biodiversity conservation policy：a transaction costs analysis of Minas Gerais，Brazil[J]. Ecological Economics，2019，166：106425.

[49]SHRIVASTAVA P. Environmental technologies and competitive advantage[J]. Strategic management journal，1995，16(S1)：183-200.

[50]STAIGER D，STOCK J. H. Instrumental variables regression with weak instruments[J]. Econometrica，1997，65(3)：557-586.

[51]WHITE H A. Heteroskedasticity-consistent covariance matrix estimator and a direct test for heteroskedasticity[J]. Econometrica，1980，48(4)：817-838.

[52]WU C，BURGE G S. Competing for foreign direct investment[J]. Public Finance Review，2018，46(6)：1044-1068.

[53]XU C. The fundamental institutions of China's reforms and development[J]. Journal of economic literature，2011，49(4)：1076-1151.

[54]YAO Y，ZHANG M. Subnational leaders and economic growth：evidence from Chinese cities[J]. Journal of economic growth，2015，20(4)：405-436.

[55]ZHANG X，WU L，ZHANG R，et al. Evaluating the relationships among economic growth，energy consumption，air emissions and air environmental protection investment in China[J]. Renewable and sustainable energy reviews，2013，18：259-270.

附录

附录 2-1　变量定义

变量	变量定义
因变量:公司环保相关绩效指标	
自发性的环保表现	
ENV_SELF	自发性环保绩效,包含如下六项:(1)对环保管理和运营中员工培训的实质性描述;(2)拥有环境事故的紧急预案;(3)内部环保奖励;(4)内部环境审计;(5)环保计划的内部验证;(6)与环保有关的社区参与、捐赠。若公司存在上述环保表现,取值为1,最终该指标得分范围 0～6(Clarkson 等,2008;Du,2018)
无直接严重后果的环保问题	
ENV_ENERGY	公司能源使用和(或)能源效率方面的环境绩效指标,若该指标有如下情况,每项取值为1:(1)有具体的绩效数据;(2)绩效数据与同行、竞争对手或行业情况进行了比较;(3)绩效数据与公司以往的情况进行了比较(趋势分析);(4)绩效数据与目标进行了比较;(5)绩效数据同时以绝对数和相对数形式披露;(6)绩效数据有进行分解性描述(如工厂、业务单位、地理分布等),最终该指标取值范围为 0～6(Clarkson 等,2008;Du,2018)
ENV_WATER	公司水资源使用、使用效率的环境业绩指标,与 ENV_ENERGY 取值方式相同,最终该指标取值范围 0～6

续表

变量	变量定义
ENV_GHG	温室气体排放的环境业绩指标,与 ENV_ENERGY 取值方式相同,最终该指标取值范围为 0~6

有直接严重后果的环保问题

变量	变量定义
ENV_OG	其他气体排放(SO_2、NO_X)的环境绩效指标,与 ENV_ENERGY 取值方式相同,最终该指标取值范围为 0~6
ENV_POI	高毒性物质排放方面的环境绩效指标,与 ENV_ENERGY 取值方式相同,最终该指标取值范围为 0~6
ENV_WASTE	公司废弃物质产生和管理的指标(回收、再利用、处置、降低使用),与 ENV_ENERGY 取值方式相同,最终该指标取值范围为 0~6
ENV_LRBC	土地资源使用、生物的多样性及保持方面的绩效指标,与 ENV_ENERGY 取值方式相同,最终该指标取值范围为 0~6

自变量:地级市的经济增长目标

变量	变量定义
TARGET	地区经济增长目标,即政府工作报告中设定的该行政区范围经济增长目标值

控制变量

变量	变量定义
BLOCK	第一大股东持股比例,第一大股东持股数与公司总股份的比值
BOARDSIZE	董事会规模,公司董事会总人数的自然数对数
INDR	独立董事的比例,独立董事人数与董事会人数的比值
DPC	公司环境污染控制部门虚拟变量,若公司有该部门或管理岗位,赋值为 1,否则为 0
ISO	ISO14001 标准,若在工厂或整个企业执行了该标准,则赋值为 1,否则为 0
SALARY	薪酬与环境保护相关情况,若管理者薪酬与环境业绩有关,则赋值为 1,否则为 0
INST_SHR	机构投资者持股比例,即机构投资者持有的股份与公司总股份的比值
SIZE	公司规模,即公司年末总资产的自然对数值
LEV	资产负债率,即公司年末总负债与总资产的比值
ROE	净资产收益率,即公司净利润与年末净资产的比值
GROWTH	主营业务收入增长率,即公司本年度与上年度主营业务收入差值与上一年度主营业务收入比值
LISTAGE	上市年龄,即公司上市以来的年数加 1 的自然对数值
STATE	公司所有权性质,若为国有企业,则赋值为 1,否则为 0
MKT	公司所在省份的市场化指数

其他测试变量

变量	变量定义
TARGET_DIF	地级市经济增长目标与所在省的省级经济增长目标的差值

续表

变量	变量定义
ENV_(Y)_DIF	上述一系列的环境绩效的当年指标(Y)与该环境绩效指标上一年的差值
CITY_NUM	公司所在省的地级市数量(地级市不包含地级地区)
ETI	环保技术投入,若公司有为提高环境表现或效率的技术费用支出、R&D 经费支出则赋值为 1,否则为 0
DECLARE	管理层说明中关于环保表现的说明,若有则赋值为 1,否则为 0

第三章　国际化董事会与公司环境绩效

　　摘要:本章探讨了国际化董事会对公司环境绩效的影响,并考察了地区绿色发展指数对这一关系的调节作用。基于 2008—2016 年中国上市公司的数据,研究发现,国际化董事会与公司环境绩效显著正相关,表明国际化董事会发挥了强化驱使企业承担环境责任的道德动机与战略动机的作用,进而提升公司环境绩效。进一步研究发现,地区绿色发展指数削弱了国际化董事会与公司环境绩效之间的正相关关系。经过一系列敏感性测试,以及控制国际化董事会与公司环境绩效的内生性后,上述研究结论依然成立。此外,进一步检验表明,当境外董事来自与公司总部时区差更小、投资者保护水平更高、环境保护表现更好的国家(地区)时,国际化董事会对公司环境绩效的正向影响更突出。

一、引言

　　过去四十年里,企业应积极承担环境责任,不应以破坏环境为代价追求经济利益的认知逐渐成为共识(Campbell,2007;Maignan,Ralston,2002;Mallin et al.,2013;Vidaver-Cohen,Brønn,2008;Walls et al.,2012)。中国是世界第二大经济体,随着经济的快速增长,环境问题日益突出[①]。中国政府颁布了一系列环境法律法规严惩环境违法行为,加强环境保护,以应对日益严峻的环境问题。然而,环境法律法规的出台却并未能达到预期效果(Du et al.,2014)。例如,深交所上市的云南罗平锌电股份有限公司早在 2016 年就被查出其排放的工业废渣重金属超标,污染珠江。然而该公司却消极对待生态环境部的整改要求,敷衍整改,直至 2018 年底,其重金属污染隐患问题仍未解决[②]。董事会监督作为微观企业制度,有望督促企业改善环境绩效(Du et al.,2014)。

　　近年来,随着经济全球化的纵深发展,跨国公司引领了组建国际化董事会的潮流(Sta-

---

　　① 详细内容参见:https://www.nytimes.com/2007/08/26/world/asia/26china.html.

　　② 详细内容参见:http://finance.sina.com.cn/chanjing/gsnews/2018-06-21-doc-ihefphqk8116553.shtml.

ples,2007)。由于企业治理机制以及先进管理经验的不足,中国上市公司对境外董事的需求越来越迫切(Youssef,2003;Du et al.,2017)。环境责任承担体现了决策者的商业道德(道德动机)和战略选择(战略动机)(Jose,Lee,2007),公司董事会可以通过其监督和咨询职能影响公司环境绩效(Mallin et al.,2013;Kassinis,Vafeas,2002;Post et al.,2011;Shaukat et al.,2016;Walls et al.,2012)。然而不同董事对改善环境绩效所起到的作用并不相同。前期文献指出,女性董事、外部董事和在审计委员会担任职务的具有财务专业背景的董事相较于对应的其他董事,更有可能关注公司环境责任。具体论及国际化董事会,Du(2018)发现境外董事对公司财务决策行为起到了更为有效的监督。而对于国际化董事会(境外董事)能否提升董事会在环境问题上的有利影响,监督上市公司更好地履行环境责任这个问题,尚留有研究空白,值得深入探讨。因此,本章考察了国际化董事会能否提高公司的环境绩效这一问题。

本章进一步研究了地区绿色发展指数对国际化董事会与公司环境绩效关系的调节作用。地区绿色发展指数反映了宏观层面的环境保护的社会氛围,因此位于绿色发展指数较高省份的企业,环境绩效可能更优。根据 Williamson(2000)的制度分析框架,地区绿色发展作为一种社会氛围(非正式制度),可能调节(削弱或强化)作为正式制度(企业内部治理制度)的国际化董事会对公司环境绩效的积极影响。

本章以 2008—2016 年中国上市公司为样本,实证检验了国际化董事会对公司环境绩效的影响,并考察了地区绿色发展指数的调节作用。研究发现:第一,国际化董事会与公司环境绩效显著正相关,表明国际化董事会在强化环境责任承担的道德动机与战略动机方面发挥了重要作用,提升了公司环境绩效。第二,地区绿色发展指数削弱了国际化董事会与公司环境绩效间的正向关系。第三,采用一系列敏感性测试以及控制内生性后,上述结论依然稳健。第四,国际化董事会对公司环境绩效的正向影响仅存在于境外董事来自与公司总部时区差更小、投资者保护水平更高、环境保护表现更好的国家(地区)。

相较已有文献,本章研究贡献如下:

第一,本章首次考察了国际化董事会(董事会国籍多元化、境外董事)是否影响公司环境绩效。前期文献研究了治理机制(内部和外部)对公司环境绩效的影响(Mallin et al.,2013;Shaukat et al.,2016;Post et al.,2011;Walls et al.,2012),但并未提供国际化董事会是否以及如何影响公司环境绩效的经验证据。本章发现了国际化董事会对提升公司环境绩效的积极影响,填补了前期研究的空白。

更为重要的,企业社会责任(CSR)维度可以分为社会责任强项(CSR-strength,如慈善)和社会责任弱项(CSR-weakness,如环境破坏)。现代企业对待不同维度的 CSR,行为具有差异性(Chen et al.,2008;Du,2015;Zyglidopoulos et al.,2012)。Chen 等(2008)发现,企业更有可能在有污染、低质量产品或员工歧视的情况下参与慈善事业。Du(2015)指出,环境不友好企业通常表现出更高的企业慈善水平。因此,有必要探讨国际化董事会对不同维度 CSR 的影响。

第二,前期文献支持了国际化董事会在跨国并购、营运效率、增加公司价值方面发挥作用的观点（Oxelheim，Randøy，2003；Masulis et al.，2012）。在监督职能方面，Masulis 等（2012）发现国际化的董事会监督管理层的效率更低。而 Du 等（2017）指出，美国情境限制了 Masulis 等（2012）研究结论的普适性，进一步为中国情境下国际化董事会抑制盈余管理的积极作用提供了经验证据。因此，国际化董事会不仅将前沿、优质的环境保护经验传递给管理层（即咨询职能），同时抑制了管理层不道德的环境违规行为（即监督职能）。与 Du 等（2017）的研究相呼应，本章研究是对国际化董事会正向监管效应相关文献的补充。

第三，本章首次讨论了国际化董事会对公司行为的影响在中国不同地区的差异化。研究发现省级绿色发展水平削弱了国际化董事会与公司环境绩效间的正关系，因此补充了关于国际化董事会如何影响公司行为的文献。

第四，本章研究提出了国际化董事会影响公司环境绩效的三个重要渠道。首先，境外董事来源国家（地区）与中国的时区差阻碍了其改善公司环境绩效，这表明地理距离增加了境外董事的履职成本。其次，境外董事来源于投资者保护更薄弱的国家（地区），削弱了国际化董事会提升公司环境绩效的积极作用。最后，来自环境保护表现更好的国家（地区）的境外董事发挥的作用更大。上述结论有助于学者、管理层和监管部门更好地了解来自不同国家（地区）的境外董事对公司行为的差异化影响。

余文结构安排如下：第二部分为文献综述、理论与假设提出；第三部分为研究设计，包含变量、模型、数据样本与数据来源；第四部分为实证研究结果及分析；第五部分讨论了内生性问题，并进行附加测试；最后为文章结论、研究启示、局限性与未来可能的研究讨论。

二、文献回顾、理论分析与研究假设

（一）环境责任承担的动机

关于企业承担环境责任动机的前期文献对道德动机和战略动机进行了研究（Babiak，Trendafilova，2011；Campbell，2007；Jose，Lee，2007；Maignan，Ralston，2002；Vidaver-Cohen，Simcic Brønn，2008）。Jose 和 Lee(2007)指出，企业从事环境保护更多地与竞争优势、长期发展、利益相关者的利益相关而非与法律法规相关。来自 113 个国家（地区）的高管中，2/3 的受访者表示 CSR 是获得竞争优势和实现可持续发展的重要手段（Kiron et al.，2012）。

除利润最大化和股东价值最大化之外，CSR 进一步要求企业关注利益相关者的利益。商业道德水平较高的企业（高管）更可能关心利益相关者，从而履行公司环境责任（Du et al.，2014）。Maignan 和 Ralston(2002)进行的跨国研究发现，CSR 主要由道德动机驱动，且 CSR 可以被认为是组织文化和价值观的表现。同样的，公司环境责任作为 CSR 的重要组成部分，本质上是一种利他行为或美德行为。

以利益相关者利益为目的的公司环境责任,最终也可能使股东获益(Babiak,Trenda-filova,2011;Maignan,Ralston,2002)。相当一部分的客户重视环境保护,因此更好的公司环境绩效带来更高的声誉、更高的客户忠诚度和更多的客户(McWilliams,Siegel,2000;Porter,Kramer,2011)。前期文献指出,对社会负责、环境友好型的公司更易获得融资(Ben-lemlih,2017;Goss,Roberts,2011),信用评级更高(Attig et al.,2013),较少被出具非标审计意见(Du et al.,2018)。因此,企业应给予环境责任更多的重视。

公司环境绩效体现了商业道德和战略选择,治理机制能够对公司环境绩效产生重要影响(Mallin et al.,2013;Post et al.,2011;Shaukat et al.,2016;Walls et al.,2012)。董事会是治理机制的关键组成部分(Jensen,Meckling,1976)。Kassinis 和 Vafeas(2002)发现董事会规模、工业企业的董事比例与环境诉讼呈正相关,而外部董事数量与环境诉讼呈显著负相关。此外,Post 等(2011)发现,有 3 名及以上女性董事的公司,环境绩效更好。Shaukat 等(2016)指出,审计委员会中有财务专业背景的董事对环境绩效有积极影响。简言之,前期文献表明,董事会特征对公司环境绩效具有重要影响。

(二)国际化董事会与公司环境绩效

国际化董事会(董事会国籍多元化、境外董事)业已引起了会计学和金融学领域学者的广泛关注。以中国为代表的新兴市场,由于治理机制的不完善和先进治理经验的缺乏,企业倾向于聘请来自发达国家(地区)的外籍人才(Youssef,2003;Du et al.,2017)。由不同文化和制度背景的人才组成的国际化的董事会可以促进人才流入,这有利于企业的战略决策,并有助于提升企业的竞争优势(Giannetti et al.,2015)。Masulis 等(2012)发现,境外董事更加熟悉国际市场,国际化的董事会提升了跨国并购的效益。除了上述文献讨论的境外董事的咨询职能,Du 等(2017)进一步指出国际化董事会抑制了盈余管理行为。可见,对公司而言,尤其是以中国为代表的、新兴市场国家的公司,境外董事既是有价值的顾问,亦是有效的监督者(Oxelheim,Randøy,2003)。因此,国际化董事会基于咨询职能和监督职能的发挥对公司环境绩效产生影响。

(三)国际化董事会的监督职能

在中国等新兴市场国家,存在商业道德不成熟的问题(Du et al.,2014),本土董事环境保护意识相对薄弱,监督和抑制环保不当行为的动机不足。此外,环境法律法规制度建设与监管执行仍留有空白,不利于公司环境责任的履行(Du et al.,2016;Zhang et al.,2018)。正如 Du 等(2016)所指出的,企业以环境污染为代价追求经济利益的现象相当普遍。在这一背景下,国际化董事会监督职能的有效发挥尤为重要。

公司董事会的监督有效性取决于监督的意愿和监督的能力(Du et al.,2017;Masulis et al.,2012)。具体到对环境问题的监督,国际化董事会更能有效发挥监督职能的原因在于:第一,境外董事更加独立于管理层。相较于本土董事,境外董事与管理层存在社会关系的可能性较小,因而独立性相应地更高(Wong,Chan,1999)。此外,发达国家(地区)职业经理人市场更为成熟,促使境外董事更加重视自身的市场声誉和职业前景(Du et al.,2017)。因此,国际化的董事会有利于引导公司承担涉及利益相关者的环境责任(Ibrahim et al.,2003)。综上所述,由于境外董事远离管理层的社会关系网络,以及对自身声誉和职业前景的重视,境外董事更不可能依附管理层,因而保证了国际化的董事会在公司治理中表现出较强的独立性。

第二,国际化的董事会监督管理层环境破坏行为的道德动机(高商业道德水平和环境保护意识)更强(Khanna,2008;Zhang et al.,2018)。环保态度受文化与制度背景的深刻影响(Campbell,2007;Waldman et al.,2006)。在政府、非政府机构以及社会公众的推动下,发达国家(地区)的企业已经认识到环境保护是一种社会规范或宏观社会文化,并将环境保护融入微观企业文化之中(Berry,Rondinelli,1998)。因此,来自发达国家(地区)的境外董事更可能认同公司环境责任承担、提升公司环境绩效的价值,有更强动机抑制管理层在环境保护方面的不当行为。

(四)国际化董事会的咨询职能

环境责任承担是一项可以增加企业价值的战略决策(战略动机;Jose,Lee,2007;Kiron et al.,2012)。深交所和上交所自 2008 年以来,要求上市公司发布 CSR 报告,环境责任是其中的一个关键组成部分。此外,《南方周末》作为中国影响广泛的综合性报刊,自 2011 年开始就关注公司环境责任问题,公布生态环境年度企业黑名单。随着企业国际化、全球化的深入,通过履行环境责任获得组织合法性日益重要,而中国企业在这一方面任重道远。因此,国际化董事会发挥咨询职能,推动中国上市公司建立履行环境责任与企业长期价值间的连接,有利于中国上市公司环境治理能力的提升(Du et al.,2014)。

基于咨询职能的发挥,国际化董事会有利于驱动公司环境绩效提升的战略动机:

第一,大多数境外董事对公司环境责任承担与积累竞争优势、保持长期发展间的密切关系具有充分的认知(Johnson,Greening,1999)。Zhang 等(2018)发现,拥有海外经历的董事比例与 CSR 显著正相关,表明国际化董事会更可能促进企业承担社会责任的行为。因此,国际化董事会为中国企业(管理层)战略性地参与环境保护提供了建议。

第二,境外董事在国际市场具有丰富的工作经验,积累了战略性处理环境问题、恰当平衡风险和收益的相关知识。参与环境友好型活动需要大量投资,伴随高风险,且回报周期较长(Hart,Ahuja,1996)。在国际化的董事会中,拥有先进环境治理经验的境外董事则可以在这方面为中国企业采纳和实施环境战略提供重要建议。Giannetti 等(2015)、Iliev 和 Roth(2018),以及 Zhang 等(2018)均指出,国际化的董事会在传递先进环境治理经验方面发挥着重要作用。基于上述讨论,本土企业(管理层)可以在环境战略方面从国际化董事会中获益,并进一步表现出更好的环境绩效。

综上所述,基于咨询职能与监督职能的发挥,国际化董事会可能强化驱动公司环境责任承担的道德动机与战略动机,进而改善公司环境绩效。基于此,提出假设 3-1:

假设 3-1:限定其他条件,国际化董事会提高了公司环境绩效。

(五)地区绿色发展指数的调节作用

中国不同省份的环境保护意识存在较大差异(国家统计局,2017)。地区绿色发展指数是一个多维度概念,由资源利用指数、环境治理指数、环境质量指数、生态保护指数、增长质量指数和绿色生活指数共6个分类指数构成的省级绿色发展水平度量[①]。

国家对地区的生态文明建设进行监测评价,为获得政治晋升,地方政府官员密切关注环境政策。在这一背景下,地区绿色发展培育了环境友好的、可持续发展的宏观社会文化氛围,促进辖区内企业承担环境责任。因此,地区绿色发展指标对环境绩效产生积极影响。本章进一步讨论地区绿色发展指标的调节效应。根据 Williamson(2000)[②],地区绿色发展指标体现了宏观层面的环境保护的社会文化氛围,是为制度框架的最高层次。相应的,国际化董事会属于制度框架的第三层次。不同维度的社会制度对企业决策产生影响,并相互作用(削弱或强化)(Du et al.,2014)。一方面,绿色发展的社会氛围表征了对环境责任的价值认同(Campbell,2007;Waldman et al.,2006),故更高水平的省级绿色发展为辖区内企业履行环境责任、提升环境绩效提供了更强的道德激励。在此情境下,国际化董事会对公司环境绩效(监督职能)的积极作用可能被削弱。另一方面,省级绿色发展水平越高,对先进环境治理的需求也更高,在此背景下,国际化董事会可以在传递先进环境治理经验方面发挥重要的咨询职能(Giannetti et al.,2015;Iliev,Roth,2018)。故绿色发展指数更高的省区内,国际化董事会通过咨询职能的发挥对公司环境绩效产生更大的影响,即地区绿色发展指数强化了国际化董事会与公司环境绩效间的正向关系。综上,提出两个竞争性假设——假设 3-2a 与假设 3-2b:

假设 3-2a:限定其他条件,地区绿色发展指数削弱了国际化董事会对公司环境绩效的积极影响。

假设 3-2b:限定其他条件,地区绿色发展指数强化了国际化董事会对公司环境绩效的积极影响。

三、研究设计

(一)假设 3-1 模型设定

为了检验假设 3-1,本章构建了包含公司环境绩效指标(EPI)、国际化董事会(GBD)及

[①]　"省级绿色发展指数"可从中华人民共和国国家发展和改革委员会、国家统计局、中华人民共和国生态环境部、中共中央组织部印发的《绿色发展指标体系》中获取。

[②]　Williamson(2000)的制度分析框架包含四个层次:(1)非正式制度(如习俗、传统、规范、宗教);(2)制度环境(如政治、司法、政府);(3)治理机制;(4)资源配置与就业。

相关控制变量在内的 Tobit 回归模型(3-1)：

$$EPI = \alpha_0 + \alpha_1 GBD + \alpha_{2-20} Controls + Industry\ Indicators + Year\ Indicators + \varepsilon \qquad (3\text{-}1)$$

模型(3-1)中,被解释变量为 EPI(公司环境绩效指标)。Clarkson 等(2008)在前期文献(Al-Tuwaijri et al.,2004；King,Lenox,2001；Patten,1992；Wiseman,1982)的基础上,侧重自主环境披露,并基于全球报告倡议组织(GRI)发布的《可持续发展报告指南》制定文本分析指数。与已有文献相比,Clarkson 等(2008)提供了一个优化的、与实际环境绩效高度正相关的环境绩效指标[①],目前这一方法已被学术研究广泛采纳(如 Rahman,Post,2012；Du et al.,2014)。因此本章采用 Clarkson 等(2008)的度量方法来衡量公司环境绩效。具体来说,环境信息披露包含 10 个组成部分(GRI,2006),基于 Clarkson 等(2008)的评分方法,每个组成部分评分等级跨度为 0~6。本章对每个组成部分进行对应的评分后,进行汇总,由此形成公司环境绩效指标(EPI)。

模型(3-1)中,解释变量为国际化董事会(GBD)。GBD 为虚拟变量,当董事会有 1 名及以上的境外董事任职取值为 1,否则取值为 0(Du 等,2017)。若 GBD 的系数 α_1 显著为正,则假设 3-1 得到实证支持。

模型(3-1)设置了以下一系列控制变量(即模型中的 Controls),以分离国际化董事会对公司环境绩效影响的净效应：

(1)公司内部治理机制变量(Nie et al.,2018；Walls et al.,2012)如 BLOCK、MAN_SHR、QFII_SHR、DUAL、BOARD 和 INDR。具体地,BLOCK 是第一大股东持股比例；MAN_SHR 是管理层持股比例；QFII_SHR 为境外机构投资者持股比例；DUAL 是两职合一虚拟变量,如果 CEO 同时担任董事长取值为 1,否则取值为 0；BOARD 为董事会规模,等于董事会人数取自然对数；INDR 是独立董事比例。

(2)外部治理机制变量。ANALYST 为分析师关注,等于跟踪公司的分析师数量加 1后取自然对数；BIG10 是会计师事务所虚拟变量,公司聘请前十大会计师事务所审计取值为1,否则取值为 0。

(3)反映公司层面的财务特征的变量(Clarkson et al.,2008；Walls et al.,2012)。SIZE等于公司年末市值的自然对数。LEV 为财务杠杆,等于公司总负债(包括长期贷款、短期贷款、债券和应付票据)与总资产的比值。ROA 为总资产收益率,等于净利润与平均资产总额的比值。TOBIN'Q 度量公司的成长性。

(4)参考 Clarkson 等(2008)、Du 等(2014)控制了 FIN、VOLAT、CAP_INV 等变量。FIN 等于当年股本再融资和债务再融资与年初总资产的比值。VOLAT 度量信息不对称,等于市场调整的股票周回报率的标准差。CAP_INV 等于固定资产、无形资产和其他长期

[①]　企业的环境绩效难以恰当度量(Clarkson et al.,2008；Ilinitch et al.,1998)。基于美国国家环境保护局的 TRI 数据库,部分学者使用公司排放的有毒废弃物的总量度量公司环境绩效(King,Lenox,2001)。值得注意的是,由于公司层面污染物排放数据的普遍缺乏,公司环境信息披露被视为度量环境绩效的替代指标(Al-Tuwaijri 等,2004；Patten,1992；Wiseman,1982)。

资产投资与销售收入的比值。

（5）其他变量。由于上市的时间长短可能导致公司环境战略选择的差异（Du et al.，2014），本章控制了 LISTAGE 这一变量，用 IPO（首次公开募股）以来的年份度量。模型（3-1）还控制了 SOE（企业产权性质），SOE 为虚拟变量，如果企业是国有企业则取值为 1，否则取值为 0。此外，模型还控制了 GDP_PC 和 MKT。GDP_PC 为省级人均 GDP（万元）；MKT 为省级市场化指数（王小鲁 等，2018）。

（6）模型加入行业和年度虚拟变量，以控制行业和年度效应。

（二）假设 3-2a（假设 3-2b）模型设定

本章构建了包含公司环境绩效指标（EPI）、国际化董事会（GBD）、地区绿色发展指数（RGD）、GBD 与 RGD 交互项，及其他控制变量在内的模型（3-2）检验假设 3-2a（3-2b）。

$$EPI = \beta_0 + \beta_1 GBD + \beta_2 RGD + \beta_3 GBD \times RGD + \beta_{4\sim22} Controls + Industry\ Indicators$$
$$+ Year\ Indicators + \varepsilon \tag{3-2}$$

模型（3-2）中，被解释变量是 EPI（环境绩效），解释变量为 GBD（国际化董事会），调节变量是省级绿色发展指标（RGD）。GBD 与 RGD 交互项的系数 β_3 的显著为负（正），则假设 3-2a（2b）被经验证据所支持。

（三）样本选择

本章选取 2008—2016 年期间沪深两市 A 股上市公司作为研究对象。大多数上市公司直至 2008 年才披露公司环境信息，故将 2008 年作为样本起始年份。初始样本包含 21 348 个公司—年度观测值，在此基础上按照如下的原则进行样本筛选：（1）剔除金融、保险、证券行业的上市公司（364 个观测值）；（2）剔除净资产小于 0 的上市公司（302 个观测值）；（3）剔除相关变量数据缺失的公司（3 969 个观测值）。最终本章得到 16 713 个公司—年度观测值，涵盖 2 770 家公司样本。从样本年度和行业分布的角度来看，只在少数行业存在轻微的年度或行业集聚。

（四）数据来源

本章的数据来源如下：（1）环境绩效数据系根据中国上市公司年度报告、企业社会责任报告和企业官方网站提供的环境绩效信息，手工收集而来。具体地，根据 GRI 发布的《可持续发展报告指南》所提供的评分框架，对收集的原始环境披露信息进行文本分析并评分，汇总各项得分形成公司环境绩效指标（Clarkson et al.，2008；Du 等，2014）。（2）国际化董事会的数据系根据中国上市公司年度报告提供的董事简历手工收集而来。（3）地区绿色发展指数的数据来自国家统计局（www.stats.gov.cn/tjsj/zxfb）。（4）BIG10 数据来自中国注册会计师协会网站（www.cicpa.org.cn）。（5）GDP_PC 的数据来自《中国统计年鉴》。（6）MKT 的数据来自王小鲁等（2018）。（7）其余数据均来源于 CSMAR 数据库。

四、实证结果与分析

(一)描述性统计与 t/z 检验

表 3-1 的 Section A 列示了主要变量的描述性统计结果。EPI 的均值为 0.730,表明样本企业的环境绩效均值为 0.730。GBD 的平均值为 0.078,表明 7.8% 的样本公司建立了国际化的董事会。RGD 的平均值 80.282,表明省份绿色发展指数平均为 80.282。变量的描述性统计结果与前期研究相近(如 Du,2018)。

表 3-1 的 Section B 将全样本划分为两个子样本:拥有国际化董事会的公司样本(GBD=1;GBD 子样本)和无国际化董事会的公司样本(GBD=0;非 GBD 子样本)。随后采用 t 检验与 z 检验分析上述两个子样本间是否存在显著差异。根据表 3-1,GBD 子样本的环境绩效(EPI)均值为 1.622,非 GBD 子样本 EPI 均值为 0.654,均值差异在 1% 水平上显著(t 值=15.64)。同样的,两个子样本的 EPI 中位数差异也在 1% 水平上的显著(z 值=7.09)。上述结果表明,GBD 子样本相较于非 GBD 子样本,环境绩效更高,与假设 3-1 一致。

(二)Pearson 相关系数分析

表 3-2 呈现了变量间的 Pearson 相关系数检验结果。EPI 与 GBD 显著正相关(系数=0.120,p 值<0.01),表明国际化董事会提升了公司环境绩效,初步支持假设 3-1。EPI 与 RGD 的相关系数显著为正,初步刻画了单变量间的关系,还需多元回归进一步检验国际化董事会、地区绿色发展指数对 EPI 的交互影响。具体到控制变量,EPI 与 BLOCK、QFII_SHR、BOARD、ANALYST、BIG10、SIZE、LEV、FIN、CAP_INV、LISTAGE、SOE(MAN_SHR、DUAL、TOBIN'Q、VOLAT、MKT)显著正(负)相关。此外,绝大部分变量间的相关系数都在 0.30 以下,表明回归分析过程中不大可能存在严重的多重共线性问题。

(三)假设 3-1、假设 2a 与 2b 的多元回归分析

表 3-3 呈现了国际化董事会、地区绿色发展指标及其他变量对公司环境绩效(EPI)的逐步回归结果。所有回归模型均在 1% 水平上显著,第(1)列至第(4)列的 Pseudo R^2 逐渐增加,且相邻两列间的增量 Pseudo R^2 均显著(详见表格倒数第二行的 Chi^2 检验)。上述结果表明,随着 GBD、RGD、GBD×RGD 逐个加入多元回归模型时,模型解释力逐渐增加。所有 t 值均经过了异方差稳健标准差(Huber-White)调整(White,1980)。

表 3-3 第(1)列回归检验了所有控制变量对 EPI 的影响。其中,第一大股东持股比(BLOCK)、董事会规模(BOARD)、分析师关注(ANALYST)、企业规模(SIZE,市值)、财务杠杆(LEV)、企业产权性质(SOE)的系数显著为正。相应的,成长性(TOBIN'Q)、股本再融

表 3-1　描述性统计与 t/z 检验

变量	Section A：描述性统计								Section B：GBD 子样本与非 GBD 子样本间的 t/z 检验							
									GBD=1 (N=1 303)			GBD=0 (N=15 410)				
	观测值	均值	标准差	最小值	1/4 分位	中位数	3/4 分位	Max	均值	中位数	标准差	均值	中位数	标准差	t 检验	z 检验
EPI	16 713	0.730	2.161	0.000	0.000	0.000	0.000	24.000	1.622	0.000	3.978	0.654	0.000	1.912	15.64***	7.09***
GBD	16 713	0.078	0.268	0.000	0.000	0.000	0.000	1.000								
RGD	16 713	80.282	2.061	75.200	79.110	79.600	81.830	83.710	80.371	79.600	2.016	80.274	79.600	2.065	1.63	1.92*
BLOCK	16 713	0.356	0.151	0.085	0.235	0.336	0.461	0.757	0.383	0.366	0.155	0.354	0.335	0.150	6.64***	6.29***
MAN_SHR	16 713	0.055	0.126	0.000	0.000	0.000	0.022	0.611	0.051	0.000	0.129	0.056	0.000	0.126	-1.38	-1.55
QFII_SHR	16 713	0.001	0.003	0.000	0.000	0.000	0.000	0.022	0.001	0.000	0.004	0.001	0.000	0.003	5.80***	6.23***
DUAL	16 713	0.232	0.422	0.000	0.000	0.000	0.000	1.000	0.274	0.000	0.446	0.229	0.000	0.420	3.72***	3.72***
BOARD	16 713	2.156	0.197	1.609	2.079	2.197	2.197	2.708	2.182	2.197	0.196	2.153	2.197	0.197	5.12***	4.24***
INDR	16 713	0.371	0.053	0.300	0.333	0.333	0.400	0.571	0.373	0.333	0.057	0.371	0.333	0.052	1.51	1.28
ANALYST	16 713	1.567	1.123	0.000	0.693	1.609	2.485	3.689	1.839	1.946	1.082	1.544	1.609	1.124	9.13***	9.07***
BIG10	16 713	0.523	0.499	0.000	0.000	1.000	1.000	1.000	0.614	1.000	0.487	0.516	1.000	0.500	6.83***	6.82***
SIZE	16 713	22.603	1.100	20.437	21.840	22.487	23.231	27.067	22.974	22.739	1.373	22.572	22.468	1.068	12.72***	9.30***
LEV	16 713	0.170	0.145	0.000	0.044	0.143	0.263	0.613	0.159	0.132	0.137	0.170	0.144	0.146	-2.68***	-2.28**
ROA	16 713	0.037	0.054	-0.224	0.013	0.034	0.064	0.211	0.046	0.042	0.056	0.037	0.034	0.054	6.18***	7.15***
TOBIN'Q	16 713	2.716	2.049	0.918	1.443	2.061	3.209	13.994	2.917	2.208	2.262	2.699	2.047	2.029	3.67***	3.23***
FIN	16 713	0.305	0.338	0.000	0.059	0.226	0.432	2.101	0.296	0.193	0.347	0.306	0.228	0.337	-1.02	-2.40**
VOLAT	16 713	0.053	0.022	0.021	0.038	0.048	0.062	0.147	0.054	0.049	0.023	0.053	0.048	0.022	1.32	0.77
CAP_INV	16 713	0.127	0.172	0.000	0.026	0.069	0.155	1.049	0.121	0.075	0.144	0.128	0.068	0.174	-1.26	3.05***
LISTAGE	16 713	10.394	6.256	0.000	5.000	10.000	16.000	26.000	9.286	7.000	6.372	10.487	10.500	6.238	-6.66***	-6.76***
SOE	16 713	0.445	0.497	0.000	0.000	0.000	1.000	1.000	0.355	0.000	0.479	0.453	0.000	0.498	-6.81***	-6.80***
GDP_PC	16 713	5.716	2.506	0.985	3.707	5.410	7.402	11.820	6.429	6.345	2.565	5.656	5.410	2.492	10.72***	10.23***
MKT	16 713	7.633	1.804	2.940	6.360	7.810	9.296	10.863	8.156	8.370	1.615	7.589	7.780	1.812	10.93***	10.97***

表 3-2　Pearson 相关系数检验

变量		(1)	(2)	(3)	(4)	(5)	(6)	(7)	(8)	(9)	(10)	(11)	(12)	(13)	(14)	(15)	(16)	(17)	(18)	(19)	(20)	(21)	(22)
EPI	(1)	1.000																					
GBD	(2)	0.120***	1.000																				
RGD	(3)	0.020***	0.013	1.000																			
BLOCK	(4)	0.144***	0.051***	0.028***	1.000																		
MAN_SHR	(5)	−0.075***	−0.011	0.091***	−0.047***	1.000																	
QFII_SHR	(6)	0.046**	0.045***	0.022	0.016**	−0.028***	1.000																
DUAL	(7)	−0.066***	0.029***	0.046***	−0.057***	0.462***	−0.006	1.000															
BOARD	(8)	0.135***	0.040***	−0.035***	0.020** *	−0.157***	0.033***	−0.175***	1.000														
INDR	(9)	−0.008	0.012	0.002	0.049***	0.099***	−0.002	0.099***	−0.463***	1.000													
ANALYST	(10)	0.158***	0.070***	0.083***	0.121***	0.129***	0.184***	0.040***	0.114***	0.008	1.000												
BIG10	(11)	0.059***	0.053***	0.074***	0.061***	0.037***	−0.009	0.034***	0.006	0.024***	0.065***	1.000											
SIZE	(12)	0.298***	0.098***	0.024***	0.210***	−0.222***	0.119***	−0.137***	0.195***	0.054***	0.396***	0.155***	1.000										
LEV	(13)	0.083***	−0.021***	−0.092***	0.001	−0.137***	−0.029***	−0.049***	0.110***	−0.022***	−0.097***	0.001	0.210***	1.000									
ROA	(14)	0.009	0.048***	0.094***	0.104***	0.139***	0.112***	0.048***	0.001	−0.014*	0.417***	0.021***	0.073***	−0.351***	1.000								
TOBIN'Q	(15)	−0.119***	0.028***	0.049***	−0.114***	0.180***	−0.006	0.122***	−0.187***	0.076***	−0.001	0.003	−0.135***	−0.294***	0.184***	1.000							
FIN	(16)	0.029***	−0.008	−0.002	0.018***	−0.025***	−0.025**	0.013	0.035***	−0.001	0.056***	0.001	0.139***	0.434***	−0.109***	−0.137***	1.000						
VOLAT	(17)	−0.081***	0.010	0.022***	−0.035***	0.075***	−0.034***	0.058***	−0.113***	0.040***	−0.056***	0.005	0.023***	0.009	−0.041***	0.408***	0.083***	1.000					
CAP_INV	(18)	0.013*	−0.010	−0.046***	−0.028***	0.086***	−0.005	0.057***	0.033***	−0.005	0.091***	0.005	−0.045***	−0.049***	−0.016***	−0.002	0.099***	−0.043***	1.000				
LISTAGE	(19)	0.029***	−0.051***	−0.076***	−0.070***	−0.444***	0.037***	−0.221***	0.100***	−0.039***	−0.246***	−0.033***	0.293***	0.147***	−0.175***	−0.134***	0.022***	−0.054***	−0.147***	1.000			
SOE	(20)	0.155***	−0.053***	−0.090***	0.197***	−0.372***	0.049***	−0.283***	0.268***	−0.068***	−0.052***	−0.022***	0.281***	0.121***	−0.133***	−0.258***	−0.015***	−0.121***	−0.056***	0.424***	1.000		
GDP_PC	(21)	0.005	0.083***	0.486***	0.028***	0.146***	−0.002	0.085***	−0.112***	0.040***	0.058***	0.166***	0.196***	−0.094***	0.067***	0.106***	−0.030***	0.072***	−0.083***	−0.031***	−0.131***	1.000	
MKT	(22)	−0.025***	0.084***	0.523***	0.011	0.187***	0.009	0.134***	−0.122***	0.020***	0.070***	0.151***	0.081***	−0.068***	0.098***	0.092***	−0.015***	0.077***	−0.089***	−0.127***	−0.232***	0.809***	1.000

注：***，**，* 分别表示在 1%、5%、10% 的水平上显著。

资和债务再融资与年初总资产的比值（FIN）、信息不对称（VOLAT）、企业上市年龄（LISTAGE）的系数显著为负，与前期文献相符（Du et al.,2014）。

表 3-3 第（2）列呈现了假设 3-1 的回归结果。GBD 的系数在 1% 的水平上显著为正（系数=1.610,t 值=5.65），支持了假设 3-1。GBD 的系数显著为正表明，拥有国际化董事会的企业更倾向环境责任承担，其环境绩效更优。拥有国际化董事会的公司的环境绩效指标（EPI）比无国际化董事会的公司高 0.431,占 EPI 均值的 59.1%,表明国际化董事会对环境绩效的影响具有显著的经济意义。

表 3-3 第（3）列将国际化董事会、地区绿色发展指数及相关控制变量纳入回归模型检验对环境绩效的影响。GBD 的系数在 1% 的水平上显著为正（系数=1.677,t 值=5.87），进一步支持了假设 3-1。RGD 的系数显著为正（系数=0.209,t 值=4.69）符合理论预期。

表 3-3 第（4）列报告了假设 3-2a（2b）的回归结果,检验地区绿色发展指数削弱还是强化了国际化董事会对公司环境绩效的积极影响。第（4）列中 GBD 的系数显著为正（系数=1.815,t 值=6.31），为假设 3-1 提供了进一步的经验证据;RGD 的系数显著为正（系数=0.247,t 值=5.39），与第（3）列实证结果一致。GBD 和 RGD 的交乘项在 5% 水平上显著为负（系数=−0.328,t 值=−2.48），且（GBD+GBD×RGD）与 GBD 的系数差异在 5% 水平上显著（F 值=6.16）。上述结果为假设 3-2a 提供了经验证据支持,表明地区绿色发展指数削弱了国际化董事会与公司环境绩效间的正相关关系。

表 3-3　国际化董事会、地区绿色发展指数及其他变量对环境绩效的回归分析

| 变量 | 被解释变量:环境绩效（EPI） | | | | | | | |
| | (1) | | (2) | | (3) | | (4) | |
	系数	t 值	系数	t 值	系数	t 值	系数	t 值
GBD			1.610***	5.65	1.677***	5.87	1.815***	6.31
RGD					0.209***	4.69	0.247***	5.39
GBD×RGD							−0.328**	−2.48
BLOCK	2.901***	5.50	2.789***	5.35	2.746***	5.29	2.765***	5.33
MAN_SHR	−0.206	−0.26	0.159	0.20	0.184	0.24	0.209	0.27
QFII_SHR	1.778	0.09	−2.937	−0.14	−3.788	−0.18	−2.842	−0.14
DUAL	−0.256	−1.20	−0.322	−1.52	−0.304	−1.44	−0.317	−1.51
BOARD	2.146***	4.90	1.954***	4.52	1.861***	4.31	1.849***	4.30
INDR	1.015	0.68	0.674	0.45	0.650	0.44	0.853	0.57
ANALYST	0.529***	6.04	0.543***	6.21	0.538***	6.17	0.535***	6.15
BIG10	0.085	0.56	0.062	0.41	0.062	0.42	0.060	0.40
SIZE	2.123***	22.42	2.056***	21.93	2.049***	21.83	2.056***	21.95
LEV	1.382**	2.15	1.516**	2.37	1.635**	2.55	1.631**	2.55
ROA	−1.326	−0.76	−1.334	−0.77	−1.346	−0.78	−1.469	−0.86

续表

变量	被解释变量:环境绩效(EPI)							
	(1)		(2)		(3)		(4)	
	系数	t 值	系数	t 值	系数	t 值	系数	t 值
TOBIN'Q	−0.304***	−5.02	−0.305***	−5.07	−0.309***	−5.14	−0.304***	−5.07
FIN	−0.920***	−3.30	−0.900***	−3.26	−0.929***	−3.36	−0.918***	−3.32
VOLAT	−17.216***	−3.60	−16.852***	−3.54	−16.731***	−3.52	−16.562***	−3.48
CAP_INV	−0.165	−0.36	−0.122	−0.27	−0.140	−0.31	−0.142	−0.31
LISTAGE	−0.129***	−8.01	−0.123***	−7.71	−0.122***	−7.64	−0.122***	−7.63
SOE	1.462***	7.44	1.532***	7.87	1.525***	7.86	1.510***	7.78
GDP_PC	0.060	1.12	0.048	0.91	−0.013	−0.24	−0.012	−0.22
MKT	0.114	1.59	0.103	1.44	0.024	0.31	0.013	0.17
截距	−61.664***	−26.10	−59.600***	−25.94	−74.920***	−18.77	−78.071***	−18.98
行业和年份	控制		控制		控制		控制	
观测值	16 713		16 713		16 713		16 713	
Pseudo R^2	9.87%		10.01%		10.10%		10.12%	
Log Likelihood	−13 590.02		−13 568.95		−13 556.62		−13 552.48	
LR Chi^2(p-value)	2 977.87***(0.000)		3 020.01***(0.000)		3 044.67***(0.000)		3 052.96***(0.000)	
Δ Pseudo R^2			42.14***(0.000)		24.66***(0.000)		8.28***(0.004)	
(GBD+GBD×RGD) V.S. GBD							6.16**(0.013)	

注:***、**、*分别表示在1%、5%、10%的水平上显著;所有 t 值均经过了异方差稳健标准差(Huber-White)调整(White,1980)。

(四)使用环境绩效的替代变量进行敏感性测试

表 3-4 呈现了使用三个环境绩效的替代变量对假设 3-1 和假设 3-2a(3-2b)进行敏感性测试的结果。具体的,LN(1+EPI)等于环境绩效指标原值加 1 后取自然对数。EPI_STD 等于$[(EPI_{j,t}-EPI_{min,t})/(EPI_{max,t}-EPI_{min,t})]$,其中 $EPI_{j,t}$ 指公司 j 在年份 t 的环境绩效的原始值;$EPI_{min,t}$ ($EPI_{max,t}$)指年份 t 所有公司环境绩效的最小值(最大值)。ENV 度量 GRI《可持续发展报告指南》中所有环境项目评分,而非环境绩效项目评分。

表 3-4 Panel A 报告了使用 LN(1+EPI)作为因变量的 OLS 回归结果。Panel A 第(2)列中,GBD 系数显著为正(系数=0.114,t 值=5.50),第(4)列中 GBD×RGD 的系数显著为负(系数=−0.026,t 值=−2.42),表 3-4 实证结果为假设 3-1 和假设 3-2a 提供了进一步的经验证据。表 3-4 Panel B 报告了使用 EPI_STD 作为因变量的 OLS 回归结果。Panel B 第(2)列中,GBD 与 EPI_STD 显著正相关(系数=0.029,t 值=6.55),支持了假设 3-1;第(4)列中 GBD×RGD 的系数显著为负(系数=−0.005,t 值=−2.13),支持了假设 3-2a。表3-4 Panel C 报告了以 ENV 作为因变量的 Tobit 回归结果。Panel C 第(2)列中,GBD 与 ENV

显著正相关(系数＝1.265,t 值＝5.72),第(4)列中 GBD×RGD 的系数显著为负(系数＝－0.488,t 值＝－4.54),支持了假设 3-1 与假设 3-2a。

表 3-4　使用公司环境绩效替代变量进行敏感性测试

Panel A:使用(1＋环境绩效原值)取自然对数进行敏感性测试

变量	被解释变量:LN(1＋EPI)							
	(1)		(2)		(3)		(4)	
	系数	t 值	系数	t 值	系数	t 值	系数	t 值
GBD			0.114***	5.50	0.117***	5.67	0.126***	6.02
RGD					0.014***	5.19	0.017***	5.99
GBD×RGD							－0.026**	－2.42
控制变量	控制		控制		控制		控制	
截距	－4.253***	－26.90	－4.155***	－26.46	－5.245***	－20.17	－5.432***	－20.71
行业和年份	控制		控制		控制		控制	
观测值	16 713		16 713		16 713		16 713	
Adj_R^2	19.08%		19.32%		19.47%		19.52%	
F(p-value)	84.86*** (0.000)		84.38*** (0.000)		83.47*** (0.000)		82.08*** (0.000)	
△ Adj_R^2			49.57*** (0.000)		31.04*** (0.000)		10.35*** (0.001)	
(GBD＋GBD×RGD) V.S. GBD							5.84** (0.016)	

Panel B:使用标准化的环境绩效指标进行敏感性测试

变量	被解释变量:EPI_STD							
	(1)		(2)		(3)		(4)	
	系数	t 值	系数	t 值	系数	t 值	系数	t 值
GBD			0.029***	6.55	0.030***	6.69	0.032***	7.06
RGD					0.002***	4.95	0.003***	6.05
GBD×RGD							－0.005**	－2.13
控制变量	控制		控制		控制		控制	
截距	－0.648***	－22.53	－0.623***	－22.26	－0.807***	－17.26	－0.843***	－18.42
行业和年份	控制		控制		控制		控制	
观测值	16 713		16 713		16 713		16 713	
Adj_R^2	15.58%		16.19%		16.35%		16.42%	
F(p-value)	66.62*** (0.000)		68.25*** (0.000)		67.67*** (0.000)		66.68*** (0.000)	
△ Adj_R^2			121.29*** (0.000)		31.87*** (0.000)		13.96*** (0.000)	
(GBD＋GBD×RGD) V.S. GBD							4.53** (0.033)	

续表

Panel C：使用根据 GRI《可持续发展报告指南》中所有环境项目评分构建的环境绩效指标进行敏感性测试

变量	被解释变量：ENV							
	(1)		(2)		(3)		(4)	
	系数	t 值	系数	t 值	系数	t 值	系数	t 值
GBD			1.265***	5.72	1.326***	5.98	1.494***	6.72
RGD					0.224***	8.00	0.267***	9.56
GBD×RGD							−0.488***	−4.54
控制变量	控制		控制		控制		控制	
截距	−46.734***	−29.04	−45.505***	−28.62	−61.962***	−24.11	−65.656***	−25.29
行业和年份	控制		控制		控制		控制	
观测值	16 713		16 713		16 713		16 713	
Pseudo R^2	5.90%		5.97%		6.06%		6.10%	
Log Likelihood	−38 658.34		−38 629.87		−38 595.13		−38 576.85	
LR Chi^2 (p-value)	4 849.06*** (0.000)		4 905.99*** (0.000)		4 975.47*** (0.000)		5 012.03*** (0.000)	
Δ Pseudo R^2			56.94*** (0.000)		69.48*** (0.000)		36.56*** (0.000)	
(GBD+GBD×RGD) V.S. GBD							20.64*** (0.000)	

注：***、**、*分别表示在1%、5%、10%的水平上显著；所有 t 值均经过了异方差稳健标准差（Huber-White）调整（White，1980）。

(五)国际化董事会对漂绿的影响

如果企业在环境保护方面"多说少做"或"多做少说"，则基于公司环境信息披露构建的环境绩效指标可能存在一定偏差。为减弱可能存在的偏差的影响，本章检验了国际化董事会对企业漂绿（green washing，简称为 GW）的影响。企业漂绿指的是企业不承担环境责任，却宣称自身为环境友好型企业。如果 ENV<ENV_EXP，GW 取值等于"|ENV-ENV_EXP|"，否则 GW 取值为0（Du et al.，2018）。其中，ENV（ENV_EXP）指环境绩效的实际值（期望值）。如果环境绩效实际值大于期望值，则表示企业有效履行了环境责任，不太可能漂绿。反之，如果环境绩效的实际值小于期望值，则表明企业并未能有效履行环境责任或未能承担公众期望的环境责任，说明这些企业可能通过漂绿以树立环境保护方面的企业声誉。

表3-5 第(2)列中，GBD 系数显著为负（系数＝−0.290，t 值＝−3.74），表明国际化董事会对企业漂绿具有抑制作用；表3-5 第(4)列中，GBD×RGD 的系数显著为正（系数＝0.150，t 值＝3.81），说明地区绿色发展指数削弱了国际化董事会对企业漂绿的抑制作用。上述结果分别为假设3-1和假设3-2a提供进一步的经验证据支持。

表 3-5　检验国际化董事会对企业漂绿的影响

变量	被解释变量:漂绿(GW)							
	(1)		(2)		(3)		(4)	
	系数	t 值	系数	t 值	系数	t 值	系数	t 值
GBD			−0.290***	−3.74	−0.312***	−4.01	−0.364***	−4.68
RGD					−0.095***	−8.29	−0.107***	−9.26
GBD×RGD							0.150***	3.81
BLOCK	0.527***	3.77	0.544***	3.90	0.552***	3.96	0.544***	3.91
MAN_SHR	0.617***	3.51	0.579***	3.29	0.584***	3.32	0.584***	3.32
QFII_SHR	−7.356	−1.06	−6.628	−0.96	−5.917	−0.85	−6.565	−0.95
DUAL	0.019	0.40	0.025	0.52	0.018	0.37	0.021	0.43
BOARD	−0.544***	−4.43	−0.520***	−4.24	−0.498***	−4.07	−0.498***	−4.07
INDR	−1.337***	−3.05	−1.299***	−2.97	−1.277***	−2.93	−1.337***	−3.06
ANALYST	−0.081***	−3.53	−0.082***	−3.59	−0.078***	−3.42	−0.076***	−3.32
BIG10	−0.036	−0.94	−0.033	−0.85	−0.022	−0.57	−0.020	−0.53
SIZE	0.477***	14.96	0.486***	15.22	0.489***	15.34	0.486***	15.22
LEV	−1.383***	−8.16	−1.402***	−8.28	−1.442***	−8.55	−1.444***	−8.56
ROA	1.334***	3.23	1.341***	3.25	1.354***	3.30	1.381***	3.37
TOBIN'Q	−0.064***	−5.77	−0.063***	−5.70	−0.061***	−5.56	−0.062***	−5.64
FIN	0.217***	3.50	0.215***	3.47	0.226***	3.66	0.224***	3.63
VOLAT	−3.022***	−2.83	−3.089***	−2.90	−3.087***	−2.91	−3.110***	−2.93
CAP_INV	0.229*	1.95	0.225*	1.91	0.219*	1.87	0.220*	1.87
LISTAGE	0.038***	8.98	0.037***	8.82	0.037***	8.83	0.038***	8.88
SOE	−0.070	−1.46	−0.081*	−1.69	−0.087*	−1.81	−0.083*	−1.74
GDP_PC	0.001	0.06	0.002	0.14	0.025*	1.70	0.024	1.61
MKT	−0.027	−1.41	−0.025	−1.32	0.016	0.79	0.020	1.00
截距	−8.602***	−11.32	−8.854***	−11.64	−1.888*	−1.67	−0.808	−0.70
行业和年份	控制		控制		控制		控制	
观测值	16 713		16 713		16 713		16 713	
Pseudo R^2	2.11%		2.14%		2.26%		2.29%	
Log Likelihood	−28 264.75		−28 256.60		−28 221.77		−28 212.52	
LR Chi^2(p-value)	1 217.95*** (0.000)		1 234.27*** (0.000)		1 303.91*** (0.000)		1 322.43*** (0.000)	
Δ Pseudo R^2			16.30*** (0.000)		69.66*** (0.000)		18.50*** (0.000)	
(GBD+GBD×RGD)V.S. GBD							14.55*** (0.000)	

注:***、**、* 分别表示在 1%、5%、10% 的水平上显著;所有 t 值均经过了异方差稳健标准差(Huber-White)调整(White,1980)。

(六)使用国际化董事会的替代度量指标进行敏感性测试

表 3-6 呈现了使用国际化董事会的替代度量指标进行敏感性测试的结果:(1)GBD_RATIO,等于境外董事占董事会席位的比例;(2)虚拟变量 GBD_BROAD 指境外董事,境外董事的认定将华侨包含在内,即如果有一位及以上的外国人或华侨在中国上市公司董事会任职则 GBD_BROAD 取值为 1,否则取值为 0。

表 3-6 Panel A 第(1)列中,自变量 GBD_RATIO 系数显著为正(系数＝7.445,t 值＝5.64),支持了假设 3-1;第(3)列 GBD_RATIO×RGD 的系数显著为负(系数＝−1.504,t 值＝−2.04),支持了假设 3-2a。表 3-6 Panel B 第(1)列中,自变量 GBD_BROAD 与 EPI 显著正相关(系数＝1.075,t 值＝4.75);Panel B 第(3)列中,GBD_BROAD×RGD 的系数显著为负(系数＝−0.482,t 值＝−4.44),上述结论分别为假设 3-1 和假设 3-2a 提供了进一步的实证支持。

表 3-6　使用国际化董事会的替代变量进行敏感性测试

Panel A:使用境外董事占董事会的席位比例作为解释变量敏感性测试

变量	被解释变量:环境绩效(EPI)					
	(1)		(2)		(3)	
	系数	t 值	系数	t 值	系数	t 值
GBD_RATIO	7.445***	5.64	7.620***	5.78	8.937***	6.20
RGD			0.204***	4.56	0.230***	5.09
GBD_RATIO×RGD					−1.504**	−2.04
控制变量	控制		控制		控制	
截距	−60.454***	−26.07	−75.424***	−18.88	−77.528***	−19.02
行业和年份	控制		控制		控制	
观测值	16 713		16 713		16 713	
Pseudo R^2	10.03%		10.11%		10.13%	
Log Likelihood	−13 566.87		−13 555.16		−13 551.88	
LR Chi^2(p-value)	3 024.17***(0.000)		3 047.60***(0.000)		3 054.16***(0.000)	
ΔPseudo R^2	46.30***(0.000)		23.42***(0.000)		6.56**(0.010)	
(GBD_RATIO+GBD_RATIO×RGD) V.S. GBD_RATIO					4.18**(0.041)	

Panel B:使用广义的国际化董事会度量指标作为解释变量敏感性测试

变量	被解释变量:环境绩效(EPI)					
	(1)		(2)		(3)	
	系数	t 值	系数	t 值	系数	t 值
GBD_BROAD	1.075***	4.75	1.116***	4.92	1.344***	5.85
RGD			0.203***	4.55	0.278***	5.96
GBD_BROAD×RGD					−0.482***	−4.44
控制变量	控制		控制		控制	
截距	−60.218***	−26.00	−75.134***	−18.76	−81.365***	−19.39
行业和年份	控制		控制		控制	
观测值	16 713		16 713		16 713	
Pseudo R^2	9.96%		10.04%		10.12%	
Log Likelihood	−13 576.85		−13 565.25		−13 553.33	
LR Chi^2(p-value)	3 004.22***(0.000)		3 027.41***(0.000)		3 051.26***(0.000)	
Δ Pseudo R^2	26.34***(0.000)		23.20***(0.000)		23.84***(0.000)	
(GBD_BROAD+GBD_BROAD×RGD) V.S. GBD_BROAD					19.72***(0.000)	

注: ***、**、* 分别表示在 1%、5%、10% 的水平上显著;所有 t 值均经过了异方差稳健标准差(Huber-White)调整(White,1980)。

五、内生性测试与进一步测试

(一)使用公司固定效应进行内生性测试

公司层面固定效应用以控制企业层面不随时间变动的影响因素,回归结果在表 3-7 中呈现。表 3-7 第(1)列中自变量 GBD 系数显著为正(系数=0.393,t 值=2.45),第(2)列中 GBD×RGD 的系数显著为负(系数=−0.222,t 值=−2.33)。表 3-7 的实证结果与主回归表 3-3 一致,说明控制公司层面固定效应以解决可能存在的内生性问题后,主要研究结论保持不变。

表 3-7　使用公司固定效应进行内生性测试

变量	被解释变量:环境绩效(EPI)			
	(1)		(2)	
	系数	t 值	系数	t 值
GBD	0.393**	2.45	0.483***	2.90
RGD			0.230**	2.28
GBD×RGD			−0.222**	−2.33
BLOCK	0.302	1.14	0.306	1.15
MAN_SHR	0.185	0.83	0.169	0.76
QFII_SHR	−0.471	−0.09	0.145	0.03
DUAL	0.027	0.52	0.030	0.57
BOARD	0.165	0.74	0.144	0.65
INDR	−0.151	−0.24	−0.210	−0.34
ANALYST	−0.001	−0.05	−0.001	−0.04
BIG10	−0.063	−1.10	−0.058	−1.02
SIZE	0.086*	1.72	0.089*	1.77
LEV	−0.133	−0.68	−0.142	−0.74
ROA	−0.221	−0.64	−0.191	−0.56
TOBIN'Q	0.001	0.15	−0.001	−0.02
FIN	−0.041	−0.93	−0.040	−0.92
VOLAT	−1.288*	−1.68	−1.310*	−1.71
CAP_INV	−0.034	−0.30	−0.051	−0.46
LISTAGE	−0.283	−1.50	−0.282	−1.50
SOE	0.022	0.30	0.031	0.45
GDP_PC	0.003	0.07	−0.018	−0.40
MKT	−0.045	−0.81	−0.070	−1.28
截距	2.515	0.92	−15.562*	−1.84
公司和年份	控制		控制	
观测值	16 713		16 713	
Adj_R^2	0.78%		1.53%	
F(p-value)	3.19*** (0.000)		3.33*** (0.000)	
(GBD+GBD×RGD)V.S. GBD			5.45** (0.020)	

注:***、**、*分别表示在 1%、5%、10% 的水平上显著;所有 t 值均经过了异方差稳健标准差(Huber-White)调整(White,1980)。

(二)使用工具变量法进行内生性测试

恰当选择国际化董事会的工具变量是进行 Ⅳ 估计的重要一环,本章研究选择 AIRPORT 作为工具变量。AIRPORT 以上市公司注册地址 100 公里范围内的国际机场的数量度量。根据 Wooldridge(2001),一个有效的工具变量应该满足以下两个标准:(1)与具有潜在内生性的自变量(在本研究中即为国际化董事会)存在较强的相关性;(2)完全通过具有潜在内生性的自变量影响因变量(公司环境绩效)。境外人才的海外工作意愿是决定企业能否建立国际化董事会的关键因素,靠近国际机场的企业通达性更高,对境外人才的吸引力也更强。Du 等(2017)和 Masulis 等(2012)发现靠近国际机场的企业更可能聘请境外人才任职董事。因此,变量 AIRPORT 符合有效的工具变量需满足的第一个标准,即理论上 AIRPORT 与国际化董事会强相关。在中国,国际机场的建设必须获国务院批准,所以以国际机场的地理分布不太可能直接影响企业的环境责任承担。因此,变量 AIRPORT 很好地满足了有效的工具变量的第二个标准。

表 3-8 Panel A 呈现了使用工具变量法对假设 3-1 进行估计的结果。第一阶段,本章构建了包含国际化董事会(GBD)、国际机场(AIRPORT)及相关控制变量在内的 OLS 回归模型。在 Panel A 第(1)列中,AIRPORT 与 GBD 显著正相关(系数$=0.029$,t 值$=10.85$),符合理论预期。第二阶段本章使用 GBD 的拟合值 GBD* 作为自变量重新检验假设 3-1。Panel A 第(2)列中,GBD* 系数显著为正(系数$=8.447$,t 值$=2.99$),支持了假设 3-1。此外,表 3-8 Panel A 倒数后两行报告了弱工具变量 AR(Wald)检验的 Chi² 值为 8.83(8.56),且在 1% 水平上显著,表明 AIRPORT 是 GBD 的有效工具变量。

表 3-8 Panel B 报告了使用工具变量法对假设 3-2a 和 3-2b 进行估计的结果。参考 Wooldridge(2001),第一阶段构建包含国际化董事会(GBD)、国际机场(AIRPORT)、地区绿色发展指数(RGD)、AIRPORT 与 RGD 的交乘项及其他控制变量在内的 OLS 回归模型。进一步构建包含 GBD 与 RGD 的交乘项、国际机场(AIRPORT)、地区绿色发展指数(RGD)、AIRPORT 与 RGD 的交乘项及其他控制变量在内的回归模型。通过回归估计,可以得到 GBD 的拟合值 GBD*,以及 GBD×RGD 的拟合值(GBD×RGD)*。随后在第二阶段以 GBD*、(GBD×RGD)* 作为自变量重新检验假设 3-2a 和 3-2b。Panel B 第(3)列中,GBD* 与 EPI 显著正相关(系数$=11.747$,t 值$=3.94$),再次支持了假设 3-1。(GBD×RGD)* 系数显著为负(系数$=-3.197$,t 值$=-2.10$),为假设 3-2a 提供进一步的经验证据。此外,表 3-8 Panel B 倒数后两行报告了弱工具变量 AR(Wald)检验的 Chi² 值为 20.47(18.91),且在 1% 水平上显著,表明 AIRPORT 作为工具变量对含交互项的模型仍然有效。

表 3-8 使用工具变量法进行内生性测试

Panel A:对假设 3-1 进行工具变量法内生性测试

变量	第一阶段 被解释变量:国际化董事会(GBD) (1)		第二阶段 被解释变量:环境绩效(EPI) (2)	
	系数	t 值	系数	t 值
AIRPORT	0.029***	10.85		
GBD*			8.447***	2.99
控制变量	控制		控制	
截距	−0.853***	−11.22	−54.084***	−16.09
行业和年份	控制		控制	
观测值	16 713		16 713	
Pseudo R^2/Adj_R^2	5.51%		9.91%	
Log Likelihood			−13 585.13	
LR Chi²/F(p-value)	31.30***(0.000)		2 987.66***(0.000)	
AR test for weak identification		8.83***(0.003)		
Wald test for weak identification		8.56***(0.003)		

Panel B:对假设 3-2a(2b)进行工具变量法内生性测试

变量	第一阶段 被解释变量: 国际化董事会(GBD) (1)		被解释变量: GBD×RGD 交乘项 (2)		第二阶段 被解释变量: 环境绩效(EPI) (3)	
	系数	t 值	系数	t 值	系数	t 值
AIRPORT	0.028***	10.35	0.008*	1.89		
GBD*					11.747***	3.94
RGD	−0.004***	−3.40	0.081***	19.40	0.519***	3.82
AIRPORT×RGD	−0.002	−1.03	0.039***	7.65		
(GBD×RGD)*					−3.197**	−2.10
控制变量	控制		控制		控制	
截距	−0.529***	−4.29	−7.326***	−19.27	−93.731***	−7.92
行业和年份	控制		控制		控制	
观测值	16 713		16 713		16 713	
Pseudo R^2/Adj_R^2	5.58%		9.90%		10.02%	
Log Likelihood					−13 568.47	
LR Chi²/F(p-value)	20.74***(0.000)		37.72***(0.000)		3 020.98***(0.000)	
[GBD*+(GBD×RGD)*]V.S. GBD*					4.39**(0.036)	
AR test for weak identification			20.47***(0.000)			
Wald test for weak identification			18.91***(0.000)			

注:***、**、*分别表示在 1%、5%、10%的水平上显著;所有 t 值均经过了异方差稳健标准差(Huber-White)调整(White,1980)。

(三)使用 Heckman's(1979)方法进行内生性测试

除了控制公司固定效应、采用工具变量法回归,本章进一步采用 Heckman's(1979)两阶段回归法控制可能存在的自选择问题。首先,使用 AIRPORT 及模型(3-1)中所有控制变量进行 Heckman's(1979)两阶段回归法的第一阶段回归,随后计算逆米尔斯比例(IMR)。表 3-9 第(1)列 AIRPORT 与 GBD 显著正相关(系数＝0.189,t 值＝12.39),与理论预期相一致。其次,Heckman's(1979)两阶段回归法的第二阶段回归,将 IMR 加入模型重新检验假设 3-1、假设 3-2a 和假设 3-2b。如表 3-9 第(2)列所示,GBD 系数显著为正(系数＝4.736,t 值＝2.80);第(3)列中 GBD×RGD 系数显著为负(系数＝−0.390,t 值＝−2.89),上述结果分别再次为假设 3-1 和假设 3-2a 提供支持。

表 3-9 使用 Heckman's (1979)进行内生性测试

| 变量 | 第一阶段 被解释变量: 国际化董事会(GBD) | | 第二阶段 被解释变量: 环境绩效(EPI) | | | |
| | (1) | | (2) | | (3) | |
	系数	t 值	系数	t 值	系数	t 值
AIRPORT	0.189***	12.39				
GBD			4.736***	2.80	6.159***	3.60
RGD					0.261***	5.67
GBD×RGD					−0.390***	−2.89
IMR			−1.661*	−1.88	−2.292**	−2.57
BLOCK	0.434***	4.10	2.570***	4.89	2.464***	4.71
MAN_SHR	−0.984***	−6.10	0.631	0.77	0.864	1.06
QFII_SHR	10.400**	2.45	−11.153	−0.53	−14.038	−0.67
DUAL	0.159***	4.04	−0.399*	−1.83	−0.425**	−1.96
BOARD	0.705***	7.33	1.637***	3.52	1.408***	3.04
INDR	0.777**	2.39	0.227	0.15	0.267	0.18
ANALYST	−0.022	−1.22	0.562***	6.35	0.561***	6.37
BIG10	0.058*	1.87	0.022	0.14	0.004	0.03
SIZE	0.201***	9.99	1.949***	17.90	1.909***	17.54
LEV	−0.442***	−3.32	1.754***	2.73	1.963***	3.05
ROA	0.266	0.76	−1.394	−0.81	−1.576	−0.92
TOBIN'Q	0.020**	2.14	−0.313***	−5.20	−0.315***	−5.24
FIN	−0.054	−1.02	−0.884***	−3.21	−0.895***	−3.24
VOLAT	−1.354	−1.47	−16.114***	−3.38	−15.509***	−3.26
CAP_INV	−0.112	−1.19	−0.054	−0.12	−0.049	−0.11
LISTAGE	−0.014***	−4.26	−0.116***	−7.06	−0.112***	−6.82
SOE	−0.311***	−7.63	1.678***	8.05	1.709***	8.23
GDP_PC	0.035***	3.18	0.034	0.64	−0.033	−0.61

续表

变量	第一阶段		第二阶段			
	被解释变量：国际化董事会（GBD）		被解释变量：环境绩效（EPI）			
	(1)		(2)		(3)	
	系数	t 值	系数	t 值	系数	t 值
MKT	-0.008	-0.49	0.082	1.12	-0.022	-0.29
截距	-8.113^{***}	-16.05	-56.392^{***}	-19.81	-74.742^{***}	-17.39
行业和年份	控制		控制		控制	
观测值	16 713		16 713		16 713	
Pseudo R^2	10.40%		10.03%		10.16%	
Log Likelihood	$-4\,099.55$		$-13\,566.37$		$-13\,547.68$	
LR Chi^2（p-value）	951.82^{***}（0.000）		$3\,025.18^{***}$（0.000）		$3\,062.56^{***}$（0.000）	
（GBD+GBD×RGD）V.S. GBD					8.38^{*}（0.004）	

注：$***$、$**$、$*$ 分别表示在 1%、5%、10% 的水平上显著；所有 t 值均经过了异方差稳健标准差（Huber-White）调整（White,1980）。

（四）使用 PSM-DID 进行内生性测试

部分公司早期董事会中没有境外董事,但在随后年度的发展中公司聘请了境外董事,此类公司样本为本章研究提供了一个独特的情境——基于境外董事的加入使用 PSM-DID 方法进行内生性检验。

第一,区分两组公司样本:有境外董事加入的公司（实验组）和无境外董事加入的公司（控制组）。第二,采用倾向评分匹配（PSM）,对处理组和对照组进行半径"±0.001"范围内一比一匹配。本章选择治理机制变量（BLOCK、MAN_SHR、QFII_SHR、DUAL、BOARD、INDR）、企业特征变量（SIZE、LEV、ROA、TOBIN'Q）、产权性质（SOE）等变量进行第一阶段 PSM 回归。匹配后得到 2 554 个观测值,实验组和控制组各 1 277 个观测值。表 3-10 Panel A 结果显示,进行 PSM 匹配后,实验组和控制组的变量均值无显著差异性,表明匹配结果较好。第三,定义如下变量:TREAT,为实验组虚拟变量,当样本期间内公司有境外董事加入取值为 1,否则取值为 0;POST 为时间虚拟变量,年份在事件后 POST 取值为 1,否则为 0;TREAT×POST 是 TREAT 和 POST 的交乘项。在双重差分（DID）回归分析中,引入 TREAT×POST 估计境外董事的加入对公司环境绩效的影响,模型使用 TREAT 与 POST 控制组间效应和时间效应。

表 3-10 Panel B 第（1）列显示,TREAT×POST 系数显著为正（系数=1.274,t 值=2.03）,支持了假设 3-1,表明境外董事的加入促使实验组和控制组的环境绩效差距显著增大。第（2）列中 TREAT×POST×RGD 显著为负（系数=-0.616,t 值=-2.94）,支持了假设 3-2a。

表 3-10　使用 PSM-DID 法进行内生性测试

Panel A:实验组和控制组 t 检验

变量	全样本					配对样本				
	TREAT=1 [N=1 303]		TREAT=0 [N=14 083]			TREAT=1 [N=1 277]		TREAT=0 [N=1 277]		
	均值	标准差	均值	标准差	t-test	均值	标准差	均值	标准差	t-test
BLOCK	0.375	0.150	0.353	0.150	5.16***	0.373	0.150	0.372	0.158	0.21
MAN_SHR	0.041	0.115	0.057	0.128	−4.26***	0.042	0.116	0.045	0.113	−0.58
QFII_SHR	0.001	0.004	0.001	0.003	4.28***	0.001	0.004	0.001	0.004	0.77
DUAL	0.203	0.403	0.231	0.421	−2.27**	0.208	0.406	0.221	0.415	−0.82
BOARD	2.177	0.204	2.152	0.197	4.34***	2.175	0.204	2.182	0.201	−0.87
INDR	0.372	0.057	0.371	0.052	0.69***	0.371	0.057	0.372	0.055	−0.35
SIZE	23.049	1.335	22.545	1.046	16.23***	22.998	1.291	23.009	1.199	−0.22
LEV	0.162	0.135	0.172	0.147	−2.17**	0.162	0.135	0.167	0.143	−0.84
ROA	0.045	0.057	0.036	0.054	5.68***	0.045	0.057	0.044	0.056	0.30
TOBIN'Q	2.612	2.064	2.701	2.026	−1.52	2.631	2.074	2.623	2.096	0.11
SOE	0.496	0.500	0.452	0.498	3.02***	0.490	0.500	0.475	0.500	0.80

Panel B:DID 回归

变量	被解释变量:环境绩效(EPI)			
	(1)		(2)	
	系数	t 值	系数	t 值
TREAT	−0.174	−0.46	−0.203	−0.54
TREAT×POST	1.274**	2.03	1.395**	2.26
RGD			0.138	1.35
TREAT×POST×RGD			−0.616***	−2.94
控制变量	控制		控制	
截距	−57.963***	−11.15	−68.765***	−7.88
行业和年份	控制		控制	
观测值	2 554		2 554	
Pseudo R^2	11.69%		11.83%	
Log Likelihood	−2 600.17		−2 595.92	
LR Chi^2(p-value)	688.42*** (0.000)		696.91*** (0.000)	
(TREAT×POST+TREAT×POST×RGD) V.S. TREAT×POST			8.678*** (0.003)	

注:***、**、* 分别表示在 1%、5%、10% 的水平上显著;所有 t 值均经过了异方差稳健标准差(Huber-White)调整(White,1980)。

(五)区分境外董事来源国家(地区)特征的进一步测试

参考 Du 等(2017)、Masulis 等(2012)的研究,本节进一步探讨了体现了地理距离与监督成本的境外董事来源国家(地区)与公司总部的时区差异对公司环境绩效的影响。GBD_TZ(GBD_NTZ)为虚拟变量,若 1 名及以上境外董事来源国家(地区)的工作时间与中国股市交易时间重叠(不重叠)取值为 1,否则取值为 0。表 3-11 Panel A 第(1)列结果显示,GBD_TZ 与 EPI 显著正相关(系数=2.041,t 值=6.49),GBD_NTZ 系数不显著。上述结果表明,时区差削弱了境外董事对环境绩效的积极作用,与 Du 等(2017)、Masulis 等(2012)的观点相呼应。

在境外董事来源国家(地区)的投资者保护机制有效实施的背景下,境外董事更可能关注利益相关者的利益。由此构建指标 GBD_H_IP(GBD_L_IP),当 1 位及以上的境外董事来源国家(地区)的投资者保护指数高于(低于)中国时,取值为 1,否则取值为 0。表 3-11 Panel A 第(2)列结果显示,GBD_H_IP 与 EPI 显著正相关(系数=1.903,t 值=6.22),GBD_L_IP 系数不显著。上述结果表明,来自投资者保护程度更高的国家(地区)的境外董事在提升公司环境绩效方面更具优势。

本节进一步考察来自环境责任表现更好的国家(地区)的境外董事是否会对公司环境绩效产生更大的影响。基于耶鲁大学、哥伦比亚大学和世界经济论坛制定的环境绩效指数(environmental performance index),本章构建虚拟变量 GBD_H_ER(GBD_L_ER),当 1 位及以上的境外董事来自环境责任表现优于(低于)中国的国家(地区),取值为 1,否则为 0。表 3-11 Panel A 第(3)列结果显示,GBD_H_ER 与 EPI 显著正相关(系数=1.560,t 值=5.40),GBD_L_ER 系数不显著。实证结果表明,境外董事对环境绩效的积极影响仅体现在境外董事来自环境友好的国家(地区)时。

(六)公司环境绩效经济后果的进一步测试

本节构建了 COC、COD、ROT 和 SUBSIDY 等变量以进一步讨论公司环境绩效的经济后果。COC(cost of capital,资本成本),等于"$[(EPS_{t+2}-EPS_{t+1})/P_t]^{1/2}$"(其中,EPS 是分析师对每股收益预测的均值,$P$ 为年末股价)。COD(cost of debt,债务成本),等于利息支出总额与有息负债总额的比值。ROT 等于(1+退税额)取自然对数,SUBSIDY 等于(1+政府补贴金额)取自然对数。

表 3-11 Panel B 第(1)列、第(2)列中,EPI 与 COC(系数=−0.001,t 值=−4.15)和 COD(系数=−0.001,t 值=−2.26)均显著负相关。第(3)列、第(4)列中,EPI 与 ROT(系数=0.071,t 值=2.87)和 SUBSIDY(系数=0.032,t 值=4.44)均显著正相关。上述结果表明,公司环境绩效越高,资本成本和债务成本更低,获得更多税收优惠与政府补贴,符合理论预期。

表 3-11　进一步测试

Panel A:区分境外董事来源国家(地区)特征的进一步测试

变量	被解释变量:环境绩效(EPI)					
	时区差		投资者保护		环境责任	
	(1)		(2)		(3)	
	系数	t 值	系数	t 值	系数	t 值
GBD_TZ	2.041***	6.49				
GBD_NTZ	−0.280	−0.46				
GBD_H_IP			1.903***	6.22		
GBD_L_IP			−0.580	−0.81		
GBD_H_ER					1.560***	5.40
GBD_L_ER					1.501	1.48
控制变量	控制		控制		控制	
截距	−59.441***	−25.99	−59.359***	−25.87	−59.585***	−25.89

续表

变量	被解释变量:环境绩效(EPI)					
	时区差		投资者保护		环境责任	
	(1)		(2)		(3)	
	系数	t 值	系数	t 值	系数	t 值
行业和年份	控制		控制		控制	
观测值	16 713		16 713		16 713	
Pseudo R^2	10.07%		10.05%		10.01%	
Log Likelihood	−13 561.16		−13 563.04		−13 569.46	
LR Chi^2(p-value)	3 035.59*** (0.000)		3 031.83*** (0.000)		3 019.00*** (0.000)	

Panel B:公司环境绩效经济后果的进一步测试

变量	被解释变量:资本成本(COC)		被解释变量:债务成本(COD)		被解释变量:退税(ROT)		被解释变量:补贴(SUBSIDY)	
	(1)		(2)		(3)		(4)	
	系数	t 值	系数	t 值	系数	t 值	系数	t 值
EPI	−0.001***	−4.15	−0.001**	−2.26	0.071***	2.87	0.032***	4.44
BLOCK	−0.015***	−6.00	−0.021***	−4.33	0.284	0.76	−0.054	−0.40
MAN_SHR	0.012***	3.87	−0.048***	−8.56	3.266***	6.59	1.407***	10.19
QFII_SHR	0.288***	3.41	−0.495***	−2.69	−6.520	−0.40	11.494**	2.37
DUAL	−0.002*	−1.95	−0.001	−0.57	−0.261*	−1.91	−0.048	−1.02
BOARD	−0.004**	−1.97	0.005	1.36	−0.483	−1.49	0.245**	2.22
INDR	0.007	0.94	0.005	0.40	−1.415	−1.26	0.476	1.24
ANALYST	0.007***	16.17	0.002***	3.15	1.628***	25.48	0.955***	43.83
BIG10	0.015***	4.82	−0.172***	−29.46	3.378***	7.74	1.256***	7.78
SIZE	0.035***	3.82	−0.200***	−12.36	1.167	1.07	4.746***	9.37
LEV	−0.004***	−17.43	0.002***	3.14	−0.463***	−14.91	−0.228***	−13.66
ROA	−0.009***	−10.14	0.004**	2.34	0.186	1.47	0.039	0.83
TOBIN'Q	−0.042***	−3.90	0.068***	3.80	−24.960***	−16.07	−6.135***	−11.61
SOE	−0.001***	−4.15	−0.001**	−2.26	0.071***	2.87	0.032***	4.44
截距	−0.015***	−6.00	−0.021***	−4.33	0.284	0.76	−0.054	−0.40
行业和年份	控制		控制		控制		控制	
观测值	11 518		13 579		16 092		16 024	
Adj_R^2	27.38%		15.41%		24.72%		26.43%	
F(p-value)	109.53*** (0.000)		62.83*** (0.000)		133.11*** (0.000)		144.92*** (0.000)	

注:***、**、*分别表示在1%、5%、10%的水平上显著;所有 t 值均经过了异方差稳健标准差(Huber-White)调整(White,1980)。

(七)基于外部监督机制的分组测试

表3-12 Panel A 结果显示,高分析师关注与低分析师关注的两个子样本中,GBD 系数均正显著。系数差异检验结果显示,低分析师关注子样本中 GBD 系数(系数=2.735,t 值=5.25)显著大于高分析师关注子样本(系数=0.992,t 值=3.05)。

本章构建变量 DIS_REGU 度量监管强度(El Ghou 等,2013),等于公司的注册地址以及公司的注册地址与最近的证券监管机构(中国证券监督管理委员会、上海证券交易所和深圳证券交易所)之间的距离。表 3-12 Panel B 结果显示,高监管强度与低监管强度两个子样本中,GBD 系数均显著为正。系数差异检验结果显示,低监管强度样本中 GBD 系数(系数＝2.072,t 值＝5.52)显著大于高监管强度样本(系数＝1.120,t 值＝2.57)。

在中国,国有企业受到证券监督机构、国务院国有资产监督管理委员会和地方政府的监管,具有较高的外部监督水平。表 3-12 Panel C 结果显示,国有企业子样本与非国有企业子样本中 GBD 系数均显著为正,非国有企业子样本中 GBD 系数(系数＝2.091,t 值＝4.47)显著大于国有企业样本(系数＝1.026,t 值＝3.04)。

综上所述,国际化董事会与公司环境绩效的正相关关系在外部监督机制较薄弱的样本(低分析师关注、低监管强度、非国有企业)中更突出。

表 3-12　基于外部监督机制的分组测试

Panel A:基于分析师关注的分组测试

变量	被解释变量:环境绩效(EPI)			
	高分析师关注		低分析师关注	
	(1)		(2)	
	系数	t 值	系数	t 值
GBD	0.992***	3.05	2.735***	5.25
控制变量	控制		控制	
截距	−60.801***	−22.29	−63.653***	−14.31
行业和年份	控制		控制	
观测值	7 980		8 733	
Pseudo R^2	9.79%		8.59%	
Log Likelihood	−8 133.31		−5 370.56	
LR Chi^2(p-value)	1 765.24***(0.000)		1 009.97***(0.000)	
组间 Chow test		142.25***(0.000)		
GBD 系数检验		−8.05***(0.004)		

Panel B:基于监管强度的分组测试

变量	被解释变量:环境绩效(EPI)			
	高监管强度		低监管强度	
	(1)		(2)	
	系数	t 值	系数	t 值
GBD	1.120**	2.57	2.072***	5.52
控制变量	控制		控制	
截距	−63.945***	−19.03	−52.164***	−14.91
行业和年份	控制		控制	
观测值	8 355		8 358	
Pseudo R^2	10.14%		10.91%	
Log Likelihood	−6 969.58		−6 519.87	
LR Chi^2(p-value)	1 573.08***(0.000)		1 596.38***(0.000)	
组间 Chow test		171.09***(0.000)		
GBD 系数检验		−2.74*(0.098)		

续表

Panel C：基于企业产权性质的分组测试

变量	被解释变量：环境绩效（EPI）			
	国有企业		非国有企业	
	（1）		（2）	
	系数	t 值	系数	t 值
GBD	1.026***	3.04	2.091***	4.47
控制变量	控制		控制	
截距	−55.555***	−20.42	−56.852***	−11.34
行业和年份	控制		控制	
观测值	7 442		9 271	
Pseudo R^2	11.77%		5.48%	
Log Likelihood	−7 771.32		−5 677.32	
LR Chi^2（p-value）	2 073.56***（0.000）		658.62***（0.000）	
组间 Chow test			555.48***（0.000）	
GBD 系数检验			−3.41*（0.065）	

注：***、**、* 分别表示在 1%、5%、10% 的水平上显著；所有 t 值均经过了异方差稳健标准差（Huber-White）调整（White，1980）。

六、研究结论与启示

本章探讨了国际化董事会与公司环境绩效的关系，并进一步考察了地区绿色发展指数对这一关系的调节作用。研究发现，国际化董事会与公司环境绩效显著正相关，国际化董事会通过强化企业承担环境责任的道德动机与战略动机，促进公司环境绩效提升。此外，地区绿色发展指数削弱了国际化董事会对公司环境绩效提升的积极作用。

本章研究结论具有以下几个方面的政策启示：

1.本章研究发现，董事会的国籍多样性有助于董事独立性的提升和董事监督职能的发挥，向管理层传递前沿、优质的环境保护经验，提升环境绩效。因此本章研究启发监管部门重视董事会的国籍多样性对公司行为产生的积极作用（环境绩效提升）。此外，中国上市公司应积极吸纳来自先进国家（地区）的境外董事，组建国际化的董事会，以培育环境保护意识，改进环境绩效。

2.地区绿色发展作为一种社会文化氛围对环境绩效提升具有积极作用，政府应密切关注将环境治理目标纳入官员评价体系中的积极作用。由此，地区绿色发展指数可以激励地方政府官员持续关注中国日益恶化的自然环境，倡导地区绿色发展的社会氛围有望对辖区内的企业破坏环境的行为产生约束，敦促企业履行环境责任。

3.本章的研究结论为位于绿色发展水平较低省份的上市公司提供了聘请境外董事以提升公司环境绩效的这一可行方案。所在省份绿色发展水平较低的企业,可以通过将境外董事引入董事会,确保董事会的国籍多样化,组建国际化的董事会以推进环境保护责任的承担。

4.本章研究结论可以精确中国上市公司选择境外董事、组建国际化董事会的范围,启示公司关注时区差异对境外董事环境绩效提升效用的削减。此外,本章的研究还能启示公司选择来自投资者保护制度更完善、环境友好型的国家(地区)的境外董事。

本章研究还存在一定的不足:(1)基于环境信息披露构建环境绩效指标尽管得到了学术研究的广泛认可(Rahman 和 Post,2012;Du 等,2014),但如果部分公司在环境责任承担方面存在“多说少做”或“多做少说”的行为,这一度量可能存在一定缺陷。(2)本章研究注重环境绩效这一特定的 CSR 维度,对于国际化董事会能否在 CSR 的其他维度(如慈善捐赠、产品质量、员工健康等)发挥其咨询和监督职能的相关问题仍留有研究空间。(3)受数据获取的限制,无法获得境外董事的环境意识数据,因此本章未能考察环境意识不同的境外董事对环境绩效是否存在差异化影响。(4)本章基于中国背景展开研究,能否将本章研究发现拓展至其他情景仍需谨慎的科学研究。因此未来的研究可以进一步基于国际背景检验国际化董事会是否以及如何影响环境绩效,跨国的经验证据将为基于中国情景的研究发现提供重要补充。

参考文献

[1]国家统计局. 2016 年生态文明建设年度评价结果公报[R/OL]. (2017-12-26)[2021-10-09]. http://www.stats.gov.cn/tjsj/zxfb/201712/t20171226_1566827.html.

[2]王小鲁,樊纲,胡李鹏. 中国分省份市场化指数报告(2018)[M]. 北京:社会科学文献出版社,2018.

[3]AL-TUWAIJRI S A, CHRISTENSEN T E, HUGHES I I, et al. The relations among environmental disclosure, environmental performance, and economic performance: a simultaneous equations approach[J]. Accounting, organizations and society, 2004, 29(5-6): 447-471.

[4]ATTIG N, EL GHOUL S, GUEDHAMI O, et al. Corporate social responsibility and credit ratings [J]. Journal of business ethics, 2013, 117(4): 679-694.

[5]BABIAK K, TRENDAFILOVA S. CSR and environmental responsibility: motives and pressures to adopt green management practices[J]. Corporate social responsibility and environmental management, 2011, 18(1): 11-24.

[6]BENLEMLIH M. Corporate social responsibility and firm debt maturity[J]. Journal of business ethics, 2017, 144(3): 491-517.

[7]BERRY M A, RONDINELLI D A. Proactive corporate environmental management: a new industrial revolution[J]. The academy of management executive, 1998, 12(2): 38-50.

[8]CAMPBELL J L. Why would corporations behave in socially responsible ways? an institutional theory of corporate social responsibility[J]. Academy of management review, 2007, 32(3): 946-967.

[9]CHEN J C, PATTEN D M, ROBERTS R W. Corporate charitable contributions: a corporate social performance or legitimacy strategy? [J]. Journal of business ethics, 2008, 82: 131-144.

[10]CLARKSON P M, LI Y, RICHARDSON F D, et al. Revisiting the relation between environmental performance and environmental disclosure: an empirical analysis[J]. Accounting, organizations and society, 2008, 33(4-5): 303-327.

[11]DU X Q. Is corporate philanthropy used as environmental misconduct dressing? evidence from Chinese family-owned firms[J]. Journal of business ethics, 2015, 129(2): 341-361.

[12]DU X Q. A tale of two segmented markets in China: the informative value of corporate environmental information disclosure for foreign investors[J]. International journal of accounting, 2018, 53(2): 136-159.

[13]DU X Q, CHANG Y Y, ZENG Q, et al. Corporate environmental responsibility (CER) weakness, media coverage, and corporate philanthropy: evidence from China[J]. Asia Pacific Journal of management, 2016, 33(2): 551-581.

[14]DU X Q, JIAN W, LAI S J. Do foreign directors mitigate earnings management? evidence from China[J]. The international journal of accounting, 2017, 52(2): 142-177.

[15]DU X Q, JIAN W, ZENG Q, et al. Do auditors applaud corporate environmental performance? evidence from China[J]. Journal of business ethics, 2018, 151(4): 1049-1080.

[16] DU X Q, JIAN W, ZENG Q, et al. Corporate environmental responsibility in polluting industries: does religion matter[J]? Journal of business ethics, 2014, 124(3): 485-507.

[17]EL GHOUL S, GUEDHAMI O, NI Y, et al. Does information asymmetry matter to equity pricing? Evidence from firms' geographic location[J]. Contemporary Accounting Research, 2013, 30(1): 140-181.

[18]GIANNETTI M, LIAO F, YU X. The brain gain of corporate boards: evidence from China[J]. The journal of finance, 2015, 70(4): 1629-1682.

[19]GOSS A, ROBERTS F S. The impact of corporate social responsibility on the cost of bank loans [J]. Journal of banking and finance, 2011, 35(7): 1794-1810.

[20]GLOBAL REPORTING INITIATIVE. Sustainability reporting guidelines[R/OL]. (2006-10-06) [2021-10-09]. https://www.globalreporting.org.

[21]HART S L, AHUJA F. Does it pay to be green? an empirical examination of the relationship between pollution prevention and firm performance[J]. Business strategy and the environment, 1996, 5(1): 30-37.

[22]HECKMAN J J. Sample selection bias as a specification error[J]. Econometrica, 1979, 47(1): 153-161.

[23]IBRAHIM N A, HOWARD D P, ANGELIDIS J P. Board members in the service industry: an empirical examination of the relationship between corporate social responsibility orientation and directorial type[J]. Journal of business ethics, 2003, 47(4): 393-401.

[24]ILIEV P, ROTH L. Learning from directors' foreign board experiences[J]. Journal of corporate finance, 2018, 51: 1-19.

[25] ILINITCH A, SODERSTROM N, THOMAS T. Measuring corporate environmental performance[J]. Journal of accounting and public policy, 1998, 17(4-5): 387-408.

[26]JENSEN M C, MECKLING W H. Theory of the firm: managerial behavior, agency costs, and

ownership structure[J]. Journal of financial economics, 1976, 3(4): 305-360.

[27]JOHNSON R A, GREENING D W. The effects of corporate governance and institutional owner-ship types on corporate social performance[J]. Academy of management journal, 1999, 42(5): 564-576.

[28]JOSE A, LEE S M. Environmental reporting of global corporations: a content analysis based on website disclosures[J]. Journal of business ethics, 2007, 72(4): 307-321.

[29]KHANNA T. Billions of entrepreneurs: how China and India are reshaping their futures and yours [M]. Cambridge, MA: Harvard Business School Press, 2008.

[30]KASSINIS F, VAFEAS N. Corporate boards and outside stakeholders as determinants of environ-mental litigation[J]. Strategic management journal, 2002, 23(5): 399-415.

[31]KING A A, LENOX M J. Does it really pay to be green? an empirical study of firm environmental and financial performance[J]. The journal of industrial ecology, 2001, 5(1): 105-116.

[32]KIRON D, KRUSCHWITZ N, HAANAES K, et al. Sustainability nears a tipping point[J]. MIT sloan management review, 2012, 53(2): 69-74.

[33]MAIGNAN I, RALSTON D A. Corporate social responsibility in Europe and the US: insights from businesses' self-presentations[J]. Journal of international business studies, 2002, 33(3): 497-514.

[34]MALLIN C, MICHELON F, RAGGI D. Monitoring intensity and stakeholders' orientation: how does governance affect social and environmental disclosure[J]. Journal of business ethics, 2013, 114(1): 29-43.

[35]MASULIS R W, WANG C, XIE F. Globalizing the boardroom-the effects of foreign directors on corporate governance and firm performance[J]. Journal of accounting and economics, 2012, 53(3): 527-554.

[36]MCWILLIAMS A, SIEGEL D. Corporate social responsibility and financial performance: correla-tion or misspecification[J]. Strategic management journal, 2000, 21(5): 603-609.

[37] NIE Z P, ZENG Q, DU X Q. Does analyst coverage reduce environmental information opaqueness? evidence from China[J]. China accounting and finance review, 2018, 20 (4): 1-32.

[38]OXELHEIM L, RANDØY T. The impact of foreign board membership on firm value[J]. Journal of banking and finance, 2003, 27(12): 2369-2392.

[39]PATTEN D M. Intra-industry environmental disclosures in response to the Alaskan oil spill: a note on legitimacy theory[J]. Accounting, organizations and society, 1992, 17(5): 471-475.

[40]POST C, RAHMAN N, RUBOW E. Green governance: boards of directors' composition and en-vironmental corporate social responsibility[J]. Business and society, 2011, 50(1): 189-223.

[41]PORTER M E, KRAMER M R. The big idea: creating shared value[J]. Harvard business review, 2011, 89(1-2): 62-77.

[42]RAHMAN N, POST C. Measurement issues in environmental corporate social responsibility (EC-SR): toward a transparent, reliable, and construct valid instrument[J]. Journal of business ethics, 2012, 105(3): 307-319.

[43]SHAUKAT A, QIU Y, TROJANOWSKIG. Board attributes, corporate social responsibility strategy, and corporate environmental and social performance[J]. Journal of business ethics, 2016, 135(3): 569-585.

[44]STAPLES C L. Board globalization in the world's largest TNCs 1993-2005[J]. Corporate governance: an international review, 2007, 15(2): 311-321.

[45]VIDAVER-COHEN D, BRØNN P S. Corporate citizenship and managerial motivation: implications for business legitimacy[J]. Business and society review, 2008, 113(4): 441-475.

[46]WALDMAN D, SIEGEL D, JAVIDAN M. Components of CEO transformational leadership and corporate social responsibility[J]. Journal of management studies, 2006, 43(8): 1703-1725.

[47]WALLS J L, BERRONE P, PHAN P H. Corporate governance and environmental performance: is there really a link[J]. Strategic management journal, 2012, 33(8): 885-913.

[48]WHITE H A. Heteroskedasticity-consistent covariance matrix estimator and a direct test for heteroskedasticity[J]. Econometrica, 1980, 48(4): 817-838.

[49]WILLIAMSON O E. The new institutional economics: taking stock, looking ahead[J]. Journal of economic literature, 2000, 38(3): 595-613.

[50]WISEMAN J. An evaluation of environmental disclosures made in corporate annual reports[J]. Accounting, organizations and society, 1982, 7(1): 53-63.

[51]WONG Y H, CHAN RY K. Relationship marketing in China: guanxi, favoritism and adaptation [J]. Journal of business ethics, 1999, 22(2): 107-118.

[52]WOOLDRIDGE J M. Econometric analysis of cross section and panel data[M]. Cambridge, MA: The MIT Press, 2001.

[53]YOUSSEF S. Business strategies in a transition economy: the case of Egypt[J]. Journal of academy of business and economics, 2003, 2: 82-93.

[54]ZHANG J, KONG D M, WU J. Doing good business by hiring directors with foreign experience [J]. Journal of business ethics, 2018, 153(3): 859-876.

[55]ZYGLIDOPOULOS S C, GEORGIADIS A P, CARROLL C E, et al. Does media attention drive corporate social responsibility[J]. Journal of business research, 2012, 65(11): 1622-1627.

第四章　分析师关注与环境信息的不透明度

摘要：本章以 2008—2014 年的中国上市公司为样本，研究了分析师关注是否影响公司环境信息的不透明度。实证结果显示，分析师关注会显著降低环境信息的不透明度。此外，健全的内部控制能够强化分析师关注对信息环境不透明度的抑制作用。在使用分析师关注和环境信息不透明度的排序变量分别作为解释变量和被解释变量的代理变量等进行一系列敏感性测试后，主要结论依然成立。在控制了分析师关注和环境信息不透明度之间的内生性后，本章研究发现依然被经验证据所支持。

一、引言

前期研究（如，Bernardi，Stark，2018；Dhaliwal et al.，2012；Healy，Palepu，2001；Lang，Lundholm，1996，等）认为公司信息披露会影响金融中介机构的行为，因为它传递了价值相关性信息。一类文献将金融分析师视作重要的中介并揭示了信息披露对分析师关注的影响（Hope，2003；Gao et al.，2016）。此外，Dhaliwal 等（2012）认为证券分析师作为一种外部利益相关者更能受益于公司的自愿披露。近年来，公众日益增强的环境意识迫使公司无偿地公布其有关环境实践的信息。虽然前期研究关注了自愿披露对分析师预测的影响，但是分析师关注对环境信息披露的影响的相关证据却很少。本章的研究旨在通过检验分析师关注与环境信息不透明度之间的关系来填补该空白。

本章选择中国公司有如下两个理由：首先，中国不同公司间的环境责任水平差异可能会增强环境披露的信息作用；其次，在中国，由于获得环境责任信息的渠道较少，金融中介机构（例如评级机构和分析师）更可能依赖公司的自愿报告来获取环境信息。因此，在中国资本市场中，分析师可能有强烈的动机要求公司增加自愿披露。

本章认为环境信息作为企业社会责任的一个重要维度，对分析师预测的准确度有着重大影响。因此，环境披露的信息作用更有可能引发分析师对这类信息的需求。根据利益相关者理论（Freeman，1994），公司试图满足包括分析师在内的各种利益相关者的需求，因此可能提高其环境披露的数量和质量。基于此，本章预测分析师关注与环境信息不透明度负相关。此外,内部控制在确保披露信息的可信度方面发挥着重要作用。正如 Ball 等(2012)所揭示的那样,非财务披露的价值取决于其可验证性或可靠性。在这种情况下,内部控制健全的公司提供的信息可能比内部控制薄弱的公司提供的信息更有价值,而且证券分析师对于可信度更高的企业的非财务信息的需求有可能增加。因此,内部控制能够强化分析师关注对环境信息不透明度的抑制作用。

本章以 2008—2014 年深圳证券交易所和上海证券交易所的 2 489 家中国上市公司为样本进行实证检验。主要研究结果如下:第一,分析师关注与环境信息不透明度显著负相关。具体而言,分析师关注每增加一个标准差将导致环境信息不透明度减少约 1.06%。第二,内部控制强化了分析师关注与公司环境信息不透明度之间的负向关系。第三,本章的结果在进行了一系列敏感性测试后依然稳健,并且上述结论在控制了内生性问题后依然成立。

本章的研究贡献包括如下四个方面。首先,本章首次研究了分析师这类特殊的利益相关者是否影响公司的环境信息不透明度。前期研究(Clarkson et al.,2008;Du et al.,2014;Flammer,2013;Zeng et al.,2012)表明利益相关者(例如股东、债权人、供应商和客户)会要求公司增加环境披露。然而,很少有文献研究分析师所起的作用。因此,本章聚焦于分析师这类利益相关者,拓展了利益相关者理论的运用。其次,通过揭示环境信息对分析师的价值,可以催生其对环境信息的需求并最终敦促公司提高环境披露,本章为现有关注分析师行为与企业社会责任相关披露之间关系的相关文献提供了一个新颖的视角。再次,通过构建基于内容分析法的不透明度指数,本章为环境信息不透明度提出了一种新的度量方式。区别于直接度量信息透明度,本章通过参考管理学文献中的标杆管理理论(Francis,Holloway,2007;Moriarty,2011)来定义信息不透明度。最后,本章发现分析师关注和内部控制对公司环境信息不透明度存在交互作用,表明好的内部治理提高了信息的可信度和价值相关。通过研究内部和外部治理对公司行为(本章中指减少信息不透明度)的交互作用,本章有益地补充了现有文献。

本章的余下部分安排如下:第二部分介绍制度背景、文献回顾并提出研究假设,第三部分阐述研究设计,第四部分报告实证结果和稳健性检验,第五部分讨论政策启示和研究局限,最后一部分为研究结论。

二、制度背景、文献和假设提出

(一)制度背景

近年来,频繁的雾霾、沙尘暴和洪水等严重的环境问题引发了公众的关注。公众要求公开更多与其生活环境密切相关的环境信息。自 2003 年以来,中国政府对公众的关注作出了回应,发布了一系列环境保护相关的官方文件。这些文件包括:2003 年颁布的《中华人民共和国环境影响评价法》、2006 年颁布的《环境影响评价公众参与暂行办法》和 2013 年颁布的

《危险化学品环境管理登记办法(试行)》。

自 2008 年《中华人民共和国政府信息公开条例》和《环境信息公开办法(试行)》颁布以来,中国公司新增了大量面向公众的环境信息披露(Zhang et al.,2016)。对这些公司而言,环境披露的地位愈加重要。早在 2003 年,《中华人民共和国清洁生产促进法》就要求从事高污染活动的企业公布污染物的排放情况。2014 年,中国修订了已有 25 年历史的《中华人民共和国环境保护法》并在一整章中讨论了环境信息披露(Ker,2015),这也推动了国家层面对企业环境信息透明度的关注。因此,大量的中国上市公司开始通过网络提供公开的环境信息数据[①]。然而,环境法律法规的非强制性和弱执行力可能无法保证环境信息的质量和数量,因此,中国公众主要依靠企业自愿披露的环境信息来了解企业的环境责任承担情况。

一些政府机构尝试鼓励企业披露更多信息,并协调企业外部利益相关者的帮助来监管这些企业。例如,中国证券监督管理委员会规定中国上市公司应该在年报这一资本市场公司信息主要来源中披露环境信息(Du et al.,2017)。2013 年底,环境保护部、国家发展和改革委员会、中国人民银行和银监会等四部委联合印发了《企业环境信用评价办法(试行)》,建议银行应依据公司环境信用的变化审慎提供贷款和逐渐收回贷款。

相比股东和债权人,分析师的监督作用尚未被深入探究。事实上,分析师通常称赞信息透明的公司,同时不愿意跟踪信息不透明的公司。分析师所提供的服务有助于公司的外部治理,并且促使公司降低信息不透明度。因此,本章主要聚焦于分析师在缓解环境信息不对称和降低相关信息不透明度方面所起到的治理作用。

(二)文献回顾

越来越多的企业社会责任相关文献表明环境信息披露受众多因素的影响,例如环境绩效(Al-Tuwaijri et al.,2004;Clarkson et al.,2008;Patten,2002)、规制(Flammer,2013)、声誉(Zeng et al.,2012)和宗教规范(Du et al.,2014)。然而,关于企业外部治理机制(例如分析师关注)对环境信息披露的影响,实证证据却很少。

事实上,企业信息披露能够向分析师传递与企业价值相关的信息,进而影响企业行为(Dhaliwal et al.,2012;Healy,Palepu,2001;Lang,Lundholm,1996)。Lang 和 Lundholm(1996)研究表明,有价值的信息披露能吸引分析师关注,并有助于降低分析师预测分歧度和提高预测准确性。此外,少部分文献(Bernardi,Stark,2018;Dhaliwal et al.,2012)聚焦了非财务信息对分析师预测的作用。Bernardi 和 Stark(2018)揭示出环境、社会和公司治理(ESG)能够提高分析师盈余预测的准确性。Dhaliwal 等(2012)发现企业社会责任报告的发布能降低分析师预测偏差。综上所述,现有文献探究了企业信息披露能否以及如何影响分析师报告。然而,关于分析师关注与企业信息的供给及质量的联系,特别是非财务信息披露,几乎没有文献给予关注,本章通过检验分析师关注与环境信息不透明度的关系填补了这一空白。

---

① 2016 年 2 月,《证券时报》上市公司社会责任研究中心和北京公众环境研究中心(IPE)共同发布了《A 股上市公司在线数据污染物排行榜年度报告》。

(三)分析师关注和环境信息透明度(假设 4-1)

Dhaliwal 等(2012)认为由于企业社会责任活动的价值相关性,即企业社会责任实践对销售、成本、运营效率、融资、公司风险和声誉的影响,企业社会责任信息对于分析师的预测过程来说是一种有用的信息输入(input)。Bernardi 和 Stark(2018)指出企业社会责任报告虽然可能无法直接反映会计数字,但是可以通过揭示会计数字的潜藏价值对信息集产生潜在影响。近期研究(例如:He et al.,2013;Luo et al.,2015;Ioannou,Serafeim,2015;等)表明,分析师更可能整合非财务信息如企业社会责任相关信息作为财务预测和股票推荐的依据,这些信息有助于提升分析师工作的质量。Luo 等(2015)以及 Ioannou 和 Serafeim(2015)指出,证券分析师可能会在他们的推荐中报告对企业社会责任实践的评估情况。Ioannou 和 Serafeim(2015)进一步强调分析师的个人认知影响着其对企业社会责任信息的评估。值得注意的是,He 等(2013)基于中国背景发现企业社会责任信息披露有助于提高分析师预测准确性并降低其预测分歧度。

公司环境披露是企业社会责任的一个重要维度。同样的,由于公司环境实践的价值,公司环境披露也可以向分析师传递与企业价值相关的信息。Cordeiro 和 Sarkis(1997)指出,分析师在作出投资推荐时会将公司环境活动纳入考虑,且对环境绩效差的公司报告更低的盈余预测。特别地,良好的环境绩效有助于公司与外部利益相关者(例如消费者、供应商、股东和债权人等)建立关系,进而帮助企业提高销售收入、降低成本和获得稳定的融资(Du et al.,2017;Tian et al.,2011;Zhang et al.,2014)[①]。特别是在中国,由于所有商业银行实行绿色信贷政策,企业从事环境友好活动有助于降低债务融资成本(Du et al.,2017)。此外,中国政府近年来施行重污染企业关闭、强制合并、强制转型等一系列行政手段以推动企业节能减排和污染治理,这些政策增加了企业的不确定性。因此,良好的环境绩效能够降低公司因环境不当行为引发相关诉讼或政府管制的可能性(Jo,Na,2012;Salama et al.,2011)。此外,环境友好型活动有利于强化企业声誉(Salama et al.,2011),而良好的声誉有助于企业应对不良事件和建立商誉。基于以上发现以及中国环境实践的价值相关性,本章认为分析师在其财务预测和投资推荐中会重视公司环境信息。

包含环境信息在内的企业社会责任相关信息在分析师报告过程中发挥的重要作用无疑会促使分析师对这些信息产生更高的需求。根据利益相关者理论(Freeman,1994),由于利益相关者对公司生存和发展的重要性,公司需要满足各类利益相关者的需求(例如雇员、股东、债权人、供应商、顾客、分析师等)。一般而言,作为一类重要的外部利益相关者,分析师的财务预测和股票推荐活动会对其他利益相关者的决策产生重大影响,因此管理层必须考虑他们的信息需求。进而,分析师对信息需求的增加更可能促使企业提升环境披露的数量和质量。

基于以上分析,提出本章第一个假设:

---

①　2012 年,四川宏达股份有限公司(股票代码:600331)一重大项目建设由于其环境评估受到当地政府质疑而被迫暂停,导致事件当天公司的股价下跌。此外,2013 年江苏省环境保护局报告华光环能(股票代码:600475)未通过环境评估,当年该公司在资本市场的融资资格被取消。详情参考 https://finance.qq.com/a/20120703/000305.htm 和 http://news.hexun.com/2013-06-24/155434432.html。

假设 4-1:限定其他条件,分析师关注与环境信息不透明度负相关。

(四)内部控制的调节作用(假设 4-2)

前期研究将内部控制视为内部治理的核心机制之一(Gillan,2006;Kinney,2000),它可以对企业内部信息环境施加重大影响。Ho 和 Wong(2001)指出,有效的内部治理能够强化公司的内部监管,为公司提供"密集检查包",进而减少信息不对称。内部控制的目的在于通过提高信息生成、收集、处理和报告的可信度来提升企业内部管理效率(Ashbaugh-Skaife et al.,2009;Beneish et al.,2008;Costello,Wittenbeng-Moerman,2011)。显然,低可信度的企业不太可能提供透明度高的信息,包括财务信息和非财务信息。因此,美国证券交易委员会和中国证券监督管理委员会等监管机构规定管理者有责任建立有效的内部控制机制以处理和报告公司信息①。因此,本章预测健全的内部控制可能降低企业的环境信息不透明度。

接下来,本章将详细阐述内部控制对分析师关注与环境信息不透明度之间关系的调节作用。现有文献普遍认为,内部控制会显著影响企业信息的可信度(Ashbaugh-Skaife et al.,2009;Beneish et al.,2008;Costello,Wittenbeng-Moerman,2011)。此外,Guiral 等(2014)发现内部控制能够确保企业社会责任相关信息披露(如,环境、慈善和社会效益等)的可信度。Ball 等(2012)研究指出非财务信息的价值在很大程度上依赖于其可靠性和可验证性。也就是说,非财务信息越可靠,其价值将越大。所以,内部控制薄弱的公司公布的环境信息通常比内部控制健全的公司公布的信息价值更低。在这种情况下,环境披露的信息作用对分析师的重要性将会降低,分析师更可能从其他渠道寻求获取可靠信息。因此,分析师对环境信息自愿披露的需求将会降低。相反,如果企业的自愿披露更可靠,那么分析师会增加对其更有价值的信息的需求,包括环境信息。

基于以上讨论,本章推断内部控制强化了分析师关注对环境信息不透明度的抑制作用,因此提出如下假设 4-2:

假设 4-2:限定其他条件,内部控制强化了分析师关注与环境信息不透明度之间的负向关系。

三、研究设计

(一)样本

本章的初始样本包括 2008—2014 年中国所有的上市公司。表 4-1 的 Panel A 列示了样本筛选的过程:首先,由于银行、保险等金融行业企业与其他企业年报结构不同,本章删除

---

① 请参考"环境披露:SEC 应探索提高跟踪和信息透明度的方式"(美国联邦政府问责办公室,第 64 页,2004 年 7 月)。

了银行、保险和其他金融行业公司;其次,为了排除账面市值比和财务杠杆的异常值,本章删除了净资产小于零的观测值;再次,本章删除了分析师关注和内部控制数据缺失的观测值;最后,本章删除了公司特征控制变量数据缺失的观测值。最终样本包括 2 489 家公司,13 317个观测值。表 4-1 的 Panel B 列示了样本的年度、行业分布情况,表明本章的样本在任一年度或行业都没有严重的聚类现象。

表 4-1　样本选择

Panel A:公司—年度观测值选择	
原始观测值	15 396
剔除银行、保险和其他金融行业的观测值	(270)
剔除净资产或股东权益为负的观测值	(249)
剔除分析师关注或/和内部控制数据缺失的观测值	(1 487)
剔除公司特征控制变量数据缺失的观测值	(71)
有效的公司—年度观测值	13 317
公司数	2 489

Panel B:年度—行业样本分布

行业代码	年度							行业合计	百分比/%
	2008	2009	2010	2011	2012	2013	2014		
A	34	34	36	40	46	40	41	271	2.03
B	27	36	37	42	49	71	73	335	2.51
C0	57	62	66	75	89	91	95	535	4.02
C1	65	66	63	69	80	72	72	487	3.66
C2	3	5	6	8	12	13	13	60	0.45
C3	29	32	33	36	40	42	42	254	1.91
C4	146	160	166	186	239	257	259	1 413	10.61
C5	63	69	74	106	123	139	142	716	5.38
C6	130	133	135	149	183	196	193	1 119	8.40
C7	220	236	264	328	428	505	523	2 504	18.80
C8	90	91	97	114	132	140	141	805	6.04
C9	24	23	24	23	28	13	15	150	1.13
D	62	62	63	64	68	83	85	487	3.66
E	31	33	35	38	47	66	66	316	2.37
F	62	62	63	69	69	79	79	483	3.63
G	86	88	102	142	185	184	193	980	7.36
H	83	90	99	103	115	142	143	775	5.82
J	67	82	96	94	99	132	132	702	5.27
K	44	45	49	56	67	74	74	409	3.07
L	9	10	12	19	27	40	40	157	1.18
M	67	66	61	54	61	25	25	359	2.70
年度合计	1 399	1 485	1 581	1 815	2 187	2 404	2 446	13 317	
百分比/%	10.51	11.15	11.87	13.63	16.42	18.05	18.37		100

　　注:A=农、林、牧、渔业;B=采矿业;C0=食品和饮料业;C1=纺织、服装制造、皮革和毛皮制品业;C2=木材和家具业;C3=造纸和印刷业;C4=石油、化工、塑料和橡胶制品业;C5=电子设备业;C6=金属和非金属业;C7=机械、设备和仪器制造业;C8=医药和生物制品制造业;C9=其他制造业;D=电力、热力、燃气及水生产和供应业;E=建筑业;F=交通运输、仓储业;G=信息技术业;H=批发和零售业;J=房地产业;K=居民服务业;L=通信和文化产业;M=综合性行业。

(二)数据来源

本章采用多种方法收集研究中所使用的数据。本章从公司年报和企业社会责任报告中手工收集了公司环境披露的数据,然后计算了环境信息不透明度 EIO(EIO_RANK)。本章从国泰安数据库(CSMAR)获得了分析师数据。内部控制指数(IC)的数据来源于"DIB 内部控制与风险管理数据库"(详见网站:http://www.ic-erm.com/)。其他内部治理和公司特定特征的数据从 CSMAR 数据库收集得到。

(三)环境信息不透明度

本章的因变量是环境信息不透明度,用 EIO 表示。环境信息不透明度的计算方法如下:

(1)参考 Clarkson 等(2008)、Du 等(2014,2016,2017)和 GRI(2006),本章计算了每家公司环境披露的得分。具体来说,参考 Clarkson 等(2008),本章将环境信息披露分解成七个类别:"公司治理与管理系统""可信度""环境业绩指标""有关环保的支出""远景及战略声明""环境概况""环保倡议",本章又进一步将这些类别分为 45 个子项(详见表 4-2 的 Panel B)。

(2)本章从公司年报、企业社会责任报告和官方网站中摘取了与环境相关的信息,然后为每个子项赋予特定的分值。在子项的基础上加总得到各类别的得分,再最后加总七大类别的分值得到总得分。

(3)本章计算了第 t 年所有公司环境信息披露得分的最大值和最小值,分别用 ENV_{max} 和 ENV_{min} 来表示。

(4)参考标杆管理理论(Yasin,2002;Francis 和 Holloway,2007;Moriarty,2011),环境信息不透明度被定义为"$(ENV_{max}-ENV_{i,t})/(ENV_{max}-ENV_{min})$"($ENV_{i,t}$ 代表公司 i 在第 t 年的环境披露得分)。

(四)分析师关注

本章的主解释变量为分析师关注 ANALYST,等于分析师跟踪的数量加 1 后取自然对数。根据假设 4-1,本章预测 ANALYST 的系数显著为负。

(五)内部控制

本章的调节变量为内部控制,内部控制指数来自 DIB 数据库,内部控制(internal control,简称 IC)等于内部控制指数除以 100。本章预测内部控制会提高(降低)信息披露透明度(不透明度),因此,IC 的系数预期显著为负。如果 ANALYST×IC 的系数显著为负,则假设 4-2 得以支持。

(六)控制变量

参考现有研究(Clarkson et al.,2008;Huang,2010;Lang et al.,2004;O'Brien,Bhushan,

1990；Poropat，2010），回归模型中包括了一系列控制变量以分离出分析师关注对环境信息不透明度的影响。

第一，本章考虑了内部治理机制，包括 BLOCK、MAN_SHR、INDR、DUAL 和 BOARD，并控制了其对环境信息披露的影响（Ho，Wong，2001；Haniffa，Cooke，2005；Eng，Mak，2003）。BLOCK 是第一大股东持股比例；MAN_SHR 指高管的持股比例；INDR 代表公司董事会中独立董事占比；DUAL 是一个虚拟变量，当董事长兼任 CEO 时取 1，否则取 0；BOARD 为公司董事会中董事的数量。

第二，本章还控制了公司层面特征变量，包括 SIZE、LEV、ROA、BTM、ISSUE 和 CAP_INV，以控制财务特征对环境信息披露的影响（Clarkson et al.，2008；Lev，Penman，1990；Miller，2002）。SIZE 代表公司规模，等于公司总资产的自然对数，在涉及信息生成成本时通常会控制公司规模（Brammer，Pavelin，2008；Clarkson et al.，2008）。依赖债务融资的公司的信息披露水平更高（Leftwich 等，1981；Clarkson 等，2008），因此模型中控制了财务杠杆 LEV，等于负债除以总资产。ROA 为总资产回报率，等于利润除以期初总资产①。BTM 是所有者权益的账面价值与市场价值的比值，股票价值被低估的公司有向金融市场披露其真实价值的倾向（Lev，Penman，1990）。ISSUE 是一个虚拟变量，当公司通过债务和股票市场筹集的资金金额占期初总资产的比例超过 5% 时为 1，否则取 0；本章将 ISSUE 引入模型是因为公司在融资前更可能增加信息披露（Lang，Lundholm，1993）。CAP_INV 指资本密集度（Healy，Palepu，2001；Clarkson et al.，2008），用基于长期资产的资本支出占销售收入的比值来衡量。

第三，模型中还包括了 RET_SD 和 STATE 控制变量。RET_SD 代表股票价格波动，是信息不对称的代理变量，等于经同一时期市场调整的周股票收益率的标准差。在中国，国有企业需要满足政府对环境信息披露的要求（Kuo et al.，2012）。因此，本章设置了一个虚拟变量 STATE，当最终控制人是政府机构或国有企业时取 1，否则为 0。

第四，模型中还包括了行业和年度的虚拟变量以分别控制行业和年度固定效应。

四、实证结果

（一）描述性统计

表 4-2 的 Panel A 报告了变量的描述性统计。EIO 的均值为 0.912。ANALYST 的均值为 1.679，表明每个企业平均有 4.36 个分析师关注。IC 的均值为 6.669，与 Du 等（2017）

---

①　盈利业绩好的公司倾向于向外界披露"好消息"（Miller，2002），而本年的 ROA 将是下一年度盈利的"好消息"。

中 2009—2011 年期间内部控制 IC 的均值 6.687 6 相比,数值有所增加,表明中国上市公司内部控制的平均水平在近年来发生了细微的变化。

控制变量方面,控股股东所有权(BLOCK)均值为 36.2%,管理层所有权(MAN_SHR)均值为 9.2%,独立董事比例(INDR)均值为 37%,样本公司中董事长兼任 CEO(DUAL)的比例有 21.3%,公司董事会中董事(BOARD)平均数量为 8.944 名,公司平均规模(SIZE)为 31.7 亿($e^{21.877}$)人民币,平均的财务杠杆(LEV)为 45.9%,总资产回报率(ROA)均值为 5.1%,账面市值比(BTM)均值为 0.494,样本期间有 76.8%的样本公司从债务或股票市场筹集大量资金(超过期初总资产的 5%)(ISSUE),RET_SD 均值约为 0.049,资本投资百分比(CAP_INV)均值为 0.133,以及有 44.9%的观测值属于国有企业(STATE)。

此外,表 4-2 的 Panel B 列示了基于 Clarkson 等(2008)、Du 等(2014)和 GRI(2006)环境披露得分的计算程序。本章根据分析师关注的均值将全样本划分为两个子样本,然后检验了组间差异(t 检验)。Panel B 表明高于分析师关注均值的子样本的环境披露得分的七大类别和 45 个子项都显著高于低于分析师关注均值的子样本,这意味着分析师关注对环境信息有着显著的正向作用,并最终可以降低环境信息不透明度。

表 4-2　描述性统计

Panel A:主检验所使用变量的描述性统计

变量	观测值	均值	标准差	最小值	25%分位	中位数	75%分位	最大值
EIO	13 317	0.912	0.126	0	0.881	0.955	1	1
ANALYST	13 317	1.679	1.319	0	0	1.609	2.833	5.394
IC	13 317	6.669	1.140	0.000	6.330	6.840	7.151	9.954
BLOCK	13 317	0.362	0.154	0.084	0.238	0.344	0.476	0.770
MAN_SHR	13 317	0.092	0.183	0.000	0.000	0.000	0.052	0.704
INDR	13 317	0.370	0.053	0.250	0.333	0.333	0.400	0.750
DUAL	13 317	0.213	0.409	0	0	0	0	1
BOARD	13 317	8.944	1.813	4	8	9	9	18
SIZE	13 317	21.877	1.285	18.264	20.964	21.708	22.595	27.028
LEV	13 317	0.459	0.214	0.027	0.292	0.464	0.625	0.997
ROA	13 317	0.051	0.074	−0.325	0.014	0.040	0.077	0.696
BTM	13 317	0.494	0.261	0.004	0.294	0.462	0.662	1.544
ISSUE	13 317	0.768	0.422	0	1	1	1	1
RET_SD	13 317	0.049	0.017	0.018	0.037	0.046	0.057	0.226
CAP_INV	13 317	0.133	0.181	0.000	0.027	0.072	0.161	1.253
STATE	13 317	0.449	0.497	0	0	0	1	1

续表

Panel B:公司环境披露得分的计算方法以及描述性统计和 t 检验结果

描述性统计和 t/z 检验 / 项目	ANALYST ＞均值 均值	ANALYST ＞均值 标准差	ANALYST ≤均值 均值	ANALYST ≤均值 标准差	t 检验
Ⅰ:公司治理与管理系统(最高 6 分)					
1.存在控制污染、环保的管理岗位或部门(0～1)	0.146	0.353	0.070	0.255	14.30***
2.董事会中存在环保委员会或者公共问题委员会(0～1)	0.010	0.099	0.002	0.046	5.81***
3.与上下游签订了有关环保的条款(0～1)	0.037	0.188	0.011	0.105	9.70***
4.利益相关者参与了公司环保政策的制定(0～1)	0.006	0.076	0.001	0.037	4.28***
5.在工厂或整个企业执行了 ISO14001 标准(0～1)	0.268	0.443	0.182	0.386	11.97***
6.管理者薪酬与环境业绩有关(0～1)	0.025	0.156	0.012	0.110	5.40***
小计	0.492	0.769	0.279	0.581	18.03***
Ⅱ:可信度(最高 10 分)					
1.采用 GRI 报告指南或 CERES 报告格式(0～1)	0.338	0.474	0.146	0.353	26.55***
2.独立验证或保证在环保业绩报告(网站)中披露的环保信息(0～1)	0.018	0.134	0.005	0.072	7.02***
3.定期对环保业绩或系统进行独立的审计或检验(0～1)	0.034	0.180	0.018	0.132	5.76***
4.由独立机构对环保计划进行认证(0～1)	0.043	0.202	0.019	0.138	7.70***
5.有关环保影响的产品认证(0～1)	0.041	0.199	0.020	0.141	7.07***
6.外部环保业绩奖励、进入可持续发展指数(0～1)	0.113	0.317	0.046	0.210	14.37***
7.利益相关者参与了环保信息披露过程(0～1)	0.003	0.058	0.001	0.032	2.83***
8.参与了由政府部门资助的自愿性的环保倡议(0～1)	0.021	0.142	0.007	0.081	7.01***
9.参与为改进环保实践的行业内特定的协会、倡议(0～1)	0.009	0.093	0.003	0.056	4.16***
10.参与为改进环保实践的其他环保组织/协会(除 8、9 中列示外)(0～1)	0.023	0.150	0.003	0.054	10.22***
小计	0.643	0.963	0.268	0.613	26.73***
Ⅲ:环境业绩指标(EPI)(最高 60 分)					
1.关于能源使用、使用效率的环境业绩指标(0～6)	0.337	0.838	0.112	0.481	18.99***
2.关于水资源使用、使用效率的环境业绩指标(0～6)	0.183	0.597	0.069	0.361	13.24***
3.关于温室气体排放的环境业绩指标(0～6)	0.094	0.431	0.031	0.239	10.53***
4.关于其他气体排放的环境业绩指标(0～6)	0.167	0.549	0.063	0.353	12.91***
5.EPA-TRI 数据库中土地、水资源、空气的污染总量(EPA:Environmental Protection Agency,美国环境保护局;TRI:Toxics Release Inventory,排放毒性化学品目录)(0～6)	0.048	0.330	0.019	0.216	5.90***
6.其他土地、水资源、空气的污染总量(除 EPA-TRI 数据库)(0～6)	0.063	0.336	0.025	0.206	7.87***
7.关于废弃物质产生和管理的指标(回收、再利用、处置、降低使用)(0～6)	0.170	0.547	0.063	0.339	13.46***
8.关于土地、资源使用,生物多样性和保护的业绩指标(0～6)	0.056	0.312	0.019	0.194	8.31***
9.关于环保对产品、服务影响的指标(0～6)	0.014	0.177	0.004	0.079	4.18***
10.关于承诺表现的指标(超标情况、可报告的事件)(0～6)	0.053	0.306	0.031	0.238	4.63***
小计	1.185	2.738	0.436	1.617	19.17***

续表

描述性统计和 t/z 检验 项目	ANALYST ＞均值		ANALYST ＜＝均值		t 检验
	均值	标准差	均值	标准差	
Ⅳ:有关环保的支出(最高3分)					
1.公司环保倡议所建立的储备金(0~1)	0.018	0.134	0.011	0.106	3.28***
2.为提高环境表现或效率而支出的技术费用、R&D 费用支出总额(0~1)	0.221	0.415	0.136	0.343	12.88***
3.环境问题导致的相关罚金总额(0~1)	0.005	0.070	0.003	0.052	2.05**
小计	0.244	0.461	0.150	0.365	13.06***
Ⅴ:远景及战略声明(最高6分)					
1.管理层说明中关于环保表现的陈述(0~1)	0.313	0.464	0.221	0.415	11.99***
2.关于公司环保政策、价值、原则、行动准则的陈述(0~1)	0.527	0.499	0.365	0.482	19.07***
3.关于环保风险、业绩的正式管理系统的陈述(0~1)	0.110	0.313	0.065	0.247	9.22***
4.关于公司执行定期检查、评估环境表现的陈述(0~1)	0.033	0.179	0.013	0.114	7.61***
5.关于未来环境表现中可度量目标的陈述(0~1)	0.015	0.123	0.010	0.099	2.76***
6.关于特定的环保改进、技术创新的陈述(0~1)	0.327	0.469	0.165	0.372	22.03***
小计	1.326	1.239	0.840	1.046	24.42***
Ⅵ:环保概况(最高4分)					
1.关于公司执行特定环境标准的陈述(0~1)	0.100	0.300	0.053	0.225	10.15***
2.关于整个行业环保影响的概述(0~1)	0.100	0.300	0.077	0.267	4.63***
3.关于公司运营、产品、服务对环境影响的概述(0~1)	0.162	0.368	0.102	0.303	10.25***
4.公司环保业绩与同行业对比的概述(0~1)	0.007	0.082	0.003	0.057	2.89***
小计	0.369	0.652	0.236	0.534	12.86***
Ⅶ:环保倡议(最高6分)					
1.对环保管理和运营中员工培训的实质性描述(0~1)	0.132	0.339	0.067	0.251	12.57***
2.存在环境事故的应急预案(0~1)	0.073	0.259	0.048	0.214	5.93***
3.内部环保奖励(0~1)	0.011	0.102	0.004	0.066	4.22***
4.内部环保审计(0~1)	0.018	0.132	0.008	0.087	5.24***
5.环保计划的内部验证(0~1)	0.016	0.126	0.009	0.094	3.78***
6.与环保有关的社区参与、捐赠(0~1)	0.094	0.292	0.042	0.200	12.08***
小计	0.344	0.713	0.178	0.518	15.34***
合计	4.603	5.689	2.387	3.745	26.49***

注:***、** 和 * 分别代表在双尾测试中1%、5%和10%的水平上显著。在 Panel B 中的Ⅲ部分,环境业绩指标数据的分值范围为0~6。符合下列任一项得1分:(1)有具体的绩效数据;(2)绩效数据与同行、竞争对手或行业情况进行了比较;(3)绩效数据与公司以往的情况进行了比较(趋势分析);(4)绩效数据与目标进行了比较;(5)绩效数据同时以绝对数和相对数形式披露;(6)绩效数据有进行分解性描述(如工厂、业务单位、地理分布等)。环境信息披露得分的计算方法参考 Clarkson 等(2008)和 Du 等(2014,2016,2017)。

(二)Pearson 相关性分析

表 4-3 列示了 Pearson 相关性分析结果。EIO 和 ANALYST 的 Pearson 相关系数显著为负(系数$=-0.284$,p 值<0.000),为假设 4-1 提供了初步支持。此外,IC 与 EIO 显著负相关(系数$=-0.193$,p 值<0.000),表明内部控制对环境信息不透明度具有负向影响,IC 与 ANALYST 显著相关(系数$=0.366$,p 值<0.000),表明了探究分析师关注与内部控制对环境信息不透明度的交互影响的必要性。进一步地,EIO 与 MAN_SHR、DUAL 和 RET_SD 显著正相关,EIO 与 BLOCK、BOARD、SIZE、LEV、ROA、BTM、ISSUE、CAP_INV 和 STATE 显著负相关。上述结果表明这些控制变量都应包含在本章的回归模型中。总体来看,控制变量间的 Pearson 相关系数都低于 0.4,表明模型不存在严重的多重共线性问题。

(三)假设 4-1 和假设 4-2 的实证结果

在表 4-4 中,本章采用 OLS 回归来检验假设 4-1 和假设 4-2。为了控制样本潜在的自相关和聚类问题,本章所有系数的 t 值都经过了公司和年度层面聚类的标准误调整(Petersen,2009)。此外,本章采用逐步回归方法研究分析师关注、内部控制和其他因素对环境信息不透明度的影响,从逐渐变大的调整的 R^2 可以捕捉到逐步回归模型解释力的增加。所有这些模型的 F 统计量高度显著。

表 4-4 的第一个回归列示了环境信息不透明度与所有控制变量的回归结果。根据第(1)列的结果,环境信息不透明度与控股股东所有权(BLOCK)、管理层所有权(MAN_SHR)、董事会规模(BOARD)、公司规模(SIZE)和再融资行为(ISSUE)都显著负相关,但是与财务杠杆(LEV)、会计绩效(ROA)、账面市值比(BTM)和股票回报波动(RET_SD)显著正相关。

表 4-4 的第二个回归报告了假设 4-1 的结果。正如假设 4-1 所预期的,第(2)列中 ANALYST 的系数在 1% 显著性水平上显著为负(系数$=-0.008$,t 值$=-3.69$),表明分析师关注降低了环境信息不透明度。因此,根据本章的实证结果,假设 4-1 得到了支持。此外,ANALYST 的系数估计表明,ANALYST 每增加一个标准差(1.319),环境信息不透明度(EIO)下降约 1.06%,降低幅度约为 EIO 均值(0.912)的 1.16%。上述结果表明分析师关注对环境信息不透明度的负向作用不仅在统计学上显著,在经济上也显著。

表 4-4 的第(3)列中,第三个回归加入了调节变量 IC。与预期一致,ANALYST 的系数仍与环境信息不透明度显著负相关。此外,IC 的系数显著为负(系数$=-0.005$,t 值$=-2.2$),意味着健全的内部控制能够降低环境信息不透明度。

表 4-4 的第(4)列包含了 ANALYST、IC 及二者的交乘项 ANALYST×IC 以检验假设 4-2。ANALYST 和 IC 的系数均显著为负(系数$=-0.007$,t 值$=-3.40$;系数$=-0.007$,t 值$=-3.17$)。同时,ANALYST×IC 的系数显著为负(系数$=-0.005$,t 值$=-2.84$),支持了假设 4-2。结果表明内部控制强化了分析师关注对环境信息不透明度的抑制作用。换言之,如果企业的分析师跟踪数量相同,那么内部控制健全的公司环境信息不透明度更低。

表 4-3　Pearson 相关性矩阵

变量		(1)	(2)	(3)	(4)	(5)	(6)	(7)	(8)	(9)	(10)	(11)	(12)	(13)	(14)	(15)	(16)
EIO	(1)	1.000															
ANALYST	(2)	-0.284 (0.000)	1.000														
IC	(3)	-0.193 (0.000)	0.366 (0.000)	1.000													
BLOCK	(4)	-0.161 (0.000)	0.140 (0.000)	0.150 (0.000)	1.000												
MAN_SHR	(5)	0.059 (0.000)	0.126 (0.000)	0.007 (0.425)	-0.101 (0.000)	1.000											
INDR	(6)	0.010 (0.254)	0.007 (0.444)	0.005 (0.551)	0.050 (0.000)	0.079 (0.000)	1.000										
DUAL	(7)	0.071 (0.000)	0.023 (0.009)	-0.026 (0.002)	-0.065 (0.000)	0.249 (0.000)	0.082 (0.000)	1.000									
BOARD	(8)	-0.179 (0.000)	0.158 (0.000)	0.113 (0.000)	0.031 (0.000)	-0.184 (0.000)	-0.371 (0.000)	-0.159 (0.000)	1.000								
SIZE	(9)	-0.426 (0.000)	0.424 (0.000)	0.317 (0.000)	0.281 (0.000)	-0.264 (0.000)	0.031 (0.000)	-0.173 (0.000)	0.302 (0.000)	1.000							
LEV	(10)	-0.076 (0.000)	-0.094 (0.000)	-0.052 (0.000)	0.058 (0.000)	-0.361 (0.000)	-0.021 (0.016)	-0.164 (0.000)	0.158 (0.000)	0.443 (0.000)	1.000						
ROA	(11)	-0.052 (0.000)	0.373 (0.000)	0.361 (0.000)	0.115 (0.000)	0.108 (0.000)	-0.008 (0.340)	0.039 (0.000)	0.003 (0.719)	0.049 (0.000)	-0.285 (0.000)	1.000					
BTM	(12)	-0.161 (0.000)	0.051 (0.000)	0.146 (0.000)	0.188 (0.000)	0.053 (0.000)	0.010 (0.266)	-0.053 (0.000)	0.112 (0.000)	0.409 (0.000)	-0.005 (0.543)	-0.084 (0.000)	1.000				
ISSUE	(13)	-0.109 (0.000)	-0.031 (0.000)	0.024 (0.066)	-0.001 (0.912)	-0.157 (0.000)	-0.017 (0.045)	-0.069 (0.000)	0.099 (0.000)	0.256 (0.000)	0.456 (0.000)	-0.151 (0.000)	0.088 (0.000)	1.000			
RET_SD	(14)	0.098 (0.000)	-0.063 (0.000)	-0.090 (0.000)	-0.015 (0.088)	0.022 (0.013)	0.008 (0.369)	0.030 (0.001)	-0.067 (0.000)	-0.189 (0.000)	0.037 (0.000)	0.049 (0.000)	-0.306 (0.000)	-0.002 (0.841)	1.000		
CAP_INV	(15)	-0.027 (0.002)	0.091 (0.000)	-0.018 (0.041)	-0.031 (0.000)	0.082 (0.000)	-0.011 (0.221)	0.047 (0.000)	0.040 (0.000)	0.006 (0.521)	-0.106 (0.000)	0.004 (0.682)	0.093 (0.000)	0.035 (0.000)	-0.029 (0.001)	1.000	
STATE	(16)	-0.139 (0.000)	-0.009 (0.289)	0.077 (0.000)	0.199 (0.000)	-0.439 (0.000)	-0.059 (0.000)	-0.267 (0.000)	0.256 (0.000)	0.311 (0.000)	0.286 (0.000)	-0.096 (0.000)	0.089 (0.000)	0.104 (0.000)	-0.025 (0.004)	-0.043 (0.000)	1.000

注：p 值在括号中列示。

表 4-4　环境信息不透明度与分析师关注、内部控制和其他因素的回归结果

变量	因变量：EIO							
	(1)		(2)		(3)		(4)	
	系数	t 值	系数	t 值	系数	t 值	系数	t 值
ANALYST			-0.008^{***}	-3.69	-0.007^{***}	-3.61	-0.007^{***}	-3.40
IC					-0.005^{**}	-2.20	-0.007^{***}	-3.17
ANALYST×IC							-0.005^{***}	-2.84
BLOCK	-0.029^{**}	-1.98	-0.028^{*}	-1.96	-0.028^{*}	-1.89	-0.030^{**}	-2.03
MAN_SHR	-0.040^{***}	-4.02	-0.030^{***}	-2.92	-0.028^{***}	-2.79	-0.029^{***}	-2.82
INDR	0.014	0.39	0.012	0.35	0.012	0.36	0.016	0.46
DUAL	0.002	0.52	0.002	0.74	0.003	0.78	0.003	0.88
BOARD	-0.003^{**}	-2.29	-0.002^{**}	-2.02	-0.002^{**}	-2.03	-0.002^{*}	-1.91
SIZE	-0.051^{***}	-11.68	-0.045^{***}	-11.74	-0.043^{***}	-12.33	-0.041^{***}	-13.11
LEV	0.093^{***}	6.75	0.081^{***}	6.22	0.077^{***}	6.20	0.077^{***}	6.40
ROA	0.039^{*}	1.96	0.067^{***}	3.20	0.084^{***}	3.77	0.084^{***}	3.91
BTM	0.048^{***}	4.32	0.037^{***}	3.73	0.037^{***}	3.78	0.031^{***}	3.33
ISSUE	-0.010^{***}	-2.89	-0.010^{***}	-2.97	-0.009^{***}	-2.81	-0.011^{***}	-3.20
RET_SD	0.238^{***}	3.65	0.219^{***}	3.05	0.209^{***}	2.84	0.204^{***}	2.89
CAP_INV	0.005	0.61	0.009	1.03	0.007	0.86	0.007	0.81
STATE	-0.005	-0.88	-0.006	-1.11	-0.005	-1.07	-0.006	-1.17
截距	1.972^{***}	25.37	1.872^{***}	27.00	1.872^{***}	27.97	1.848^{***}	30.47
行业和年度	控制		控制		控制		控制	
观测值	13 317		13 317		13 317		13 317	
Adj_R^2	0.262 4		0.265 8		0.266 9		0.270 0	
F(p-value)	72.85^{***} (<.001)		74.37^{***} (<.001)		72.91^{***} (<.001)		73.46^{***} (<.001)	
Test ΔR^2			61.66^{***} (<.001)		19.98^{***} (<.001)		58.37^{***} (<.001)	

注：$***$、$**$ 和 $*$ 分别代表在双尾测试中 1%、5% 和 10% 的水平上显著。所有报告的 t 值均经过公司与年度层面聚类的标准误调整（Petersen，2009）。

图 4-1 进一步展示了分析师关注（ANALYST）和内部控制（IC）对降低环境信息不透明度（EIO）的交互作用。正如图 4-1 所示，高 IC 子样本 ANALYST 对 EIO 的负向影响很明显比低 IC 子样本更显著，表明内部控制强化了分析师关注对环境信息不透明度的抑制作用。

(四)使用分析师关注排名的稳健性检验

在第一个稳健性检验中，本章引入了 ANALYST_RANK 这个变量。首先，根据分析师关注的数量对样本进行升序排序，再将其划分为 10 组。然后，从第 1 组到第 10 组，ANA-LYST_RANK 分别被赋值为 1～10。尽管这种排序变量牺牲了初始变量的一些详细信息，但它能够降低对同一分组中不同取值的随意性。表 4-5 报告了环境信息不透明度（EIO）与

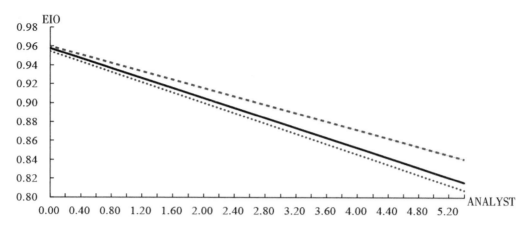

图 4-1 分析师关注(ANALYST)和内部控制(IC)对环境信息不透明度(EIO)的交互作用

注:实线、虚线和点虚线分别代表在全样本、低 IC 子样本和高 IC 子样本中分析师关注对环境信息不透明度的影响。

分析师关注排名(ANALYST_RANK)的回归结果[①]。

在表 4-5 的第(1)列中,ANALYST_RANK 的系数显著为负(系数=−0.003,t 值=−4.34),为假设 4-1 提供了支持,即有更多分析师关注的公司环境信息不透明度更低。在表 4-5 的第(3)列中,ANALYST_RANK×IC 的系数显著为负(系数=−0.002,t 值=−3.02)[②],支持了假设 4-2。

表 4-5 使用分析师关注排名的稳健性检验

变量	因变量:EIO					
	(1)		(2)		(3)	
	系数	t 值	系数	t 值	系数	t 值
ANALYST_RANK	−0.003***	−4.34	−0.003***	−4.20	−0.003***	−4.12
IC			−0.004**	−2.14	−0.007***	−3.12
ANALYST_RANK×IC					−0.002***	−3.02
BLOCK	−0.028*	−1.94	−0.027*	−1.87	−0.029**	−2.00
MAN_SHR	−0.030***	−2.86	−0.028***	−2.75	−0.028***	−2.76
INDR	0.012	0.35	0.012	0.35	0.016	0.46
DUAL	0.003	0.77	0.003	0.81	0.003	0.91
BOARD	−0.002**	−2.01	−0.002**	−2.02	−0.002*	−1.88
SIZE	−0.045***	−11.45	−0.044***	−12.06	−0.041***	−12.72
LEV	0.081***	6.07	0.077***	6.07	0.077***	6.24

① 所有控制变量与环境信息不透明度的结果与表 4-4 的第(1)列相同,简洁起见,本章未报告。

② 值得注意的是,用 ANALYST_RANK 代替 ANALYST,对应的系数绝对值变小而统计显著性更高,这是因为排名数据牺牲了 ANALYST 值的一些详细信息。

续表

变量	因变量:EIO					
	(1)		(2)		(3)	
	系数	t 值	系数	t 值	系数	t 值
ROA	0.068***	3.33	0.085***	3.87	0.085***	4.06
BTM	0.037***	3.68	0.037***	3.72	0.031***	3.27
ISSUE	−0.010***	−2.92	−0.009***	−2.76	−0.011***	−3.14
RET_SD	0.219***	3.06	0.209***	2.85	0.203***	2.90
CAP_INV	0.009	1.08	0.007	0.90	0.007	0.88
STATE	−0.005	−1.09	−0.005	−1.05	−0.006	−1.15
截距	1.877***	26.41	1.876***	27.37	1.853***	29.66
行业和年度	控制		控制		控制	
观测值	13 317		13 317		13 317	
Adj_R^2	0.266 0		0.267 1		0.270 1	
F(p-value)	75.31*** (<.001)		73.79*** (<.001)		74.08*** (<.001)	
Test ΔR^2	65.31*** (<.001)		19.98*** (<.001)		56.55*** (<.001)	

注:***、** 和 * 分别代表在双尾测试中1%、5%和10%的水平上显著。所有报告的 t 值均经过公司与年度层面聚类的标准误调整(Petersen,2009)。

(五)使用环境信息不透明度排名的稳健性检验

在第二个稳健性检验中,本章引入了另一个变量 EIO_RANK。首先,对样本根据 EIO 升序排序并分为 10 组。然后,将第 1 到第 10 组的 EIO_RANK 分别赋值为 1~10。

表 4-6 的第(2)列中,ANALYST 与 EIO_RANK 显著负相关(系数=−0.171,t 值= −4.33),与假设 4-1 一致。第(4)列中 ANALYST×IC 的系数显著为负(系数=−0.131,t 值=−1.94),再次支持了假设 4-2。

表 4-6　使用环境信息不透明度排名的稳健性检验

变量	因变量:EIO_RANK							
	(1)		(2)		(3)		(4)	
	系数	t 值	系数	t 值	系数	t 值	系数	t 值
ANALYST			−0.171***	−4.33	−0.166***	−4.37	−0.164***	−4.25
IC					−0.048*	−1.92	−0.061**	−2.48
ANALYST×IC							−0.031*	−1.94
BLOCK	−0.487**	−2.20	−0.477**	−2.11	−0.467**	−2.06	−0.480**	−2.12
MAN_SHR	−0.702***	−3.29	−0.463**	−2.27	−0.449**	−2.23	−0.450**	−2.25
INDR	−0.521	−0.92	−0.556	−0.98	−0.554	−0.98	−0.530	−0.93
DUAL	0.024	0.43	0.040	0.72	0.041	0.74	0.043	0.77
BOARD	−0.046**	−2.55	−0.040**	−2.18	−0.040**	−2.18	−0.039**	−2.13

续表

变量	因变量：EIO_RANK							
	(1)		(2)		(3)		(4)	
	系数	t 值	系数	t 值	系数	t 值	系数	t 值
SIZE	−0.755***	−16.99	−0.626***	−10.98	−0.612***	−9.77	−0.598***	−8.79
LEV	1.365***	7.74	1.101***	5.98	1.061***	5.65	1.058***	5.58
ROA	0.252	0.85	0.875***	2.76	1.059***	3.30	1.060***	3.32
BTM	0.574***	3.00	0.332*	1.87	0.327*	1.85	0.289	1.61
ISSUE	−0.214***	−3.43	−0.218***	−3.52	−0.211***	−3.43	−0.222***	−3.65
RET_SD	8.023***	5.02	7.587***	4.38	7.480***	4.17	7.447***	4.17
CAP_INV	0.050	0.35	0.129	0.94	0.112	0.81	0.109	0.79
STATE	−0.085	−0.96	−0.110	−1.24	−0.107	−1.22	−0.110	−1.26
截距	19.812***	19.39	17.555***	14.09	17.547***	13.67	17.398***	12.72
行业和年度	控制		控制		控制		控制	
观测值	13 317		13 317		13 317		13 317	
Adj_R^2	0.257 0		0.262 8		0.263 2		0.263 5	
F(p-value)	156.91*** (<.001)		159.64*** (<.001)		157.08*** (<.001)		154.02*** (<.001)	
Test ΔR^2			104.76*** (<.001)		7.23*** (0.007)		7.23*** (0.007)	

注：***、** 和 * 分别代表在双尾测试中1%、5%和10%的水平上显著。所有报告的 t 值均经过公司与年度层面聚类的标准误调整（Petersen,2009）。

（六）使用第三方环境信息不透明度得分的稳健性检验

本章的数据来源为从和讯网手工收集的2010—2014年公司环境责任得分[①]。然后,本章按如下方式计算了环境信息不透明度："（ENV_HX$_{max}$-ENV_HX$_{i,t}$)/(ENV_HX$_{max}$-ENV_HX$_{min}$)"（ENV_HX$_{i,t}$代表和讯网中公司 i 在年度 t 的环境责任得分),并将该变量命名为EIO_INDEX。

表4-7呈现了逐步回归结果,第(2)列中 ANALYST 的系数为负并在1%的水平上显著（系数=−0.012,t 值=−5.62）,支持了假设4-1。此外,在第(4)列中,ANALYST 和 IC 的系数均显著为负。更重要的是,两者的交乘项的系数也显著为负（系数=−0.005,t 值=−2.90）,支持了假设4-2。

---

① 部分学者提出采用来自第三方的环境信息披露得分。本研究采用的是来自和讯网的得分。当然其他第三方机构也提供了评估企业社会责任的评级,但是这些机构提供的数据并不可得或不适用于本章研究。例如,润灵 CSR 评级没有提供上市公司环境责任的评级。此外,本章也无法获得中国社会科学院或上海国家会计学院报告的企业社会责任数据。值得指出的是,和讯网是从2010年起才开始报告上市公司的相关信息。因此,本节稳健性检验的样本期间为2010—2014年。详情请参考 http://stockdata.stock.hexun.com/zrbg/ Plate.aspx? date=2016-12-31# 。

表 4-7　使用和讯网的环境信息不透明度替代变量的回归结果

变量	因变量：EIO_INDEX							
	(1)		(2)		(3)		(4)	
	系数	t 值	系数	t 值	系数	t 值	系数	t 值
ANALYST			−0.012 ***	−5.62	−0.012 ***	−5.62	−0.012 ***	−5.09
IC					−0.005 **	−2.31	−0.008 ***	−3.26
ANALYST×IC							−0.005 ***	−2.90
BLOCK	0.025	1.33	0.025	1.33	0.026	1.39	0.024	1.29
MAN_SHR	−0.007	−0.40	0.010	0.63	0.011	0.74	0.012	0.76
INDR	−0.112 **	−2.08	−0.116 **	−2.17	−0.115 **	−2.15	−0.111 **	−2.07
DUAL	0.007	1.06	0.008	1.21	0.008	1.22	0.008	1.26
BOARD	−0.003	−1.42	−0.002	−1.23	−0.002	−1.22	−0.002	−1.16
SIZE	−0.073 ***	−3.80	−0.064 ***	−3.47	−0.062 ***	−3.47	−0.061 ***	−3.36
LEV	0.127 ***	3.08	0.107 ***	2.77	0.103 ***	2.68	0.103 ***	2.77
ROA	−0.011	−0.18	0.040	0.71	0.059	1.01	0.060	1.04
BTM	0.094 **	2.34	0.076 *	1.95	0.076 **	1.98	0.071 *	1.86
ISSUE	−0.007	−0.95	−0.007	−1.05	−0.007	−0.93	−0.008	−1.18
RET_SD	0.460 **	2.52	0.433 **	2.31	0.424 **	2.31	0.417 **	2.36
CAP_INV	0.003	0.19	0.009	0.62	0.008	0.51	0.007	0.46
STATE	−0.034 ***	−3.31	−0.036 ***	−3.51	−0.035 ***	−3.46	−0.036 ***	−3.52
截距	2.435 ***	6.25	2.265 ***	6.07	2.268 ***	6.13	2.248 ***	6.15
行业和年度	控制		控制		控制		控制	
观测值	10 424		10 424		10 424		10 424	
Adj_R^2	0.225 1		0.228 6		0.229 1		0.230 0	
F (p-value)	65.84 *** (<.0001)		65.41 *** (<.0001)		64.06 *** (<.0001)		63.19 *** (<.0001)	
Test ΔR^2			47.06 ***		7.98 ***		13.67 ***	

注：*** 、** 和 * 分别代表在双尾测试中 1%、5% 和 10% 的水平上显著。所有报告的 t 值均经过公司与年度层面聚类的标准误调整(Petersen,2009)。

(七)使用两阶段 Tobit-OLS 回归来控制内生性①

针对可能的双向因果问题,本节采用两阶段 Tobit-OLS 回归方法来减轻潜在内生性对研究结论的影响。此外,本节使用剥离了分析师关注影响后的内部控制的残差(IC_REISD)

————————————

① 在采用两阶段回归法前,本章采用了多种方式以控制环境信息不透明度与分析师关注间的内生性问题。本章使用了格兰杰因果检验,还进一步使用动态面板数据模型来控制内生性。为简洁起见,本章没有报告这些结果。未列表结果表明,分析师关注是环境信息不透明度的格兰杰原因,而环境信息不透明度不是分析师关注的格兰杰原因,采用动态面板数据模型的结果与两阶段回归法的结果在性质上相似。

作为调节变量,用以控制分析师关注与内部控制之间的潜在内生性导致的环境信息不透明度与内部控制间负向关系的可能性[①]。

在第一阶段的回归中,本章使用 Tobit 回归来估计 ANALYST 的拟合值(ANALYST*)。Brennan 和 Hughes(1991)发现,在并购或重组活动后,例如股票分割、重大商业重组、股票回购等,分析师关注显著增加。因此,第一阶段的模型中包括了 M&A 和 RECOM。M&A 是一个虚拟变量,当公司有并购时取 1,否则取 0。RECOM 是一个虚拟变量,当公司有重组活动时取 1,否则取 0。

确定了上述工具变量后,本章进行了三项过度识别检验以判断这些工具变量是否适当。未列表结果显示 Sargan 检验、Basmann 检验和 Wooldridge 检验的 χ^2 值(p 值)分别为 1.153 0(0.282 9)、1.149 4(0.283 7)和 1.123 6(0.289 1),表明了前述变量作为本章工具变量的合理性。此外,表 4-8 的第(1)列报告了分析师关注(ANALYST)与其决定因素的结果。正如预期,本章观察到并购对分析师关注的正向影响。

第(2)列和第(4)列报告了使用 ANALYST 的拟合值(即 ANALYST*)来检验假设4-1和假设 4-2 的 OLS 回归结果。第(2)列显示 ANALYST* 的系数显著为负(系数=−0.052,t 值=−7.31),表明分析师关注降低了环境信息不透明度。该结果支持了假设4-1。第(4)列中 ANALYST*×IC_RESID 的系数显著为负(系数=−0.004,t 值=−2.26),表明内部控制强化了分析师关注对环境信息不透明度的弱化作用。

表 4-8　使用 Tobit-OLS 回归来控制分析师关注与环境信息不透明度间内生性的结果

| 变量 | 因变量:ANALYST | | 因变量:EIO | | | | | |
| | (1) | | (2) | | (3) | | (4) | |
	系数	t 值	系数	t 值	系数	t 值	系数	t 值
M&A	0.059**	2.53						
RECOM	−0.023	−0.98						
ANALYST*			−0.052***	−7.31	−0.054***	−7.22	−0.053***	−7.70
IC_RESID					−0.005**	−2.50	−0.006***	−3.03
ANALYST*×IC_RESID							−0.004**	−2.26
BLOCK	0.145*	1.85	−0.021	−1.47	−0.021	−1.45	−0.021	−1.50
MAN_SHR	1.762***	24.14	0.048***	3.09	0.051***	3.17	0.050***	3.23
INDR	−0.436*	−1.91	0.000	0.01	−0.000	−0.01	0.000	0.01
DUAL	0.114***	3.99	0.007**	2.15	0.007**	2.23	0.008**	2.28
BOARD	0.040***	5.63	−0.000	−0.32	−0.000	−0.25	−0.000	−0.24

[①]　本章关注了内部控制和分析师关注之间的内生性问题。在该过程中,本章用分析师关注、行业虚拟变量和年度虚拟变量对内部控制进行回归得到残差项(IC_RESID)。正如预期,未列表结果显示内部控制与分析师关注显著正相关,这意味着分析师关注与内部控制之间存在着潜在的内生性。

续表

变量	因变量：ANALYST		因变量：EIO					
	(1)		(2)		(3)		(4)	
	系数	t 值	系数	t 值	系数	t 值	系数	t 值
SIZE	0.913***	66.68	−0.006	−1.28	−0.004	−0.93	−0.004	−0.97
LEV	−2.038***	−25.86	0.000	0.02	−0.003	−0.25	−0.003	−0.25
ROA	4.672***	27.40	0.255***	6.37	0.263***	6.43	0.243***	6.33
BTM	−1.455***	−23.42	−0.031**	−2.20	−0.034**	−2.43	−0.034**	−2.50
ISSUE	0.068**	2.20	−0.010***	−3.12	−0.010***	−3.10	−0.011***	−3.16
RET_SD	−2.322***	−3.04	0.140**	2.23	0.136**	2.10	0.133**	2.11
CAP_INV	0.609***	9.39	0.035***	3.87	0.036***	3.99	0.036***	4.08
STATE	−0.152***	−5.50	−0.013***	−2.67	−0.014***	−2.74	−0.013***	−2.72
截距	−16.810***	−60.85	1.155***	14.23	1.125***	13.86	1.125***	14.58
行业和年度	控制		控制		控制		控制	
观测值	13 317		13 317		13 317		13 317	
Pseudo R^2 / Adj_R^2	0.164 7		0.267 4		0.268 8		0.270 0	
LRChi^2/F(p-value)	7 510.14*** (<.001)		74.43*** (<.001)		73.12*** (<.001)		72.09*** (<.001)	
TestΔAdj_R^2			90.65*** (<.001)		27.34*** (<.001)		23.20*** (<.001)	

注：***、** 和 * 分别代表在双尾测试中 1%、5% 和 10% 的水平上显著。所有报告的 t 值均经过公司与年度层面聚类的标准误调整（Petersen, 2009）。

（八）使用滞后一期变量来控制内生性

为了缓解内生性的影响，本节通过将自变量滞后一期再次检验假设 4-1 和假设 4-2。表 4-9 呈现了使用滞后一期变量的结果。如第（2）列和第（4）列所示，ANALYST、IC 和 ANALYST×IC 的系数均显著为负，再次支持了假设 4-1 和假设 4-2。

表 4-9　使用滞后一期变量的结果

变量	因变量：EIO							
	(1)		(2)		(3)		(4)	
	系数	t 值	系数	t 值	系数	t 值	系数	t 值
ANALYST$_{t-1}$			−0.010***	−3.32	−0.009***	−3.19	−0.009***	−3.16
IC$_{t-1}$					−0.007***	−3.59	−0.007***	−3.95
ANALYST$_{t-1}$×IC$_{t-1}$							−0.004**	−2.25
BLOCK$_{t-1}$	−0.037**	−2.49	−0.035**	−2.44	−0.034**	−2.36	−0.035**	−2.48
MAN_SHR$_{t-1}$	−0.053***	−4.26	−0.040***	−3.50	−0.038***	−3.39	−0.039***	−3.44
INDR$_{t-1}$	0.006	0.23	0.003	0.12	0.003	0.12	0.004	0.16

续表

变量	因变量：EIO							
	(1)		(2)		(3)		(4)	
	系数	t 值	系数	t 值	系数	t 值	系数	t 值
$DUAL_{t-1}$	0.001	0.36	0.002	0.65	0.003	0.76	0.003	0.84
$BOARD_{t-1}$	-0.003^{**}	-2.26	-0.002^{*}	-1.88	-0.002^{*}	-1.89	-0.002^{*}	-1.79
$SIZE_{t-1}$	-0.052^{***}	-12.01	-0.045^{***}	-11.63	-0.042^{***}	-11.66	-0.041^{***}	-11.88
LEV_{t-1}	0.089^{***}	6.21	0.076^{***}	5.23	0.070^{***}	4.79	0.070^{***}	4.91
ROA_{t-1}	0.001	0.05	0.029	1.55	0.049^{**}	2.16	0.045^{**}	2.05
BTM_{t-1}	0.056^{***}	4.57	0.043^{***}	4.20	0.041^{***}	4.15	0.037^{***}	4.12
$ISSUE_{t-1}$	-0.009^{**}	-2.41	-0.010^{***}	-2.59	-0.009^{**}	-2.32	-0.010^{***}	-2.80
RET_SD_{t-1}	0.139	1.57	0.120	1.26	0.099	0.99	0.104	1.09
CAP_INV_{t-1}	0.008	0.79	0.013	1.23	0.010	1.00	0.011	1.02
$STATE_{t-1}$	-0.005	-1.06	-0.006	-1.31	-0.006	-1.25	-0.007	-1.37
截距	2.029^{***}	24.52	1.896^{***}	26.18	1.889^{***}	26.88	1.866^{***}	28.81
行业和年度	控制		控制		控制		控制	
观测值	12 004		12 004		12 004		12 004	
Adj_R^2	0.267 2		0.272 0		0.274 0		0.276 1	
F(p-value)	69.26^{***} ($<.001$)		72.38^{***} ($<.001$)		71.17^{***} ($<.001$)		70.81^{***} ($<.001$)	
Test ΔR^2			79.98^{***} ($<.001$)		32.87^{***} ($<.001$)		37.23^{***} ($<.001$)	

注：$***$、$**$ 和 $*$ 分别代表在双尾测试中 1%、5% 和 10% 的水平上显著。所有报告的 t 值均经过公司与年度层面聚类的标准误调整后的标准差（Petersen, 2009）。

(九)负面环境事件后分析师跟踪数量的变化的检验

本章手工收集了 2008—2014 年期间环境事件的数据，并挑选出由于环境不友好行为被政府处罚或者涉及环境诉讼的上市公司。表 4-10 的第一列列示了这些公司的股票代码，第二列列示了事件日期。第三和第四列分别报告了事件发生当年和下一年跟踪的分析师数量。最后一列展示了公司分析师跟踪数量的变化。与预期一致，在最后一行，对分析师数量变化的 t 检验为负并且在 5% 的水平上显著，这说明在负面环境事件后分析师跟踪数量降低了。

表 4-10　环境事件后跟踪的分析师数量的变化

股票代码	事件日期	事件当年分析跟踪数量	事件下一年分析师跟踪数量	分析师跟踪数量的变化
		(1)	(2)	(2)-(1)
000060	2012-02-14	22	27	5
000488	2010-05-14	25	18	-7
000615	2011-11-09	0	0	0
002061	2011-07-08	2	2	0
002078	2008-06-07	25	26	1
002224	2011-09-15	3	2	-1
002276	2011-06-05	1	5	4
002321	2011-07-07	12	10	-2
002365	2011-12-28	4	0	-4
002365	2012-05-10	0	0	0
002496	2011-04-05	5	6	1
300068	2011-05-13	11	20	9
600063	2010-07-20	15	6	-9
600132	2013-12-31	0	0	0
600226	2011-06-05	3	0	-3
600283	2012-09-04	0	1	1
600362	2011-12-07	28	22	-6
600486	2009-05-25	26	12	-14
600489	2008-07-15	36	20	-16
600531	2009-08-20	9	5	-4
600580	2011-05-13	14	11	-3
600664	2011-06-05	21	1	-20
600789	2013-12-30	0	0	0
600808	2013-12-21	14	12	-2
601857	2010-07-16	32	24	-8
601899	2010-12-27	30	23	-7
601899	2011-02-01	23	25	2
分析师跟踪数量差异的 t 检验				-2.50**(0.0192)

注：***、** 和 * 分别代表在双尾测试中 1%、5% 和 10% 的水平上显著。

(十)污染行业与其他行业差异的附加测试

本章根据《上市公司环保核查行业分类管理名录》[①]确定了污染行业子样本并且设置了一个虚拟变量 POLLUT 来表示一家公司是否处于污染行业。然后，本章使用分析师关注和该指标的交乘项来检验污染行业分析师关注对环境信息不透明度的影响。表 4-11 呈现了使用分析师关注和污染行业交乘项的回归结果。如第 (2) 列所示，ANALYST、POLLUT

[①]　可通过 http://www.gdep.gov.cn/zcfg/bmguizhang/201305/t20130530_153013.html 访问。

和 ANALYST×POLLUT 的系数均显著为负,表明污染行业分析师关注对环境信息不透明度的影响比其他行业更显著。此外,第(4)列显示 ANALYST、ANALYST×IC 和 ANALYST×IC×POLLUT 的系数显著为负,表明相比于其他行业,分析师关注和内部控制的交互作用在污染行业更加显著。

表 4-11　使用分析师关注和污染行业交乘项的回归结果

变量	因变量:EIO							
	(1)		(2)		(3)		(4)	
	系数	t 值	系数	t 值	系数	t 值	系数	t 值
ANALYST	-0.008^{***}	-3.81	-0.004^{**}	-2.14	-0.003^{*}	-1.73	-0.003^{*}	-1.75
ANALYST×POLLUT			-0.011^{***}	-3.60	-0.011^{***}	-3.58	-0.010^{***}	-3.67
ANALYST×IC					-0.005^{***}	-2.89	-0.005^{***}	-2.80
ANALYST×IC×POLLUT							-0.001^{*}	-1.65
POLLUT	-0.032^{***}	-3.90	-0.032^{***}	-3.93	-0.032^{***}	-3.92	-0.032^{***}	-3.77
IC					-0.007^{***}	-3.29	-0.007^{***}	-3.30
BLOCK	-0.030^{**}	-2.08	-0.029^{**}	-2.02	-0.030^{**}	-2.09	-0.030^{**}	-2.10
MAN_SHR	-0.031^{***}	-3.03	-0.030^{***}	-2.96	-0.029^{***}	-2.85	-0.029^{***}	-2.85
INDR	0.013	0.38	0.013	0.39	0.017	0.51	0.017	0.50
DUAL	0.002	0.69	0.002	0.65	0.003	0.78	0.003	0.79
BOARD	-0.002^{*}	-1.89	-0.002^{*}	-1.86	-0.002^{*}	-1.76	-0.002^{*}	-1.75
SIZE	-0.045^{***}	-11.66	-0.045^{***}	-11.67	-0.041^{***}	-13.00	-0.041^{***}	-13.02
LEV	0.081^{***}	6.32	0.079^{***}	6.10	0.075^{***}	6.27	0.075^{***}	6.26
ROA	0.068^{***}	3.21	0.069^{***}	3.18	0.086^{***}	3.85	0.086^{***}	3.86
BTM	0.037^{***}	3.74	0.037^{***}	3.74	0.030^{***}	3.35	0.030^{***}	3.35
ISSUE	-0.010^{***}	-3.05	-0.010^{***}	-2.90	-0.011^{***}	-3.12	-0.011^{***}	-3.12
RET_SD	0.217^{***}	3.11	0.210^{***}	3.03	0.195^{***}	2.91	0.195^{***}	2.90
CAP_INV	0.009	1.03	0.010	1.14	0.008	0.92	0.008	0.93
STATE	-0.005	-1.08	-0.005	-1.02	-0.005	-1.07	-0.005	-1.07
截距	1.868^{***}	26.80	1.859^{***}	26.96	1.834^{***}	30.29	1.835^{***}	30.29
行业和年度	控制		控制		控制		控制	
观测值	13 317		13 317		13 317		13 317	
Adj_R^2	0.268 0		0.270 7		0.274 8		0.276 5	
F(p-value)	72.95*** (<.001)		74.51*** (<.001)		73.74*** (<.001)		72.12*** (<.001)	
Test ΔR^2			49.01*** (<.001)		78.18*** (<.001)		2.85* (0.0952)	

注:$***$ 、$**$ 和 $*$ 分别代表在双尾测试中 1%、5% 和 10% 的水平上显著。所有报告的 t 值均经过公司与年度层面聚类的标准误调整(Petersen,2009)。

五、讨论

(一)政策启示

本章有几点政策启示。首先,本章发现分析师关注与环境信息不透明度负相关。参考利益相关者理论,政府、监管者和实务工作者可借以理解分析师在价值相关性信息需求中的作用,进而有助于提升企业自愿披露信息的透明度。其次,政府机构在做出与环境披露相关的决策时,应该考虑内部控制和分析师关注的强化作用,因为这种交互作用的关系有助于降低社会治理成本。实务工作者不应仅考虑单一因素对环境披露的影响,还需要考虑因素间的相互作用。最后,本章的发现表明分析师关注可以被认为是一种环境信息透明度的信息性信号。因此,外部利益相关者在投资、借款或做其他决策前应该考虑该信号。

(二)局限和未来研究方向

本章也存在着一定的局限性,这些局限也为未来的研究提供了一些思路。首先,目前关于环境信息不透明度的定义和衡量还未得到广泛认可。因此,未来的研究可以提供更好的度量方式。其次,本章研究了分析师关注数量在降低环境信息不透明度方面起到的作用,但并未探究分析师预测和推荐准确度的作用。因此,未来的研究可以拓展检验分析师行为的其他特征对环境信息不透明度的作用。最后,由于数据的局限性,本章无法辨别分析师推荐中的积极和消极表述。在这点上,未来的研究可以进一步探究分析师表述差异的影响。

六、结论

前期研究通常将分析师关注视为资本市场信息披露的一种后果,进而研究其作用。本章从理论上解释了分析师关注如何降低环境信息不透明度,并进一步提供了稳健的经验证据来支持该观点。此外,本章发现内部控制能够强化分析师关注对环境信息不透明度的负向影响。总之,本章揭示了公司治理和环境信息透明度之间的关系,并发现外部和内部治理机制的相互作用能有效降低环境信息不透明度。因此,公司通过完善外部和内部治理机制来提高环境信息透明度的做法极具前景。

参考文献

[1]AL-TUWAIJRI S A，CHRISTENSEN T E，HUGHES K E. The relations among environmental disclosures environmental performance，and economic performance：a simultaneous equations approach [J]. Accounting organizations and society，2004，29(5-6)：447-471.

[2]ASHBAUGH-SKAIFE H，COLLINS D W，KINNEY W R，et al. The effect of sox internal control deficiencies on firm risk and cost of equity [J]. Journal of accounting research，2009，47(1)：1-43.

[3]BALL R，JAYARAMAN S，SHIVAKUMAR L. Audited financial reporting and voluntary disclosure as complements：a test of the confirmation hypothesis [J]. Journal of accounting & economics，2012，53(1-2)：136-166.

[4]BENEISH M D，BILLINGS M B，HODDER L D. Internal control weaknesses and information uncertainty [J]. Accounting review，2008，83(3)：665-703.

[5]BERNARDI C，STARK A W. Environmental，social and governance disclosure，integrated reporting，and the accuracy of analyst forecasts [J]. British accounting review，2018，50(1)：16-31.

[6]BRAMMER S，PAVELIN S. Factors influencing the quality of corporate environmental disclosure [J]. Business strategy and the environment，2008，17(2)：120-136.

[7]BRENNAN M J，HUGHES P J. Stock-prices and the supply of information [J]. Journal of finance，1991，46(5)：1665-1691.

[8] CLARKSON P M，LI Y，RICHARDSON G D，et al. Revisiting the relation between environmental performance and environmental disclosure：an empirical analysis [J]. Accounting organizations and society，2008，33(4-5)：303-327.

[9]CORDEIRO J J，SARKIS J. Environmental proactivism and firm performance：evidence from security analyst earnings forecasts [J]. Business strategy and the environment，1997，6(2)：104-114.

[10]COSTELLO A M，WITTENBERG-MOERMAN R. The impact of financial reporting quality on debt contracting：evidence from internal control weakness reports [J]. Journal of accounting research，2011，49(1)：97-136.

[11]DHALIWAL D S，RADHAKRISHNAN S，TSANG A，et al. Nonfinancial disclosure and analyst forecast accuracy：international evidence on corporate social responsibility disclosure [J]. Accounting review，2012，87(3)：723-759.

[12]DU X，CHANG Y，ZENG Q，et al. Corporate environmental responsibility (CER) weakness，media coverage，and corporate philanthropy：evidence from china [J]. Asia pacific journal of management，2016，33(2)：551-581.

[13]DU X，JIAN W，ZENG Q，et al. Corporate environmental responsibility in polluting industries：does religion matter? [J]. Journal of business ethics，2014，124(3)：485-507.

[14]DU X，WENG J，ZENG Q，et al. Do lenders applaud corporate environmental performance? evidence from Chinese private-owned firms [J]. Journal of business ethics，2017，143(1)：179-207.

[15]ENG L L，MAK Y T. Corporate governance and voluntary disclosure [J]. Journal of accounting and public policy，2003，22(4)：325-345.

[16]FLAMMER C. Corporate social responsibility and shareholder reaction：the environmental aware-

ness of investors [J]. Academy of management journal, 2013, 56(3): 758-781.

[17]FRANCIS G, HOLLOWAY J. What have we learned? themes from the literature on best-practice benchmarking [J]. International journal of management reviews, 2007, 9(3): 171-189.

[18]FREEMAN R E. The politics of stakeholder theory: some future directions [J]. Business ethics quarterly, 1994: 409-421.

[19]GAO F, DONG Y, NI C, et al. Determinants and economic consequences of non-financial disclosure quality [J]. European accounting review, 2016, 25(2): 287-317.

[20]GILLAN S L. Recent developments in corporate governance: an overview [J]. Journal of corporate finance, 2006, 12(3): 381-402.

[21]GLOBAL REPORTING INITIATIVE. Sustainable reporting guidelines [R]. (2006) [2013-12-3]. http://www. globalreporting.org.

[22.GUIRAL A, GUILLAMON SAORIN E, BLANCO B, et al. Are auditor opinions on internal control effectiveness influenced by corporate social responsibility? [EB/OL].(2014-08-23)[2015-08-01]. https://ssrn.com/abstract=2485733.

[23]HANIFFA R M, COOKE T E. The impact of culture and governance on corporate social reporting [J]. Journal of accounting and public policy, 2005, 24(5): 391-430.

[24]HE X, XIAO T, ZHU H. Ownership structure, institutional environment, and the economic consequences of corporate social responsibility information disclosure: evidence from analysts' earnings forecasts [J]. China accounting and finance review, 2013, 15(2): 1-71.

[25]HEALY P M, PALEPU K G. Information asymmetry, corporate disclosure, and the capital markets: a review of the empirical disclosure literature [J]. Journal of accounting & economics, 2001, 31(1-3): 405-440.

[26]HO S S, WONG K S. A study of the relationship between corporate governance structures and the extent of voluntary disclosure [J]. Journal of international accounting, auditing and taxation, 2001, 10(2): 139-156.

[27]HOPE O-K. Analyst following and the influence of disclosure components, IPOs and ownership concentration [J]. Asia-Pacific journal of accounting & economics, 2003, 10(2): 117-141.

[28]HUANG C-J. Corporate governance, corporate social responsibility and corporate performance [J]. Journal of management & organization, 2010, 16(5): 641-655.

[29]IOANNOU I, SERAFEIM G. The impact of corporate social responsibility on investment recommendations: analysts' perceptions and shifting institutional logics [J]. Strategic management journal, 2015, 36(7): 1053-1081.

[30]JO H, NA H. Does CSR reduce firm risk? evidence from controversial industry sectors [J]. Journal of business ethics, 2012, 110(4): 441-456.

[31]KER M. Getting down to business: deepening environmental transparency in china [J]. Solutions, 2015, 5: 40-50.

[32]KINNEY W R. Research opportunities in internal control quality and quality assurance [J]. Auditing-a journal of practice & theory, 2000, 19: 83-90.

[33]KUO L, YEH C-C, YU H-C. Disclosure of corporate social responsibility and environmental management: evidence from china [J]. Corporate social responsibility and environmental management,

2012,19(5):273-287.

[34]LANG M,LUNDHOLM R. Cross-sectional determinants of analyst ratings of corporate disclosures [J]. Journal of accounting research,1993,31(2):246-271.

[35]LANG M H,LINS K V,MILLER D P. Concentrated control,analyst following,and valuation:do analysts matter most when investors are protected least? [J]. Journal of accounting research,2004,42(3):589-623.

[36]LANG M H,LUNDHOLM R J. Corporate disclosure policy and analyst behavior [J]. Accounting review,1996,71(4):467-492.

[37]LEFTWICH R W,WATTS R L,ZIMMERMAN J L. Voluntary corporate disclosure -the case of interim reporting [J]. Journal of accounting research,1981,19:50-77.

[38]LEV B,PENMAN S H. Voluntary forecast disclosure,nondisclosure,and stock-prices [J]. Journal of accounting research,1990,28(1):49-76.

[39]LUO X,WANG H,RAITHEL S,et al. Corporate social performance,analyst stock recommendations,and firm future returns [J]. Strategic management journal,2015,36(1):123-136.

[40]MILLER G S. Earnings performance and discretionary disclosure [J]. Journal of accounting research,2002,40(1):173-204.

[41]MORIARTY J P. A theory of benchmarking [J]. Benchmarking:an international journal,2011,18(4):588-611.

[42]O'BRIEN P C,BHUSHAN R. Analyst following and institutional ownership [J].Journal of accounting research,1990,28:55-76.

[43]PATTEN D M. The relation between environmental performance and environmental disclosure:a research note [J]. Accounting organizations and society,2002,27(8):763-773.

[44]PETERSEN M A. Estimating standard errors in finance panel data sets:comparing approaches [J]. Review of financial studies,2009,22(1):435-480.

[45]POROPAT A E. The validity of performance environment perception scales:environmental predictors of citizenship performance [J]. Journal of management & organization,2010,16(1):180-190.

[46]SALAMA A,ANDERSON K,TOMS J S. Does community and environmental responsibility affect firm risk? evidence from UK panel data 1994-2006 [J]. Business ethics:a European review,2011,20(2):192-204.

[47]TIAN Z,WANG R,YANG W. Consumer responses to corporate social responsibility (CSR) in china [J]. Journal of business ethics,2011,101(2):197-212.

[48]YASIN M M. The theory and practice of benchmarking:then and now [J]. Benchmarking:an international journal,2002,9(3):217-243.

[49]ZENG S X,XU X D,YIN H T,et al. Factors that drive Chinese listed companies in voluntary disclosure of environmental information [J]. Journal of business ethics,2012,109(3):309-321.

[50]ZHANG L,MO A P J,HE G. Transparency and information disclosure in china's environmental governance [J]. Current opinion in environmental sustainability,2016,18:17-24.

[51]ZHANG M,MA L,SU J,et al. Do suppliers applaud corporate social performance? [J]. Journal of business ethics,2014,121(4):543-557.

第五章　CEO 童年干旱经历
与公司水资源保护绩效

摘要：水资源作为社会生产与人民生活最重要的基础性资源之一，对国家生态文明建设、经济健康发展起着关键作用。利用中国资本市场 2007—2017 年 A 股上市公司披露的水资源利用效率及水污染信息，本章实证研究了 CEO 童年干旱经历对公司水资源保护绩效的影响。研究发现，CEO 童年（5～15 岁）经历的累积重大干旱时间与公司水资源保护绩效显著正相关，表明童年干旱的"烙印"以及由此造成的 CEO 的水资源忧患和风险意识促进了 CEO 提升公司水资源保护绩效。此外，公司设置的污染控制部门强化了 CEO 童年干旱经历与公司水资源保护绩效之间的正关系。上述结果经一系列敏感性测试及使用差分模型控制内生性后依然成立。进一步的研究表明，现今极端干旱的发生会强化 CEO 童年干旱经历对公司水资源保护绩效的正向影响，且 CEO 童年干旱经历提升了公司环境绩效。

一、引言

《世界经济论坛全球风险报告（2019）》指出，水资源危机是未来世界面临的十大危机之一，且水资源短缺的负面影响已连续 8 年位居世界面临危机影响力的前五名（World Economic Forum，2019）。虽然中国水资源总量位居世界第六，但人均水资源拥有量却只有世界平均水平的 1/4，位列全球 13 个最贫水国之一（邓宗兵 等，2019）。中国生态环境部《2018 中国生态环境状况公报》显示，中国七大流域除长江流域水质良好，其余六大流域都面临轻度或中度污染，中国水资源保护正面临着严峻的治理考验[①]。社会个体的生存与组织的生产经营都不能离开水资源，水在经济活动与社会发展中扮演着重要角色。水资源作为一种公共的共享资源，具有高流动性和较强的外部性，任何个体或组织对水资源使用的不当行为将会直接影响其他企业组织或个体的水资源使用。因此，有效保护水资源、提高水资源保护

[①]　详见：http://www.mee.gov.cn/hjzl/zgh jzkgb/lnzgh jzkgb/。此外，根据环保部 2013 年的监测显示，全国 198 个城市的地下水中有 57.3% 水质不良或极差，超过 30% 的主要河流受到严重污染（http://usa.chinadaily.com.cn/opinion/2013-06/05/content_16567852.htm）。

绩效,是推进生态文明建设和实现中国经济社会可持续发展的关键。因而,如何提升水资源利用效率及减少水污染日益受到学界的关注(王喜峰 等,2019;徐志伟,2011;曾辉祥 等,2018)。

国家环境保护总局2007年通过,2008年实施了《环境信息公开办法(试行)》,要求企业公开披露环境信息。2015年1月1日修订实施的《中华人民共和国环境保护法》亦将保护环境纳入中国的基本国策。近年来,环境污染与治理日益受到整个社会自上而下的重视与关注,这对企业承担环境保护责任起到重要的推动作用。前期研究主要从政府与审计师监督(包群 等,2013;唐国平 等,2013;Du et al.,2018;Kagan et al.,2003),利益相关者施加压力(唐鹏程,杨树旺,2018;Yu,Ramanathan,2015)、官员政治考核(王红建 等,2017)、地方官员人事变动(梁平汉,高楠,2014)、外部市场竞争(Duanmu et al.,2018)、公司治理水平(Adinehzadeh et al.,2018;Jaffar et al.,2018)等方面探究影响公司环境行为的因素。此外,曾泉等(2018)、Sugita 和 Takahashi(2015)从宗教与文化的角度解释了非正式制度的不同造成了执行环境保护政策的差异,进而影响公司节能减排与环境绩效。

前期研究主要从(正式与非正式)制度层面解释了公司环境绩效。但是,任何制度都是通过对人的约束和影响进而作用于公司行为。CEO是企业中最具影响力的决策者(陆瑶,李茶,2016;Graham et al.,2013,2015),其个人特质对投资效率、创新、环境绩效等公司行为都会产生重要的影响(王铁男 等,2017;赵子夜 等,2018;Graham et al.,2012,2013)。前期研究发现,CEO的行为差异可以从其职业经历、生活经历等各个方面得到解释(沈维涛,幸晓雨,2014;Bernile et al.,2017)。近年来,现代医学与心理学研究发现,童年创伤经历会对成年后的性格产生至关重要的影响(Luan et al.,2016),且个人早年经历会长期影响个体行为(Main et al.,1985),甚至可能影响到以后的领导风格(陈慧,2012)。作为影响较大的自然灾害,重大干旱的发生不仅会造成农作物大面积减产、粮食绝收、地区环境恶化、民众心理恐慌等不良后果,而且可能会影响有此经历的人对水资源的风险意识。因此,本章拟以CEO童年所经历的重大干旱创伤为视角,探究CEO童年干旱经历是否会加深其对水资源保护的认识,从而对公司水资源保护绩效产生实质性影响。

本章基于中国气象数据网提供的地区历史干旱数据,通过从公司披露的各种公告中手工整理了CEO的身份证信息,然后将两者匹配,以此获得CEO在童年时期(5～15岁)所经历的重大干旱数据[①]。进一步地,本章从 Clarkson 等(2008)及 Du 等(2018)构建的环境信息披露指数中析出水资源利用效率及水污染的指标,然后通过公司年报、社会责任报告及官方网站信息,综合获取水资源保护数据。在此基础上,本章以2007—2017年中国A股上市企业为样本,探讨CEO童年干旱经历对公司水资源保护绩效的影响。本章研究发现:(1)CEO童年时期经历的重旱及以上的干旱累计的时间越长,公司水资源保护绩效越高;(2)公

---

① 心理学研究(Nelson,1993)及公司金融研究(Bernile 等,2017)将CEO的童年时期定义为5～15岁。鉴于伍香平(2011)将童年上限定义为14～15岁,许年行和李哲(2016)将童年上限定义为14岁,本章的稳健性测试也进行了不同年龄段测试,结果依然稳健。

司污染控制部门强化了 CEO 童年干旱经历对水资源保护绩效水平的正影响;(3)上述结果经过一系列敏感性测试、稳健性检验,并用差分回归缓解部分内生性后依然成立;(4)CEO 的干旱经历对公司水资源保护绩效的正向影响会在现今出现极端干旱时被加强,并且 CEO 的干旱经历对公司环境绩效具有解释力。

本章可能存在的贡献主要有以下几个方面:(1)以前文献中关于环境绩效的研究,主要从公司整体层面出发,缺乏对公司单一环境问题的深入分析(Du,2018;Du et al.,2017;Du et al.,2018;武恒光,王守海,2016;曾泉 等,2018)。本章则聚焦于水资源保护这一环境保护的具体维度,研究结论回应了现今对水资源问题日益关切的现实需求。(2)先前对管理者经历的研究多从职场的经历多样性、海外背景、从军经历等职业经历探讨管理者相应的公司行为(杜勇 等,2018;何瑛 等,2019;权小锋 等,2019),但这些经历往往是内生的,使得寻找 CEO 经历与公司行为之间的因果关系仍然面临挑战(Bernile et al.,2017)。此外,近年来的文献逐渐关注 CEO 童年的贫穷、大饥荒等创伤对公司财务决策影响(Dittmar,Duchin,2016;Hu et al.,2019;Zhang,2017)。本章则从另外一个视角——个体童年时期的干旱经历切入,以此探究其是否影响公司水资源保护,因而本章丰富了 CEO 经历对公司行为影响的研究,也拓展了高阶理论与烙印理论的解释范围。(3)本章拓展了公司自身内部环境治理机制的功能作用,得出环境污染控制部门能够加强 CEO 干旱经历对公司水资源保护绩效的影响这一结论。

二、文献述评与研究假设

(一)公司的水资源保护研究

前期文献对水资源保护的研究主要集中于政府监管的作用。政府对排污企业的处罚过轻或监管成本过高都会诱发企业的排污行为(卢方元,2007),但政策奖励可减少企业水污染行为(高宏玉,2015)。此外,政府与企业的博弈也会对公司水污染产生影响。Duc 等(2007)认为,工业聚集区涉及地区产业发展,而河流周边的工业集聚是导致河流污染的重要原因。王兵等(2016)基于中国背景研究发现,设立开发区后短期内周边河流的水质会出现明显恶化,新进入企业被认为应该对此负责。虽然中国整体水污染治理水平近年来出现了长足的进步,但环境监管仍是抑制水污染的关键因素(张宇,蒋殿春,2014)。实际上,政府在水资源宏观治理层面发挥着重要作用,可以通过水资源税费来调节水资源分配,可将其专项用于水环境治理(黄凤羽,黄晶,2016)。此外,外资企业因其更先进的技术以及更高效的能源利用能力,造成的水污染更少(Wang,Jin,2007)。曾辉祥等(2018)认为水资源信息披露是环境信息披露的重要分支,企业在水资源保护上的努力可以通过水资源信息披露体现,这种信息披露可以降低企业系统性风险。

从上述分析可以看出,目前有关公司水资源保护的研究主要着眼于外部监管、不同企业之间水资源保护的差异以及公司水资源信息披露。即使涉及水生态文明建设,即水资源利用与保护的研究,也基本从宏观视角进行分析(邓宗兵 等,2019;王喜峰 等,2019),而鲜少关注公司层面水资源保护绩效。鉴于企业是环境污染的重要制造者(Du et al.,2017),也对水资源有大量需求(雷玉桃,黄丽萍,2015),本章拟从CEO角度来分析企业水资源保护绩效,以弥补现有微观层面企业水资源保护研究的不足。

(二)CEO的个人经历与公司行为

Hambrick和Mason(1984)的高阶梯队理论认为,公司行为受管理者的认知风格、价值观念与性格偏好的影响。管理者的性别、年龄、种族、教育与职业背景、公司任期、所处经济环境等都会让其建立不同的认知模式,形成差异化的价值观念、风险偏好与管理风格,最终影响公司决策(何威风,刘启亮,2010;何瑛 等,2019;马永强 等,2019;张建君,张闫龙,2016;Lee,Park,2006;Malmendier et al.,2011;Malmendier,Nagel,2011)。

CEO作为负责公司日常运营、实施并达成公司战略目标的负责人(张建君,张闫龙,2016),其过往经历受到了众多学者们的关注。前期文献表明,CEO童年经历、职业经历、婚姻状况等都对公司行为具有较强解释力。Bernile 等(2017)发现,童年经历过致命灾难、但未造成极端负面后果的CEO行为更激进,而目睹灾难极端负面影响的CEO则更加保守。此外,CEO经历三年困难时期,行为会变得相对保守,抑制了企业投资水平,降低了投资效率(沈维涛,幸晓雨,2014)。许年行和李哲(2016)认为,出生于贫困地区、经历过大饥荒的CEO都会促进公司的慈善捐赠;而具有从军经历的CEO会减少企业慈善捐赠(Luo et al.,2017),且从军经历会促使CEO行为更加激进,其所在的公司表现出更高的杠杆率(Malmendier et al.,2011)。进一步而言,CEO丰富的职业经历(何瑛 等,2019)、有从军经历(权小锋 等,2019)、先天贫困但是后期接受良好教育(马永强等,2019)等都会促进公司的创新研发。而CEO的不同婚姻状况解释了公司表现出的差异化的投资水平,单身的CEO执行更积极的投资政策,公司表现出更高的股票回报率(Roussanov,Savor,2014)。

从上述研究可发现,目前有关CEO个人经历的研究并未涉及其童年的重大干旱经历。童年是个体心智发育与价值观念逐步养成的阶段,在该阶段塑造成的认知风格直接影响其成年后的行为方式(Main et al.,1985);而干旱所造成的水供应不足,既严重影响生活,又会在一定程度上影响CEO对水资源的风险认知及态度(王劲松 等,2012)。因此,CEO童年干旱经历能否影响公司水资源绩效值得进一步探讨。

(三)CEO童年干旱经历对公司水资源保护绩效的影响(假设5-1)

Stinchcombe(1965)最早在组织研究的文献中引入印记假说——即使之后的环境产生变化,一个实体的特征在敏感时期形成并加以塑造可以持续数十年。Marquis和Tilcsik(2013)也认为,烙印机制本质上是实体在环境敏感期内受到重大影响,为适应环境而培养出的一定特征,并且会一直保持该特征,该理论是以历史的角度来深入理解现在存在的现象。

因此,个体经历的特定环境将对其产生重要的影响,为其一生打上特定的烙印。基于该理论,不少学者探究个体过往经历与现在行为之间的关系,诸如进入劳动力市场的经济状况与员工后续工作绩效(Tilcsik,2014)、保守行为(Schoar,Zuo,2011;He et al.,2018)有关;而海外经历印记则可降低公司盈余管理(杜勇 等,2018),知青经历印记与更高的并购溢价相关(曾春影等,2019)。烙印机制发挥作用需包含三个重要因素:受影响的主体、环境敏感期及环境特征(Marquis,Tilcsik,2013;Simsek et al.,2015)。本章拟探讨童年时期(环境敏感期)的重大干旱经历(环境特征)是否会使 CEO(受影响的主体)形成干旱印记,并在其成年后使其表现出对水资源的重视,尤其是在管理企业时能否提升水资源保护绩效。

童年时期属于典型的环境敏感期,该时期正是大脑发育和性格养成的关键阶段,因此很容易受到环境因素的影响(Bernile et al.,2017;Elder et al.,1991)。神经科学与遗传学研究表明,过去经历对大脑造成了永久性的生理结构变化,所以早期创伤的生活经历会持续影响人的行为(Lyoo et al.,2011)。此外,心理学研究也表明,童年的贫穷、暴力、受忽视等负面经历会对其心智、行为及偏好等许多方面产生较大影响(Atzl et al.,2019;Khodabandeh et al.,2018),且长期影响人的内心状态(Adeback et al.,2018;Nisbett,Ross,1980)。更重要的是,儿童时期遭受自然灾害也可能会产生严重、持久的后果,影响个人的身心健康、发育和学习(Kingston et al.,2019)。因此,童年时期是 CEO 心智培养的重要时期,CEO 在该时期经历的重大干旱带来的生活困扰,以及极端干旱诱发的粮食减产甚至绝收等,都可能促使大脑的发育与功能出现生理性的变化,从而保持对干旱经历的特殊印记。

童年时期的自然环境、家庭环境以及社会环境构成了 CEO 成长过程最重要的环境特征。生活在水资源匮乏的地区,个人对水资源会更加珍惜,往往会形成节约用水的习惯。若 CEO 童年长期经历干旱,在整个家庭获取水资源难度大的背景下,其内心将被打下深深的节约水资源的烙印,在其成长过程中也将不断思考如何有效利用有限水资源。在进入职场乃至成为 CEO 或公司高管后,这种烙印和习惯仍将持续产生影响。此外,干旱通常是因自然地理环境连片发生的(邹旭恺 等,2010),而重大干旱影响范围大,持续时间久,因此重大干旱地区更易形成重视水资源的社会氛围,CEO 在耳濡目染中也会逐渐形成水资源宝贵的认知。正如 Carroll 和 Hannan(1989)所认为的,环境是印记形成的重要来源,因此,在自然、家庭及社会的综合影响下,童年经历的持续重大干旱很可能影响 CEO 对水的认知,从而改变 CEO 的行为方式,在水资源保护上形成差异化的结果。

随着社会对环境治理重视程度的增加,政府的监管越来越严(包群 等,2013),企业在进行经营决策的时候必须考虑对环境的影响。正如 Burritt 等(2016)指出,与水资源保护相关的风险是外部利益相关者所重视的,企业水资源保护不善不仅会诱发企业经营风险,而且会损害企业声誉。因此,作为企业经营决策者的 CEO 不可能忽视公众对环境保护与水资源保护的关注。因而在面对水资源风险时,CEO 的干旱烙印易被唤起,进而更加关注水资源保护相关的经营风险,通过有效水资源保护及透明的水资源信息披露降低企业的系统性风险(曾辉祥 等,2018)。前期的文献也表明,过去负面的经历会造成个体后期对风险的厌恶,使其行为变得更加保守,诸如不良的健康经历与购买保险的意愿呈正相关(Innocenti et al.,

2019);曾经历过饥荒会显著提升储蓄意愿(程令国,张晔,2011),而且经历过大饥荒的 CEO 趋于规避风险,保持更少的债务,并且减少回购,降低股价波动性(Zhang,2017),持有更多的现金(Dittmar,Duchin,2016;Hu et al.,2019),减少投资(Dittmar,Duchin,2016)等。因此,CEO 在童年干旱经历中逐渐形成的不安全感,影响了 CEO 管理企业时的冒险意愿(Malmendier,Nagel,2011),使其提升忧患意识,形成对水资源短缺以及水污染风险的厌恶。基于上述分析,经历过干旱的 CEO 为减少水资源相关的风险,更可能重视水资源保护,最终提升企业水资源保护绩效。

在童年这个关键的环境敏感期,CEO 长期遭受干旱后加强了其对水资源的认知,使 CEO 在今后的行为中表现出对水资源的重视。在社会对企业作为环境保护主体的关注增多的背景下,CEO 童年经历的重大干旱记忆会被诱发,并且因为对水风险的厌恶,进而表现出为提高水资源使用效率、减少水污染付出更多努力。一方面,CEO 在日常经营决策中将对水污染治理有所考虑,例如,在项目的选择或是设备的购买等方面将或多或少会有资源节约型与环境友好型的偏向,从而表现出更好的水资源保护绩效。另一方面,CEO 的价值观和领导哲学能够成为企业文化的一部分并影响员工行为(Gaudine,Thorne,2001)。员工也会通过观察和学习企业中的价值观并逐渐接受和认同这种文化,形成自己的行为模式。换言之,员工会观察企业领导者,并根据领导者传递出的信息来拓展自身知识和技能(Bandura,1978)。因此,CEO 注重水资源保护的风格将通过企业文化和价值观传递给员工,无论是一种积极的学习或是一种隐性的约束,都会使员工原有行为得到改进,思维模式得到转变,进而提升员工的水资源保护意识,从整体上提高公司水资源保护绩效。

综上所述,CEO 童年的干旱经历带来的印记以及长期养成的节水习惯,将长久地影响 CEO 未来的行为,使 CEO 更加重视公司水资源保护,更可能积极承担水污染治理及水资源节约的环保责任,以实现提升水资源利用效率、降低水污染的目标。基于以上分析,本章提出以下假设:

假设 5-1:限定其他条件,CEO 童年累积经历的重大干旱时间越久,企业水资源保护绩效越高。

(四)企业设置污染控制部门的调节作用(假设 5-2)

企业为减少经营不确定性风险,需要重视环境保护,履行环境保护主体的社会责任,从而获得市场与投资者的认可(Jiang et al.,2014)。然而,公司环境污染问题频发,遭受罚款、限期整改、停产、取缔关门等处罚,甚至面临其他民事、刑事责任等(Tang et al.,2015),这些都是企业生产经营不可承受之重,既增加了利益相关者的担忧,也影响了企业的正常生产经营与经济利益,最终直接威胁企业的生存。因此,部分企业会设置污染控制部门来专门应对公司环境污染问题。其主要作用在于落实政府环保部门的环境保护要求,熟悉环境问题相关法律,避免出现环境违规相关风险。污染控制部门在日常工作中可以实现全流程、全天候及全员的环境保护监测,提前进行环境违法行为排查,对项目的立项到生产中的产污、治污、排污问题进行控制,发现环境污染存在的问题,提出增加环保投入及改进环保技术的建议,从本质上解决污染物控制问题(Del et al.,2011)。正因日常专门应对环境污染问题,实现环境风险排查、评估,找出存在的潜在污染风险,才可以防止污染累积,降低突发环境事件发生可能。因此,污染控制部门能够更好地把控细节,推动公司环境保护,减少生产危险与污染,实现公司环境绩效的提升。

水资源是环境保护的重要内容。近些年来水污染风险愈发受到关注,诸如松花江水污染(2005)、紫金矿业毒废水泄露(2010)、江西铜业排污(2011)等水污染事件引起社会强烈反响,并造成严重后果,而涉事企业也遭受严厉惩罚。因此,企业水资源保护的好坏对企业经营而言尤为重要,也凸显了企业污染控制部门的重大责任。企业设置污染控制部门,能够更好地对接外部监管与公司管理层的环境治理要求,提升公司内部环境治理水平,积极地应对水污染问题;提前明确水污染源,对所在公司的污水产生及排污行为进行控制,淘汰落后的生产工艺,有效地减少企业水资源滥用行为,实现提升水资源保护绩效。

CEO作为企业经营的主要决策者,在管理一家公众上市公司时,不得不考虑公司水风险。而经历了童年干旱的CEO,对水资源保护更加敏感,更倾向于提升企业水资源保护水平。虽然CEO个人内部管理权力较大,但个人力量是有限的。若企业自身设置了污染控制部门,则能够更好地执行CEO在水资源保护上的决策,专门应对公司水污染问题,也能系统性地提升水资源保护效率,减少水污染。综合上述分析,污染控制部门的建立,提升了企业应对环境问题的专业性,能更好地贯彻CEO的水资源保护倾向,由此提出本章的第二个假设:

假设5-2:限定其他条件,企业污染控制部门强化了CEO童年干旱经历对企业水资源保护绩效的正影响。

三、研究设计

(一)样本选择与数据来源

本章初始样本包含2007—2017年的A股上市公司。然后,本章按照如下原则进行样本筛选:(1)剔除CEO和董事长身份证信息缺失的观测值;(2)剔除资产总额、负债总额小于或者等于0的观测值;(3)剔除金融与保险相关行业观测值;(4)剔除公司水资源利用情况以及公司特征相关变量缺失的观测值。通过以上剔除,最终获得了1 644家上市公司6 676个观测值。此外,为避免极端观测值对最终结果的影响,本章对所有连续性变量进行了1%和99%分位的缩尾处理。

本章数据来源如下:(1)中国的地区干旱数据来自中国气象数据网(数据服务—气象灾害—中国干旱灾害数据集),网站数据向教育科研实名注册用户分享。该数据提供了1950年至1999年中国发生的重大干旱(重旱、特大旱)灾害事件时间、持续时间、受旱地区、干旱程度等干旱情况。本章涉及的干旱地区、受灾时间及干旱持续长度以省级发生干旱情况作为考察对象[①]。(2)高管出生地数据系参照 Du(2019)、Li 等(2020),通过公开披露的身份证信息(公司招股说明书、律师工作报告、法律意见书等)获取高管出生地,然后将此与干旱数据相互匹配。CEO 和董事长身份证号码的前两位表明出生所在省份。(3)公司水资源保护绩效(水资源使用效率与水资源污染)、公司内部环境治理、公司环境保护绩效等相关指标参照 Clarkson 等(2008)、Du 等(2017)和 Du(2018),主要来源于公司年度报告、企业社会责任报告、官方网站等,并经手工整理。(4)公司所在地现今干旱情况来自中国统计年鉴。(5)公司特征及财务状况相关数据来自 CSMAR 及 Wind 金融数据库。

(二)模型与变量

1.假设 5-1 的检验模型

为检验 CEO 童年时期的干旱经历对公司水资源保护绩效的影响,本章构建了如下的 Tobit 回归模型:

$$
\begin{aligned}
\mathrm{WATER} = & \alpha_0 + \alpha_1 \mathrm{CDE\_CEO} + \alpha_2 \mathrm{AGE} + \alpha_3 \mathrm{GENDER} + \alpha_4 \mathrm{CDE\_CHAIR} + \alpha_5 \mathrm{BLOCK} + \\
& \alpha_6 \mathrm{INST\_SHR} + \alpha_7 \mathrm{DUAL} + \alpha_8 \mathrm{INDR} + \alpha_9 \mathrm{BOARD} + \alpha_{10} \mathrm{SALARY} + \alpha_{11} \mathrm{ISO} + \\
& \alpha_{12} \mathrm{ETI} + \alpha_{13} \mathrm{SIZE} + \alpha_{14} \mathrm{LEV} + \alpha_{15} \mathrm{ROE} + \alpha_{16} \mathrm{TOBINQ} + \alpha_{17} \mathrm{LISTAGE} + \\
& \alpha_{18} \mathrm{STATE} + \alpha_{19} \mathrm{POLLUT} + \text{Industry Dummies} + \text{Year Dummies} + \\
& \text{Province Dummies} + \varepsilon
\end{aligned}
\tag{5-1}
$$

本章的主要解释变量为模型(5-1)的 CDE_CEO,即 CEO 的童年干旱经历。心理学研究证明,童年记忆通常始于 5 岁止于 15 岁(Bernile 等,2017;Nelson,1993)。参照 Bernile 等(2017)和 Nelson(1993)对童年时期的界定,CEO 童年干旱经历(CDE_CEO)为 5～15 岁期间在出生地所在省发生的重旱及以上干旱的月份累计数——经历的干旱累积时间越久、影响越大。此外,本章使用 CEO 在 5～15 岁期间在出生地所在省发生的重旱及以上干旱的年份累计数(CDE_CEO_Y)作为敏感性测试的变量。

被解释变量 WATER 为企业水资源保护绩效。参考 Clarkson 等(2008)、Du(2018)、Du 等(2017)、Du 等(2018),本章采用评分法度量企业水资源保护绩效:(a)水资源使用、使用效率的环境绩效指标;(b)水资源使用污染总量的环境绩效指标。(a)与(b)披露信息存在以下条目时,每条加 1 分:(1)有具体的绩效数据;(2)绩效数据与同行、竞争对手或行业情况进行了比较;(3)绩效数据与公司以往情况进行了比较(趋势分析);(4)绩效数据与目标进行了比较;(5)绩效数据同时以绝对数和相对数形式披露;(6)绩效数据有进行分解性描述(如工厂、业务单位、地理分布等)。最终将(a)与(b)项目得分相加得到该被解释变量。使用水资

---

① 干旱往往并非发生在单一的省份,而是由于自然地理环境造成地区间连片的发生,因此该数据集的干旱地区使用了"淮河流域""长江中下游""东北大部"等描述。为此,本章对连片地区的干旱描述进行了涉及省份的对照处理,上述地区对照省份依次为"河南、安徽、江苏""湖北、湖南、江西、安徽、江苏、上海""辽宁、吉林、黑龙江"等。

源保护信息披露作为绩效是因为企业若没有水资源保护相关的行为,就不会披露水资源保护信息。此外,CEO 童年干旱经历的最主要印记在于缺水,节水习惯将主要影响水资源利用效率,因此本章将单独使用(a)进行敏感性测试。

本章在模型中控制了 CEO 的年龄(AGE)与性别(GENDER),因为 CEO 的人口统计学特征对环保绩效有一定解释力。由于董事长是企业法人代表,公司重大战略制定与决策都受其影响(张建君,张闫龙,2016),而环保相关决策也并不例外,因此本章控制董事长的童年干旱经历(CDE_CHAIR)。此外,参考 Du(2018)、Du 等(2017)和 Du 等(2018)对环境绩效的相关研究,本章控制了公司治理与企业层面特征,具体包括如下变量:第一大股东持股比例(BLOCK),机构投资者持股比例(INST＿SHR),董事长与 CEO 两职兼任情况(DUAL),独立董事的比例(INDR),董事会规模(BOARD),管理者薪酬是否与环境业绩挂钩(SALARY),公司是否执行 ISO14001 标准(ISO)以及公司环保技术投入(ETI),公司规模(SIZE),财务杠杆(LEV),净资产收益率(ROE),托宾 Q 值(TOBINQ),上市年龄(LISTAGE),公司所有权性质(STATE)以及公司是否为环境污染企业(POLLUT)。最后,模型还控制了行业、年度、公司所在省份的虚拟变量。模型(5-1)变量的具体定义如附录5-1 所示。

2.假设 5-2 的检验模型

为检验假设 5-2,本章在模型(5-1)的基础上加入企业是否设有污染控制部门(PCD)这一变量,以及 CEO 童年干旱经历与企业污染控制部门的交乘项(CDE_CEO×PCD),模型(5-2)如下:

$$\begin{aligned}
\text{WATER} = {} & \beta_0 + \beta_1\text{CDE\_CEO} + \beta_2\text{PCD} + \beta_3\text{CDE\_CEO} \times \text{PCD} + \beta_4\text{AGE} + \beta_5\text{GENDER} + \\
& \beta_6\text{CDE\_CHAIR} + \beta_7\text{BLOCK} + \beta_8\text{INST\_SHR} + \beta_9\text{DUAL} + \beta_{10}\text{INDR} + \beta_{11}\text{BOARD} + \\
& \beta_{12}\text{SALARY} + \beta_{13}\text{ISO} + \beta_{14}\text{ETI} + \beta_{15}\text{SIZE} + \beta_{16}\text{LEV} + \beta_{17}\text{ROE} + \beta_{18}\text{TOBINQ} + \\
& \beta_{19}\text{LISTAGE} + \beta_{20}\text{STATE} + \beta_{21}\text{POLLUT} + \text{Industry Dummies} + \text{Year Dummies} + \\
& \text{Province Dummies} + \zeta
\end{aligned} \tag{5-2}$$

企业污染控制部门作为公司内部治理机制,能在一定程度上提高企业水资源保护绩效水平。若假设 5-2 成立,CDE_CEO×PCD 的系数应正显著。模型(5-2)与模型(5-1)采用相同的控制变量。

四、实证结果

(一)变量的描述性统计

表 5-1 为变量的描述性统计。公司水资源保护绩效 WATER 的均值为 0.089、最大值为 7、最小值为 0,表明上市公司之间的水资源保护绩效有所差异。CEO 童年干旱经历 CDE

_CEO 的均值为 15.900（月）、标准差为 8.771，反映出 CEO 童年时期的干旱经历差异较大。公司污染控制部门 PCD 的均值为 0.083，说明约 8.3％的公司设立了污染控制部门。

控制变量方面，CDE_CHAIR 的均值为 17.323，中位数为 17，标准差为 9.219，表明董事长的童年干旱经历与 CEO 的类似，且平均来看经历的干旱时长略高于 CEO，这也说明控制董事长干旱经历的必要性。BOARD 和 INDR 的均值分别为 8.318 和 0.377，说明董事会规模平均接近 9 人且独立董事比例略高于 1/3，符合现代公司治理的特征。SALARY 的均值仅为 0.006，由此看出目前仅有极少数企业将管理者薪酬与环境绩效挂钩；另外 ISO 和 ETI 的均值分别为 0.248 和 0.171，说明已有相当一部分企业重视环境问题，执行了 ISO 标准或有环保技术相关投入。其他控制变量均在合理范围内，详细可见表 5-1。

表 5-1　描述性统计

变量	观测值	均值	标准差	最小值	1/4 分位	中位数	3/4 分位	最大值
WATER	6676	0.089	0.444	0	0	0	0	7
CDE_CEO	6 676	15.900	8.771	0	10	15	22	42
PCD	6 676	0.083	0.276	0	0	0	0	1
AGE	6 676	3.871	0.136	3.466	3.784	3.871	3.951	4.174
GENDER	6 676	0.071	0.257	0	0	0	0	1
CDE_CHAIR	6 676	17.323	9.219	0	10	17	24	42
BLOCK	6 676	0.344	0.135	0.090	0.239	0.330	0.436	0.678
INST_SHR	6 676	0.249	0.219	0.000	0.060	0.186	0.408	0.808
DUAL	6 676	0.553	0.497	0	0	1	1	1
INDR	6 676	0.377	0.054	0.333	0.333	0.333	0.429	0.571
BOARD	6 676	8.318	1.476	4	7	9	9	18
SALARY	6 676	0.006	0.078	0	0	0	0	1
ISO	6 676	0.248	0.432	0	0	0	0	1
ETI	6 676	0.171	0.376	0	0	0	0	1
SIZE	6 676	21.380	0.918	19.810	20.720	21.260	21.890	24.690
LEV	6 676	0.313	0.178	0.031	0.170	0.289	0.434	0.790
ROE	6 676	0.080	0.062	−0.186	0.049	0.079	0.113	0.256
TOBINQ	6 676	3.119	2.134	0.449	1.659	2.564	3.883	11.980
LISTAGE	6 676	1.066	0.735	0.000	0.693	1.099	1.609	2.398
STATE	6 676	0.067	0.250	0	0	0	0	1
POLLUT	6 676	0.035	0.185	0	0	0	0	1

（二）变量相关系数分析

表 5-2 为 Pearson 相关系数。从表 5-2 可知，CEO 童年干旱经历（CDE_CEO）与公司水资源保护绩效 WATER 在 1％水平上显著正相关，初步支持了假设 5-1。PCD 与 WATER 在 1％的水平上显著正相关，说明企业内部设置污染控制部门可以在一定程度上改进水资

源保护绩效。CDE_CEO 与 PCD 在 1% 的水平上显著正相关，促使本章进一步检验 CEO 童年干旱经历与污染控制部门对水资源保护的交互影响。

在控制变量方面，WATER 与 AGE、CDE_CHAIR、INST_SHR、BOARD、SALARY、ISO、ETI、SIZE、LEV、LISTAGE、STATE 及 POLLUT 存在显著为正的相关系数，但与 DUAL、INDR、TOBINQ 显著负相关，表明在回归模型中控制这三个变量的必要性。此外，变量之间的相关性系数并没有大于 0.5 的，说明不存在严重的多重共线性问题。其他相关变量的相关性系数可详见表 5-2。

表 5-2　Pearson 相关系数

变量		(1)	(2)	(3)	(4)	(5)	(6)	(7)	(8)	(9)	(10)	(11)
WATER	(1)	1										
CDE_CEO	(2)	0.092 ***	1									
PCD	(3)	0.240 ***	0.033 ***	1								
AGE	(4)	0.055 ***	0.469 ***	0.016	1							
GENDER	(5)	−0.014	−0.037 ***	−0.017	0.013	1						
CDE_CHAIR	(6)	0.061 ***	0.677 ***	0.059 ***	0.172 ***	−0.010	1					
BLOCK	(7)	−0.016	0.013	−0.016	0.022 *	0.030 **	−0.037 ***	1				
INST_SHR	(8)	0.075 ***	0.045 ***	0.007	0.047 ***	−0.021 *	0.042 ***	0.150 ***	1			
DUAL	(9)	−0.029 **	0.112 ***	−0.039 ***	0.248 ***	−0.154 ***	−0.064 ***	0.095 ***	0.002	1		
INDR	(10)	−0.031 **	0.008	−0.015	−0.003	0.046 ***	−0.038 ***	0.095 ***	−0.026 **	0.133 ***	1	
BOARD	(11)	0.055 ***	0.074 ***	0.049 ***	0.034 ***	−0.056 ***	0.101 ***	−0.077 ***	0.077 ***	−0.120 ***	−0.596 ***	1
SALARY	(12)	0.118 ***	0.048 ***	0.129 ***	0.037 ***	−0.014	0.035 ***	−0.024 **	0.034 ***	−0.007	−0.024 **	−0.007
ISO	(13)	0.156 ***	−0.017	0.142 ***	0.024 **	0.008	−0.024 *	−0.008	0.035 ***	−0.013	−0.023 *	0.054 ***
ETI	(14)	0.186 ***	0.070 ***	0.190 ***	0.039 ***	−0.015	0.044 ***	0.012	0.022 *	−0.019	−0.025 **	0.042 ***
SIZE	(15)	0.166 ***	0.066 ***	0.084 ***	0.125 ***	0.005	0.074 ***	0.092 ***	0.347 ***	−0.040 ***	0.007	0.171 ***
LEV	(16)	0.056 ***	0.027 **	0.029 **	0.050 ***	−0.022 *	0.026 **	0.032 **	0.171 ***	−0.020	0.002	0.067 ***
ROE	(17)	0.014	−0.015	−0.025 **	−0.030 **	0.003	−0.001	0.133 ***	0.145 ***	−0.019	0.005	0.067 ***
TOBINQ	(18)	−0.078 ***	−0.057 ***	−0.050 ***	−0.021 *	0.005	−0.054 ***	0.009	−0.045 ***	0.045 ***	0.076 ***	−0.132 ***
LISTAGE	(19)	0.095 ***	0.017	0.054 ***	0.139 ***	−0.007	0.037 ***	−0.157 ***	0.317 ***	0.017	0.054 ***	−0.042 ***
STATE	(20)	0.064 ***	0.107 ***	0.035 **	0.053 ***	−0.025 **	0.142 ***	0.090 ***	0.192 ***	−0.147 ***	−0.068 ***	0.210 ***
POLLUT	(21)	0.168 ***	−0.011	0.107 ***	0.075 ***	−0.005	−0.015	0.024 **	0.003	−0.014	−0.026 **	0.032 ***

变量		(12)	(13)	(14)	(15)	(16)	(17)	(18)	(19)	(20)	(21)
SALARY	(12)	1									
ISO	(13)	0.022 *	1								
ETI	(14)	0.076 ***	0.144 ***	1							
SIZE	(15)	0.010	0.119 ***	0.082 ***	1						

续表

LEV	(16)	-0.034^{***}	0.057^{***}	0.051^{***}	0.502^{***}	1				
ROE	(17)	0.024^{*}	0.013	-0.025^{**}	0.110^{***}	-0.062^{***}	1			
TOBINQ	(18)	0.022^{*}	-0.092^{***}	-0.131^{***}	-0.364^{***}	-0.358^{***}	0.247^{***}	1		
LISTAGE	(19)	0.004	0.108^{***}	0.042^{***}	0.383^{***}	0.268^{***}	-0.209^{***}	-0.207^{***}	1	
STATE	(20)	-0.006	0.034^{***}	0.048^{***}	0.196^{***}	0.128^{***}	0.078^{***}	-0.060^{***}	0.004	1
POLLUT	(21)	-0.005	0.055^{***}	0.086^{***}	0.112^{***}	0.030^{**}	0.038^{***}	-0.020^{*}	0.001	-0.009	1

注：*、**、***分别表示10%、5%和1%的显著性水平。资料来源：作者使用STATA软件估计整理。

(三)假设5-1与假设5-2的实证结果分析

表5-3使用Tobit回归模型分析了CEO童年干旱经历对公司水资源保护绩效影响以及公司污染控制部门的调节作用。为了降低异方差的影响，所有的t值经过White(1980)稳健调整。表5-3率先进行第(1)列的基准回归测试，再加入CDE_CEO进行第(2)列的回归分析。结果显示，加入CDE_CEO后的模型整体拟合程度显著增加（ΔPseudo R^2为18.38^{***}）。进一步的第(3)至(4)列的逐步回归分析显示了逐渐增加的解释力（详见表格中ΔPseudo R^2的变化）。

第(1)列结果表明，变量ISO和ETI、WATER在1%的水平上显著正相关，与张兆国等(2019)的研究结论一致。此外，公司规模（SIZE）、托宾Q值（TOBINQ）及上市年龄（LISTAGE）的系数也为正向显著，说明企业规模越大、市值越高或是上市时间越长，其水资源利用表现越好。重污染企业（POLLUT）的系数为正向显著，这可能是由于重污染企业会较多关注污染物排放问题，降低可能的环境风险。

第(2)列结果表明，主要解释变量CDE_CEO的系数在1%水平上正向显著（系数=0.004，t值=2.79），支持了假设5-1。该结果说明，CEO童年经历的干旱时间越长，缺水经历的印记越深，CEO越重视公司水资源保护，提升公司水资源保护绩效水平。此外，董事长的干旱经历（CDE_CHAIR）的系数并不显著。

第(3)列的结果显示，企业是否设立污染控制部门（PCD）与水资源保护绩效（WATER）显著正相关（系数=0.215，t值=4.23），与预期结果一致，此时，CDE_CEO的系数仍旧在1%水平上显著，再次支持了假设5-1。

第(4)列结果表明，CEO童年干旱经历与污染控制部门的交乘项（CDE_CEO×PCD）的系数在5%的水平上显著为正（系数=0.014，t值=1.99），说明污染控制部门强化了CEO童年干旱经历对公司水资源保护绩效的正影响，支持了假设5-2。而CDE_CEO的系数仍然在5%水平上显著为正，进一步支持了假设5-1。

表 5-3　CEO童年干旱经历、污染控制部门与公司水资源保护绩效

变量	因变量：WATER							
	(1)		(2)		(3)		(4)	
	系数	t 值	系数	t 值	系数	t 值	系数	t 值
CDE_CEO			0.004***	2.79	0.004***	2.95	0.003**	2.33
PCD					0.215***	4.23	−0.017	−0.17
CDE_CEO×PCD							0.014**	1.99
AGE	0.104	1.58	−0.006	−0.11	−0.003	−0.05	−0.012	−0.21
GENDER	−0.019	−0.92	−0.013	−0.68	−0.012	−0.59	−0.010	−0.51
CDE_CHAIR	0.001	0.53	−0.001	−0.99	−0.002	−1.22	−0.001	−0.99
BLOCK	−0.061	−1.19	−0.062	−1.20	−0.059	−1.17	−0.050	−1.03
INST_SHR	0.011	0.26	0.010	0.23	0.017	0.41	0.014	0.34
DUAL	−0.014	−0.84	−0.017	−0.99	−0.015	−0.90	−0.014	−0.81
INDR	−0.069	−0.40	−0.094	−0.54	−0.132	−0.75	−0.148	−0.82
BOARD	0.000	0.01	0.000	0.01	−0.002	−0.17	−0.002	−0.21
SALARY	0.503	1.42	0.500	1.42	0.421	1.25	0.377	1.18
ISO	0.088***	4.48	0.089***	4.52	0.076***	4.18	0.077***	4.19
ETI	0.117***	4.51	0.115***	4.49	0.098***	4.01	0.098***	4.02
SIZE	0.063***	3.08	0.063***	3.09	0.061***	3.04	0.058***	3.05
LEV	−0.086*	−1.86	−0.085*	−1.84	−0.083*	−1.83	−0.088*	−1.92
ROE	−0.123	−1.37	−0.118	−1.32	−0.097	−1.10	−0.098	−1.11
TOBINQ	0.007*	1.88	0.007*	1.93	0.006*	1.71	0.006	1.64
LISTAGE	0.036***	3.19	0.037***	3.31	0.034***	3.05	0.036***	3.43
STATE	0.038	0.70	0.039	0.74	0.037	0.72	0.037	0.72
POLLUT	0.286***	3.82	0.287***	3.85	0.270***	3.76	0.263***	3.69
截距	−1.613***	−2.94	−1.205**	−2.40	−1.149**	−2.32	−1.041**	−2.21
行业/年度	控制		控制		控制		控制	
省份	控制		控制		控制		控制	
观察值	6 676		6 676		6 676		6 676	
Pseudo R^2	0.167 7		0.169 9		0.185 4		0.191 2	
Log likelihood	−3 375.88		−3 366.70		−3 304.08		−3 280.65	
LR Chi² (p-value)	1 360.24***		1 378.60***		1 503.83***		1 550.68***	
ΔPseudo R^2			18.38*** [2−1]		126.41*** [3−2]		47.02*** [4−3]	

注：所有 t 值经过 White(1980)稳健调整；*、**、***分别表示10%、5%和1%的显著性水平。资料来源：作者使用STATA软件估计整理。

(四)敏感性测试

1.基于以年为次数累加的CEO童年干旱经历进行的敏感性测试

本章使用CEO 5~15岁时出生地所在省发生的重旱及以上干旱的年度累计数(CDE_

CEO_Y)替代主检验中的 CEO 5~15 岁时出生地所在省发生的重旱及以上干旱的月度累计数(CDE_CEO)进行敏感性测试。如表 5-4 测试结果所示,对自变量进行替代后,第(2)至(4)列中 CDE_CEO_Y 的系数仍在 1% 的水平上正向显著,进一步支持了假设 5-1;而第(4)列中交乘项 CDE_CEO_Y×PCD 的系数也依旧显著为正,说明企业设立污染控制部门能够加强 CEO 的干旱经历与企业水资源保护绩效之间的正相关关系,该结论为假设 5-2 提供了进一步证据。

表 5-4　基于以年为次数累加的 CEO 童年干旱经历的敏感性测试

变量	因变量:WATER							
	(1)		(2)		(3)		(4)	
	系数	t 值	系数	t 值	系数	t 值	系数	t 值
CDE_CEO_Y			0.022***	3.04	0.022***	3.15	0.017***	2.81
PCD					0.214***	4.23	0.009	0.09
CDE_CEO_Y×PCD							0.051*	1.79
控制变量	控制		控制		控制		控制	
截距	−1.612***	−2.97	−1.185**	−2.34	−1.137**	−2.28	−1.038**	−2.16
行业/年度/省份	控制		控制		控制		控制	
观测值	6 676		6 676		6 676		6 676	
Pseudo R^2	0.167 7		0.171 0		0.186 4		0.190 6	
Log likelihood	−3 375.66		−3 362.39		−3 300.15		−3 282.83	
LR Chi² (p-value)	1 360.67***		1 387.20***		1 511.68***		1 546.32***	
ΔPseudo R^2			26.58*** [2−1]		125.65*** [3−2]		34.73*** [4−3]	

注:所有 t 值经过 White(1980)稳健调整;＊、＊＊、＊＊＊分别表示 10%、5% 和 1% 的显著性水平。资料来源:作者使用 STATA 软件估计整理。

2.基于水资源利用效率的敏感性测试

本章对水资源保护绩效评分指标进行分离,选取前文中的水资源使用及使用效率指标进行因变量敏感性测试,此时 WATER_U 的取值范围为 0~6。从表 5-5 第(2)至(3)列可以看出,对因变量进行替代度量后,CDE_CEO 的系数仍在 5% 的水平上正向显著,支持了假设 5-1。而表 5-5 第(4)列中的结果显示,交乘项 CDE_CEO×PCD 的系数在 5% 的水平上正向显著,为假设 5-2 提供了支持。

表 5-5　基于水资源利用效率的敏感性测试

变量	因变量:WATER_U							
	(1)		(2)		(3)		(4)	
	系数	t 值	系数	t 值	系数	t 值	系数	t 值
CDE_CEO			0.003**	2.45	0.003**	2.56	0.002*	1.88
PCD					0.121***	3.37	−0.078	−1.09
CDE_CEO×PCD							0.012**	2.21
控制变量	控制		控制		控制		控制	
截距	−1.258***	−2.71	−0.941**	−2.24	−0.909**	−2.18	−0.816**	−2.03

续表

变量	因变量：WATER_U							
	(1)		(2)		(3)		(4)	
	系数	t 值	系数	t 值	系数	t 值	系数	t 值
行业/年度/省份	控制		控制		控制		控制	
观测值	6 676		6 676		6 676		6 676	
Pseudo R^2	0.251 1		0.254 5		0.266 7		0.277 2	
Log likelihood	−1 905.83		−1 897.23		−1 866.31		−1 839.57	
LR Chi^2(p-value)	1 278.22***		1 295.43***		1 357.25***		1 410.76***	
ΔPseudo R^2			17.23*** [2−1]		62.11*** [3−2]		53.72*** [4−3]	

注：所有 t 值经过 White(1980)稳健调整；*、**、*** 分别表示 10%、5%和 1%的显著性水平。资料来源：作者使用 STATA 软件估计整理。

(五)CEO 童年干旱经历变化对公司水资源保护绩效变化的影响分析

前文的研究已为"CEO 童年干旱经历能显著提升公司水资源保护绩效"提供了重要的支持。在当前部分,本章构建了 Ordered Logistic 模型(5-3),进一步分析 CEO 更换导致的童年干旱经历变化是否会显著影响公司水资源保护绩效的变化。

$$
\begin{aligned}
\Delta \text{WATER} = {} & \gamma_0 + \gamma_1 \Delta \text{CDE\_CEO} + \gamma_2 \Delta \text{PCD} + \gamma_3 \Delta \text{CDE\_CEO} \times \text{PCD} + \gamma_4 \Delta \text{AGE} + \\
& \gamma_5 \Delta \text{GENDER} + \gamma_6 \Delta \text{CDE\_CHAIR} + \gamma_7 \Delta \text{BLOCK} + \gamma_8 \Delta \text{INST\_SHR} + \\
& \gamma_9 \Delta \text{DUAL} + \gamma_{10} \Delta \text{INDR} + \gamma_{11} \Delta \text{BOARD} + \gamma_{12} \Delta \text{SALARY} + \gamma_{13} \Delta \text{ISO} + \\
& \gamma_{14} \Delta \text{ETI} + \gamma_{15} \Delta \text{SIZE} + \gamma_{16} \Delta \text{LEV} + \gamma_{17} \Delta \text{ROE} + \gamma_{18} \Delta \text{TOBINQ} + \\
& \gamma_{19} \Delta \text{LISTAGE} + \gamma_{20} \text{STATE} + \gamma_{21} \Delta \text{POLLUT} + \text{Industry Dummies} + \\
& \text{Province Dummies} + \gamma
\end{aligned}
\tag{5-3}
$$

表 5-6 列示了 CEO 童年干旱经历变化对公司水资源保护绩效变化的影响的实证结果。由第(1)列可以看出,ΔCDE_CEO 的系数显著为正,支持了假设 5-1——CEO 童年干旱经历促进了公司水资源保护绩效的提升;第(2)列中,ΔCDE_CEO×ΔPCD 的系数在 1%的水平上显著为正,进一步支持了假设 5-2——污染控制部门强化了 CEO 童年干旱经历与公司水资源保护绩效之间的正关系。

表 5-6　CEO 童年干旱经历变化对公司水资源保护绩效变化的影响(Change-model 分析)

变量	因变量：ΔWATER			
	(1)		(2)	
	系数	z 值	系数	z 值
ΔCDE_CEO	0.148*	1.81	0.113*	1.87
ΔPCD			7.861*	1.89
ΔCDE_CEO×ΔPCD			0.430***	2.81
ΔAGE	0.704	0.14	0.289	0.09
ΔGENDER	1.508*	1.72	−0.120	−0.05

续表

变量	因变量：ΔWATER			
	(1)		(2)	
	系数	z 值	系数	z 值
ΔCDE_CHAIR	0.058	0.58	0.156	0.76
ΔBLOCK	−23.072	−1.26	−30.409	−0.91
ΔINST_SHR	−7.052	−0.43	−7.321	−0.32
ΔDUAL	0.653	0.57	1.097	0.94
ΔINDR	53.120	1.29	46.961	1.57
ΔBOARD	1.892*	1.66	2.066***	3.92
ΔSALARY	−4.297	−0.92	−1.739	−0.35
ΔISO	0.254	0.14	−0.608	−0.27
ΔETI	3.270	1.57	3.121*	1.69
ΔSIZE	−0.775	−0.21	0.291	0.11
ΔLEV	−4.874	−0.76	0.041	0.00
ΔROE	−5.749	−0.58	4.048	0.40
ΔTOBINQ	−0.072	−0.15	−0.124	−0.36
ΔLISTAGE	2.146	1.45	3.021**	2.01
STATE	−5.742	−1.26	−4.447	−0.91
ΔPOLLUT	10.022*	1.82	11.402*	1.78
截距	−0.229	−0.17	−0.292	−0.22
行业/省份	控制		控制	
Pseudo R^2	0.552 4		0.592 4	
观测值	179		179	

注：*、**、***分别表示 10%、5% 和 1% 的显著性水平。资料来源：作者使用 STATA 软件估计整理。

（六）其他稳健性测试

鉴于经历重大干旱及以上干旱时间的差异性较大，本章进一步参照 Bernile 等（2017）的研究，取 CDE_CEO(CDE_CHAIR)最终样本的最高 1/4 分位作为经受过极端的长期重大干旱（CDE_CEO_E/ CDE_CHAIR_E），赋值为 1，其余干旱经历为 0。

表 5-7 的 Panel A 第（1）、（2）列的结果显示，CEO 的童年极端干旱经历与公司水资源保护绩效分别在 5% 和 10% 的水平上显著正相关，且公司污染控制部门加强了上述正相关关系，支持了假设 5-1 与假设 5-2。此外，心理学上采用大脑指标、年龄发育指标或心理成熟指标，对童年时期有着不同的划定，但通常将上限认定为 14～15 岁（伍香平，2011）。因此本章参考之前研究中对童年时期的不同年龄区间定义（Bernile et al.,2017；许年行，李哲，2016）

进行稳健性测试,具体地,本章进一步对 CEO 与董事长的童年干旱经历界定采用 1～15 岁 [Panel A 的(3)、(4)列]、5～14 岁[Panel B 的(1)、(2)列]及 5～10 岁[Panel B 的(3)、(4) 列]三个年龄区间进行进一步稳健性测试(Panel B 的(3)、(4)列)。从表 5-7 的 Panel A 的 第(3)列与 Panel B 的第(1)和(3)列可以看出,对 CEO 的童年区间做出不同岁数的界定后, CEO 童年干旱经历对公司水资源保护绩效的显著正影响仍然存在,为假设 5-1 提供了重要 的经验证据。此外,表 5-7 的 Panel A 的第(4)列与 Panel B 的第(2)列结果显示,CDE_CEO ×PCD 的系数显著为正;Panel B 的第(4)列结果显示,CDE_CEO×PCD 的系数为正。总的 来说,污染控制部门加强了 CEO 干旱经历对水资源保护绩效水平的正向影响,进一步支持 了假设 5-2[①]。

表 5-7　使用其他童年干旱经历的稳健性测试

Panel A:使用 CDE_CEO_E 与 CDE_CEO$_{1-15}$ 作为 CEO 童年干旱经历进行敏感性测试

变量	因变量:WATER							
	(1)		(2)		(3)		(4)	
	系数	t 值	系数	t 值	系数	t 值	系数	t 值
CDE_CEO_E	0.065**	2.28	0.034*	1.70				
CDE_CEO$_{1-15}$					0.003**	2.17	0.002*	1.68
PCD			0.099**	2.14			−0.051	−0.56
CDE_CEO_E×PCD			0.342**	2.48				
CDE_CEO$_{1-15}$×PCD							0.011**	2.28
控制变量	控制		控制		控制		控制	
截距	−1.364***	−2.68	−1.181**	−2.49	−1.376**	−2.36	−1.198**	−2.17
行业/年度/省份	控制		控制		控制		控制	
观测值	6 676		6 676		6 232		6 232	
Pseudo R^2	0.169 8		0.194 9		0.171 1		0.191 9	
Log likelihood	−3 367.14		−3 265.43		−3 153.13		−3 074.15	
LR Chi^2(p-value)	1 377.71***		1 581.13***		1 302.13***		1 460.09***	

Panel B:使用 CDE_CEO_E$_{5-14}$ 与 CDE_CEO$_{5-10}$ 作为 CEO 童年干旱经历进行敏感性测试

变量	因变量:WATER							
	(1)		(2)		(3)		(4)	
	系数	t 值	系数	t 值	系数	t 值	系数	t 值
CDE_CEO$_{5-14}$	0.005***	2.95	0.004**	2.58				
CDE_CEO$_{5-10}$					0.005**	2.18	0.004**	2.21
PCD			0.056	0.68			0.068	0.71
CDE_CEO$_{5-14}$×PCD			0.010*	1.66				
CDE_CEO$_{5-10}$×PCD							0.015	1.33
控制变量	控制		控制		控制		控制	
截距	−1.241**	−2.43	−1.120**	−2.31	−1.388***	−2.81	−1.266***	−2.72

———————————

① Panel A 中第(3)、(4)列样本减少的原因在于计算干旱经历的岁数区间扩大了,而干旱数据区间为 1950 年及之后,造成部分样本不可得。

续表

行业/年度/省份	控制	控制	控制	控制
观测值	6 676	6 676	6 676	6 676
Pseudo R^2	0.170 1	0.188 3	0.170 1	0.188 8
Log likelihood	$-3\,365.96$	$-3\,292.35$	$-3\,365.95$	$-3\,290.05$
LR Chi^2(p-value)	1 380.07***	1 527.28***	1 380.09***	1 531.88***

注:所有 t 值经过 White(1980)稳健调整;*、**、*** 分别表示 10%、5%和 1%的显著性水平。资料来源:作者使用 STATA 软件估计整理。

(七)进一步分析

1.现今干旱的调节作用分析

心理学研究发现,人在负面的心境下,更容易回忆起童年负面的经历(Bower,1981)。因此,当 CEO 现今面对干旱时,其童年时期的干旱记忆则更容易被唤醒。基于此,本章预测样本期间内公司经营所在地发生极端干旱会诱发 CEO 童年时缺水的痛苦记忆,进而会使其更重视水资源保护,提升企业水资源利用效率,减少水污染。根据《中国统计年鉴》中2010—2017 年的分省份地区干旱情况,选取公司经营所在省份当年发生绝收情况作为现今干旱的替代变量,构建哑变量 DROUGHT。DROUGHT 是一个虚拟变量,当该省份当年绝收面积为最终样本的前 10%分位,则视为发生了严重干旱,赋值为 1,否则为 0。表 5-8 的第(1)列采用与模型(5-2)相同的回归分析,结果显示 CDE_CEO×DROUGHT 的系数在5%的水平上正向显著,说明现今干旱确实唤起了 CEO 童年干旱经历的心理印记,从而加强了 CEO 童年干旱经历与公司水资源保护绩效之间的正相关关系。此外,CDE_CEO 在10%的水平上显著为正,支持了假设 5-1。总的来说,CEO 的童年干旱经历所留下的烙印影响了公司行为,并且童年缺水的经历促使 CEO 现今更加重视水资源。

2.CEO 童年干旱经历对公司环境绩效的影响

前文的实证研究结果支持了 CEO 童年干旱经历对公司水资源保护绩效的影响。水资源保护是环境保护的一部分,CEO 童年缺水的原因主要在于自然灾害,而环境的恶化对水资源的破坏也会产生一定影响。因此,CEO 对水资源保护的重视,可能拓展到公司整体的环境保护。一方面,CEO 的干旱烙印可能会使其对资源的稀缺性有更深刻的认识,因此有着强烈的节约欲(程令国,张晔,2011);另一方面,企业的能源使用效率、污染物排放控制等不是割裂开来的,在生产产品或服务的过程中往往伴随着多种能源的使用和多种污染物的排放。因此,CEO 的干旱经历可能通过增强其对水资源保护的重视程度,进而促使其更加关注企业整体的环境绩效。基于上述分析,本节进一步分析 CEO 童年干旱经历是否促进了包括水资源在内的公司整体环境绩效的改善。

采用公司环境绩效评分方法(Clarkson et al.,2008;Du et al.,2017;Du,2018),包括公司能源使用、污染排放、土地保护等 10 项环境绩效指标进行评价,而后将 10 项指标的评分进行加总得到公司环境业绩指标的变量 EP,该变量取值范围为 0~60 的整数。最后,将 EP纳入模型(5-1)替代 WATER 作为被解释变量进行检验。表 5-8 的第(2)列列示了 CEO 童年干旱经历对公司环境绩效 EP 的回归结果,可以看到 CDE_CEO 的系数在 5％的水平上显著为正,该结果支持了上述推断,即 CEO 的童年干旱经历对公司整体环境业绩表现具有促进作用。

表 5-8   现今干旱的调节作用分析及 CEO 童年干旱经历对公司环境绩效的影响

变量	(1)		(2)	
	现今干旱的调节作用分析		CEO 童年干旱经历对公司环境绩效的影响	
	因变量:WATER		因变量:EP	
	系数	t 值	系数	t 值
CDE_CEO	0.002*	1.86	0.011**	2.05
DROUGHT	−0.068	−1.05		
CDE_CEO×DROUGHT	0.013**	1.99		
AGE	−0.002	−0.03	0.063	0.32
GENDER	−0.009	−0.43	0.037	0.36
CDE_CHAIR	−0.001	−0.88	−0.003	−0.67
BLOCK	−0.066	−1.21	−0.053	−0.27
INST_SHR	0.012	0.27	0.039	0.28
DUAL	−0.010	−0.56	−0.077	−1.25
INDR	−0.064	−0.31	1.473**	2.12
BOARD	0.003	0.23	0.042	1.37
SALARY	0.464	1.42	2.519*	1.67
ISO	0.087***	4.30	0.440***	6.01
ETI	0.106***	4.31	0.635***	6.12
SIZE	0.065***	3.06	0.310***	4.07
LEV	−0.085*	−1.83	−0.073	−0.46
ROE	−0.048	−0.53	−0.401	−1.11
TOBINQ	0.007**	1.98	0.053***	3.55
LISTAGE	0.038***	3.37	−0.026	−0.63
STATE	0.042	0.69	0.169	0.93
POLLUT	0.291***	3.97	2.600***	8.01
截距	−1.347**	−2.42	−7.338***	−4.21
行业/年度/省份	控制		控制	
观测值	6 218		6 676	
Pseudo R^2	0.190 1		0.100 4	
Log likelihood	−3 069.549 3		−11 864.66	
LR Chi^2(p-value)	1 441.35***		2 649.68***	

注:所有 t 值经过 White(1980)稳健调整;*、**、*** 分别表示 10％、5％和 1％的显著性水平。资料来源:作者使用 STATA 软件估计整理。

五、研究结论与研究不足

本章主要从烙印理论的视角,研究了CEO的童年干旱经历如何影响公司水资源保护绩效,并分析了公司设立污染控制部门的调节作用。研究发现,若CEO童年经历较长时间的重大干旱,则公司水资源保护绩效更好。这个发现说明,CEO童年水资源缺失的烙印深刻影响着CEO成年后对待水资源的态度,使其更懂得珍惜水资源,更愿意保护水环境。此外,污染控制部门会使得CEO童年干旱经历对公司水资源保护绩效的正向影响加强,说明内部环境治理在CEO的个人特质与公司环境行为中表现为强化作用。进一步而言,现今极端干旱情况会唤起CEO童年干旱经历的回忆,强化了CEO童年干旱经历与公司水资源保护绩效之间的正关系;CEO对水资源的重视能够激发公司整体对环境保护的关注,从而促进公司环保绩效水平的提升。

本章研究存在以下几个方面的启示:(1)公司是水资源的最大需求者和环境污染的主要制造者,因此公司对水资源保护的重视能有效应对现今日益受到关注的水环境问题。前期文献中关于公司环境保护或社会责任的研究鲜有关注水资源保护,更少涉及对公司水资源保护行为背后的逻辑分析。本章对公司水资源保护绩效的影响因素的分析,丰富了现有公司环保绩效相关研究。(2)前期文献对CEO早年经历的研究往往侧重于大饥荒经历、大灾难经历、经济大萧条背景等视角,对CEO包括风险偏好、捐赠在内的行为进行了探究,但对CEO童年干旱经历可能造成的影响关注较少。本章以CEO童年干旱经历为视角,思考早期经历对高管认知与决策的影响,丰富了行为金融领域相关研究,拓展了烙印理论、高阶理论的应用范围。(3)污染控制部门加强了CEO童年干旱经历对公司水资源保护绩效水平的正影响,说明管理者个人风格与公司内部治理制度可以共同作用于水资源保护。

本章将CEO童年的苦涩记忆与当今企业行为相联系,揭示了个人特别是CEO因其过往经历形成的价值观念和性格偏好会持续对企业行为产生影响。为此,本章可能蕴含如下实践价值:(1)对监管者而言,除了《中华人民共和国环境保护法》等正式制度的制约及引导外,还应当关注CEO等过往经历这样的非正式制度可能带来的影响。制度的制定是一方面,而制度的执行则是另一方面,该方面也更为重要。人是制度执行好坏的关键所在,因此水资源保护需要CEO及公司员工的广泛参与。通过对CEO或高管的过往经历的恰当判断,能够在一定程度上有效识别公司环境保护行为,以提高监管效率。(2)对企业自身而言,由于中国幅员辽阔,地区间差异较大,不同的地理环境、文化环境等因素会为CEO打上不同的烙印,因此适当了解CEO个人背景有助于选择合适的CEO,充分发挥其主观能动性,为企业健康经营与可持续发展添砖加瓦;此外,设置了污染控制部门的公司水资源保护绩效更好,并且这种内部环境治理加强了CEO童年干旱经历对水资源保护绩效的正向影响,说明正式的内部治理机制与CEO个人特质的适当结合对公司水资源保护能够产生积极作用,公司应当重视专门的污染控制部门在日常经营中发挥的环境治理作用。(3)对企业管理者而言,应该对自我特质进行总结,客观看待自身经历对认知方式的影响,判断自我行为决策的合理性。正因为过去经历所留下的印记在潜移默化中长期影响个体的行为方式,作为公司的领导者,CEO若能加强自我认识,将自身正面的特质展现出来,在早期加强水资源保护的组织印记,同时给员工树立榜样,便能够帮助提升公司水资源保护绩效。(4)对市场投资者而言,理解公司行为背后的逻辑能够更加有效地做出投资决策。以往的研究可能更加关注高级管理者的人口统计学特征或者职业经历,通过本章的分析可以发现,高级管理者的童年经历对经营决策同样产生重要影响。因此,应适当关注企业管理人员个人过往经历,了解其个人经历可能为企业打上的烙印,因为这种烙印可能持续影响公司行为。基于此,CEO的童年干旱经历即是一个可以关注的视角。

本章可能存在如下两个方面的局限:(1)由于数据制约,本章仅搜集了省级干旱数据,分析了CEO童年干旱经历对公司水资源保护的影响。未来的研究应该尽可能地使用地市级或县级数据进一步深入分析。(2)本章参考前人研究(Clarkson et al.,2008;Du et al.,2017;Du et al.,2018),基于环境信息披露体系中的水资源部分的指标刻画水资源绩效。这一度量方式可能在一定程度上受信息披露质量的影响,因此未来的研究应采纳多维的水资源保护绩效,以验证本章的结论。

参考文献

[1]包群,邵敏,杨大利.环境管制抑制了污染排放吗?[J].经济研究,2013,48(12):42-54.

[2]曾春影,茅宁,易志高.CEO的知青经历与企业并购溢价——基于烙印理论的实证研究[J].外国经济与管理,2019,41(11):3-14.

[3]曾辉祥,李世辉,周志方,等.水资源信息披露、媒体报道与企业风险[J].会计研究,2018(4):89-96.

[4]曾泉,杜兴强,常莹莹.宗教社会规范强度影响企业的节能减排成效吗?[J].经济管理,2018,40(10):27-43.

[5]陈慧.童年经历对创业企业领导风格影响分析——基于教育心理学的视角[J].中国教育学刊,2012(12):36-39.

[6]程令国,张晔.早年的饥荒经历影响了人们的储蓄行为吗?——对我国居民高储蓄率的一个新解释[J].经济研究,2011,46(8):119-132.

[7]邓宗兵,苏聪文,宗树伟,等.中国水生态文明建设水平测度与分析[J].中国软科学,2019(9):82-92.

[8]杜勇,张欢,陈建英.CEO海外经历与企业盈余管理[J].会计研究,2018(2):27-33.

[9]高宏玉.基于前景理论的水污染事件防治行为演化博弈[J].中国管理科学,2015,23(S1):853-859.

[10]何威风,刘启亮.我国上市公司高管背景特征与财务重述行为研究[J].管理世界,2010(7):144-155.

[11]何瑛,于文蕾,戴逸驰,等.高管职业经历与企业创新[J].管理世界,2019,35(11):174-192.

[12]黄凤羽,黄晶.我国水资源税的负担原则与CGE估算[J].税务研究,2016(5):47-53.

[13]雷玉桃,黄丽萍.中国工业用水效率及其影响因素的区域差异研究——基于SFA的省际面板数据[J].中国软科学,2015(4):155-164.

[14]梁平汉,高楠.人事变更、法制环境和地方环境污染[J].管理世界,2014(6):65-78.

[15]卢方元.环境污染问题的演化博弈分析[J].系统工程理论与实践,2007(9):148-152.

[16]陆瑶,李茶.CEO对董事会的影响力与上市公司违规犯罪[J].金融研究,2016(1):176-191.

[17]马永强,邱煜,金智.CEO贫困出身与企业创新:人穷志短抑或穷则思变?[J].经济管理,2019,41(12):88-104.

[18]权小锋,醋卫华,尹洪英.高管从军经历、管理风格与公司创新[J].南开管理评论,2019,22(6):140-151.

[19]沈维涛,幸晓雨.CEO早期生活经历与企业投资行为——基于CEO早期经历三年困难时期的研究[J].经济管理,2014,36(12):72-82.

[20]唐国平,李龙会,吴德军.环境管制、行业属性与企业环保投资[J].会计研究,2013(6):83-89＋96.

[21]唐鹏程,杨树旺.环境保护与企业发展真的不可兼得吗?[J].管理评论,2018,30(8):225-235.

[22]王兵,杨雨石,赖培浩,等.考虑自然环境差异的中国地区能源效率与节能减排潜力研究[J].产经评论,2016,7(1):82-100.

[23]王红建,汤泰劼,宋献中.谁驱动了公司环境治理:官员任期考核还是五年规划目标考核[J].财贸经济,2017,38(11):147-161.

[24]王劲松,李耀辉,王润元,等.我国气象干旱研究进展评述[J].干旱气象,2012,30(4):497-508.

[25]王铁男,王宇,赵凤.环境因素、CEO过度自信与IT投资绩效[J].管理世界,2017(9):116-128.

[26]王喜峰,沈大军,李玮.水资源利用与经济增长脱钩机制、模型及应用研究[J].中国人口·资源与环境,2019,29(11):139-147.

[27]伍香平.童年体验的追忆与童年的本质及其消逝[J].学前教育研究,2011(8):29-32.

[28]武恒光,王守海.债券市场参与者关注公司环境信息吗?——来自中国重污染上市公司的经验证据[J].会计研究,2016(9):68-74.

[29]徐志伟.海河流域水污染成因与多层次治理结构的制度选择[J].中国人口·资源与环境,2011,21(S1):431-434.

[30]许年行,李哲.高管贫困经历与企业慈善捐赠[J].经济研究,2016,51(12):133-146.

[31]张建君,张闫龙.董事长—总经理的异质性、权力差距和融洽关系与组织绩效——来自上市公司的证据[J].管理世界,2016(1):110-120＋188.

[32]张宇,蒋殿春.FDI、政府监管与中国水污染——基于产业结构与技术进步分解指标的实证检验[J].经济学(季刊),2014,13(2):491-514.

[33]张兆国,张弛,曹丹婷.企业环境管理体系认证有效吗[J].南开管理评论,2019,22(4):123-134.

[34]赵子夜,杨庆,陈坚波.通才还是专才:CEO的能力结构和公司创新[J].管理世界,2018,34(2):123-143.

[35]邹旭恺,任国玉,张强.基于综合气象干旱指数的中国干旱变化趋势研究[J].气候与环境研究,2010,15(4):371-378.

[36]ADEBACK P, SCHULMAN A, NILSSON D. Children exposed to a natural disaster: psychological consequences eight years after 2004 tsunami[J]. Nordic journal of psychiatry, 2018, 72(1): 75-81.

[37]ADINEHZADEH R, JAFFAR R, SHUKOR Z A, et al. The mediating role of environmental performance on the relationship between corporate governance mechanisms and environmental disclosure[J]. Asian academy of management journal of accounting & finance, 2018, 14(1): 153-183.

[38]ATZL V M, NARAYAN A J, RIVERA L M, et al. Adverse childhood experiences and prenatal

mental health: type of aces and age of maltreatment onset [J]. Journal of family psychology, 2019, 33(3): 304-314.

[39]BANDURA A. Social learning theory of aggression [J]. The journal of communication, 1978, 28 (3): 12-29.

[40]BERNILE G, BHAGWAT V, RAU P R. What doesn't kill you will only make you more risk-loving: early-life disasters and CEO behavior [J]. Journal of finance, 2017, 72(1): 167-206.

[41]BOWER G H. Mood and memory [J]. American psychologist, 1981, 36(2): 129-148.

[42]BURRITT R L, CHRIST K L, OMORI A. Drivers of corporate water-related disclosure: evidence from japan [J]. Journal of cleaner production, 2016, 129: 65-74.

[43]CARROLL G R, HANNAN M T. Density delay in the evolution of organizational populations -a model and 5 empirical tests [J]. Administrative science quarterly, 1989, 34(3): 411-430.

[44]CLARKSON P M, LI Y, RICHARDSON G D, et al. Revisiting the relation between environmental performance and environmental disclosure: an empirical analysis [J]. Accounting organizations and society, 2008, 33(4-5): 303-327.

[45]DEL RIO P, TARANCON MORAN M A, CALLEJAS ALBINANA F. Analysing the determinants of environmental technology investments. A panel-data study of Spanish industrial sectors [J]. Journal of cleaner production, 2011, 19(11): 1170-1179.

[46]DITTMAR A, DUCHIN R. Looking in the rearview mirror: the effect of managers' professional experience on corporate financial policy [J]. Review of financial studies, 2016, 29(3): 565-602.

[47]DU, X. A tale of two segmented markets in China: the informative value of corporate environmental information disclosure for foreign investors [J]. The international journal of accounting, 2018, 53 (2):136-159.

[48]DU X. Does CEO-auditor dialect sharing impair pre-IPO audit quality? evidence from china [J]. Journal of business ethics, 2019, 156(3): 699-735.

[49]DU X, JIAN W, ZENG Q, et al. Do auditors applaud corporate environmental performance? evidence from china [J]. Journal of business ethics, 2018, 151(4): 1049-1080.

[50]DU X, WENG J, ZENG Q, et al. Do lenders applaud corporate environmental performance? evidence from Chinese private-owned firms [J]. Journal of business ethics, 2017, 143(1): 179-207.

[51]DUANMU J L, BU M, PITTMAN R. Does market competition dampen environmental performance? evidence from china [J]. Strategic management journal, 2018, 39(11): 3006-3030.

[52]DUC T A, VACHAUD G, BONNET M P, et al. Experimental investigation and modelling approach of the impact of urban wastewater on a tropical river: a case study of the Nhue River, Hanoi, Viet Nam [J]. Journal of hydrology, 2007, 334(3-4): 347-358.

[53]ELDER JR G H, GIMBEL C, IVIE R. Turning points in life: the case of military service and war [J]. Military Psychology, 1991, 3(4):215-231.

[54]GAUDINE A, THORNE L. Emotion and ethical decision-making in organizations [J]. Journal of business ethics, 2001, 31(2): 175-187.

[55]GRAHAM J R, HARVEY C R, PURI M. Capital allocation and delegation of decision-making authority within firms [J]. Journal of financial economics,2015, 115(3): 449-470.

[56]GRAHAM J R, HARVEY C R, PURI M. Managerial attitudes and corporate actions [J]. Journal of financial economics, 2013, 109(1): 103-121.

[57]GRAHAM J R, LI S, QIU J. Managerial attributes and executive compensation [J]. Review of financial studies, 2012, 25(1): 144-186.

[58]HAMBRICK D C, MASON P A. Upper echelons -the organization as a reflection of its top managers [J]. Academy of management review, 1984, 9(2): 193-206.

[59]HE X, KOTHARI S P, XIAO T, et al. Long-term impact of economic conditions on auditors' judgment [J]. Accounting review, 2018, 93(6): 203-229.

[60]HU J, LI A, LUO Y. CEO early life experiences and cash holding: evidence from china's great famine [J]. Pacific-Basin finance Journal, 2019, 57: 101184.

[61]INNOCENTI S, CLARK G L, MCGILL S, et al. The effect of past health events on intentions to purchase insurance: evidence from 11 countries [J]. Journal of economic psychology, 2019, 74: 102204.

[62]JAFFAR R, RAZI A R, SHUKOR Z A, et al. Environmental performance: does corporate governance matter? [J]. Jurnal pengurusan (UKM journal of management), 2018, 52.

[63]JIANG L, LIN C, LIN P. The determinants of pollution levels: firm-level evidence from Chinese manufacturing [J]. Journal of comparative economics, 2014, 42(1): 118-142.

[64]KAGAN R A, THORNTON D, GUNNINGHAM N. Explaining corporate environmental performance: how does regulation matter? [J]. Law & society review, 2003, 37(1): 51-90.

[65]KHODABANDEH F, KHALILZADEH M, HEMATI Z. The impact of adverse childhood experiences on adulthood aggression and self-esteem: a study on male forensic clients [J]. Novelty in biomedicine, 2018, 6(2): 85-91.

[66]KINGSTON D, MUGHAL MK, ARSHAD M, et al. Prediction and understanding of resilience in Albertan families: longitudinal study of disaster responses (purls) -protocol [J]. Frontiers in psychiatry, 2019, 10: 729.

[67]LEE H U, PARK J H. Top team diversity, internationalization and the mediating effect of international alliances [J]. British journal of management, 2006, 17(3): 195-213.

[68]LI Z, WONG T J, YU G. Information dissemination through embedded financial analysts: evidence from china [J]. Accounting review, 2020, 95(2): 257-281.

[69]LUAN Z, HUTTEMAN R, DENISSEN JJ A, et al. Do you see my growth? two longitudinal studies on personality development from childhood to young adulthood from multiple perspectives [J]. Journal of research in personality, 2016, 67: 46-60.

[70]LUO J-H, XIANG Y, ZHU R. Military top executives and corporate philanthropy: evidence from China [J]. Asia Pacific journal of management, 2017, 34(3): 725-755.

[71]LYOO I K, KIM J E, YOON S J, et al. The neurobiological role of the dorsolateral prefrontal cortex in recovery from trauma longitudinal brain imaging study among survivors of the south Korean subway disaster [J]. Archives of general psychiatry, 2011, 68(7): 701-713.

[72]MAIN M, KAPLAN N, CASSIDY J. Security in infancy, childhood, and adulthood -a move to the level of representation [J]. Monographs of the society for research in child development, 1985, 50(1-2): 66-104.

[73]MALMENDIER U, NAGEL S. Depression babies: do macroeconomic experiences affect risk taking? [J]. Quarterly journal of economics, 2011, 126(1): 373-416.

[74]MALMENDIER U, TATE G, YAN J. Overconfidence and early-life experiences: the effect of managerial traits on corporate financial policies [J]. Journal of finance, 2011, 66(5): 1687-1733.

[75]MARQUIS C, TILCSIK A. Imprinting: toward a multilevel theory [J]. Academy of management annals, 2013, 7(1): 195-245.

[76]NELSON K. The psychological and social origins of autobiographical memory [J]. Psychological science, 1993, 4(1): 7-13.

[77]NISBETT RE, ROSS L. Human inference: strategies and shortcomings of social judgment [M]. Englewood Cliffs, Upper Saddle River NJ: Prentice Hall, 1980.

[78]ROUSSANOV N, SAVOR P. Marriage and managers' attitudes to risk [J]. Management science, 2014, 60(10): 2496-2508.

[79]SCHOAR A, ZUO L. Shaped by booms and busts: how the economy impacts CEO careers and management styles [J]. The review of financial studies, 2011, 30(5): 1425-1456.

[80]SIMSEK Z, FOX B C, HEAVEY C. "What's past is prologue": a framework, review, and future directions for organizational research on imprinting [J]. Journal of management, 2015, 41(1): 288-317.

[81]STINCHCOMBE A L. Social structure and organizations [M]//J. G. March. Handbook of organization. Chicago: Rand-McNally, 1965: 142-193.

[82]SUGITA M, TAKAHASHI T. Influence of corporate culture on environmental management performance: an empirical study of Japanese firms [J]. Corporate social responsibility and environmental management, 2015, 22(3): 182-192.

[83]TANG E, ZHANG J, HAIDER Z. Firm productivity, pollution, and output: theory and empirical evidence from China [J]. Environmental science and pollution research, 2015, 22 (22): 18040-18046.

[84]TILCSIK A. Imprint-environment fit and performance: how organizational munificence at the time of hire affects subsequent job performance [J]. Administrative science quarterly, 2014, 59(4): 639-668.

[85]WANG H, JIN Y. Industrial ownership and environmental performance: evidence from China [J]. Environmental & resource economics, 2007, 36(3): 255-273.

[86]WHITE H. A heteroskedasticity-consistent covariance-matrix estimator and a direct test for het-eroskedasticity[J]. Econometrica, 1980, 48(4): 817-838.

[87]WORLD ECONOMIC FORUM. The Global Risks Report 2019 (14th Edition) [R]. World Economic Forum, 2019.

[88]YU W, RAMANATHAN R. An empirical examination of stakeholder pressures, green operations practices and environmental performance [J]. International journal of production research, 2015, 53(21): 6390-6407.

[89]ZHANG L. CEOs' early-life experiences and corporate policy: evidence from China's great famine [J]. Pacific-Basin finance journal, 2017, 46: 57-77.

附录

附录5-1　变量定义

变量	定义
WATER	公司的水资源保护绩效,包含水资源使用效率及水污染情况,即:(a)水资源使用、使用效率的环境业绩指标;(b)水资源使用的污染总量的业绩指标。(a)与(b)披露信息分别存在以下条目则每条加1分:(1)有具体的绩效数据;(2)绩效数据与同行、竞争对手或行业情况进行了比较;(3)绩效数据与公司以往的情况进行了比较(趋势分析);(4)绩效数据与目标进行了比较;(5)绩效数据同时以绝对数和相对数形式披露;(6)绩效数据有进行分解性描述(如工厂、业务单位、地理分布等)。最终将(a)与(b)各项条目相加得WATER,其取值范围为0~12
CDE_CEO	CEO的干旱经历,即CEO5~15岁时出生地所在省发生的重旱及以上干旱的月份累计数
PCD	公司污染控制部门,若公司存在控制污染、环保的管理岗位或部门,则赋值为1,否则为0
AGE	CEO的年龄,即公司会计年度与CEO出生年度的差值的自然对数值
GENDER	CEO的性别,若CEO为女性,则赋值为1,否则为0
CDE_CHAIR	董事长的干旱经历,即董事长5~15岁时出生地所在省发生的重旱及以上干旱的月份累计数
BLOCK	第一大股东持股比例,即第一大股东持股数与公司总股份的比值
INST_SHR	机构投资者持股比例,即机构投资者持有的股份与公司总股份的比值
DUAL	两职合一虚拟变量,若董事长和CEO由一人担任,赋值为1,否则为0
INDR	独立董事的比例,即独立董事人数与董事会人数的比值
BOARD	董事会规模,即公司董事会总人数
SALARY	薪酬与环境保护相关情况,若管理者薪酬与环境业绩有关,则赋值为1,否则为0
ISO	ISO14001标准,若在工厂或整个企业执行了该标准,则赋值为1,否则为0
ETI	环保技术投入,若公司有提高环境表现或效率而支出的技术费用、R&D经费则赋值为1,否则为0
SIZE	公司规模,即公司年末总资产的自然对数值
LEV	资产负债率,即公司年末总负债与总资产的比值
ROE	净资产收益率,即公司净利润与年末净资产的比值
TOBINQ	托宾Q值,即公司市场价值除以公司资产的账面价值
LISTAGE	上市年龄,即公司上市以来的年数加1的自然对数值
STATE	公司所有权性质,若为国有企业,则赋值为1,否则为0
POLLUT	公司是否为污染环境企业,若公司、母公司、子公司被列入环境保护重点检查名单则赋值为1,否则为0

续表

变量	定义
WATER_U	公司水资源利用效率,即公司披露的关于水资源使用、使用效率的环境业绩指标,该指标为 WATER 的部分内容,其取值范围为 0～6
CDE_CEO_Y	CEO 的干旱经历,即 CEO5～15 岁时出生地所在省发生的重旱及以上干旱的年度累计数
CDE_CHAIR_Y	董事长的干旱经历,即董事长 5～15 岁时出生地所在省发生的重旱及以上干旱的年度累计数
CDE_CEO_E (CDE_CHAIR_E)	CEO(董事长)的极端干旱经历,即 CEO(董事长)5～15 岁时出生地所在省发生的重旱及以上干旱的月份累计数位于最终样本的最高 1/4 分位,则赋值为 1,否则为 0
CDE_CEO$_{1-15}$ (CDE_CHAIR$_{1-15}$)	CEO(董事长)干旱经历的其他量化 1,即 CEO(董事长)1～15 岁时出生地所在省发生的重旱及以上干旱的月份累计数
CDE_CEO$_{5-14}$ (CDE_CHAIR$_{5-14}$)	CEO(董事长)干旱经历的其他量化 2,即 CEO(董事长)5～14 岁时出生地所在省发生的重旱及以上干旱的月份累计数
CDE_CEO$_{5-10}$ (CDE_CHAIR$_{5-10}$)	CEO(董事长)干旱经历的其他量化 3,即 CEO(董事长)5～10 岁时出生地所在省发生的重旱及以上干旱的月份累计数

资料来源:作者整理。

第六章 人口婚姻状况、环境法
与公司环境绩效

摘要:本章关注人口婚姻状况对公司环境绩效的影响,并进一步研究了《中华人民共和国环境保护法》(以下简称环境法)实施的调节效应。以 2008—2017 年中国 A 股上市公司为样本,研究发现:离结率越高,公司环境绩效显著越低;2015 年颁布环境法削弱了离结率与公司环境绩效之间的负向关系。上述结果表明,反映了社会文化(个人主义或集体主义价值观)的人口婚姻状况越不稳定,公司环境绩效越差,且环境法作为正式制度弱化了离结率与环境绩效之间的负向关系。本章结论经过一系列敏感性测试及使用两阶段工具变量法控制了内生性后依然成立。进一步,离结率对公司环境绩效的负向影响在非重污染行业、高竞争行业、"CEO 低学历公司"、"男性 CEO 公司"更为突出。本章研究丰富了公司环境绩效影响因素的文献,补充了非正式制度与正式制度对公司环境治理行为影响研究。在中国持续推进环境治理的背景下,本章的发现既凸显了社会文化对公司环境绩效的重要性,对从非正式制度角度认识公司环境治理问题具有一定的启示作用,又可以推动监管部门基于正式制度与非正式制度的共同作用推进环境制度体系的完善和改进公司环境治理。

一、引言

环境治理是经济社会发展的关键问题,打好污染防治攻坚战、加强生态建设、推动绿色发展、构建现代化经济体系是当前的发展要务。2020 年 3 月,中共中央办公厅、国务院办公厅印发《关于构建现代环境治理体系的指导意见》,指出现代环境治理体系应以深化企业主体作用为根本。企业作为环境治理责任的主体,近年来受到了来自监管机构、投资者与社会公众日益增长的关注。

中国持续推进环境治理,蓝天保卫战取得了一定成效,但企业在环境治理方面的执行效果差异仍客观存在(曾泉 等,2018)。从正式制度维度进行分析,公司环境绩效差异可能受到环境法律规制(Kagan et al.,2003;Williamson et al.,2006;沈洪涛,周艳坤,2017)、政府官员任职(梁平汉,高楠,2014)、税收政策(卢洪友 等,2017)、公司内部治理(Walls et al.,2012)等制度因素的影响。根据 Williamson(2000)的制度框架,社会制度分为非正式制度、制度环境、治理规则、资源分配与使用四个层次。其中,最高层次的是非正式制度因素,正式制度位于第二及第三层次,往往具有一定程度的滞后性(Williamson,2000;Du et al.,2016)。当正式制度建设并不完善时,非正式制度可能起到支配和影响公司行为的重要作用(Williamson,2000;Du et al.,2016),因此从非正式制度角度理解公司环境治理问题具有一定的现实和理论意义。前期文献研究较少涉及非正式制度对公司环境治理的影响,主要从家乡认同、宗教社会规范、媒体舆论等角度入手(胡珺 等,2017;张长江,陈倩,2019;毕茜 等,2015;曾泉 等,2018;王云 等,2017)。正式制度与非正式制度交互作用:当正式制度不完备时,非正式制度可以补充或替代正式制度,从而影响公司行为(Williamson,2000;Du et al.,2016);相反,正式制度越完备,越可能削减替代性非正式制度的作用(McMillan,Woodruff,2000;Dhillon,Rigolini,2011)。中国 2015 年颁布《中华人民共和国环境保护法》,该部法律被称为史上最严环境法,其颁布、实施改变了公司环境治理面临的法律环境。因此,本章从人口婚姻状况特征切入,探讨社会文化(非正式制度因素)、法律环境变化如何影响公司环境绩效,以填补上述研究空白。

人口婚姻状况与社会文化密切相关(Toth,Kemmelmeier,2009;齐晓安,2009;徐安琪,叶文振,2002),受到了社会科学领域研究的广泛关注。极端的个人主义导致包括离婚在内的社会问题(Naroll,1983),高个人主义社会相比于集体主义社会离婚率更高(Dion,Dion,1996;Vandello,Cohen,1999;Triandis,1995;Toth,Kemmelmeier,2009)。离结率(地区人口婚姻状况指标)是与社会关系模式有关的指标,一定程度上反映出社会文化特征,体现了地区个人主义倾向(Vandello,Cohen,1999)。个人主义倾向对环保行为产生消极影响(Egri et al.,2004;McCarty,Shrum,2001),相较于集体主义文化,个人主义文化下环境保护成效更低。因此,地区人口婚姻状况是否以及如何影响公司环境绩效是本章研究问题的一个方面。

本章以 2008—2017 年中国 A 股上市公司为研究对象,以离结率为地区人口婚姻状况的代理变量,考察了人口婚姻状况对公司环境绩效的影响。本章的研究发现包括:第一,省级层面的离结率与公司环境绩效负相关;第二,2015 年环境法的实施提高了公司环境绩效,并弱化了离结率对公司环境绩效的负向影响;第三,使用粗离婚率、环保绩效子指标的敏感性测试,以及使用两阶段回归控制内生性问题,均不改变上述结论;第四,地区人口婚姻状况对公司环境绩效的负向影响,在非重污染行业、高竞争行业、CEO 受教育程度低的公司、CEO 为男性的公司样本中更加突出。

本章可能的理论贡献如下:第一,本章基于人口婚姻状况这一独特视角,对公司环境绩效影响因素的相关文献做出了重要补充。已有文献主要从正式制度层面,关注公司环境绩效如何受到环境法律规制(Kagan et al.,2003;Williamson et al.,2006;沈洪涛,周艳坤,2017)、政府官员任职(梁平汉,高楠,2014)、税收政策(卢洪友 等,2017)、公司内部治理(Walls et al.,2012)等制度因素的影响。虽有部分文献从家乡认同、宗教社会规范、媒体舆论等非正式制度层面入手(胡珺 等,2017;张长江,陈倩,2019;毕茜 等,2015;曾泉 等,2018;王云 等,2017)研究公司环境治理的影响因素,但仍有必要深入研究社会文化尚未被探索的维度对环境绩效的影响。在这一点上,本章填补了人口婚姻状况是否以及如何影响公司环保行为这一层面的研究空白,丰富了公司环境绩效的影响因素的相关文献。第二,与非正式制度影响公司决策与行为的文献一致(Du et al.,2016;毕茜 等,2015;胡珺 等,2017;曾泉等,2018),本章研究关注人口婚姻状况这一社会文化因素,进一步丰富了非正式制度对公司行为影响的文献。第三,本章考察了 2015 年环境法实施对人口婚姻状况与公司环境绩效关系的影响,补充了正式制度与非正式制度交互作用影响公司行为的文献(Williamson,2000;Du et al.,2016)。

　　本章余文结构如下:第二部分是文献回顾、理论分析与研究假设;第三部分为研究设计,包括样本和数据来源、变量定义、实证模型;第四部分报告实证检验结果;最后一部分为研究结论和政策建议,并讨论了研究局限与研究展望。

二、文献回顾、理论分析与研究假设

(一)人口婚姻统计及其相关文献回顾

　　基于婚姻关系的家庭是最普遍的社会组织形式(齐晓安,2009),是社会生活的基本单位,是认识社会最基层的角度(费孝通,1999)。几千年来,中国社会受儒家文化深刻影响,在家族观念、纲常礼教等价值观念的影响下,离婚相对少见。1950 年颁布的《中华人民共和国婚姻法》废除了"包办强迫、男尊女卑、漠视子女利益的封建主义婚姻制度",施行"男女婚姻自由、一夫一妻、男女权利平等、保护妇女和子女合法权益的新民主主义婚姻制度"。1950年婚姻法的颁布动摇了旧的传统伦理观念。改革开放以来,随着社会发生巨变,新婚姻法的颁布与修订,儒家文化纲常礼教等价值观念的式微,中国离婚率持续升高(见图 6-1a,图 6-1b),其产生的社会问题日益受到关注。

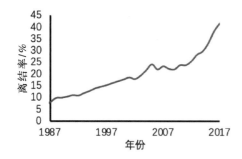

图 6-1a　1987—2017 年中国离结率变动图

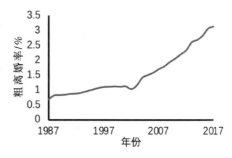

图 6-1b　1987—2017 年中国粗离婚率变动图

　　人口婚姻状况与社会文化密切相关(Toth,Kemmelmeier,2009;齐晓安,2009;徐安琪,叶文振,2002),人口婚姻状况既是社会背景、时代背景的缩影,也体现了社会价值观。Dion和 Dion(1996)、Vandello 和 Cohen(1999)、Toth 和 Kemmelmeier(2009)指出,相较于集体主义文化社会,高个人主义文化社会的离婚率更高。Triandis(1995)发现,离婚率与独居率的增长,一定程度上反映了个人主义的上升和集体主义的弱化。离结率(或粗离婚率)这一指标与社会关系模式相关,一定程度上体现了地区个人主义倾向(Vandello,Cohen,1999)。

社会科学领域研究关注人口婚姻状况及其对个人行为与决策、公司行为的影响。婚姻影响个体心理健康(Hughes,Gove,1981;Gove et al.,1983),更快乐的人更可能选择婚姻;婚姻作为社会纽带增加个体与社会联结,为个体提供更多风险保障(Stutzer,Frey,2006),因此婚姻可以带来更高的生活满意度和快乐(Helliwell,Putnam,2004),更高的个体幸福感(Gove et al.,1983)。

已有研究支持了婚姻会促进捐赠行为这一观点(Bryant et al.,2003;Mesch et al.,2006),因为已婚者与社会网络联系更密切,拥有更多社会资本,更可能捐赠(Bryant et al.,2003)。Sampson 和 Laub(1993)指出,由于婚姻的社会纽带创造了义务、支持、约束相交互的系统,因而使得实施犯罪行为将付出巨大代价,最终使犯罪行为减少(Sampson,Laub,1993;Barnes,Beaver,2012)。

前期文献亦关注了婚姻状况对个体风险偏好及管理行为的影响,但结论并不一致。部分文献发现婚姻契约增加了伴侣离开与关系破裂带来的成本(Hartog et al.,2002)。因为受社会规范的约束,已婚双方将承担维护资源、达成决策共识的义务(White,1991),所以婚姻导致了个体风险规避行为(Hartog et al.,2002)。Roussanov 和 Savor(2014)指出,单身 CEO 管理的公司股票收益波动更高、投资策略更激进。另一部分文献则发现婚姻与高风险偏好相关。Love(2010)、Bertocchi 等(2011)发现已婚投资者比单身投资者持有更高风险水平的投资组合,即婚姻使个体风险承担水平更高。Neyland(2012)发现,离婚对 CEO 外部财富产生负面冲击,降低了其风险承受能力。此外,Hilary 等(2017)发现相较于已婚 CEO,单身 CEO 管理下的公司盈余管理程度更高。

前期关于高管婚姻状况对个体风险偏好及管理行为影响的文献,本质上属于高管个人特征对公司行为的影响的研究范畴。与之不同的,本章关注地区人口婚姻状况,侧重宏观文化环境与社会文化氛围对公司行为的影响。在中国资本市场中,因隐私保护,所以研究者往往很难获得足够多的上市公司 CEO 或高管的个人婚姻状况的数据,而只能通过公司公告获取高管离婚事件信息。因此,国内前期文献多着眼于"婚变""离婚事件"的研究。本章涉及的人口婚姻状况,并非仅仅是单个时点的离婚事件,而是可以体现长期状态的婚姻状况。

(二)公司环境绩效相关文献回顾

伴随中国经济社会的迅猛发展,生态文明建设滞后于经济社会发展,导致中国经济正面临着环境污染、生态系统退化、资源紧缺等一系列挑战。为确保经济社会的健康发展,中国持续推进环境治理。自 1979 年制定颁布了中国第一部环境保护基本法《中华人民共和国环境保护法(试行)》,至 2019 年,中国在生态环保领域组织实施法律 13 部,行政法规 30 部,环保法规体系日渐完善。2015 年,《中华人民共和国环境保护法》颁布实施,极大地促进了企业的环境治理。

现有公司环境治理问题影响因素的研究主要从正式制度和非正式制度两个层面展开。前期文献主要从环境法律规制(Kagan et al.,2003；Williamson et al.,2006；沈洪涛,周艳坤,2017)、政府官员任职(梁平汉,高楠,2014)、税收政策(卢洪友 等,2017)、公司内部治理等角度(Walls et al.,2012),研究正式制度对公司环境治理的影响。因为推进环境治理和构建现代化经济体系是当前的发展要务,所以近年来中国陆续出台了一系列环境保护的法律文件,并取得了一定环境治理成果。尽管如此,中国的环保治理成效依然并不十分乐观(梁平汉,高楠,2014；沈洪涛,周艳坤,2017)。Kagan 等(2003)指出,政府监管确实对环境治理与企业的环境表现起到了积极作用,但政府监管应与其他机制共同作用,才能更好地促进企业的环境治理。

近年来,学者尝试从非正式制度角度探讨公司环境治理问题,包括但不限于家乡认同(胡珺 等,2017；张长江,陈倩,2019)、宗教社会规范(毕茜 等,2015；曾泉 等,2018)、媒体舆论(王云 等,2017)。胡珺等(2017)发现,高管的家乡认同促进了公司环境治理行为。毕茜等(2015)发现,中国传统文化与环境信息披露水平正相关。曾泉等(2018)发现宗教社会规范提高了企业节能减排成效。王云等(2017)指出,媒体舆论作为一种非正式制度对公司环境具有治理作用。但是,非正式制度与环境治理的文献并未讨论人口婚姻状况这一社会文化是否及如何影响公司环境绩效。此外,对非正式制度与正式制度如何相互作用于公司环境绩效的前期研究仍相对较少。基于此,本章从人口婚姻状况特征切入,探讨社会文化、环境法变化如何影响公司环境绩效,以填补上述研究空白。

(三)离结率与公司环境绩效:假设 6-1

人口婚姻状况与社会文化密切相关(Toth,Kemmelmeier,2009；齐晓安,2009；徐安琪,叶文振,2002),并在极大程度上体现着社会价值观。前期研究发现,个人主义与集体主义是一种文化主题(cultural theme)或文化症候[cultural syndrome,(Triandis,1996)],体现了行为、态度、认知、规范、价值观、目标、家庭结构的文化差异(Vandello,Cohen,1999)。高个人主义文化社会的离婚率更高(Dion,Dion,1996；Vandello,Cohen,1999；Toth,Kemmelmeier,2009)。

集体主义将个人看作集体中相互依赖的成员,而个人主义则是强调个体自主与自我独立(Triandis,1995；Vandello,Cohen,1999)。在集体主义社会中,人们倾向于遵守传统和社会习俗(Toth,Kemmelmeier,2009)。例如,在中国传统社会中,受儒家文化的深刻影响,在家族观念、纲常礼教等价值观念的影响下,人们倾向于延续婚姻。此外,集体主义包含和谐、互相依赖、关心他人的价值观,个体目标从属于集体目标(Hui,Triandis,1986),因此在集体主义社会中,即使延续婚姻会降低个体满足感,个体仍更可能选择自我牺牲以维持婚姻和家庭团结。与之形成鲜明对比的是,在个人主义社会中,个体做出是否开始、保持或结束婚姻的决策时,均将自我放在首位(Toth,Kemmelmeier,2009)。当个体发现婚姻无法实现真实的自我,就很可能会选择结束婚姻。个人主义社会鼓励追求个体利益,即使离婚带来情感与经济成本,人们通常也不愿为了保持婚姻延续而牺牲个体满足感以维持一段不美满的婚姻(Toth,Kemmelmeier,2009)。因此,离婚率的上升体现了个人主义的兴盛和集体主义的式微(Triandis,1995)。

如前所述,集体主义与个人主义是人们与他人、外界互动的基本观念或价值取向(McCarty,Shrum,2001)。集体主义价值观提倡考虑个体行为对他人的影响,且个人应更加注重责任和集体利益(McCarty,Shrum,2001)、群体和谐(Kim,Choi,2005)、分享(McCarty,Shrum,2001)、合作(Kim,Choi,2005)、责任(McCarty,Shrum,2001)。Cho 等(2013)指出,集体主义对环境态度的积极影响源自集体主义者认为有义务采取环保行动。Kim 和 Choi(2005)指出,集体主义价值取向促进了环保行为。因此,即便环保行为难以产生直接的或个体的利益,集体主义个体考虑到集体利益、群体责任,仍更倾向于采取环保行为。相比较而言,个人主义价值观倡导自主与自我独立(Triandis,1995;Vandello,Cohen,1999),鼓励追求个体利益(Toth,Kemmelmeier,2009),且在个体行为决策之前会计算直接利益与损失(McCarty,Shrum,2001)。Egri 等(2004)发现,个人主义价值观与公司环境责任负相关。McCarty 和 Shrum(2001)指出,个人主义个体倾向于认为环保将带来损失且并无直接利益,因此更不倾向于实施环保行为。基于此,高离结率体现的个人主义价值观对环保行为具有抑制作用。

社会规范通过共同信念引导和约束社会成员(Cole et al.,1992;Coffee,2001),因此对社会成员具有强有力的约束力。社会规范包括正式制度规范(法律规范)与非正式制度规范,后者作为法律规范的补充,能够对人的思想、偏好、行为产生约束作用。个体违背社会规范会受到其他社会成员的监督与制裁,损害其社会地位(Bernheim,1994),给其带来情感伤害(Elster,1989)或使其受到声誉损失(Akerlof,1980)。因此,即便公司高管并不全都认同高离结率所反映的占据主导地位的个人主义或集体主义价值观,但在其与其他社会成员(如客户、供应商、雇主、员工等)互动过程中,往往因为考虑到行为违背社会规范的消极后果,也会更倾向于遵从当地的个人主义或集体主义价值观,从而进一步影响公司环境治理,使公司环境绩效产生差异化后果。

根据社会认同理论,群体成员之间存在身份认同(Tajfel,Turner,1986;李友梅,2007);相较于群体外部成员(out-group),人们更加偏爱自己的群体内部成员(in-group),接受并内化群体的规范、价值观、信念。当个人主义或集体主义价值观通过个体认同的心理过程被内化于个体行为模式中,即便并无社会成员监督和惩罚,处在高离结率地区的高管,也会潜移默化地被个人主义的社会文化所影响,因而更不倾向于优化公司环境治理,最终导致了较差的公司环境绩效。

综上所述,地区的高离结率反映了不稳定的婚姻状况及个人主义主导的社会文化,进而削弱了公司环境治理动机,降低了公司环境绩效。基于上述分析,本章提出如下假设 6-1:

假设 6-1:限定其他条件,离结率与公司环境绩效负相关。

(四)环境法的调节效应:假设 6-2

非正式制度与正式制度之间存在复杂的交互作用,Pejovich(1999)认为正式制度与非正式制度互动存在四种形式:(1)正式制度抑制,但未能改变非正式制度;(2)正式制度与非正式制度冲突;(3)正式制度作用被削弱;(4)正式制度与非正式制度的合作。上述互动形式可以归结为"替代效应"和"互补效应"。"替代效应"指的是,正式制度不完备或与非正式制度冲突,非正式制度可能起到替代性作用(Williamson,2000;Du et al.,2016);同样的,强化的正式制度可能弱化非正式制度的作用(McMillan,Woodruff,2000;Dhillon,Rigolini,2011)。"互补效应"指的是,正式制度与非正式制度的融合、合作,两者相辅相成(毕茜 等,2015)。

首先,非正式制度影响中国资本市场的公司环境治理。虽然环保法治体系构建取得了一定成果,但环保治理成效依然有限(梁平汉,高楠,2014;沈洪涛,周艳坤,2017),法治体系仍需完善,法治执行力有待加强,此时非正式制度弥补了正式制度的不足。换言之,当正式制度不完备时,非正式制度可能补充性或替代性地起到支配和影响公司行为的重要作用(Williamson,2000;Du et al.,2016)。前期文献从家乡认同、宗教社会规范、媒体舆论入手,均发现非正式制度对公司环境治理行为的影响(胡珺 等,2017;张长江,陈倩,2019;毕茜 等,2015;曾泉 等,2018)。本章假设 6-1 检验了反映社会价值观的离结率与公司环境绩效的关系——高离结率降低了环境绩效。

其次,环境法对环境治理具有正向影响,环境法律规制、税收政策、政府官员任职等正式制度层面因素能够有效地约束公司环境治理行为(Kagan et al.,2003;Williamson et al.,2006;沈洪涛,周艳坤,2017;卢洪友 等,2017;梁平汉,高楠,2014)。根据 Williamson(2000)的制度框架,非正式制度与正式制度均对公司行为产生影响。正式制度位于第二或三层,但非正式制度位于第一层,往往延续千年不变。正式制度越完备,非正式制度替代性作用就会被削弱(McMillan,Woodruff,2000;Dhillon,Rigolini,2011)。中国于 2015 年颁布被称为史上最严环境法的《中华人民共和国环境保护法》,增加了监管手段,加大对违法破坏环境行为的处罚力度,增加了环境违法成本,赋予环保监管部门更多监管权力。这一法律的颁布实施极大改变了公司环境治理面临的法律环境,合法性压力促使公司参与、优化环境治理,提高公司环境绩效。

综上所述,本章可以合理预期,环境法与高离结率体现的个人主义价值观对公司环境绩效影响是替代性的,2015 年新环境法的颁布弱化了离结率对公司环境绩效的负面影响,由此提出:

假设 6-2:限定其他条件,环境法削弱了离结率与公司环境绩效的负相关关系。

三、研究设计

(一)样本选取

本章原始数据样本包括 2008—2017 年间所有的 A 股上市公司 24 715 条观测值。选取 2008 年作为样本初始年的原因在于,2008 年前大多数公司并未披露过环境信息。本章对原始样本做如下的筛选:首先,由于金融行业公司和其他行业公司在公司特征方面存在较大差异,删除银行、保险等金融行业相关的公司—年度观测值(512 条观测值);其次,删除净资产为负的公司—年度观测值(282 条观测值);最后,删除控制变量缺失的公司—年度观测值(2 293 条观测值)。最终得到 21 628 个公司—年度观测值。为缓解极端值的影响,对所有连续变量进行上下 1% 的缩尾处理。

(二)数据来源

本章的数据来源:(1)参考 GRI(2006)、Clarkson 等(2008)、Du 等(2018)方法,本章根据中国上市公司年度报告、社会责任报告和官方网站中提供的环境绩效原始信息,手工收集了公司环境绩效(CEP)变量。敏感性测试中使用的公司环境绩效变量[LN(1+CEP)、CEP_RANK],亦是根据手工收集的公司环境绩效(CEP)变量计算得来的。(2)离结率(DIV)及敏感性测试中使用的粗离婚率(DIV_R),来自中华人民共和国国家统计局官方网站(NBSC:http://data.stats.gov.cn/index.htm)。(3)市场化水平指数(MKT)来自王小鲁等(2019)。(4)省份家庭人口数(POP_PER)数据来自《中国人口和就业统计年鉴》。(5)其他控制变量数据均来源于 CSMAR 数据库。

(三)变量定义

1.被解释变量

本章被解释变量为公司环境绩效(CEP),借鉴 Clarkson 等(2008)、Du 等(2018)方法,根据全球报告倡议组织(GRI)2006 年发布的《可持续发展报告指南》(*Sustainable Reporting Guidelines*)所提供的评分框架,对公司年度报告、企业社会责任报告和企业官方网站中披露的环境信息进行文本分析,对七个维度共计 45 个项目评分,合计各项得分计算获得公司环境绩效(CEP)的总评分。具体地,评分框架涵盖了治理与管理系统、可信度、环境业绩指标、有关环保的支出、远景及战略声明、环保概况、环保倡议等七大维度,每一维度内含多个评分项,合计 45 条评分项。此外,本章使用 LN(1+CEP)、CEP_RANK 作为公司环境绩效的敏感性测试变量。

2.解释变量

本章解释变量为人口婚姻统计的离结率指标(DIV)。根据 1988 年民政部进行的相关归纳,离婚率计算方法有七种:同期离婚/结婚数、离婚数分期比较、离婚数/法定婚龄人口总数、离婚数/社会总人口、离婚数/家庭、离婚数/单位时间、离婚数/已婚夫妇(宋瑛,1989)。各种离婚率衡量标准均能一定程度反映地区人口婚姻状况,考虑到数据可得性与指标科学性,现有研究常采用离结率(即离婚数与同期结婚数之比)、粗离婚率(即当年离婚对数与年均人口数之比)两个指标进行人口婚姻状况统计分析(Vandello,Cohen,1999;苏理云 等,2015)。本章采用离结率作为主要测试的因变量,使用粗离婚率作为因变量敏感性测试变量。

3.调节变量

本章调节变量为环境法(LAW),2015 年颁布实施的《中华人民共和国环境保护法》,极大改变了公司环境治理面临的法律环境。因此,本章采用观测值在 2015 年及其之后赋值为 1,否则赋值为 0 的虚拟变量度量环境法律。

4.控制变量

借鉴沈洪涛和周艳坤(2017)、胡珺等(2017)、Walls等(2012)等已有研究,本章在实证分析中控制了以下变量:(1)公司治理层面:第一大股东持股比例(BLOCK)、机构投资者的持股比例(INST_OWN)、公司高管持股比例(MAN_OWN)、董事长—总经理两职合一(DUAL)、独立董事比例(INDR)、董事会规模(BOARD);(2)公司财务指标特征:公司规模(SIZE)、负债权益比(LEV)、经营活动现金流(CFO)、托宾 Q(TOBIN'Q)、融资活动现金流(FIN)、固定资产构建(CAPIN)、收益波动率(VOL);(3)产权性质(STATE);(4)宏观影响因素变量:市场化指数(MKT)、人均国民生产总值(LNGDPPC)。此外,本章控制了行业年度虚拟变量。具体变量符号、定义、衡量标准参见附录6-1。

(四)研究模型

本章使用包含公司环境绩效(CEP)、人口婚姻状况(DIV)在内的模型(6-1)来检验假设6-1,参考已有研究,模型(6-1)还控制了公司治理、公司财务指标特征、宏观影响因素变量。

$$\begin{aligned} CEP =\ & \alpha_0 + \alpha_1 DIV + \alpha_2 BLOCK + \alpha_3 INST\_OWN + \alpha_4 MAN\_OWN + \alpha_5 DUAL + \alpha_6 INDR + \\ & \alpha_7 BOARD + \alpha_8 SIZE + \alpha_9 LEV + \alpha_{10} CFO + \alpha_{11} TOBIN'Q + \alpha_{12} FIN + \alpha_{13} CAPIN + \alpha_{14} VOL \\ & + \alpha_{15} STATE + \alpha_{16} MKT + \alpha_{17} LNGDPPC + (Industry\ and\ Year\ fixed\ effects) + \varepsilon \end{aligned}$$

$$(6\text{-}1)$$

在模型(6-1)中,被解释变量为公司环境绩效(CEP),解释变量为离结率(DIV)。如果人口婚姻状况(DIV)回归系数 α_1 显著为负,则实证检验结果支持本章假设6-1。

进而,本章使用包含公司环境绩效(CEP)、离结率(DIV)、环境法(LAW)的模型(6-2)来检验假设6-2:

$$\begin{aligned} CEP =\ & \beta_0 + \beta_1 DIV + \beta_2 LAW + \beta_3 DIV \times LAW + \beta_4 BLOCK + \beta_5 INST\_OWN + \beta_6 MAN\_OWN \\ & + \beta_7 DUAL + \beta_8 INDR + \beta_9 BOARD + \beta_{10} SIZE + \beta_{11} LEV + \beta_{12} CFO + \beta_{13} TOBIN'Q \\ & + \beta_{14} FIN + \beta_{15} CAPIN + \beta_{16} VOL + \beta_{17} STATE + \beta_{18} MKT + \beta_{19} LNGDPPC + (Industry\ and \\ & Year\ fixed\ effects) + \varepsilon \end{aligned}$$

$$(6\text{-}2)$$

模型(6-2)中,被解释变量、解释变量与模型(6-1)相同,调节变量为环境法(LAW)。如果人口婚姻状况(DIV)与环境法(LAW)的交乘项 DIV×LAW 系数 β_3 显著为正,则实证检验结果支持本章假设6-2。

四、实证分析

(一)描述性统计

表 6-1 报告了本章主要变量的描述性统计结果。公司环境绩效(CEP)的均值(标准差)

为 3.53(4.86)，最小值为 0，最大值为 44，表明样本公司环境绩效偏低且公司之间差异较大。DIV 均值(标准差)为 30.99%(12.37)，且最小值为 7.18%，最大值为 68.97%，说明省级离婚对数平均占到了结婚对数的 30.99%，中国人口婚姻状况普遍不稳定，且省际差异较大。《中华人民共和国环境保护法》于 2015 年颁布，LAW 均值为 0.38，体现了 2008—2017 年间样本的分布情况。

控制变量的描述性统计揭示，第一大股东持股比例(BLOCK)均值为 34.78%；机构投资者的持股比例(INST_OWN)均值为 24.58%；公司高管持股比例(MAN_OWN)均值为 10.32%；董事长—总经理两职合一(DUAL)的公司占到样本的 23.20%；独立董事比例(IN-DR)平均为 37.23%；样本公司平均董事会规模(BOARD)约 9 人($e^{2.150\ 9}$)；公司资产平均为(SIZE)36.86 亿元($e^{22.027\ 8}$)；负债权益比(LEV)平均为 1.33；经营活动现金流(CFO)平均占期初净资产的 4.90%；托宾 Q(TOBIN'Q)平均为 2.25；融资活动现金流(FIN)平均占期初资产的 28.75%；固定资产构建(CAPIN)平均比例为 12.33%；公司收益波动率(VOL)平均为 5.17%；41.16% 的上市公司为国有企业；市场化指数(MKT)均值为 9.00；人均国民生产总值(LNGDPPC)均值为 5.36 万元($e^{10.890\ 0}$)。

表 6-1　描述性统计

变量	观测值	均值	标准差	最小值	1/4 分位	中位数	3/4 分位	最大值
CEP	21 628	3.525 9	4.857 2	0	0	2	5	44
DIV	21 628	30.988 5	12.374 4	7.180 0	20.450 0	28.380 0	38.840 0	68.970 0
LAW	21 628	0.377 5	0.484 8	0	0	0	1	1
BLOCK	21 628	0.347 8	0.154 8	0.001 7	0.227 7	0.329 3	0.453 8	0.770 2
INST_OWN	21 628	0.245 8	0.230 5	0.000 0	0.053 5	0.165 9	0.397 7	0.991 7
MAN_OWN	21 628	0.103 2	0.184 0	0.000 0	0.000 0	0.000 2	0.121 1	0.704 2
DUAL	21 628	0.232 0	0.422 1	0	0	0	0	1
INDR	21 628	0.372 3	0.053 9	0.250 0	0.333 3	0.333 3	0.416 7	0.750 0
BOARD	21 628	2.150 9	0.204 1	1.098 6	2.079 4	2.197 2	2.197 2	2.708 1
SIZE	21 628	22.027 8	1.307 7	18.263 6	21.108 1	21.862 3	22.761 0	27.273 2
LEV	21 628	1.330 9	1.761 3	0.007 1	0.393 5	0.812 0	1.599 8	16.214 7
CFO	21 628	0.049 0	0.098 0	−0.382 6	0.001 5	0.047 0	0.097 7	0.625 7
TOBIN'Q	21 628	2.246 6	1.672 6	0.884 7	1.299 5	1.723 9	2.535 9	17.886 5
FIN	21 628	0.287 5	0.330 5	0.000 0	0.054 4	0.213 0	0.410 2	3.652 0
CAPIN	21 628	0.123 3	0.170 0	0.000 2	0.025 0	0.065 8	0.149 1	1.253 1
VOL	21 628	0.051 7	0.022 0	0.016 0	0.037 1	0.047 2	0.061 1	0.226 3
STATE	21 628	0.411 6	0.492 1	0	0	0	1	1
MKT	21 628	9.002 6	2.019 7	−0.720 0	7.400 0	9.550 0	10.860 0	11.710 0
LNGDPPC	21 628	10.890 0	0.497 1	9.195 7	10.569 1	10.970 7	11.259 9	11.767 5

(二)Pearson 相关性分析

表 6-2 呈现了 Pearson 相关性分析结果。根据表 6-2，离结率(DIV)与公司环境绩效(CEP)负相关但不显著，环境法(LAW)与公司环境绩效(CEP)显著正相关，部分支持了本

章假设。Pearson 相关系数仅刻画了单变量之间的关系,环境法对离结率(DIV)与公司环境绩效(CEP)相关关系的调节效应仍需要通过多元回归进行检验。此外,还需控制其他因素影响进行回归分析。表 6-2 结果显示绝大部分变量之间的相关系数都较小,回归过程中不大可能存在严重的多重共线性问题。

表 6-2　Pearson 相关性统计

变量		(1)	(2)	(3)	(4)	(5)	(6)	(7)	(8)	(9)	(10)
CEP	(1)	1.0000									
DIV	(2)	−0.0100	1.0000								
LAW	(3)	0.0178***	0.5433***	1.0000							
BLOCK	(4)	0.1376***	−0.0413***	−0.1117***	1.0000						
INST_OWN	(5)	0.0984***	0.2964***	0.4102***	0.0664***	1.0000					
MAN_OWN	(6)	−0.0681***	0.0266***	0.0884***	−0.1066***	−0.2308***	1.0000				
DUAL	(7)	−0.0680***	0.0230***	0.0639***	−0.0584***	−0.0278***	0.2468***	1.0000			
INDR	(8)	−0.0081	0.0296***	0.0608***	0.0303***	0.0037	0.0766***	0.0953***	1.0000		
BOARD	(9)	0.1525***	−0.0642***	−0.1081***	0.0384***	0.0515***	−0.1818***	−0.1701***	−0.4773***	1.0000	
SIZE	(10)	0.4086***	0.1614***	0.1588***	0.2331	0.2576***	−0.2535***	−0.1478***	0.0228***	0.2531***	1.0000
LEV	(11)	0.0133*	−0.0197***	−0.0604***	0.0359***	−0.0081	−0.2169***	−0.0895***	−0.0095	0.0844***	0.2506***
CFO	(12)	0.0905***	−0.0347***	−0.0020	0.0860***	0.0670***	−0.0136***	−0.0196***	−0.0282***	0.0583***	0.0538***
TOBIN'Q	(13)	−0.1488***	0.0655***	0.1851***	−0.1566***	0.0218***	0.0018	0.0673***	0.0598***	−0.1526***	−0.4294***
FIN	(14)	0.0404***	−0.0310***	0.0056	0.0254***	0.0392***	−0.0702***	−0.0088	−0.0020	0.0368***	0.2205***
CAPIN	(15)	0.0204***	−0.0651***	−0.0766***	−0.0156**	−0.0011	0.0611***	0.0436***	−0.0048	0.0364***	−0.0036
VOL	(16)	−0.1179***	−0.0011	0.1816***	−0.0199**	−0.0610***	0.0675***	0.0439***	0.0366***	−0.0967***	−0.1515***
STATE	(17)	0.1392***	−0.0221***	−0.1054***	0.2182	0.0954***	−0.4508***	−0.2725***	−0.0598***	0.2491***	0.2952***
MKT	(18)	−0.0090	0.0587***	−0.0652***	0.0258***	−0.0657***	0.1620***	0.0991***	−0.0060	−0.0571***	−0.0320***
LNGDPPC	(19)	0.0413***	0.5555***	0.4049***	−0.0152**	0.1841***	0.1798***	0.1060***	0.0430***	−0.1069***	0.1338***

变量		(11)	(12)	(13)	(14)	(15)	(16)	(17)	(18)	(19)
LEV	(11)	1.0000								
CFO	(12)	−0.1432***	1.0000							
TOBIN'Q	(13)	−0.0855***	0.0381***	1.0000						
FIN	(14)	0.2142***	−0.0758***	−0.1649***	1.0000					
CAPIN	(15)	−0.0618***	0.0479***	−0.0413***	0.0843***	1.0000				
VOL	(16)	0.0249***	0.0064	0.3291***	0.0889***	−0.0326***	1.0000			
STATE	(17)	0.1888***	0.0312***	−0.1522***	0.0057	−0.0352***	−0.0861***	1.0000		
MKT	(18)	−0.0954***	−0.0014	−0.0038	−0.0019	−0.0604***	0.0176***	−0.1689***	1.0000	
LNGDPPC	(19)	−0.0937***	−0.0428***	0.0573***	−0.0365***	−0.0851***	−0.0140**	−0.1763***	0.6506***	1.0000

注:***、**、*分别代表在 1%、5%、10%的水平下显著。

(三)回归结果分析

表 6-3 是假设 6-1 与假设 6-2 的回归结果,所有 t 值均经过公司和年度聚类调整后的稳健标准差计算而得(Petersen,2009)。表 6-3 第(1)列中仅包括控制变量、行业和年度虚拟变量;第(2)列在第(1)列的基础上加入了主要的解释变量离结率(DIV),以检验假设 6-1——人口婚姻状况对公司环境绩效的影响;第(3)列在第(2)列的基础上加入环境法(LAW),以检验人口婚姻状况、环境法与公司环境绩效之间的关系。第(4)列在第(3)列的基础上加入人口婚姻状况与环境法的交乘项(DIV×LAW),用来检验环境法对人口婚姻状况与公司环境绩效之间关系的调节效应。表 6-3 倒数第三行(1)至(4)列的 Pseudo R^2 及倒数第二行的 LR 检验都在 1% 的统计水平上显著,表明(1)~(4)列多元回归具有一定解释力。

表 6-3 第(1)列仅放入控制变量,结果显示:(1)第一大股东持股比例(BLOCK)、公司高管持股比例(MAN_OWN)、董事会规模的自然对数(BOARD)、公司资产的自然对数(SIZE)、经营活动现金流(CFO)、托宾 Q(TOBIN'Q)、产权性质(STATE)、市场化指数(MKT)与公司环境绩效显著正相关;(2)负债权益比(LEV)、融资活动现金流(FIN)、收益波动率(VOL)与公司环境绩效显著负相关。

表 6-3 的倒数第一行 ΔPseudo R^2 结果显示:第(2)列在第(1)列的基础上加入了离结率(DIV)以后,模型 Pseudo R^2 提高了 0.05% 且在 1% 的统计水平上显著,说明考虑人口婚姻状况对公司环境绩效的影响后,模型解释力度显著更高。具体而言,DIV 系数显著为负(系数 = -0.034 9,t 值 = -4.16),表明离结率越高,公司环境绩效越低。此外,DIV 每变动一个标准差,导致公司环境绩效降低 0.431 9,约占公司环境绩效均值的 12.25%。这一结果除了具有统计意义外,亦具有显著的经济意义,支持了假设 6-1,表明与高个人主义社会氛围相关的离结率越高,公司环境绩效越低。

表 6-3 第(3)列在第(2)列的基础上加入环境法(LAW),模型 Pseudo R^2 提高了 0.05% 且在 1% 的统计水平上显著,说明考虑环境法对公司环境绩效的影响后,模型解释力度显著更高。DIV 系数显著为负(系数 = -0.036 6,t 值 = -4.35),LAW 系数显著为正(系数 = 2.001 8,t 值 = 5.93),表明离结率越高公司环境绩效越低,而环境法越严格公司环境绩效越高。

表 6-3 第(4)列在第(3)列的基础上加入交乘项(DIV×LAW),模型 Pseudo R^2 提高了 0.01% 并在 1% 的统计水平上显著,表明考虑环境法调节效应的模型解释力度更高。DIV 系数显著为负(系数 = -0.051 3,t 值 = -4.45),进一步支持了假设 6-1;LAW 系数显著为正(系数 = 1.118 2,t 值 = 2.79),和第(3)列结果一致;更重要的是,DIV×LAW 系数显著为正(系数 = 0.026 8,t 值 = 3.48),表明环境法的实施削弱了离结率与公司环境绩效之间的负相关关系。上述结果支持了假设 6-2。

表 6-3　人口婚姻状况、环境法与公司环境绩效

变量	因变量:CEP							
	(1)		(2)		(3)		(4)	
	系数	t 值	系数	t 值	系数	t 值	系数	t 值
DIV			−0.034 9***	−4.16	−0.036 6***	−4.35	−0.051 3***	−4.45
LAW					2.001 8***	5.93	1.118 2***	2.79
DIV×LAW							0.026 8***	3.48
BLOCK	1.162 8*	1.78	1.156 1*	1.78	1.363 5**	2.14	1.374 8**	2.17
INST_OWN	0.336 5	1.23	0.348 9	1.28	−0.000 2	−0.00	−0.021 3	−0.08
MAN_OWN	2.309 0***	3.25	2.250 8***	3.16	1.976 3***	2.76	1.953 1***	2.72
DUAL	−0.158 8	−1.10	−0.163 0	−1.13	−0.184 6	−1.28	−0.182 1	−1.26
INDR	0.448 2	0.28	0.371 0	0.23	0.415 0	0.26	0.405 4	0.25
BOARD	1.202 1***	2.84	1.188 0***	2.82	1.284 5***	3.04	1.287 2***	3.05
SIZE	2.301 1***	23.00	2.304 3***	23.11	2.267 0***	22.47	2.266 9***	22.47
LEV	−0.290 9***	−7.91	−0.288 9***	−7.86	−0.290 2***	−7.90	−0.290 2***	−7.91
CFO	1.311 7*	1.74	1.265 1*	1.72	1.403 9*	1.92	1.414 4*	1.94
TOBIN'Q	0.250 0***	6.38	0.252 0***	6.46	0.221 7***	5.59	0.223 8***	5.65
FIN	−0.462 4***	−2.95	−0.476 9***	−3.06	−0.452 0***	−2.90	−0.450 4***	−2.88
CAPIN	−0.049 6	−0.14	−0.046 7	−0.13	0.083 8	0.24	0.100 2	0.28
VOL	−11.631 3**	−2.37	−11.721 9**	−2.40	−8.582 7*	−1.92	−8.435 7*	−1.88
STATE	0.414 2**	2.27	0.437 2**	2.40	0.538 9***	2.91	0.537 2***	2.90
MKT	0.122 3**	2.17	0.028 1	0.48	0.153 7**	2.12	0.144 6**	1.98
LNGDPPC	0.146 5	0.62	0.864 5***	3.08	0.175 0	0.47	0.224 1	0.60
截距	−54.348 9***	−19.12	−60.089 0***	−19.49	−54.438 7***	−14.36	−54.540 3***	−14.37
行业/年度	控制		控制		控制		控制	
观测值	21 628		21 628		21 628		21 628	
Pseudo R^2	0.063 5		0.064 0		0.064 5		0.064 6	
LR Chi^2(p-value)	6 861.69*** (<.000 1)		6 917.16*** (<.000 1)		6 973.74*** (<.000 1)		6 984.84*** (<.000 1)	
Δ Pseudo R^2			55.47***		56.57***		11.10***	

注:***、**、*分别代表在1%、5%、10%的水平下显著。表格中报告的 t 值都经过公司和年度层面聚类的稳健标准误调整(Petersen,2009)。

(四)敏感性测试

1.自变量敏感性测试

本章使用粗离婚率(DIV_R)作为人口婚姻状况的敏感性测试变量。表 6-4 第(2)列中,DIV_R 系数在 1%水平上显著为负,再次支持了假设 6-1;表 6-4 第(4)列中,LAW 系数在 1%水平上显著为正,交乘项 DIV_R×LAW 在 10%水平上显著为正,支持了假设 6-2。

表 6-4　自变量敏感性测试

变量	因变量:CEP							
	(1)		(2)		(3)		(4)	
	系数	t 值	系数	t 值	系数	t 值	系数	t 值
DIV_R			−0.372 2***	−3.50	−0.393 9***	−3.68	−0.475 9***	−3.42
LAW					1.987 7***	5.89	1.559 3***	3.66
DIV_R×LAW							0.169 1*	1.79
BLOCK	1.162 8*	1.78	1.165 8*	1.80	1.372 2**	2.17	1.372 0**	2.17
INST_OWN	0.336 5	1.23	0.366 4	1.34	0.020 8	0.07	0.012 0	0.04
MAN_OWN	2.309 0***	3.25	2.285 1***	3.22	2.014 0***	2.80	2.003 0***	2.77
DUAL	−0.158 8	−1.10	−0.158 0	−1.09	−0.179 3	−1.24	−0.176 5	−1.22
INDR	0.448 2	0.28	0.347 8	0.22	0.389 8	0.24	0.377 9	0.24
BOARD	1.202 1***	2.84	1.184 7***	2.81	1.280 2***	3.02	1.279 5***	3.02
SIZE	2.301 1***	23.00	2.300 7***	23.08	2.263 5***	22.44	2.262 9***	22.43
LEV	−0.290 9***	−7.91	−0.287 7***	−7.88	−0.288 9***	−7.91	−0.288 7***	−7.91
CFO	1.311 7*	1.74	1.274 8*	1.75	1.412 9*	1.95	1.423 9**	1.96
TOBIN'Q	0.250 0***	6.38	0.244 9***	6.29	0.214 4***	5.42	0.215 4***	5.45
FIN	−0.462 4***	−2.95	−0.473 0***	−3.03	−0.448 1***	−2.86	−0.444 1***	−2.83
CAPIN	−0.049 6	−0.14	−0.036 5	−0.10	0.093 6	0.26	0.101 8	0.29
VOL	−11.631 3**	−2.37	−11.899 7**	−2.42	−8.794 6*	−1.92	−8.745 1*	−1.90
STATE	0.414 2**	2.27	0.416 9**	2.29	0.516 9***	2.79	0.514 2***	2.78
MKT	0.122 3**	2.17	0.029 0	0.49	0.153 1**	2.09	0.146 5**	1.97
LNGDPPC	0.146 5	0.62	0.574 3**	2.20	−0.121 6	−0.34	−0.097 9	−0.27
截距	−54.348 9***	−19.12	−57.106 1***	−19.28	−51.367 9***	−13.77	−51.384 3***	−13.77
行业/年度	控制		控制		控制		控制	
观测值	21 628		21 628		21 628		21 628	
Pseudo R^2	0.063 5		0.063 8		0.064 4		0.064 4	
LR Chi^2(p-value)	6 861.69*** (<.000 1)		6 902.16*** (<.000 1)		6 957.90*** (<.000 1)		6 960.34*** (<.000 1)	
Δ Pseudo R^2			40.46***		55.74***		3.04*	

注:***、**、*分别代表在1%、5%、10%的水平下显著。表格中报告的 t 值都经过公司和年度层面聚类的稳健标准误调整(Petersen,2009)。

2.因变量敏感性测试

本章使用另两个公司环境绩效变量 LN(1+CEP) 和 CEP_RANK 进行敏感性测试。LN(1+CEP) 为环境绩效指标的自然对数,计算方法为:(1+CEP) 取自然对数;CEP_RANK 为环境绩效指标的 rank 值,每年环境绩效(CEP)大于零的观测值由低到高分成十组,第一组 rank 赋值为1,第二组 rank 赋值为2,以此类推,第十组 rank 赋值为10。当 CEP 等于 0 时,CEP_RANK 等于0。表 6-5 的 Panel A 使用 LN(1+CEP) 作为公司环境绩效的敏感性测试指标。表 6-5 的第(2)列中,DIV 系数在 1% 水平上显著为负,支持了假设 6-1。表 6-5 的第(4)列中,DIV×LAW 在 1% 水平上显著为正,再次支持假设 6-2。表 6-5 的 Panel B 使用 CEP_RANK 作为公司环境绩效的替代变量进行敏感性测试,第(2)列与第(4)列的结果再次支持了假设 6-1 和 6-2。

表 6-5　因变量敏感性测试

Panel A：使用环境绩效指标的自然对数的敏感性测试

变量	因变量：LN(1＋CEP)							
	(1)		(2)		(3)		(4)	
	系数	t 值	系数	t 值	系数	t 值	系数	t 值
DIV			−0.005 3 ***	−4.10	−0.005 5 ***	−3.91	−0.007 7 ***	−4.73
LAW					0.273 3 ***	4.71	0.139 7 **	1.99
DIV×LAW							0.004 0 ***	3.11
BLOCK	0.155 5 *	1.80	0.154 5 *	1.79	0.180 8 **	2.12	0.182 2 **	2.14
INST_OWN	0.075 9	1.28	0.078 0	1.28	0.029 2	0.51	0.026 5	0.46
MAN_OWN	0.309 9 ***	3.27	0.300 9 ***	3.18	0.260 6 ***	2.75	0.257 3 ***	2.70
DUAL	−0.018 6	−0.92	−0.019 4	−0.95	−0.022 4	−1.10	−0.022 1	−1.09
INDR	0.183 9	0.85	0.172 9	0.80	0.178 4	0.82	0.175 9	0.81
BOARD	0.178 3 ***	2.81	0.176 1 ***	2.78	0.188 5 ***	3.01	0.188 8 ***	3.02
SIZE	0.311 5 ***	19.61	0.311 9 ***	19.69	0.305 9 ***	19.00	0.305 8 ***	19.01
LEV	−0.038 9 ***	−6.58	−0.038 6 ***	−6.53	−0.038 6 ***	−6.58	−0.038 7 ***	−6.58
CFO	0.164 4	1.53	0.158 3	1.51	0.175 7 *	1.68	0.177 7 *	1.70
TOBIN'Q	0.035 3 ***	3.45	0.035 5 ***	3.39	0.031 2 ***	3.27	0.031 4 ***	3.28
FIN	−0.076 5 ***	−2.58	−0.079 0 ***	−2.71	−0.076 2 **	−2.56	−0.076 0 **	−2.54
CAPIN	−0.011 4	−0.20	−0.010 5	−0.18	0.007 6	0.13	0.010 0	0.18
VOL	−1.947 0 ***	−3.11	−1.960 6 ***	−3.11	−1.527 3 ***	−2.64	−1.503 3 ***	−2.59
STATE	0.057 7 *	1.71	0.061 2 *	1.80	0.075 1 **	2.17	0.075 0 **	2.17
MKT	0.010 3	0.85	−0.004 1	−0.34	0.013 5	1.24	0.012 2	1.10
LNGDPPC	0.028 8	0.50	0.137 3 **	2.29	0.040 7	0.69	0.047 6	0.80
截距	−6.705 7 ***	−11.57	−7.568 4 ***	−12.85	−6.747 3 ***	−10.96	−6.757 0 ***	−10.96
行业/年度	控 制		控 制		控 制		控 制	
观测值	21 628		21 628		21 628		21 628	
Adj_R^2	0.272 4		0.274 7		0.276 7		0.277 1	
F (p-value)	237.88 *** (<.000 1)		236.46 *** (<.000 1)		233.04 *** (<.000 1)		229.02 *** (<.000 1)	
ΔR^2			68.88 ***		58.57 ***		13.61 ***	

续表

Panel B:使用环境绩效指标的 rank 值的敏感性测试

变量	因变量:CEP_RANK							
	(1)		(2)		(3)		(4)	
	系数	t 值	系数	t 值	系数	t 值	系数	t 值
DIV			−0.028 7 ***	−4.74	−0.030 1 ***	−4.94	−0.042 6 ***	−5.23
LAW					1.626 4 ***	6.82	0.873 9 **	2.18
DIV×LAW							0.022 8 ***	4.45
BLOCK	0.796 2 *	1.75	0.790 6 *	1.75	0.957 5 **	2.19	0.966 9 **	2.22
INST_OWN	0.453 1 **	2.24	0.463 3 **	2.29	0.179 2	0.57	0.161 6	0.77
MAN_OWN	1.642 6 ***	5.46	1.594 3 ***	5.30	1.369 1 ***	2.63	1.349 4 ***	2.58
DUAL	−0.104 6	−1.02	−0.108 1	−1.05	−0.125 6	−1.23	−0.123 5	−1.20
INDR	1.008 7	0.85	0.946 1	0.81	0.982 5	0.85	0.973 7	0.84
BOARD	0.906 6 ***	3.04	0.894 8 ***	3.03	0.972 7 ***	3.27	0.974 8 ***	3.28
SIZE	1.505 6 ***	30.45	1.507 9 ***	30.75	1.476 6 ***	29.70	1.476 5 ***	29.73
LEV	−0.216 2 ***	−7.76	−0.214 6 ***	−7.75	−0.215 5 ***	−7.79	−0.215 5 ***	−7.81
CFO	0.794 5	1.36	0.756 3	1.33	0.867 4	1.52	0.876 6	1.54
TOBIN'Q	0.110 3 ***	3.85	0.111 9 ***	3.93	0.087 1 ***	3.03	0.088 8 ***	3.09
FIN	−0.329 3 ***	−3.15	−0.341 4 ***	−3.30	−0.321 6 ***	−3.11	−0.320 3 ***	−3.10
CAPIN	−0.047 3	−0.19	−0.044 6	−0.18	0.061 5	0.25	0.075 5	0.30
VOL	−10.692 0 ***	−3.19	−10.764 2 ***	−3.23	−8.212 5 ***	−2.75	−8.085 7 ***	−2.71
STATE	0.322 2 **	2.41	0.341 2 **	2.56	0.423 7 ***	3.13	0.422 3 ***	3.12
MKT	0.040 2	1.07	−0.037 4	−0.94	0.064 8	1.31	0.057 2	1.14
LNGDPPC	0.187 3	1.13	0.777 5 ***	3.90	0.215 8	0.83	0.257 3	0.98
截距	−35.671 3 ***	−19.88	−40.380 3 ***	−20.38	−35.749 0 ***	−14.31	−35.830 1 ***	−14.33
行业/年度	控制		控制		控制		控制	
观测值	21 628		21 628		21 628		21 628	
Pseudo R^2	0.065 2		0.065 9		0.066 6		0.066 8	
LR Chi^2(p-value)	6 494.17 *** (<.000 1)		6 566.50 *** (<.000 1)		6 638.71 *** (<.000 1)		6 654.26 *** (<.000 1)	
Δ Pseudo R^2			72.33 ***		72.21 ***		15.56 ***	

注:*** 、** 、* 分别代表在 1%、5%、10% 的水平下显著。表格中报告的 t 值都经过公司和年度层面聚类的稳健标准误调整(Petersen,2009)。

(五)内生性问题

理论上,本章对人口婚姻状况与公司环境绩效的研究可能受到内生性问题的影响。为此,本章使用两阶段回归方法控制内生性。第一阶段回归中,本章以省平均的家庭人口数(POP_PER)作为工具变量,因为家庭人口数虽然影响地区人口婚姻状况,但并不影响公司环境绩效。具体而言,因为从家庭微观层面讲,家庭聚合力在一定程度上约束着婚姻的离散趋势(徐安琪,叶文振,2002),所以家庭人口数是反映家庭聚合力的度量指标。家庭结构小型化减少了亲属网络对婚姻冲突的缓冲作用,因此在缺少大家庭的凝聚力的情况下,增加了婚姻破裂的可能(徐安琪,叶文振,2002)。

表 6-6 第(1)列的第一阶段的回归包含工具变量——省平均的家庭人口数(POP_PER)及其他控制变量。表 6-6 第(1)列中,工具变量 POP_PER 的系数显著为负(系数 = $-17.593\ 4$,t 值 $=-10.21$),与理论预测一致。基于第一阶段回归,本章计算了离结率的估计量(DIV*),并将之作为第二阶段回归的主要解释变量。如表 6-6 的第(2)列所示,DIV* 的系数在 1% 水平上显著为负,为假设 6-1 提供了进一步的支持;表 6-6 的第(4)列中,DIV* × LAW 的系数在 5% 水平上显著为正,支持了假设 6-2。概而言之,表 6-6 的结果说明,在控制了内生性后,假设 6-1 和 6-2 依然被经验证据所支持。

表 6-6 使用两阶段回归法解决内生性问题

变量	因变量:DIV		因变量:CEP					
	(1)		(2)		(3)		(4)	
	系数	t 值	系数	t 值	系数	t 值	系数	t 值
POP_PER	$-17.593\ 4$***	-10.21						
DIV*			$-0.047\ 2$***	-3.51	$-0.050\ 6$***	-3.75	$-0.060\ 5$***	-3.71
LAW					$2.045\ 1$***	6.01	$1.321\ 0$***	3.01
DIV* ×LAW							$0.020\ 2$**	2.31
BLOCK	$-2.210\ 7$***	-2.74	$1.157\ 7$*	1.79	$1.369\ 3$**	2.15	$1.378\ 9$**	2.17
INST_OWN	$2.968\ 9$**	2.56	$0.350\ 8$	1.28	$-0.005\ 5$	-0.02	$-0.021\ 6$	-0.08
MAN_OWN	$1.446\ 9$	1.28	$2.230\ 2$***	3.19	$1.946\ 6$***	2.74	$1.941\ 3$***	2.72
DUAL	$0.212\ 7$	1.15	$-0.166\ 4$	-1.15	$-0.188\ 9$	-1.31	$-0.188\ 0$	-1.30
INDR	$0.870\ 7$	0.51	$0.351\ 3$	0.22	$0.393\ 5$	0.25	$0.389\ 2$	0.24
BOARD	$-1.241\ 7$**	-2.14	$1.187\ 1$***	2.82	$1.285\ 3$***	3.04	$1.285\ 9$***	3.04
SIZE	$0.252\ 3$	1.62	$2.304\ 2$***	23.13	$2.266\ 2$***	22.48	$2.266\ 8$***	22.49
LEV	$0.013\ 7$	0.25	$-0.288\ 4$***	-7.86	$-0.289\ 6$***	-7.89	$-0.289\ 6$***	-7.90
CFO	$-1.545\ 9$**	-2.30	$1.260\ 6$*	1.69	$1.401\ 3$*	1.88	$1.413\ 4$*	1.90
TOBIN'Q	$0.213\ 0$*	1.74	$0.252\ 6$***	6.45	$0.221\ 7$***	5.58	$0.223\ 1$***	5.62
FIN	$-0.192\ 2$	-0.70	$-0.482\ 8$***	-3.10	$-0.458\ 0$***	-2.93	$-0.455\ 2$***	-2.92
CAPIN	$-0.043\ 2$	-0.06	$-0.043\ 9$	-0.12	$0.090\ 0$	0.25	$0.091\ 4$	0.26
VOL	$-21.349\ 7$*	-1.92	$-11.788\ 9$**	-2.43	$-8.589\ 5$*	-1.89	$-8.563\ 3$*	-1.89
STATE	$-0.299\ 9$	-0.69	$0.446\ 3$**	2.46	$0.551\ 4$***	2.99	$0.551\ 7$***	2.99
MKT	$-1.120\ 9$**	-2.28	$-0.005\ 7$	-0.09	$0.118\ 0$	1.56	$0.109\ 2$	1.43
LNGDPPC	$9.648\ 4$***	4.05	$1.113\ 3$***	3.18	$0.442\ 9$	1.06	$0.510\ 4$	1.20
截距	$-6.035\ 8$	-0.22	$-62.040\ 1$***	-17.15	$-56.535\ 3$***	-13.54	$-56.945\ 6$***	-13.47
行业/年度	控制		控制		控制		控制	
观测值	21 628		21 628		21 628		21 628	
Adj_R^2/Pseudo R^2	0.733 7		0.064 0		0.064 5		0.064 5	
F/LR Chi² (p-value)	1 249.45*** (<.000 1)		6 914.67*** (<.000 1)		6 973.56*** (<.000 1)		6 977.48*** (<.000 1)	
Δ Pseudo R^2			52.97***		58.90***		3.92***	

注:***、**、*分别代表在 1%、5%、10% 的水平下显著。表格中报告的 t 值都经过公司和年度层面聚类的稳健标准误调整(Petersen,2009)。

(六)进一步测试

(1)行业差异。不同行业污染倾向和所受监管强度不同,因此公司环境绩效可能存在行业差异(程隆云 等,2011;傅鸿震,2015;Clarkson et al.,2008;王建明,2008)。本章首先根据2008 年《上市公司环境保护核查行业分类管理名录》,按公司所在行业是否属于高污染行业进行分组检验。

表 6-7 第(1)至(2)列显示,虽然高、低污染行业分组中 DIV 系数均显著为负,但组间差异显著且系数差异检验显示 DIV 系数在高污染行业(-0.032 8)要显著小于低污染行业(-0.038 1)。上述结果表明,相比于低污染行业,重污染行业样本人口婚姻状况与公司环境绩效的负向关系更强。

其次,本章计算每个行业的赫芬达尔-赫希曼指数(HHI),按 HHI 年平均值区分高低竞争行业进行分组检验。表 6-7 第(3)至(4)列结果显示,虽然高、低竞争组中 DIV 系数均显著为负,但组间差异显著、且高竞争行业 DIV 系数(-0.086 4)显著低于低竞争行业组系数(-0.028 1)。实证检验结果表明,相较于低竞争行业,高竞争行业样本人口婚姻状况对公司环境绩效的负向影响更弱。

(2)CEO 特征影响。根据高阶理论,高管团队特征影响公司环境绩效(吴德军,黄丹丹,2013;余怒涛 等,2017;Shahab et al.,2018)。本章首先根据是否取得硕士及以上学历,将CEO 划分为高学历和低学历进行分组检验。表 6-7 第(5)至(6)列结果显示,虽然高、低学历组中,DIV 的系数均显著为负,但组间差异显著且低学历自变量 DIV 系数(-0.051 7)显著低于高学历组系数(-0.031 2)。上述结果表明,相比于高学历 CEO,低学历 CEO 公司样本中离结率与公司环境绩效的负向关系更强。

其次,本章根据性别将 CEO 划分为男性 CEO 与女性 CEO 两组进行分组检验。表 6-7 第(7)至(8)列结果显示,男性 CEO 组自变量 DIV 系数(-0.036 1)显著为负,但女性 CEO 组 DIV 的系数(-0.034 1)不显著,说明相比于女性 CEO,男性 CEO 公司的离结率与公司环境绩效的负向关系更强。

(3)环境绩效子指标回归结果。本章被解释变量为公司环境绩效(CEP),分为七个维度,共计四十五个项目评分,合计各项得分即获得公司环境绩效的总评分。评分框架有七大维度,包含定量(硬信息)和定性(软信息)指标。CEP_HARD 表示硬信息指标,等于第一至第四子项目得分之和,CEP_SOFT 表示软信息指标,等于第五至第七子项目得分之和。CEP_N(N=1、2、3、4、5、6、7)分别表示七个子项的得分。表 6-8 呈现了环境绩效子指标回归结果,第(1)~(9)列中,DIV 系数均在 1% 水平上显著为负,支持了假设 6-1。

表6-7　分组测试人口婚姻状况、环境法与公司环境绩效的关系

因变量:CEP

变量	(1)重污染行业 系数	(1) t值	(2)非重污染行业 系数	(2) t值	(3)竞争度高 系数	(3) t值	(4)竞争度低 系数	(4) t值	(5)高学历CEO 系数	(5) t值	(6)低学历CEO 系数	(6) t值	(7)女性CEO 系数	(7) t值	(8)男性CEO 系数	(8) t值
DIV	−0.032 8 **	−2.14	−0.038 1 ***	−4.11	−0.086 4 ***	−4.90	−0.028 1 ***	−3.08	−0.031 2 ***	−3.18	−0.051 7 ***	−3.95	−0.034 1	−1.46	−0.036 1 ***	−4.21
BLOCK	2.905 5 **	2.43	0.452 1	0.78	0.260 9	0.18	1.527 4 ***	2.79	1.288 6 *	1.90	1.096 0	1.02	1.727 5	0.8	1.240 6 *	1.88
INST_OWN	−0.140 2	−0.25	0.107 2	0.34	−0.158 8	−0.14	−0.058 5	−0.15	−0.032 2	−0.10	0.114 3	0.17	0.609 1	0.49	−0.048 3	−0.17
MAN_OWN	3.702 4 ***	2.93	1.093 7	1.63	−0.614 4	−0.52	2.421 5 ***	5.24	1.566 4 *	1.80	2.474 6 ***	4.44	1.656 0 *	1.82	1.953 5 ***	2.67
DUAL	−0.484 7 *	−1.75	−0.019 5	−0.13	0.297 6	0.76	−0.271 1 *	−1.82	−0.002 3	−0.01	−0.368 3 *	−1.76	−0.320 4	−0.91	−0.159 5	−1.03
INDR	−3.731 7	−1.31	2.842 3 *	1.65	0.831 5	0.22	0.338 0	0.20	−0.667 5	−0.34	3.225 0	1.40	2.862 3	0.71	−0.185 6	−0.11
BOARD	1.165 9	1.59	1.301 6 ***	2.68	−0.330 7	−0.24	1.624 2 ***	3.88	1.398 3 ***	2.90	1.020 4	1.47	−0.636 8	−0.74	1.419 5 ***	3.18
SIZE	2.381 1 ***	13.50	2.115 3 ***	18.89	2.441 5 ***	10.07	2.226 7 ***	20.39	2.310 9 ***	20.64	2.111 3 ***	11.59	1.702 3 ***	8.25	2.305 2 ***	21.57
LEV	−0.272 2 ***	−4.73	−0.284 2 ***	−6.86	−0.268 0 ***	−2.97	−0.295 6 ***	−7.67	−0.292 0 ***	−6.74	−0.272 0 ***	−4.55	−0.321 8 ***	−3.79	−0.286 8 ***	−7.48
CFO	0.968 6	0.72	1.360 8 **	2.16	1.612 5	1.16	1.468 5 *	1.95	0.946 1	1.07	2.415 8 **	2.04	0.443 5	0.36	1.519 2 ***	2.03
TOBIN'Q	0.244 3 ***	3.17	0.193 8 ***	4.57	0.256 4 ***	3.56	0.216 3 ***	4.91	0.226 2 ***	4.71	0.198 8 ***	3.70	0.142 3	1.39	0.227 4 ***	5.49
FIN	−0.179 5	−0.62	−0.594 0 ***	−3.44	−0.081 0	−0.12	−0.459 6 ***	−2.86	−0.471 4 **	−2.62	−0.392 1	−1.56	0.315 8	1.14	−0.532 8 ***	−3.10
CAPIN	0.258 9	0.34	−0.092 0	−0.20	0.178 8	0.16	0.111 9	0.30	0.378 3	0.85	−0.419 4	−0.87	1.386 7 *	1.87	−0.058 4	−0.16
VOL	−8.803 4	−1.50	−7.151 1 *	−1.90	−15.837 5 **	−2.22	−7.066 5	−1.66	−10.339 6 **	−2.20	−4.179 1	−0.77	−17.703 5 **	−2.29	−7.520 9	−1.57
STATE	1.158 8 ***	3.58	0.116 4	0.57	0.346 3	0.73	0.567 7 ***	2.93	0.517 5 **	2.46	0.439 0	1.41	0.574 3	1.18	0.549 2 ***	2.89
MKT	0.315 8 **	2.55	0.042 4	0.53	0.249 8	1.51	0.141 1 *	1.80	0.106 8	1.29	0.329 9 ***	2.93	0.018 8	0.10	0.185 0 **	2.48
LNGDPPC	−0.373 1	−0.57	0.621 2	1.55	0.597 2	0.79	0.107 2	0.26	0.297 4	0.70	−0.456 7	−0.84	−0.630 6	−0.76	0.159 4	0.41
截距	−52.946 0 ***	−7.92	−54.508 7 ***	−12.66	−57.343 7 ***	−7.29	−54.027 1 ***	−12.89	−56.004 2 ***	−13.05	−46.410 9 ***	−7.80	−31.203 5 ***	−3.56	−55.274 4 ***	−14.08
行业/年度	控制		控制		控制		控制		控制		控制		控制		控制	
观测值	7 661		13 967		3049		18 579		15 528		6 100		1 992		19 636	
Pseudo R²	0.050 7		0.059 8		0.100 5		0.059 1		0.067 0		0.058 6		0.064 6		0.065 0	
LR Chi²(p-value)	2 226.68 *** (<.000 1)		3 738.82 *** (<.000 1)		1 520.10 *** (<.000 1)		5 494.57 *** (<.000 1)		5 272.48 *** (<.000 1)		1 711.55 *** (<.000 1)		589.77 *** (<.000 1)		6 431.96 *** (<.000 1)	
组间检验	2 313.60 ***				103.39 ***				314.72 ***				215.37 ***			
系数检验（DIV）	2.39 **				−3.16 ***				1.74 *				0.10			

注:***、**、* 分别代表在1%、5%、10%的水平下显著。表格中报告的t值都经过公司和年度层面聚类的稳健标准误调整（Petersen,2009）。

表 6-8　使用环境绩效子指标进行因变量敏感性测试

变量	因变量：CEP_HARD (1) 系数	t值	因变量：CEP_SOFT (2) 系数	t值	因变量：CEP_1 (3) 系数	t值	因变量：CEP_2 (4) 系数	t值	因变量：CEP_3 (5) 系数	t值	因变量：CEP_4 (6) 系数	t值	因变量：CEP_5 (7) 系数	t值	因变量：CEP_6 (8) 系数	t值	因变量：CEP_7 (9) 系数	t值
DIV	-0.0316***	-4.21	-0.0147***	-4.01	-0.0124***	-4.33	-0.0159***	-4.67	-0.0326***	-2.96	-0.0089***	-3.65	-0.0104***	-4.14	-0.0093***	-3.23	-0.0096***	-2.82
BLOCK	0.7682	1.40	0.4022*	1.90	0.1313	0.70	-0.1456	-0.79	1.9782***	3.05	0.2389	1.22	0.3423**	2.12	0.0344	0.15	-0.1094	-0.41
INST_OWN	0.0221	0.09	0.3469**	2.86	0.0392	0.42	0.0190	0.18	-0.0224	-0.04	-0.0039	-0.05	0.0825	1.00	0.3355***	3.50	0.2346**	1.97
MAN_OWN	1.2859*	1.91	1.2032***	4.57	0.2087	1.57	0.0507	0.28	1.6970***	2.65	0.4699**	2.39	0.4264**	2.50	1.6347***	11.94	-0.1345	-0.43
DUAL	-0.1934	-1.48	-0.0266	-0.42	-0.0430	-0.97	-0.1202**	-1.98	-0.3165	-1.51	0.0104	0.23	-0.0061	-0.14	-0.0064	-0.13	-0.0981	-1.46
INDR	0.0325	0.02	0.1278	0.20	0.2738	0.51	0.1361	0.24	-0.4227	-0.18	0.0522	0.11	0.4477	1.05	-0.9217	-1.46	-0.0539	-0.06
BOARD	1.0202**	2.75	0.3964**	2.27	0.3702**	2.68	0.2355	1.54	1.7901***	3.37	0.3163***	2.72	0.2406**	2.08	0.1773	1.30	0.3089*	1.78
SIZE	2.0237***	22.07	0.8031***	23.75	0.4213***	16.08	0.7655***	24.98	2.4719***	21.22	0.2917***	14.75	0.5260***	25.78	0.2323***	7.70	0.6324***	20.14
LEV	-0.2353***	-6.63	-0.1272***	-7.61	-0.0674***	-4.91	-0.1171***	-6.17	-0.3185***	-5.57	-0.0456***	-4.29	-0.0745***	-6.41	-0.0822***	-4.62	-0.0964***	-5.83
CFO	1.1041*	1.67	0.5744*	1.80	0.2028	1.02	0.4842*	1.75	1.6765***	3.21	0.3207***	2.80	0.4154**	2.11	0.1029	0.45	0.5265***	2.76
TOBINQ	0.2207***	6.28	0.0621***	3.50	0.0258*	1.89	0.1020***	6.93	0.2291***	3.50	0.0077	0.58	0.0430***	3.58	-0.0273*	-1.82	0.0899***	4.94
FIN	-0.5672***	-4.06	-0.0891	-1.41	-0.1211**	-2.53	-0.1763***	-3.08	-0.7579***	-3.32	-0.0377	-0.91	-0.0601	-1.44	-0.0003	-0.01	-0.1494**	-2.34
CAPIN	0.0458	0.15	-0.0346	-0.23	-0.1695	-1.44	-0.0303	-0.22	0.0106	0.03	0.2848***	2.85	-0.0701	-0.70	0.3501***	3.28	-0.2551*	-1.75
VOL	-8.8850***	-2.58	-6.3987***	-3.04	-4.0912***	-2.89	-4.4832***	-4.23	-7.4358	-1.35	-1.7512**	-2.00	-4.4219***	-4.14	-1.7820	-1.16	-5.7910***	-3.49
STATE	0.5921***	3.74	0.0498	0.64	0.0912	1.55	0.2624***	3.94	1.2720***	5.37	0.1165**	2.24	0.1107**	2.13	-0.3829***	-5.90	0.2814***	3.88
MKT	0.0874	1.63	-0.0220	-0.94	0.0258	1.43	0.0255	1.13	0.1043	1.34	0.0244	1.52	-0.0024	-0.15	-0.0059	-0.31	-0.0395*	-1.84
LNGDPPC	0.5184**	2.04	0.4321***	3.65	0.1781*	1.87	0.2292**	2.07	0.6306**	1.73	0.0805	1.05	0.2052***	2.60	0.2884***	3.11	0.3524***	3.18
截距	-52.3197***	-18.60	-21.7248***	-17.87	-12.6862***	-12.75	-20.2598***	-16.99	-71.3189***	-18.28	-9.1866***	-11.83	-13.7168***	-17.43	-9.0210***	-8.66	-19.6928***	-16.93
行业/年度	控制		控制		控制		控制		控制		控制		控制		控制		控制	
观测值	21 628		21 628		21 628		21 628		21 628		21 628		21 628		21 628		21 628	
Pseudo R²	0.0761		0.0655		0.0769		0.1049		0.1086		0.0827		0.0747		0.0544		0.0877	
LR Chi²(p-value)	6313.25***(<.0001)		5188.48***(<.0001)		3200.44***(<.0001)		4560.43***(<.0001)		4550.03***(<.0001)		2286.53***(<.0001)		4840.93***(<.0001)		1939.42***(<.0001)		2923.70***(<.0001)	

注：***、**、* 分别代表在1%、5%、10%的水平下显著。表格中报告的t值都经过公司和年度层面聚类的稳健标准误调整（Petersen，2009）。

五、结论、政策建议、研究局限与展望

环境治理是当前中国经济社会发展的关键问题,企业作为微观经济主体应在环境治理体系中发挥应有的积极作用。人口婚姻状况是重要的社会现象,既是社会与时代背景的缩影,也体现了社会价值观,与社会文化密切相关(Toth,Kemmelmeier,2009;齐晓安,2009;徐安琪,叶文振,2002)。本章考察了人口婚姻状况对公司环境绩效的影响,进而分析了环境法律(《中华人民共和国环境保护法》)的颁布实施对人口婚姻状况与公司环境绩效关系的调节效应。以 2008—2017 年沪深 A 股上市公司为样本,本章研究结果表明:反映了社会价值观的离结率与公司环境绩效显著负相关,且环境法的颁布弱化了离结率对公司环境绩效的负向影响。本章发现在经过了一系列敏感性测试与使用两阶段回归法控制内生性后,上述结论依然成立。进一步,人口婚姻状况对公司环境绩效的负向影响在非重污染行业、高竞争行业、CEO 低学历公司、男性 CEO 公司样本中更为突出。本章对人口婚姻状况在微观层面的经济后果——公司环境绩效进行了探索,为正确看待人口婚姻状况对公司行为的影响、分析公司环境绩效社会文化层面的影响因素、厘清正式制度与非正式制度如何交互影响公司环境绩效提供了经验证据。

本章研究结果具有一定的实践意义与政策启示:

(1)本章结论凸显了社会文化对公司环境绩效的重要影响。企业是微观经济主体,在环境治理体系中承担着主体作用,因而受到监管部门、投资者、公众等利益相关者日益增加的关注。自 1979 年中国颁布实施第一部环境保护法至 2019 年,多部环境相关的法律与行政法规陆续出台,环保法规体系逐步丰富。尽管中国持续推进环境治理,但不同公司的环境绩效依然存在明显差异,因此仅依靠正式制度无法完全保证公司环境绩效,应从社会文化中探索公司环境绩效的影响因素。本章发现,不稳定的人口婚姻状况(高离结率/高离婚率)反映了社会高个人主义价值观,抑制了公司环境绩效。这一结论对于推进公司环境治理,提高公司环境绩效具有一定的启示意义。

(2)在推进环境治理过程中,除了日益完善的正式制度体系和法律执行力度的加强,监管部门还需综合考虑可能影响公司环境保护动机的社会文化因素,积极培育和引导地区社会价值判断,充分发挥文化引导社会、推动环保发展的重要功能。制定与非正式制度相适宜的政策法规可以在一定程度上促使非正式制度填补法律规范无法覆盖的空白,充当正式制度的"润滑剂",从两个层面共同推进公司环境治理。证监会与生态环境部等监管部门、投资者、社会公众应重视高离结率省份公司的环境治理,可将地区人口婚姻状况作为理解公司环境治理问题的新的视角或信号。

(3)本章发现人口婚姻状况对公司环境绩效的负向影响因污染程度、竞争程度、CEO 学历、CEO 性别不同而呈现差异,这启示监管部门、投资者、社会公众在关注地区人口婚姻状况对公司环境治理的影响时,可以重点关注非重污染行业、高竞争行业、"CEO 低学历公司"和"男性 CEO 公司"。此外,环境监管政策应尽可能避免一刀切,而应根据不同行业特征、公司特征采取有重点的监督管控。这一发现也为利益相关者立足于行业特征与公司特征,从地区人口婚姻状况角度理解公司环境治理问题提供了重要思路,帮助其有针对性地采取投资行为。

　　(4)本章揭示了环境法对公司环境绩效的影响,并发现环境法弱化了人口婚姻状况对公司环境绩效的负向影响。正式制度与非正式制度存在复杂的交互作用,本章揭示了正式制度的完善对非正式制度产生的替代效应,不断完善的环境法律体系,削减了社会文化对公司环境治理行为的负面影响。2015 年颁布的《中华人民共和国环境保护法》增加了监管手段、处罚力度,扩展了环保监管部门的监管权力,极大改变了公司面临的法律环境,本章研究结论支持了"史上最严环境法"的实施具有积极政策效力。中国持续推进的环境治理工作,尽管取得了成效,但仍需要在现有基础上完善环境法制体系,弥补环境法制的薄弱点与缺失点,加强环境法执行力度。对于立法机构与相关监管部门而言,既应致力于制定颁布更为完备的环境保护法律规范体系,也应关注法律规范与非正式制度之间的交互作用,制定与国家或地区非正式制度相适宜、相融合的法律规范。

　　本章使用地区层面离结率以及粗离婚率度量地区人口婚姻状况,检验其对公司环境绩效的影响,尤其是其反映出的社会文化或社会氛围对公司行为的影响。由于隐私限制,目前无法取得中国个人层面婚姻状况数据,未来可以考虑使用高管个人层面的婚姻状况数据检验这一研究话题。

参考文献

[1]毕茜,顾立盟,张济建.传统文化、环境制度与企业环境信息披露[J].会计研究,2015 (3):12-19.

[2]程隆云,李志敏,马丽.企业环境信息披露影响因素分析[J].经济与管理研究,2011 (11):83-90.

[3]费孝通.费孝通文集第十四卷——我从家庭入手认识社会[M].北京:群言出版社,1999.

[4]傅鸿震.公司特征、行业竞争属性与环境信息披露——来自我国重污染行业上市公司的经验证据[J].西部论坛,2015 (1):86-94.

[5]胡珺,宋献中,王红建.非正式制度、家乡认同与企业环境治理[J].管理世界,2017 (3):76-94+187-188.

[6]李友梅.重塑转型期的社会认同[J].社会学研究,2007 (2):183-186.

[7]梁平汉,高楠.人事变更、法制环境和地方环境污染[J].管理世界,2014 (6):65-78.

[8]卢洪友,唐飞,许文立.税收政策能增强企业的环境责任吗——来自我国上市公司的证据[J].财贸研究,2017,28(1):85-91.

[9]齐晓安.社会文化变迁对婚姻家庭的影响及趋势[J].人口学刊,2009 (3):33-38.

[10]沈洪涛,周艳坤.环境执法监督与企业环境绩效:来自环保约谈的准自然实验证据[J].南开管理评论,2017,20(6):73-82.

[11]宋瑛.统一我国离婚率计算方法[J].统计与决策,1989 (6):18.

[12]苏理云,柳洋,彭相武.中国各省离婚率的空间聚集及时空格局演变分析[J].人口研究,2015,39(6):74-84.

[13]王建明.环境信息披露、行业差异和外部制度压力相关性研究——来自我国沪市上市公司环境信息披露的经验证据[J].会计研究,2008(6):54-62+95.

[14]王小鲁,樊纲,胡李鹏.中国分省份市场化指数报告(2018)[M].北京:社会科学出版社,2019.

[15]王云,李延喜,马壮,等.媒体关注、环境规制与企业环保投资[J].南开管理评论,2017,20(6):83-94.

[16]吴德军,黄丹丹.高管特征与公司环境绩效[J].中南财经政法大学学报,2013(5):109-114.

[17]徐安琪,叶文振.中国离婚率的地区差异分析[J].人口研究,2002(4):28-35.

[18]余怒涛,范书梦,郑延.高管团队特征、环境绩效与公司价值——基于中国化工行业上市公司的实证研究[J].财务研究,2017(2):68-78.

[19]曾泉,杜兴强,常莹莹.宗教社会规范强度影响企业的节能减排成效吗?[J].经济管理,2018,40(10):27-43.

[20]张长江,陈倩.环境绩效、家乡认同与环境信息披露[J].财会通讯,2019(15):26-31.

[21]AKERLOF G A. A theory of social custom, of which unemployment may be one consequence[J]. The quarterly journal of economics, 1980, 94(4): 749-775.

[22]BARNES J C, BEAVER K M. Marriage and desistance from crime: a consideration of gene-environment correlation[J]. Journal of marriage and family, 2012, 74(1):19-33.

[23]BERNHEIM D. A theory of conformity[J]. Journal of political economy, 1994, 102 (5): 841-877.

[24]BERTOCCHI G, BRUNETTI M, TORRICELLI C. Marriage and other risky assets: a portfolio approach[J]. Journal of banking & finance, 2011, 35(11): 2902-2915.

[25]BRYANT W K, JEON-SLAUGHTER H, KANG H, et al. Participation in philanthropic activities: donating money and time[J]. Journal of consumer policy, 2003, 26(1): 43-73.

[26]CHO Y N, THYROFF A, RAPERT M I, et al. To be or not to be green: exploring individualism and collectivism as antecedents of environmental behavior[J]. Journal of business research, 2013, 66(8): 1052-1059.

[27]CLARKSON P M, LI Y, RICHARDSON G D, et al. Revisiting the relation between environmental performance and environmental disclosure: an empirical analysis[J]. Accounting, organizations and society, 2008, 33(4-5): 303-327.

[28]COFFEE J C. Do norms matter? a cross-country evaluation[J]. University of Pennsylvania law review, 2001, 149(6): 2151-2177.

[29]COLE H L, MAILATH G J, POSTLEWAITE A. Social norms, savings behavior, and growth[J]. Journal of political economy, 1992, 100(6):1092-1125.

[30]DHILLON A, RIGOLINI J. Development and the interaction of enforcement institutions[J]. Journal of public economics, 2011, 95(1-2): 79-87.

[31]DION K K, DIONK L. Cultural perspectives on romantic love[J]. Personal relationships, 1996, 3(1): 5-17.

[32]DU X Q, DU Y J, ZENG Q, et al. Religious atmosphere, law enforcement, and corporate social responsibility: evidence from China[J]. Asia Pacific journal of management, 2016, 33: 229-265.

[33]DU X Q, JIAN W, ZENG Q, et al. Do auditors applaud corporate environmental performance? evidence from China[J]. Journal of business ethics, 2018, 151: 1049-1080.

[34]EGRI C P, RALSTON D A, MILTON L, et al. Managerial perspectives on corporate environmental and social responsibilities in 22 countries[J]. Academy of management proceedings, 2004, (1): C1-C6.

[35]ELSTER J. Social norms and economic theory[J]. Journal of economic perspectives, 1989, 3(4): 99-117.

[36]GLOBAL REPORTING INITIATIVE. Sustainability reporting guidelines[R]. Netherlands, Amsterdam: GRI, 2006.

[37]GOVE W R, HUGHES M, STYLE C B. Does marriage have positive effects on the psychological well-being of the individual? [J]. Journal of health and social behavior, 1983, 24(2): 122-131.

[38]HARTOG J, FERRER-I-CARBONELL A, JONKER N. Linking measured risk aversion to individual characteristics[J]. Kyklos, 2002, 55(1):3-26.

[39]HELLIWELL J F, PUTNAM RD. The social context of well-being[J]. Philosophical transactions of the Royal Society of London, 2004, 359(1449): 1435-1446.

[40]HILARY G, HUANG S, XU Y. Marital status and earnings management[J]. European accounting review, 2017, 26(1): 153-158.

[41.HUGHES M, GOVE W R. Living alone, social integration, and mental health[J]. American journal of sociology, 1981, 87(1): 48-74.

[42]HUI C H, TRIANDIS H C. Individualism-collectivism: a study of cross-cultural researchers[J]. Journal of cross-cultural psychology, 1986, 17(2): 225-248.

[43]KAGAN R A, GUNNINGHAM N, THORNTON D. Explaining corporate environmental performance: how does regulation matter[J]? Law & society review, 2003, 37(1): 51-90.

[44]KIM Y, CHOI S M. Antecedents of green purchase behavior: an examination of collectivism, environmental concern, and PCE[J]. Advances in consumer research, 2005, 32: 592-599.

[45]LOVE D A. The effects of marital status and children on savings and portfolio choice[J]. Review of financial studies, 2010, 23(1): 385-432.

[46]MCCARTY J A, SHRUM L J. The influence of individualism, collectivism, and locus of control on environmental beliefs and behavior[J]. Journal of public policy & marketing, 2001, 20(1): 93-104.

[47]MCMILLAN J, WOODRUFF C. Private order under dysfunctional public order [J]. Michigan law review, 2000, 98(8): 2421-2458.

[48]MESCH D J, ROONEY P M, STEINBERG K S, et al. The effects of race, gender, and marital status on giving and volunteering in Indiana[J]. Nonprofit and voluntary sector quarterly, 2006, 35(4): 565-587.

[49]NAROLL R. The moral order[M]. Beverly Hills: Sage Publications, 1983.

[50]NEYLAND J. Wealth shocks and executive compensation: evidence from CEO divorce[J]. SSRN Electronic Journal, 2012.

[51]PETERSEN M A. Estimating standard errors in finance panel data sets: comparing approaches [J]. Review of financial studies, 2009, 22(1): 435-480.

[52]PEJOVICH S. The effects of the interaction of formal and informal institutions on social stability

and economic development[J]. Journal of markets & morality，1999，2(2)：164-181.

[53]ROUSSANOV N，SAVOR P. Marriage and managers' attitudes to risk[J]. Management science，2014，60(10)：2496-2508.

[54]SAMPSON R J，LAUB J H. Crime in the making：pathways and turning points through life[M]. Cambridge：Harvard University Press，1993.

[55]SHAHAB Y，NTIM C G，CHENGANG Y，et al. Environmental policy，environmental performance，and financial distress in China：do top management team characteristics matter[J]? Business strategy and the environment，2018，27(8)：1635-1652.

[56]STUTZER A，FREY B. S. Does marriage make people happy，or do happy people get married[J]? The journal of socio-economics，2006，35(2)：326-347.

[57]TAJFEL H，TURNER J C. The social identity theory of intergroup behavior[M]. Psychology of intergroup relations. Chicago：Nelson-Hall，1986.

[58]TOTH K，KEMMELMEIER M. Divorce attitudes around the world：distinguishing the impact of culture on evaluations and attitude structure[J]. Cross-cultural research，2009，43(3)：280-297.

[59]TRIANDIS H. C. Individualism and collectivism [M]. Boulder，CO：Westview Press，1995.

[60]TRIANDIS H. C. The psychological measurement of cultural syndromes[J]. American psychologist，1996，51(4)：407-415.

[61]VANDELLO J A，COHEN D. Patterns of individualism and collectivism across the United States[J]. Journal of personality and social psychology，1999，77(2)：279-292.

[62]WALLS J L，BERRONE P，PHAN P H. Corporate governance and environmental performance：is there really a link? [J]. Strategic management journal，2012，33(8)：885-913.

[63]WHITE J M. Dynamics of family development：a theoretical perspective [M]. New York：the Guilford Press，1991.

[64]WILLIAMSON D，LYNCH-WOOD G，RAMSAY J. Drivers of environmental behaviour in manufacturing SMEs and the implications for CSR[J]. Journal of business ethics，2006，67(3)：317-330.

[65]WILLIAMSON O E. The new institutional economics：taking stock，looking ahead[J]. Journal of economic literature，2000，38(3)：595-613.

附录

附录 6-1　变量说明

变量名称	变量定义	数据来源
CEP	公司环境绩效指标，根据全球报告倡议组织（GRI）2006 年提供的评分框架，对公司年度报告、企业社会责任报告和企业官方网站中披露的环境信息进行文本分析，计算公司环境绩效指标（Clarkson 等，2008；Du 等，2018）	手工收集
DIV(%)	人口婚姻统计指标，等于中国各省份（当期离婚登记对数/当期结婚登记对数）×100	NBSC/手工计算
LAW	环境法虚拟变量，当观测值在 2015 年及其之后则为 1，否则为 0	CSMAR

续表

变量名称	变量定义	数据来源
BLOCK	第一大股东持股比例,等于第一大股东持股数除以总股数	CSMAR
INST_OWN	机构投资者的持股比例,等于机构投资者持股数除以总股数	CSMAR
MAN_OWN	公司高管持股比例,等于公司高管持股数除以总股数	CSMAR
DUAL	虚拟变量,董事长和总经理由一人兼任则为1,否则为0	CSMAR
INDR	独立董事比例,等于独立董事人数除以董事会总人数	CSMAR
BOARD	董事会规模,等于董事会人数的自然对数	CSMAR
SIZE	公司规模,等于年末总资产的自然对数	CSMAR
LEV	负债权益比,等于负债总额除以所有者权益总额	CSMAR
CFO	经营活动现金流,等于经营活动现金流量净额除以期初净资产	CSMAR
TOBIN'Q	托宾Q,等于公司股权的市场价值除以股权的账面价值	CSMAR
FIN	融资活动现金流,等于公司融资活动收到的现金除以期初资产	CSMAR
CAPIN	固定资产构建,等于构建长期资产、固定资产支出的现金除以销售收入(Clarkson 等,2008)	CSMAR
VOL	收益波动率,等于经市场收益调整的公司股票周收益的波动率	CSMAR
STATE	产权性质虚拟变量,最终控制为国有则为1,否则为0	CSMAR
MKT	省级层面的市场化指数	王小鲁等(2019)
LNGDPPC	人均国民生产总值,等于人均GDP的自然对数	CSMAR
DIV_R	粗离婚率,等于当年离婚对数/年末常住人口数×1 000	NBSC
LN(1+CEP)	公司环境绩效指标,等于1+CEP的自然对数	手工计算
CEP_RANK	公司环境绩效指标,等于CEP的排序值,将每年CEP大于零的观测值由低到高分成十组,第一组排名为1,第二组排名为2,……,第十组排名为10,当CEP等于0时,CEP_RANK等于0	手工计算
POP_PER	各省平均的家庭人口数量	统计年鉴

资料来源:NBSC、《中国人口和就业统计年鉴》、CSMAR数据库数据、相关参考文献、作者手工整理。

第七章　公司环境绩效与审计意见

摘要：本章研究了公司环境绩效对审计师发表非标准审计意见倾向的影响，并进一步考察了内部控制和漂绿的调节效应。采用中国上市公司样本，本章研究发现公司环境绩效与非标准审计意见显著负相关，这表明审计师认可环境友好型公司。此外，内部控制强化了公司环境绩效与非标准审计意见之间的负相关关系，但漂绿削弱了公司环境绩效对非标准审计意见的负面影响。上述研究结论通过了多种敏感性测试，并在控制了潜在的内生性后仍然成立。附加测试表明：(1)公司环境绩效与非标准审计意见之间的负相关关系仅在没有审计意见购买的公司中成立；(2)公司环境绩效与盈余管理、审计费用均显著负相关。

一、引言

本章考察了公司环境绩效与审计师发表非标准审计意见倾向之间的关系。本章的目的是检验审计师是否将良好的公司环境绩效视为较低经营风险和较高管理诚信的信号。本章还探讨了内部控制和企业漂绿行为的调节效应。

在过去几十年中，投资者、监管者、客户和公众越来越关注企业社会责任（CSR）。相应地，研究人员也研究了企业开展社会责任活动的驱动因素和好处，发现企业的社会责任活动提高了公司声誉，促进了销售，并能产生卓越的财务绩效（Branco，Rodrigues，2006；Frooman，1997；Lev et al.，2010；McGuire et al.，1988）。会计学者还深入研究了企业社会责任与会计行为的关系，发现企业社会责任的自愿披露与股权资本成本呈负相关关系，表明股东赞赏企业践行社会责任行为（Dhaliwal et al.，2011，2012；El Ghoul et al.，2011；Kim et al.，2012；Lanis，Richardson，2012）。企业承担社会责任往往表明财务信息更加透明，这是因为对社会负责的公司不太可能进行激进的盈余管理（Kim et al.，2012）或激进的税收筹划（Lanis，Richardson，2012）。贷款人也密切关注企业的社会绩效。Goss 和 Roberts（2011）发现银行将企业是否承担社会责任视为贷款利差的重要决定因素，与同行相比，不承担社会责任的公司将支付更高的利率。此外，具有社会责任感的公司吸引了更多的分析师关注，其分析师预测误差也更低（Dhaliwal et al.，2012）。

在当代资本市场中,外部审计对于监督公司行为、惩戒虚假信息披露至关重要。有社会责任感的公司已被证明具有更低的股权成本和更好的绩效,这在一定程度上缓解了审计师对其违约风险和持续盈利能力的担忧(Kim et al.,2012;Dhaliwal et al.,2011,2012)。审计过程必须考虑管理诚信(Beaulieu,2001),更好的社会绩效表明管理者是道德的、关心社会的。此外,具有社会责任感的公司可以与监管机构、社区、员工和环境活动人士保持良好的关系。相比之下,那些因社会表现不佳而受到指责的公司的管理者将被视为不可信的和自私的。相应地,审计师会调整审计风险阈值,并更严格地审查受到谴责的公司。审计师会搜集所有相关信息以支持审计活动,虽然企业社会责任信息披露属于非财务信息,但它可能包含一些对审计师有价值的线索。有道德的管理者会将企业社会责任(CSR)作为一个提高信息透明度的渠道,这些增量信息又进一步影响了审计程序。

本章关注的是公司环境绩效(企业社会责任的一个特定维度)。在中国,环境污染已进入警戒阶段。中国公民越来越认同:经济的快速发展固然重要,但保护环境势在必行,企业应承担起环境责任。Kinder、Lydenberg & Domini(KLD)的企业社会责任评级已广泛用于美国公司的研究(Dhaliwal et al.,2011;Kim et al.,2012),但中国没有类似的数据库。因此,本章基于全球报告倡议组织发布的《可持续发展报告指南》的内容分析框架(Clarkson et al.,2008;Du et al.,2014),根据公司年度报告、独立 CSR 报告和其他披露中的环境信息,手工收集了公司环境绩效数据。本章认为环境友好型公司的诉讼风险较低(Dhaliwal et al.,2011),其管理者会提供更透明、更可靠的财务报告,这会影响审计师在审计过程中的决策。因此,本章预测环境绩效较好的公司收到非标准审计意见的可能性较低。由于内部控制可以对环境信息等自愿信息披露的可信度起到确认作用,本章进一步预测,与内部控制薄弱的公司相比,内部控制较强的公司的环境绩效对非标准审计意见的负向影响更为显著。此外,漂绿会降低公司环境信息的可靠性,因此本章预测,漂绿会削弱公司环境绩效对非标准审计意见的负向影响。

为了进行实证检验,本章基于 2008—2010 年的中国股票市场构建了 4 197 个公司—年度观测值样本。本章发现:(1)对于环境绩效较好的公司,审计师发表非标准审计意见的可能性更低;(2)内部控制强化了公司环境绩效与非标准审计意见之间的负相关关系;(3)漂绿削弱了公司环境绩效与非标准审计意见之间的负相关关系;(4)本章的研究结论通过了包括持续经营审计意见和标准化环境绩效在内的各种敏感性测试;(5)在控制了环境绩效和非标准审计意见之间的潜在内生性后,结论仍然成立。此外,在附加测试中,本章的研究结果表明:(1)只有在没有审计意见购买的情况下,公司环境绩效与非标准审计意见的负相关关系才会存在;(2)公司环境绩效与可操纵性应计利润(审计费用)显著负相关。

本章研究对现有文献可能具有如下贡献:

第一,根据掌握的知识和文献,本章首次考察了中国背景下公司环境绩效对审计行为的影响。前期研究揭示了企业社会责任披露对财务报告、融资成本和分析师反应的影响(Dhaliwal et al.,2011,2012;El Ghoul et al.,2011;Kim et al.,2012;Lanis,Richardson,2012),本章为该类文献进行了补充。尽管管理者并未通过开展良好的环境实践来有意取悦审计师,但这些实践可能会影响审计师对公司的态度。本章关于公司环境绩效对非标准审计意见的负面影响的发现,有助于未来研究完善传统的审计意见模型。

第二,本章侧重于研究公司环境绩效与非标准审计意见之间的关联,从而扩展了 Kim 等(2012)的研究——该研究发现企业社会责任披露与盈余管理呈负相关。企业社会责任包括环境保护、慈善捐赠、社区参与和员工福利等多种维度。Zyglidopoulos 等(2012)将企业社会责任区分为企业社会责任强项(CSR-Strengths)和企业社会责任弱项(CSR-Weaknesses):前者是指"企业为其利益相关者提供的法律和狭义经济利益以外的额外利益",后者是指"企业的运营对其利益相关者的负面影响,这些负面影响在企业社会责任活动后仍然存在"(Zyglidopoulos et al.,2012)。因此,企业社会责任不同维度之间存在内在的差异性(Du,2015a),企业可能会努力增加其企业社会责任强项,而不是减少其企业社会责任弱项(Carroll,1999;Zyglidopoulos et al.,2012)。Du(2015a)呼应了 Zyglidopoulos 等(2012)的研究,发现企业慈善与环境污染罚款正相关。Chen 等(2008)及 Koehn 和 Ueng(2010)发现其他 CSR 维度的不法行为人会利用企业慈善来缓解相应的负外部性。因此,本章的研究侧重于环境绩效这一特定的企业社会责任弱项,来调查其对非标准审计意见的影响,从而为现有关于企业社会责任与审计行为之间关系的文献做出贡献。

第三,本章的研究探讨了公司环境绩效与内部控制(关于审计意见的一种标准的公司治理机制)之间的交互影响。本章的研究结果表明,内部控制强化了公司环境绩效与非标准审计意见之间的负相关关系,从而为未来研究提供了方向——探究内部控制在自愿环境信息披露中的确认作用。

第四,本章研究了漂绿对环境绩效和非标准审计意见之间关系的调节作用。本章的研究结果表明,漂绿减弱了公司环境绩效对非标准审计意见的负面影响。这表明,公司环境绩效与非标准审计意见之间的负相关关系取决于公司是否操纵了其环境绩效。

第五,在附加测试中,公司环境绩效仅在未购买审计意见的公司样本中与非标准审计意见负相关,而这种关系在购买审计意见的公司样本中不成立。此外,公司环境绩效与可操纵性应计(审计费用)显著负相关,这为环境参与对非标准审计意见产生负面影响提供了佐证。

第六,以往的研究通常基于美国等发达国家背景考察公司环境绩效的价值,但忽略了发达国家与中国等发展中国家在制度背景、公司环境绩效动机等方面的差异。此外,本章研究发现表明,公司环境参与可以以更"清洁"的审计意见的形式为企业带来益处,进而激励管理者密切关注公司环境责任。因此,本章研究为环境参与的成本收益分析提供了证据。

第七,本章对公司环境绩效的测量同时包含定量和定性评估,从而克服了现有研究中的测量偏差[参见 Sharfman 和 Fernando(2008)的讨论]。本章的研究结果支持基于 GRI (2006)和 Clarkson 等(2008)的框架对环境绩效进行综合测量。

本章其余部分安排如下。在第二部分,介绍制度背景并提出本章假设。在第三部分,讨论模型设定和变量。在第四部分,报告样本、描述性统计和 Pearson 相关性分析结果。在第五部分,分析实证结果和稳健性检验结果。在第六部分,讨论内生性问题并进行附加测试。最后,总结研究结论并讨论本章研究对公司管理的意义。

二、制度背景与假设提出

（一）中国环境危机与公司环境绩效

随着城市化和工业化进程的不断加快，中国的环境污染日益严重。中华人民共和国环境保护部发布的《2012 中国环境状况公报》称，在 198 个中国城市中，约 57.3% 的城市地下水贫乏，中国 30% 以上的主要河流受到严重污染（China Daily，2013）。2006 年，中国超过美国成为导致全球变暖的全球最大温室气体排放国（NY Times，2007）。

公司为社会生产商品、提供服务，但同时也造成了最大的污染。因此，公司在制定战略决策时，应该将与运营、产品、设施、废物和排放相关的环境问题纳入考量（DesJardins，1998；Hart，1997）。中国政府已颁布法规，要求上市公司对环境负责。自 2007 年以来，国家环境保护总局实施了要求企业公布环境报告的措施。例如，2008 年 5 月的《环境信息公开办法（试行）》规定，环境机构和重污染公司必须披露环境信息。中国证券监督管理委员会（CSRC）也发布了披露规则。自 2008 年以来，上海和深圳证券交易所要求上市公司发布有关社会、经济和可持续性的企业社会责任报告[①]。然而，由于缺乏明确的指导，环境披露的透明度和广泛度存在很大差异（Du，2015c）。

近年来，中国公众的环境意识有所增强，公众对公司牺牲环境利益攫取经济利润的行为强烈反对。例如，紫金矿业集团有限公司 2010 年将铜酸泄漏到福建汀江的行为，致其股价暴跌约 13%（Du，2015a；Kong et al.，2014）。

（二）公司环境绩效、财务报告和审计意见

政府和投资者对公司环境绩效的日益关注可能会影响财务报告。虽然公司披露的环境信息主要是非财务信息，但审计师仍然可以根据环境信息调整其审计行为。审计意见是审计过程中不可观察信息的可观察输出，因此，本章聚焦审计意见提出相关研究假设。

第一，公司环境责任是企业社会责任的一个重要方面（Carroll，1999），因此先前关于企业社会责任的文献可以为本章的研究提供重要支持。Branco 和 Rodrigues（2006）基于资源的视角提出，企业社会责任活动可以提高公司声誉，使他们能够招聘到最好的员工并获得无形资产。有社会责任感的公司会吸引关心社会问题的消费者，从而为公司带来更多的销售收入和更好的财务业绩（Lev et al.，2010）。企业社会责任能够对基于股票市场回报和基于

---

① 《上海证券交易所关于做好上市公司 2008 年年度报告工作的通知》（上海证券交易所，2008b）；《深圳证券交易所关于做好上市公司 2008 年年度报告工作的通知》（深交所，2008）；《上海证券交易所上市公司环境信息披露指引》（上海证券交易所，2008a）。

会计衡量的公司财务绩效产生积极影响(Frooman,1997;McGuire et al.,1988)。最新的研究发现企业社会责任与较低的股权或债务成本之间存在关系(Dhaliwal et al.,2011;El Ghoul et al.,2011;Goss,Roberts,2011)。类似地,尽管环保工作成本高昂,但具有良好环境声誉的公司可以与消费者、监管机构、员工和社区建立稳定的关系,从而获得竞争性市场优势(Konar,Cohen,2001;Kong et al.,2014;Murphy,2002;Russo,Fouts,1997)。此外,良好的社会绩效表明公司资金足以克服财务困境,进而进一步降低审计师的担忧(Chen et al.,2010)。

第二,Jo 和 Na(2012)发现企业的社会责任参与可以降低酒精、烟草和赌博等争议行业的公司的风险。此外,Goss 和 Roberts(2011)表明,CSR 评级较低的公司向贷款人支付了更高的风险溢价,这表明银行在进行信贷决策时考虑了公司的 CSR 记录这一软信息。这些发现也适用于环境维度。拥有先进环境管理系统的公司向资本市场释放了其具有更低系统风险的信号(Feldman et al.,1997;Toms,2002)。那些破坏环境的借款人具有更高的诉讼风险,并因此受到了相应的处罚(Heyes,1996)。中国银行业监督管理委员会已将公司环境绩效列为重要的贷款标准。此外,中国政府发布了绿色信贷政策,要求银行对严重污染者暂停贷款或收取更高的利率。具有优异环境绩效的公司面临较少的监管和诉讼风险,因此不太可能收到非标准审计意见。

第三,当审计师在评估财务报告的可靠性方面遇到困难时,他们往往需要额外的证据,可能在评估管理者所提供证据的可信度时考虑管理者诚信问题,并相应地调整审计计划(Beaulieu,2001)。在美国,萨班斯-奥克斯利法案(Sarbanes-Oxley Act)404 条款要求审计师评估管理者诚信。现有的研究发现,对社会负责的公司不太可能做出不道德的行为。例如,有社会责任感的公司会更严格地约束盈余管理行为(Kim 等,2012;Merchant 和 Rockness,1994)。企业社会责任活动已被证明与不负社会责任的税收激进行为负相关(Lanis 和 Richardson,2012)。因此,良好的环境绩效表明管理者更诚实和有道德,审计师将据此降低非标准审计意见的阈值。相反,当企业引发环境危机时,管理伦理就会受到质疑,这将加剧审计师对财务数字的担忧。

第四,参与企业社会责任活动的公司更有可能披露非财务信息,从而提高公司透明度(Dhaliwal et al.,2011)。因此,对环境负责的公司往往吸引更多分析师的关注,并具有更低的分析师预测误差(Dhaliwal et al.,2011,2012)。审计师还可以使用增量的非财务信息来支持审计活动。事实上,上市公司会计监督委员会支持使用非财务措施来更好地发现欺诈行为(PCAOB,2007)。此外,所有四大会计师事务所的网站都在宣传其在评估和解决环境问题方面做出的努力。例如,普华永道(Pricewaterhouse Coopers)发布了《中国绿色技术报告 2013:站在十字路口的中国》(PwC,2013),以表明其对解决环境问题的关注。

总之,良好的环境绩效可以向审计师表明公司具有较好的财务绩效、较高的管理诚信和较低的诉讼风险。审计师可以在审计工作中使用更多的非财务信息来抵消其对公司管理伦理问题的疑虑。因此,公司环境绩效可以降低审计风险,影响审计决策。基于上述分析,本章预测,公司环境绩效与非标准审计意见呈负相关关系,提出假设 7-1:

假设 7-1:限定其他条件,公司环境绩效与审计师发表非标准审计意见的倾向负相关。

(三)内部控制的调节效应

审计风险的可接受阈值和内部控制系统的可靠性共同决定审计工作。内部控制被认为是一种重要的公司治理机制(Kinney,2000)。审计准则要求充分了解被审计单位及其环境,以评估重大错报风险,包括内部控制设计和执行的现状[①]。因此,审计师必须识别和评估内部控制缺陷。当公司的内部控制健全时,审计师更可能信任管理者,而不太可能发布非标准审计意见。

接下来,本章进一步讨论内部控制的调节效应。Guiral(2014)的研究得出审计师对公司内部控制系统的(正面)认知与企业社会责任活动之间显著正相关,表明内部控制可以确认企业社会责任(包括环境信息)的可信度。事实上,内部控制的确认作用可以从先前的一系列研究中获得支持(Ball et al. 2012;Gigler,Jiang,2011;Şabac,Tian,2015;Stocken,2000),这些研究表明经审计的财务报告中的硬信息可以确认自愿披露信息的可信度。由于中国证监会强制要求所有中国上市公司的内部控制系统都应审计,内部控制与经审计的财务报告类似,对于确认自愿披露的公司环境信息的可信度(可靠性)可以发挥作用。因此,公司的内部控制系统可以强化公司环境绩效对非标准审计意见的负向影响。此外,现有研究(Ashbaugh-Skaife et al.,2008;Chan et al.,2008;Doyle et al.,2007)发现,有效的内部控制系统可以加强交易的准确性、完整性和授权,从而通过"保证会计金额不包含重大错报"的方式提高会计信息质量。综上所述,可以合理预计,一家同时拥有有效内部控制和良好环境绩效的公司,不太可能收到非标准审计意见。因此,内部控制较好的公司的环境绩效与非标准审计意见之间的负向关系,应比其他公司更显著,基于此,提出假设 7-2 如下:

假设 7-2:限定其他条件,内部控制强化了公司环境绩效与非标准审计意见之间的负相关关系。

(四)漂绿的调节效应

在利益相关者和环保主义者施加的越来越大的压力下,一些中国上市公司试图通过漂绿行为塑造环境友好的声誉或(和)形象(Du,2015a)。不幸的是,人们通常很难事先确定一家公司是否对其形象进行了美化(Delmas,Burbano,2011;Du,2015a,2015c)。因此,漂绿可能会扭曲公司环境绩效在审计过程中的信号作用。如假设 7-2 所述,内部控制可以确认环境绩效的可信性,进而加强其对非标准审计意见的负向影响。相反,漂绿会削弱公司环境绩效的可靠性。因此,对于漂绿公司,其公司环境绩效与非标准审计意见之间的负相关关系可能不如其他公司显著。基于上述讨论,提出假设 7-3:

假设 7-3:限定其他条件,漂绿减弱了公司环境绩效与非标准审计意见之间的负相关关系。

[①] 《中国注册会计师审计准则第 1211 号——了解被审计单位及其环境并评估重大错报风险》,见 http://www.mof.gov.cn/zhengwuxinxi/zhengcefabu/2006zcfb/200805/t20080519_23091.htm。

三、实证模型与变量

(一)假设 7-1 的多元检验模型

假设 7-1 预测公司环境绩效与非标准审计意见呈负相关。为了检验假设 7-1,本章构建了模型(7-1),并利用 Logistic 回归将非标准审计意见(MAO)和环境绩效(ENV)以及其他影响因素联系起来:

$$
\begin{aligned}
\text{MAO} = & \alpha_0 + \alpha_1 \text{ENV} + \alpha_2 \text{MAO\_LAG} + \alpha_3 \text{BIG4} + \alpha_4 \text{LOCAL6} + \alpha_5 \text{TENURE} + \\
& \alpha_6 \text{SWITCH} + \alpha_7 \text{INDSPEC} + \alpha_8 \text{FIRST} + \alpha_9 \text{MAN\_SHR} + \alpha_{10} \text{DUAL} + \\
& \alpha_{11} \text{BOARD} + \alpha_{12} \text{SIZE} + \alpha_{13} \text{LEV} + \alpha_{14} \text{ROA} + \alpha_{15} \text{LOSS} + \alpha_{16} \text{SMPF} + \\
& \alpha_{17} \text{CHGSALES} + \alpha_{18} \text{LIQUIDITY} + \alpha_{19} \text{AR/TA} + \alpha_{20} \text{INV/TA} + \\
& \alpha_{21} \text{RET} + \alpha_{22} \text{BETA} + \alpha_{23} \text{CONF} + \alpha_{24} \text{BUD} + \alpha_{25} \text{TAO} + \alpha_{26} \text{CROSS} + \\
& \alpha_{27} \text{STATE} + \text{Year Dummies} + \text{Industry Dummies} + \varepsilon
\end{aligned}
\tag{7-1}
$$

在模型(7-1)中,因变量为非标准审计意见,表示为 MAO。MAO 是一个虚拟变量,如果一家公司的审计师发布了非标准审计意见,则等于 1,否则等于 0。《中国注册会计师独立审计准则》(CIAS)规定了四种审计意见[1]:无保留意见、带解释段的无保留意见、保留意见、无法表示意见和否定意见。参考 Chen 等(2000)和 Gul 等(2013)的研究[2],本章确定了标准无保留意见,并将其他类别合并为一组:非标准审计意见。

对于公司环境绩效,本章借鉴了 Clarkson 等(2008)和 Du 等(2014)的方法,他们根据全球报告倡议(GRI,2006)构建了内容分析指数。这种方法被认为比以前使用的指数更好地捕捉了有关环境保护承诺的披露(Rahman,Post,2012)。计算公司环境绩效的程序如下:首先,本章从公司年度报告、独立 CSR 报告和其他信息披露中提取环境信息。其次,本章采用内容分析法,根据 GRI 可持续性报告指南(GRI,2006)执行评分程序。具体而言,根据 Clarkson 等(2008)和 Du 等(2014)的研究,本章将环境信息分为七个类别(公司治理与管理系统、可信度、环境业绩指标、有关环保的支出、远景及战略声明、环保概况以及环保倡议)和45 个子项。再次,根据表 7-3 中的程序,本章计算每个子项的分数,然后计算七大类别的分

---

① 参见《中国注册会计师审计准则第 1502 号——非标准审计报告》(http://kjs.mof.gov.cn/zt/kuai-jizhunzeshishi/zyzz/200806/t20080618_46296.htm)。

② 在中国,带有解释段的无保留意见被视为非标准审计意见的一种形式,因为审计师经常发布此类审计报告来代替保留意见(Gul et al.,2013)。Chen 等(2000)关注了中国资本市场对带有解释段的无保留审计意见的负面反应。

数。最后,本章将七大类别的得分相加,得到公司环境绩效(ENV)的总分[①]。在模型(7-1)中,如果 ENV 的系数为负且显著,则假设 7-1 得到经验证据的支持。

为了分离出公司环境绩效对非标准审计意见的影响,本章在回归模型中加入了一系列控制变量:

第一,在模型(7-1)中加入了 MAO_LAG,因为一些学者认为审计意见具有持续性(Chen et al.,2010)。MAO_LAG 是一个虚拟变量,如果公司在 $(t-1)$ 年收到非标准审计意见,则等于 1,否则等于 0。

第二,之前的文献认为,大型会计师事务所更有可能发表非标准审计意见(DeFond et al.,1999;Mutchler et al.,1997),因此本章控制了大型会计师事务所,包括国际四大所(BIG4)和国内六大所(LOCAL6)。BIG4(LOCAL6)是一个虚拟变量,如果一家公司聘请了国际四大(或在中国注册会计师协会的官方排名中排在国内前六)会计师事务所审计,则等于 1,否则等于 0。

第三,本章纳入了 TENURE 和 SWITCH 这两个变量,它们与被审计公司在 t 年的任期和更替有关,因为现有研究发现审计师任期和更替与财务报告质量相关(Chan,Lin,2006;DeFond,Subramanyam,1998;Johnson et al.,2002)。此外,为了控制审计师行业专长对审计意见的影响,本章还参考 Reichlet 和 Wang(2010)的研究,纳入变量 INDSPEC。

第四,参考关注公司治理机制对审计意见影响的现有研究(Chu et al.,2011),本章控制了 FIRST(股东所有权)、MAN_SHR(管理层所有权)、DUAL(关于董事长和 CEO 两职合一的虚拟变量)和 BOARD(董事会规模)这几个变量。

第五,根据现有文献(Chen et al.,2010;Defond et al.,2002;Dopuch et al.,1987;Gul et al.,2013),本章考虑了一些公司层面的财务特征变量和基于市场的变量。公司层面的财务特征包括公司规模(SIZE,等于总资产的自然对数)财务杠杆(LEV,债务权益比,等于总负债除以权益衡量)、流动性(LIQUIDITY,等于流动资产除以流动负债)、ROA(等于净收入除以总资产)和销售变化(CHGSALES,等于收入变化除以年初总资产)。LOSS(关于净亏损的虚拟变量)和 SMPF(关于微利的虚拟变量,若 $0<\text{ROA}<0.01$ 则为微利)被视为公司业绩的补充信息。本章还纳入了一些流动性强的资产项目的变量:AR/TA 和 INV/TA 分别表示应收账款和存货除以总资产。市场风险由两个变量控制:RET 表示财年的股票回报率;BETA 表示公司股票回报的系统性风险。

第六,Du(2015a)研究表明儒家思想对中国的商业伦理有着重要影响。此外,Du 等(2015)和 McGuire 等(2012)发现宗教缓解了财务报告违规行为,因此本章推断处于宗教氛围浓厚地区的公司不太可能收到非标准审计意见。本章纳入 CONF、BUD 和 TAO 三个变量,以控制儒家、佛教和道教对审计意见的影响。

[①] 本章的样本涵盖了所有的公司,包括环境绩效得分等于 0 的公司,这不太可能带来样本选择偏差。此外,本章还进行了附加测试(表 7-9 和表 7-10):(1)将在企业社会责任报告中披露环境信息的公司与在财务报告附注中披露环境信息的公司区分开来;(2)删除公司环境绩效等于 0 的公司。

第七,同时发行 B 股、H 股或 N 股股票的中国公司与只发行 A 股的中国公司面临不同的监管环境。因此,本章在模型(7-1)中加入了 CROSS 变量。CROSS 是一个虚拟变量,如果一家公司同时在两个或多个股票市场上市,则等于 1,否则等于 0。

第八,与家族企业相比,国有企业具有不同的监管环境、管理理念和财务绩效。Wang 等(2008)发现国有企业和家族企业有不同的审计师选择。STATE 是一个虚拟变量,如果最终控股股东是(中央或地方)政府机构或政府控制的国有企业,则等于 1,否则等于 0(Du et al.,2014)。

第九,本章还在模型(7-1)中加入了行业和年度虚拟变量,以控制年度和行业固定效应。附录 7-1 提供了所有变量的变量定义和数据来源。

(二)假设 7-2 的多元检验模型

为了检验内部控制的调节效应,本章构建了模型(7-2),并采用 Logistic 回归将非标准审计意见(MAO)与公司环境绩效(ENV)、内部控制(IC)、交乘项(ENV×IC)和其他影响因素联系起来:

$$
\begin{aligned}
\mathrm{MAO} = {} & \beta_0 + \beta_1 \mathrm{ENV} + \beta_2 \mathrm{IC} + \beta_3 \mathrm{ENV} \times \mathrm{IC} + \beta_4 \mathrm{MAO\_LAG} + \beta_5 \mathrm{BIG4} + \beta_6 \mathrm{LOCAL6} + \\
& \beta_7 \mathrm{TENURE} + \beta_8 \mathrm{SWITCH} + \beta_9 \mathrm{INDSPEC} + \beta_{10} \mathrm{FIRST} + \beta_{11} \mathrm{MAN\_SHR} + \\
& \beta_{12} \mathrm{DUAL} + \beta_{13} \mathrm{BOARD} + \beta_{14} \mathrm{SIZE} + \beta_{15} \mathrm{LEV} + \beta_{16} \mathrm{ROA} + \beta_{17} \mathrm{LOSS} + \\
& \beta_{18} \mathrm{SMPF} + \beta_{19} \mathrm{CHGSALES} + \beta_{20} \mathrm{LIQUIDITY} + \beta_{21} \mathrm{AR/TA} + \beta_{22} \mathrm{INV/TA} + \\
& \beta_{23} \mathrm{RET} + \beta_{24} \mathrm{BETA} + \beta_{25} \mathrm{CONF} + \beta_{26} \mathrm{BUD} + \beta_{27} \mathrm{TAO} + \beta_{28} \mathrm{CROSS} + \\
& \beta_{29} \mathrm{STATE} + \mathrm{Year\ Dummies} + \mathrm{Industry\ Dummies} + \delta \qquad (7\text{-}2)
\end{aligned}
$$

在模型(7-2)中,因变量和主要自变量仍然分别为 MAO 和 ENV。此外,调节变量为内部控制指数 IC。本章从"迪博·中国上市公司内部控制指数"数据库中获取 IC 数据,它包括七个部分:(1)控制环境(19 个子指数);(2)风险评估(8 个子指数);(3)控制活动(12 个子指数);(4)信息与沟通(6 个子指数);(5)监督(6 个子指数);(6)是否有内部控制审计报告;(7)是否有独立董事(监事)的声明。内部控制指数涵盖公司年度报告或内部控制自我评估报告中有关内部控制和风险管理系统的信息。分数越高,内部控制质量越好。

在模型(7-2)中,若 ENV×IC 显著为负($\beta_3 < 0$),则假设 7-2 成立。模型(7-2)中的控制变量与模型(1)中的控制变量相同。

(三)假设 7-3 的多元检验模型

为了检验漂绿的调节效应,本章进一步构建模型(7-3),并采用 Logistic 回归将非标准审计意见(MAO)与环境绩效(ENV)、漂绿(GREENWASH)、交乘项(ENV×GREENWASH)和其他影响因素联系起来:

$$
\begin{aligned}
\mathrm{MAO} = {} & \gamma_0 + \gamma_1 \mathrm{ENV} + \gamma_2 \mathrm{GREENWASH} + \gamma_3 \mathrm{ENV} \times \mathrm{GREENWASH} + \gamma_4 \mathrm{MAO\_LAG} + \\
& \gamma_5 \mathrm{BIG4} + \gamma_6 \mathrm{LOCAL6} + \gamma_7 \mathrm{TENURE} + \gamma_8 \mathrm{SWITCH} + \gamma_9 \mathrm{INDSPEC} + \gamma_{10} \mathrm{FIRST} + \\
& \gamma_{11} \mathrm{MAN\_SHR} + \gamma_{12} \mathrm{DUAL} + \gamma_{13} \mathrm{BOARD} + \gamma_{14} \mathrm{SIZE} + \gamma_{15} \mathrm{LEV} + \gamma_{16} \mathrm{ROA} +
\end{aligned}
$$

$$\gamma_{17} \text{LOSS} + \gamma_{18} \text{SMPF} + \gamma_{19} \text{CHGSALES} + \gamma_{20} \text{LIQUIDITY} + \gamma_{21} \text{AR/TA} +$$
$$\gamma_{22} \text{INV/TA} + \gamma_{23} \text{RET} + \gamma_{24} \text{BETA} + \gamma_{25} \text{CONF} + \gamma_{26} \text{BUD} + \gamma_{27} \text{TAO} +$$
$$\gamma_{28} \text{CROSS} + \gamma_{29} \text{STATE} + \text{Year Dummies} + \text{Industry Dummies} + \zeta \qquad (7\text{-}3)$$

在模型(7-3)中,因变量和主要自变量分别为 MAO 和 ENV。此外,调节变量是表示公司漂绿的 GREENWASH。参考 Delmas 和 Burbano(2011)和 Du(2015a)的研究,本章将漂绿公司与非漂绿公司区分开来。根据 Delmas 和 Burbano(2011)的研究,如果一家公司没有履行环境责任,但报告了更好的环境绩效以伪装其环境不当行为,则将其认定为漂绿公司①。具体而言,如果一家公司有关环保的支出(表 7-3 中的"Ⅳ")低于样本平均数,但同时其环境远景及战略声明、环保概况和环保倡议(表 7-3 中的"Ⅴ、Ⅵ和Ⅶ")大于样本平均数,该公司将被认定为漂绿公司(GREENWASH)。

在模型(7-3)中,若 ENV×GREENWASH 的系数显著为正($\gamma_3 > 0$),则与假设 7-3 一致。模型(7-3)中的控制变量与模型(7-1)中的相同。

四、样本、描述性统计和相关性分析

(一)样本识别

如表 7-1 的 Panel A 所示,本章将 2008—2010 年上海和深圳证券交易所上市的 6 273 个公司—年度观测数据作为初始样本。然后,按以下标准进行筛选:(1)剔除银行、保险和其他金融行业相关的观测值。(2)剔除净资产或所有者权益为负的观测值。(3)剔除上市年限短于一年的观测值。(4)删除环境绩效得分相关信息缺失的观测值。(5)删除无法获得审计意见数据的观测值。(6)删除公司层面控制变量数据缺失的观测值。最后,本章得到了4 197个公司—年度观测值样本,涵盖 1 553 家不同的公司。此外,为了减轻极端值的不当影响,所有连续变量均按其原始值的 1% 和 99% 数量进行缩尾。

最终样本分布呈现在表 7-1 Panel B 中。总体而言,行业和年份聚类效应在本章样本中并不严重。

---

① Delmas 和 Burbano(2011)根据企业履行环境责任及其环境绩效披露确定了四种情况:(1)企业较好地履行环境责任,并公允地披露其环境绩效(绿色公司);(2)企业较好地履行环境责任,但没有充分报告其环境绩效(沉默的绿色公司);(3)企业既不能较好地履行环境责任,也不能公允地披露其环境绩效(沉默的棕色公司);(4)企业不履行环境责任,但报告了更好的环境绩效(漂绿公司)。

表 7-1 样本选择

Panel A：公司—年度选择

初始观测样本	6 273
删除与银行、保险和其他金融行业相关的观测值	(113)
删除净资产或所有者权益为负的观测值	(162)
删除上市未满 1 年的观测值	(518)
删除环境得分相关信息缺失的观测值	(226)
删除无法获得审计意见数据的观测值	(140)
删除公司层面特定的控制变量数据缺失的观测值	(917)
最终公司—年度观测值	4 197
公司数量	1 553

Panel B：分年度和行业的样本分布

行　　业	年　　度			行业合计	百分比/%
	2008	2009	2010		
农、林、牧、渔业	34	34	35	103	2.45
采矿业	28	36	37	101	2.41
餐饮业	55	61	65	181	4.31
纺织、服装制造及皮革和毛皮制品业	58	63	59	180	4.29
木材和家具制造业	2	5	5	12	0.29
造纸和印刷业	23	31	33	87	2.07
石油、化工、塑料和橡胶制品业	134	157	156	447	10.65
电子业	59	68	72	199	4.74
金属和非金属业	125	131	131	387	9.22
机械、设备和仪器制造业	195	231	243	669	15.94
医药和生物制品制造业	76	88	91	255	6.08
其他制造业	18	23	24	65	1.55
电力、热力、燃气及水生产和供应业	57	62	62	181	4.31
建筑业	31	33	34	98	2.34
交通运输和仓储业	59	60	57	176	4.19
信息技术业	79	85	90	254	6.05
批发和零售业	72	85	91	248	5.91
房地产业	57	73	85	215	5.12
社会服务业	42	45	44	131	3.12
传播与文化业	9	10	11	30	0.72
综合	61	62	55	178	4.24
年度合计	1 274	1 443	1 480	4 197	
所占百分比/%	30.36	34.38	35.26		100

(二)数据来源

数据来源如下。首先,根据 GRI 发布的《可持续性发展报告指南》(2006)、Clarkson 等 (2008)和 Du 等(2014),手工收集公司环境绩效数据。具体而言,本章通过公司年度报告、独立 CSR 报告和其他披露中的环境信息,手工收集和计算公司的环境绩效。本章较少从公司网站上搜索信息,因为大多数情况下网站披露的信息并不完整。但上海和深圳证券交易所的网站都有关于公司信息披露的专栏,通过便捷的搜索引擎可以搜集大量的披露信息。本章直接在证券交易所网站上搜索和查阅年度报告、独立 CSR 报告和其他披露信息[①]。其次,内部控制数据来自"迪博·中国上市公司内部控制指数",这是一项反映企业内部控制现状的综合指数。再次,继 Du 等(2015)和 Du(2015b)的研究,本章手工收集了关于 BUD 和 TAO 的数据。最后,从国泰安数据库(CSMAR)中获取会计、股票回报、公司治理和审计数据。

(三)描述性统计

表 7-2 报告了描述性统计的结果。MAO 的平均值为 0.038 4,表明在本章的样本期内,只有 3.84% 的公司获得了非标准审计意见。公司环境绩效(ENV)介于 0~34 分之间,平均值为 2.985 0,表明中国上市公司的环境绩效平均相对较差。IC 的平均值为 6.799 4,代表了中国上市公司内部控制的平均得分。GREENWASH 的平均值为 0.121 8,这意味着大约 12.18% 的样本公司存在漂绿行为。

就控制变量的结果而言,平均约有 6.50% 的中国上市公司聘请国际四大所的审计师对其财务报表进行审计,约有 29.88% 的中国上市公司聘请国内六大所的审计师对其财务报表进行审计。审计师任期(TENURE)为 7.009 1,6.91% 的公司更换了审计师(SWITCH),32.57% 的公司由具有行业专长的审计师进行审计(INDSPEC),第一大股东持股比例(FIRST)为 36.65%,管理层持股比例(MAN_SHR)为 2.84%,董事会规模(BOARD)平均为 9 人($e^{2.197 2}$),15.08% 的公司 CEO 和董事长为同一人(DUAL),公司规模(SIZE)为 27.2 亿元人民币($e^{21.7242}$),债务权益比(LEV)为 1.451 2,总资产收益率(ROA)为 4.87%,10.82% 的公司遭受损失(LOSS),11.68% 的公司获得微利(SMPF),销售收入变化率(CHGSALES)为 11.95%,流动性比率(LIQUIDITY)为 1.714 0,应收账款占总资产的比率(AR/TA)为 10.66%,存货占总资产的比例(INV/TA)为 17.84%,会计年度股票收益率(RET)为 0.010 3,BETA 指数为 1.012 5,约 8.82% 的企业在两个或两个以上的股票市场上市,62.19% 的企业为国有企业(STATE)。儒教、佛教和道教的描述性统计(CONF、BUD 和 TAO)与现有研究中的结果相似(Du et al.,2015;Du,2015b)。

---

① 网站网址如下:(1)上海证券交易所:http://www.sse.com.cn/disclosure/listedinfo/announcement;(2)深圳证券交易所:http://disclosure.szse.cn/m/drgg.htm。

表 7-2　描述性统计

变量	观测值	均值	标准差	最小值	1/4 分位	中位数	3/4 分位	最大值
MAO	4 197	0.038 4	0.192 1	0	0	0	0	1
ENV	4 197	2.985 0	4.863 1	0	0	1	4	34
IC	4 197	6.799 4	1.096 6	0.000 0	6.408 3	6.872 2	7.236 6	9.932 1
GREENWASH	4 197	0.121 8	0.327 0	0	0	0	0	1
MAO_LAG	4 197	0.034 5	0.182 7	0	0	0	0	1
BIG4	4 197	0.065 0	0.246 6	0	0	0	0	1
LOCAL6	4 197	0.298 8	0.457 8	0	0	0	1	1
TENURE	4 197	7.009 1	4.571 0	1	3	6	10	19
SWITCH	4 197	0.069 1	0.276 2	0	0	0	0	2
INDSPEC	4 197	0.325 7	0.468 7	0	0	0	1	1
FIRST	4 197	0.366 5	0.153 5	0.085 0	0.240 3	0.352 8	0.484 8	0.770 2
MAN_SHR	4 197	0.028 4	0.103 7	0.000 0	0.000 0	0.000 0	0.000 3	0.736 2
DUAL	4 197	0.150 8	0.357 9	0	0	0	0	1
BOARD	4 197	2.197 2	0.201 1	1.609 4	2.197 2	2.197 2	2.197 2	2.708 1
SIZE	4 197	21.724 2	1.244 4	18.157 8	20.847 1	21.581 2	22.449 5	25.517 5
LEV	4 197	1.451 2	1.442 7	0.010 9	0.553 2	1.037 6	1.829 6	10.955 8
ROA	4 197	0.048 7	0.080 7	−0.350 7	0.012 7	0.039 3	0.078 8	0.678 4
LOSS	4 197	0.108 2	0.310 6	0	0	0	0	1
SMPF	4 197	0.116 8	0.321 2	0	0	0	0	1
CHGSALES	4 197	0.119 5	0.313 7	−0.831 2	−0.013 9	0.070 6	0.193 8	2.150 4
LIQUIDITY	4 197	1.714 0	1.835 8	0.081 6	0.892 7	1.269 6	1.873 0	34.608 9
AR/TA	4 197	0.106 6	0.096 6	0.000 0	0.027 1	0.083 2	0.160 8	0.455 1
INV/TA	4 197	0.178 4	0.158 5	0.000 0	0.069 7	0.140 3	0.231 4	0.763 7
RET	4 197	0.010 3	0.536 5	−1.238 1	−0.249 9	−0.074 5	0.158 0	3.113 1
BETA	4 197	1.012 5	0.168 7	0.465 5	0.922 2	1.037 6	1.123 3	1.399 4
CONF	4 197	0.838 5	0.156 6	0	0.767 2	0.871 4	0.946 4	1
BUD	4 197	3.368 6	3.544 7	0	0	2	7	11
TAO	4 197	0.462 2	0.688 2	0	0	0	1	4
CROSS	4 197	0.088 2	0.283 6	0	0	0	0	1
STATE	4 197	0.621 9	0.485	0	0	1	1	1

注:变量定义见附录 7-1。

　　参考 Clarkson 等(2008)和 GRI(2006),表 7-3 展示了计算公司环境绩效的程序,包括 7 个类别和 45 个子项。此外,本章对高 ENV 子样本和低 ENV 子样本之间的非标准审计意见差异进行了 t 检验。本章的研究结果表明,就总体环境绩效、7 个类别和 45 个子项而言,两组之间非标准审计意见的差异大多显著为负,这表明与环境绩效较低的公司相比,环境绩效较高的公司收到非标准审计意见的可能性较小,为假设 7-1 提供了初步支持。

表 7-3　公司环境绩效(ENV)的计算程序以及高、低 ENV 子样本间 MAO 差异的描述性统计和 t 检验结果

项　　目	描述性统计和 t 检验				
	全样本		均值（MAOs）		t 检验
	均值	标准差	高 ENV 子样本	低 ENV 子样本	
Ⅰ:公司治理与管理系统（最高 6 分）					
1.存在控制污染、环保的管理岗位或部门(0~1)	0.096 0	0.294 7	0.014 9	0.040 9	−3.79***
2.董事会中存在环保委员会或者公共问题委员会(0~1)	0.002 9	0.053 4	0.000 0	0.038 5	−12.94***
3.与上下游签订了有关环保的条款(0~1)	0.012 6	0.111 7	0.000 0	0.038 9	−12.94***
4.利益相关者参与了公司环保政策的制定(0~1)	0.003 1	0.055 6	0.000 0	0.038 5	−12.94***
5.在工厂或整个企业执行了 ISO14001 标准(0~1)	0.175 4	0.380 3	0.016 3	0.043 1	−4.61***
6.管理者薪酬与环境业绩有关(0~1)	0.024 8	0.155 5	0.000 0	0.039 3	−12.94***
小计	0.314 7	0.662 4	0.015 9	0.044 9	−5.32***
Ⅱ:可信度（最高 10 分）					
1.采用 GRI 报告指南或 CERES 报告格式(0~1)	0.192 0	0.394 0	0.009 9	0.045 1	−7.05***
2.独立验证或保证在环保业绩报告（网站）中披露的环保信息(0~1)	0.025 5	0.157 6	0.000 0	0.039 4	−12.94***
3.定期对环保业绩或系统进行独立的审计或检验(0~1)	0.027 9	0.164 6	0.008 5	0.039 2	−3.38***
4.由独立机构对环保计划进行认证(0~1)	0.020 0	0.140 1	0.011 9	0.038 9	−2.20**
5.有关环保影响的产品认证(0~1)	0.026 9	0.161 9	0.044 2	0.038 2	0.33
6.外部环保业绩奖励、进入可持续发展指数(0~1)	0.066 2	0.248 7	0.010 5	0.040 3	−4.24***
7.利益相关者参与了环保信息披露过程(0~1)	0.002 9	0.053 4	0.000 0	0.038 5	−12.94***
8.参与了由政府部门资助的自愿性的环保倡议(0~1)	0.013 8	0.116 8	0.000 0	0.038 9	−12.94***
9.参与为改进环保实践的行业内特定的协会、倡议(0~1)	0.004 1	0.063 5	0.000 0	0.038 5	−12.94***
10.参与为改进环保实践的其他环保组织/协会（除 8、9 列示外)(0~1)	0.018 3	0.134 2	0.000 0	0.039 1	−12.94***
小计	0.397 7	0.800 9	0.015 6	0.046 4	−5.78***
Ⅲ:环境业绩指标（EPI）（最高 60 分）					
1.关于能源使用、使用效率的环境业绩指标(0~6)	0.251 6	0.731 0	0.012 6	0.042 4	−5.20***
2.关于水资源使用、使用效率的环境业绩指标(0~6)	0.125 1	0.484 6	0.012 5	0.040 5	−4.01***
3.关于温室气体排放的环境业绩指标(0~6)	0.073 4	0.382 3	0.000 0	0.040 2	−12.95***
4.关于其他气体排放的环境业绩指标(0~6)	0.115 4	0.468 0	0.003 4	0.041 0	−8.12***
5.EPA-TRI 数据库中土地、水资源、空气的污染总量	0.026 9	0.240 1	0.000 0	0.038 9	−12.94***
6.其他土地、水资源、空气的污染总量（除 EPA-TRI 数据库)(0~6)	0.049·1	0.295 3	0.000 0	0.039 6	−12.95***
7.关于废弃物质产生和管理的指标（回收、再利用、处置、降低使用)(0~6)	0.132 0	0.497 6	0.008 6	0.041 0	−5.48***
8.关于土地、资源使用、生物多样性和保护的业绩指标(0~6)	0.042 6	0.280 2	0.008 7	0.039 2	−3.31***
9.关于环保对产品、服务影响的指标(0~6)	0.008 6	0.134 3	0.000 0	0.038 6	−12.94***
10.关于承诺表现的指标（超标情况、可报告的事件)(0~6)	0.002 9	0.053 4	0.000 0	0.038 5	−12.94***
小计	0.827 7	2.335 8	0.014 0	0.044 0	−5.49***

续表

项　　目	描述性统计和 t 检验				
	全样本		均值（MAOs）		t 检验
	均值	标准差	高 ENV 子样本	低 ENV 子样本	
Ⅳ:有关环保的支出（最高 3 分）					
1.公司环保倡议所建立的储备金（0~1）	0.009 8	0.098 4	0.048 8	0.038 3	0.35
2.为提高环境表现或效率而支出的技术费用、R&D 费用支出总额（0~1）	0.148 2	0.355 3	0.019 3	0.041 7	−3.47***
3.环境问题导致的相关罚金总额（0~1）	0.002 1	0.046 3	0.000 0	0.038 4	−12.94***
小计	0.160 1	0.380 2	0.020 0	0.041 7	−3.38***
Ⅴ:远景及战略声明（最高 6 分）					
1.管理层说明中关于环保表现的陈述（0~1）	0.164 2	0.370 5	0.026 1	0.040 8	−2.11**
2.关于公司环保政策、价值、原则、行动准则的陈述（0~1）	0.346 4	0.475 9	0.019 3	0.048 5	−5.35***
3.关于环保风险、业绩的正式管理系统的陈述（0~1）	0.042 6	0.202 1	0.005 6	0.039 8	−5.36***
4.关于公司执行定期检查、评估环境表现的陈述（0~1）	0.023 6	0.151 8	0.000 0	0.039 3	−12.94***
5.关于未来环境表现中可度量目标的陈述（0~1）	0.012 2	0.109 6	0.000 0	0.038 8	−12.94***
6.关于特定的环保改进、技术创新的陈述（0~1）	0.255 9	0.436 4	0.015 8	0.046 1	−5.66***
小计	0.844 9	1.081 3	0.023 8	0.0504	−4.63***
Ⅵ:环保概况（最高 4 分）					
1.关于公司执行特定环境标准的陈述（0~1）	0.061 2	0.239 8	0.011 7	0.040 1	−3.84***
2.关于整个行业环保影响的概述（0~1）	0.064 6	0.245 8	0.048 0	0.037 7	0.77
3.关于公司运营、产品、服务对环境影响的概述（0~1）	0.100 5	0.300 0	0.014 2	0.041 1	−4.06***
4.公司环保业绩与同行业对比的概述（0~1）	0.009 8	0.098 4	0.000 0	0.038 8	−12.94***
小计	0.236 1	0.539 4	0.026 6	0.041 1	−2.16**
Ⅶ:环保倡议（最高 6 分）					
1.对环保管理和运营中员工培训的实质性描述（0~1）	0.106 3	0.308 2	0.015 7	0.041 1	−3.77***
2.存在环境事故的应急预案（0~1）	0.031 0	0.173 1	0.000 0	0.039 6	−12.95***
3.内部环保奖励（0~1）	0.010 0	0.099 5	0.047 6	0.038 3	0.31
4.内部环保审计（0~1）	0.005 5	0.073 8	0.043 5	0.038 3	0.13
5.环保计划的内部验证（0~1）	0.010 5	0.101 9	0.022 7	0.038 5	−0.69
6.与环保有关的社区参与、捐赠（0~1）	0.040 5	0.197 2	0.000 0	0.040 0	−12.95***
小计	0.203 7	0.537 6	0.014 4	0.042 6	−4.84***
总计	2.985 0	4.863 1	0.016 2	0.048 9	−6.16***

注：*** 、** 和 * 分别表示双侧检验下 1％、5％和 10％水平上的显著性。本章中的表 7-3 参考了 Du 等（2014）的表 3、Clarkson 等（2008）的表 1 和 GRI（2006）中计算公司环境绩效的程序。在第Ⅲ部分，以下各项各得一分：(1)有具体的绩效数据；(2)将绩效数据与同行、竞争对手或行业情况进行了比较；(3)将绩效数据与公司以往的情况进行了比较（趋势分析）；(4)将绩效数据与目标进行了比较；(5)绩效数据同时以绝对数和相对数形式披露；(6)对绩效数据进行分解性描述（如工厂、业务单位、地理分布等）。

(四)Pearson 相关性分析

表 7-4 呈现了变量的 Pearson 相关性分析。首先，公司环境绩效（ENV）和非标准审计意见（MAO）之间的相关性显著为负（系数＝−0.080 5，p 值＜0.001），与表 7-3 中的 t 检验

结果一致,并为假设 7-1 提供了初步支持。其次,内部控制(IC)与 MAO 呈显著负相关,漂绿(GREENWASH)与 MAO 呈负相关。最后,ENV 与 IC、GREENWASH 均显著正相关,这表明本章应进一步研究 ENV 和 IC(或 GREENWASH)的交互作用对非标准审计意见影响。此外,MAO 与 MAO_LAG、SWITCH、LEV、LOSS、SMPF 和 TAO 显著正相关,但与 BIG4、FIRST、MAN_SHR、SIZE、ROA、CHGSALES、LIQUIDITY、AR/TA、INV/TA、BETA、CONF 和 BUD 显著负相关。这些结果表明,当研究公司环境绩效对非标准审计意见的影响时,这些变量应被控制。此外,大多数控制变量之间的相关系数通常较低,表明本章模型不存在严重的多重共线性问题。

五、实证结果

(一)主要发现

表 7-5 呈现了假设 7-1、7-2、7-3 的 Logistic 回归结果,其中 MAO(非标准审计意见)是因变量。所有报告的 t 值均经过公司层面聚类的标准误调整(Petersen,2009)。此外,表7-5 中的逐步回归模型显示出渐增的解释力(依据模型之间的"$\Delta Pseudo\ R^2$"和 F 检验可得)。

在表 7-5 的第(1)列中,本章将公司环境绩效(ENV)作为自变量,并使用模型(1)检验假设 7-1,该假设预测了公司环境绩效与非标准审计意见(MAO)之间的负相关性。如第(1)列所示,在 1% 的水平上,ENV 系数显著为负(系数 $=-0.096\ 7$,t 值 $=-2.93$)。这一发现揭示了公司环境绩效与审计师发表非标准审计意见倾向之间的负相关关系,为假设 7-1 提供了有力的支持。本章进一步处理并计算了 Logistic 模型中 ENV 对 MAO 的边际效应。环境绩效对非标准审计意见的边际影响约为 -0.70%[①]。显然,除了统计意义外,这一数值在经济上也是显著的,并且在本质上与 DeFond 等(2002)的数据相似[②]。

在控制变量方面,MAO_LAG 系数显著为正。SIZE、ROA、LIQUIDITY 和 BETA 的系数均显著为负,与之前对中国审计的研究一致(Gul et al.,2013)。此外,SMPF 和 TAO 的系数显著为正。

在表 7-5 的第(2)列中,本章纳入了公司环境绩效(ENV)、内部控制(IC)、交乘项(ENV×IC)和其他影响因素以检验假设 7-2。ENV×IC 的系数在 5% 的水平上显著为负(系数 $=-0.083\ 5$,t 值 $=-2.10$),表明内部控制加强了公司环境绩效与非标准审计意见之间的负相

[①]　STATA 中根据"mfx"的命令计算边际效应。本章还采用了 Wooldridge(2009)中的方法来计算边际效应,亦获得了类似的结果。

[②]　DeFond 等(2002)调查了总费用对持续经营审计意见的影响,并报告了 0.0%~0.6% 的边际影响。

表 7-4　**Pearson 相关性分析**

变量	(1)	(2)	(3)	(4)	(5)	(6)	(7)	(8)	(9)	(10)	(11)	(12)	(13)	(14)	(15)
(1) MAO	1														
(2) ENV	-0.0805^{+}	1													
(3) IC	-0.3589^{+}	0.3095^{+}	1												
(4) GREENWASH	-0.0061	0.1303^{+}	0.0429^{+}	1											
(5) MAO_LAG	0.5532^{+}	-0.0681^{+}	-0.2834^{+}	$-0.0305^{\#}$	1										
(6) BIG4	$-0.0326^{\#}$	0.2836^{+}	0.2531^{+}	0.0082	$-0.0340^{\#}$	1									
(7) LOCAL6	-0.0030	-0.0022	0.0056	-0.0138	0.0105	-0.1722^{+}	1								
(8) TENURE	-0.0197	-0.0427^{+}	0.0872^{+}	-0.1246^{+}	-0.0386^{+}	-0.0449^{+}	-0.0871^{+}	1							
(9) SWITCH	0.0264^{*}	0.0114	-0.0432^{+}	-0.0298^{*}	0.0661^{+}	0.0180	0.0440^{+}	-0.3290^{+}	1						
(10) INDSPEC	-0.0091	0.0463^{+}	0.0827^{+}	-0.0038	-0.0090	0.0476^{+}	0.1150^{+}	0.1088^{+}	-0.0487^{+}	1					
(11) FIRST	-0.0877^{+}	0.1921^{+}	0.2054^{+}	$0.0364^{\#}$	-0.0690^{+}	0.1468^{+}	$0.0315^{\#}$	-0.1519^{+}	0.0210	0.0441^{+}	1				
(12) MAN_SHR	$-0.0338^{\#}$	$-0.0374^{\#}$	-0.0175	0.1357^{+}	-0.0399^{+}	-0.0541^{+}	0.0223	-0.2154^{+}	-0.0291^{*}	-0.0451^{+}	-0.0712^{+}	1			
(13) DUAL	0.0025	-0.0751^{+}	-0.0468^{+}	0.0284^{*}	0.0151	-0.0410^{+}	-0.0133	-0.0622^{+}	$-0.0355^{\#}$	-0.0528^{+}	-0.0711^{+}	0.1925^{+}	1		
(14) BOARD	-0.0187	0.1759^{+}	0.1571^{+}	0.0072	-0.0112	0.1297^{+}	0.0253	-0.0181	0.0206	0.0489^{*}	0.0299^{*}	-0.1117^{+}	-0.1303^{+}	1	
(15) SIZE	-0.1616^{+}	0.4586^{+}	0.5382^{+}	-0.0064	-0.1316^{+}	0.4054^{+}	0.0165	0.0865^{+}	0.0010	0.1188^{+}	0.2963^{+}	-0.1783^{+}	-0.1622^{+}	0.2925^{+}	1
(16) LEV	0.1886^{+}	-0.0130	-0.1211^{+}	-0.0417^{+}	0.1702^{+}	0.0445^{+}	0.0307^{+}	0.0191	0.0490^{+}	0.0022	0.0263^{*}	-0.1209^{+}	-0.0695^{+}	0.0550^{+}	0.2325^{+}
(17) ROA	-0.2482^{+}	0.1185^{+}	0.4639^{+}	0.0473^{+}	-0.1156^{+}	0.0426^{+}	0.0171	-0.0511^{+}	0.0256^{*}	$0.0369^{\#}$	0.1695^{+}	0.1101^{+}	0.0404^{+}	0.0290^{*}	0.1353^{+}
(18) LOSS	0.2779^{+}	-0.0947^{+}	-0.5226^{+}	-0.0452^{+}	0.1693^{+}	-0.0234	0.0006	-0.0217	0.0323^{+}	-0.0243	-0.1050^{+}	-0.0635^{+}	-0.0117	-0.0215	-0.1503^{+}
(19) SMPF	$0.0356^{\#}$	-0.0265^{*}	-0.1117^{+}	-0.0469^{+}	0.0450^{+}	-0.0267^{*}	-0.0217	0.0038	0.0058	-0.0263^{*}	-0.0506^{*}	-0.0487^{+}	-0.0143	-0.0150	-0.0414^{+}
(20) CHGSALES	-0.0926^{+}	0.0543^{+}	0.2171^{+}	0.0473^{+}	-0.0113	0.0195	0.0234	-0.0239	0.0589^{+}	0.0179	0.1311^{+}	0.0080	-0.0209	0.0244	0.1595^{+}
(21) LIQUIDITY	-0.0736^{+}	-0.0564^{+}	0.0229	0.0505^{+}	-0.0654^{+}	-0.0755^{+}	-0.0142	-0.1027^{+}	-0.0243	-0.0534^{+}	-0.0155	0.1454^{+}	0.1116^{+}	-0.0954^{+}	-0.1905^{+}
(22) AR/TA	-0.0363^{+}	-0.0224	0.0553^{+}	0.0631^{+}	-0.0446^{+}	-0.0459^{+}	0.0690^{+}	-0.1439^{+}	$0.0364^{\#}$	0.0199	-0.0213	0.1508^{+}	0.0790^{+}	-0.0248	-0.1500^{+}
(23) INV/TA	$-0.0387^{\#}$	-0.0686^{+}	$0.0385^{\#}$	0.0075	$-0.0303^{\#}$	-0.0635^{+}	0.0114	-0.0173	0.0127	$-0.0384^{\#}$	0.0501^{+}	0.0053	0.0081	-0.0911^{+}	0.0589^{+}

续表

变量		(1)	(2)	(3)	(4)	(5)	(6)	(7)	(8)	(9)	(10)	(11)	(12)	(13)	(14)	(15)
(24)	RET	-0.0026	-0.0690+	0.0105	0.0144	0.0064	-0.0938+	0.0160	-0.0351#	0.0350#	-0.0339#	-0.0237	0.0238	0.0306#	-0.0250	-0.1249+
(25)	BETA	-0.1312+	-0.0911+	-0.1045+	0.0267*	-0.1475+	-0.1733+	0.0086	0.0314#	-0.0369#	0.0048	-0.0766+	0.0125	-0.0282*	-0.0495+	-0.0839+
(26)	CONF	-0.0547+	0.0374#	0.0806+	0.0438+	-0.0476+	0.0372#	0.1022+	0.0337#	-0.0389#	0.0529+	0.0457+	0.0714+	-0.0001	-0.0300*	0.0027
(27)	BUD	-0.0537+	0.0165	0.0891+	0.0197	-0.0447+	0.0977+	0.0596+	0.0538+	-0.0258+	0.0254*	0.0514+	0.0179	-0.0213	-0.0334#	0.0360#
(28)	TAO	0.0281*	-0.0060	0.0055	0.0061	0.0113	0.0376#	-0.0171	-0.0685+	-0.0239	-0.0066	0.0644+	0.0507+	0.0168	-0.0450+	-0.0014
(29)	CROSS	0.0035	0.1409+	0.1195+	-0.0567+	0.0102	0.4189+	-0.0230	-0.0021	-0.0017	0.0296*	0.0570+	-0.0823+	-0.0207	0.0763+	0.2695+
(30)	STATE	-0.0208	0.1396+	0.1081+	-0.0943+	-0.0139	0.1160+	0.0313#	0.0953+	0.0830+	0.0083	0.2026+	-0.3312+	-0.2315+	0.2370+	0.3210+

变量		(16)	(17)	(18)	(19)	(20)	(21)	(22)	(23)	(24)	(25)	(26)	(27)	(28)	(29)	(30)
(16)	LEV	1														
(17)	ROA	-0.2970+	1													
(18)	LOSS	0.2352+	-0.5560+	1												
(19)	SMPF	0.0980+	-0.1959+	-0.1266+	1											
(20)	CHGSALES	0.0803+	0.4239+	-0.1873+	-0.1296+	1										
(21)	LIQUIDITY	-0.3198+	0.2115+	-0.1062+	-0.0459+	-0.0287*	1									
(22)	AR/TA	-0.0450+	0.0924+	-0.0541+	-0.0448+	0.1474+	0.0333#	1								
(23)	INV/TA	0.1868+	0.0021	-0.0521+	0.0093	0.0499+	0.0142	-0.0822+	1							
(24)	RET	-0.0313#	0.1487+	-0.0423+	-0.0581+	0.1340+	0.0128	0.0959+	0.0181	1						
(25)	BETA	-0.0968+	-0.1551+	-0.0239	0.0484+	-0.1009+	-0.0024	0.0252	0.0637+	0.0878+	1					
(26)	CONF	-0.0075	0.0499+	-0.0577+	-0.0285*	0.0245	0.0198	0.0657+	0.0066	-0.0034	-0.0227	1				
(27)	BUD	-0.0607+	0.0024	-0.0403+	-0.0137	-0.0195	0.0342#	-0.0010	0.0531+	-0.0475+	0.0163	0.3998+	1			
(28)	TAO	0.0476+	-0.0251	0.0080	-0.0156	-0.0250	0.0315#	0.0295*	0.0272+	-0.0256*	-0.0281*	0.1532+	0.0822+	1		
(29)	CROSS	0.0545+	-0.0318+	0.0216	0.0361+	-0.0239	-0.0694+	-0.0354#	-0.0444+	-0.0731+	-0.1345+	0.0341+	0.0978+	0.0281*	1	
(30)	STATE	0.1405+	-0.1039+	0.0232	0.0356#	0.0202	-0.1576+	-0.1006+	-0.0836+	-0.0795+	-0.0358#	-0.0625+	-0.0126	-0.0367#	0.1350+	1

注：＋，＃和＊分别表示双侧检验下 1%，5%和 10%水平上的显著性。所有变量定义见附录 7-1。

关关系。这一发现支持了假设 7-2。此外，根据 Powers(2005)，对于 Logistic 回归，系数的正(负)符号可能并不意味着交乘项对因变量的正(负)影响。因此，本章参考 Powers(2005)的研究计算了交乘项(ENV×IC)对非标准审计意见的边际效应，结果为-0.04%。此外，"β_1(ENV)+β_3(ENV×IC)"的系数测试结果在 5% 水平上显著(Chi^2-value=6.33)。上述这些测试所显示的经济意义，进一步确认了内部控制对公司环境绩效和非标准审计意见之间负相关关系的强化效应，从而为假设 7-2 提供了支持性证据。

在表 7-5 第(3)列纳入了公司环境绩效(ENV)、漂绿(GREENWASH)、交乘项(ENV×GREENWASH)和其他影响因素以检验假设 7-3。ENV×GREENWASH 的系数在 10% 的水平上显著为正(系数=0.102 7,t 值=1.91)，表明漂绿行为减弱了公司环境绩效对非标准审计意见的负向影响。这一发现支持了假设 7-3,意味着相比同行其他公司，漂绿公司的环境绩效和非标准审计意见之间的关系更不显著。交乘项(ENV×GREENWASH)对非标准审计意见的边际效应为 0.08%,从经济学意义上再次支持假设 7-3。此外,"γ_1(ENV)-γ_3(ENV×GREENWASH)"的系数测试结果在 5% 水平上显著(Chi^2-value=5.68)。

表 7-5 公司环境绩效、内部控制、漂绿同非标准审计意见(MAO)的回归分析结果

变量	因变量:非标准审计意见的可能性(MAO)					
	(1)		(2)		(3)	
	假设 7-1		假设 7-2		假设 7-3	
	系数	t 值	系数	t 值	系数	t 值
ENV	-0.0967***	-2.93	-0.1501***	-2.58	-0.1370***	-2.82
IC			-0.9012***	-6.61		
ENV×IC			-0.083 5**	-2.10		
GREENWASH					0.274 3	0.84
ENV×GREENWASH					0.102 7*	1.91
MAO_LAG	3.720 3***	11.74	3.530 9***	10.79	3.727 1***	11.76
BIG4	0.436 7	0.65	0.841 2	1.25	0.440 2	0.65
LOCAL6	-0.009 8	-0.04	-0.142 6	-0.55	-0.026 6	-0.11
TENURE	0.023 5	0.92	0.034 5	1.28	0.025 7	0.99
SWITCH	-0.044 4	-0.12	-0.226 0	-0.59	-0.044 4	-0.13
INDSPEC	0.011 9	0.05	0.007 0	0.03	-0.007 1	-0.03
FIRST	-0.426 0	-0.48	0.172 8	0.19	-0.484 8	-0.53
MAN_SHR	0.272 8	0.15	0.571 3	0.30	0.092 2	0.05
DUAL	-0.254 6	-0.77	-0.350 3	-0.98	-0.246 4	-0.74
BOARD	0.543 4	0.83	0.684 3	0.96	0.582 1	0.88
SIZE	-0.4028***	-3.23	-0.176 1	-1.29	-0.413 7***	-3.33
LEV	0.024 8	0.42	-0.000 2	-0.00	0.026 4	0.46

续表

变量	因变量:非标准审计意见的可能性(MAO)					
	(1)		(2)		(3)	
	假设 7-1		假设 7-2		假设 7-3	
	系数	t 值	系数	t 值	系数	t 值
ROA	−9.8779***	−4.43	−9.3851***	−4.10	−9.8333***	−4.45
LOSS	0.553 5	1.37	−0.285 2	−0.62	0.555 5	1.36
SMPF	0.516 7*	1.73	0.377 2	1.25	0.538 7*	1.81
CHGSALES	−0.932 1	−1.46	−0.928 0	−1.50	−0.965 0	−1.46
LIQUIDITY	−0.216 7*	−1.68	−0.229 9*	−1.77	−0.215 7*	−1.69
AR/TA	−0.322 7	−0.20	0.669 1	0.42	−0.282 4	−0.18
INV/TA	−0.885 0	−0.93	−0.854 2	−0.86	−0.868 5	−0.92
RET	−0.034 8	−0.15	0.136 9	0.59	−0.040 5	−0.17
BETA	−1.7272***	−2.85	−0.972 9	−1.55	−1.7303***	−2.86
CONF	−0.629 2	−0.91	−0.427 7	−0.62	−0.5789	−0.84
BUD	−0.055 7	−1.55	−0.061 9*	−1.66	−0.058 0	−1.62
TAO	0.299 4**	2.22	0.250 5*	1.81	0.295 8**	2.19
CROSS	0.323 1	0.75	0.315 7	0.72	0.349 9	0.81
STATE	−0.098 0	−0.32	0.005 1	0.02	−0.088 6	−0.29
截距	7.041 2***	2.59	6.595 4**	2.13	7.073 8***	2.64
行业/年度	控制		控制		控制	
观测值	4 197		4 197		4 197	
Pseudo R^2	0.499 3		0.532 9		0.500 9	
Log Likelihood	−339.064 1		−316.320 9		−335.972 4	
LR(p-value)	455.78*** (<.000 1)		495.14*** (<.000 1)		465.48*** (<.000 1)	
Δ Pseudo R^2 (Chi²-value)			45.49*** [(2)−(1)]		6.18** [(3)−(1)]	
β_1(ENV)+β_3(ENV×IC) (Chi²-value)			6.33**			
γ_1(ENV)−γ_3(ENV×GREENWASH) (Chi²-value)					5.68**	

注：***、**和*分别表示双侧检验下 1%、5%和 10%水平上的显著性。所有报告的 t 值都经过公司层面聚类的标准误调整(Petersen,2009)。所有变量定义见附录 7-1。

(二)使用持续经营审计意见进行稳健性检验

接下来,本章进一步采用持续经营审计意见(GCO)作为因变量来重新检验假设 7-1 至假设 7-3。GCO 是一个虚拟变量,若公司被出具持续经营审计意见等于 1,否则等于 0(De-

Fond 等,2002;Demirkan 和 Zhou,2016)。如表 7-6 第(1)列所示,ENV 的系数显著为负(系数=−0.0555,t 值=−1.90),与假设 7-1 一致。在表 7-6 的第(2)列中,(ENV×IC)具有负的显著系数(系数=−0.0352,t 值=−2.30),再次支持了假设 7-2。此外,在表 7-6 的第(3)列中,(ENV×GREENWASH)的系数显著为正(系数=0.0887,t 值=1.75),支持了假设 7-3。这些结果综合起来表明,本章的主要发现并没有因以持续经营审计意见作为因变量而发生质的改变。

表 7-6　将持续经营审计意见(GCO)作为因变量的稳健性检验

变量	因变量:持续经营审计意见的可能性(GCO)					
	(1)		(2)		(3)	
	假设 7-1		假设 7-2		假设 7-3	
	系数	t 值	系数	t 值	系数	t 值
ENV	−0.055 5*	−1.90	−0.073 2**	−2.25	−0.094 9**	−2.29
IC			−0.609 8***	−5.98		
ENV×IC			−0.035 2**	−2.30		
GREENWASH					0.449 0	1.21
ENV×GREENWASH					0.088 7*	1.75
MAO_LAG	3.334 3***	9.57	3.134 6***	8.56	3.455 8***	9.95
BIG4	−1.073 5	−1.48	−0.943 7	−1.11	−0.979 9	−1.41
LOCAL6	−0.066 7	−0.23	−0.206 3	−0.69	−0.018 8	−0.07
TENURE	−0.012 8	−0.44	−0.006 9	−0.22	−0.007 6	−0.27
SWITCH	−0.117 8	−0.20	−0.252 2	−0.42	−0.153 8	−0.30
INDSPEC	0.130 2	0.45	0.171 6	0.60	−0.004 2	−0.01
FIRST	−0.701 4	−0.72	−0.148 1	−0.15	−0.860 3	−0.84
MAN_SHR	−3.749 6	−1.08	−3.512 8	−0.94	−4.284 2	−1.35
DUAL	0.022 3	0.07	−0.030 8	−0.09	0.026 9	0.08
BOARD	0.678 6	0.87	0.747 1	0.88	0.841 8	1.07
SIZE	−0.314 7**	−2.27	−0.143 9	−0.97	−0.353 5**	−2.50
LEV	0.062 9	0.91	0.058 3	0.85	0.062 8	0.94
ROA	−9.0613***	−3.44	−8.3622***	−3.20	−10.4309***	−3.97
LOSS	0.621 6	1.33	0.101 4	0.21	0.467 4	0.97
SMPF	0.574 4	1.57	0.567 0	1.56	0.553 8	1.56
CHGSALES	−1.390 0**	−2.55	−1.269 1**	−2.32	−1.401 9**	−2.46
LIQUIDITY	−0.203 5	−1.40	−0.210 6	−1.47	−0.225 7	−1.49
AR/TA	−2.159 8	−1.04	−1.109 7	−0.54	−1.670 9	−0.80
INV/TA	−0.651 1	−0.56	−0.640 7	−0.53	−0.939 0	−0.87

续表

变量	因变量:持续经营审计意见的可能性(GCO)					
	(1)		(2)		(3)	
	假设 7-1		假设 7-2		假设 7-3	
	系数	t 值	系数	t 值	系数	t 值
RET	0.083 6	0.32	0.223 6	0.89	0.087 5	0.33
BETA	−2.131 5***	−2.80	−1.494 8**	−1.98	−1.751 0**	−2.35
CONF	−1.514 9**	−2.13	−1.455 8**	−2.05	−0.987 4	−1.32
BUD	0.006 8	0.17	0.008 9	0.22	−0.009 1	−0.24
TAO	0.296 8*	1.90	0.259 7	1.62	0.269 0*	1.69
CROSS	0.116 4	0.23	0.073 7	0.15	0.172 5	0.33
STATE	−0.044 6	−0.12	0.076 1	0.20	−0.092 7	−0.27
截距	4.204 3	1.40	3.043 1	0.94	5.340 9*	1.74
行业/年度	控制		控制		控制	
观测值	4 197		4 197		4 197	
Pseudo R^2	0.511 8		0.535 1		0.521 2	
Log Likelihood	−281.036 5		−267.667 7		−271.129 9	
LR(p-value)	589.36***(<.000 1)		616.09***(<.000 1)		446.07***(<.000 1)	
Δ Pseudo R^2			26.74***[(2)−(1)]		19.81***[(3)−(1)]	
β_1(ENV)+β_3(ENV×IC)			6.65***			
γ_1(ENV)−γ_3 (ENV×GREENWASH)					4.21**	

注:***、**和*分别表示双侧检验下 1%、5%和 10%水平上的显著性。所有报告的 t 值都经过公司层面聚类的标准误调整(Petersen,2009)。所有变量定义见附录 7-1。

(三)使用标准化环境绩效进行稳健性检验

为了确保本章研究结果的稳健性,本章构建了一个额外的解释变量 ENV_SD。ENV_SD 表示标准化的环境绩效,测量方式为"$(\text{ENV}_{j,t}-\text{ENV}_{\min,t})/(\text{ENV}_{\max,t}-\text{ENV}_{\min,t})$";其中,$\text{ENV}_{j,t}$ 是企业 j 在 t 年的公司环境绩效,$\text{ENV}_{\max,t}$($\text{ENV}_{\min,t}$)表示样本企业在 t 年的最大(最小)值。表 7-7 第(1)列中的结果表明,ENV_SD 的系数为负且显著(系数=−3.867 7,t 值=−2.93),为假设 7-1 提供了支持。此外,ENV_SD×IC 的系数仍显著为负(系数=−3.341 7,t 值=−2.10),支持了假设 7-2。在第(3)列中,ENV_SD × GREENWASH 具有显著的正系数(系数=4.108 4,t 值=1.89),支持了假设 7-3。

表 7-7 标准化环境绩效进行稳健性检验

变量	因变量:非标准审计意见的可能性（MAO）					
	(1)		(2)		(3)	
	假设 7-1		假设 7-2		假设 7-3	
	系数	t 值	系数	t 值	系数	t 值
ENV_SD	−3.8677***	−2.93	−6.0038***	−2.58	−5.4806***	−2.82
IC			−0.9012***	−6.61		
ENV_SD×IC			−3.341 7**	−2.10		
GREENWASH					0.274 3	0.84
ENV_SD×GREENWASH					4.108 4*	1.89
MAO_LAG	3.720 3***	11.74	3.530 9***	10.79	3.727 1***	11.76
BIG4	0.436 7	0.65	0.841 2	1.25	0.440 2	0.65
LOCAL6	−0.0098	−0.04	−0.142 6	−0.55	−0.026 6	−0.11
TENURE	0.023 5	0.92	0.034 5	1.28	0.025 7	0.99
SWITCH	−0.044 4	−0.12	−0.226 0	−0.59	−0.044 4	−0.13
INDSPEC	0.011 9	0.05	0.007 0	0.03	−0.007 1	−0.03
FIRST	−0.426 0	−0.48	0.172 8	0.19	−0.484 8	−0.53
MAN_SHR	0.272 8	0.15	0.571 3	0.30	0.092 2	0.05
DUAL	−0.254 6	−0.77	−0.350 3	−0.98	−0.246 4	−0.74
BOARD	0.543 4	0.83	0.684 3	0.96	0.582 1	0.88
SIZE	−0.4028***	−3.23	−0.176 1	−1.29	−0.4137***	−3.33
LEV	0.024 8	0.42	−0.000 2	−0.00	0.026 4	0.46
ROA	−9.8779***	−4.43	−9.3851***	−4.10	−9.8333***	−4.45
LOSS	0.553 5	1.37	−0.285 2	−0.62	0.555 5	1.36
SMPF	0.516 7*	1.73	0.377 2	1.25	0.538 7*	1.81
CHGSALES	−0.932 1	−1.46	−0.928 0	−1.50	−0.965 0	−1.46
LIQUIDITY	−0.216 7*	−1.68	−0.229 9*	−1.77	−0.215 7*	−1.69
AR/TA	−0.322 7	−0.20	0.669 1	0.42	−0.282 4	−0.18
INV/TA	−0.885 0	−0.93	−0.854 2	−0.86	−0.868 5	−0.92
RET	−0.034 8	−0.15	0.136 9	0.59	−0.040 5	−0.17
BETA	−1.7272***	−2.85	−0.972 9	−1.55	−1.7303***	−2.86
CONF	−0.6292	−0.91	−0.427 7	−0.62	−0.578 9	−0.84
BUD	−0.055 7	−1.55	−0.061 9*	−1.66	−0.058 0	−1.62
TAO	0.299 4**	2.22	0.250 5*	1.81	0.295 8**	2.19
CROSS	0.323 1	0.75	0.315 7	0.72	0.349 9	0.81

续表

变量	因变量:非标准审计意见的可能性（MAO）					
	(1)		(2)		(3)	
	假设 7-1		假设 7-2		假设 7-3	
	系数	t 值	系数	t 值	系数	t 值
STATE	−0.098 0	−0.32	0.005 1	0.02	−0.088 6	−0.29
截距	7.041 2***	2.59	6.595 4**	2.13	7.073 8***	2.64
行业/年度	控制		控制		控制	
观测值	4 197		4 197		4 197	
Pseudo R^2	0.499 3		0.532 9		0.500 9	
Log Likelihood	−339.064 1		−316.320 9		−335.972 4	
LR（p-value）	455.78*** (<.0001)		495.14*** (<.0001)		465.48*** (<.0001)	
Δ Pseudo R^2			45.49*** [(2)−(1)]		6.18** [(3)−(1)]	
β_1(ENV_SD)+β_3(ENV_SD×IC)			6.33**			
γ_1(ENV_SD)−γ_3 (ENV_SD×GREENWASH)					5.68**	

注：***、**和*分别表示双侧检验下 1%、5%和 10%水平上的显著性。所有报告的 t 值都经过公司层面聚类的标准误调整（Petersen，2009）。所有变量定义见附录 7-1。

六、内生性问题与附加测试

(一)讨论公司环境绩效与审计意见的内生性

为了控制公司环境绩效和非标准审计意见之间的潜在内生性，本章进一步采用两种方法，重新检验假设 7-1 至假设 7-3：(1)两阶段 Tobit-Logistic 回归模型；(2)工具变量法（El Ghoul et al.，2011；Kim et al.，2014）。

对于两阶段 Tobit-Logistic 回归模型，本章以信息透明度指数（IPEA，2014）作为工具变量，使用模型(7-4)估计 ENV 的拟合值（ENV*）：

$$ENV=\gamma_0+\gamma_1 PITI+\sum[模型(7-1)至(7-3)中的外生变量]+（年度和行业虚拟变量）+\eta \quad (7-4)$$

在模型(7-4)中，ENV 是因变量，表示公司的环境绩效。PITI 是污染信息透明度指数，为衡量省级污染的监测指数，由公共环境研究中心和自然资源保护委员会联合提供（IPEA，2014）。理论上，PITI 与公司环境绩效相关，但与非清洁审计意见相关的可能性较小。此外，本章还将模型(7-1)、(7-2)、(7-3)中的所有控制变量作为模型(7-4)的外生变量。在确定第一阶段使用的工具变量后，本章进行了内生性 Wald 检验，表 7-8 最后一行的 Wald test 结果不显著,表明所选的 PITI 变量更可能是外生变量而不是内生变量,因此,PITI 适合作为本章的工具变量。此外,如 Panel A 第(1)列所示,ENV 与 PITI 显著正相关。

表 7-8 Panel A 的第(2)列报告了使用第一阶段估计的 ENV 拟合值(ENV*)作为主要自变量对假设 7-1 进行检验的结果。ENV* 的系数为负值,在 5% 水平下显著(系数＝ -0.0927,t 值＝ -2.21),再次支持假设 7-1。在 Panel A 的第(3)列中,(ENV* ×IC)的系数显著为负(系数＝ -0.1055,t 值＝ -2.20),与假设 7-2 一致。在 Panel A 的第(4)列中,(ENV* ×GREENWASH)系数显著为正(系数＝0.1474,t 值＝2.41),与假设 7-3 一致。

借助工具变量法(El Ghoul et al.,2011;Kim et al.,2014),本章使用同行业中其他公司的平均环境绩效作为工具变量,表示为 ENV_IND,对假设 7-1、7-2、7-3 重新检验。如表 7-8 中 Panel B 第(1)列所示,ENV_IND 系数显著为负(系数＝ -0.0997,t 值＝ -3.01),与假设7-1一致。在 Panel B 第(2)列中,(ENV_IND×IC)具有负的显著系数(系数＝ -0.0813,t 值＝ -2.10),支持了假设 7-2。在 PanelB 的第(3)列中,(ENV_IND×GREENWASH)的系数为正且显著(系数＝0.0885,t 值＝1.77),再次支持了假设 7-3。

表 7-8　考虑公司环境绩效和非标准审计意见之间内生性的检验结果

Panel A:使用两阶段 Tobit-Logistic 回归模型控制内生性的结果

变量	第一阶段 因变量:ENV (1)		第二阶段 因变量:非标准审计意见的可能性 (MAO)					
			(2) 假设 7-1		(3) 假设 7-2		(4) 假设 7-3	
	系数	t 值	系数	t 值	系数	t 值	系数	t 值
PITI	0.037 8 ***	3.40						
ENV*			−0.092 7 **	−2.21	−0.162 7 **	−2.23	−0.173 6 ***	−3.08
IC					−0.9386 ***	−6.16		
ENV* ×IC					−0.105 5 **	−2.20		
GREENWASH							0.376 4	1.12
ENV* ×GREENWASH							0.147 4 **	2.41
MAO_LAG	0.354 2	0.51	3.674 2 ***	11.40	3.469 8 ***	10.50	3.684 5 ***	11.42
BIG4	1.956 0 ***	3.85	0.414 9	0.62	0.886 6	1.33	0.446 3	0.66
LOCAL6	−0.120 3	−0.48	0.012 7	0.05	−0.124 8	−0.48	−0.018 3	−0.08
TENURE	−0.114 4 ***	−4.00	0.027 1	1.05	0.038 9	1.43	0.029 8	1.14
SWITCH	−0.453 5	−1.07	−0.070 4	−0.18	−0.218 5	−0.57	−0.080 0	−0.21
INDSPEC	−0.161 1	−0.68	0.030 1	0.12	0.008 9	0.03	0.000 8	0.00
FIRST	0.796 2	0.99	−0.429 3	−0.49	0.143 7	0.16	−0.487 7	−0.54
MAN_SHR	3.511 6 ***	3.07	0.2597	0.14	0.488 3	0.25	−0.031 0	−0.02
DUAL	−0.536 4	−1.62	−0.140 9	−0.44	−0.216 0	−0.62	−0.134 2	−0.41

续表

变量	第一阶段		第二阶段					
	因变量:ENV		因变量:非标准审计意见的可能性（MAO）					
	(1)		(2)		(3)		(4)	
			假设 7-1		假设 7-2		假设 7-3	
	系数	t 值	系数	t 值	系数	t 值	系数	t 值
BOARD	1.432 0**	2.40	0.501 5	0.74	0.711 7	0.97	0.575 0	0.84
SIZE	2.797 4***	22.16	−0.397 2***	−3.11	−0.191 7	−1.35	−0.396 0***	−3.12
LEV	−0.682 5***	−6.52	0.021 4	0.35	−0.004 6	−0.07	0.019 5	0.32
ROA	1.402 2	0.68	−10.191 2***	−4.48	−9.851 2***	−4.18	−10.185 3***	−4.50
LOSS	−0.808 2*	−1.66	0.540 3	1.30	−0.327 0	−0.69	0.543 4	1.29
SMPF	−0.121 1	−0.32	0.540 1*	1.81	0.391 4	1.28	0.578 0*	1.94
CHGSALES	−0.517 5	−1.23	−0.801 0	−1.27	−0.801 0	−1.31	−0.867 7	−1.31
LIQUIDITY	−0.115 7	−1.52	−0.222 6*	−1.66	−0.233 2*	−1.78	−0.217 1*	−1.66
AR/TA	1.288 4	0.89	−0.343 1	−0.21	0.593 9	0.37	−0.283 3	−0.17
INV/TA	1.319 9	1.38	−0.889 4	−0.93	−0.794 3	−0.80	−0.883 3	−0.94
RET	−0.220 1	−1.03	−0.009 4	−0.04	0.156 9	0.69	−0.016 6	−0.07
BETA	−1.250 7*	−1.74	−1.555 3**	−2.54	−0.826 0	−1.31	−1.585 7***	−2.59
CONF	0.379 7	0.47	−0.674 3	−0.95	−0.508 6	−0.73	−0.589 5	−0.84
BUD	0.035 0	0.88	−0.058 3	−1.64	−0.063 9*	−1.72	−0.060 5*	−1.70
TAO	−0.019 0	−0.11	0.305 5**	2.29	0.263 8*	1.93	0.298 1**	2.22
CROSS	−1.702 2***	−3.79	0.466 8	1.09	0.444 0	1.00	0.511 3	1.18
STATE	0.180 7	0.66	−0.100 4	−0.32	0.008 4	0.03	−0.084 4	−0.27
截距	−62.581 4***	−20.91	6.874 8**	2.47	6.963 3**	2.09	6.549 1**	2.41
行业/年度	控制		控制		控制		控制	
观测值	4 197		4 197		4 197		4 197	
Pseudo R^2	0.077 5		0.490 2		0.524 5		0.493 9	
Log Likelihood	−8 303.071 3		−334.005 2		−311.549 3		−330.605 2	
LR（p-value）	1 394.25*** (<.000 1)		442.93*** (<.000 1)		489.55*** (<.000 1)		441.77*** (<.000 1)	
Δ Pseudo R^2					44.91*** [(3)−(2)]		6.80** [(4)−(2)]	
β_1（ENV*）+β_3（ENV*×IC）					5.65**			
γ_1（ENV*）−γ_3（ENV*×GREENWASH）							8.13***	
Wald test							0.52 (0.472 7)	

续表

Panel B:使用工具变量控制内生性的结果

变量	因变量:非标准审计意见的可能性(MAO)					
	(1)		(2)		(3)	
	假设 7-1		假设 7-2		假设 7 3	
	系数	t 值	系数	t 值	系数	t 值
ENV_IND	−0.0997***	−3.01	−0.1468***	−2.75	−0.1140***	−2.90
IC			−0.873 8***	−6.32		
ENV_IND×IC			−0.081 3**	−2.10		
GREENWASH					0.377 7	1.20
ENV_IND×GREENWASH					0.088 5*	1.77
MAO_LAG	3.721 7***	11.75	3.548 7***	10.84	3.727 2***	11.72
BIG4	0.441 6	0.65	0.818 1	1.23	0.453 2	0.67
LOCAL6	−0.008 5	−0.03	−0.137 3	−0.53	−0.016 1	−0.07
TENURE	0.023 6	0.92	0.036 7	1.36	0.022 8	0.89
SWITCH	−0.046 9	−0.13	−0.179 4	−0.49	−0.064 3	−0.18
INDSPEC	0.013 0	0.05	0.016 0	0.06	0.007 1	0.03
FIRST	−0.415 4	−0.47	0.257 5	0.29	−0.522 2	−0.57
MAN_SHR	0.280 1	0.15	0.533 4	0.28	0.159 8	0.09
DUAL	−0.254 5	−0.77	−0.333 5	−0.94	−0.245 3	−0.75
BOARD	0.550 1	0.84	0.734 3	1.01	0.528 9	0.80
SIZE	−0.401 4***	−3.23	−0.181 2	−1.32	−0.419 4***	−3.37
LEV	0.023 7	0.40	0.006 9	0.11	0.025 6	0.44
ROA	−9.899 8***	−4.44	−9.501 8***	−4.17	−9.848 7***	−4.43
LOSS	0.553 6	1.37	−0.313 6	−0.69	0.560 3	1.39
SMPF	0.514 2*	1.73	0.345 6	1.13	0.527 3*	1.78
CHGSALES	−0.932 1	−1.46	−0.930 2	−1.51	−0.907 3	−1.40
LIQUIDITY	−0.217 1*	−1.69	−0.212 1*	−1.72	−0.224 8*	−1.73
AR/TA	−0.320 9	−0.20	0.609 4	0.38	−0.391 4	−0.24
INV/TA	−0.883 3	−0.93	−0.978 2	−0.97	−0.851 7	−0.91
RET	−0.033 8	−0.14	0.131 2	0.56	−0.042 5	−0.18
BETA	−1.729 6***	−2.86	−0.999 1	−1.60	−1.732 3***	−2.87
CONF	−0.629 1	−0.91	−0.431 6	−0.62	−0.602 6	−0.88
BUD	−0.055 7	−1.55	−0.061 9	−1.64	−0.055 8	−1.54

续表

变量	因变量:非标准审计意见的可能性(MAO)					
	(1)		(2)		(3)	
	假设 7-1		假设 7-2		假设 7-3	
	系数	t 值	系数	t 值	系数	t 值
TAO	0.299 4 **	2.23	0.241 5 *	1.69	0.295 6 **	2.20
CROSS	0.326 2	0.76	0.303 1	0.70	0.340 1	0.78
STATE	−0.099 3	−0.33	0.013 2	0.04	−0.102 6	−0.34
截距	6.867 2 **	2.52	6.140 1 **	1.98	7.207 1 ***	2.65
行业/年度	控制		控制		控制	
观测值	4 197		4 197		4 197	
Pseudo R^2	0.499 5		0.533 0		0.500 5	
Log Likelihood	−338.935 6		−316.225 0		−336.215 4	
LR (p-value)	455.86 *** (<.000 1)		482.05 *** (<.000 1)		459.53 *** (<.000 1)	
Δ Pseudo R^2			45.42 *** [(2)−(1)]		5.44 * [(3)−(1)]	
β_1(ENV_IND)+β_3(ENV_IND×IC)			6.99 ***			
γ_1(ENV_IND)−γ_3 (ENV_IND×GREENWASH)					6.60 **	

注:*** 、** 和 * 分别表示双侧检验下 1%、5%和 10%水平上的显著性。所有报告的 t 值都经过公司层面聚类的标准误调整(Petersen,2009)。所有变量定义见附录 7-1。

(二)考虑不同环境信息披露方式的子样本测试

为了检查本章的研究结果是否取决于环境信息的不同披露方式,本章进行了以下子样本测试:

第一,基于深圳证券交易所(2008)和上海证券交易所(2008b),本章把在独立企业社会责任报告中披露环境信息的公司与在财务报表附注中披露环境信息的公司区分开来,然后进行了子样本测试,以检验公司环境绩效与非标准审计意见(MAO)之间的关系是否在两个子样本之间存在差异。对于在独立企业社会责任报告中披露环境信息的公司:如表 7-9 第(1)列所示,ENV 系数显著为负(系数=−0.0695,t 值=−1.75),因此假设 7-1 得到支持;第(2)列显示,(ENV×IC)的系数为负值但不显著,因此假设 7-2 无法得到支持;在第(3)列中,(ENV×GREENWASH)的系数不显著,因此假设 7-3 无法得到支持①。此外,对于在财务报表附注

---

① 在(1)(3)列中,可以观察到,统计软件没有返回 BIG4、DUAL 和 STATE 的系数。可能的原因是,对于在独立企业社会责任报告中披露环境信息的公司:(1)只有 11 个(1.22%)观测值由国际四大会计师事务所审计师(BIG4)审计;(2)仅有 22 个(2.45%)观测值的董事长同时担任 CEO;(3)大约 34 个(3.79%)观测值为国有企业。

表 7-9　考虑在独立企业社会责任报告或财务报表附注中披露环境信息的子样本测试

因变量:非标准审计意见的可能性（MAO）

| 变量 | 在独立企业社会责任报告中披露环境信息的子样本 | | | | | | 在财务报表附注中披露环境信息的子样本 | | | | | |
| | (1) 假设 7-1 | | (2) 假设 7-2 | | (3) 假设 7-3 | | (4) 假设 7-1 | | (5) 假设 7-2 | | (6) 假设 7-3 | |
	系数	t值	系数	t值	系数	t值	系数	t值	系数	t值	系数	t值
ENV	−0.069 5*	−1.75	−0.152 4***	−3.20	−0.273 0*	−1.85	−0.071 9*	−1.82	−0.174 2**	−2.23	−0.147 0*	−1.89
IC			−1.811 4**	−2.48					−1.046 9***	−5.70		
ENV×IC			−0.033 8	−0.35					−0.146 9**	−2.35		
GREENWASH					1.014 6	1.37					0.264 5	0.69
ENV×GREENWASH					−0.190 6	−0.97					0.166 3**	2.06
MAO_LAG	4.509 7***	4.67	6.084 7**	1.98	4.1434***	4.63	3.732 5***	11.20	3.542 8***	10.28	3.7281***	11.14
BIG4	N. A.	N. A.	N. A.	N. A.	N. A.	N. A.	0.671 9	0.97	1.039 6	1.52	0.689 5	0.99
LOCAL6	2.737 0***	2.82	5.607 6***	3.61	2.7489***	2.74	−0.007 3	−0.03	−0.135 7	−0.51	−0.022 9	−0.09
TENURE	0.225 9***	3.05	0.498 4***	3.33	0.2287***	3.39	0.021 2	0.78	0.030 5	1.06	0.024 1	0.87
SWITCH	0.547 4	0.66	−0.224 9	−0.08	0.023 9	0.05	−0.097 4	−0.25	−0.310 3	−0.76	−0.089 6	−0.24
INDSPEC	0.287 6	0.34	1.094 2	1.01	0.230 9	0.31	0.050 1	0.19	0.023 4	0.08	0.020 9	0.08
FIRST	−3.536 6	−0.51	−6.684 4	−1.09	−4.290 9	−0.56	−0.278 5	−0.30	0.324 7	0.34	−0.319 7	−0.34
MAN_SHR	12.6393***	2.93	29.1063***	4.06	12.7803***	2.82	−0.033 9	−0.02	0.158 2	0.08	−0.253 7	−0.13
DUAL	N. A.	N. A.	N. A.	N. A.	N. A.	N. A.	−0.266 1	−0.79	−0.407 8	−1.09	−0.261 2	−0.77
BOARD	11.675 8*	1.86	22.7377***	3.03	11.970 4*	1.89	0.395 3	0.59	0.483 0	0.68	0.426 0	0.63
SIZE	−0.554 9	−0.91	1.652 5	1.35	−0.578 7	−1.00	−0.4225***	−3.29	−0.218 5	−1.53	−0.4308***	−3.37

续表

因变量：非标准审计意见的可能性（MAO）

| 变量 | 在独立企业社会责任报告中披露环境信息的子样本 | | | | | | 在财务报表附注中披露环境信息的子样本 | | | | | |
| | (1) 假设 7-1 | | (2) 假设 7-2 | | (3) 假设 7-3 | | (4) 假设 7-1 | | (5) 假设 7-2 | | (6) 假设 7-3 | |
	系数	t 值	系数	t 值	系数	t 值	系数	t 值	系数	t 值	系数	t 值
LEV	0.139 6	0.66	−0.094 0	−0.25	0.275 2	1.01	0.047 1	0.79	0.024 9	0.40	0.051 3	0.87
ROA	−38.253 9*	−1.69	−81.125 8***	−2.78	−36.533 7*	−1.78	−9.278 1***	−4.12	−8.881 0***	−3.84	−9.211 7***	−4.13
LOSS	−0.161 9	−0.09	−8.179 9**	−2.52	0.196 2	0.13	0.622 5	1.50	−0.183 3	−0.39	0.607 8	1.43
SMPF	3.117 5	1.31	0.735 4	0.75	3.314 5	1.27	0.495 2	1.59	0.402 9	1.29	0.526 0*	1.68
CHGSALES	3.674 0	1.50	10.410 0**	2.15	3.897 7	1.59	−0.974 3	−1.52	−0.953 1	−1.56	−1.031 5	−1.55
LIQUIDITY	−0.315 4	−0.74	−0.326 1	−0.30	−0.192 6	−0.35	−0.182 7	−1.47	−0.202 2	−1.58	−0.179 9	−1.46
AR/TA	−5.902 2	−1.41	−5.311 7	−1.15	−6.647 9	−1.10	−0.225 0	−0.14	0.668 7	0.40	−0.208 7	−0.13
INV/TA	−1.935 3	−0.62	−6.949 9**	−2.09	−2.712 1	−0.77	−0.756 7	−0.79	−0.670 1	−0.67	−0.725 4	−0.76
RET	0.711 3	1.63	2.579 0**	2.04	0.704 2	1.38	−0.046 6	−0.19	0.098 4	0.39	−0.041 4	−0.17
BETA	−1.981 1	−0.38	0.183 2	0.05	−1.415 8	−0.31	−1.856 4***	−3.07	−1.053 1*	−1.66	−1.863 0***	−3.09
CONF	−0.480 7	−0.21	0.061 5	0.04	1.305 2	0.39	−0.644 8	−0.89	−0.457 4	−0.63	−0.604 5	−0.84
BUD	−0.317 4*	−1.69	−0.436 8*	−1.75	−0.325 3*	−1.75	−0.050 9	−1.38	−0.054 5	−1.43	−0.055 8	−1.51
TAO	1.240 0*	1.84	0.607 4	0.66	1.270 5*	1.99	0.249 5*	1.85	0.182 7	1.30	0.241 1*	1.79
CROSS	−1.873 3	−1.28	−2.833 3***	−2.70	−1.990 8	−1.23	0.494 1	1.10	0.520 5	1.17	0.514 6	1.14
STATE	N.A.	N.A.	N.A.	N.A.	N.A.	N.A.	−0.150 1	−0.47	−0.096 5	−0.29	−0.136 7	−0.43
截距	−8.947 3**	−2.12	−8.638 9***	−2.94	−19.273 7***	−3.86	7.784 4***	2.78	8.857 8***	2.78	7.812 2***	2.81

续表

因变量：非标准审计意见的可能性（MAO）

变量	在独立企业社会责任报告中披露环境信息的子样本						在财务报表附注中披露环境信息的子样本					
	(1) 假设7-1		(2) 假设7-2		(3) 假设7-3		(4) 假设7-1		(5) 假设7-2		(6) 假设7-3	
	系数	t值	系数	t值	系数	t值	系数	t值	系数	t值	系数	t值
行业/年度	控制		控制		控制		控制		控制		控制	
观测值	898		898		898		3,299		3,299		3,299	
Pseudo R^2	0.653 7		0.734 0		0.659 0		0.492 7		0.529 1		0.495 1	
Log Likelihood	−15.837 2		−12.162 4		−15.593 4		−314.263 4		−291.737 3		−312.771 2	
LR (p-value)	353.25***	(<.000 1)	115 3.59***	(<.0001)	487.27***	(<.000 1)	400.00***	(<.000 1)	461.70***	(<.000 1)	423.78***	(<.000 1)
Δ Pseudo R^2			7.35**[(2)−(1)]		0.49[(3)−(1)]				45.05***[(5)−(4)]		4.98*[(6)−(4)]	
β_1(ENV)$+\beta_3$(ENV×IC) γ_1(ENV)$-\gamma_3$(ENV×GREENWASH)			9.89***		0.17				5.88**		4.04**	
组间差异（F-test）							2.26***		2.32***		1.44**	
ENV 系数差异 (t-test)							0.66 [(1) vs. (4)]		0.09 [(2) vs. (5)]		0.16 [(3) vs. (6)]	
ENV×IC 系数差异 (t-test)									1.67* [(2) vs. (5)]		−2.11** [(3) vs. (6)]	

注：***、**和*分别表示双侧检验下1%、5%和10%水平上的显著性。所有报告的 t 值都经过公司层面聚类的标准误差调整（Petersen,2009）。所有变量定义见附录7-1。

中披露了环境信息的公司：如第(4)列显示，ENV 具有显著为负的系数，支持假设 7-1；在第(5)列中，(ENV×IC)具有显著的负系数，为假设 7-2 提供了支持；在第(6)列中，(ENV×GREENWASH)的系数显著为正，因此支持了假设 7-3。

此外，两组之间的差异都是显著的(F 检验结果)，这意味着有必要进行子样本检验。然而，ENV 系数的差异均不显著(t 检验结果)，这意味着企业是否在独立企业社会责任报告或在财务报表附注中披露其环境信息，不会从本质上改变本章关于环境绩效对非标准审计意见影响的研究结果。然而，对于假设 7-2 和假设 7-3，本章发现内部控制(漂绿)的调节效应仅存在于财务报表附注中披露环境信息的子样本中。

第二，本章进一步删除了环境绩效等于 0 的公司，以重新检验假设 7-1、7-2、7-3。表7-10 中的结果表明：(1)ENV 具有显著的负系数(系数＝−0.1315，t 值＝−3.03)，与假设7-1一致；(2)(ENV×IC)的系数显著为负(系数＝−0.0933，t 值＝−1.76)，支持了假设 7-2；(3)(ENV×GREENWASH)具有显著的正系数，因此假设 7-3 得到支持。

表 7-10 使用删除了环境绩效为零的公司的结果

变量	因变量：非标准审计意见的可能性（MAO）					
	(1)		(2)		(3)	
	假设 7-1		假设 7-2		假设 7-3	
	系数	t 值	系数	t 值	系数	t 值
ENV	−0.1315***	−3.03	−0.1847***	−2.59	−0.160 8**	−2.33
IC			−1.1769***	−5.80		
ENV×IC			−0.093 3*	−1.76		
GREENWASH					0.069 2	0.15
ENV×GREENWASH					0.157 9**	2.18
MAO_LAG	2.783 6***	5.03	2.397 9***	4.34	2.664 1***	5.02
BIG4	N. A.	N. A.	N. A.	N. A.	N. A.	N. A.
LOCAL6	−0.004 0	−0.01	−0.041 6	−0.09	0.188 7	0.41
TENURE	0.053 1*	1.73	0.088 2**	2.19	0.076 7**	2.42
SWITCH	0.700 2	1.61	0.611 4	1.23	0.696 3	1.55
INDSPEC	0.317 3	0.85	0.199 9	0.47	0.303 9	0.79
FIRST	−0.207 0	−0.19	−0.460 9	−0.33	−0.512 0	−0.42
MAN_SHR	−2.435 1	−1.26	−1.417 4	−0.74	−1.912 5	−1.17
DUAL	−0.333 4	−0.55	−1.156 6	−1.55	−0.494 2	−0.76
BOARD	2.148 3***	2.81	2.984 0***	3.70	2.293 8***	2.95
SIZE	−0.355 0*	−1.94	−0.030 4	−0.14	−0.411 9**	−2.18
LEV	−0.035 4	−0.36	−0.079 3	−0.79	−0.102 9	−1.06
ROA	−9.434 0**	−2.20	−8.653 6**	−2.02	−9.839 7**	−2.54

续表

变量	因变量:非标准审计意见的可能性（MAO）					
	（1）		（2）		（3）	
	假设 7-1		假设 7-2		假设 7-3	
	系数	t 值	系数	t 值	系数	t 值
LOSS	1.092 2	1.54	−0.274 2	−0.36	1.054 2	1.48
SMPF	0.623 1	1.17	0.310 5	0.59	0.602 4	1.12
CHGSALES	−0.452 5	−0.79	−0.405 9	−0.67	−0.236 1	−0.38
LIQUIDITY	−0.351 3	−1.32	−0.163 4	−0.88	−0.324 3	−1.34
AR/TA	0.351 8	0.13	−0.154 6	−0.05	0.506 3	0.18
INV/TA	−3.579 1*	−1.67	−2.547 4	−1.19	−2.711 6	−1.35
RET	0.549 9*	1.71	0.702 0**	2.02	0.518 7	1.50
BETA	−2.456 3**	−2.16	−2.104 4*	−1.71	−2.918 4**	−2.55
CONF	−0.505 6	−0.36	−0.870 0	−0.52	0.300 3	0.25
BUD	−0..015 6	−1.10	−0.013 2	−1.38	−0.2323***	−2.70
TAO	0.514 3	1.12	0.495 2	1.47	0.759 1***	3.79
CROSS	−1.8005***	−2.81	−1.9146***	−3.01	−1.565 8**	−2.42
STATE	0.033 0	0.07	−0.155 7	−0.32	0.090 3	0.17
截距	4.249 2	0.92	2.615 4	0.53	4.053 9	0.84
行业/年度	控制		控制		控制	
观测值	2 219		2 219		2 219	
Pseudo R^2	0.497 3		0.551 3		0.528 2	
Log Likelihood	−132.609 8		118.356 9		−124.472 6	
LR (p-value)	307.47*** (<.000 1)		−379.21*** (<.000 1)		405.58*** (<.000 1)	
△ Pseudo R^2			28.51*** [（2）−（1）]		16.27*** [（3）−（1）]	
β_1（ENV）+β_3（ENV×IC）			5.92**			
γ_1（ENV）−γ_3（ENV×GREENWASH）					5.31**	

注：***、** 和 * 分别表示双侧检验下 1%、5% 和 10% 水平上的显著性。所有报告的 t 值都经过公司层面聚类的标准误调整（Petersen,2009）。所有变量定义见附录 7-1。

（三）考虑审计意见购买的附加测试

接下来,本章进一步探讨有审计意见购买的子样本与无审计意见购买的子样本之间,公司环境绩效与非标准审计意见的负相关关系是否相似或不对称。

首先,参考 Chen 等（2016）和 Lennox（2000）,本章使用模型（7-5）估算了非标准审计意见的影响因素系数,如下所示：

$$MAO = \theta_0 + \theta_1 MAO\_LAG + \theta_2 SWITCH + \theta_3 SWITCH \times MAO\_LAG + \theta_4 SIZE + \theta_5 LEV +$$

$$\theta_6 FIRST + \theta_7 MAN\_SHR + \theta_8 ROA + \theta_9 LOSS + \theta_{10} OCF + \theta_{11} LIQUIDITY +$$

$$\theta_{12} AR/TA + \theta_{13} INV/TA + \varepsilon \tag{7-5}$$

其次,利用估计系数,本章定义并计算:(1)一家公司更换审计师时收到非标准审计意见的概率 MAO_S;(2)若一家公司未更换审计师,其收到非标准审计意见的概率 MAO_{NS}。

再次,计算了上述情况下公司收到非标准审计意见的条件概率的差异,即"$MAO_S - MAO_{NS}$"。

最后,区分了有审计意见购买的公司和没有审计意见购买的公司,然后利用模型(7-1)进行子样本检验[①]。如表 7-11 第(1)列所示,对于有审计意见购买的子样本,ENV 的系数为负,但不显著,表明公司环境绩效对有审计意见购买的子样本的非标准审计意见的影响较弱[②]。此外,在表 7-11 的第(2)列中,ENV 的系数为负且显著(系数 $= -0.0680$,t 值 $= -1.77$),这意味着对于无审计意见购买的子样本,公司环境绩效对非标准审计意见有显著的负向影响。上述结果表明,公司环境绩效与非标准审计意见之间的负相关关系仅存在于未进行审计意见购买的子样本中,而不存在于进行审计意见购买的子样本中[③]。

表 7-11　考虑审计意见购买的附加测试结果

变量	因变量:非标准审计意见的可能性(MAO)			
	(1)		(2)	
	有审计意见购买的子样本 (AUD_SHOP=1)		无审计意见购买的子样本 (AUD_SHOP=0)	
	系数	t 值	系数	t 值
ENV	$-0.065\,7$	-0.42	$-0.068\,0^{*}$	-1.77
MAO_LAG	N. A.	N. A.	$5.943\,6^{***}$	6.88
BIG4	N. A.	N. A.	$-0.183\,7$	-0.21

---

①　考虑到本章研究中的因变量是非标准审计意见(MAO),并且审计意见购买与审计意见高度相关,因此不适合考察公司环境绩效和审计意见购买的交互作用对非标准审计意见的影响。据此,本章进行子样本测试。

②　在表 7-11 的第(1)列中,统计软件未返回 MAO_LAG 和 BIG4 的系数,原因如下:(1)所有 130 家公司(100%)在 $t-1$ 年收到了非标准审计意见(即 MAO_LAG=1);(2)只有两家公司(1.54%)接受国际四大会计师事务所审计师的审计。

③　本章还进行了 t 检验,以检验不同环境绩效的公司审计意见购买的差异。第一,根据样本均值将整个样本分为两个子样本:(1)环境绩效高的子样本;(2)环境绩效较低的子样本。未报告的结果表明,与具有高环境绩效的子样本相比,具有低环境绩效的子样本具有显著更高的审计意见购买的可能性(t 值 $=$ 3.10)。第二,本章根据子样本平均数将具有高环境绩效的子样本分为两个二级子样本,但未报告的结果表明,两个二级子样本之间审计意见购买可能性的差异不显著(t 值 $=1.17$)。第三,本章根据子样本的平均值,将环境绩效较低的子样本进一步划分为两个二级子样本,未报告的结果表明,环境绩效低的二级子样本审计意见购买的概率明显高于环境绩效高的二级子样本(t 值 $=3.59$)。上述结果表明,环境绩效较差的公司更有可能进行审计意见购买。

续表

变量	因变量:非标准审计意见的可能性（MAO）			
	(1)		(2)	
	有审计意见购买的子样本 （AUD_SHOP＝1）		无审计意见购买的子样本 （AUD_SHOP＝0）	
	系数	t 值	系数	t 值
LOCAL6	−1.246 7	−0.71	−0.168 2	−0.56
TENURE	0.172 6	0.97	0.048 5	1.51
SWITCH	0.155 8	0.08	0.012 5	0.02
INDSPEC	1.495 5	1.14	−0.171 4	−0.58
FIRST	−9.246 1	−1.61	−0.280 4	−0.28
MAN_SHR	7.531 9 ***	2.66	0.549 7	0.26
DUAL	0.046 7	0.04	−0.533 9	−1.18
BOARD	−10.321 6 **	−2.39	1.260 2 *	1.67
SIZE	−2.899 5 ***	−3.53	−0.368 1 **	−2.45
LEV	−0.084 3	−0.45	0.035 7	0.53
ROA	−9.638 5	−1.03	−12.062 2 ***	−5.32
LOSS	3.177 3 **	2.15	0.587 1	1.16
SMPF	5.190 1 ***	3.92	0.874 1 **	2.20
CHGSALES	−4.152 0	−1.07	−0.459 2	−0.85
LIQUIDITY	−0.807 8	−1.04	−0.149 8	−0.93
AR/TA	−2.420 3	−0.29	−0.929 8	−0.53
INV/TA	−1.941 5	−0.59	0.058 8	0.05
RET	1.465 5	0.90	−0.102 2	−0.36
BETA	−6.973 2	−1.52	−1.523 2 **	−1.99
CONF	−1.874 3 ***	−2.63	−1.398 2	−1.17
BUD	−0.091 0 ***	−2.59	−0.832 9	−0.30
TAO	0.514 0 ***	3.15	1.112 1	0.40
CROSS	4.995 4 **	2.45	−0.077 0	−0.16
STATE	6.217 1 ***	4.09	−0.450 8	−1.44
截距	17.344 8 ***	3.64	3.184 3	0.99
行业/年度	控制		控制	
观测值	130		4 067	
Pseudo R^2	0.619 6		0.296 0	
Log Likelihood	−32.352 4		−271.490 9	
LR(p-value)	111.10 *** (＜.000 1)		356.21 *** (＜.000 1)	

注：***、** 和 * 分别表示双侧检验下 1％、5％和 10％水平上的显著性。所有报告的 t 值都经过公司层面聚类的标准误调整（Petersen，2009）。所有变量定义见附录 7-1。

(四)公司环境绩效对盈余管理的影响

利用模型(7-6)进行 OLS 回归,本章进一步检验了公司环境绩效与盈余管理之间的关系。

$$
\begin{aligned}
DA = {} & \delta_0 + \delta_1 ENV + \delta_2 BIG4 + \delta_3 LOCAL6 + \delta_4 TENURE + \delta_5 SWITCH + \\
& \delta_6 INDSPEC + \delta_7 FIRST + \delta_8 MAN\_SHR + \delta_9 DUAL + \delta_{10} BOARD + \\
& \delta_{11} SIZE + \delta_{12} LEV + \delta_{13} LAGROA + \delta_{14} LOSS + \delta_{15} SMPF + \delta_{16} ZMIJ + \\
& \delta_{17} CHGSALES + \delta_{18} CONF + \delta_{19} BUD + \delta_{20} TAO + \delta_{21} CROSS + \\
& \delta_{22} STATE + Year\ Dummies + Industry\ Dummies + \varepsilon
\end{aligned}
\tag{7-6}
$$

在模型(7-6)中,DA 表示盈余管理,参考 Dechow 等(1995)的研究进行衡量:

步骤 1:给定 t 年的总应计利润(按 $t-1$ 年的总资产平减),ACC_t 为净利润减去经营活动产生的现金流。

步骤 2:按年度-行业估算琼斯模型(1991):

$$
ACC_t = \alpha_1 (1/TA_{t-1}) + \alpha_2 (\Delta REV_t/TA_{t-1}) + \alpha_3 (PPE_t/TA_{t-1}) + \varepsilon
\tag{7-7}
$$

模型中,ΔREV 是从 $t-1$ 年到 t 年的收入变化;PPE 为 t 年的房产、厂房和设备;TA 是 $t-1$ 年的总资产,用于平减其他变量。

步骤 3:根据同一年度-行业的估计参数值,计算非操纵性应计利润(NDA)和可操纵性应计利润(DA),如下所示:

$$
NDA_t = \hat{a}_1 (1/TA_{t-1}) + \hat{a}_2 [(\Delta REV_t - \Delta REC_t)/TA_{t-1}] + \hat{a}_3 (PPE_t/TA_{t-1}) + \varepsilon
\tag{7-8}
$$

$$
DA_t = ACC_t - NDA_t
\tag{7-9}
$$

模型中,ΔREC 是 $t-1$ 年至 t 年的应收账款变化。鉴于收入被操纵的可能性,故考虑将应收账款的变动额从收入变动中减去(Dechow 等,1995)。ACC、NDA 和 DA 已经基于资产进行了平减。

在计算(异常)可操纵性应计利润后,本章在表 7-12 第(1)列中报告了公司环境绩效对盈余管理的影响。在第(1)列中,ENV 系数为负值,在 5% 的水平上显著(系数=-0.0011,t 值=-2.52),这为公司环境绩效对非标准审计意见的负向影响提供了支持性证据,即环境友好型公司的盈余管理水平较低[①]。

---

① 本章还计算了另外五个变量来衡量盈余管理或应计质量。DA_ΔCF 表示基于 Ball 和 Shivakumar (2006)的修正琼斯模型,考虑了经营活动产生的净现金流变化的可操纵性应计利润。DA_RET 指基于 Ball 和 Shivakumar(2006)的修正琼斯模型,考虑了异常回报的可操纵性应计利润。参考 Dechow 和 Dichev (2002)和 Francis 等(2005),本章计算了有关应计质量的三个变量:AQ_{10}、AQ_{15} 和 AQ_{20}。类似地,未报告的结果表明,DA_ΔCF、DA_RET、AQ_{10}、AQ_{15} 和 AQ_{20} 的系数均显著为负(分别为:系数=-0.0007,t 值= -1.82;系数=-0.0010,t 值=-2.37;系数=-0.0008,t 值=-3.00;系数=-0.0008,t 值=-3.05;系数=-0.0008,t 值=-3.19)。

(五)公司环境绩效对审计费用的影响

环境表现较好的公司可释放盈利能力较好的信号。此外,有道德的管理者会提供更透明的非财务信息和更可靠的财务报告。最终,环保企业能够获得更低的资本成本和更少的诉讼风险。同样,审计师也可能会降低审计风险的可接受阈值,减少审计工作,从而降低收取的审计费用。因此,本章预计公司环境绩效与审计费用之间存在负相关关系。继 Simunic (1980)、Bell 等(2001)、Carcello 等(2002)和 Wang 等(2008)之后,本章构建如模型(7-10)所示的 OLS 回归,检验了公司环境绩效(ENV)对审计费用的影响(变量定义见附录 7-1):

$$FEE = \kappa_0 + \kappa_1 ENV + \kappa_2 BIG4 + \kappa_3 LOCAL6 + \kappa_4 TENURE + \kappa_5 SWITCH +$$
$$\kappa_6 INDSPEC + \kappa_7 FIRST + \kappa_8 MAN\_SHR + \kappa_9 DUAL + \kappa_{10} BOARD +$$
$$\kappa_{11} SIZE + \kappa_{12} LEV + \kappa_{13} AR/TA + \kappa_{14} INV/TA + \kappa_{15} ROA + \kappa_{16} LOSS +$$
$$\kappa_{17} SMPF + \kappa_{18} CONF + \kappa_{19} BUD + \kappa_{20} TAO + \kappa_{21} CROSS + \kappa_{22} STATE +$$
$$Year\ Dummies + Industry\ Dummies + \varepsilon \tag{7-10}$$

如表 7-12 第(2)列所示,ENV 的系数显著为负(系数=−0.0042,t 值=−3.42),这表明具有优异环境绩效的环境友好型公司支付的审计费用较少。这一结果为支持本章关于公司环境绩效与非标准审计意见之间负相关关系的主要发现提供了额外的证据。

表 7-12　公司环境绩效对盈余管理、审计费用影响的附加测试

变量	(1)		(2)	
	因变量:盈余管理(DA)		因变量:审计费用(FEE)	
	系数	t 值	系数	t 值
ENV	−0.001 1**	−2.52	−0.004 2***	−3.42
BIG4	−0.025 0***	−2.69	0.010 8	0.36
LOCAL6	0.005 1	1.19	0.004 9	0.35
TENURE	−0.001 3***	−2.69	−0.002 0	−1.04
SWITCH	0.005 9	0.81	0.041 5*	1.76
INDSPEC	−0.007 0*	−1.74	0.019 5	1.43
FIRST	0.022 7	1.48	0.048 6	0.93
MAN_SHR	0.042 5	1.48	−0.037 1	−0.38
DUAL	0.006 4	1.01	0.007 3	0.32
BOARD	−0.008 1	−0.81	−0.122 1***	−3.25
SIZE	0.011 6***	4.77	−0.281 5***	−21.07
LEV	0.011 2***	4.67	0.009 7	1.45
LAGROA	0.126 6***	3.68		
ROA			1.434 7***	4.51

续表

变量	(1) 因变量：盈余管理（DA）		(2) 因变量：审计费用（FEE）	
	系数	t 值	系数	t 值
LOSS	−0.055 0***	−7.63	0.252 1***	5.11
SMPF	−0.010 5**	−1.98	0.062 9***	2.75
ZMIJ	−0.018 0***	−5.82		
CHGSALES	−0.005 3	−0.50		
AR/TA			−0.092 8	−0.82
INV/TA			−0.108 9*	−1.70
CONF	−0.019 3	−1.23	0.022 6	0.51
BUD	−0.000 4	−0.58	0.004 5*	1.80
TAO	−0.006 0**	−2.29	−0.008 4	−0.78
CROSS	−0.003 7	−0.56	0.171 9***	4.95
STATE	−0.017 4***	−3.54	−0.100 5***	−5.53
截距	−0.240 6***	−4.33	0.754 9***	7.25
行业/年度	控制		控制	
观测值	3 982		3 790	
Adj_R^2	0.124 1		0.298 4	
F(p-value)	8.64*** (<.000 1)		21.54*** (<.000 1)	

注：***、**和*分别表示双侧检验下 1%、5%和 10%水平上的显著性。所有报告的 t 值都经过公司层面聚类的标准误调整（Petersen，2009）。所有变量定义见附录 7-1。

七、结论

本章通过检验审计师在审计公司时是否重视其环境活动，并进一步探究内部控制和漂绿作为调节因素的影响，扩展了近期关于企业社会责任的经济后果的文献（Dhaliwal et al.，2011，2012；El Ghoul et al.，2011；Goss，Roberts，2011；Kim et al.，2012）。本章的研究为探究公司环境绩效这一重要的企业社会责任维度的价值提供了新的视角。通过对中国上市公司样本的分析，本章发现公司环境绩效与非标准审计意见显著负相关，这表明对环境负责的公司更可能收到标准的清洁意见。这意味着，审计师更欣赏那些以积极主动的姿态践行环境保护的公司。这一发现得到了以下证据的进一步支持：(1)公司环境绩效与盈余管理显著负相关;(2)审计师向环境绩效高的公司收取较少的审计费用。此外,内部控制强化了公司环境绩效与非标准审计意见之间的负相关关系,而漂绿削弱了这种影响。

除引言中阐述的理论贡献外,本章的研究还具有一些实际意义。第一,公司环境绩效和非标准审计意见呈负相关,表明了环境参与对公司获得更清洁的审计意见有益处。高层管理者应密切关注履行公司环境责任的经济效益。至少,管理者应该避免代价高昂的环境破坏。第二,利益相关者可以要求上市公司提供有关其环境绩效的额外披露,增强环境信息披露的透明度,并可以将这些报告视作诉讼风险和财务报告可靠性的信号(Feldman et al.,1997;Heyes,1996;Kim et al.,2012;Merchant,Rockness,1994;Toms,2002)。第三,本章发现,漂绿削弱了公司环境绩效与非标准审计意见之间的负相关关系。因此,证监会、环境监管机构和审计师应对公司漂绿行为及其对审计的负面影响保持关切。第四,中国注册会计师协会应采取有效措施,缓解审计意见购买对公司环境绩效与非标准审计意见之间关联的负面影响。第五,公司信息披露已经不再局限于财务数据。因此,审计师必须学会利用非财务信息,如公司环境绩效进行相关审计工作。

本章研究有如下几个局限性,可在未来的研究中予以完善:首先,由于数据限制,本章采集的公司环境绩效数据的期限仅为三年。因此,本章的结论仍需要长期数据的进一步检验。其次,本章的研究侧重于中国情境,因此研究结论可能不适用于其他国家或地区。未来的研究可以进一步检验国际情境中公司环境绩效和非标准审计意见之间的关系是否表现出同样的负相关性。最后,本章结合环境保护的多个维度,使用一个综合指数(Clarkson et al.,2008;Du et al.,2014)来研究企业的环境绩效,未来学者们应该建立各种关于公司环境绩效的数据库,并为公司环境绩效与审计意见之间的关联提供更有力的证据。

审计行业已经意识到,企业社会责任信息蕴含着重要的信号(PwC,2013),但中国一些地方的、小型的会计师事务所对这一新趋势却不太敏感。本章研究认为,这些会计师事务所的审计师在努力提供可信的审计报告时,应充分利用包括公司环境绩效在内的企业社会责任信息。

参考文献

[1]上海证券交易所.上海证券交易所上市公司环境信息披露指引[EB/OL].(2008-05-04).[2013-05-20].http://www.sse.com.cn/lawandrules/sserules/listing/stock/c/c_20120918_49642.shtml

[2]上海证券交易所.上海证券交易所关于做好上市公司2008年年度报告工作的通知[EB/OL].(2008-12-31)[2013-05-20].http://www.sse.com.cn/aboutus/hotandd/ssenews/c/c_20121024_51173.shtml.

[3]深圳证券交易所.深圳证券交易所关于做好上市公司2008年年度报告工作的通知[EB/OL].(2008-12-31).[2016.08-15].http://www.szse.cn/main/disclosure/bsgg/2008123139739051.shtml.

[4]ASHBAUGH-SKAIFE H, COLLINS D W, KINNEY J R, et al. The effect of SOX internal control deficiencies and their remediation on accrual quality[J]. The accounting review, 2008, 83(1):217-250.

[5]BALL R, SHIVAKUMAR L. The role of accruals in asymmetrically timely gain and loss recognition[J]. Journal of accounting research, 2006, 44(2):207-242.

［6］BALL R，JAYARAMAN S，SHIVAKUMAR L. Audited financial reporting and voluntary disclosure as complements：a test of the confirmation hypothesis［J］. Journal of accounting and economics，2012，53(1-2)：136-166.

［7］BELL T B，LANDSMAN W R，SHACKELFORD D A. Auditors' perceived business risk and audit fees：analysis and evidence［J］. Journal of accounting research，2001，39(1)：35-43.

［8］BEAULIEU P R. The effects of judgments of new clients' integrity upon risk judgments，audit evidence，and fees［J］. Auditing：a journal of practice & theory，2001，20(2)：85-99.

［9］BRANCO M C，RODRIGUES L L. Corporate social responsibility and resource-based perspectives［J］. Journal of business ethics，2006，69(2)：111-132.

［10］CARCELLO J V，HERMANSON D R，NEAL T L，et al. Board characteristics and audit fees［J］. Contemporary accounting research，2002，19(3)：365-384.

［11］CARROLL A B. Corporate social responsibility：evolution of a definitional construct［J］. Business & society，1999，38(3)：268-295.

［12］CHAN K C，FARRELL B，LEE P. Earnings management of firms reporting material internal control weaknesses under Section 404 of the Sarbanes-Oxley Act［J］. Auditing：a journal of practice & theory，2008，27(2)：161-179.

［13］CHAN K H，LIN K Z，MO P L. A political-economic analysis of auditor reporting and auditor switches［J］. Review of accounting studies，2006，11(1)：21-48.

［14］CHEN J C，PATTEN D M，ROBERTS R W. Corporate charitable contributions：a corporate social performance or legitimacy strategy? ［J］. Journal of business ethics，2008，82(1)：131-144.

［15］CHEN C J P，SU X，ZHAO R. An emerging market's reaction to initial modified audit opinions：evidence from the Shanghai Stock Exchange［J］. Contemporary accounting research，2000，17(3)：429-455.

［16］CHEN F，PENG S，XUE S，et al. Do audit clients successfully engage in opinion shopping? partner-level evidence［J］. Journal of accounting research，2016，54(1)：79-112.

［17］CHEN S，SUN S Y J，WU D. Client importance，institutional improvements，and audit quality in China：an office and individual auditor level analysis［J］. The accounting review，2010，85(1)：127-158.

［18］China Daily. For a better environment［N/OL］.(2013-06-05) ［2013-08-30］. http：//usa.chinadaily. com.cn/ opinion/2013-06/05/content_16567852.htm.

［19］CHOI J H，KIM J B，QIU A A，et al. Geographic proximity between auditor and client：how does it impact audit quality? ［J］. Auditing：a journal of practice & theory，2012，31(2)：43-72.

［20］Chu A G H，Du X，Jiang G. Buy，lie，or die：an investigation of Chinese ST firms' voluntary interim audit motive and auditor independence［J］. Journal of business ethics，2011，102(1)：135-153.

［21］CLARKSON P M，LI Y，RICHARDSON G D，et al. Revisiting the relation between environmental performance and environmental disclosure：an empirical analysis［J］. Accounting，organizations and society，2008，33(4-5)：303-327.

［22］DECHOW P M，DICHEV I D. The quality of accruals and earnings：the role of accrual estimation errors［J］. The accounting review，2002，77(s-1)：35-59.

［23］DECHOW P M，SLOAN R G，SWEENEY A P. Detecting earnings management［J］. Accounting review，1995：193-225.

[24]DEFOND M L, WONG T J, LI S. The impact of improved auditor independence on audit market concentration in China[J]. Journal of accounting and economics, 1999, 28(3): 269-305.

[25]DEFOND M L, SUBRAMANYAM K R. Auditor changes and discretionary accruals[J]. Journal of accounting and economics, 1998, 25(1): 35-67.

[26]DEFOND M L, RAGHUNANDAN K, SUBRAMANYAM K R. Do non-audit service fees impair auditor independence? evidence from going concern audit opinions[J]. Journal of accounting research, 2002, 40(4): 1247-1274.

[27]DELMAS M A, BURBANO V C. The drivers of greenwashing[J]. California management review, 2011, 54(1): 64-87.

[28] DEMIRKAN S, ZHOU N. Audit pricing for strategic alliances: an incomplete contract perspective[J]. Contemporary accounting research, 2016, 33(4): 1625-1647.

[29]DESJARDINS J. Corporate environmental responsibility[J]. Journal of business ethics, 1998, 17(8): 825-838.

[30]DHALIWAL D S, LI O Z, TSANG A, et al. Voluntary nonfinancial disclosure and the cost of equity capital: the initiation of corporate social responsibility reporting[J]. The accounting review, 2011, 86(1): 59-100.

[31]DHALIWAL D S, RADHAKRISHNAN S, TSANG A, et al. Nonfinancial disclosure and analyst forecast accuracy: international evidence on corporate social responsibility disclosure[J]. The accounting review, 2012, 87(3): 723-759.

[32]DOPUCH N, HOLTHAUSEN R W, LEFTWICH R W. Predicting audit qualifications with financial and market variables[J]. Accounting review, 1987: 431-454.

[33]DOYLE J T, GE W, MCVAY S. Accruals quality and internal control over financial reporting[J]. The accounting review, 2007, 82(5): 1141-1170.

[34]DU X. Is corporate philanthropy used as environmental misconduct dressing? evidence from Chinese family-owned firms[J]. Journal of business ethics, 2015a, 129(2): 341-361.

[35]DU X. Does confucianism reduce minority shareholder expropriation? evidence from China[J]. Journal of business ethics, 2015b, 132(4): 661-716.

[36]DU X. How the market values greenwashing? evidence from China[J]. Journal of business ethics, 2015c, 128(3): 547-574.

[37]DU X, JIAN W, ZENG Q, et al. Corporate environmental responsibility in polluting industries: does religion matter? [J]. Journal of business ethics, 2014, 124(3): 485-507.

[38]DU X, JIAN W, LAI S, et al. Does religion mitigate earnings management? evidence from China[J]. Journal of business ethics, 2015, 131(3): 699-749.

[39]EL GHOUL S, GUEDHAMI O, KWOK C C Y, et al. Does corporate social responsibility affect the cost of capital? [J]. Journal of banking & finance, 2011, 35(9): 2388-2406.

[40]FELDMAN S J, SOYKA P A, AMEER P G. Does improving a firm's environmental management system and environmental performance result in a higher stock price? [J]. The journal of investing, 1997, 6(4): 87-97.

[41]FRANCIS J, LAFOND R, OLSSON P, et al. The market pricing of accruals quality[J]. Journal

of accounting and economics，2005，39(2)：295-327.

[42]FROOMAN J. Socially irresponsible and illegal behavior and shareholder wealth：a meta-analysis of event studies[J]. Business & society，1997，36(3)：221-249.

[43]GIGLER F，JIANG X. Necessary qualities of accounting information to serve a confirmatory role [R/OL]. Technical report，Working paper，2011. https：//www8.gsb.columbia.edu/faculty-research/sites/faculty-research/files/accounting/GIGLERBURTON.pdf.

[44]GOSS A，ROBERTS G S. The impact of corporate social responsibility on the cost of bank loans [J]. Journal of banking & finance，2011，35(7)：1794-1810.

[45]GLOBAL REPORTING INITIATIVE. Sustainability reporting guidelines（version3.0）[R/OL].（2006）[2013-05-20]. https：//www. globalreporting. org/resourcelibrary/G3-Guidelines-Incl-Technical-Protocol.pdf

[46]GUIRAL A，GUILLAMON SAORIN E，BLANCO B. Are auditor opinions on internal control effectiveness influenced by corporate social responsibility？[EB/OL].（2014-08-24）[2015-05-20]. https：//papers.ssrn.com/sol3/papers.cfm? abstract_id=2485733.

[47]GUL F A，WU D，YANG Z. Do individual auditors affect audit quality? evidence from archival data[J]. The accounting review，2013，88(6)：1993-2023.

[48]HART S L. Beyond greening：strategies for a sustainable world[J]. Harvard business review，1997，75(1)：66-76.

[49]HEYES，A. G. Lender penalty for environmental damage and the equilibrium cost of capital[J]. Economica，1996，63 (250)：311-323.

[50]THE INSTITUTE OF PUBLIC & ENVIRONMENTAL AFFAIRS. Annual reports on the public information transparency index（PITI）about the polluting sources and in 120 cities（2008-2014）[R/OL].[2013-05-20]. http：//www.ipe.org.cn/about/newreport.aspx? page=2.

[51]JO H，NA H. Does CSR reduce firm risk? evidence from controversial industry sectors[J]. Journal of business ethics，2012，110(4)：441-456.

[52]JOHNSON V E，KHURANA I K，REYNOLDS J K. Audit-firm tenure and the quality of financial reports[J]. Contemporary accounting research，2002，19(4)：637-660.

[53]JONES J J. Earnings management during import relief investigations[J]. Journal of accounting research，1991，29(2)：193-228.

[54]KIM Y，PARK M S，WIER B. Is earnings quality associated with corporate social responsibility? [J]. The accounting review，2012，87(3)：761-796.

[55]KIM Y，LI H，LI S. Corporate social responsibility and stock price crash risk[J]. Journal of banking & finance，2014，43：1-13.

[56]KINNEY Jr W R. Research opportunities in internal control quality and quality assurance[J]. Auditing，2000，19：83.

[57]KOEHN D，UENG J. Is philanthropy being used by corporate wrongdoers to buy good will？[J]. Journal of management and governance，2010，14(1)：1-16.

[58]KONAR S，COHEN M A. Does the market value environmental performance？[J]. Review of economics and statistics，2001，83(2)：281-289.

[59]KONG D, LIU S, DAI Y. Environmental policy, company environment protection, and stock market performance: evidence from China[J]. Corporate social responsibility and environmental management, 2014, 21(2): 100-112.

[60]LANIS R, RICHARDSON G. Corporate social responsibility and tax aggressiveness: an empirical analysis[J]. Journal of accounting and public policy, 2012, 31(1): 86-108.

[61]LENNOX C. Do companies successfully engage in opinion-shopping? evidence from the UK[J]. Journal of accounting and economics, 2000, 29(3): 321-337.

[62]LEV B, PETROVITS C, RADHAKRISHNAN S. Is doing good good for you? how corporate charitable contributions enhance revenue growth[J]. Strategic management journal, 2010, 31(2): 182-200.

[63]MCGUIRE S T, OMER T C, SHARP N Y. The impact of religion on financial reporting irregularities[J]. The accounting review, 2012, 87(2): 645-673.

[64]MCGUIRE J B, SUNDGREN A, SCHNEEWEIS T. Corporate social responsibility and firm financial performance[J]. Academy of management journal, 1988, 31(4): 854-872.

[65]MERCHANT K A, ROCKNESS J. The ethics of managing earnings: an empirical investigation [J]. Journal of accounting and public policy, 1994, 13(1): 79-94.

[66]MURPHY C J. The profitable correlation between environmental and financial performance: a review of the research[J]. Light green advisors, 2002: 1-18.

[67]MUTCHLER J F, HOPWOOD W, MCKEOWN J M. The influence of contrary information and mitigating factors on audit opinion decisions on bankrupt companies[J]. Journal of accounting research, 1997, 35(2): 295-310.

[68]NEW YORK TIMES. China overtakes U.S. in greenhouse gas emissions[N/OL]. [2013-05-20]. http://www.nytimes.com/2007/06/20/business/worldbusiness/20iht-emit.1.6227564.html.

[69] PUBLIC COMPANY ACCOUNTING OUERSIGHT BOARD. Observations on auditors' implementation of PCAOB standards relating to auditors' responsibilities with respect to fraud[EB/OL]. [2013-05-20]. http://pcaob.org/inspections/other/01-22_release_2007-001.pdf

[70]PETERSEN M A. Estimating standard errors in finance panel data sets: comparing approaches [J]. The review of financial studies, 2009, 22(1): 435-480.

[71]POWERS E A. Interpreting logit regressions with interaction terms: an application to the management turnover literature[J]. Journal of corporate finance, 2005, 11(3): 504-522.

[72]PRICEWATERHOUSE COOPERS. The China greentech report 2013: China at a crossroads[N/OL]. (2013-06-06) [2013-05-20]. http://www.pwccn.com/home/chi cn_greentech_report_2013_chi.html

[73]RAHMAN N, POST C. Measurement issues in environmental corporate social responsibility (ECSR): toward a transparent, reliable, and construct valid instrument[J]. Journal of business ethics, 2012, 105(3): 307-319.

[74]REICHELT K J, WANG D. National and office-specific measures of auditor industry expertise and effects on audit quality[J]. Journal of accounting research, 2010, 48(3): 647-686.

[75] RUSSO M V, FOUTS P A. A resource-based perspective on corporate environmental performance and profitability[J]. Academy of management journal, 1997, 40(3): 534-559.

[76]ŞABAC F, TIAN J. On the stewardship value of soft managerial reports[J]. The accounting re-

view，2015，90(4)：1683-1706.

[77]SHARFMAN M P，FERNANDO C S. Environmental risk management and the cost of capital[J]. Strategic management journal，2008，29(6)：569-592.

[78]SIMUNIC D A. The pricing of audit services：theory and evidence[J]. Journal of accounting research，1980：161-190.

[79]STOCKEN P C. Credibility of voluntary disclosure[J]. The RAND journal of economics，2000：359-374.

[80]TOMS J S. Firm resources，quality signals and the determinants of corporate environmental reputation：some UK evidence[J]. The British accounting review，2002，34(3)：257-282.

[81]WANG Q，WONG T J，XIA L. State ownership，the institutional environment，and auditor choice：evidence from China[J]. Journal of accounting and economics，2008，46(1)：112-134.

[82]WOOLDRIDGE J M. Introductory econometrics：a modern approach (4th edition)[M]. Canada：Cengage Learning，2009.

[83]ZMIJEWSKI M E. Methodological issues related to the estimation of financial distress prediction models[J]. Journal of accounting research，1984：59-82.

[84]ZYGLIDOPOULOS S C，GEORGIADIS A P，CARROLL C E，et al. Does media attention drive corporate social responsibility？[J]. Journal of business research，2012，65(11)：1622-1627.

附录

附录 7-1　变量定义

变量	变量定义	数据来源
MAO	虚拟变量，若一家公司被审计师出具了非标准审计意见，则等于 1，否则等于 0	CSMAR
ENV	公司环境绩效，遵循表 7-3 中的计算程序获得	手工收集
IC	DIBO 数据库中的内部控制和风险指数	http://www.icerm.com
GREENWASH	漂绿的一个虚拟变量，参考 Delmas 和 Burbano(2011)，如果一家公司没有履行环境责任，但报告了更好的环境绩效以伪装环境不当行为(如果一家公司有关环保的支出低于样本平均数，但同时其环境远景及战略声明、环境概况和环境倡议报告大于样本平均数)，则等于 1，否则为 0	手工计算
MAO_LAG	虚拟变量，如果一家公司在 $(t-1)$ 年由其审计师出具非标准审计意见，则等于 1，否则等于 0	CSMAR
BIG4	虚拟变量，如果一家公司由国际四大会计师事务所(含分所)审计，则等于 1，否则等于 0	从网站(http://www.cicpa.org.cn)手工收集
LOCAL6	虚拟变量，如果一家公司由中国注册会计师协会官方排名的国内前六大会计师事务所(含分所)进行审计，则等于 1，否则等于 0	从网站(http://www.cicpa.org.cn)手工收集
TENURE	审计师被公司聘用的年数	CSMAR

续表

变量	变量定义	数据来源
SWITCH	虚拟变量,如果公司在年度内更换其审计师,则等于 1,否则等于 0	CSMAR
INDSPEC	审计师行业专长,虚拟变量,如果审计师事务所是省级审计市场年度内的行业领导者(审计费用份额),则等于 1,否则等于 0(Choi 等,2012)	手工计算
FIRST	控股股东持有的普通股比例	CSMAR
MAN_SHR	高级管理人员所持股份比例	CSMAR
DUAL	虚拟变量,如果公司董事会主席兼任 CEO,则等于 1,否则等于 0	CSMAR
BOARD	董事会人数的自然对数	CSMAR
SIZE	公司规模,以年末总资产的自然对数衡量	CSMAR
LEV	财务杠杆,以年末总负债除以所有者权益计算	CSMAR
ROA	总资产回报率,以年初净收入除以总资产计算	CSMAR
LOSS	亏损虚拟变量,如果当年净收入为负,则等于 1,否则等于 0	CSMAR
SMPF	微利虚拟变量,如果 0<ROA<0.01,则等于 1,否则等于 0	CSMAR
CHGSALES	以 t 年和 $t-1$ 年之间的收入变化除以年初总资产来计算	CSMAR
LIQUIDITY	流动资产除以流动负债	CSMAR
AR/TA	应收账款除以总资产	CSMAR
INV/TA	存货除以总资产	CSMAR
RET	会计年度的股票回报率	CSMAR
BETA	公司股票的年度贝塔值	CSMAR
CONF	基于地理近邻性的变量,测量方法为"$(Max\_DIS_t - DIS_t)/(Max\_DIS_t - Min\_DIS_t)$;$DIS_t$ 是企业 t 与最近的儒家文化中心之间的距离,Max_DIS_t(Min_DIS_t)是年度内所有企业 DIS_t 的最大(最小)值(Du,2015b)	手工收集
BUD	公司注册地址周围 100 公里半径范围内的佛教寺院数量(Du 等,2015)	手工收集
TAO	公司注册地址周围 100 公里半径范围内的道观数量(Du 等,2015)	手工收集
CROSS	虚拟变量,如果一家公司同时在两个或多个股票市场上市,则等于 1,否则等于 0	CSMAR
STATE	虚拟变量,当上市公司的最终控股股东是(中央或地方)政府机构或政府控制的国有企业时等于 1,否则等于 0	CSMAR
PITI	污染信息透明度指数,衡量省级污染监测指数,由公共环境研究中心和自然资源保护委员会联合提供(IPEA,2014)	手工收集

续表

变量	变量定义	数据来源
GCO	参考 DeFond 等(2002)和 Demirkan 和 Zhou(2016),该变量是表示持续经营审计意见的一个虚拟变量,如果审计师在审计意见中讨论了公司的持续经营情况,则等于 1,否则等于 0	手工收集
ENV_SD	公司环境绩效的标准化得分,衡量方式为"$(ENV_{j,t} - ENV_{min,t})/(ENV_{max,t} - ENV_{min,t})$";其中,$ENV_{j,t}$ 是企业 j 在 t 年的公司环境绩效,$ENV_{max,t}$($ENV_{min,t}$)表示样本企业在 t 年的最大(或最小)值	手工计算
AUD_SHOP	参考 Chen 等(2015)和 Lennox(2000),该变量是审计意见购买变量,以给定年度内经历了审计师更换的公司收到非标审计意见的概率值和未经历审计师更换的公司收到非标审计意见的概率值的差异来衡量	手工计算
DA	参考 Dechow 等(1995),该变量是盈余管理变量	手工计算
FEE	审计费用,用审计费用除以总资产衡量	手工计算
ZMIJ	参考 Zmijewski(1984),该变量是财务困境评分变量	手工计算
LAGROA	上一年度总资产回报率	CSMAR

第八章 公司环境绩效、会计稳健性与股价崩盘风险

摘要：基于 2009—2014 年中国股票市场 8 173 个公司—年度观测值,本章检验了公司环境绩效对公司股价崩盘风险的影响,并进一步研究了会计稳健性的调节作用。具体而言,采用公司环境绩效和会计稳健性得分的手工数据,本章研究发现公司环境绩效与股价崩盘风险显著负相关,表明环境友好型公司的股价崩盘风险较小。此外,会计稳健性削弱了公司环境绩效与未来崩盘风险之间的负相关关系。上述结果在使用股价崩盘风险和公司环境绩效的不同度量方式后依旧稳健,在控制了公司环境绩效和股价崩盘风险的潜在内生性后依然成立。

一、引言

近年来,大量研究关注了公司环境绩效(责任)并检验了其影响因素和经济后果。Cormier 等(2004)、Du 等(2014)、Meng 等(2013)、Paillé 等(2014)和 Walker 等(2013)研究了生态环境、监管压力、高管团队(TMT)变更、人力资源政策和宗教对公司环境绩效的影响。此外,Cai 和 He(2014)、Cohen 等(1997)、Dixon-Fowler 等(2013)、Du(2015a)和 Guenster 等(2010)检验了公司环境绩效对股票价格、股票回报、累积超额收益和经营效率等的影响。但是资本市场对公司环境绩效如何反应,现有文献并未提供充分的证据。因此,本章通过检验公司环境绩效与股价崩盘风险之间的关系尝试对上述研究空白进行填补。

既有研究发现,环境绩效更好的公司可能保持更高水平的财务报告质量(Du et al.,2017;Ingram,Frazier,1980;Orlitzky et al.,2003),并且更少地囤积坏消息(Du et al.,2017),因此本章研究预测公司环境绩效与股价崩盘风险显著负相关。此外,Petersen(2004)以及 Petersen 和 Rajan(1994)发现硬信息(例如,财务信息)和软信息(例如,自愿环境信息披露)相互影响(替代或强化),因此本章研究进一步预测会计稳健性削弱了环境绩效对股价崩盘风险的负面影响。

本章研究基于中国背景的原因有以下两点:第一,伴随着经济的快速发展,中国的环境

污染日益严重(Du,2015b)。第二,Siegel 和 Vitaliano(2007)、Zyglidopoulos 等(2012)认为公司环境绩效会给利益相关者带来负外部性。并且 Zyglidopoulos 等(2012)发现公司更倾向于增加 CSR 强项(如公司慈善),而非减少其 CSR 弱项(如环境污染)。Du(2015a;2015b)指出,CSR 不同维度间存在内在差异性,公司慈善经常被一些公司用来抵消环境失责行为带来的负面影响。上述已有研究表明,CSR 或/和公司慈善的经济后果结论不太适用于公司环境绩效,尤其是在以中国为代表的新兴市场的环境意识和商业伦理不成熟的背景下更甚。

本章手工收集了公司环境绩效的数据,并用来自中国股票市场 2009—2014 年的 8 173 个公司—年度观测值构建样本,实证检验了公司环境绩效对未来股价崩盘风险的影响,并进一步讨论了会计稳健性的调节作用。简言之,本章研究发现:第一,公司环境绩效与股价崩盘风险显著负相关,这表明环境友好型公司的股价崩盘风险更小;第二,会计稳健性削弱了公司环境绩效与未来股价崩盘风险之间的负相关关系;第三,使用公司环境绩效和未来崩盘风险的不同度量方式后,本章结论依旧稳健;第四,本章结论在控制了公司环境绩效和股价崩盘风险的潜在内生性后依然成立。

本章的研究贡献有以下几个方面:

第一,根据所掌握的知识和文献,本章是第一篇或为数不多的探讨公司环境绩效和股价崩盘风险关系的经验研究文章。近年来,部分文献检验了 CSR 和/或公司慈善对股价崩盘风险的影响(Kim et al.,2014;Zhang et al.,2016)。但如 Chen 等(2008)、Du(2015b)、Koehn 和 Ueng(2010)所指出的,不同维度 CSR 具有一定的内在差异性。例如一些公司可能使用公司慈善来掩盖其环境失责行为、低产品质量或紧张的员工关系(Du,2015b)。因此,不同维度 CSR 是近似还是不对称地影响股价崩盘风险尚存疑问。本章研究基于中国背景检验公司环境绩效是否以及如何影响未来股价崩盘风险,填补了这一研究空白。

第二,本章进一步研究了会计稳健性对公司环境绩效和股价崩盘风险之间关系的调节作用,拓展了会计稳健性对股价崩盘风险影响的研究(如,Kim,Zhang,2016)。理论上,会计稳健表明管理者会更少地囤积坏消息,从而降低了股价崩盘风险。因此,参考 Petersen(2004)、Petersen 和 Rajan(1994),本章预测,作为"硬信息"的会计稳健性和作为"软信息"[①]的环境绩效在降低股价崩盘风险方面可以相互替代。本章研究结论支持了会计稳健性可以削弱公司环境绩效和未来股价崩盘风险之间的负相关关系。

第三,本章研究使用了股价崩盘风险的多种度量方式,为公司环境绩效对未来股价崩盘风险的抑制作用提供了更有说服力的证据。具体地,本章使用如下四种方式度量股价崩盘风险(两种用于主回归,两种用于敏感性测试):公司—年度的股价是否经历过一次或多次崩盘风险的虚拟变量(CRASH3.09),负收益偏态系数(NCSKEW),公司经历股价崩盘风险的次数(CRASHN3.09),以及收益上下波动比率(DUVOL,即股价崩盘风险非对称波动)。

---

① Petersen(2004)将信息分为硬信息和软信息。根据 Petersen(2004),硬信息更可能被传递、处理、数字化。此外,难以数字化总结的信息是软信息。据此,公司财务报表所提供的财务信息可以被划分为硬信息。对应地,由于公司环境绩效通过财务报表附注或 CSR 报告中的非财务信息体现,因此其属于软信息。

第四,基于中国这一世界最大的新兴市场和第二大经济体的背景,本章对特定 CSR 维度(公司环境绩效)与公司财务行为的关系的现有文献进行了补充。前期文献的研究背景集中于发达市场,在这一背景下成熟的商业伦理与治理机制会带来更大的压力,激励公司履行环境责任(Sharfman,Fernando,2008)。但是基于发达市场的结论可能并不适用于以中国为代表的、商业伦理尚不成熟、公司治理不完善且环境意识薄弱的新兴市场。因此,学者有必要基于新兴市场的背景检验环境绩效对公司财务行为,如股价崩盘风险的影响。基于新兴市场的研究可以为基于发达市场的研究提供重要的补充。

本章剩余内容安排如下:第二部分,回顾了相关文献并提出研究假设;第三部分为模型设定与变量定义;第四部分包含了样本、数据来源和描述性统计;第五部分报告了实证结果;第六部分进行了一系列稳健性检验;第七部分进一步讨论了公司环境绩效和股价崩盘风险之间的潜在内生性问题;第八部分,进行了研究总结并讨论了本章研究的启示与研究局限性。

二、文献回顾和假设发展

(一)文献回顾

前期研究检验了避税、会计稳健性、财务报告透明度及其他影响因素是否以及如何影响未来股价崩盘风险(Chen et al.,2001;Hutton et al.,2009;Kim et al.,2011;Kim,Zhang,2016)。近年来,研究 CSR 与公司财务行为之间关系,包括与股价崩盘风险的关系的文献日益丰富(Cui et al.,2015;Deng et al.,2013;El Ghoul et al.,2011;Kim et al.,2014)。但是 CSR 对股价崩盘风险的影响的研究发现,可能并不适用于 CSR 的不同维度,因为前期研究发现,不同维度 CSR 可能存在内在差异性(Chen et al.,2008;Du,2015b;Koehn,Ueng,2010)。此外,Zyglidopoulos 等(2012)、Siegel 和 Vitaliano(2007)认为应区分 CSR 强项与 CSR 弱项,因为公司更倾向于增加其 CSR 强项(如公司慈善),而非减少其 CSR 弱项(如公司环境污染)。具体而言,CSR 强项指的是"公司向利益相关者提供的、法律和狭义经济利益以外的额外利益",CSR 弱项指的是"排除公司 CSR 活动之后的公司运营对利益相关者的净负面影响"(Zyglidopoulos et al.,2012)。因此,CSR 和崩盘风险之间关系的研究结论可能并不适用于公司环境绩效这一特定的 CSR 维度。而现有研究并未提供公司环境绩效中的道德因素对股价崩盘风险的影响的证据(Giuli et al.,2014)。本章通过检验公司环境绩效对股价崩盘风险的影响填补了上述空白。

(二)公司环境绩效对股价崩盘风险的影响

由于大量企业以环境破坏为代价贪婪地攫取巨额利润(Du,2015b),中国环境问题日益突出。尽管环境保护行为代价高昂,但公司很可能借助在环境保护方面的努力建立良好的声誉（Konar，Cohen，2001；Murphy，2002）。实际上，借助良好的声誉，环境友好公司可以获得各种利益相关者的广泛支持（Russo，Fouts，1997），对公司获得合法性和市场竞争优势具有积极意义。例如，Heyes（1996）发现债权人重视公司环境风险，赞赏履行环境责任的公司，并倾向于对环境友好公司收取较低的利率。① 因此，环境绩效可能与经营不确定性呈负相关，从而导致更低的未来崩盘风险。

并且，履行环境责任的公司面临更低的诉讼风险。在公司的财务报表中，公司环境责任被归类为或有负债（Keiso et al.，2007）。一旦企业不能采取有效措施控制污染或出现环境失责行为，这些企业很可能被法律强制停止经营（甚至破产）。履行环境责任的公司向市场和投资者传递了环境不确定性更低、未来出现经营中断和困境的可能性更低的信号，因此信息不确定性更低。例如，Toms（2002）发现有先进环境管理系统的公司可以有效地向市场发出系统风险显著更低的信号。总之，相比于环境绩效更差的公司，环境友好型企业经历未来股价崩盘风险的可能性更低。

此外，投资者通常难以评定会计数字的可靠性，但可通过公司的环境绩效来判断其未来是否有股价崩盘风险。一方面，现有研究（Du et al.，2017；Ingram，Frazier，1980；Orlitzky et al.，2003）已经证明环境友好型公司有更好的财务表现，更可能保持更高的财务报告质量，并且更不可能囤积坏消息（Du et al.，2017）。另一方面，为了确认财务信息的有效性，利益相关者倾向于从其他信息来源收集"软信息"来判断管理者是否诚实、财务报告是否可信（Beaulieu，2001）。在这一方面，自愿环境信息披露（环境绩效）可以作为投资者获取增量信息以判断管理者和财务信息是否可信的渠道。已有研究表明履行环境责任的公司不太可能参与不道德行为（Kim et al.，2012；Lanis，Richardson，2012）。Kim 等（2012）表明，履行社会责任的公司对盈余管理实施了更强的约束。Lanis 和 Richardson（2012）发现 CSR 活动和不负社会责任、不合法的税收激进之间具有负相关关系。简言之，如果利益相关者，特别是投资者，通过公司环境绩效确信管理者是更具有道德操守的，他们可能会相信管理者更不可能囤积坏消息，因此履行环境责任的公司更不可能在未来经历股价崩盘。

最后，环境友好型公司可能披露更多的（自愿的）非财务信息来提高信息透明度（Dhaliwal et al.，2011）。因此，环境绩效较好的公司往往能吸引更多的分析师关注，具有更小的分析师预测误差（Dhaliwal et al.，2011；2012）。由于分析师预测误差更小，投资者和管理者之间的信息不对称得到缓解，管理者隐瞒坏消息的可能性更低。

总之，环境友好型企业可以获得良好的声誉和竞争优势，增加（减少）持续经营（经营中断）的可能性，使管理者取信于投资者，同时，信息透明度的提升，也预示着管理者囤积坏消息的可能性更低。最终，环境友好型公司经历未来崩盘的可能性较低。基于以上分析，提出假设 8-1：

---

① 本章还提供了一些证据支持。中国银行业监督管理委员会（CBRC）规定公司环境绩效是商业银行重要的贷款标准之一。此外，中央和地方政府强制要求中国企业履行环境责任，并敦促商业银行对环境不友好型公司收取相对较高的债务利率，甚至规定银行不得向污染严重的公司提供贷款。

假设 8-1：限定其他条件，公司环境绩效与股价崩盘风险负相关。

(三)会计稳健性的调节作用

由于信息不对称性，管理者可以利用相对于投资者的信息优势实施机会主义行为和囤积坏消息(Kim et al.,2012)，这最终将导致未来股价崩盘风险。但是会计稳健性可以抑制管理者囤积坏消息，将减少未来崩盘风险的可能性。Kim 和 Zhang(2016)提供了系统证据表明会计稳健性与公司股价崩盘风险存在显著的负相关关系。

本章进一步研究会计稳健性对公司环境绩效和未来崩盘风险之间负相关关系的调节作用。根据 Petersen(2004)，信息可以分为硬信息和软信息。硬信息是数字化的，可以被传输和处理(Petersen,2004)。会计稳健性是基于财务报表和市场的数据计算出来的，因其数字特征应该被分类为"硬信息"。但是，环境绩效难以被数字化，因此公司环境绩效被分类为软信息。

根据 Petersen(2004)，硬信息和软信息可以在金融市场，例如借贷市场中相互替代，即使有些软信息在某些情况下可以被硬信息化。例如，Petersen 和 Rajan(1994)发现，通过向银行传递软信息，公司可以同银行成功地协商出一个较低的贷款利率。类似的，公司环境绩效作为软信息，会计稳健性作为硬信息，二者交互影响了公司囤积坏消息与股价崩盘风险。前期研究发现公司财务报表中的硬信息和公司行为的软信息之间存在替代效应(例如，Costello,Wittenberg-Moerman,2011；Dhaliwal et al.,2011；Petersen,Rajan,1994)。据此，本章合理预期，相比于会计稳健性得分较低的公司，公司环境绩效和股价崩盘风险之间的负相关关系在会计稳健性得分更高的公司中更不显著。基于以上讨论，提出如下假设 8-2：

假设 8-2：限定其他条件，会计稳健性削弱了公司环境绩效和未来崩盘风险之间的负相关关系。

三、模型设定和变量定义

(一)假设 8-1 的多元回归模型

为检验假设 8-1，即公司环境绩效与股价崩盘风险存在负相关关系，本章构建了包含未来股价崩盘风险、公司环境绩效、公司层面控制变量(Hutton et al.,2009；Kim et al.,2011)在内的模型(8-1)：

$$
\begin{aligned}
\text{CRASH}_t = {}& \alpha_0 + \alpha_1 \text{CEP}_{t-1} + \alpha_2 \text{BLOCK}_{t-1} + \alpha_3 \text{NCSKEW}_{t-1} + \alpha_4 \text{INST\_SHR}_{t-1} + \alpha_5 \text{ANALYST}_{t-1} + \\
& \alpha_6 \text{DTURN}_{t-1} + \alpha_7 \text{SIGMA}_{t-1} + \alpha_8 \text{RET}_{t-1} + \alpha_9 \text{SIZE}_{t-1} + \alpha_{10} \text{DTE}_{t-1} + \alpha_{11} \text{BTM}_{t-1} + \\
& \alpha_{12} \text{ROA}_{t-1} + \alpha_{13} \text{ACCM}_{t-1} + \alpha_{14} \text{TAX}_{t-1} + \alpha_{15} \text{PENALTY}_{t-1} + \alpha_{16} \text{STATE}_{t-1} + \\
& \text{Industry Dummies} + \text{Year Dummies} + \varepsilon
\end{aligned}
\tag{8-1}
$$

在模型(8-1)中,被解释变量是股价崩盘风险 CRASH。在主回归中,本章使用 NCSKEW 和 CRASH3.09 两个指标来衡量股价崩盘风险。NCSKEW 是负收益偏态系数。CRASH3.09 是虚拟变量,当公司一年度的股价经历了一次或多次股价崩盘时取 1,否则取 0(Hutton et al.,2009;Kim et al.,2011)。详细内容请参考"公司层面股价崩盘风险"小节。此外,在模型(8-1)中,解释变量是公司环境绩效 CEP(详见"公司环境绩效"小节)。若模型(8-1)中的 CEP 系数显著为负,则假设 8-1 成立。

为更好地分离出公司环境绩效对股价崩盘风险的增量影响,本章根据以往研究(Chen et al.,2001;Hutton et al.,2009;Kim et al.,2011)在模型(8-1)中加入了一系列控制变量:

第一,参考 Kim 等(2011),本章在模型(8-1)中控制了治理机制变量,即 $BLOCK_{t-1}$、$INST\_SHR_{t-1}$、$ANALYST_{t-1}$。$BLOCK_{t-1}$ 是 $(t-1)$ 年控股股东的持股比例,$INST\_SHR_{t-1}$ 是 $(t-1)$ 年机构投资者的持股比例(Kim et al.,2011),$ANALYST_{t-1}$ 是 $(t-1)$ 年分析师关注数量加 1 的自然对数(Kim et al.,2011;Chen et al.,2001)。

第二,本章参考 Kim 等(2011)和 Chen 等(2001)的研究,控制了如下变量:$NCSKEW_{t-1}$、$DTURN_{t-1}$、$SIGMA_{t-1}$、RET_{t-1}、$SIZE_{t-1}$、DTE_{t-1}、BTM_{t-1}、ROA_{t-1} 和 $ACCM_{t-1}$。$NCSKEW_{t-1}$ 是 $(t-1)$ 年公司负收益偏态系数,$DTURN_{t-1}$ 等于第 t 年公司股票的月平均换手率减第 $(t-1)$ 年公司股票的月平均换手率。其中,股票月平均换手率等于月成交量除以当月发行总股数(Kim et al.,2011;Chen et al.,2001)。$SIGMA_{t-1}$ 是公司 $(t-1)$ 年周特定收益率的标准差(乘以 100)(Kim et al.,2011)。RET_{t-1} 表示 $(t-1)$ 年公司的平均周特定收益率(Kim et al.,2011)。$SIZE_{t-1}$ 是 $(t-1)$ 年末净资产的市场价值取自然对数(Kim et al.,2011;Hutton et al.,2009)。DTE_{t-1} 是 $(t-1)$ 年末总负债除以 $(t-1)$ 年末净资产市场价值。BTM_{t-1} 是滞后一期账面市值比,等于 $(t-1)$ 年末净资产账面价值除以市场价值(Chen et al.,2001;Hutton 等,2009)。ROA_{t-1} 是 $(t-1)$ 年的总资产收益率,等于扣除非经常性损益的净利润除以滞后一期总资产(Kim et al.,2011)。$ACCM_{t-1}$ 为可操纵性应计,等于基于修正琼斯模型计算的可操纵性应计的绝对值的三年移动之和(Hutton et al.,2009)。

第三,Kim 等(2011)发现避税与股价崩盘风险正相关,因此本章控制避税变量 TAX_{t-1},即公司避税的概率(Kim et al.,2011)。

第四,在模型(8-1)中,本章还加入变量 $PENALTY_{t-1}$ 以控制管理者道德诚信的影响。$PENALTY_{t-1}$ 是虚拟变量,当公司财务违规被监管机构处罚时取 1,否则为 0。

第五,本章在模型(8-1)中控制了 $STATE_{t-1}$。$STATE_{t-1}$ 是产权性质虚拟变量,当 $(t-1)$ 年上市公司的最终控制人是(地方或中央)政府机构或政府控制的国有企业时取 1,否则取 0。

第六,模型(8-1)还加入一系列年度和行业虚拟变量以控制年度和行业效应。变量定义请参考附录 8-1。

(二)假设 8-2 的多元回归模型

为检验假设 8-2,即会计稳健性削弱了公司环境绩效和未来崩盘风险之间的负相关关系,本章构建了包括股价崩盘风险(CRASH)、公司环境绩效(CEP)、会计稳健性(C_

SCORE),交乘项(CEP×C_SCORE)和一系列公司层面的控制变量在内的模型(8-2):

$$\begin{aligned}
\mathrm{CRASH}_t = &\ \beta_0 + \beta_1\,\mathrm{CEP}_{t-1} + \beta_2\,\mathrm{C\_SCORE}_{t-1} + \beta_3\,\mathrm{CEP}_{t-1} \times \mathrm{C\_SCORE}_{t-1} + \beta_4\,\mathrm{BLOCK}_{t-1} + \\
&\ \beta_5\,\mathrm{NCSKEW}_{t-1} + \beta_6\,\mathrm{INST\_SHR}_{t-1} + \beta_7\,\mathrm{ANALYST}_{t-1} + \beta_8\,\mathrm{DTURN}_{t-1} + \\
&\ \beta_9\,\mathrm{SIGMA}_{t-1} + \beta_{10}\,\mathrm{RET}_{t-1} + \beta_{11}\,\mathrm{SIZE}_{t-1} + \beta_{12}\,\mathrm{DTE}_{t-1} + \beta_{13}\,\mathrm{BTM}_{t-1} + \\
&\ \beta_{14}\,\mathrm{ROA}_{t-1} + \beta_{15}\,\mathrm{ACCM}_{t-1} + \beta_{16}\,\mathrm{TAX}_{t-1} + \beta_{17}\,\mathrm{PENALTY}_{t-1} + \\
&\ \beta_{18}\,\mathrm{STATE}_{t-1} + \mathrm{Industry\ Dummies} + \mathrm{Year\ Dummies} + \delta
\end{aligned} \tag{8-2}$$

在模型(8-2)中,被解释变量和解释变量仍然分别是股价崩盘风险(CRASH_t)和公司环境绩效(CEP_{t-1})。调节变量是会计稳健性得分 $\mathrm{C\_SCORE}_{t-1}$(详见"会计稳健性得分"部分)。本章主要关注的是模型(8-2)中公司环境绩效与会计稳健性得分的交乘项,如果(CEP×C_SCORE)的系数(β_3)显著为正,则与假设 8-2 相符。此外,根据假设 8-1 和理论预期,CEP 和 C_SCORE 的系数均应显著为负。模型(8-2)的控制变量和模型(8-1)中的相同。

(三)公司层面股价崩盘风险

借鉴前期文献(Chen et al.,2001;Hutton et al.,2009;Kim et al.,2011),本章根据以下步骤度量公司层面股价崩盘风险:

第一,本章估计了 j 公司在 t 年的周特定收益率,记为 $\mathrm{W}_{j,t}$,根据模型(8-3)计算:

$$\mathrm{W}_{j,t} = \mathrm{LN}(1 + \varepsilon_{j,t}) \tag{8-3}$$

其中,$\varepsilon_{j,t}$ 是扩展指数模型回归(模型 8-4)得到的残差(Kim et al.,2011;Chen et al.,2001),模型 8-4 如下:

$$R_{j,t} = \mu_j + \mu_{1j} \times R_{m,t-2} + \mu_{2j} \times R_{m,t-1} + \mu_{3j} \times R_{m,t} + \mu_{4j} \times R_{m,t+1} + \mu_{5j} \times R_{m,t+2} + \varepsilon_{j,t} \tag{8-4}$$

其中,$R_{j,t}$ 是 j 股票在 t 周的周收益率,$R_{m,t}$ 是经市值加权计算的第 t 周市场收益率。

第二,$\mathrm{CRASH3.09}_{j,t}$ 是 j 公司在 t 年股价未来崩盘的可能性。具体而言,CRASH $3.09_{j,t}$ 是股价崩盘风险的虚拟变量,当公司的周特定收益率至少有一次低于当年周特定收益率的标准差的 3.09 倍或以上(3.09 个标准差对应标准正态分布下 0.1% 的概率区间),赋值为 1,否则为 0(Hutton et al.,2009;Kim et al.,2011)。此外,本章将 $\mathrm{CRASHN3.09}_{j,t}$ 定义为 j 公司在 t 年的股价崩盘次数。

第三,根据以往研究(Kim et al.,2011;Chen et al.,2001),本章使用 $\mathrm{NCSKEW}_{j,t}$ 即 j 公司在 t 年的负收益偏态系数度量股价崩盘风险。根据 Kim 等(2011)和 Chen 等(2001),$\mathrm{NCSKEW}_{j,t}$ 等于"j 公司 t 年样本公司周特定收益率三阶矩的负数,除以公司周特定收益率的标准差的三次方"(Kim 等,2011)。$\mathrm{NCSKEW}_{j,t}$ 根据模型(8-5)计算:

$$\mathrm{NCSKEW}_{j,t} = \frac{-\left[n\,(n-1)^{3/2}\sum \mathrm{W}_{j,t}^3\right]}{(n-1)(n-2)\left(\sum \mathrm{W}_{j,t}^2\right)^{3/2}} \tag{8-5}$$

(四)公司环境绩效

Clarkson 等(2008)和 Du 等(2014)讨论了衡量公司环境绩效的四种方法:(1)专有数据

库(如 KLD);(2)量化公司年度报告或独立报告中的环境披露水平[①];(3)使用基于内容分析的披露得分指标(Al-Tuwaijri et al.,2004;Cormier,Magnan,1999;Wiseman,1982);(4)绩效导向指标。

在中国,目前还没有关于环境绩效的专有数据库。早期文献使用了(2)和(3)两种方法,但得出了相反的结论,这是因为不同的研究者所采用的数据来源和量化标准不同。因此,近年来的研究集中于第(4)种方法,并且采用公开获得的和自愿的环境披露来评估公司环境绩效。正如 Ilinitch 等(1998)所指出的,绩效导向指标使不同公司的环境绩效之间具有可比性,并且向利益相关者提供了更可信、一致、准确的信息。

根据全球报告倡议组织(GRI)发布的《可持续发展报告指南》,Clarkson 等(2008)着眼于自愿性环境信息披露,运用文本分析技术开发指标,优化了第四种度量方法。Clarkson 等(2008)的方法在广度、透明度和有效性上具有优势(Rahman,Post,2012)[②]。本章研究借鉴 Clarkson 等(2008)和 Du 等(2014),以如下方式衡量公司环境绩效:第一,从公司年度报告、CSR 报告和其他披露中搜集环境信息;第二,聚焦经济、环境、劳动力、人权、社会和产品表现,使用内容分析法来评估公司环境绩效;第三,基于 45 个子项,本章将 7 个类别的评分加总,从而形成了公司环境绩效指标(详见表 8-2 的 Panel C)。

(五)会计稳健性得分

根据前期研究(Ettredge et al.,2012;Heflin et al.,2015;Khan,Watts,2009;DeFond et al.,2016),公司会计稳健性得分(C_SCORE)的构建基于 Basu(1997)和(8-6)、(8-7)、(8-8)三个模型:

$$C\_SCORE = \beta_{4,i,t} = \lambda_1 + \lambda_2 SIZE + \lambda_3 M/B + \lambda_4 LEV \tag{8-6}$$

$$G\_SCORE = \beta_{3,i,t} = \mu_1 + \mu_2 SIZE + \mu_3 M/B + \mu_4 LEV \tag{8-7}$$

$$X_{i,t} = \beta_{1,i,t} + \beta_{2,i,t} D_{i,t} + (\mu_1 + \mu_2 SIZE + \mu_3 M/B + \mu_4 LEV) \times R_{i,t} + (\lambda_1 + \lambda_2 SIZE + \lambda_3 M/B + \lambda_4 LEV) \times D_{i,t} \times R_{i,t} + (\delta_1 SIZE + \delta_2 M/B + \delta_3 LEV + \delta_4 D_{i,t} SIZE + \delta_5 D_{i,t} M/B + \delta_6 D_{i,t} LEV) + \varepsilon_{i,t} \tag{8-8}$$

其中,i 是公司,t 是年度,X 是扣除非经常性损益的净利润(在中国上市公司的财务报表中为营业利润)除以滞后一期的市场价值,R 是基于当年 5 月至下一年度 4 月的月收益率计算的年收益率;D 是虚拟变量,当公司收益率为负时取 1,否则取 0,ε 是残差项。影响 C_SCORE 的主要因素有公司规模(SIZE,净资产市场价值取自然对数)、市值账面比(M/B)和财务杠杆(LEV,长短期债务总和除以净资产市场价值);G_SCORE(或 β_3)表示好消息的及时性,C_SCORE(或 β_4)表示坏消息的增量及时性。

---

① 这种方法通过计算页数(Gray et al.,1995;Guthrie,Parker,1989;Pattern,1992)、句数(Ingram,Frazier,1980)和字数(Deegan,Gordon,1996)来衡量公司环境绩效。

② 基于 GRI 的内容分析指数可以评估公司网站或年度报告提供的环境责任报告中自主环境披露的水平(Clarkson et al.,2008)。

四、样本、数据来源和描述性统计

(一)样本选择

初始样本为2009—2014年所有中国A股上市公司。表8-1的Panel A呈现了样本筛选的过程。具体地,本章根据以下标准筛选样本:(1)剔除银行、保险和其他金融行业的观测值;(2)剔除公司环境绩效数据缺失的观测值;(3)剔除股价崩盘风险数据缺失的观测值;(4)剔除公司层面控制变量数据缺失的观测值;最终的研究样本涵盖1 682家公司,包含8 173个观测值。本章对所有连续变量进行了上下1%的缩尾处理,以控制极端观测值的影响。[①]

表8-1的Panel B报告了分年度和行业的样本分布。如Panel B所示,样本在"石油、化工、塑料和橡胶制品业"以及"机械、设备和仪器制造业"等部分行业存在聚类现象。

(二)数据来源

本章变量的数据来源如下:(1)根据Chen等(2001)和Kim等(2011),手工收集和计算了股价崩盘风险的数据,包括主回归中的CRASH3.09和NCSKEW,以及敏感性测试中的DUVOL和CRASHN3.09。(2)参考Clarkson等(2008)和Du等(2014),基于GRI(2006)计算了公司环境绩效得分。(3)参考前期研究(Ettredge et al.,2012;Heflin et al.,2015;Khan,Watts,2009;DeFond et al.,2016),计算了每家公司的会计稳健性得分。(4)基于现有研究(Kim et al.,2011;Chen et al.,2001;Hutton et al.,2009),计算了DTURN、SIGMA、RET、TAX和ACCM的数据。(5)其他公司层面财务特征、财务违规和公司治理的数据来源于国泰安数据库(CSMAR)。

表 8-1　样本筛选和样本分布

Panel A:公司—年度筛选	
初始样本	16 191
剔除银行、保险和其他金融行业的观测值	(276)
剔除公司环境绩效数据缺失的观测值	(947)
剔除股价崩盘风险数据缺失的观测值	(2 474)
剔除公司层面控制变量数据缺失的观测值	(4 321)
可获得的公司—年度观测值	8 173
公司数	1 682

[①]　删除上下1%的样本,或者对样本不做缩尾处理,实证结果未发生实质性改变。

续表

Panel B:分年度和行业样本分布

行业代码	年度						行业总数	百分比/%
	2009	2010	2011	2012	2013	2014		
农、林、牧、渔业	29	28	31	33	29	31	181	2.21
采矿业	22	23	27	38	42	43	195	2.39
食品和饮料业	54	54	56	64	66	70	364	4.45
纺织、服装制造、皮革和皮毛皮革业	53	51	54	60	53	55	326	3.99
木材和家具业	2	4	4	4	5	6	25	0.31
造纸和印刷业	23	21	25	25	26	33	153	1.87
石油、化工、塑料和橡胶制品业	128	124	133	141	154	164	844	10.33
电子设备业	43	47	50	67	72	79	358	4.38
金属和非金属业	106	101	105	118	126	135	691	8.45
机械、设备和仪器制造业	184	188	200	223	226	257	1 278	15.64
医药和生物制品制造业	84	84	86	88	92	105	539	6.60
其他制造业	15	14	15	19	13	18	94	1.15
电力、热力、燃气及水生产和供应业	61	62	63	62	64	66	378	4.62
建筑业	26	23	24	29	30	33	165	2.02
交通运输、仓储业	50	52	57	60	57	61	337	4.12
信息技术业	67	66	74	83	81	110	481	5.89
批发和零售业	82	89	88	89	101	103	552	6.75
房地产业	68	78	82	92	117	122	559	6.84
居民服务业	34	33	39	48	50	57	261	3.19
通信和文化业	7	8	8	10	16	18	67	0.82
综合性行业	65	57	54	56	46	47	325	3.98
年度总数	1 203	1 207	1 275	1 409	1 466	1 613	8 173	
所占百分比/%	14.72	14.77	15.60	17.24	17.94	19.73		100

(三)描述性统计

表 8-2 呈现了描述性统计和单变量检验的结果。如表 8-2 中 Panel A 所示,NSCKEW 的均值为 $-0.331\ 2$,远大于 Chen 等(2001)和 Kim 等(2011)报告的值。这表明本章的公司—年度样本相比于 Chen 等(2001)和 Kim 等(2011)更容易发生股价崩盘。CRASH3.09 的均值为 0.098 3,表明了 9.83% 的公司年度观测值经历了至少一次股价崩盘事件,这一数值小于 Kim 等(2011)报告的值。但是上述均值与基于中国背景的崩盘风险的研究报告统计结果大致相同(例如,Xu et al.,2013;2014;Chen et al.,2017)。CEP 的均值为 3.387 9 分,远低于满分 95 分,表明中国上市公司的环境绩效较差。此外 C_SCORE 的均值为 $-0.008\ 5$。

表 8-2　描述性统计和单变量检验

Panel A：描述性统计

变量	观测值	均值	标准差	最小值	1/4 分位	中位数	3/4 分位	最大值
$NCSKEW_t$	8 173	−0.331 2	0.721 1	−3.857 1	−0.721 4	−0.281 8	0.104 0	3.506 7
$CRASH3.09_t$	8 173	0.098 3	0.297 7	0	0	0	0	1
CEP_{t-1}	8 173	3.387 9	5.002 2	0	0	1	5	42
C_SCORE_{t-1}	8 173	−0.008 5	0.130 1	−0.589 1	−0.080 7	−0.014 4	0.060 2	0.514 6
$NCSKEW_{t-1}$	8 173	−0.278 4	0.698 7	−3.643 8	−0.643 8	−0.244 8	0.131 4	4.040 0
$BLOCK_{t-1}$	8 173	0.354 7	0.154 8	0.084 3	0.229 9	0.333 4	0.469 7	0.770 2
$INST\_SHR_{t-1}$	8 173	0.171 4	0.178 8	0.000 0	0.029 3	0.106 8	0.261 2	0.815 7
$ANALYST_{t-1}$	8 173	1.536 6	1.311 8	0.000 0	0.000 0	1.386 3	2.708 1	5.313 2
$DTURN_{t-1}$	8 173	−0.063 6	0.221 3	−1.445 8	−0.183 4	−0.051 9	0.044 4	1.381 8
$SIGMA_{t-1}$	8 173	6.424 0	2.120 0	2.335 6	4.879 4	6.010 9	7.574 3	15.373 9
RET_{t-1}	8 173	−0.116 8	0.078 1	−0.523 0	−0.150 2	−0.098 9	−0.062 7	−0.011 3
$SIZE_{t-1}$	8 173	21.987 6	1.004 2	19.403 3	21.306 8	21.868 5	22.549 3	25.800 2
DTE_{t-1}	8 173	0.695 5	0.841 5	0.005 6	0.182 6	0.399 4	0.873 7	6.732 3
BTM_{t-1}	8 173	0.558 2	0.409 7	0.029 9	0.273 5	0.457 4	0.718 8	6.699 8
ROA_{t-1}	8 173	0.046 8	0.085 1	−0.442 0	0.007 5	0.034 7	0.076 7	0.506 6
$ACCM_{t-1}$	8 173	0.125 1	0.155 8	0.002 2	0.056 2	0.087 8	0.142 1	3.629 8
TAX_{t-1}	8 173	−3.724 5	1.634 9	−11.220 8	−4.483 3	−3.756 9	−2.715 2	2.788 7
$PENALTY_{t-1}$	8 173	0.080 5	0.272 1	0	0	0	0	1
$STATE_{t-1}$	8 173	0.373 5	0.483 8	0	0	0	1	1

Panel B：高 CEP 子样本和低 CEP 子样本之间均值（中位数）差异的 $t-(z-)$ 检验

变量	高 CEP 子样本 (N=2 795)			低 CEP 子样本 (N=5 378)			t 检验	z 检验
	均值	中位数	标准差	均值	中位数	标准差		
$NCSKEW_t$	−0.372 9	−0.314 2	0.717 2	−0.309 5	−0.264 8	0.722 2	−3.78***	−3.88***
$CRASH3.09_t$	0.084 8	0	0.278 6	0.105 2	0	0.306 9	−3.04***	−2.95***
C_SCORE_{t-1}	0.058 0	0.045 1	0.128 6	−0.043 1	−0.038 3	0.116 7	34.81***	33.31***
$NCSKEW_{t-1}$	−0.309 1	−0.266 0	0.687 5	−0.262 4	−0.231 7	0.703 9	−2.87***	−2.94***
$BLOCK_{t-1}$	0.388 1	0.392 8	0.158 1	0.337 4	0.305 9	0.150 3	13.97***	14.28***
$INST\_SHR_{t-1}$	0.193 1	0.129 0	0.186 1	0.160 2	0.093 8	0.173 8	7.75***	10.02***
$ANALYST_{t-1}$	2.153 0	2.397 9	1.267 2	1.216 3	1.098 6	1.216 8	32.13***	30.49***
$DTURN_{t-1}$	−0.055 1	−0.041 4	0.198 3	−0.068 1	−0.058 7	0.232 2	2.64***	3.29***
$SIGMA_{t-1}$	6.125 2	5.707 4	2.125 1	6.579 4	6.143 6	2.100 8	−9.23***	−10.15***
RET_{t-1}	−0.102 2	−0.085 5	0.070 6	−0.124 4	−0.105 6	0.080 7	12.82***	13.59***
$SIZE_{t-1}$	22.513 6	22.419 5	1.105 4	21.714 2	21.673 3	0.824 1	33.68***	31.92***

续表

变量	高 CEP 子样本（N＝2 795）			低 CEP 子样本（N＝5 378）			t 检验	z 检验
	均值	中位数	标准差	均值	中位数	标准差		
DTE_{t-1}	0.840 4	0.496 2	0.991 7	0.620 2	0.359 3	0.740 6	10.34***	10.79***
BTM_{t-1}	0.649 9	0.535 3	0.453 8	0.510 5	0.415 0	0.376 1	13.93***	15.31***
ROA_{t-1}	0.060 1	0.043 1	0.083 0	0.040 0	0.030 5	0.085 3	10.28***	10.96***
$ACCM_{t-1}$	0.112 4	0.082 3	0.120 6	0.131 8	0.091 3	0.170 9	−5.94***	−6.36***
TAX_{t-1}	−3.802 6	−3.735 0	1.793 4	−3.683 9	−3.767 0	1.544 8	−2.97***	0.72
$PENALTY_{t-1}$	0.065 8	0	0.248 0	0.088 1	0	0.283 5	−3.67***	−3.52***
$STATE_{t-1}$	0.418 2	0	0.493 4	0.350 3	0	0.477 1	5.97***	6.02***

Panel C:公司环境绩效(CEP)的计算步骤

项　　目	描述性统计	
	均值	标准差
Ⅰ:治理与管理系统(最高 6 分)		
1.存在控制污染、环保的管理岗位或部门(0~1)	0.108 3	0.310 8
2.董事会中存在环保委员会或者公共问题委员会(0~1)	0.006 4	0.079 5
3.与上下游签订了有关环保的条款(0~1)	0.023 7	0.152 2
4.利益相关者参与了公司环保政策的制定(0~1)	0.004 0	0.063 4
5.在工厂或整个企业执行了 ISO14001 标准(0~1)	0.215 3	0.411 1
6.管理者薪酬与环境业绩有关(0~1)	0.022 1	0.147 2
小计	0.379 9	0.702 4
Ⅱ:可信度(最高 10 分)		
1.采用 GRI 报告指南或 CERES 报告格式(0~1)	0.268 0	0.443 2
2.独立验证或保证在环保业绩报告(网站)中披露的环保信息(0~1)	0.009 8	0.098 5
3.定期对环保业绩或系统进行独立的审计或检验(0~1)	0.032 1	0.176 2
4.由独立机构对环保计划进行认证(0~1)	0.023 9	0.152 6
5.有关环保影响的产品认证(0~1)	0.032 4	0.177 1
6.外部环保业绩奖励、进入可持续发展指数(0~1)	0.081 4	0.273 4
7.利益相关者参与了环保信息披露过程(0~1)	0.002 4	0.049 4
8.参与了由政府部门资助的自愿性的环保倡议(0~1)	0.014 4	0.119 3
9.参与为改进环保实践的行业内特定的协会、倡议(0~1)	0.005 3	0.072 3
10.参与为改进环保实践的其他环保组织/协会(除 8、9 中列示外)(0~1)	0.014 1	0.117 8
小计	0.483 7	0.856 4
Ⅲ:环境业绩指标(EPI)(最高 60 分)		
1.关于能源使用、使用效率的环境业绩指标(0~6)	0.250 9	0.735 5
2.关于水资源使用、使用效率的环境业绩指标(0~6)	0.127 4	0.496 7

续表

项　　目	描述性统计	
	均值	标准差
3.关于温室气体排放的环境业绩指标(0～6)	0.062 3	0.357 0
4.关于其他气体排放的环境业绩指标(0～6)	0.113 1	0.466 9
5.EPA-TRI 数据库中土地、水资源、空气的污染总量(EPA:Environmental Protection Agency,美国环境保护局;TRI:Toxics Release Inventory,排放毒性化学品目录)(0～6)	0.043 8	0.314 5
6.其他土地,水资源、空气的污染总量(除 EPA-TRI 数据库)(0～6)	0.052 1	0.302 9
7.关于废弃物质产生和管理的指标(回收、再利用、处置、降低使用)(0～6)	0.112 3	0.451 4
8.关于土地、资源使用,生物多样性和保护的业绩指标(0～6)	0.037 6	0.260 2
9.关于环保对产品、服务影响的指标(0～6)	0.004 0	0.086 3
10.关于承诺表现的指标(超标情况、可报告的事件)(0～6)	0.009 2	0.110 8
小计	0.812 7	2.306 0
Ⅳ:有关环保的支出(最高 3 分)		
1.公司环保倡议所建立的储备金(0～1)	0.013 6	0.115 8
2.为提高环境表现或效率而支出的技术费用、R&D 费用支出总额(0～1)	0.160 8	0.367 3
3.环境问题导致的相关罚金总额(0～1)	0.003 3	0.057 4
小计	0.177 7	0.399 2
Ⅴ:远景及战略声明(最高 6 分)		
1.管理层说明中关于环保表现的陈述(0～1)	0.232 2	0.422 3
2.关于公司环保政策、价值、原则、行动准则的陈述(0～1)	0.433 5	0.495 6
3.关于环保风险、业绩的正式管理系统的陈述(0～1)	0.070 6	0.256 2
4.关于公司执行定期检查、评估环境表现的陈述(0～1)	0.026 1	0.159 3
5.关于未来环境表现中可度量目标的陈述(0～1)	0.013 0	0.113 1
6.关于特定的环保改进、技术创新的陈述(0～1)	0.267 8	0.442 9
小计	1.043 2	1.162 9
Ⅵ:环保概况(最高 4 分)		
1.关于公司执行特定环境标准的陈述(0～1)	0.072 8	0.259 8
2.关于整个行业环保影响的概述(0～1)	0.053 2	0.224 5
3.关于公司运营、产品、服务对环境影响的概述(0～1)	0.092 5	0.289 7
4.公司环保业绩与同行业对比的概述(0～1)	0.006 7	0.081 8
小计	0.225 3	0.530 8
Ⅶ:环保倡议(最高 6 分)		
1.对环保管理和运营中员工培训的实质性描述(0～1)	0.112 1	0.315 5
2.存在环境事故的应急预案(0～1)	0.058 9	0.235 4
3.内部环保奖励(0～1)	0.009 7	0.097 8
4.内部环保审计(0～1)	0.008 0	0.088 8

续表

项　　目	描述性统计	
	均值	标准差
5.环保计划的内部验证(0~1)	0.008 3	0.090 8
6.与环保有关的社区参与、捐赠(0~1)	0.068 6	0.252 9
小计	0.265 5	0.628 3
总计	3.387 9	5.002 2

注:***、**和*分别表示1%、5%和10%的显著性水平(双尾)。在Panel C的第Ⅲ部分中,环境业绩指标数据的评分等级为0~6。下列项目中的各项各赋1分:(1)有具体的绩效数据;(2)绩效数据与同行、竞争对手或行业情况进行了比较;(3)绩效数据与公司以往的情况进行了比较(趋势分析);(4)绩效数据与目标进行了比较;(5)绩效数据同时以绝对数和相对数形式披露;(6)绩效数据有进行分解性描述(如工厂、业务单位、地理分布等)。

表 8-2 中的 Panel A 显示控制变量的描述性统计结果与以往的研究大致相同。具体而言,本章的滞后控制变量的均值统计如下:负收益偏态系数(NSCKEW$_{t-1}$)大约为 $-0.278\ 4$,控股股东的持股比例(BLOCK)大约为 35.47%,机构投资者持股比例(INST_SHR)大约为 17.14%,分析师关注大约为 3.65($e^{1.5366}-1$),股票月平均超额换手率(DTURN)是 $-0.063\ 6$,公司周特定收益率的标准差(SIGMA)大约为 6.424 0,平均周特定收益率(RET)大约为 $-0.116\ 8$,公司规模(SIZE)大约为 35.407($e^{21.9876}$)亿人民币,负债权益比(DTE)大约为 69.55%,账面市值比(BTM)大约为 0.558 2,总资产收益率(ROA)大约为 4.68%,可操纵性应计(ACCM)大约为 0.125 1,避税指数(TAX)大约为 $-3.724\ 5$,财务违规的比例大约为 8.05%,以及37.35%的公司是国有控股(STATE)。

表 8-2 的 Panel B 呈现了高 CEP 子样本(N=2 795)和低 CEP 子样本(N=5 378)间均值(中位数)差异的 t/z 检验结果。如 Panel B 中 t/z 检验的结果所示,与低 CEP 子样本相比,高 CEP 子样本有显著更低的负收益偏态系数(NCSKEW),经历至少一次崩盘风险的可能性(CRASH3.09)显著更低。这些结果初步支持了假设 8-1。

此外,与低 CEP 子样本相比,高 CEP 子样本具有显著更高的会计稳健性(C_SCORE),更高的控股股东持股比例(BLOCK),更高的机构投资者持股比例(INST_SHR),更多的分析师关注(ANALYST),更高的股票月平均超额换手率(DTURN),更低的公司周特定收益率的标准差(SIGMA),更高的平均周特定收益率(RET),更大的公司规模(SIZE),更高的负债权益比(DTE),更高的账面市值比(BTM),更高的总资产收益率(ROA),更低的可操纵性应计(ACCM),更低的避税指数(TAX),更低的财务违规可能性(PENALTY)和更高的国有企业可能性(STATE)。

表 8-2 的 Panel C 展示了基于 GRI(2006)计算公司环境绩效(CEP)的过程以及 7 个类别和 45 个子项的描述性统计。如 Panel C 所示,CEP 的均值(最后一行)为 3.387 9 分,比满分 95 分要小得多。实际上中国企业 CEP 的主要弱项在于环境业绩指标(EPI)。此外,根据 GRI(2006)和 Clarkson 等(2008),公司环境绩效可以被分为两大类:硬信息环境绩效(Panel C 中的Ⅰ、Ⅱ、Ⅲ和Ⅳ)和软信息环境绩效(Ⅴ、Ⅵ、Ⅶ)。

(四)Pearson 相关性分析

表 8-3 呈现了本章所使用变量的 Pearson 相关性分析结果,p 值显示在系数下方的括号中。如表 8-3 所示,主回归中的两个解释变量 NCSKEW 和 CRASH3.09 都与被解释变量 CEP 显著负相关(分别为:系数=-0.040 8,p 值=0.000 2;系数=-0.035 4,p 值=0.001 4),为假设 8-1 提供了初步的支持。NCSKEW 和 CRASH3.09 都与 C_SCORE 显著负相关,表明会计稳健性在一定程度上降低了股价崩盘风险。此外,CEP 和 C_SCORE 显著正相关。以上发现表明,本章进一步采用多元回归检验会计稳健性能否削弱公司环境绩效和未来崩盘风险之间的负相关关系是恰当的。

控制变量中,NCSKEW 和 CRASH3.09 均与 ANALYST、DTURN、SIZE 和 TAX 显著正相关,与 BLOCK、DTE 和 BTM 显著负相关。并且,NCSKEW 与 INST_SHR、ROA 显著正相关,与 RET 显著负相关;CRASH3.09 与 PENALTY 显著正相关,与 SIGMA、STATE 显著负相关。这些结果都表明了本章在检验公司环境绩效(CEP)对股价崩盘风险的影响时控制这些变量的必要性。此外,与预期一致,其他变量之间两两相关系数较低,表明将这些变量同时加入模型中,模型不存在严重的多重共线性问题。

五、实证结果

表 8-4 的 Section A 和 Section B 分别报告了以 NCSKEW 和 CRASH3.09 为被解释变量的 OLS 回归结果和 logistic 回归结果。为了降低样本中潜在的自相关和聚类问题,所有报告的 t 值都经过了公司层面聚类的标准误调整(Petersen,2009)。此外,表 8-4 报告了股价崩盘风险对公司环境绩效、会计稳健性和其他影响因素的逐步回归结果。如表 8-4 所示,所有模型都高度显著(基于模型的 F/LR Chi^2 统计值判断)。此外,四项逐步回归的 Adj_R^2/Pseudo R^2 的提高,表明模型的解释力在不断增强(见相邻模型之间"ΔR^2"的差异和表格倒数第二行的 F/LR Chi^2 检验)。

(一)使用 NCSKEW 作为被解释变量的结果

表 8-4 中 Section A 的第(1)列呈现了股价崩盘风险对所有控制变量的回归结果。结果显示:(1)BLOCK 的系数显著为负,表明控股股东持股比例和负收益偏态系数呈负相关关系。(2)INST_SHR 的系数显著为正,表明机构投资者持股比例越高,负收益偏态系数负的程度越严重。这一结果与 Kim 等(2011)的发现一致。(3)ANALYST 的系数显著为正,同样与 Kim 等(2011)的发现一致。(4)SIGMA 的系数显著为负。(5)RET 的系数显著为负,表明公司平均周特定收益率与公司负收益偏态系数呈负相关关系。(6)TAX 的系数显著为正,表明负收益偏态系数负的程度与避税正相关,与 Kim 等(2011)的发现一致。

表 8-3　相关系数矩阵

变量		(1)	(2)	(3)	(4)	(5)	(6)	(7)	(8)	(9)	(10)	(11)	(12)	(13)	(14)	(15)	(16)	(17)	(18)	(19)
$NCSKEW_t$	(1)	1																		
$CRASH3.09_t$	(2)	0.4605 (<.0001)	1																	
CEP_{t-1}	(3)	−0.0408 (0.0002)	−0.0354 (0.0014)	1																
C_SCORE_{t-1}	(4)	−0.0654 (<.0001)	−0.0324 (0.0034)	0.4036 (<.0001)	1															
$NCSKEW_{t-1}$	(5)	0.0598 (<.0001)	−0.0256 (0.0207)	−0.0235 (0.0336)	−0.0420 (0.0001)	1														
$BLOCK_{t-1}$	(6)	−0.0523 (<.0001)	−0.0325 (0.0033)	0.1874 (<.0001)	0.2889 (<.0001)	−0.0560 (<.0001)	1													
$INST\_SHR_{t-1}$	(7)	0.0603 (<.0001)	−0.0081 (0.4626)	0.0681 (<.0001)	0.1342 (<.0001)	0.0809 (<.0001)	0.0007 (0.9488)	1												
$ANALYST_{t-1}$	(8)	0.0883 (<.0001)	0.0182 (0.0992)	0.3549 (<.0001)	0.5542 (<.0001)	0.0953 (<.0001)	0.1887 (<.0001)	0.2366 (<.0001)	1											
$DTURN_{t-1}$	(9)	0.0854 (<.0001)	0.0693 (<.0001)	0.0251 (0.0234)	0.0075 (0.4989)	−0.1910 (<.0001)	−0.0219 (0.0477)	−0.0157 (0.1563)	0.0532 (<.0001)	1										
$SIGMA_{t-1}$	(10)	0.0094 (0.3946)	−0.0593 (<.0001)	−0.1621 (<.0001)	−0.0901 (<.0001)	−0.0593 (<.0001)	−0.0312 (0.0048)	−0.0116 (0.2960)	−0.1375 (<.0001)	0.0493 (<.0001)	1									
RET_{t-1}	(11)	−0.0694 (<.0001)	0.0159 (0.1497)	0.1669 (<.0001)	0.1855 (<.0001)	0.0888 (<.0001)	0.0474 (<.0001)	−0.0076 (0.4903)	0.1219 (<.0001)	−0.2064 (<.0001)	−0.8292 (<.0001)	1								

续表

变量		(1)	(2)	(3)	(4)	(5)	(6)	(7)	(8)	(9)	(10)	(11)	(12)	(13)	(14)	(15)	(16)	(17)	(18)	(19)
$SIZE_{t,-1}$	(12)	0.0540 (<.0001)	0.0309 (0.0053)	0.4344 (<.0001)	0.6698 (<.0001)	-0.0607 (<.0001)	0.2100 (<.0001)	0.1794 (<.0001)	0.6415 (<.0001)	0.1486 (<.0001)	-0.2734 (<.0001)	0.1715 (<.0001)	1							
$DTE_{t,-1}$	(13)	-0.1540 (<.0001)	-0.0475 (<.0001)	0.1541 (<.0001)	0.3443 (<.0001)	-0.0608 (<.0001)	0.1361 (<.0001)	-0.0322 (0.0036)	0.0558 (<.0001)	-0.0656 (<.0001)	-0.1422 (<.0001)	0.2032 (<.0001)	0.0513 (<.0001)	1						
$BTM_{t,-1}$	(14)	-0.2027 (<.0001)	-0.0880 (<.0001)	0.1779 (<.0001)	0.4290 (<.0001)	-0.0340 (0.0021)	0.2381 (<.0001)	-0.0117 (0.2919)	0.0734 (<.0001)	-0.1502 (<.0001)	-0.0449 (<.0001)	0.2243 (<.0001)	-0.0699 (<.0001)	0.5350 (<.0001)	1					
$ROA_{t,-1}$	(15)	0.0669 (<.0001)	0.0064 (0.5615)	0.0932 (<.0001)	0.2798 (<.0001)	0.0428 (0.0001)	0.1547 (<.0001)	0.1672 (<.0001)	0.4299 (<.0001)	0.0311 (0.0050)	-0.0747 (<.0001)	0.0324 (0.0034)	0.3557 (<.0001)	-0.2015 (<.0001)	-0.0512 (<.0001)	1				
$ACCM_{t,-1}$	(16)	0.0125 (0.2590)	0.0059 (0.5908)	-0.0533 (<.0001)	-0.0030 (0.7876)	0.0199 (0.0724)	0.0324 (0.0034)	0.0030 (0.7855)	-0.0263 (0.0175)	-0.0024 (0.8301)	-0.0152 (0.1708)	-0.0106 (0.3362)	-0.0147 (0.1838)	0.0363 (0.0010)	0.0172 (0.1209)	0.1098 (<.0001)	1			
$TAX_{t,-1}$	(17)	0.1404 (<.0001)	0.0444 (0.0001)	-0.0555 (<.0001)	-0.0854 (<.0001)	0.0650 (<.0001)	-0.0390 (0.0004)	0.0535 (<.0001)	0.0877 (<.0001)	0.0142 (0.2001)	0.1667 (<.0001)	-0.1769 (<.0001)	0.0865 (<.0001)	-0.7201 (<.0001)	-0.3847 (<.0001)	0.4033 (<.0001)	0.0737 (<.0001)	1		
$PENALTY_{t,-1}$	(18)	0.0165 (0.1368)	0.0217 (0.0501)	-0.0336 (0.0024)	-0.1092 (<.0001)	0.0117 (0.2887)	-0.0435 (0.0001)	-0.0180 (0.1032)	-0.0885 (<.0001)	0.0198 (0.0736)	-0.0456 (<.0001)	-0.0127 (0.2505)	-0.0657 (<.0001)	0.0103 (0.3497)	-0.0507 (<.0001)	-0.0573 (<.0001)	0.0409 (0.0002)	-0.0439 (0.0001)	1	
$STATE_{t,-1}$	(19)	0.0074 (0.5061)	-0.0229 (0.0388)	0.0360 (0.0011)	0.2023 (<.0001)	0.0421 (0.0001)	0.1598 (<.0001)	0.0264 (0.0170)	0.0694 (<.0001)	-0.0867 (<.0001)	0.2654 (<.0001)	-0.1058 (<.0001)	0.0490 (<.0001)	-0.0019 (0.8661)	0.0435 (0.0001)	-0.0065 (0.5579)	-0.0643 (<.0001)	0.1458 (<.0001)	-0.1132 (<.0001)	1

注：p 值在系数下方的括号内显示。变量定义见附录 8-1。

此外，SIGMA、RET、SIZE 和 LEV 的符号和显著度与 Kim 等（2014）、Kim 和 Zhang（2016）不同，但是与一些基于中国背景的针对股价崩盘风险的研究结果大致相同（Chen et al.，2017；Xu et al.，2013；2014）。这可以从中国和其他西方经济体（市场）制度背景之间的差异来解释，特别是在中国股票市场，日价格的变动不能超过昨日收盘价的＋/－10％，这种涨跌停板制度是在其他市场中不存在的。

假设 8-1 预测公司环境绩效和未来崩盘风险之间存在负相关关系。表 8-4 中 Section A 的第（2）列呈现了 NCSKEW 对公司环境绩效和其他影响因素的回归结果。CEP 的系数在 1％的水平上显著为负（系数＝－0.005 2，t 值＝－3.15），为假设 8-1 提供了强有力的支持。这一结果表明与环境失责公司相比，环境友好型公司更不可能囤积坏消息，且信息透明度更高，因此导致了更低的负收益偏态系数。系数估计值表明，CEP 每增加一个标准差，公司负收益偏态系数下降大约 2.60％，相当于 NCSKEW 平均值的 7.85％。因此，回归结果不仅具有统计显著性，还具有经济显著性。

表 8-4 中 Section A 的第（3）列报告了股价崩盘风险对公司环境绩效、会计稳健性和所有控制变量的回归结果。与假设 8-1 一致，CEP 的系数在 1％的水平上显著为负（系数＝－0.004 4，t 值＝－2.64）。C_SCORE 的系数也在 1％的水平上显著为负（系数＝－0.557 2，t 值＝－5.40），表明会计稳健性得分较高的公司经历了更低程度的未来负收益偏态系数。这一发现可以从 Kim 和 Zhang（2016）的研究结论得到验证。

表 8-4 中 Section A 的第（4）列报告了假设 8-2 的回归结果，假设 8-2 预测了会计稳健性对公司环境绩效和股价崩盘风险之间负相关关系的调节作用。如 Section A 的第（4）列所示，CEP×C_SCORE 的系数在 1％的水平上显著正相关（系数＝0.030 8，t 值＝3.14），为假设 8-2 提供了重要支持。这一结果证明会计稳健性削弱了公司环境绩效和股价崩盘风险之间的负相关关系。此外 CEP 和 C_SCORE 的系数都显著为负，与假设 8-1 以及 Kim 和 Zhang（2016）的研究结果一致。

（二）使用 CRASH3.09 作为被解释变量的结果

表 8-4 Section B 中第（5）列呈现了所有控制变量对股价崩盘风险的影响。简言之，未来崩盘风险的可能性与（t－1）年的 SIGMA、RET 和 STATE 显著负相关，但与（t－1）年的 ANALYST、DTE 和 PENALTY 显著正相关。上述结论与 Chen 等（2001）、Kim 等（2011）等前期研究基本一致。

表 8-4 Section B 中第（6）列呈现了假设 8-1 的结果。CEP 的系数在 1％的水平上显著为负（系数＝－0.028 8，t 值＝－2.73），再次为假设 8-1 提供了强有力的支持，并且表明环境绩效更好的公司相比于环境绩效更差的公司，未来股价崩盘的可能性更低。

在表 8-4 Section B 第（7）列，本章发现在加入会计稳健性后，公司环境绩效对公司未来崩盘风险具有显著的负面影响（系数＝－0.0271，t 值＝－2.58）。此外，C_SCORE 的系数在 10％的水平上显著为负（系数＝－0.997 4，t 值＝－1.91），与假设 8-1 以及现有研究的发现（Kim，Zhang，2016）一致。

表8-4 股价崩盘风险对公司环境绩效、会计稳健性和其他影响因素的回归结果

变量	Section A 被解释变量:$NCSKEW_t$ (1) 系数	(1) t值	(2) 系数	(2) t值	(3) 系数	(3) t值	(4) 系数	(4) t值	Section B 被解释变量:$CRASH3.09_t$ (5) 系数	(5) t值	(6) 系数	(6) t值	(7) 系数	(7) t值	(8) 系数	(8) t值
CEP_{t-1}			-0.0052***	-3.15	-0.0044***	-2.64	-0.0071***	-3.75			-0.0288***	-2.73	-0.0271***	-2.58	-0.0361***	-3.16
C_SCORE_{t-1}					-0.5572***	-5.40	-0.6426***	-5.94					-0.9974*	-1.91	-1.2289**	-2.35
$CEP_{t-1} \times C\_SCORE_{t-1}$							0.0308***	3.14							0.1007*	1.79
$NCSKEW_{t-1}$	0.0573***	4.72	0.0566***	4.66	0.0516***	4.26	0.0508***	4.20	-0.0849	-1.48	-0.0898	-1.55	-0.0997	-1.71	-0.1025*	-1.76
$BLOCK_{t-1}$	-0.1464**	-2.57	-0.1347**	-2.36	-0.0942*	-1.66	-0.0919	-1.61	-0.4766	-1.63	-0.4215	-1.45	-0.3585	-1.21	-0.3518	-1.19
$INST\_SHR_{t-1}$	0.1636***	3.48	0.1616***	3.45	0.1519***	3.27	0.1522***	3.28	-0.1675	-0.70	-0.1830	-0.76	-0.2059	-0.85	-0.2050	-0.84
$ANALYST_{t-1}$	0.0697***	8.24	0.0718***	8.50	0.0779***	9.15	0.0808***	9.37	0.0997***	2.41	0.1100***	2.65	0.1217***	2.88	0.1311***	3.07
$DTURN_{t-1}$	-0.0726	-1.45	-0.0686	-1.37	-0.0398	-0.79	-0.0430	-0.86	-0.0975	-0.44	-0.0746	-0.34	-0.0125	-0.06	-0.0266	-0.12
$SIGMA_{t-1}$	-0.0188*	-1.72	-0.0199*	-1.81	-0.0190*	-1.74	-0.0163	-1.48	-0.3147***	-4.79	-0.3219***	-4.87	-0.3173***	-4.81	-0.3104***	-4.69
RET_{t-1}	-1.1127***	-5.14	-1.0955***	-5.07	-0.9274***	-4.30	-0.8878***	-4.09	-6.0281***	-4.59	-5.9725***	-4.54	-5.5985***	-4.19	-5.4993***	-4.11
$SIZE_{t-1}$	-0.0405***	-3.48	-0.0308**	-2.54	0.0161	1.09	0.0083	0.56	-0.0738	-1.21	-0.0225	-0.35	0.0621	0.82	0.0387	0.50
DTE_{t-1}	-0.0187	-0.53	-0.0137	-0.39	0.0088	0.25	0.0162	0.46	0.2945*	1.81	0.3200**	1.97	0.3629**	2.23	0.3844**	2.35
BTM_{t-1}	-0.0102	-0.92	-0.0108	-0.97	-0.0073	-0.67	-0.0076	-0.70	-0.1166	-1.54	-0.1213	-1.59	-0.1154	-1.52	-0.1169	-1.55
ROA_{t-1}	-0.0508	-1.21	-0.0574	-1.37	-0.0335	-0.81	-0.0240	-0.58	-0.2829	-1.07	-0.3186	-1.21	-0.2689	-1.03	-0.2394	-0.92
$ACCM_{t-1}$	-0.0325	-0.57	-0.0327	-0.58	-0.0219	-0.39	-0.0258	-0.45	-0.1583	-0.51	-0.1516	-0.50	-0.1354	-0.43	-0.1492	-0.48

续表

Section A 为被解释变量：$NCSKEW_t$（列 (1)~(4)）；Section B 为被解释变量：$CRASH3.09_t$（列 (5)~(8)）。

变量	(1) 系数	t 值	(2) 系数	t 值	(3) 系数	t 值	(4) 系数	t 值	(5) 系数	t 值	(6) 系数	t 值	(7) 系数	t 值	(8) 系数	t 值
TAX_{t-1}	0.0295***	4.59	0.0290***	4.51	0.0224***	3.51	0.0238***	3.70	0.0480	1.59	0.0463	1.53	0.0332	1.06	0.0378	1.21
$PENALTY_{t-1}$	0.0473	1.56	0.0472	1.56	0.0452	1.50	0.0435	1.44	0.2216*	1.69	0.2196*	1.67	0.2156	1.64	0.2089	1.59
$STATE_{t-1}$	-0.0298	-1.43	-0.0280	-1.34	-0.0232	-1.12	-0.0222	-1.08	-0.2784***	-2.72	-0.2673***	-2.62	-0.2569**	-2.52	-0.2534**	-2.48
截距	0.3487	1.36	0.1551	0.59	-0.8768***	-2.75	-0.7343**	-2.29	-0.6111	-0.44	-1.6291	-1.14	-3.5077***	-2.09	-3.0671*	-1.79
行业和年度效应	控制		控制		控制		控制		控制		控制		控制		控制	
观测值	8173		8173		8173		8173		8173		8173		8173		8173	
Log Likelihood									-2464.7307		-2460.3215		-2458.4960		-2457.0125	
Adj_R^2/Pseudo R^2	0.0761		0.0769		0.0800		0.0808		0.0583		0.0600		0.0607		0.0613	
F/LR Chi^2	20.11***		20.15***		20.27***		19.89***		222.47***		227.40***		233.35***		241.07***	
(p-value)	(<.0001)		(<.0001)		(<.0001)		(<.0001)		(<.0001)		(<.0001)		(<.0001)		(<.0001)	
ΔR^2	7.97***		7.97***		28.43***		8.00***		8.82***				3.65*		2.97*	

注：***、**、* 分别表示 1%、5% 和 10% 的显著性水平（双侧检验下）。所有报告的 t 值都经过公司层面聚类的标准误差调整（Petersen，2009）。所有变量的定义见附录 8-1。

表 8-4 Section B 的第(8)列报告了假设 8-2 的结果。CEP×C_SCORE 的系数在 10％的水平上显著为正(系数＝0.100 7, t 值＝1.79),为假设 8-2 提供了重要支持。这一结果证明了会计稳健性的调节作用,以及公司环境绩效和会计稳健性在降低未来股价崩盘风险中的替代效应。此外,CEP 和 C_SCORE 的系数都显著为负,与假设 8-1 及以往文献结论一致。

六、稳健性检验

(一)使用股价崩盘风险的不同度量方式进行稳健性检验

为了确保表 8-4 结果的稳健性,本章构建了股价崩盘风险的其他度量方式对假设 8-1 和 8-2 重新进行检验。

第一,本章使用 $DUVOL_{j,t}$ 和 $CRASHN3.09_{j,t}$ 两个变量对假设 8-1 和 8-2 重新进行检验。$DUVOL_{j,t}$ 描述了股票收益率非对称波动和 j 公司在 t 年未来崩盘风险的上下波动。$DUVOL_{j,t}$ 根据模型(8-9)计算:

$$DUVOL_{j,t} = \log\left\{(n_u - 1) \sum_{DOWN} W_{j,t}^2 / \left[(n_d - 1) \sum_{UP} W_{j,t}^2\right]\right\} \tag{8-9}$$

其中,n_u 表示 $W_{j,t}$ 大于 $W_{j,t}$ 年度均值的周数,n_d 表示 $W_{j,t}$ 小于 $W_{j,t}$ 年度均值的周数(Kim 等,2011)。

此外,本章还计算了 j 公司在 t 年股价崩盘的次数 $CRASHN3.09_{j,t}$,作为股价崩盘风险的另一个替代变量。

表 8-5 的 Panel A 呈现了使用 $DUVOL_{j,t}$ 和 $CRASHN3.09_{j,t}$ 作为被解释变量的结果。在 Panel A 的第(2)和(6)列中,CEP 的系数都为负显著(系数＝−0.003 6, t 值＝−3.19;系数＝−0.028 8, t 值＝−2.73),为假设 8-1 提供了进一步的支持。在 Panel A 的第(4)和(8)列中,CEP×C_SCORE 的系数均显著为正(系数＝0.016 9, t 值＝2.47;系数＝0.101 1, t 值＝1.80),为假设 8-2 提供了进一步证据。而且在 Panel A 的第(4)和(8)列中 CEP 和 C_SCORE 的系数为负显著,分别与假设 8-1 以及 Kim 和 Zhang(2016)的发现相符。

第二,中国股票的日股价变动不能超过上个收盘价的＋/−10％,因此本章 $NCSKEW_{j,t}$($CRASH3.09_{j,t}$)的均值比 Chen 等(2001)和 Kim 等(2011)中的更大(小)。以上差异表明,用低于当年周特定收益率的标准差的 3.09 倍或以上来确定崩盘周可能过于严格。因此,表 8-5 的 Panel B 使用 $CRASH2.90_{j,t}$ 和 $CRASH3.00_{j,t}$ 作为被解释变量对假设 8-1 和 8-2 重新进行检验。$CRASH2.90_{j,t}$ 是度量股价崩盘风险的一个虚拟变量,当公司一年度的股价至少经历一次周特定收益率低于当年年均周特定收益率($W_{j,t}$)的标准差的 2.90 倍或以上取 1,否则取 0。$CRASH3.00_{j,t}$ 是股价崩盘风险的另一个虚拟变量,当公司—年度的股价至少经历一次周特定收益率低于当年年均周特定收益率率（$W_{j,t}$）3.00 倍标准差时取 1，否则取 0。表 8-5 中 Panel B 的结果为假设 8-1 和假设 8-2 提供了进一步的支持。

第三，在表 8-5 Panel C 中，采用 $CRASH\_P_t$ 和 $CRASH\_Avg\_P_t$（$p=10,15,20$）作为被解释变量重新检验环境绩效对股价崩盘风险的抑制作用是否仍然成立。$CRASH\_P_t$ 是一个虚拟变量，当公司周特定收益率等于或低于 $-P\%$（$p=10,15,20$）时取 1，否则取 0。$CRASH\_Avg\_P_t$ 是一个虚拟变量，当公司周特定收益率等于或低于均值的 $-P\%$（$p=10,15,20$）时取 1，否则取 0。表 8-5 的 Panel C 使用 $CRASH\_P_t$ 和 $CRASH\_Avg\_P_t$（$p=10,15,20$）进行回归的结果进一步证明了公司环境绩效和崩盘风险之间的负相关关系，为假设 8-1 提供了进一步支持。

综上，表 8-5 使用股价崩盘风险的替代变量的回归结果与表 8-4 基本一致。

（二）使用硬信息环境绩效进行稳健性检验

如表 8-2 Panel C 所示，硬信息环境绩效大概占了环境绩效总分的 83.16%（79/95）。因此，为了确保表 8-4 的回归结果对公司环境绩效的其他度量方式是稳健的，本章参考了 Clarkson 等（2008），采用硬信息环境绩效（只包括表 8-2Panel C 中的类别Ⅰ、Ⅱ、Ⅲ和Ⅳ）对假设 8-1 和 8-2 重新进行检验。

表 8-6 中第（1）和（4）列分别以 NCSKEW 和 CRASH3.09 为被解释变量，CEP_HARD 的系数都显著为负（系数 $=-0.0086$，t 值 $=-3.28$；系数 $=-0.0403$，t 值 $=-2.59$），为假设 8-1 提供了进一步支持。

在表 8-6 的第（3）和（6）列中，CEP_HARD×C_SCORE 的系数均显著为正（系数 $=0.0537$，t 值 $=3.24$；系数 $=0.1989$，t 值 $=2.13$），与假设 8-2 相符。此外，第（3）和（6）列中 CEP_HARD 和 C_SCORE 的系数均显著为负，与理论预期相符，支持了假设 8-1。

综上，表 8-6 的结果表明，在使用硬信息环境绩效作为解释变量后，结论与表 8-4 的结果基本一致。

表 8-5 使用股价崩盘风险(被解释变量)的替代度量方式对假设 8-1 和 8-2 进行稳健性检验

Panel A：使用 DUVOL$_t$ 和 CRASHN3.09$_t$ 对假设 8-1 和 8-2 进行稳健性检验

	Section A								Section B							
	被解释变量：DUVOL$_t$								被解释变量：CRASHN3.09$_t$							
	(1)		(2)		(3)		(4)		(5)		(6)		(7)		(8)	
变量	系数	t 值	系数	t 值	系数	t 值	系数	t 值	系数	t 值	系数	t 值	系数	t 值	系数	t 值
CEP$_{t-1}$			−0.0036 ***	−3.19	−0.0029 **	−2.63	−0.0044 ***	−3.47			−0.0288 ***	−2.73	−0.0271 ***	−2.58	−0.0362 ***	−3.16
C_SCORE$_{t-1}$					−0.4151 ***	−6.01	−0.4619 ***	−6.34					−1.0077 **	−1.93	−1.2396 **	−2.37
CEP$_{t-1}$ × C_SCORE$_{t-1}$							0.0169 **	2.47							0.1011 *	1.80
DUVOL$_{t-1}$	0.0418 ***	3.54	0.0414 ***	3.50	0.0363 ***	3.07	0.0355 ***	3.01								
NCSKEW$_{t-1}$									−0.0847	−1.47	−0.0896	−1.55	−0.0995 *	−1.71	−0.1023 *	−1.76
BLOCK$_{t-1}$	−0.0791 **	−2.13	−0.0711 *	−1.91	−0.0407	−1.10	−0.0394	−1.07	−0.4831 *	−1.66	−0.4280	−1.48	−0.3647	−1.24	−0.3583	−1.22
INST_SHR$_{t-1}$	0.1108 **	3.43	0.1094 ***	3.40	0.1022 ***	3.19	0.1024 ***	3.20	−0.1699	−0.71	−0.1854	−0.77	−0.2088	−0.86	−0.2078	−0.85
ANALYST$_{t-1}$	0.0472 ***	8.24	0.0486 ***	8.47	0.0531 ***	9.19	0.0547 ***	9.38	0.0981 **	2.38	0.1084 ***	2.61	0.1203 ***	2.85	0.1297 ***	3.04
DTURN$_{t-1}$	−0.0529	−1.61	−0.0501	−1.53	−0.0288	−0.88	−0.0306	−0.93	−0.1096	−0.49	−0.0867	−0.38	−0.0241	−0.10	−0.0387	−0.17
SIGMA$_{t-1}$	−0.0204 **	−2.75	−0.0211 ***	−2.84	−0.0204 ***	−2.76	−0.0190 **	−2.54	−0.3147 ***	−4.78	−0.3219 ***	−4.87	−0.3170 ***	−4.79	−0.3102 ***	−4.68
RET$_{t-1}$	−0.7735 ***	−5.24	−0.7617 ***	−5.16	−0.6363 ***	−4.33	−0.6147 ***	−4.16	−6.0347 ***	−4.58	−5.9792 ***	−4.54	−5.5971 ***	−4.18	−5.4990 ***	−4.10
SIZE$_{t-1}$	−0.0343 ***	−4.39	−0.0277 ***	−3.39	0.0072	0.72	0.0029	0.29	−0.0730	−1.20	−0.0217	−0.34	0.0638	0.84	0.0402	0.52
DTE$_{t-1}$	−0.0087	−0.37	−0.0052	−0.22	0.0115	0.49	0.0156	0.66	0.3021 *	1.85	0.3277 **	2.01	0.3713 **	2.27	0.3930 **	2.40
BTM$_{t-1}$	−0.0037	−0.52	−0.0041	−0.57	−0.0016	−0.22	−0.0018	−0.25	−0.1166	−1.54	−0.1212	−1.59	−0.1153	−1.52	−0.1169	−1.55
ROA$_{t-1}$	−0.0554 *	−1.80	−0.0599 *	−1.95	−0.0422	−1.39	−0.0370	−1.22	−0.2837	−1.07	−0.3193	−1.21	−0.2695	−1.03	−0.2396	−0.91
ACCM$_{t-1}$	−0.0282	−0.73	−0.0284	−0.74	−0.0205	−0.53	−0.0227	−0.58	−0.1610	−0.52	−0.1544	−0.50	−0.1379	−0.44	−0.1518	−0.49
TAX$_{t-1}$	0.0199 ***	4.68	0.0195 ***	4.60	0.0146 ***	3.42	0.0153 ***	3.57	0.0477	1.58	0.0459	1.52	0.0327	1.05	0.0373	1.19

续表

变量	Section A 被解释变量:DUVOL_t								Section B 被解释变量:CRASHN3.09_t							
	(1)		(2)		(3)		(4)		(5)		(6)		(7)		(8)	
	系数	t值	系数	t值	系数	t值	系数	t值	系数	t值	系数	t值	系数	t值	系数	t值
$PENALTY_{t-1}$	0.0273	1.36	0.0272	1.36	0.0255	1.28	0.0246	1.24	0.2181*	1.66	0.2161*	1.65	0.2120	1.62	0.2052	1.56
$STATE_{t-1}$	-0.0226	-1.60	-0.0214	-1.51	-0.0178	-1.27	-0.0173	-1.23	-0.2785***	-2.72	-0.2674***	-2.62	-0.2568**	-2.52	-0.2532**	-2.48
截距	0.3441**	1.96	0.2119	1.17	-0.5567**	-2.54	-0.4783**	-2.17	0.6341	0.46	1.6523	1.16	3.5522**	2.11	3.1083*	1.81
截距									5.2698***	3.70	6.2894***	4.28	8.1900***	4.80	7.7465***	4.45
行业和年度效应	控制		控制		控制		控制		控制		控制		控制		控制	
观测值	8173		8173		8173		8173		8173		8173		8173		8173	
Log Likelihood									-2513.9629		-2509.5424		-2507.6776		-2506.1819	
Adjusted R^2/Pseudo R^2	0.0758		0.0766		0.0805		0.0810		0.0573		0.0589		0.0596		0.0602	
F/LR Chi²(p-value)	19.83***	(<.0001)	19.80***	(<.0001)	20.31***	(<.0001)	19.98***	(<.0001)	222.90***	(<.0001)	227.88***	(<.0001)	234.02***	(<.0001)	241.86***	(<.0001)
ΔR^2			8.85***		34.66***		5.34**				8.84***		3.73*		2.99*	

Panel B:使用 CRASH2.90_t 和 CRASH3.00_t 进行稳健性检验

变量	Section A 被解释变量:CRASH2.90_t								Section B 被解释变量:CRASH3.00_t							
	(1)		(2)		(3)		(4)		(5)		(6)		(7)		(8)	
	系数	t值	系数	t值	系数	t值	系数	t值	系数	t值	系数	t值	系数	t值	系数	t值
CEP_{t-1}	-0.0218***	-2.61	-0.0199***	-2.38	-0.0234***	-2.59			-0.0262***	-2.77	-0.0239**	-2.54	-0.0291***	-2.89		
C_SCORE_{t-1}					-1.1499***	-2.64	-1.2506***	-2.82					-1.3665***	-2.85	-1.5096***	-3.11

续表

	Section A								Section B							
变量	被解释变量:CRASH2.90$_t$								被解释变量:CRASH3.00$_t$							
	(1)		(2)		(3)		(4)		(5)		(6)		(7)		(8)	
	系数	t值	系数	t值	系数	t值	系数	t值	系数	t值	系数	t值	系数	t值	系数	t值
CEP$_{t-1}$ × C_SCORE$_{t-1}$							0.0438*	1.68							0.0650**	2.08
NCSKEW$_{t-1}$	−0.0445	−0.90	−0.0478	−0.96	−0.0593	−1.18	−0.0603	−1.21	−0.0581	−1.09	−0.0623	−1.16	−0.0763	−1.41	−0.0779	−1.43
BLOCK$_{t-1}$	−0.6547***	−2.66	−0.6105**	−2.48	−0.5349**	−2.16	−0.5309**	−2.14	−0.5420**	−2.08	−0.4904*	−1.88	−0.4012	−1.53	−0.3965	−1.51
INST_SHR$_{t-1}$	0.0321	0.16	0.0213	0.11	−0.0029	−0.01	−0.0020	−0.01	−0.0612	−0.28	−0.0752	−0.35	−0.1062	−0.48	−0.1050	−0.48
ANALYST$_{t-1}$	0.0735*	2.14	0.0817**	2.37	0.0955***	2.72	0.0993***	2.80	0.0847**	2.28	0.0945**	2.53	0.1111***	2.53	0.1168***	3.05
DTURN$_{t-1}$	0.0469	0.23	0.0638	0.31	0.1329	0.63	0.1274	0.61	−0.0191	−0.09	0.0010	0.00	0.0840	0.39	0.0754	0.35
SIGMA$_{t-1}$	−0.2921***	−5.25	−0.2973***	−5.32	−0.2924***	−5.25	−0.2895***	−5.18	−0.2951***	−4.92	−0.3015***	−5.01	−0.2954***	−4.91	−0.2910***	−4.84
RET$_{t-1}$	−5.5237***	−5.00	−5.4767***	−4.96	−5.0521***	−4.53	−5.0111***	−4.48	−5.7609***	−4.83	−5.7119***	−4.79	−5.1963***	−4.30	−5.1376***	−4.25
SIZE$_{t-1}$	−0.0893*	−1.81	−0.0508	−0.99	0.0468	0.77	0.0360	0.57	−0.1017*	−1.87	−0.0561	−0.99	0.0603	0.89	0.0444	0.64
DTE$_{t-1}$	0.1074	0.77	0.1267	0.91	0.1769	1.26	0.1865	1.32	0.2869*	1.92	0.3098**	2.08	0.3701**	2.48	0.3838**	2.56
BTM$_{t-1}$	−0.0645	−1.05	−0.0676	−1.09	−0.0616	−1.01	−0.0624	−1.02	−0.0701	−1.05	−0.0739	−1.10	−0.0665	−1.01	−0.0677	−1.03
ROA$_{t-1}$	−0.2791	−1.28	−0.3048	−1.41	−0.2471	−1.15	−0.2343	−1.09	−0.3885*	−1.67	−0.4188*	−1.81	−0.3472	−1.50	−0.3287	−1.42
ACCM$_{t-1}$	−0.2388	−0.90	−0.2335	−0.89	−0.2158	−0.81	−0.2225	−0.83	−0.1680	−0.61	−0.1625	−0.59	−0.1394	−0.50	−0.1483	−0.53
TAX$_{t-1}$	0.0312	1.24	0.0294	1.17	0.0141	0.54	0.0162	0.62	0.0424	1.57	0.0406	1.50	0.0225	0.80	0.0255	0.90
PENALTY$_{t-1}$	0.1917*	1.72	0.1902*	1.71	0.1855*	1.67	0.1828	1.64	0.2025*	1.70	0.2008*	1.68	0.1952	1.64	0.1913	1.60
STATE$_{t-1}$	−0.1255	−1.42	−0.1173	−1.33	−0.1048	−1.19	−0.1032	−1.17	−0.2324**	−2.47	−0.2223**	−2.36	−0.2077**	−2.21	−0.2055**	−2.18
截距	0.6209	0.55	−0.1466	−0.13	−2.3132*	−1.71	−2.1099	−1.53	0.2551	0.21	−0.6514	−0.51	−3.2371**	−2.16	−2.9381*	−1.92

续表

变量	Section A 被解释变量:CRASH2.90_t (1) 系数	(1) t值	(2) 系数	(2) t值	(3) 系数	(3) t值	(4) 系数	(4) t值	Section B 被解释变量:CRASH3.00_t (5) 系数	(5) t值	(6) 系数	(6) t值	(7) 系数	(7) t值	(8) 系数	(8) t值
行业和年度效应	控制		控制		控制		控制		控制		控制		控制		控制	
观测值	8173		8173		8173		8173		8173		8173		8173		8173	
Log Likelihood	−3211.6456		−3208.0286		−3204.5591		−3203.1869		−2825.8588		−2821.5174		−2817.3205		−2815.2216	
Pseudo R^2	0.0535		0.0546		0.0556		0.0562		0.0579		0.0594		0.0608		0.0640	
LR Chi²(p-value)	274.05***	(<.0001)	276.27***	(<.0001)	286.97***	(<.0001)	289.92***	(<.0001)	238.42***	(<.0001)	242.85***	(<.0001)	255.76***	(<.0001)	260.90***	(<.0001)
ΔR^2			7.23***		6.92***		2.76*				8.68***		8.39***		4.20**	

Panel C: 使用公司特定收益率低于−10%、−15%和−20%作为门槛进行稳健性检验

变量	被解释变量:CRASH0.10_t (1) 系数	(1) t值	被解释变量:CRASH0.15_t (2) 系数	(2) t值	被解释变量:CRASH0.20_t (3) 系数	(3) t值	被解释变量:CRASH_Avg0.10_t (4) 系数	(4) t值	被解释变量:CRASH_Avg0.15_t (5) 系数	(5) t值	被解释变量:CRASH_Avg0.20_t (6) 系数	(6) t值
CEP_{t-1}	−0.0199***	−3.25	−0.0192*	−1.93	−0.0655***	−2.92	−0.0205***	−3.37	−0.0198*	−1.94	−0.0688***	−2.89
$NCSKEW_{t-1}$	0.1044***	2.80	0.0267	0.51	−0.0129	−0.12	0.1076***	2.87	0.0181	0.34	−0.0505	−0.48
$BLOCK_{t-1}$	0.2528	1.51	0.0438	0.18	0.1843	0.38	0.2858*	1.71	0.0467	0.19	0.0599	0.12
$INST\_SHR_{t-1}$	0.2825**	1.99	−0.1118	−0.53	−0.1254	−0.32	0.2160	1.53	−0.1662	−0.77	−0.0858	−0.21
$ANALYST_{t-1}$	−0.0125	−0.50	0.0176	0.47	0.0146	0.20	−0.0116	−0.46	0.0203	0.53	0.0220	0.30
$DTURN_{t-1}$	−0.1078	−0.72	0.0047	0.02	−0.3444	−0.96	−0.1290	−0.86	−0.0479	−0.24	−0.5495	−1.54
$SIGMA_{t-1}$	0.0010	0.03	−0.1248**	−2.20	−0.3441***	−2.88	0.0129	0.36	−0.1363**	−2.35	−0.3277***	−2.67

续表

变量	CRASH0.10_t (1) 系数	t值	CRASH0.15_t (2) 系数	t值	CRASH0.20_t (3) 系数	t值	CRASH_Avg0.10_t (4) 系数	t值	CRASH_Avg0.15_t (5) 系数	t值	CRASH_Avg0.20_t (6) 系数	t值
RET_{t-1}	−4.6499***	−5.99	−5.7273***	−5.36	−9.4941***	−4.52	−4.2235***	−5.48	−5.8563***	−5.30	−9.3793***	−4.36
$SIZE_{t-1}$	−0.3518***	−8.99	−0.3596***	−5.85	−0.2772**	−2.18	−0.3526***	−9.06	−0.3428***	−5.45	−0.2830**	−2.13
DTE_{t-1}	−0.1745*	−1.70	−0.1060	−0.70	0.1516	0.56	−0.1705	−1.64	−0.1422	−0.91	0.1563	0.56
BTM_{t-1}	0.0703*	1.92	0.0042	0.08	−0.1812*	−1.73	0.0501	1.37	0.0129	0.25	−0.1650	−1.62
ROA_{t-1}	−0.3969**	−2.55	−0.5380***	−2.71	0.2434	0.61	−0.4252***	−2.73	−0.4978**	−2.40	0.1768	0.44
$ACCM_{t-1}$	0.1759	0.97	0.3289	1.63	0.2640	0.55	0.1665	0.97	0.2851	1.33	0.3465	0.74
TAX_{t-1}	0.0052	0.28	0.0282	0.96	0.0478	0.84	0.0124	0.67	0.0228	0.75	0.0530	0.93
$PENALTY_{t-1}$	0.0100	0.11	0.1972*	1.70	0.0174	0.08	0.0126	0.14	0.1852	1.55	0.0365	0.16
$STATE_{t-1}$	−0.1657**	−2.50	−0.2144**	−2.21	−0.4552**	−2.34	−0.1646**	−2.48	−0.2300**	−2.32	−0.4610**	−2.34
截距	6.9069***	8.03	5.0993***	3.88	2.9178	1.07	6.8350***	8.03	4.8307***	3.59	2.9510	1.05
行业和年度效应	控制		控制		控制		控制		控制		控制	
观测值	8173		8173		8173		8173		8173		8173	
Pseudo R^2	0.0992		0.0853		0.0802		0.0963		0.0836		0.0800	
LR Chi^2(p-value)	870.97*** (<.0001)		451.66*** (<.0001)		222.47*** (<.0001)		850.44*** (<.0001)		434.34*** (<.0001)		216.74*** (<.0001)	

注：***，**，* 分别表示 1%，5% 和 10% 的显著性水平（双侧检验下）。所有报告的 t 值都经过公司层面聚类的标准误调整（Petersen，2009）。所有变量定义见附录 8-1。

表 8-6　使用硬信息环境绩效对假设 8-1 和 8-2 重新进行检验

变量	Section A 被解释变量:NCSKEW_t						Section B 被解释变量:CRASH3.09_t					
	(1)		(2)		(3)		(4)		(5)		(6)	
	系数	t 值	系数	t 值	系数	t 值	系数	t 值	系数	t 值	系数	t 值
CEP_HARD_{t-1}	−0.0086 ***	−3.28	−0.0075 ***	−2.85	−0.0124 ***	−4.15	−0.0403 ***	−2.59	−0.0380 **	−2.46	−0.0578 ***	−3.21
C_SCORE_{t-1}			−0.5573 ***	−5.41	−0.6394 ***	−5.95			−1.0221 *	−1.96	−1.2699 **	−2.44
$CEP\_HARD_{t-1} \times C\_SCORE_{t-1}$					0.0537 ***	3.24					0.1989 **	2.13
$NCSKEW_{t-1}$	0.0566 ***	4.66	0.0516 ***	4.26	0.0509 ***	4.21	−0.0889	−1.54	−0.0991 *	−1.70	−0.1020 *	−1.75
$BLOCK_{t-1}$	−0.1340 **	−2.35	−0.0932	−1.64	−0.0908	−1.60	−0.4259	−1.47	−0.3611	−1.22	−0.3530	−1.20
$INST\_SHR_{t-1}$	0.1613 ***	3.45	0.1516 ***	3.27	0.1502 ***	3.24	−0.1817	−0.75	−0.2054	−0.84	−0.2093	−0.86
$ANALYST_{t-1}$	0.0714 ***	8.46	0.0776 ***	9.13	0.0806 ***	9.36	0.1064 **	2.57	0.1187 ***	2.82	0.1299 ***	3.04
$DTURN_{t-1}$	−0.0680	−1.36	−0.0391	−0.78	−0.0413	−0.82	−0.0754	−0.34	−0.0116	−0.05	−0.0238	−0.11
$SIGMA_{t-1}$	−0.0197 *	−1.80	−0.0188 *	−1.72	−0.0161	−1.46	−0.3200 ***	−4.85	−0.3153 ***	−4.78	−0.3066 ***	−4.64
RET_{t-1}	−1.0926 ***	−5.06	−0.9243 ***	−4.29	−0.8813 ***	−4.06	−5.9665 ***	−4.54	−5.5828 ***	−4.18	−5.4430 ***	−4.07
$SIZE_{t-1}$	−0.0301 **	−2.48	0.0170	1.16	0.0097	0.65	−0.0271	−0.43	0.0601	0.79	0.0356	0.46
DTE_{t-1}	−0.0139	−0.40	0.0088	0.25	0.0166	0.47	0.3151 *	1.94	0.3593 **	2.21	0.3854 **	2.36
BTM_{t-1}	−0.0108	−0.98	−0.0074	−0.68	−0.0077	−0.71	−0.1209	−1.58	−0.1149	−1.52	−0.1167	−1.55
ROA_{t-1}	−0.0588	−1.41	−0.0349	−0.84	−0.0246	−0.60	−0.3205	−1.22	−0.2693	−1.03	−0.2337	−0.89
$ACCM_{t-1}$	−0.0331	−0.58	−0.0222	−0.39	−0.0256	−0.44	−0.1529	−0.50	−0.1362	−0.44	−0.1506	−0.48
TAX_{t-1}	0.0289 ***	4.48	0.0222 ***	3.48	0.0235 ***	3.66	0.0460	1.52	0.0326	1.04	0.0375	1.20
$PENALTY_{t-1}$	0.0468	1.54	0.0448	1.49	0.0420	1.39	0.2193 *	1.67	0.2153	1.64	0.2050	1.56

续表

变量	Section A 被解释变量:NCSKEW$_t$						Section B 被解释变量:CRASH3.09$_t$					
	(1)		(2)		(3)		(4)		(5)		(6)	
	系数	t值	系数	t值	系数	t值	系数	t值	系数	t值	系数	t值
STATE$_{t-1}$	−0.0274	−1.31	−0.0226	−1.09	−0.0216	−1.04	−0.2658***	−2.60	−0.2551**	−2.50	−0.2504**	−2.46
截距	0.1358	0.51	−0.8994***	−2.82	−0.7678**	−2.39	−1.5558	−1.09	−3.4894**	−2.07	−3.0411*	−1.78
行业和年度效应	控制		控制		控制		控制		控制		控制	
观测值	8173		8173		8173		8173		8173		8173	
Log Likelihood							−2460.9838		−2459.0633		−2456.7507	
AdjustedR^2/Pseudo R^2	0.0771		0.0802		0.0812		0.0597		0.0605		0.0614	
F/LR Chi^2(p-value)	20.05***		20.17***		19.88***		225.46***		231.67***		240.85***	
	(<.0001)		(<.0001)		(<.0001)		(<.0001)		(<.0001)		(<.0001)	
ΔR^2	9.74***		28.43***		9.78***		7.49***		3.84**		4.63**	

注:***、**和 * 分别表示在 1%,5%和 10% 的显著性水平上显著(双侧检验下)。所有报告的 t 值都经过公司层面聚类的标准误差调整(Petersen,2009)。计算 ΔR^2 时,分别以表 8-4 的第(1)列模型、第(5)列模型为基准。所有变量的定义见附录 8-1。

七、内生性问题

为了缓解环境绩效和未来崩盘风险之间的内生性,根据已有文献(例如,El Ghoul et al.,2011),本章使用工具变量法和两阶段 Tobit-OLS(Logistic)回归控制公司环境绩效和未来崩盘风险之间的潜在内生性问题。

(一)使用工具变量法控制内生性

对于工具变量法,本章研究使用了同行业其他公司环境绩效的平均值作为工具变量,记为 CEP_HAT,重新检验假设 8-1 和 8-2。如表 8-7 的第(1)和(4)列所示,CEP_HAT(即 CEP 的拟合值)系数显著为负(系数=-0.005 4,t 值=-3.20;-0.028 4,t 值=-2.69),表明公司环境绩效和未来股价崩盘风险之间的负相关关系在使用工具变量法控制了内生性问题后仍然成立,进一步支持了假设 8-1。在第(3)和(6)列中,CEP_HAT×C_SCORE 都为正显著(系数=0.028 8,t 值=2.79;系数=0.086 6,t 值=2.23),支持了假设 8-2,即会计稳健性削弱了公司环境绩效和未来股价崩盘风险之间的负相关性。此外,CEP_HAT 和 C_SCORE 在第(3)和(6)列中系数都为负。

(二)使用两阶段 Tobit-OLS(Logistic)回归法控制内生性

使用两阶段 Tobit-OLS(Logistic)回归法必须首先识别公司环境绩效(CEP)作为被解释变量的第一阶段的外生变量。参考 Du 等(2014),本章使用了如下八个外生变量:FIN_{t-1} 是($t-1$)年的权益或债务融资额除以年初总资产(Clarkson et al.,2008)。$CAPINV_{t-1}$ 是($t-1$)年的资本支出额(房产、厂房和机器设备,无形资产和其他长期资产)除以年初销售额(Clarkson et al.,2008;Du et al.,2014);$LISTAGE_{t-1}$ 是公司 IPO 后的年数;$TRANS_{t-1}$ 是($t-1$)年公司所在省的省道和铁路总里程数(千米)的自然对数;TAX_PRO_{t-1} 是($t-1$)年公司所在省税收(百万元)的自然对数;POP_{t-1} 是($t-1$)年公司所在省人口数的自然对数;UNV_{t-1} 是($t-1$)年公司所在省高校比例,计算方法为公司所在省的大学数量除以中国大陆的大学总数;GDP_PC_{t-1} 是($t-1$)年公司所在省人均 GDP(千元)。[①]

表 8-8 中 Section A 第(1)列的第一阶段结果表明公司环境绩效与 $CAPINV_{t-1}$、$BLOCK_{t-1}$、$ANALYST_{t-1}$、$DTURN_{t-1}$、RET_{t-1}、$SIZE_{t-1}$、DTE_{t-1} 和 $STATE_{t-1}$ 显著正相关,与 ROA_{t-1}、TAX_{t-1}、TAX_PRO_{t-1}、UNV_{t-1} 和 GDP_PC_{t-1} 显著负相关。如表 8-8 第(2)

---

① 第二阶段的回归结果与第一阶段中工具变量法的恰当性密切相关。根据 Sargan(1958)和 Wooldridge(1995),本章进行了过度识别检验,检验结果显示 Sargan 卡方统计值和 Wooldrisge 卡方统计值都不显著,表明第一阶段不存在严重的过度识别问题。

表 8-7　使用工具变量法控制公司环境绩效和崩盘风险之间的内生性对假设 8-1 和 8-2 重新进行检验

变量	Section A 被解释变量:NCSKEW_t						Section B 被解释变量:CRASH3.09_t					
	(1)		(2)		(3)		(4)		(5)		(6)	
	系数	t 值	系数	t 值	系数	t 值	系数	t 值	系数	t 值	系数	t 值
CEP_HAT_{t-1}	-0.0054^{***}	-3.20	-0.0046^{***}	-2.73	-0.0069^{***}	-3.66	-0.0284^{***}	-2.69	-0.0268^{**}	-2.54	-0.0339^{***}	-3.05
C_SCORE_{t-1}			-0.5573^{***}	-5.41	-0.5341^{***}	-5.20			-1.0030^{*}	-1.92	-0.8993	-1.57
$CEP\_HAT_{t-1} \times$ C_SCORE_{t-1}					0.0288^{***}	2.79					0.0866^{**}	2.23
$NCSKEW_{t-1}$	0.0565^{***}	4.65	0.0515^{***}	4.25	0.0510^{***}	4.21	-0.0902	-1.56	-0.1001^{*}	-1.72	-0.1020^{**}	-1.97
$BLOCK_{t-1}$	-0.1343^{**}	-2.35	-0.0937^{*}	-1.65	-0.0901	-1.58	-0.4215	-1.45	-0.3580	-1.21	-0.3489^{**}	-2.45
$INST\_SHR_{t-1}$	0.1616^{**}	3.45	0.1519^{**}	3.27	0.1516^{**}	3.26	-0.1822	-0.76	-0.2054	-0.84	-0.2075	-0.68
$ANALYST_{t-1}$	0.0719^{***}	8.50	0.0780^{***}	9.16	0.0805^{***}	9.34	0.1097^{***}	2.64	0.1215^{***}	2.88	0.1291^{*}	1.85
$DTURN_{t-1}$	-0.0687	-1.38	-0.0398	-0.79	-0.0427	-0.85	-0.0758	-0.34	-0.0133	-0.06	-0.0245	-0.10
$SIGMA_{t-1}$	-0.0199^{*}	-1.81	-0.0190^{*}	-1.74	-0.0170	-1.54	-0.3219^{***}	-4.87	-0.3173^{***}	-4.81	-0.3130^{***}	-4.97
RET_{t-1}	-1.0955^{***}	-5.07	-0.9272^{***}	-4.30	-0.8975^{***}	-4.15	-5.9801^{***}	-4.55	-5.6040^{***}	-4.19	-5.5429^{***}	-9.13
$SIZE_{t-1}$	-0.0306^{**}	-2.52	0.0164	1.12	0.0092	0.61	-0.0230	-0.36	0.0622	0.82	0.0418	0.30
DTE_{t-1}	-0.0135	-0.38	0.0091	0.26	0.0161	0.45	0.3203^{**}	1.97	0.3635^{**}	2.23	0.3821^{**}	2.15
BTM_{t-1}	-0.0107	-0.97	-0.0073	-0.67	-0.0075	-0.69	-0.1211	-1.59	-0.1152	-1.52	-0.1162^{**}	-2.14
ROA_{t-1}	-0.0576	-1.38	-0.0338	-0.82	-0.0277	-0.67	-0.3187	-1.21	-0.2687	-1.03	-0.2513	-1.07
$ACCM_{t-1}$	-0.0329	-0.58	-0.0221	-0.39	-0.0280	-0.49	-0.1532	-0.50	-0.1369	-0.44	-0.1554	-0.40
TAX_{t-1}	0.0290^{***}	4.51	0.0224^{**}	3.51	0.0235^{***}	3.66	0.0465	1.53	0.0333	1.07	0.0370	1.21
$PENALTY_{t-1}$	0.0470	1.55	0.0449	1.49	0.0429	1.42	0.2186^{*}	1.66	0.2147	1.64	0.2076^{*}	1.76

续表

变量	Section A						Section B					
	被解释变量：$NCSKEW_t$						被解释变量：$CRASH3.09_t$					
	(1)		(2)		(3)		(4)		(5)		(6)	
	系数	t 值	系数	t 值	系数	t 值	系数	t 值	系数	t 值	系数	t 值
$STATE_{t-1}$	−0.0280	−1.35	−0.0232	−1.12	−0.0227	−1.10	−0.2680***	−2.62	−0.2574**	−2.52	−0.2556***	−3.60
截距	0.1430	0.54	−0.8892***	−2.78	−0.7556**	−2.34	−1.6526	−1.16	−3.5417**	−2.10	−3.1507	−0.99
行业和年度效应	控制		控制		控制		控制		控制		控制	
观测值	8 173		8 173		8 173		8 173		8 173		8 173	
Log Likelihood							−2 460.4421		−2 458.5940		−2 457.6053	
Adjusted R^2/Pseudo R^2	0.076 9		0.080 0		0.080 6		0.059 9		0.060 7		0.061 0	
F/LR Chi^2(p-value)	20.17***		20.28***		19.86***		226.91***		232.96***		319.48***	
	(<.0001)		(<.0001)		(<.0001)		(<.0001)		(<.0001)		(<.0001)	
△R^2	8.85***		28.43***		6.22**		8.58***		3.70*		1.98	

注：***、**和*分别表示在1%、5%和10%的显著性水平上显著（双侧检验下）。所有报告的 t 值都经过公司层面聚类的标准误差调整（Petersen，2009）。计算 △R^2 时，分别以表8-4的第（1）列模型、第（5）列模型为基准。所有变量的定义见附录8-1。

表 8-8　使用两阶段 Tobit-OLS（Logistic）回归控制公司环境绩效和股价崩盘风险之间的内生性

变量	Section A 被解释变量:CEP_{t-1} (1) 系数	(1) t值	Section B 被解释变量:$NCSKEW_t$ (2) 系数	(2) t值	(3) 系数	(3) t值	(4) 系数	(4) t值	(5) 系数	(5) t值	Section C 被解释变量:$CRASH3.09_t$ (6) 系数	(6) t值	(7) 系数	(7) t值
FIN_{t-1}	−0.1734	−1.10												
$CAPINV_{t-1}$	1.3463***	3.69												
$LISTAGE_{t-1}$	−0.6867	−1.54												
$TRANS_{t-1}$	−15.4584	−1.26												
TAX_PRO_{t-1}	−0.0309***	−2.58												
POP_{t-1}	−0.0009	−0.02												
UNV_{t-1}	−0.2136*	−1.70												
GDP_PC_{t-1}	−0.2239***	−12.32												
CEP^*_{t-1}			−0.0176**	−2.22	−0.0083*	−1.73	−0.0292***	−2.95	−0.0688**	−2.05	−0.0511*	−1.71	−0.1389***	−3.27
C_SCORE_{t-1}					−0.5464***	−5.16	−0.7437***	−6.37			−0.9587*	−1.80	−1.6476**	−2.34
$CEP^*_{t-1} \times \underline{C}\_SCORE_{t-1}$							0.0783***	3.79					0.3114***	3.07
$NCSKEW_{t-1}$	2.6991***	5.51	0.0560***	4.60	0.0515***	4.24	0.0498***	4.11	−0.0871	−1.55	−0.0961*	−1.66	−0.1036*	−1.95
$BLOCK_{t-1}$	−0.5630	−1.36	−0.1242**	−2.15	−0.0952*	−1.66	−0.0837	−1.46	−0.4089***	−2.81	−0.3649	−1.22	−0.3249**	−2.34
$INST\_SHR_{t-1}$	0.5459***	7.01	0.1574***	3.34	0.1512***	3.23	0.1439***	3.09	−0.2118	−0.71	−0.2269	−0.93	−0.2543	−0.86
$ANALYST_{t-1}$	1.2202***	2.79	0.0775***	8.67	0.0798***	8.95	0.0923***	9.53	0.1269*	1.69	0.1313**	2.87	0.1835**	2.38
$DTURN_{t-1}$	−0.0307	−0.30	−0.0562	−1.11	−0.0333	−0.65	−0.0302	−0.59	−0.0322	−0.12	0.0162	0.07	0.0199	0.08
$SIGMA_{t-1}$			−0.0212*	−1.90	−0.0193*	−1.74	−0.0158	−1.42	−0.3194***	−5.41	−0.3135***	−4.74	−0.3007***	−5.12
RET_{t-1}	10.3780***	4.81	−1.0378***	−4.78	−0.9099***	−4.20	−0.7631***	−3.47	−5.6892***	−7.65	−5.4001***	−4.04	−4.8430***	−8.81

续表

变量	Section A 被解释变量:CEP_{t-1} (1) 系数	t值	Section B 被解释变量:$NCSKEW_t$ (2) 系数	t值	(3) 系数	t值	(4) 系数	t值	Section C 被解释变量:$CRASH3.09_t$ (5) 系数	t值	(6) 系数	t值	(7) 系数	t值
$SIZE_{t-1}$	2.7062***	25.18	−0.0113	−0.62	0.0204	1.08	0.0273	1.44	0.0453	0.41	0.1003	1.04	0.1318	1.25
DTE_{t-1}	2.0153***	6.56	−0.0186	−0.53	0.0027	0.08	0.0138	0.39	0.2901*	1.66	0.3288**	2.01	0.3701*	1.93
BTM_{t-1}	−0.1172	−1.03	−0.0087	−0.78	−0.0059	−0.54	−0.0060	−0.55	−0.1133**	−2.10	−0.1090	−1.45	−0.1106**	−2.05
ROA_{t-1}	−1.6106***	−3.37	−0.0699	−1.63	−0.0371	−0.87	−0.0399	−0.93	−0.3646	−1.54	−0.2992	−1.12	−0.3169	−1.51
$ACCM_{t-1}$	−0.0313	−0.06	−0.0380	−0.66	−0.0261	−0.46	−0.0330	−0.58	−0.1548	−0.40	−0.1382	−0.44	−0.1696	−0.44
TAX_{t-1}	−0.1197**	−2.19	0.0276***	4.25	0.0220***	3.41	0.0244***	3.75	0.0417	1.07	0.0303	0.95	0.0436	1.35
$PENALTY_{t-1}$	−0.0552	−0.21	0.0506*	1.65	0.0474	1.56	0.0461	1.50	0.2428*	1.95	0.2368*	1.81	0.2302*	1.92
$STATE_{t-1}$	1.0825***	5.39	−0.0246	−1.17	−0.0219	−1.04	−0.0157	−0.75	−0.2647***	−4.12	−0.2592**	−2.51	−0.2344***	−3.74
截距	−57.6234***	−10.53	−0.2202	−0.60	−0.9535**	−2.45	−1.0863***	−2.79	−2.9115	−1.12	−4.2033**	−2.06	−4.7974*	−1.89
行业和年度效应	控制		控制		控制		控制		控制		控制		控制	
观测值	8 123		8 123		8 123		8 123		8 123		8 123		8 123	
Log Likelihood	−17 806.67								−2 458.4005		−2 456.8054		−2 452.0478	
Adj_R^2/Pseudo R^2	0.082 2		0.076 3		0.079 1		0.080 6		0.058 6		0.059 2		0.061 0	
F/LR Chi²(p-value)	3 187.95*** (<.0001)		19.63*** (<.0001)		19.70*** (<.0001)		19.54*** (<.0001)		305.81*** (<.0001)		309.00*** (<.0001)		318.51*** (<.0001)	
ΔR^2			5.28***		25.58***		15.02***		2.95*		3.19*		9.52***	

注:***、** 和 * 分别表示在 1%、5% 和 10% 的显著性水平上显著(双尾)。所有报告的 t 值都经过公司层面聚类的标准误差调整(Petersen,2009)。计算 ΔR^2 时,分别以表 8-4 的第(1)列模型、第(5)列模型为基准。所有变量的定义见附录 8-1。

和第(5)列所示,CEP*(CEP 的拟合值)的系数显著为负,表明公司环境绩效和未来股价崩盘风险之间具有负相关关系,再次为假设 8-1 提供了重要支持。第(4)和(7)列的结果表明 CEP* ×C_SCORE 的系数显著为正,再次支持了假设 8-2。此外,在第(4)和(7)列中,CEP* 和 C_SCORE 的系数都显著为负,与假设 8-1、表 8-4 的结果相符。

(三)使用倾向得分匹配法控制内生性

基于工具变量和表 8-8 的结果,本章进一步使用倾向得分匹配法(PSM)控制内生性问题。表 8-9 的 Panel A 中呈现了 PSM 第一阶段的结果。本章将全样本分为两个子样本: CEP_DUM 子样本(CEP_DUM=1)和非 CEP_DUM 子样本(CEP_DUM=0)。CEP_DUM 是一个虚拟变量,当公司环境绩效大于零时取 1,否则取 0。如表 8-9 的 Panel A 所示,和预期一致,CEP_DUM 与 $ANALYST_{t-1}$、RET_{t-1}、$SIZE_{t-1}$、DTE_{t-1}、$STATE_{t-1}$、$TOBINQ_{t-1}$ 显著正相关,与 FIN_{t-1}、$LISTAGE_{t-1}$ 显著负相关。表 8-9 的 Panel B 报告了 PSM 第一阶段 所有变量的组间差异结果(t 检验)。如 Panel B 所示,匹配前两个子样本之间的大多数变量 都有显著差异。但是对于配对样本,两个子样本的所有变量之间的差异都不显著,表明 PSM 的第一阶段的配对效果较好。

Panel C 使用配对样本重新检验假设 8-1 和 8-2。Panel C 的第(2)和(6)列中,CEP_{t-1} 的 系数显著为负,与假设 8-1 一致。在 Panel C 第(4)和(8)列中,$CEP_{t-1} \times C\_SCORE_{t-1}$ 的系 数显著为正,进一步支持了假设 8-2。可见,在使用了倾向得分匹配方法(PSM)控制内生 后,表 8-9 Panel C 的结果与表 8-4 的结果并无实质性差异。

表 8-9 使用倾向得分匹配的内生性测试

Panel A: 倾向得分匹配的第一阶段

变量	被解释变量: CEP_DUM$_{t-1}$	
	系数	t 值
FIN$_{t-1}$	−0.012 2 **	−2.38
CAPIN$_{t-1}$	−0.042 7	−1.23
BLOCK$_{t-1}$	0.218 3	1.16
INST_SHR$_{t-1}$	0.046 3	0.33
ANALYST$_{t-1}$	0.119 7 ***	4.74
DTURN$_{t-1}$	0.073 8	0.90
SIGMA$_{t-1}$	0.028 6	1.10
RET$_{t-1}$	1.641 3 ***	3.12
SIZE$_{t-1}$	0.307 5 ***	8.93
DTE$_{t-1}$	0.285 4 ***	2.59
TOBINQ$_{t-1}$	0.053 3 **	2.48
ROA$_{t-1}$	0.231 9	0.82
STATE$_{t-1}$	0.104 4 *	1.66
LISTAGE$_{t-1}$	−0.051 9 ***	−7.63
截距	−6.573 8 ***	−8.88
行业和年度	控制	
观测值	8 173	
Pseudo R^2	0.198 3	
LR Chi^2(p-value)	790.38 *** (<.0001)	

续表

Panel B: 使用全样本和子样本进行协方差检验

变量	全样本						配对样本					
	CEP_DUM子样本(N=5 020) (1)		非CEP_DUM子样本(N=3 153) (2)		t 检验		CEP_DUM子样本(N=2 207) (3)		非CEP_DUM子样本(N=2 207) (4)		t 检验	
	均值	标准差	均值	标准差			均值	标准差	均值	标准差		
$NCSKEW_t$	−0.342 4	0.720 1	−0.313 4	0.722 5	−1.77*		−0.342 2	0.718 0	−0.317 1	0.729 0	−0.70	
$CRASH\ 3.09_t$	0.092 4	0.289 7	0.107 5	0.309 8	−2.20**		0.098 3	0.297 8	0.104 7	0.306 2	−0.84	
FIN_{t-1}	0.374 3	1.634 4	0.399 5	4.034 4	−0.33		0.376 8	2.340 1	0.333 7	0.585 8	0.34	
$CAPIN_{t-1}$	0.141 5	0.573 9	0.137 6	0.585 2	0.29		0.136 9	0.828 4	0.144 1	0.568 9	−0.54	
$BLOCK_{t-1}$	0.369 1	0.155 9	0.331 9	0.150 4	10.71***		0.339 3	0.148 3	0.341 8	0.152 2	−0.37	
$INST\_SHR_{t-1}$	0.179 0	0.180 8	0.159 4	0.174 9	4.88***		0.161 2	0.175 3	0.163 2	0.174 4	−1.37	
$ANALYST_{t-1}$	1.811 4	1.321 3	1.099 1	1.170 4	25.47***		1.272 9	1.189 3	1.322 5	1.205 5	−0.59	
$DTURN_{t-1}$	−0.059 4	0.204 9	−0.070 4	0.244 9	2.09**		−0.067 1	0.237 3	−0.071 3	0.233 8	0.55	
$SIGMA_{t-1}$	6.126 0	2.022 9	6.898 5	2.184 0	−16.01***		6.665 8	2.120 5	6.630 9	2.079 9	0.65	
RET_{t-1}	−0.106 9	0.072 7	−0.132 5	0.083 7	14.14***		−0.124 5	0.079 8	−0.123 0	0.077 7	−0.96	
$SIZE_{t-1}$	22.211 4	1.048 0	21.631 1	0.811 5	28.06***		21.767 4	0.850 5	21.791 4	0.795 7	−1.28	
DTE_{t-1}	0.446 8	0.255 4	0.375 4	0.262 6	12.09***		0.400 1	0.250 4	0.409 9	0.261 1	−1.01	
$TOBINQ_{t-1}$	1.846 0	1.219 0	2.194 0	1.612 4	−10.40***		2.027 7	1.405 9	1.987 3	1.251 7	0.40	
ROA_{t-1}	0.070 3	0.145 1	0.051 7	0.224 4	4.12***		0.058 9	0.167 6	0.061 1	0.192 3	−0.03	
$STATE_{t-1}$	0.344 2	0.475 2	0.420 2	0.493 7	−6.87***		0.409 2	0.491 8	0.409 6	0.491 9	−0.17	
$LISTAGE_{t-1}$	13.042 8	4.517 6	14.399 6	4.064 1	−14.07***		13.851 4	4.554 6	13.873 1	4.192 8	−0.70	

续表

Panel C：倾向得分匹配第二阶段

	Section A								Section B							
	被解释变量：NCSKEW_t								被解释变量：CRASH3.09_t							
变量	(1)		(2)		(3)		(4)		(5)		(6)		(7)		(8)	
	系数	t值	系数	t值	系数	t值	系数	t值	系数	t值	系数	t值	系数	t值	系数	t值
CEP_{t-1}			-0.0054*	-1.91	-0.0050*	-1.77	-0.0072**	-2.41			-0.0364**	-2.10	-0.0357**	-2.05	-0.0515***	-2.77
C_SCORE_{t-1}					-0.5982***	-4.09	-0.6791***	-4.45					-1.2669*	-1.76	-1.6884**	-2.42
$CEP_{t-1} \times C\_SCORE_{t-1}$							0.0482*	1.90							0.2912**	2.21
$NCSKEW_{t-1}$	0.0550***	3.25	0.0541***	3.20	0.0476***	2.83	0.0472**	2.81	-0.0780	-0.89	-0.0853	-0.97	-0.0982	-1.11	-0.0977	-1.10
$BLOCK_{t-1}$	-0.0989	-1.37	-0.0934	-1.29	-0.0530	-0.73	-0.0473	-0.65	-0.5176	-1.31	-0.4998	-1.27	-0.4187	-1.05	-0.4018	-1.01
$INST\_SHR_{t-1}$	0.1527**	2.40	0.1504**	2.36	0.1347**	2.12	0.1366**	2.15	-0.0263	-0.08	-0.0437	-0.13	-0.0912	-0.27	-0.0745	-0.22
$ANALYST_{t-1}$	0.0796***	6.80	0.0805***	6.87	0.0873***	7.37	0.0885***	7.43	0.0566	0.99	0.0676	1.17	0.0839	1.43	0.0914	1.54
$DTURN_{t-1}$	-0.0619	-0.98	-0.0599	-0.95	-0.0269	-0.42	-0.0316	-0.50	-0.2795	-0.96	-0.2719	-0.93	-0.1932	-0.65	-0.2127	-0.72
$SIGMA_{t-1}$	-0.0344**	-2.19	-0.0345**	-2.20	-0.0335**	-2.14	-0.0321**	-2.06	-0.4215***	-4.63	-0.4254***	-4.67	-0.4197***	-4.62	-0.4159***	-4.57
RET_{t-1}	-1.3924***	-4.57	-1.3755***	-4.52	-1.1922***	-3.92	-1.1882***	-3.91	-8.5294***	-4.89	-8.5020***	-4.89	-8.0762***	-4.60	-8.1238***	-4.63
$SIZE_{t-1}$	-0.0419**	-2.26	-0.0365*	-1.93	0.0128	0.58	0.0062	0.28	-0.0186	-0.21	0.0119	0.13	0.1192	1.11	0.0840	0.75
DTE_{t-1}	-0.0430	-0.89	-0.0420	-0.87	-0.0197	-0.41	-0.0166	-0.34	0.3440	1.51	0.3509	1.53	0.4082*	1.78	0.4310*	1.87
BTM_{t-1}	0.0043	0.29	0.0032	0.21	0.0077	0.52	0.0078	0.52	-0.0272	-0.30	-0.0339	-0.37	-0.0224	-0.25	-0.0256	-0.29
ROA_{t-1}	0.0423	0.65	0.0393	0.61	0.0647	1.00	0.0693	1.08	-0.3758	-0.93	-0.4089	-1.02	-0.3473	-0.88	-0.3280	-0.83
$ACCM_{t-1}$	-0.0587	-0.83	-0.0566	-0.80	-0.0382	-0.54	-0.0514	-0.70	-0.3554	-0.77	-0.3692	-0.80	-0.3282	-0.70	-0.3070	-0.64
TAX_{t-1}	0.0047	0.55	0.0052	0.61	-0.0001	-0.01	0.0008	0.09	0.0104	0.22	0.0147	0.31	-0.0017	-0.04	0.0041	0.08
$PENALTY_{t-1}$	0.0603	1.46	0.0593	1.43	0.0524	1.27	0.0505	1.23	0.3131*	1.73	0.3093*	1.71	0.2925	1.62	0.2803	1.55
$STATE_{t-1}$	-0.0782***	-2.96	-0.0756***	-2.86	-0.0730***	-2.77	-0.0729***	-2.77	-0.2773**	-2.04	-0.2616*	-1.92	-0.2574*	-1.89	-0.2525*	-1.85

续表

变量	Section A 被解释变量:NCSKEW_t								Section B 被解释变量:CRASH3.09_t							
	(1)		(2)		(3)		(4)		(5)		(6)		(7)		(8)	
	系数	t值	系数	t值	系数	t值	系数	t值	系数	t值	系数	t值	系数	t值	系数	t值
截距	0.3369	0.85	0.2340	0.58	−0.8366*	−1.78	−0.7110	−1.50	−1.4109	−0.69	−1.9865	−0.96	−4.3866*	−1.81	−3.6812	−1.47
行业和年度效应	控制		控制		控制		控制		控制		控制		控制		控制	
观测值	4414		4414		4414		4414		4414		4414		4414		4414	
Log Likelihood									−1219.7884		−1217.4991		−1216.0203		−1213.5622	
Adj_R^2/Pseudo R^2	0.0826		0.0831		0.0865		0.0873		0.0812		0.0829		0.0840		0.0859	
F/LR Chi²	12.43***		12.30***		12.26***		12.05***		160.78***		168.28***		169.38***		173.10***	
(p-value)	(<.0001)		(<.0001)		(<.0001)		(<.0001)		(<.0001)		(<.0001)		(<.0001)		(<.0001)	
ΔR^2			3.23*		17.49***		4.68**				4.58**		2.96*		4.92**	

注:***,** 和 * 分别表示在 1%,5% 和 10% 的显著性水平上显著(双侧检验下)。所有报告的 t 值都经过公司层面聚类的标准误调整(Petersen,2009)。所有变量的定义见附录 8-1。

八、结论、研究启示和局限性

本章检验了公司环境绩效对股价崩盘风险的影响,并且进一步研究了公司环境绩效和会计稳健性对股价崩盘风险的交互作用。本章研究利用中国上市公司的样本发现,公司环境绩效和未来崩盘风险之间存在显著的负相关关系;此外,公司环境绩效和会计稳健性在降低股价崩盘风险方面存在替代效应。

除了"引言"部分所提及的理论贡献,本章研究还有以下几点研究启示:

首先,本章研究可以激励指引未来如下两个方向的研究:(1)公司环境绩效和股票市场反应之间的关系研究;(2)将环境声誉纳入和识别为无形资产的市场有效性研究。股价崩盘风险可以被视为对坏消息囤积的一种特殊的、负面的市场反应(Hanlon,Slemrod,2009)。承担环境责任的公司可以吸引环境敏感型投资者,进而可以通过更好的环境绩效将自身与其他公司区分开来,因此公司环境绩效对股票市场反应和市场有效性的影响值得更进一步的研究。

其次,本章研究表明,履行环境责任的公司由于良好的声誉经历更少的未来股价崩盘,面临更少的未来风险,管理者更具道德诚信,信息透明度更高。因此,环境绩效可以被视为一个向市场和投资者传递"软信息",宣扬管理者有道德、正直的重要渠道或途径。环境友好型公司可以塑造自身的声誉和建立积极的道德资本以降低未来股价崩盘风险。从这个方面来看,本章研究分析指出了公司环境绩效的具体收益。

最后,本章研究揭示了会计稳健性能够降低未来股价崩盘风险,并进一步发现会计稳健性对公司环境绩效和未来崩盘风险之间关系的调节作用。一方面,这些发现可以激励未来研究进一步关注会计信息的其他特征以检验它们对股价崩盘风险的影响。另一方面,更重要的是,本章研究揭示了会计稳健性削弱了公司环境绩效和未来崩盘风险之间的负相关关系,表明会计信息和商业伦理在影响公司财务行为方面可以相互替代。

当然,本章研究也存在局限性,有待在未来的研究中解决。首先,由于目前中国还没有CSR数据库,本章借鉴了 GRI(2006)、Clarkson 等(2008)、Du 等(2014),手工收集了公司环境绩效的数据。然而,正如 Rahman 和 Post(2012)的建议,更好的方式是构建多维度的公司环境绩效指标,进而探究其对未来股价崩盘风险和其他公司财务行为的影响。其次,由于数据限制,样本期间只有 6 年,这是一个相对较短的期间,因此本章研究仍需要更长期间样本的附加检验。最后,本章研究是基于中国这一新兴市场的背景,因此本章的发现可能不太适用于其他新兴市场或发达市场,未来研究可以基于国际背景进一步研究公司环境绩效对股价崩盘风险的影响。

作为本章研究的逻辑延伸,研究者应该区分 CSR 强项和 CSR 弱项,进一步研究二者是否对未来股价崩盘风险和其他公司财务行为具有相似或不对称的影响。此外,检验不同CSR 维度和会计信息如何共同影响公司财务行为将是一个有趣的、值得研究的话题。

参考文献

[1]AL-TUWAIJRI S A，CHRISTENSEN T E，HUGHES K E. The relations among environmental disclosure，environmental performance，and economic performance：a simultaneous equations approach[J]. Accounting，organizations and society，2004，29(5-6)：447-471.

[2]BASU S.The conservatism principle and asymmetric timeliness of earning[J]. Journal of accounting and economics，1997，24（1）：3-37.

[3]BEAULIEU P R. The effects of judgments of new clients' integrity upon risk judgments，audit evidence and fees[J]. Auditing：a journal of practices and theory，2001，20(2)：85-100.

[4]CAI L，HE C. Corporate environmental responsibility and equity prices[J]. Journal of business ethics，2014，125(4)：617-635.

[5]CHEN J C，PATTEN D M，ROBERTS R W. Corporate charitable contributions：a corporate social performance or legitimacy strategy？[J]. Journal of business ethics，2008，82：131-144.

[6]CHEN J，CHAN K C，DONG W，et al. Internal control and stock price crash risk：evidence from China [J]. European accounting review，2017，26(1)：125-152.

[7]CHEN J，HONG H，STEIN J C. Forecasting crashes：trading volume，past returns，and conditional skewness in stock prices[J]. Journal of financial economics，2001，61，345-381.

[8] CLARKSON P M，LI Y，RICHARDSON G D，et al. Revisiting the relation between environmental performance and environmental disclosure：an empirical analysis[J]. Accounting，organizations and society，2008，33（4）：303-327.

[9]COHEN M A，FENN S A，KONAR S.Environmental and financial performance：are they related？ [EB/OL]. [2021-10-10]. https://citeseerx. ist. psu. edu/viewdoc/download？ doi＝10.1.1.498.9820&rep＝ rep1&type＝pdf.

[10]COSTELLO A M，WITTENBERG-MOERMAN R. The impact of financial reporting quality on debt contracting：evidence from internal control weakness reports[J]. Journal of accounting research，2011，49(1)：97-136.

[11]CORMIER D，GORDON I M，MAGNAN M. Corporate environmental disclosure：contrasting management's perceptions with reality[J]. Journal of business ethics，2004，49（2）：143-165.

[12]CORMIER D，MAGNAN M. Corporate environmental disclosure strategies：determinants，costs and benefits. [J].Journal of accounting，auditing and finance，1999，14（3）：429-451.

[13]CUI J H，JO H，LI Y. Corporate social responsibility and insider trading[J]. Journal of business ethics，2015，130：869-887.

[14]DEEGAN C，GORDON B.A study of the environmental disclosure practices of Australian corporations[J]. Accounting and business research，1996，26(3)：187-199.

[15]DEFOND M L，LIM C Y，ZANG Y.Client conservatism and auditor-client contracting[J]. The accounting review，2016，91（1）：69-98.

[16] DENG X，KANG J，LOW B S. Corporate social responsibility and shareholder value maximization：evidence from mergers[J]. Journal of financial economics，2013，110(1)：87-109.

[17]DHALIWAL D S，LI O Z，TSANG A，et al.Voluntary nonfinancial disclosure and the cost of eq-

uity capital: the initiation of corporate social responsibility reporting[J]. The accounting review, 2011, 86 (1): 59-100.

[18]DHALIWAL D S, RADHAKRISHNAN S, TSANG A, et al.Nonfinancial disclosure and analyst forecast accuracy: international evidence on corporate social responsibility disclosure[J]. The accounting review, 2012, 87 (3): 723-759.

[19]DIXON-FOWLER H R, SLATER D J, ELLSTRAND A E, et al. Beyond 'does it pay to be'? A meta-analysis of moderations of CEP-CFP relationship[J]. Journal of business ethics, 2013, 112 (2): 353-366.

[20]DU X.How the market value greenwashing? Evidence from China[J]. Journal of business ethics, 2015a, 128 (3): 547-574.

[21]DU X. Is corporate philanthropy used as environmental misconduct dressing? Evidence from Chinese family-owned firms[J]. Journal of business ethics, 2015b, 129 (2): 341-361.

[22]DU X, JIAN W, ZENG Q, et al. Corporate environmental responsibility in polluting industries: does religion matter? [J].Journal of business ethics, 2014, 124 (3): 485-507.

[23]DU X, WENG J, ZENG Q, et al. Do lenders applaud corporate environmental performance? Evidence from Chinese private-owned firms[J]. Journal of business ethics, 2017, 143(1): 179-207.

[24]EL GHOUL S, GUEDHAMI O, KWOK C, et al.Does corporate social responsibility affect the cost of capital? [J]. Journal of banking finance, 2011, 35 (9): 2388-2406.

[25]ETTREDGE M, HUANG Y, ZHANG W.Earnings restatements and differential timeliness of accounting conservatism[J]. Journal of accounting and economics, 2012, 53 (3): 489-503.

[26]GIULI A D, KOSTOVETSKY L.Are red or blue companies more likely to go green? politics and corporate social responsibility[J]. Journal of financial economics, 2014, 111(1): 158-180.

[27]GLOBAL REPORTING INITIATIVE. Sustainable reporting guidelines[R/OL]. (2006-10-06) [2010-10-10]. www.globalreporting.org.

[28]GRAY R, KOUHY R, LAVERS S. Corporate social and environmental reporting: a review of the literature and a longitudinal study of UK disclosure[J]. Accounting auditing and accountability journal, 1995, 8(2): 47-77.

[29]GUENSTER N, BAUER R, DERWALL J, et al.The economic value of corporate co-efficiency [J]. European financial management, 2010, 17 (4): 679-704.

[30]GUTHRIE J, PARKER L.Corporate social reporting: a rebuttal of legitimacy theory[J]. Accounting and business research, 1989, 19(76): 343-352.

[31]HANLON M, SLEMROD J.What does tax aggressiveness signal? Evidence from stock price reactions to news about tax shelter involvement[J]. Journal of public economics, 2009, 93(1-2): 126-141.

[32] HEFLIN F, HSU C, JIN Q. Accounting conservatism and street earnings[J]. Review of accounting studies, 2015, 20(2): 674-709.

[33]HEYES A G.Lender penalty for environmental damage and the equilibrium cost of capital[J]. Economica, 1996, 311-323.

[34]HUTTON A P, MARCUS A J, TEHRANIAN H.Opaque financial reports, R^2, and crash risk [J]. Journal of financial economics, 2009, 94(1): 67-86.

[35]ILINITCH A Y，SODERSTROM N S，THOMAS T E.Measuring corporate environmental performance[J]. Journal of accounting and public policy，1998，17(4-5)：383-408.

[36]INGRAM R，FRAZIER K B.Environmental performance and corporate disclosure[J]. Journal of accounting research，1980，18(2)：612-622.

[37]KEISO D E，WEYGANDT J J，WARFIELD T D.Intermediate accounting (12th Edition)「M]. New Jersey，Hoboken：John Wiley & Sons，2007.

[38]KHAN M，WATTS R.Estimation and empirical properties of a firm-year measure of accounting conservatism[J]. Journal of accounting and economics，2009，48 (2)：132-150.

[39]KIM J B，LI Y，ZHANG L.Corporate tax avoidance and stock price crash risk：firm-level analysis [J]. Journal of financial economics，2011，100(3)：639-662.

[40]KIM Y，PARK M S，WIER B.Is earnings quality associated with corporate social responsibility? [J]. The accounting review，2012，8 (3)：761-796.

[41]KIM J B，ZHANG L.Accounting conservatism and stock price crash risk：firm-level evidence[J]. Contemporary accounting research，2016，33(1)：412-441.

[42]KIM Y，LI H，LI S.Corporate social responsibility and stock price crash risk[J]. Journal of banking & finance，2014，43：1-13.

[43]KOEHN D，UENG J.Is philanthropy being used by corporate wrongdoers to buy good will[J]? Journal of management & governance，2010，14(1)：1-16.

[44]KONAR S，COHEN M A.Does the market value environmental performance? [J]. Review of economics and statistics，2001，83(2)：281-289.

[45]LANIS R，RICHARDSON G.Corporate social responsibility and tax aggressiveness：an empirical analysis[J]. Journal of accounting and public policy，2012，31 (1)：86-108.

[46]MENG X H，ZENG S X，TAM C M，et al. Whether top executives' turnover influences environmental responsibility：from the perspective of environmental information disclosure[J]. Journal of business ethics，2013，114 (2)：341-353.

[47]MURPHY C J.The profitable correlation between environmental and financial performance：a review of the research[M]. Seattle，WA：Light Green Advisors，2002.

[48]ORLITZKY M，SCHMIDT F L，RYNES S L. Corporate social and financial performance：a meta-analysis[J]. Organization studies，2003，24(3)：403-441.

[49]PAILLé P，CHEN Y，BOIRAL O，et al.The impact of human resource management on environmental performance：an employee-level study[J]. Journal of business ethics，2014，121 (3)：451-466.

[50]PATTEN D M.Intra-industry environmental disclosures in response to the Alaskan oil spill[J]. Accounting，organizations and society，1992，17(5)：471-475.

[51]PETERSEN M A.Information：hard and soft[R].Northwest University，2004.

[52]PETERSEN M A.Estimating standard errors in finance panel data sets：comparing approaches[J]. Review of financial studies，2009，22(1)：435-480.

[53]PETERSEN M A，RAJAN R G.The benefits of firm-creditor relationships：evidence from small-business data [J]. Journal of finance，1994，49：3-37.

[54]RAHMAN N，POST C.Measurement issues in environmental corporate social responsibility (EC-

SR）：toward a transparent，reliable，and construct valid instrument[J]. Journal of business ethics，2012，105(3)：307-319.

[55]RUSSO M V，FOUTS P A.A resource-based perspective on corporate environmental performance and profitability[J]. Academy of management journal，1997，40(3)：534-559.

[56]SARGAN J D.The estimation of economic relationships using instrumental variables[J]. Econometrica，1958，26(3)：393-415.

[57]SHARFMAN M P，FERNANDO C S.Environmental risk management and the cost of capital[J]. Strategic management journal，2008，29(6)：569-592.

[58]SIEGEL D S，VITALIANO D F. An empirical analysis of the strategic use of corporate social responsibility[J]. Journal of economics and management strategy，2007，16(3)：773-792.

[59]TOMS J S.Firm resources，quality signals and the determinants of corporate environmental reputation：some UK evidence[J]. The British accounting review，2002，34(3)：257-282.

[60]WALKER K，NI N，HUO W.Is the red dragon green? an examination of the antecedents and consequences of environmental proactivity in China[J]. Journal of business ethics，2013，125 (1)：27-43.

[61]WISEMAN J.An evaluation of environmental disclosures made in corporate annual reports[J]. Accounting，organizations and society，1982，7(1)：53-63.

[62]WOOLDRIDGE J M.Score diagnostics for linear models estimated by two stage least squares [M]//In advances in econometrics and quantitative economics. Cambridge，MA：Blackwell Publishers，1995.

[63]XU N H，LI X R，YUAN Q B，et al.Excess perks and stock price crash risk：evidence from China[J]. Journal of corporate finance，2014，25：419-434.

[64]XU N H，JIANG X Y，CHAN K C，et al. Analyst coverage，optimism，and stock price crash risk：evidence from China[J]. Pacific-Basin finance journal，2013，25：217-239.

[65]ZHANG M，XIE L，XU H R. Corporate philanthropy and stock price crash risk：evidence from China[J]. Journal of business ethics，2016，139(3)：595-617.

[66]ZYGLIDOPOULOS S C，GEORGIADIS A P，CARROLL C E，et al.Does media attention drive corporate social responsibility? [J]. Journal of business research，2012，65(11)：1622-1627.

附录

附录 8-1　变量定义

变量	变量定义	数据来源
主测试中的变量		
$NCSKEW_{j,t}$	j 公司 t 年的负收益偏态系数,计算方式为 $NCSKEW_{j,t} = -[n(n-1)^{3/2}\sum W_{j,t}^3]/[(n-1)(n-2)(\sum W_{j,t}^2)^{3/2}]$(Kim et al.,2011;Chen et al.,2001)。其中,$W_{j,t} = LN(1+\varepsilon_{j,t})$,$\varepsilon_{j,t}$ 是扩展指数模型回归得到的残差(Kim et al.,2011),模型如下:$R_{j,\tau} = \mu_j + \mu_{1j}\times R_{m,\tau-2} + \mu_{2j}\times R_{m,\tau-1} + \mu_{3j}\times R_{m,\tau} + \mu_{4j}\times R_{m,\tau+1} + \mu_{5j}\times R_{m,\tau+2} + \varepsilon_{j\tau}$,$R_{j,\tau}$ 是股票 j 周的周收益率,$R_{m,\tau}$ 是经市值加权计算的第 t 周市场收益率。	作者计算
$CRASH3.09_t$	股价崩盘风险的虚拟变量,当公司一年度股价经历一次或多次公司周特定收益率($W_{j,t}$)低于当年周特定收益率($W_{j,t}$)的标准差的 3.09 倍或以上时取 1,否则取 0。3.09 个标准差对应标准正态分布下下 0.1% 的概率区间(Kim et al.,2011)。	作者计算
CEP_{t-1}	基于全球报告倡议组织发布的《可持续发展报告指南》度量的上一年公司环境绩效(GRI,2006)(请参考本文中 CEP 的计算步骤),包括 7 个类别(即治理与管理层面,可信度,环境业绩指标,有关环保的支出,远景及战略声明,环保概况,环保倡议)和 45 条子项(Clarkson et al.,2008;Du et al.,2014)。	作者基于 GRI (2006)计算
C_SCORE_{t-1}	$(t-1)$年的公司会计稳健性得分,根据 Basu(1997)和以下三个模型计算(Ettredge et al.,2012;Heflin et al.,2015;Khan,Watts,2009;DeFond et al.,2016):① $C\_SCORE = \beta_{4,i,t} = \lambda_1 + \lambda_2 SIZE + \lambda_3 M/B + \lambda_4 LEV$;② $G\_SCORE = \beta_{3,i,t} = \mu_1 + \mu_2 SIZE + \mu_3 M/B + \mu_4 LEV$;③ $X_{i,t} = \beta_{1,i,t} + \beta_{2,i,t}D_{i,t} + (\mu_1 + \mu_2 SIZE + \mu_3 M/B + \mu_4 LEV)\times R_{i,t} + (\lambda_1 + \lambda_2 SIZE + \lambda_3 M/B + \lambda_4 LEV)\times D_{i,t}\times R_{i,t} + (\delta_1 SIZE + \delta_2 M/B + \delta_3 LEV + \delta_4 D_{i,t} SIZE + \delta_5 D_{i,t} M/B + \delta_6 D_{i,t} LEV) + \varepsilon_{i,t}$。其中,$i$ 是公司,t 是年度。X 是扣除非经常性损益的净利润(在中国上市公司的财务报表中为营业利润)除以滞后一期的市场价值。R 是基于当年度 5 月至下一年度 4 月的月收益率计算的年收益率;D 是虚拟变量,当公司收益率为负时取 1,否则取 0;ε 是残差。影响 C_SCORE 的主要因素有公司规模(SIZE,净资产市场价值取自然对数),市值账面比(M/B)和财务杠杆(LEV,长短期债务总和除以净资产总市场价值);G_SCORE 或 β_3 表示好消息的及时性,C_SCORE 或 β_4 表示坏消息的增量及时性。	作者计算
$BLOCK_{t-1}$	$(t-1)$年控股股东的持股比例。	CSMAR
$NCSKEW_{t-1}$	$(t-1)$年公司负收益偏态系数。	作者计算
$INST\_SHR_{t-1}$	$(t-1)$年机构投资者的持股比例(Kim et al.,2011)。	CSMAR
$ANALYST_{t-1}$	$(t-1)$年(1+分析师关注)的自然对数(Kim et al.,2011;Chen et al.,2001)。	作者计算

续表

变量	变量定义	数据来源
DTURN$_{t-1}$	第t年公司股票的月平均换手率减第$(t-1)$年公司股票的月平均换手率(其中,股票平均换手率等于月成交量除以当月发行总股数)(Chen et al.,2001)。	作者基于CSMAR计算
SIGMA$_{t-1}$	$(t-1)$年周特定收益率的标准差(乘以100)(Kim et al.,2011)。	作者计算
RET$_{t-1}$	$(t-1)$年平均周特定收益率(乘以100)(Kim et al.,2011)。	作者计算
SIZE$_{t-1}$	$(t-1)$年末净资产的市场价值取自然对数(Kim et al.,2011)。	作者计算
DTE$_{t-1}$	$(t-1)$年末总负债除以$(t-1)$年末净资产市场价值。	CSMAR
BTM$_{t-1}$	账面市值比的滞后项,等于$(t-1)$年末净资产账面价值除以市场价值(Kim et al.,2011;Chen et al.,2001)。	CSMAR
ROA$_{t-1}$	$(t-1)$年的总资产收益率,等于扣除非经常性损益的净利润除以滞后一期总资产(Kim et al.,2011)。	CSMAR
ACCM$_{t-1}$	可操纵性应计,等于基于修正琼斯模型计算的可操纵性应计的绝对值的三年移动之和(Kim et al.,2011)。	作者计算
TAX$_{t-1}$	公司避税的概率(Kim et al.,2011),计算方式为:TAX$=-4.86+5.20\times$BTD$+4.08\times|$DAP$|-1.41\times$LEV$+0.076\times$TA$+3.51\times$ROA$+1.72\times$FOREIGN$+2.43\times$R&D。其中,BTD为会计—税收差异;DAP是操纵性应计的绝对值;LEV是总负债除以总资产的比率;ROA是总资产收益率(单位:百万元);TA是总资产;FOREIGN是虚拟变量,当公司报告海外收入时取1,否则取0;R&D表示研发费用除以年初总资产的比率。	作者计算
PENALTY$_{t-1}$	虚拟变量,当公司财务违规被监管机构处罚时取1,否则为0。	CSMAR
STATE$_{t-1}$	虚拟变量,当$(t-1)$年上市公司的最终控制人是(地方或中央)政府机构或政府控制的国有企业时取1,否则取0。	CSMAR

稳健性检验中的变量

变量	变量定义	数据来源
DUVOL$_t$	收益上下波动比率,该指标用于捕捉股票收益率非对称波动,计算公式为 $DUVOL = \log\left\{(n_u-1)\sum_{DOWN}W^2_{j,t}\Big/\left[(n_d-1)\sum_{UP}W^2_{j,t}\right]\right\}$;其中,$n_u$表示$W_{j,t}$大于$W_{j,t}$年度均值的周数,$n_d$表示$W_{j,t}$小于$W_{j,t}$年度均值的周数(Chen et al.,2001;Kim et al.,2014)。	作者计算
CRASHN3.09$_t$	公司一年度股价经历股价崩盘风险的次数,等于公司周特定收益率低于当年周特定收益率($W_{j,t}$)的标准差的3.09倍以上的次数。3.09分布标准差对应标准正态分布下0.1%的概率(Kim et al.,2011)。	作者计算
CRASH_M$_t$	股价崩盘风险的虚拟变量,当公司一年度当年特定收益率低于当年周特定收益率的标准差的M倍或以上(M$=2.90,3.00$)时取1,否则取0。	作者计算

续表

变量	变量定义	数据来源
CRASH_P$_t$	虚拟变量，当公司周特定收益率等于或低于一P%（$p=10,15,20$）时取 1，否则取 0。	作者计算
CRASH_Avg P$_t$	虚拟变量，当公司周特定收益率等于或低于平均值的一P%（$p=10,15,20$）时取 1，否则取 0。	作者计算
CEP_HARD$_{t-1}$	基于全球报告倡议（2006）的上一年公司硬信息环境绩效，包括四个类别（治理与管理系统、可信度，环境业绩指标、有关环保的支出）。	作者计算
内生性检验中的变量		
CEP_HAT	同行业其他公司环境绩效的平均值。	作者计算
TRANS$_{t-1}$	（$t-1$）年公司所在省的省道和铁路总里程数（千米）的自然对数。	中国统计年鉴
TAX_PRO$_{t-1}$	（$t-1$）年公司所在省税收（百万元人民币）的自然对数。	中国统计年鉴
POP$_{t-1}$	（$t-1$）年公司所在省人口数的自然对数。	中国统计年鉴
UNV$_{t-1}$	（$t-1$）年公司所在省高校的比例，计算方法为公司所在省的大学数量除以中国大陆的大学总数。	中国统计年鉴
GDP_PC$_{t-1}$	（$t-1$）年公司所在省人均 GDP（千元）。	中国统计年鉴
FIN$_{t-1}$	（$t-1$）年公司的权益或债务融资额除以年初总资产（Clarkson et al.，2008；Du et al.，2014）。	CSMAR
CAPINV$_{t-1}$	（$t-1$）年的资本支出额［包括房产、厂房和机设备（PPE），无形资产和其他长期资产］除以年初销售额（Clarkson et al.，2008；Du et al.，2014）。	CSMAR
LISTAGE$_{t-1}$	公司 IPO 至（$t-1$）年的年限。	CSMAR

第九章　公司环境信息披露
与 A-B 股价差

摘要：本章基于中国 A-B 股市场的独特背景,采用同时在 A、B 股市场上市的公司为样本,研究了公司环境信息披露对 A-B 股价差的影响,并进一步考察了国际化董事会的调节作用。研究发现环境信息披露与 A-B 股价差显著负相关,表明环境信息披露提供了增量且有价值的信息,降低了境内外投资者之间的信息不对称,因此带来了 A-B 股价差。此外,国际化董事会强化了环境信息披露与 A-B 股价差之间的负相关关系。上述结论在使用环境信息披露和 A-B 股价差的替代变量进行稳健性检验,以及控制了内生性后仍然成立。

一、引言

中国的股票市场分为两个细分市场——A 股市场和 B 股市场,两者分别面向境内和境外投资者(Sun,Tong,2000)。在中国股票市场,B 股(外资股)的交易价格相较 A 股(内资股)有较大幅度的折价(Bailey et al.,1999;Sun,Tong,2000),被称为"A-B 股价差之谜"(Fernald,Rogers,2002)。基于中国的"A-B 股价差之谜",本章旨在研究环境信息披露对 A-B 股价差的影响(即 A-B 股市场的股价差异)。前期一支文献关注了企业社会责任(CSR)是否能帮助本地(境内)投资者获取增量信息以评价公司价值(Berthelot et al.,2003),然而,以往研究对有关企业社会责任的信息能否降低境内外投资者之间的信息不对称,帮助境外投资者更好地评判公司价值,并减少 A-B 股价差的问题关注不足。为了填补上述空白,本章研究关注环境信息披露(企业社会责任的一个特定维度),并检验其对 A-B 股价差幅度变化的影响。此外,本章进一步探究了国际化董事会的调节作用。

过往研究发现公司治理(Tong,Yu,2012)、信息披露差异(Tang,2011)、B 股市场的低流动性(Chen et al.,2011)、境内外投资者间的信息不对称(Bergström,Tang,2011;Fernald,Rogers,2002)、客户偏好、多元化效应、无风险回报率差异以及外汇风险(Bergström,Tang,2011;Hou,Lee,2011)均对 A-B 股价差有所影响。然而,前期研究并未提供充足的证据证明环境信息披露能否减少境外投资者相较于本地投资者的信息劣势。为了回答上述问题,本章将检验环境信息披露与 A-B 股价差之间的关系。

境内投资者有着更丰富的信息来源并能够获取本地的知识,因此相较于境外投资者有着信息优势(Leuz,2010;Mian,2006)。由于境内外投资者之间的信息不对称能影响中国股票市场的 A-B 股价差(Bergström,Tang,2011;Fernald,Rogers,2002),因此,相比起境内投资者,境外投资者需要更多的增量信息以降低 A-B 股价差。鉴于境外投资者对企业社会责任的价值更为重视(Grażyna,2012),他们的判断将更依赖于公司环境信息披露。另一使得境外投资者着重关注环境信息披露的原因是中国严重的环境污染问题。环境污染往往会导致未来负面突发事件的产生(如巨额罚款甚至终止经营),损害企业的声誉和形象,但境外投资者直接知晓的可能性较小(由于信息不对称)(Du et al.,2016)。因此,环境信息披露对境外投资者有更多的信息含量(Bondy,Starkey,2014),信息不对称将在一定程度上降低。

本章进一步探究了国际化董事会对环境信息披露与 A-B 股价差间关系的调节作用。国际化董事会被认为具有相对较高的独立性,因此国际化董事会能够增加境外投资者对公司财务信息以及其他信息来源的信任程度。前期研究发现国际化董事会能够改善早期的财务报告质量(financial reporting council,2010),并通过提高董事会的决策和监督能力保障环境信息的可信度(Du et al.,2017),因此,国际化董事会能提高公司环境披露的信息质量。基于此,本章预测国际化董事会能强化环境信息披露与 A-B 股价差之间的关系。

本章以 2007—2014 年同时在中国 A、B 股市场上市的公司为样本,研究发现:第一,环境信息披露与 A-B 股价差负相关,且环境信息披露每增加一个标准差,A-B 股价差将减少1.89%;第二,国际化董事会与 A-B 股价差负相关,并强化了环境信息披露对 A-B 股价差的抑制作用;第三,上述结论在使用环境信息披露和 A-B 股价差的替代变量进行稳健性检验,以及控制了内生性后仍然成立;第四,进一步针对环境信息披露抑制 A-B 股价差的渠道测试结果显示:(1)环境信息披露(ENV)能够预测下一期的财务业绩;(2)ENV 降低了 B 股的买卖价差(而 A 股并无该结果);(3)无论环境信息披露是否遵循全球报告倡议组织的标准(GRI,2006),ENV 均能抑制 A-B 股价差;(4)在独立 CSR 报告中披露的 ENV 能够降低A-B股价差(而在其他整合报告中披露的 ENV 则无该效应);(5)来自较远国家(地区)的境外投资者相较于来自邻近国家(地区)的境外投资者更重视 ENV;(6)污染行业有关 ENV的强制性规定极大地削弱了 A-B 股价差;(7)ENV 的七大类别在不同程度上抑制了 A-B 股价差。

本章存在如下理论贡献:第一,本章是极少数关注中国的 A-B 股市场并研究环境信息披露对 A-B 股价差影响的研究,丰富了流动性假说和信息不对称假说等相关研究(Abdel-Khalik et al.,1999;Fernald,Rogers,2002)。尽管 Bergström 和 Tang(2011)、Domowitz 等(1997)以及 Sun 和 Tong(2000)已经关注到影响 A-B 股价差的因素(如,公司治理机制,披露差异)(Chen et al.,2001;Ma,1996;Tang,2011),但他们并未讨论 CSR 披露(或特定的CSR 维度)对 A-B 股价差的影响。本章发现环境信息披露通过降低境内外投资者之间的信息不对称抑制了 A-B 股价差,从该角度而言,本章扩充了有关 A-B 股价差的影响因素。第二,本章发现国际化董事会降低了 A-B 股价差,并进一步强化了环境信息披露对 A-B 股价差的抑制作用,丰富了前期有关公司治理机制影响 A-B 股价差的文献(Hou,Lee,2014;Tong,Yu,2012)。

本章剩余部分安排如下:第二部分介绍了制度背景和研究假设;第三部分为研究设计,包括样本、数据、回归模型和变量;第四部分报告了描述性统计和主要回归结果,并进行了稳健性检验和内生性检验;第五部分总结结论,阐述政策建议、研究局限以及未来研究方向。

二、制度背景、文献综述和研究假设

(一)中国公司环境信息披露制度

随着公众、利益相关者、非政府组织(NGO)和全球媒体对中国环境污染的关注度日益提升,自 2007 年起,中国政府及其他监管机构颁布了一系列法律法规,敦促上市公司施行环保措施并披露环境信息(Du et al.,2016)。中华人民共和国环境保护部(原国家环境保护局)于 2007 年开始要求企业提供环境报告,同时《企业事业单位环境信息公开办法》要求环境保护主管部门和重污染行业的企业应当披露相关环境信息。中国银行业监督管理委员会实施了绿色信贷政策并要求商业银行评估债务人的环境绩效(银监会,2007)。例如,中国工商银行宣称只有符合中国银监会有关环境保护要求的企业才能够获取贷款(人民日报,2007)。2008 年起,上海和深圳证券交易所开始要求中国上市公司披露环境信息,并要求属于重污染行业以及深证 100 指数的企业应当依照《可持续发展报告指南》公开有关环境信息(上海证券交易所,2008;深圳证券交易所,2008)。企业的环境信息通过以下形式披露:(1)独立的 CSR 报告;(2)年报的一部分;(3)公司官方网站等。

(二)中国的 A-B 股市场以及 A-B 股价差

中国于 20 世纪 90 年代初期建立了上海和深圳的股票市场,旨在促进企业的外部融资(Park et al.,2006),现如今,中国的股票市场已经成为仅次于美国的第二大股票市场。在中国股票市场上,大多数上市公司仅发行 A 股,而少部分上市公司(约 3%)被允许同时发行 A、B 股。由于 A 股只能使用本位币进行交易(即人民币),因此在相当长一段时间内,中国的个人和机构投资者只能在 A 股市场交易。2003 年,境外机构投资者获得了准入资格,成为 A 股市场参与者。尽管如此,境外投资者只能通过两条渠道投资于中国的股票市场(证监会和中国人民银行,2006)①:(1)合格境外机构投资者(QFII),其被视为 A 股境外投资者的代理机构;(2)战略投资者,但仅限于协议转让和非公开股权再融资。因此,QFII 即代表

---

①　在 A 股市场上,境外个人投资者不能直接买卖中国上市公司的股票,但作为替代,可以通过 QFII 进行股票交易。

了境外投资者在 A 股市场的参与现状。具体而言,2007—2014 年期间 QFII 在 A 股市场的平均持股数量和持股价值分别占 0.25％和 0.38％。此外,QFII 在 A 股的年交易量(金额)中贡献了约 0.66％(2.66％)。显然,境内投资者主导了 A 股市场[①]。

上海和深圳的 B 股市场分别只能使用美元和港币进行交易,因此在 2000 年之前,仅有境外投资者才能在 B 股市场交易。直至 2001 年起,本地(境内)投资者被允许在 B 股市场交易。尽管如此,由于大陆居民获取美元和港币等外汇受到数额限制,因此境内投资者对 B 股市场的投资参与度十分有限,2007—2014 年期间境外投资者持有的 B 股占比分别达到 78.69％、75.97％、75.87％、78.69％、78.43％、78.47％、81.60％和 84.35％[②]。上述统计数据足以说明境外投资者主导了中国的 B 股市场。

基于上述分析,A 股和 B 股市场分别受到境内和境外(机构)投资者的主导,形成了"两个细分市场"。因此,对于同时发行 A 股和 B 股的上市公司而言,由于境内外投资者获取信息的渠道有所差异,信息披露在不同的股票市场中将会造成不同的影响。

在部分其他国家也存在着类似的细分股票市场(如巴西、墨西哥和泰国等),而外资股相较于内资股而言往往存在着溢价(Bailey et al.,1999)。然而根据现有文献,在中国股票市场上 B 股(外资股)的交易价格相较 A 股存在着巨大的折价。综上所述,中国的 A-B 股市场(以及 A-B 股价差)为研究者提供了独特的制度背景以探究和解释"A-B 股价差之谜"。

(三)文献综述

前期研究从流动性和信息不对称的视角探索了 A-B 股价差的影响因素(Abdel-Khalik 等,1999;Fernald 和 Rogers,2002),Abdel-Khalik 等(1999)、Bergström 和 Tang(2001)、Domowitz 等(1997)、Sun 和 Tong(2000)以及 Tang(2011)研究发现公司治理和披露差异影响着 A-B 股价差。Abdel-Khalik 等(1999)提供了两种 A-B 股价差(价差)的解释因素:(1)需求[③];(2)会计准则差异——即同时发行 A、B 股的上市公司需要为 B 股市场提供符合国际财务报告准则(international financial report standard,IFRS)的财务报告,并为 A 股市场提供符合中国会计准则(China accounting standards,CAS)的财务报告。

随着过去几十年企业社会责任的觉醒以及对环境问题关注度的增加,前期研究试图通过探究 CSR 披露是否能为投资者提供评判公司股票的有用信息来检验 CSR 信息对公司价值的影响(Berthelot et al.,2003)。现有文献中一个呈增长之势的分支检验了 CSR 的维度

---

① 具体来说,根据持有 A 股的 QFII 来源地构成显示,中国香港、荷兰和英国为排名前三的国家(地区)。此外,来自美国、新加坡、法国、瑞士和德国的 QFII 持有的 A 股数量在 QFII 总持有 A 股数量的占比超过了 5％。具体数据备索(下同)。

② 未列示的数据显示 51.23％的境外投资者来自较远的国家(地区),如英国、美国和欧洲,而 48.77％的境外投资者来自较近的国家(地区),如日本、泰国、马来西亚和中国香港。以上统计数据表明 B 股的大多数境外投资者来自较远的国家(地区),因此境内投资者往往拥有境外投资者没有的信息。

③ Abdel-Khalik 等(1999)认为 A、B 股具有非弹性供给,但二者的需求函数十分不同。因此,这种人为的划分导致了不同市场的价格差异。

之一——环境信息披露对公司风险和回报的影响：Belkaoui(1976)发现自愿披露污染控制费用的企业具有更高的超额收益；Heyes(1996)认为环境非友好型的公司将受到潜在法律风险的惩罚；Dhaliwal 等(2012)研究发现分析师对环境负责型公司的预测偏差较低。对环境负责任的公司拥有良好的声誉，有更好的环境绩效，并能"与利益相关者建立稳定的关系并获得竞争优势"(Du,2015)。

总体而言，前期研究认为环境信息披露与公司风险负相关，与公司价值正相关。本章将进一步拓展研究环境信息披露是否能影响 A-B 股价差。

(四)信号理论同环境信息披露对 A-B 股价差的影响

前期研究发现(Masulis et al.,2012；Petersen,Rajan,2002)，文化、语言、信息渠道以及地理位置的差异导致境内外投资者之间的信息不对称。进一步，境外投资者相较于境内投资者的信息劣势与 A-B 股价差相关(Bergström,Tang,2001)[①]。

为了减少相对境内投资者的信息劣势，境外投资者将寻找其他对自身更具价值的信息来源。透明的环境信息披露恰好能降低境内外投资者之间的信息不对称性，因为透明的环境信息披露能够传递出公司的如下信号：(1)更低的系统性风险、法律风险和财务困境风险(Du et al.,2016)；(2)更低的股权和债务融资成本(Dhaliwal et al.,2011；El Ghoul et al.,2011；Goss,Roberts,2011)以及更强的竞争优势(Konar,Cohen,2001)；(3)更好的业绩和市场表现(Lev et al.,2010；McGuire et al.,1998)；(4)更高的信息质量和信息透明度(Dhaliwal et al.,2011)，以及较低的分析师预测偏差(Dhaliwal et al.,2012)；(5)管理层的诚信正直(Du et al.,2016)。此外，环境非友好型的公司可能将面临巨额的罚款或终止经营。由于信息渠道受限，境外投资者将难以直接观察到这些负面事件，进而导致了外资股的折价。

Grażyna(2012)使用中东欧公司的样本研究发现，国际(境外)投资者更重视企业社会责任，该发现为环境信息披露能够降低境内外投资者之间的信息不对称性提供了支持性的证据。与之类似的，环境信息披露能够为投资者评价公司提供增量信息，并起到减少境内外投资者之间的信息不对称的信号作用[②]。综上所述，境内外投资者之间的信息不对称由于环境信息披露有所缓解，因此本章提出如下假设 9-1：

假设 9-1：限定其他条件，公司环境信息披露与 A-B 股价差负相关。

---

① 除公司年报外，本地投资者能从报纸、自媒体和监管部门的公告中获取额外信息，上述信息通常使用中文提供，因此境外投资者将付出高昂的信息获取成本(Abdel-Khalik et al.,1999)。相比之下，境外投资者在大多数情况下仅能从官方渠道获取信息(如年度报告、公司网站)，因此他们需要密切关注环境信息，以此降低相较于境内投资者的信息劣势。

② 在会计信息方面，境外投资者相较于境内投资者也具有信息劣势，因此有 $0 < AI_F/AI_D < 1$(AI_F 和 AI_D 分别表示会计信息对境外投资者和境内投资者的决策有用性)。"AI_F/AI_D"表示境内外投资者之间的会计信息不对称性，该指标与 A-B 股价差负相关(Bergström,Tang,2001)。鉴于环境信息披露对境外投资者的信息增量大于境内投资者，可以得出：$EID_F \geqslant EID_D > 0$($EID_F$ 和 EID_D 分别表示环境信息披露对境内外投资者而言的内容和价值)。当会计信息(AI)和环境信息(EID)同时披露时，显然 $(AI_F + EID_F)/(AI_D + EID_D) > AI_F/AI_D$。换言之，境内外投资者之间的信息不对称得到了缓解。

（五）社会认同理论同国际化董事会的调节作用

环境信息对境外投资者的价值取决于其披露质量。前期研究发现部分中国公司存在"漂绿"的现象（Du，2015），证明了环境信息质量的重要性[①]。而董事会独立性能够提高环境信息质量，增强环境信息对境外投资者的决策有用性和信息价值。具体而言，Yekini 等（2015）发现董事会独立性与社区信息披露（CSR 的一个维度）质量正相关。

虽然独立的董事会能够提高信息披露质量，但由于中国社会关系的复杂性（如私人关系、面子、人情），完全由境内董事组成的董事会可能损害实质上的独立性（Du et al.，2017；Jacobs，1979，1982），因此董事会的监督作用会受到削弱（Du et al.，2017）。与之类似的，本土化的董事会无法保证环境信息披露的质量，因此削弱了环境信息披露对 A-B 股价差的抑制作用。相反，国际化董事会增加了董事会独立性（Masulis 等，2012）并降低了投资者之间的信息不对称性（Bruynseels，Cardinaels，2014；Goh et al.，2016；Rose et al.，2014）。基于上述讨论，国际化董事会增强了环境信息质量并进一步强化了环境信息披露对 A-B 股价差的抑制作用。

此外，社会认同理论支持了国际化董事会对环境信息披露与 A-B 股价差间负相关关系的强化作用。根据社会认同理论，相似（相同）的文化和语言是划分群体和促成群内认同的基础，由此导致了社会认同（Jacobs，1979，1982）以及群内信任和偏袒（Ahmed，2007）。基于此，完全由境内董事组成的本土化董事会将更不容易取得境外投资者的信任。相比之下，由于群内信任的存在，境外投资者将倾向于信任拥有国际化董事会的公司（即公司董事会中有境外董事）以及该类公司的环境信息质量。

综上所述，国际化董事会相比本土化董事会具有更高的独立性，因此国际化董事会能够提高环境信息质量、降低漂绿的可能并减少境内外投资者的信息不对称，进而导致 A-B 股价差程度下降。更重要的是，国际化董事会释放了环境信息披露质量较高的信号，由此强化了环境信息披露对 A-B 股价差的抑制作用。因此，提出如下假设 9-2：

假设 9-2：限定其他条件，国际化董事会强化了公司环境信息披露与 A-B 股价差的负相关关系。

三、研究设计

（一）样本

本章的初始研究样本包括 2007—2014 年在中国 A、B 股市场同时上市的全体公司（664

[①] "漂绿"常常被部分中国公司用于缓解来自众多利益相关者的压力（Du et al.，2016）。具体而言，漂绿意为公司操纵其环境绩效达到误导利益相关者的目的（Du，2015），其表现为公司有着糟糕的环境绩效的同时又积极宣扬环保活动（Delmas et al.，2011）。

条公司—年度观测值)。由于中国上市公司于 2007 年开始披露环境信息,在此之前无法手工收集和计算环境信息的相关数据,因此本章样本区间始于 2007 年;此外,在样本期间内会计准则相对稳定,因此能够缓解潜在的由于 A-B 股市场会计准则差异导致的 A-B 股价差[①]。在确定了初始样本后,本章剔除了控制变量数据缺失的公司—年度观测值(9 条观测值),最终获得了包括 82 家公司在内的 656 条公司—年度观测值。所有连续变量均在 1% 和 99% 分位进行缩尾处理。

(二)数据

本章的数据来源如下:第一,A-B 股价差的数据是基于 WIND 数据库(http://www.wind.com.cn/)计算所得;第二,参照《可持续发展报告指南》(GRI,2006)和 Clarkson 等(2008),本章从公司自愿披露的 CSR 报告、公司年报以及公司官网中手工收集了环境信息披露的数据;第三,国际化董事会的数据系从财务报告附注中的董事个人简历中手工收集;第四,宏观变量的数据来自中国统计年鉴,其他公司层面的数据来自 CSMAR 数据库(中国经济金融研究数据库,http://www.gtarsc.com/)。

(三)假设 9-1 研究模型

为了检验假设 9-1,参考前期文献(Bergström,Tang,2001;Chakravarty et al.,1998;Chen et al.,2001;Sun,Tong,2000),本章构建了模型(9-1)研究公司环境信息披露对 A-B 股价差的影响:

$$
\begin{aligned}
\text{DIS\_AB} = {} & \alpha_0 + \alpha_1 \text{ENV} + \alpha_2 \text{RET\_AB} + \alpha_3 \text{VAR} + \alpha_4 \text{SHARE\_BA} + \alpha_5 \text{BOND} + \\
& \alpha_6 \text{VOL\_BA} + \alpha_7 \text{SIZE} + \alpha_8 \text{DCPI} + \alpha_9 \text{DFXR} + \alpha_{10} \text{STD\_BA} + \alpha_{11} \text{STATE} + \\
& \alpha_{12} \text{AID} + \alpha_{13} \text{FRQ} + \alpha_{14} \text{VOL\_MAR} + \alpha_{15} \text{LAG(DIS\_AB)} + \sum (\text{Year Dummies}) + \\
& \sum (\text{Industry Dummies}) + \varepsilon
\end{aligned}
\tag{9-1}
$$

参考前期文献(Bergström,Tang,2001;Chakravarty et al.,1998;Chen et al.,2001;Ma,1996),DIS_AB 通过"$(P_A - P_B)/P_A$"计算[②],其中 P_A 和 P_B 分别代表每年 4 月 30 日公司 A 股和 B 股的股价[③]。此外,本章还以 DIS_MON 作为 A-B 股价差的替代变量用于稳健性检验。DIS_MON 等于 5 月 1 日至次年 4 月 30 日的月均 A-B 股价差(Domowitz 等,1997;Chen 等,2001)。

自变量环境信息披露是依照以下步骤手工收集并计算的(见附录 9-1 的 Panel B):(1)

---

① 从 2007 年 1 月 1 日起,中国的上市公司被强制要求采用新的中国会计准则(CAS),新准则在很大程度上与国际财务报告准则(IFRS)趋同。

② 计算 A-B 股价差水平(DIS_AB)时已充分考虑汇率的影响。在上海和深圳证券交易所,B 股的交易分别使用美元和港币进行,另外,在通过美元(港币)对人民币的汇率换算完公司的 B 股股价后,本章使用"$(P_A - P_B)/P_A$"(×100)计算了 DIS_AB。

③ 所有中国上市公司的会计年度都是基于自然年(CY),因此所有中国上市公司都被强制要求在第 $(t+1)$ 年的 4 月 30 日前披露第 t 年的财务报告。

参考 GRI(2006)、Clarkson 等(2008)和 Du 等(2016),本章将公司的环境信息披露分为 7 大类别,包括"公司治理与管理系统""可信度""环境业绩指标""有关环保的支出""远景及战略声明""环保概况""环保倡议";(2)将七大类别划分为 45 个子项;(3)手工收集 45 个子项的环境披露得分;(4)七大类别的得分由 45 个子项的分数计算所得;(5)所有七大类别的得分加总得到了公司环境信息披露得分。

为了更好地辨别环境信息披露对 A-B 股价差的影响,本章加入了如下控制变量:(1)RET_AB,等于 A 股与 B 股周收益率的协方差除以 A 股股价的方差(Chakravarty et al.,1998;Bergström,Tang,2001)。(2)VAR,即 B 股周收益率的方差(Chakravarty et al.,1998;Bergström,Tang,2001)。(3)SHARE_BA,等于 B 股的股数除以 A 股的股数(Sun,Tong,2000)。(4)BOND,即中央(地方)政府发行的债券总额(Sun,Tong,2000)。(5)VOL_BA,即股票流动性,等于 B 股的年成交量除以 A 股的年成交量(Sun,Tong,2000)。(6)SIZE,等于年销售收入的对数(Reynolds,Francis,2000;DeAndres 等,2005;Coles et al.,2008;Generale,2008)。(7)DCPI,即第($t-1$)年至第 t 年的 CPI 指数变化(Sun,Tong,2000)。(8)DFXR,即第($t-1$)年至第 t 年中国外汇储备的变化(Sun,Tong,2000)。(9)STD_BA,等于 B 股周收益波动率除以 A 股周收益波动率(Sun,Tong,2000)。(10)STATE,即最终控制人性质的虚拟变量。(11)AID,即信息不对称程度,等于如下指标之和(Tang,2011):①当公司未基于 IFRS(国际财务报告准则)向境外投资者披露财务报告时赋值为 1,否则为 0;②当公司未向境外投资者详细解释为何基本每股收益与稀释每股收益不同时赋值为 1,否则为 0;③当公司未向境外投资者披露管理层讨论与分析时赋值为 1,否则为 0;④当公司向境外投资者提供中文财务信息时赋值为 1,否则为 0。(12)FRQ,即财务报告质量,等于财务错报金额除以净利润的绝对值(Burns,Kedia,2008;Cao et al.,2012;Files et al.,2009;Johnson et al.,2002;McDaniel et al.,2002)。(13)VOL_MAR,即市场流动性,等于 B 股市场年交易量除以 A 股市场年交易量(Wang,Yau,2000;Chordia,2002)。(14)LAG(DIS_AB),第($t-1$)年的 A-B 股价差(Domowitz et al.,1997;Sun,Tong,2000)。

(四)假设 9-2 研究模型

模型(9-2)在模型(9-1)的基础上加入国际化董事会(GLOBAL)以及环境信息披露(ENV)与国际化董事会(GLOBAL)的交乘项(ENV×GLOBAL)用于检验假设 9-2:

$$
\begin{aligned}
DIS\_AB = & \beta_0 + \beta_1 ENV + \beta_2 GLOBAL + \beta_3 ENV \times GLOBAL + \beta_4 RET\_AB + \beta_5 VAR + \\
& \beta_6 SHARE\_BA + \beta_7 BOND + \beta_8 VOL\_BA + \beta_9 SIZE + \beta_{10} DCPI + \beta_{11} DFXR + \\
& \beta_{12} STD\_BA + \beta_{13} STATE + \beta_{14} AID + \beta_{15} FRQ + \beta_{16} VOL\_MAR + \\
& \beta_{17} LAG (DIS\_AB) + \sum (Year\ Dummies) + \sum (Industry\ Dummies) + \delta \quad (9\text{-}2)
\end{aligned}
$$

在模型(9-2)中,被解释变量、解释变量和调节变量分别为 DIS_AB、ENV 和国际化董事会(GLOBAL)。GLOBAL 为虚拟变量,当董事会中有 1 名或 1 名以上的董事来自于中国大陆境外的国家(地区)时赋值为1,否则赋值为0[1]。根据假设9-2的预测,(ENV×GLOB-AL)的系数 β_3 应当显著为负。此外,ENV 和 GLOBAL 的系数应当显著为负。模型(9-2)中的控制变量与模型(9-1)相同。

四、实证结果

(一)描述性统计和 Pearson 相关系数分析

表 9-1 的 Panel A 报告了描述性统计的结果。DIS_AB 的均值表明外资股平均存在49.60%的折价,与 Chakravarty 等(1998)的结果大体相似[2],显然,A-B 股价差程度具有经济显著性。ENV 的均值为2.41,但其标准差较大,达到4.24,表明中国上市公司的环境信息透明度低于 Clarkson 等(2008)研究中的样本公司。GLOBAL 的均值为0.14,表明0.14%的公司聘请了境外董事。控制变量的分布较为合理且结果与前期研究大体相似(Bergström,Tang,2001;Chen et al.,2001)[3]。

Panel B 报告了 Pearson 相关系数分析的结果。环境信息披露(ENV)与 A-B 股价差(DIS_AB)显著负相关,为假设9-1提供了初步支持;DIS_AB 与 GLOBAL(国际化董事会)的系数在1%的水平上显著为负,与理论预测和前期研究相符(Xie et al.,2003);DIS_AB 与 RET_AB、BOND、VOL_BA、SIZE 和 STD_BA 显著负相关,与 VAR、SHARE_BA、DFXR、AID、VOL_MAR 和 LAG(DIS_AB)显著正相关,表明控制上述变量的必要性。此外,绝大多数控制变量之间的相关系数较低,且方差膨胀因子(VIF)低于10(未列示),表明不存在严

---

[1] 在研究样本中,多数国际化董事会仅有一名境外董事,因此本章采用虚拟变量度量国际化董事会(GLOBAL)。此外,未列示的结果显示使用境外董事的比例变量度量国际化董事会时,结果与使用虚拟变量大体相似。

[2] 在本章样本期间内(2007—2014 年),DIS_AB(%)的均值(中位数)分别为48.94(51.61),60.54(61.41),53.32(55.07),51.69(53.34),49.36(50.60),39.01(39.47),43.67(43.95)和50.52(53.78),换言之,A-B 股价差的上下波动并没有单调一致的趋势。此外,未列示的结果显示,在 1992—1993 年期间(中国股票市场的初始阶段)A-B 股价差程度更高,彼时 B 股的价格非常低,甚至上交所的大部分 B 股价格低于其面值。在 1997—1999 年期间,亚洲金融风暴使得外汇大幅波动,但 A 股市场所受影响较小,所以 A-B 股价差存在明显的峰值。2008 年,由于世界金融危机的爆发以及与此前相似的原因,形成了 A-B 股价差的另一峰值。

[3] 根据流动性假说(Chen et al.,2001;Bergström,Tang,2001;Ma,1996;Sun,Tong,2000;Wang,Jiang,2004),B 股的流动性低于 A 股,因此造成了 B 股价格低于 A 股。此外,Domowitz 等(1997)的研究发现股票买卖价差与股票交易量负相关,表明较高的股票交易量可以减少信息不对称。前期研究(Chordia et al.,2001;Sun,Tong,2000)使用股票交易量度量流动性。因此本章使用基于股票交易量的变量 VOL_BA',VOL_BA' 的均值为0.472,与 Sun 和 Tong(2000)的 0.460 相仿。本章使用 VOL_BA' 替代 VOL_BA 后,相关研究结果并未改变,经验证据仍然支持假设9-1和假设9-2。

重的多重共线性问题。

表 9-1 描述性统计与 Pearson 相关系数分析

Panel A:变量的主要描述性统计结果

变量	DIS_AB(%)	ENV	GLOBAL	RET_AB	VAR	SHARE_BA	BOND	VOL_BA	SIZE
均值	49.6	2.41	0.14	0	0	0.79	1.23	0.06	21.37
标准差	14.73	4.24	0.34	0	0	0.92	0.71	0.08	1.81

变量	DCPI	DFXR	STD_BA	STATE	AID	FRQ	VOL_MAR	LAG(DIS_AB)
均值	0.06	345.79	0.82	0.69	1.48	0.01	0	0.49
标准差	3.23	166.18	0.21	0.46	0.74	0.05	0	0.15

Panel B:Pearson 相关系数

变量	(1)	(2)	(3)	(4)	(5)	(6)	(7)	(8)	(9)	(10)	(11)	(12)	(13)	(14)	(15)	(16)	(17)
DIS_AB(%)	1.00																
ENV	−0.27+	1.00															
GLOBAL	−0.14+	0.11+	1.00														
RET_AB	−0.08−	0.03	−0.09−	1.00													
VAR	0.20+	−0.22+	−0.01	−0.04	1.00												
SHARE_BA	0.30+	−0.16+	0.03	−0.08−	0.36+	1.00											
BOND	−0.17+	0.20+	−0.05	0.12+	−0.70−	0.36+	1.00										
VOL_BA	−0.09−	0.06	0.10−	0.01	0.14+	0.13+	−0.20+	1.00									
SIZE	−0.44+	0.39+	0.12+	−0.05	−0.19+	−0.14+	0.05	0.06	1.00								
DCPI	0.06	−0.07*	0.01	−0.10−	0.24+	0.14+	−0.32+	0.12+	0.12+	1.00							
DFXR	0.12+	−0.15+	0.03	−0.02	0.33+	0.16+	−0.30+	0.15+	0.15+	0.22+	1.00						
STD_BA	−0.21+	−0.05	0.04	0.06	0.46+	0.14+	−0.31+	0.19+	0.19+	0.11+	0.17+	1.00					
STATE	−0.02	0.03	−0.12+	−0.02	0.01	−0.04	−0.09−	−0.01	−0.01	0.02	0.13+	0.04	1.00				
AID	0.11+	−0.23−	−0.15−	−0.11+	0.04	0.21+	0.00	−0.44−	0.10−	−0.00	0.00	−0.01	−0.05	1.00			
FRQ	0.05	−0.06	−0.04	−0.02	0.18+	0.05	−0.13+	0.01	−0.07*	0.05	0.07*	0.06	−0.03	0.05	1.00		
VOL_MAR	0.10+	−0.24+	0.04	−0.08−	0.64+	0.31+	−0.66+	0.26+	−0.08−	−0.26+	0.72+	0.36+	0.12+	−0.00	0.17+	1.00	
LAG(DIS_AB)	0.68+	−0.23−	−0.15−	−0.03	0.13+	0.24+	0.05	−0.13−	−0.13−	−0.15−	0.06	−0.06	0.01	0.12+	0.04	0.12+	1.00

注:*、−、+分别表示 10%、5% 和 1% 的显著性水平。变量定义详见附录 9-1 的 Panel A。VOL_MAR 的均值和标准差分别为 0.002 6 和 0.001 4。

(二)主要回归结果

表 9-2 呈现了假设 9-1 和假设 9-2 的 OLS 回归结果,表 9-2 中的 t 值均经过公司和年度层面聚类的稳健标准误调整(Petersen,2009)。如表 9-2 所示,逐步回归的各模型均显著(见

F 值)且 4 个模型的解释力逐步提升(见相邻两个模型间的 ΔR^2 和 LR-chi^2 值)。

表 9-2　环境信息披露、国际化董事会与 A-B 股价差回归结果

变量	被解释变量:DIS_AB			
	(1)	(2)	(3)	(4)
	系数 (t 值)	系数 (t 值)	系数 (t 值)	系数 (t 值)
ENV		−0.221*** (−3.67)	−0.231*** (−3.60)	−0.310** (−2.07)
GLOBAL			−1.743*** (−2.60)	−3.546** (−2.06)
ENV×GLOBAL				−0.308** (−2.26)
RET_AB	−212.006*** (−2.76)	−214.381*** (−2.97)	−238.417*** (−3.34)	−161.658* (−1.89)
VAR	130.549 (0.47)	129.407 (0.47)	142.180 (0.51)	319.773 (1.12)
SHARE_BA	1.445*** (5.38)	1.472*** (5.44)	1.495*** (4.96)	3.056*** (3.65)
BOND	−4.342 (−1.53)	−4.254 (−1.51)	−4.344 (−1.58)	−5.743*** (−4.57)
VOL_BA	−3.777 (−0.30)	−3.266 (−0.26)	−2.021 (−0.16)	2.189 (0.23)
SIZE	−2.195*** (−4.72)	−2.046*** (−4.63)	−2.043*** (−4.77)	−3.227*** (−6.09)
DCPI	−0.041 (−0.09)	−0.046 (−0.10)	−0.023 (−0.05)	0.315 (1.05)
DFXR	0.015 (0.74)	0.015 (0.76)	0.013 (0.66)	0.019* (1.77)
STD_BA	−15.638*** (−4.35)	−15.539*** (−4.33)	−16.026*** (−4.84)	−19.368*** (−5.88)
STATE	1.152 (1.36)	1.031 (1.19)	0.701 (0.80)	2.260 (1.57)
AID	0.174 (0.25)	−0.006 (−0.01)	−0.011 (−0.01)	0.631 (0.47)
FRQ	−2.078 (−0.31)	−1.387 (−0.22)	−1.992 (−0.31)	4.883 (1.00)
VOL_MAR	−130.934 (−0.66)	−142.690 (−0.71)	−129.140 (−0.67)	−325.576*** (−4.43)
LAG(DIS_AB)	52.143*** (5.94)	51.264*** (5.89)	48.835*** (6.05)	47.214*** (3.76)
截距	218.705 (1.34)	225.467 (1.38)	215.709 (1.36)	374.937*** (6.06)

续表

变量	被解释变量:DIS_AB			
	(1)	(2)	(3)	(4)
	系数 (t 值)	系数 (t 值)	系数 (t 值)	系数 (t 值)
行业	控制	控制	控制	控制
年度	控制	控制	控制	控制
Adj_R^2	66.15%	66.21%	66.32%	66.37%
观测值	656	656	656	656
F 值	45.41***	44.31***	43.36***	42.20***
ΔR^2(LR-chi² 值)		5.64**	15.40***	6.81***
系数差异(F 值)				6.64**

注:*、**、*** 分别表示 10%、5% 和 1% 的显著性水平(双侧检验下)。t 值均经过公司和年度层面聚类的稳健标准误调整(Petersen,2009)。变量定义见附录 9-1 的 Panel A。

表 9-2 第(1)列呈现了控制变量对 A-B 股价差(DIS_AB)的回归结果。如第(1)列所示,DIS_AB 与 SHARE_BA 和 LAG (DIS_AB)显著正相关,与 SIZE、RET_AB 和 STD_BA 显著负相关。上述结果与过往研究保持一致(Domowitz et al.,1997;Chakravarty et al.,1998;Sun,Tong,2000;Bergström,Tang,2001;Chen et al.,2001)。

假设 9-1 预测环境信息披露与 A-B 股价差显著负相关。表 9-2 第(2)列为加入环境信息披露(ENV)和其他控制变量后对 A-B 股价差(DIS_AB)回归的结果。ENV 的系数在 1% 的水平上显著为负(系数=−0.221,t 值=−3.67),支持了假设 9-1。此外,ENV 的估计系数每变动一个标准差,A-B 股价差将平均降低 1.89%(0.221×4.24/49.60)。显然该结果同时在统计上和经济上显著。

表 9-2 第(3)列报告了同时加入信息环境披露(ENV)、国际化董事会(GLOBAL)和控制变量的回归结果。ENV 的系数显著为负(系数=−0.231,t 值=−3.60),为假设 9-1 提供了进一步支持。调节变量 GLOBAL 的系数显著为负(系数=−1.734,t 值=−2.60),符合理论预测。GLOBAL 的系数表明公司拥有国际化董事会时其 A-B 股价差(DIS_AB)平均降低 3.51%。

假设 9-2 预期国际化董事会强化了环境信息披露与 A-B 股价差间的负相关关系。为了验证假设 9-2,本章同时加入环境信息披露 ENV、国际化董事会 GLOBAL、交乘项(ENV×GLOBAL)以及其他控制变量对 A-B 股价差(DIS_AB)进行回归。(ENV×GLOBAL)的系数在 5% 的水平上显著为负(系数=−0.308,t 值=−2.26),且系数测试表明 ENV 与(ENV×GLOBAL)的系数之和(ENV+ENV×GLOBAL)显著低于 ENV 的系数,该结果支持了假设 9-2。此外,ENV 和 GLOBAL 的系数保持显著为负,与假设 9-1 以及第(3)列的结果一致。

(三)使用环境信息披露替代度量方式的稳健性测试

为了验证表 9-2 中的结果在采用其他环境信息披露的度量方式后是否稳健,表 9-3 参考了前期研究(Du 等,2016)计算了两个替代变量以重新检验假设 9-1 和假设 9-2:(1)标准化后的环境信息披露(ENV_SD);(2)环境信息披露的自然对数[LN(ENV)]。ENV_SD 等于"$(ENV_t - ENV_{min}) / (ENV_{max} - ENV_{min})$"(Du et al.,2016),其中 ENV_{max}(ENV_{min})表示所有公司环境信息披露的最大(小)值,ENV_t 表示 t 公司当年的环境信息披露。LN(ENV)等于(1+ENV)的自然对数。

表 9-3 第(1)至(3)列的结果如下(ENV_SD 为解释变量):在第(2)列中,ENV_SD 与 A-B 股价差(DIS_AB)显著负相关(系数=−5.183,t 值=−2.16),与假设 9-1 的预测一致;第(3)列中(ENV_SD×GLOBAL)的系数显著为负(系数=−3.494,t 值=−6.19),为假设 9-2 提供了额外的支持。第(4)至(6)列为使用 LN(ENV)为解释变量重新检验假设 9-1 和假设 9-2 的结果。与之类似的,第(4)列中 LN(ENV)和第(6)列中[LN(ENV)×GLOBAL]的系数分别显著为负,进一步支持了假设 9-1 和假设 9-2。简而言之,表 9-3 中使用环境信息披露替代度量方式的检验结果与表 9-2 类似。

表 9-3   使用环境信息披露替代度量方式的稳健性测试

变量	被解释变量:DIS_AB					
	(1)	(2)	(3)	(4)	(5)	(6)
	系数 (t 值)	系数 (t 值)	系数 (t 值)	系数 (t 值)	系数 (t 值)	系数 (t 值)
ENV_SD	−5.483** (−2.29)	−5.183** (−2.16)	−4.491** (−2.11)			
LN(ENV)				−2.099*** (−2.80)	−2.011*** (−2.70)	−1.599** (−2.25)
GLOBAL		−4.429*** (−3.18)	−3.861** (−2.19)		−5.526*** (−3.25)	−5.077*** (−2.92)
ENV_SD× GLOBAL			−3.494*** (−6.19)			
LN(ENV)× GLOBAL						−2.812* (−1.74)
RET_AB	−226.326*** (−2.74)	−243.444*** (−2.99)	−247.844*** (−2.95)	−138.738 (−1.23)	−169.990 (−1.56)	−180.426* (−1.67)
VAR	312.341 (1.09)	259.729 (0.90)	265.719 (0.93)	662.819* (1.81)	587.650 (1.62)	590.680 (1.63)
SHARE_BA	3.034*** (3.68)	3.049*** (3.84)	3.070*** (3.85)	1.843 (1.65)	2.034* (1.87)	2.089* (1.91)
BOND	−3.457 (−1.23)	−3.686 (−1.31)	−3.673 (−1.29)	−2.860** (−2.55)	−3.247*** (−2.63)	−3.230** (−2.52)

续表

变量	被解释变量:DIS_AB					
	(1)	(2)	(3)	(4)	(5)	(6)
	系数 (t 值)	系数 (t 值)	系数 (t 值)	系数 (t 值)	系数 (t 值)	系数 (t 值)
VOL_BA	−4.836 (−0.47)	−5.899 (−0.57)	−5.838 (−0.56)	10.676 (0.89)	9.541 (0.83)	9.809 (0.89)
SIZE	−3.520*** (−6.09)	−3.422*** (−5.97)	−3.416*** (−5.98)	−3.573*** (−5.73)	−3.312*** (−5.26)	−3.308** * (−5.23)
DCPI	−0.012 (−0.03)	−0.022 (−0.05)	−0.027 (−0.06)	0.334 (1.23)	0.310 (1.10)	0.304 (1.06)
DFXR	0.014 (0.75)	0.014 (0.77)	0.014 (0.78)	0.016 (1.47)	0.016 (1.50)	0.017 (1.51)
STD_BA	−19.565*** (−5.48)	−19.025*** (−5.46)	−19.072*** (−5.49)	−21.645*** (−6.51)	−20.925*** (−6.54)	−20.943*** (−6.46)
STATE	3.214** (2.36)	2.554* (1.92)	2.481* (1.84)	−0.412 (−0.23)	−1.128 (−0.65)	−1.426 (−0.80)
AID	0.626 (0.48)	0.343 (0.26)	0.236 (0.18)	1.012 (0.76)	0.626 (0.48)	0.361 (0.29)
FRQ	0.821 (0.10)	−0.613 (−0.07)	−0.351 (−0.04)	9.096*** (4.01)	6.775*** (2.75)	7.133*** (2.95)
VOL_MAR	−155.641 (−0.86)	−150.303 (−0.83)	−153.648 (−0.85)	−285.906*** (−3.51)	−280.550*** (−3.42)	−280.572*** (−3.35)
LAG(DIS_AB)	33.392 (0.84)	31.869 (0.82)	31.484 (0.82)	56.603*** (5.42)	55.067*** (5.31)	55.107*** (5.23)
截距	248.853* (1.68)	244.181 (1.64)	247.095* (1.67)	280.042*** (4.42)	276.999*** (4.30)	277.288*** (4.20)
行业	控制	控制	控制	控制	控制	控制
年度	控制	控制	控制	控制	控制	控制
Adj_ R^2	66.19%	66.32%	66.34%	66.18%	66.31%	66.33%
观测值	656	656	656	656	656	656
F 值	44.23***	43.29***	42.06***	44.15***	43.21***	42.17***
ΔR^2(LR-chi^2 值)	4.08**	14.01***	3.17*	4.03**	13.74***	4.30**
系数差异(F 值)			5.08**			6.17**

注:*、**、*** 分别表示 10%、5% 和 1% 的显著性水平(双侧检验下)。t 值均经过公司和年度层面聚类的稳健标准误调整(Petersen,2009)。变量定义见附录 9-1 的 Panel A。

(四)使用外资股月均折价的稳健性测试

参考前期研究(Domowitz et al.,1997;Chen et al.,2001),本章在表 9-4 中使用外资股在 5 月 1 日至下一年度 4 月 30 日的月均折价作为替代被解释变量进行稳健性测试。在第

（2）列中，ENV 的系数显著为负（系数＝－0.505，t 值＝－2.59），再一次支持了假设 9-1。在第（4）列中，（ENV×GLOBAL）的系数在 1% 的水平上（系数＝－0.542，t 值＝－2.97）显著为负，再次为假设 9-2 提供了支持。上述结果表明使用 DIS_MON 作为被解释变量并未改变表 9-2 的结果。

表 9-4　使用外资股月均折价的稳健性测试

变量	被解释变量：DIS_MON			
	(1)	(2)	(3)	(4)
	系数 （t 值）	系数 （t 值）	系数 （t 值）	系数 （t 值）
ENV		－0.505 ** （－2.59）	－0.482 ** （－2.60）	－0.382 ** （－2.16）
GLOBAL			－5.265 *** （－3.43）	－4.662 ** （－2.54）
ENV×GLOBAL				－0.542 *** （－2.97）
RET_AB	－147.704 （－1.11）	－137.570 （－1.02）	－150.271 （－1.14）	－162.002 （－1.19）
VAR	563.405 ** （2.05）	519.655 ** （2.19）	450.256 * （1.99）	464.413 * （1.99）
SHARE_BA	1.114 （1.13）	1.333 （1.65）	1.456 ** （2.15）	1.536 ** （2.31）
BOND	1.257 （0.81）	0.882 （0.59）	0.381 （0.25）	0.399 （0.26）
VOL_BA	16.135 （1.64）	16.037 （1.61）	14.162 （1.28）	14.355 （1.37）
SIZE	－4.258 *** （－5.58）	－3.626 *** （－3.95）	－3.355 *** （－3.28）	－3.348 *** （－3.32）
DCPI	0.013 （0.10）	0.009 （0.07）	0.001 （0.01）	－0.006 （－0.04）
DFXR	0.002 （0.78）	0.004 （1.62）	0.005 * （1.71）	0.005 * （1.70）
STD_BA	－18.139 *** （－6.01）	－17.575 *** （－5.53）	－16.916 *** （－5.44）	－17.025 *** （－5.77）
STATE	0.028 （0.03）	0.094 （0.09）	－0.569 （－0.59）	－0.739 （－0.78）
AID	1.741 （1.16）	1.292 （1.01）	0.952 （0.81）	0.687 （0.60）
FRQ	5.336 （1.32）	6.324 * （1.88）	4.377 （1.11）	4.694 （1.22）
VOL_MAR	－139.945 *** （－4.74）	－180.378 *** （－12.59）	－179.881 *** （－9.23）	－182.640 *** （－7.71）

续表

变量	被解释变量:DIS_MON			
	(1)	(2)	(3)	(4)
	系数 (t 值)	系数 (t 值)	系数 (t 值)	系数 (t 值)
LAG(DIS_AB)	60.197 *** (9.96)	60.416 *** (9.72)	60.721 *** (9.71)	60.647 *** (9.56)
截距	153.485 *** (8.08)	185.520 *** (37.08)	185.551 *** (15.24)	188.063 *** (11.62)
行业	控制	控制	控制	控制
年度	控制	控制	控制	控制
Adj_R^2	76.97％	76.99％	77.07％	77.13％
观测值	656	656	656	656
F 值	92.34 ***	88.56 ***	85.58 ***	82.83 ***
ΔR^2(LR-chi^2 值)		6.50 **	19.53 ***	8.26 ***
系数差异(F 值)				27.49 ***

注:*、**、*** 分别表示 10％、5％和 1％的显著性水平(双侧检验下)。t 值均经过公司和年度层面聚类的稳健标准误调整(Petersen,2009)。变量定义见附录 9-1 的 Panel A。

(五)使用 Tobit-OLS 两阶段回归控制内生性

表 9-5 使用 Tobit-OLS 两阶段回归缓解环境信息披露与 A-B 股价差之间的内生性问题。第一阶段使用如下两个工具变量:(1)ENV_EXP,公司所在省份的环境污染治理支出与投资总额的自然对数;(2)BEIJING,虚拟变量,当公司位于北京的时候赋值为 1,否则赋值为 0[①]。

从理论上而言,ENV_EXP 和 BEIJING 与 ENV 显著正相关但并不会影响 A-B 股价差,尽管如此,本章仍进一步测试了 ENV_EXP 和 BEIJING 是否适合作为工具变量。在表9-5 的 Panel A 中,Wooldridge(1995)检验、Sargan(1958)检验和 Basmnann(1960)检验的Chi^2(p)值均不显著,表明 ENV_EXP 和 BEIJING 同时作为工具变量与误差项无关,因此适合作为本章研究的工具变量[②]。

表 9-5 Panel B 的第(1)列报告呈现了第一阶段回归的结果。结果显示 ENV_EXP 和BEIJING 均与环境信息披露显著正相关(系数＝1.093,t 值＝1.73;系数＝6.330,t 值＝3.14),符合理论预期。

---

① 位于北京的公司会吸引监管机构、公众以及媒体的更多关注。此外,前期研究(De Fond et al.,2011;Kedia,Rajgopal,2011)发现与政治和监管中心地理距离较近的公司的违规行为较少。因此,可以推测位于北京的公司处于较强的监管压力之下,进而环境披露透明度(绩效)更高。

② Hayashi(2000)认为:"工具变量与误差项不相关的假定在完全识别模型中是无法测试的,模型过度识别则可通过 Sargan-Hansen 检验来验证该假定,该过度识别测试是基于如果工具变量是真正的外生变量,那么残差项与外生变量集不相关这一前提的。"

表 9-5 Panel B 的第(2)列使用 ENV 的预测值(即 ENV*)为自变量,回归结果表明 ENV*的系数显著为负(系数=-1.335,t 值=-4.33),支持了假设 9-1。在第(4)列中, (ENV*×GLOBAL)的系数在 5%的水平上显著为负(系数=-0.473,t 值=-1.98),符合假设 9-2 的预测[①]。

表 9-5　使用 Tobit-OLS 两阶段控制内生性的结果

Panel A:工具变量过度识别测试

Chi²(p) 值	(1) Wooldridge (1995)检验	(2) Sargan (1958)检验	(3) Basmann (1960)检验
	0.85 (0.35)	0.80 (0.36)	0.77 (0.37)

Panel B:Tobit-OLS 两阶段回归

变量	第一阶段	第二阶段		
	被解释变量:ENV	被解释变量:DIS_AB		
	(1)	(2)	(3)	(4)
	系数(t 值)	系数(t 值)	系数(t 值)	系数(t 值)
ENV_EXP	1.093* (1.73)			
BEIJING	6.330*** (3.14)			
ENV*		-1.335*** (-4.33)	-1.319*** (-4.32)	-1.296*** (-4.25)
GLOBAL		-2.925*** (-3.28)	-2.125*** (-3.74)	
ENV*×GLOBAL				-0.473** (-1.98)
RET_AB	-90.645 (-0.90)	-191.696* (-1.82)	-210.352** (-2.01)	-218.238** (-2.04)
VAR	-232.940 (-1.31)	-160.734 (-0.61)	-186.794 (-0.71)	-176.041 (-0.67)
SHARE_BA	0.466 (0.88)	1.148*** (4.35)	1.239*** (5.19)	1.277*** (5.18)
BOND	1.769** (2.32)	-4.592* (-1.88)	-4.700* (-1.91)	-4.649* (-1.88)
VOL_BA	-4.065 (-0.57)	-4.379 (-0.34)	-4.539 (-0.37)	-3.658 (-0.30)

①　本章研究使用污染源监管信息公开指数(PITI)(IPEA,2014)作为工具变量缓解内生性。未列示的结果显示在第一阶段中 PITI 与环境信息披露(ENV)显著正相关。在第二阶段,ENV*(ENV 的预测值)和(ENV*×GLOBAL)分别与 A-B 股价差(DIS_AB)显著负相关,为假设 9-1 和假设 9-2 提供了支持。需要注意的是,由于 ENV_EXP 和 PITI 存在高度相关性,因此同时将 ENV_EXP、BEIJING 和 PITI 作为工具变量并不合适。

续表

变量	第一阶段	第二阶段		
	被解释变量:ENV	被解释变量:DIS_AB		
	(1)	(2)	(3)	(4)
	系数(t 值)	系数(t 值)	系数(t 值)	系数(t 值)
SIZE	2.084***	0.147	0.162	0.150
	(3.50)	(0.32)	(0.35)	(0.31)
DCPI	−0.476**	−0.225	−0.231	−0.233
	(−2.00)	(−0.55)	(−0.56)	(−0.56)
DFXR	0.002*	0.020	0.020	0.020
	(1.67)	(1.24)	(1.25)	(1.25)
STD_BA	−0.166	−14.456***	−14.214***	−14.133***
	(−0.12)	(−4.92)	(−4.95)	(−4.92)
STATE	−0.410	0.274	−0.118	−0.228
	(−0.28)	(0.21)	(−0.10)	(−0.20)
AID	−1.251	0.088	−0.094	−0.199
	(−0.99)	(0.10)	(−0.11)	(−0.22)
FRQ	−36.391	1.405	0.397	0.875
	(−0.69)	(0.31)	(0.09)	(0.19)
VOL_MAR	−41.800	−297.274*	−293.468*	−293.985*
	(−0.29)	(−1.75)	(−1.73)	(−1.73)
LAG(DIS_AB)	−0.044	44.059***	42.729***	42.021***
	(−1.14)	(5.93)	(5.68)	(5.46)
截距	−55.440***	297.056**	294.313**	295.143**
	(−3.66)	(2.18)	(2.16)	(2.17)
行业	控制	控制	控制	控制
年度	控制	控制	控制	控制
Adj_R^2	13.38%	69.50%	69.61%	69.68%
观测值	656	656	656	656
F 值	328.82***	44.91***	43.86***	42.82***
ΔR^2(LR-chi^{2}值)		69.70***	13.96***	10.75***
系数差异(F 值)				22.81***

注:*、**、***分别表示10%、5%和1%的显著性水平(双侧检验下)。t 值均经过公司和年度层面聚类的稳健标准误调整(Petersen,2009)。变量定义见附录 9-1 的 Panel A。

(六)使用 PM$_{2.5}$ 事件作为自然实验控制内生性

2011 年 10 月 22 日,美国大使馆首次公布了北京的 PM$_{2.5}$ 监测结果①,由此引发了公众

---

① 参见网址:http://www.edu.cn/2009climate_9024/20120305/t20120305_748131.shtml.

对空气质量的担忧,该事件被称为"PM$_{2.5}$事件"。在此之后,越来越多的城市迫于媒体压力开始公布动态检测的 PM$_{2.5}$ 情况。"PM$_{2.5}$ 事件"发生前并未有任何预警信息,因此将该事件作为自然实验解决内生性问题相对合适。

表 9-6 选取 2011 年 10 月 22 日"PM$_{2.5}$事件"发生日为事件日检验环境信息对 A-B 股价差的影响。本章计算了 PM$_{2.5}$ 事件前 t 周与 PM$_{2.5}$ 事件后 t 周 A-B 股价差均值的差异 DIS$_{[-t,t]}$($t=1,2,3,5$)。在表 9-6 的 Panel A 中,根据环境信息披露均值划分的两个子样本的 t/z 检验结果显示,环境信息披露较好的公司的 DIS$_{[t,-t]}$ 显著低于环境信息披露较差的公司的。Panel B 使用 DIS$_{[-t,t]}$($t=1,2,3,5$)作为被解释变量的回归结果显示,ENV 的系数均显著为负。该结果进一步支持了环境信息披露对 A-B 股价差的抑制作用。

表 9-6   使用 PM$_{2.5}$事件作为自然实验控制内生性的结果

Panel A:环境信息披露较好与环境信息披露较差子样本间 A-B 股价差差异的 t/z 检验

变量	(1) 环境信息披露较好的子样本 (N=31)			(2) 环境信息披露较差的子样本 (N=49)			(3)	(4)
	均值	中位数	标准差	均值	中位数	标准差	t 值	z 值
DIS$_{[-1,1]}$	−0.60	−0.11	0.01	−0.17	0.01	0.01	−1.89*	−1.62
DIS$_{[-2,2]}$	−1.07	−0.19	0.02	−0.29	0.01	0.01	−2.09**	−1.86*
DIS$_{[-3,3]}$	−1.33	−0.22	0.02	−0.40	0.04	0.02	−2.21**	−1.93*
DIS$_{[-5,5]}$	−1.00	−0.28	0.02	0.00	0.15	0.01	−2.59**	−2.17**

Panel B:以 PM$_{2.5}$事件(2011 年 10 月 22 日)为自然实验,使用环境信息披露对 A-B 股价差的回归结果

变量	(1) DIS$_{[-1,1]}$ 系数 (t 值)	(2) DIS$_{[-2,2]}$ 系数 (t 值)	(3) DIS$_{[-3,3]}$ 系数 (t 值)	(4) DIS$_{[-5,5]}$ 系数 (t 值)
ENV	−0.053** (−1.99)	−0.107** (−2.44)	−0.140*** (−2.85)	−0.131*** (−2.79)
GLOBAL	−0.587* (−1.70)	−0.914 (−1.64)	−1.068* (−1.71)	−1.036* (−1.74)
RET_AB	0.119 (0.42)	−0.060 (−0.13)	−0.023 (−0.05)	0.078 (0.16)
VAR	−8.693 (−1.14)	−8.616 (−0.71)	−14.578 (−1.07)	−23.100* (−1.76)
SHARE_BA	−0.005 (−0.03)	0.026 (0.08)	−0.002 (−0.01)	−0.034 (−0.10)
BOND	N.A	N.A	N.A	N.A
VOL_BA	1.288 (0.48)	−1.685 (−0.39)	−4.273 (−0.89)	1.781 (0.39)

续表

变量	(1) DIS$_{[-1,1]}$ 系数 (t 值)	(2) DIS$_{[-2,2]}$ 系数 (t 值)	(3) DIS$_{[-3,3]}$ 系数 (t 值)	(4) DIS$_{[-5,5]}$ 系数 (t 值)
SIZE	0.012 (0.57)	0.042 (1.20)	0.043 (1.09)	0.048 (1.28)
DCPI	N.A	N.A	N.A	N.A
DFXR	N.A	N.A	N.A	N.A
STD_BA	−0.795 (−1.14)	−1.461 (−1.30)	−1.376 (−1.10)	−0.564 (−0.47)
STATE	−0.592** (−2.41)	−0.973** (−2.47)	−1.063** (−2.40)	−0.447 (−1.06)
AID	0.388** (2.15)	0.591** (2.04)	0.687** (2.11)	0.543* (1.75)
FRQ	13.452 (1.58)	20.690 (1.51)	6.403 (0.42)	13.683 (0.93)
VOL_MAR	N.A	N.A	N.A	N.A
LAG(DIS_AB)	−0.501 (−0.23)	−0.468 (−0.14)	0.318 (0.08)	1.175 (0.32)
截距	0.529 (0.33)	1.145 (0.44)	0.541 (0.19)	−0.835 (−0.30)
行业	控制	控制	控制	控制
Adj_R^2	15.38%	21.81%	29.15%	27.15%
观测值	80	80	80	80
F 值	1.84**	2.30***	2.91***	2.73***

注:*、**、***分别表示在10%、5%和1%的显著性水平上显著(双侧检验下)。t 值均经过公司和年度层面聚类的稳健标准误调整(Petersen,2009)。变量定义见附录 9-1 的 Panel A。DIS$_{[-N,N]}$ 等于"DIS$_N$ −DIS$_{-N}$",即事件日(2011 年 10 月 22 日)前 N 周的 A-B 股价差至事件日后 N 周的 A-B 股价差变化[DIS$_N$(DIS$_{-N}$)表示事件日(2011 年 10 月 22 日)前(后)N 周当天的 A-B 股价差]。在 Panel B 中,由于 BOND、DCPI 和 DFXR 为基于年度数据计算的变量,因此无法进行系数估计。

五、进一步测试

(一)环境信息披露影响 A-B 股价差的渠道测试

为了进一步识别环境信息披露影响 A-B 股价差的渠道,本章进行了如下测试:

第一,在表9-7 的 Panel A 中,本章检验了环境信息披露对未来财务业绩的影响。ROA

(ROE)表示总(净)资产收益率,等于净利润除以总(净)资产;EPS 表示每股收益。在 Panel A 中,第(1)至(3)列分别以 ROA、ROE 和 EPS 为被解释变量,ENV 的系数均显著为正,表明环境信息披露能够预测下一期的财务业绩,提供增量信息。上述结果支持了环境信息披露对 A-B 股价差的抑制作用。在 Panel B 中,ENV 的系数在控制了 ROE 的情况下仍保持了负显著。

第二,在表 9-7 的 Panel C 中,本章考察了环境信息披露对 B 股(A 股)买卖价差的影响。SPREAD_B(SPREAD_A)表示 B 股(A 股)的买卖价差,等于当日 B 股(A 股)的最高价与最低价之差(Corwin,Schultz,2012)。在 Panel C 第(1)列中,ENV 对 SPREAD_A(A 股的买卖价差)的回归结果不显著,然而 Panel C 第(2)列以 SPREAD_B 为被解释变量的回归结果显示,ENV 的系数显著为负[①]。该结果表明环境信息披露降低了境内外投资者间的信息不对称(而非本地投资者之间的信息不对称)。

表 9-7　环境信息披露影响 A-B 股价差的渠道测试

Panel A:环境信息披露对下一期财务绩效的影响

变量	(1) 被解释变量:ROA 系数(t 值)	(2) 被解释变量:ROE 系数(t 值)	(3) 被解释变量:EPS 系数(t 值)
LAGROA	0.232** (2.41)		
LAGROE		0.191** (2.32)	
LAGEPS			0.749*** (11.79)
ENV	0.002** (2.21)	0.006*** (2.83)	0.015*** (3.03)
ASSET	0.024*** (3.62)	0.030*** (3.53)	0.013 (0.63)
LEV	−0.017*** (−5.06)	0.003 (0.73)	−0.024*** (−3.16)
GROWTH	0.000*** (4.60)	0.001*** (4.30)	0.001*** (7.74)
截距	−0.439*** (−3.20)	−0.503*** (−3.04)	−0.114 (−0.24)
行业/年度	控制	控制	控制
Adj_R^2	48.08%	19.05%	66.90%
观测值	656	656	656
F 值	22.53***	6.46***	48.00***

---

① ENV 的估计系数表明,ENV 每增加一个标准差,SPREAD_B 将增加 4.57%,显然具有经济显著性。

续表

Panel B:环境信息披露与财务绩效对 A-B 股价差的竞争性影响

变量	被解释变量:DIS_AB	
	系数	t 值
ENV	−0.344**	−2.15
ROE	−0.376***	−3.77
控制变量	控 制	
截距	369.551***	6.27
行业/年度	控 制	
Adj_R^2	66.78%	
观测值	656	
F 值	42.95***	
系数差异（F 值）:ENV 与 ROE	0.03	

Panel C:环境信息披露对股票买卖价差的影响

变量	被解释变量:SPREAD_A		被解释变量:SPREAD_B	
	(1)		(2)	
	系数	t 值	系数	t 值
ENV	−0.001	−0.45	−0.008**	−2.09
GLOBAL	0.002	0.07	0.029	1.09
RET_AB	−0.977	−0.67	−18.410***	−3.30
VAR	−11.060***	−3.83	24.525***	3.38
SHARE_BA	0.008	1.01	0.011	0.70
BOND	−0.994***	−60.98	0.604***	35.04
VOL_BA	−0.245**	−2.22	−0.535***	−2.95
SIZE	−0.000	−0.07	−0.017	−1.33
DCPI	0.000	0.07	0.039***	25.59
DFXR	0.002***	32.62	−0.001***	−23.77
STD_BA	−0.054	−1.44	0.228**	2.49
STATE	−0.014	−0.85	0.047	1.59
AID	−0.014	−1.21	−0.046**	−2.16
FRQ	−2.635	−1.07	9.231**	2.46
VOL_MAR	−37.911***	−42.97	65.135***	37.62
LAG(DIS_AB)	2.687***	23.37	0.468**	2.19
截距	30.818***	44.02	−52.283***	−35.74

续表

变量	被解释变量：SPREAD_A		被解释变量：SPREAD_B	
	(1)		(2)	
	系数	t 值	系数	t 值
行业/年度	控制		控制	
Adj_ R^2	87.72%		85.22%	
观测值	656		656	
F 值	147.23***		119.05***	

注：*、**、*** 分别表示 10%、5% 和 1% 的显著性水平（双侧检验下）。t 值均经过公司和年度层面聚类的稳健标准误差调整（Petersen，2009）。变量定义见附录 9-1 的 Panel A。

在 Panel A 中，ROA 表示总资产收益率，等于净利润除以总资产；ROE 为净资产收益率，等于净利润除以净资产；EPS 表示每股收益。LAGROA、LAGROE、LAGEPS 分别表示之后一期的总资产收益率、净资产收益率和每股收益。ASSET 表示公司规模，等于总资产的自然对数；LEV 为财务杠杆，等于总负债除以总资产；GROWTH 表示营业收入增长率，等于 t 年的营业收入减去（$t-1$）年的营业收入除以（$t-1$）年的营业收入。

在 Panel B 中，SPREAD_A（SPREAD_B）表示 A 股（B 股）的买卖价差，等于当日 A 股（B 股）的最高价与最低价之差（Corwin，Schultz，2012）。

（二）考虑不同环境信息披露方式的进一步检验

第一，在表 9-8 的 Panel A 中，本章考察了依照 GRI 标准披露环境信息的影响。ENV_GRI（ENV_NGRI）为虚拟变量，当公司（未）按照《可持续发展报告指南》（GRI，2006）披露环境信息时赋值为 1，否则赋值为 0。在表 9-8 的 Panel A 中，ENV_GRI 和 ENV_NGRI 的系数均显著为负，但系数差异并不显著，该结果表明环境信息披露无论遵守《可持续发展报告指南》与否均能抑制 A-B 股价差。

第二，中国的公司环境信息可以以 CSR 报告单独披露（以该种形式披露公司环境信息的公司比例为 16.31%）或与其他报告整合披露（以该种形式披露公司环境信息的公司比例为 83.69%，如作为年报中的一部分）[①]。表 9-8 Panel B 为区分是否单独提供 CSR 报告时的回归结果。ENV_SEP（ENV_BUN）为虚拟变量，表示环境信息在 CSR 报告中（与其他报告整合）披露。表 9-8 的 Panel B 中，ENV_SEP 的系数显著为负，但 ENV_BUN 的系数不显著，该结果表明只有在 CSR 报告中披露环境信息能够降低 A-B 股价差。

第三，本章在表 9-8 Panel C 检验了环境信息披露与 A-B 股价差的关系是否受境外投资者来源国（地区）的影响。ENV_FAR（ENV_NEAR）表示境外投资者来自远离（临近）中国大陆的国家和地区的公司的环境信息披露情况，远离中国大陆的国家（地区）包括美国、英国、瑞士、塞浦路斯、荷兰、德国和意大利等，临近中国大陆的国家（地区）包括日本、

---

① 同时发行 A 股和 B 股的公司均拥有官网，其中 51.22%（42/82）的公司有英文官网，48.78%（40/82）的公司披露了英文版的财务报告。因此可以推断，境外投资者在多数情况下（尽管并非全部情况）能够从英文版的年报和公司网站上获取环境信息，因此语言并非他们获取此类信息的重要障碍。

泰国、马来西亚和中国香港等。如表 9-8 Panel C 所示，ENV_FAR 的系数显著为负而 ENV_NEAR 的系数不显著，表明来自较远国家（地区）的投资者更加重视环境信息的价值。

第四，在 2007—2008 年期间难以将 A-B 股价差的影响因素与下列原因区分：（1）强制环境信息披露政策；（2）新的中国会计准则（CAS），该准则与国际财务报告准则（IFRS）趋同。为了解决该问题，本章将样本划分为污染行业与非污染行业的子样本进行测试。在表 9-8 Panel D 中，环境信息披露对 A-B 股价差的影响在污染行业和非污染行业中均存在，然而 F 检验表明污染行业的子样本的 ENV 系数绝对值显著大于非污染行业子样本的 ENV，表明环境信息强制披露对污染行业 A-B 股价差的抑制作用更强。

第五，在附录 9-1 的 Panel B 中，环境信息披露由 7 大类别组成：公司治理与管理系统（ENV_A）、可信度（ENV_B）、环境业绩指标（ENV_C）、有关环保的支出（ENV_D）、远景及战略声明（ENV_E）、环保概况（ENV_F）以及环保倡议（ENV_G）。如 Panel E 的第（1）至（7）列所示，7 大类别均与 A-B 股价差显著负相关。进一步而言，系数估计表明 ENV_A、ENV_B、ENV_C、ENV_D、ENV_E、ENV_F 和 ENV_G 的系数每增加一个标准差，A-B 股价差将分别降低 1.15％、1.30％、2.24％、1.03％、3.06％、0.77％和 2.21％。此外，第（8）列同时将 7 大类别作为解释变量的回归结果显示，仅有 ENV_E 和 ENV_G 能显著降低 A-B 股价差[①]。

表 9-8　考虑不同环境信息披露方式的进一步检验

Panel A：考虑 GRI 标准的环境信息披露对 A-B 股价差的影响

变量	被解释变量：DIS_AB	
	系数	t 值
ENV_GRI	−0.514*	−1.89
ENV_NGRI	−0.317**	−2.17
控制变量	控制	
截距	247.316*	1.72
行业/年度	控制	
Adj_ R^2	66.28％	
观测值	656	
F 值	42.11***	
系数差异（F 值）：ENV_ GRI 与 ENV_NGRI	0.41	

————————

① 尽管如此，应当注意环境信息披露的七大类别高度相关（从简，未列示），因此他们对 A-B 股价差的影响可能会相互抵消。

续表

Panel B:区分是否提供独立 CSR 报告时环境信息披露对 A-B 股价差的影响

变量	被解释变量:DIS_AB	
	系数	t 值
ENV_SEP	−0.392**	−2.18
ENV_BUN	−0.286	−0.98
控制变量	控制	
截距	108.105***	4.50
行业/年度	控制	
Adj_R^2	66.29%	
观测值	656	
F 值	42.11***	
系数差异(F 值):ENV_SEP 与 ENV_BUN	0.10	

Panel C:环境信息披露对 A-B 股价差的抑制作用对不同国家(地区)境外投资者的差异影响

变量	被解释变量:DIS_AB	
	系数	t 值
ENV_FAR	−0.453***	−2.82
ENV_NEAR	−0.146	−0.43
控制变量	控制	
截距	484.963***	6.35
行业/年度	控制	
Adj_R^2	66.26%	
观测值	656	
F 值	42.11***	

Panel D:区分污染行业的子样本测试

变量	被解释变量:DIS_AB	
	(1)污染行业	(2)非污染行业
	系数 (t 值)	系数 (t 值)
ENV	−1.002*** (−3.48)	−0.524** (−2.16)
控制变量	控制	控制
截距	160.102* (1.98)	174.669*** (3.61)

续表

变量	被解释变量:DIS_AB	
	(1)污染行业	(2)非污染行业
	系数 (t 值)	系数 (t 值)
行业/年度	控制	控制
Adj_R^2	66.68%	70.65%
观测值	180	476
F 值	15.33***	36.73***
系数差异	−3.44***	

Panel E:环境信息披露的 7 大类别对 A-B 股价差的影响

变量	被解释变量:DIS_AB							
	(1)	(2)	(3)	(4)	(5)	(6)	(7)	(8)
	系数 (t 值)	系数 (t 值)	系数 (t 值)	系数 (t 值)	系数 (t 值)	系数 (t 值)	系数 (t 值)	系数 (t 值)
ENV_A	−0.936** (−2.14)							0.266 (0.47)
ENV_B		−0.816** (−2.15)						0.575 (0.93)
ENV_C			−0.647* (−1.69)					−0.025 (−0.11)
ENV_D				−1.544** (−2.08)				−0.834 (−1.04)
ENV_E					−1.344*** (−2.91)			−0.247** (−2.25)
ENV_F						−0.978* (−1.79)		−0.757 (−0.79)
ENV_G							−1.795** (−2.28)	−1.876* (−1.93)
控制变量	控制	控制	控制	控制	控制	控制	控制	控制
截距	220.424 (1.35)	220.819 (1.34)	218.85 (1.32)	218.882 (1.34)	224.40 (1.37)	218.888 (1.35)	225.336 (1.41)	262.421* (1.70)
行业	控制	控制	控制	控制	控制	控制	控制	控制
年度	控制	控制	控制	控制	控制	控制	控制	控制
Adj_R^2	66.26%	66.25%	66.29%	66.24%	66.37%	66.23%	66.38%	66.19%
观测值	656	656	656	656	656	656	656	656
F 值	43.16***	43.15***	43.23***	43.12***	43.39***	43.11***	43.41***	44.88***

注:*、**、*** 分别表示 10%、5% 和 1% 的显著性水平(双侧检验下)。t 值均经过公司和年度层面聚类的稳健标准误调整(Petersen,2009)。变量定义见附录 9-1 的 Panel A。

(三)考虑其他潜在解释的进一步检验

其他自愿披露信息也能够降低境内外投资者间的信息不对称,因此本章将另外两种同时披露的信息——盈余预测(EF)和内部控制(IC)加入回归,以排除其他潜在的解释因素。EF 为虚拟变量,当公司公布盈余预测时赋值为 1,否则赋值为 0;IC 为虚拟变量,当公司披露了内部控制报告时赋值为 1,否则赋值为 0。在表 9-9 Panel A 的第(2)列中,ENV 保持了对 A-B 股价差的显著负向影响。此外,Panel A 的第(4)列中(ENV×GLOBAL)的系数显著为负。上述结果表明本章的主要结果并未受到同时披露的其他信息(如盈余预测和内部控制)影响。在 Panel B 中,ENV 对 A-B 股价差的影响在加入盈余预测准确度(EFA)和内部控制重大缺陷(ICW)作为控制变量后仍然稳健。

表 9-9　排除其他潜在解释的进一步检验

Panel A:排除其他自愿披露信息的进一步检验

变量	被解释变量:DIS_AB			
	(1)	(2)	(3)	(4)
	系数(t 值)	系数(t 值)	系数(t 值)	系数(t 值)
ENV		−0.371**	−0.350**	−0.289**
		(−2.31)	(−2.17)	(−1.98)
GLOBAL			−4.434***	−3.559**
			(−3.12)	(−2.06)
ENV×GLOBAL				−0.337***
				(−2.76)
其他控制变量	控制	控制	控制	控制
EF	−0.476	−0.666	−0.615	−0.633
	(−0.37)	(−0.52)	(−0.46)	(−0.48)
IC	−2.837	−2.617	−2.891*	−2.969*
	(−1.47)	(−1.58)	(−1.81)	(−1.86)
截距	371.177***	381.058***	375.890***	378.788***
	(5.88)	(6.25)	(6.02)	(6.06)
行业/年度	控制	控制	控制	控制
Adj_R^2	66.23%	66.33%	66.42%	66.48%
观测值	656	656	656	656
F 值	42.59***	41.62***	40.79***	39.77***
ΔR^2(LR-chi^2 值)		5.29**	16.59***	7.30***
系数差异(F 值)				6.89***

续表

Panel B:排除盈余预测准确度和内部控制重大缺陷作为潜在解释的进一步检验

变量	被解释变量:DIS_AB			
	(1)	(2)	(3)	(4)
	系数(t 值)	系数(t 值)	系数(t 值)	系数(t 值)
ENV		-0.377^{**}	-0.355^{**}	-0.297^{**}
		(-2.32)	(-2.16)	(-1.97)
GLOBAL			-4.418^{***}	-3.575^{**}
			(-3.07)	(-2.08)
ENV×GLOBAL				-0.325^{**}
				(-2.36)
EFA	-8.125^{*}	-7.126	-7.808^{*}	-8.076^{*}
	(-1.89)	(-1.63)	(-1.72)	(-1.77)
ICW	0.254^{***}	0.339^{*}	0.259	0.233
	(4.00)	(1.79)	(1.41)	(1.30)
其他控制变量	控制	控制	控制	控制
截距	370.126^{***}	379.700^{***}	373.812^{***}	376.482^{***}
	(6.02)	(6.41)	(6.09)	(6.12)
行业/年度	控制	控制	控制	控制
Adj_R^2	66.23%	66.33%	66.42%	66.48%
观测值	656	656	656	656
F 值	42.59^{***}	41.62^{***}	40.79^{***}	39.77^{***}
ΔR^2(LR-chi^2 值)		5.29^{**}	16.59^{***}	7.30^{***}
系数差异(F 值)				6.89^{***}

注:* 、** 、*** 分别表示 10%、5%和 1%的显著性水平(双尾)。t 值均经过公司和年度层面聚类的稳健标准误调整(Petersen,2009)。

六、结论

基于中国股票市场独特的 A-B 股价差背景,本章检验了环境信息披露是否为 A-B 股价差的截面影响因素。本章发现表明环境信息披露显著降低了 A-B 股价差,同时国际化董事会强化了环境信息披露与 A-B 股价差间的负相关关系。

本章存在几点实践价值:第一,环境信息披露对 A-B 股价差的抑制作用表明同时在 A-B

股上市的公司应积极参与环境保护活动并重视环境信息披露。第二,国际化董事会与 A-B 股价差的负相关关系表明,董事会成员来源多样化能够增强环境信息的可信度并最终减少 A-B 股价差。此外,国际化董事会对环境信息披露与 A-B 股价差负相关关系的强化作用,启示董事会成员应注重国际化董事会对增强环境信息披露的决策有用性的重要作用。

本章也存在着一定的局限性可供未来研究改进:第一,由于监管环境存在差异,本章仅基于中国的 A-B 股市场检验了环境信息披露对 A-B 股价差的影响,因此,未来研究可以进一步考察环境信息披露是否影响 A 股和 H 股的价差。第二,国际化董事会的调节作用可能因境外董事的来源国家(地区)不同而有所差异,其独立性也会影响国际化董事会的监督作用和信号作用,因此,未来研究可以检验国际化董事会的调节作用是否受境外董事来源国(地区)和独立性的影响。

参考文献

[1]人民日报. 工行力推"绿色信贷" 环保不达标企业不能贷款[N/OL]. (2007). [2016-8-15]. http://finance.people.com.cn/GB/6395241.html.

[2]上海证券交易所. 上海证券交易所关于做好上市公司 2008 年年度报告工作的通知[EB/OL]. (2008-12-31). [2016-08-15]. http://www.sse.com.cn/aboutus/mediacenter/hotandd/c/c_20150912_3988269.shtml.

[3]深圳证券交易所. 深圳证券交易所关于做好上市公司 2008 年年度报告工作的通知[EB/OL]. (2008-12-31). [2016-08-15]. http://www.szse.cn/main/disclosure/bsgg/2008123139739051.shtml.

[4]银监会. 关于落实环保政策法规防范信贷风险的意见[EB/OL]. (2007). [2017-07-15]. http://www.cbrc.gov.cn/chinese/home/docView/20080129C3FA6D993AC4AEF7FFE133D6E2AD0D00.html.

[5]证监会,中国人民银行. 合格境外机构投资者境内证券投资管理暂行办法 [EB/OL]. (2006-08-24). [2016-08-15]. http://www.csrc.gov.cn.

[6]ABDEL-KHALIK A R, WONG K A, WU A. The information environment of China's A and B shares: can we make sense of the numbers? [J]. The international journal of accounting, 1999, 34(4): 467-489.

[7]AHMED A M. Group identity, social distance and intergroup bias[J]. Journal of economic psychology, 2007, 28 (3): 324-337.

[8]BAILEY W, CHUNG Y P, KANG J. Foreign ownership restrictions and equity price premiums: what drives the demand for cross-border investments? [J]. Journal of financial and quantitative analyses, 1999, 34 (4): 489-511.

[9]BASMANN R L. On finite sample distributions of generalized classical linear identifiability test statistics[J]. Journal of the American Statistical Association, 1960, 55: 650-659.

[10]BELKAOUI A. The impact of the disclosure of the environmental effects of organizational behavior on the market[J]. Financial management, 1976: 26-31.

[11]BERGSTRÖM C, TANG E. Price differentials between different classes of stocks: an empirical study on Chinese stock markets[J]. Journal of multinational financial management, 2001, 11: 407-426.

[12]BERTHELOT S, CORMIER D, MAGNAN M. Environmental disclosure research: review and

synthesis[J]. Journal of accounting literature, 2003, 22: 1-44.

[13]BONDY K, STARKEY K. The dilemmas of internationalization: corporate social responsibility in the multinational corporation[J]. British journal of management, 2014, 25(1): 4-22.

[14]BOWEN R M, RAJGOPAL S, VENKATACHALAM M. Accounting discretion, corporate governance, and firm performance[J]. Contemporary accounting research, 2008, 25(2): 351-405.

[15]BRUYNSEELS L, CARDINAELS E. The audit committee: management watchdog or personal friend of the CEO[J]. The accounting review, 2014, 89(1): 113-145.

[16]BURNS N, KEDIA S. Executive option exercises and financial misreporting[J]. Journal of banking & finance, 2008, 32(5): 845-857.

[17]CAO Y, MYERS L A, OMER T C. Does company reputation matter for financial reporting quality? Evidence from restatements[J]. Contemporary accounting research, 2012, 29(3): 956-990.

[18]CHAKRAVARTY S, SARKAR A, WU L. Information asymmetry, market segmentation and the pricing of cross-listed shares: theory and evidence from Chinese A and B shares[J]. Journal of international financial markets institutions & money, 1998, 8(98): 325-356.

[19]CHAN K, MENKVELD A J, YANG Z. Information asymmetry and asset prices: evidence from the China foreign share discount[J]. Journal of Finance, 2008, 63(1): 159-196.

[20]CHEN G M, LEE B S, RUI O. Foreign ownership restrictions and market segmentation in China's stock markets[J]. Journal of financial research, 2001, 24(1): 133-55.

[21]CHORDIA T, ROLL R, SUBRAHMANYAM A. Market liquidity and trading activity[J]. The journal of finance, 2001, 56(2): 501-530.

[22]CLARKSON P M, LI Y, RICHARDSON G D, et al. Revisiting the relation between environmental performance and environmental disclosure: an empirical analysis[J]. Accounting, organizations and society, 2008, 33(4): 303-327.

[23]COLES J L, DANIEL N D, NAVEEN L. Boards: does one size fit all? [J].Journal of financial economics, 2008, 87(2): 329-356.

[24]CORWIN S A, SCHULTZ P. A simple way to estimate bid-ask spreads from daily high and low prices[J]. The journal of finance, 2012, 67(2): 719-760.

[25]DEANDRES P, AZOFRA V, LOPEZ F. Corporate boards in OECD countries: size, composition, functioning and effectiveness[J].Corporate governance: an international review, 2005, 13(2): 197-210.

[26]DEFOND M, FRANCIS J, HU X. The geography of SEC enforcement and auditor reporting for financially distressed clients[J]. SSRN electronic journal, 2011.

[27] DELMAS M A, CUEREL BURBANO V. The drivers of greenwashing [J]. California management review. 2011, 54(1): 64-87.

[28]DHALIWAL D S, LI O Z, TSANG A, et al. Voluntary nonfinancial disclosure and the cost of equity capital: the initiation of corporate social responsibility reporting[J]. The accounting review, 2011, 86(1): 59-100.

[29]DHALIWAL D, RADHAKRISHNAN S, TSANG A, et al. Nonfinancial disclosure and analyst forecast accuracy: international evidence on corporate social responsibility disclosure[J]. The accounting review, 2012, 87(3): 723-759.

[30]DOMOWITZ I, GLEN J, MADHAVAN A. Market segmentation and stock prices: evidence from an emerging market[J]. Journal of finance, 1997, 52(3): 1059-1085.

[31]DU X. How the market values greenwashing? Evidence from China[J]. Journal of business ethics, 2015,128(3): 547-574.

[32]DU X, CHANG Y, ZENG Q, et al. Corporate environmental responsibility (CER) weakness, media coverage, and corporate philanthropy: evidence from China[J]. Asia Pacific journal of management, 2016, 33 (2): 551-581.

[33]DU X, JIAN W, LAI S. Do foreign directors mitigate earnings management? evidence from china [J]. The international journal of accounting, 2017, 54 (2): 142-177.

[34]EL GHOUL S, GUEDHAMI O, KWOK C, et al. Does corporate social responsibility affect the cost of capital? [J]. Journal of banking & finance, 2011, 35(9): 2388-2406.

[35]FERNALD J, ROGERS J H. Puzzles in the Chinese stock market[J]. Review of economics and statistics, 2002, 84 (3): 416-432.

[36]FILES R, SWANSON E P, TSE S. Stealth disclosure of accounting restatements[J]. The accounting review, 2009, 84(5): 1495-1520.

[37]FINANCIAL REPORTING COUNCIL. Revisions to the UK corporate governance code[EB/OL]. (2010)[2021-10-20]. https://frc.org.uk/getattachment/675640ed-23ff-42a5-a157-09dc4da7ef51/May-2010-Report-on-Code-Consultation.aspx

[38]GENERALE A. On the evolution of firm size distributions[J].The American economic review, 2008, 98(1): 426-438.

[39]GOH B W, LEE J, NG J, et al. The effect of board independence on information asymmetry[J]. European accounting review, 2016, 25(1): 155-182.

[40]GOSS A, ROBERTS G S. The impact of corporate social responsibility on the cost of bank loans [J]. Journal of banking & finance, 2011, 35(7): 1794-1810.

[41]GRAŻYNA A. Use of CSR by foreign strategic investor for building competitive advantage: Central-Eastern European subsidiaries' perspective[J]. Research papers of Wrocaw University of Economics, 2012, 260 (1): 13-21.

[42]GLOBAL REPORTING INITIATIVE. Sustainability reporting guidelines (version 3.0)[R/OL]. (2006) [2021-10-20]. https://www.globalreporting.org/resourcelibrary/G3-Guidelines-Incl-Technical-Protocol.pdf.

[43]HAYASHI F. Econometrics[M]. Princeton: Princeton University Press, 2000.

[44]HEYES A G. Lender penalty for environmental damage and the equilibrium cost of capital[J]. Economica, 1996, 63(250): 311-323.

[45]HOU W, LEE E. Split share structure reform, corporate governance, and the foreign share discount puzzle in China[J]. European journal of finance, 2014, 20(7-9): 703-727.

[46]THE INSTITUTE OF PUBLIC & ENVIRONMENTAL AFFAIRS. Annual reports on the public information transparency index (PITI) about the polluting sources and in 120 cities (2008-2014)[EB/OL]. (2014). [2017-07-20].http://www.ipe.org.cn/about/newreport.aspx? page=2.

[47]JACOBS B J. A preliminary model of particularistic tie in Chinese political alliance: Ganqing and

Guanxi (Kan-Ching and Kuan-His) in a rural Taiwanese township[J]. China quarterly, 1979, 78: 237-273.

[48]JACOBS J B. The concept of Guanxi and local politics in a rural Chinese cultural setting[J]. Social interaction in Chinese society, 1982: 209-236.

[49]JOHNSON V E, KHURANA I K, REYNOLDS J K. Audit-firm tenure and the quality of financial reports[J]. Contemporary accounting research, 2002, 19(4): 637-660.

[50]KEDIA S, RAJGOPAL S. Do the SEC's enforcement preferences affect corporate misconduct? [J]. Journal of accounting and economics, 2011, 51(3): 259-278.

[51]KIM Y, PARK M S, WIER B.Is earnings quality associated with corporate social responsibility? [J]. The accounting review, 2012, 87 (3): 761-796.

[52]KLEIN A. Audit committee, board of director characteristics, and earnings management[J]. Journal of accounting and economics, 2002, 33 (3): 375-400.

[53]KOLK A, DOLEN W V, MA L. Consumer perceptions of CSR: (how) is China different? [J]. International marketing review, 2015, 32(5): 492-517.

[54]KOLK A, HONG P, DOLEN W V. Corporate social responsibility in China: an analysis of domestic and foreign retailers' sustainability dimensions[J]. Business strategy and the environment, 2010, 19 (5): 289-303.

[55]KONAR S, COHEN M A. Does the market value environmental performance? [J]. Review of economics and statistics, 2001, 83(2): 281-289.

[56]LEV B, PETROVITS C, RADHAKRISHNAN S. Is doing good good for you? how corporate charitable contributions enhance revenue growth[J]. Strategic management journal, 2010, 31(2): 182-200.

[57]LEUZ C, LINS K, WARNOCK F. Do foreigners invest less in poorly governed firms? [J]. Review of financial studies, 2010, 23 (3): 3245-3285.

[58]MA X. Capital controls, market segmentation and stock price: evidence from the Chinese stock market[J]. Pacific-Basin finance journal, 1996, 4(2): 219-239.

[59]MASULIS R W, WANG C, XIE F. Globalizing the boardroom—the effects of foreign directors on corporate governance and firm performance[J]. Journal of accounting & economics, 2012, 53(3): 527-554.

[60]MCDANIEL L, MARTIN R D, MAINES L A. Evaluating financial reporting quality: the effects of financial expertise vs. financial literacy[J]. The accounting review, 2002, 77(s-1): 139-167.

[61]MCGUIRE J B, SUNDGREN A, SCHNEEWEIS T. Corporate social responsibility and firm financial performance[J]. Academy of management journal, 1988, 31(4): 854-872.

[62]MIAN A. Distance constraints: the limits of foreign lending in poor economies[J]. Journal of finance, 2006, 61 (3): 1465-1505.

[63]PARK S H, LI S, DAVID K T. Market liberalization and firm performance during China's economic transition[J]. Journal of international business studies, 2006, 37(1): 127-147.

[64]PETERSEN M A. Estimating standard errors in finance panel data sets: comparing approaches [J]. Review of financial studies, 2009, 22(1): 435-480.

[65]PETERSEN M A, RAJAN R G. Does distance still matter? The information revolution in small business lending[J]. Journal of finance, 2002, 57 (6): 2533-2570.

[66]REYNOLDS J K, FRANCIS J R. Does size matter? The influence of large clients on office-level

auditor reporting decisions[J]. Journal of accounting and economics，2000，30(3)：375-400.

[67]ROSE J M, ROSE A M, NORMAN C S, et al. Will disclosure of friendship ties between directors and CEOs yield perverse effects? [J]. The accounting review，2014，89(4)：1545-1563.

[68]SARGAN J D. The estimation of economic relationships using instrumental variables[J]. Econometrica，1958，26：393-415.

[69]SUN Q, TONG W H S. The effect of market segmentation on stock prices：the China syndrome [J]. Journal of banking & finance，2000，24(12)：1875-1902.

[70]TANG V. Isolating the effect of disclosure on information risk[J]. Journal of accounting and economics，2011，52 (1)：81-99.

[71]TONG W H S, YU W. A corporate governance explanation of the A-B Share discount in China [J]. Journal of international money and finance，2012，31 (2)：125-147.

[72]WANG S S, JIANG L. Location of trade, ownership restrictions, and market illiquidity：examining Chinese A-and H-shares[J]. Journal of banking & finance，2004，28(6)：1273-1297.

[73]WANG G H, YAU J. Trading volume, bid-ask spread, and price volatility in futures markets[J]. Journal of futures markets，2000，20(10)：943-970.

[74]WESTPHAL J D. Board games：how CEOs adapt to increases in structural board independence from management[J]. Administrative science quarterly，1998，43(3)：511-537.

[75]WOOLDRIDGE J M. Score diagnostics for linear models estimated by two stage least squares [M]// MADDALA G S, PHILLIPS P C B, SRINIVASAN T N, Advances in econometrics and quantitative economics. Blackwell, Oxford, 1995.

[76]XIE B, DAVIDSON Ⅲ W N, DADALT P J. Earnings management and corporate governance：the role of the board and the audit committee[J]. Journal of corporate finance，2003，9(3)：295-316.

[77]YEKINI K C, ADELOPO L, ANDRIKOPOULOS P, et al. Impact of board independence on the quality of community disclosures in annual reports[J]. Accounting forum，2015，39 (4)：249-267.

附录

附录 9-1　变量定义及环境信息披露的计算

Panel A：变量定义

变量	符号	变量定义	数据来源
主回归使用的变量			
DIS_AB（%）		A-B 股价差，等于"$(P_A - P_B)/P_A$"（×100）（其中 P_A 和 P_B 分别代表每年 4 月 30 日公司 A 股和 B 股的股价），(Ma，1996；Chakravarty et al.，1998；Bergström，Tang，2001；Chen et al.，2001)	WIND
	ENV	—	参考 Clarkson 等(2008)和 Du 等(2016)的公司环境信息披露（见附录 9-1 Panel B）	手工搜集

续表

变量	符号	变量定义	数据来源
GLOBAL	—	虚拟变量,若董事会中有境外董事(来自于中国大陆外的国家或地区)则赋值为 1,否则赋值为 0	手工搜集
RET_AB	—	A-B 股价的敏感度,等于 A 股与 B 股周收益率的协方差除以 A 股股价的方差,即"COV(RET$_A$,RET$_B$)/VAR(P_A)"[COV 为协方差,VAR 为方差,RET$_A$(RET$_B$)为 A 股(B 股)的周收益率,P_A 为 A 股的股价](Chakravarty et al.,1998;Bergström,Tang,2001)	CSMAR
VAR	+	B 股周收益率的方差(Chakravarty et al.,1998;Bergström,Tang,2001)	CSMAR
SHARE_BA	+	B 股股数除以 A 股股数(Sun,Tong,2000)	CSMAR
BOND	—	中央(地方)政府发行的债券总额(单位:千亿)(Sun,Tong,2000)	中国统计年鉴
VOL_BA	—	股票流动性,等于 B 股的年成交量除以 A 股的年成交量(Sun,Tong,2000)	CSMAR
SIZE	—	公司规模,等于年销售收入的自然对数(De Andres et al.,2005;Coles et al.,2008;Generale,2008)	CSMAR
DCPI	+	第($t-1$)年至第 t 年的 CPI 指数变化(Sun,Tong,2000)	中国统计年鉴
DFXR	—	第($t-1$)年至第 t 年中国外汇储备的变化(单位:十亿美元)(Sun,Tong,2000)	中国统计年鉴
STD_BA	—	B 股周收益波动率除以 A 股周收益波动率(Sun,Tong,2000)	CSMAR
STATE	—	最终控制人性质,若最终控制人为政府或者政府控制下的企业则赋值为 1,否则赋值为 0	CSMAR
AID	+	信息不对称程度,等于如下指标之和(Tang,2011):(1)当公司未基于 IFRS(国际财务报告准则)向境外投资者披露财务报告时赋值为 1,否则为 0;(2)当公司未向境外投资者详细解释为何基本每股收益与稀释每股收益不同时赋值为 1,否则为 0;(3)若公司未向境外投资者披露管理层讨论与分析时赋值为 1,否则为 0;(4)当公司向境外投资者提供中文财务信息时赋值为 1,否则为 0	手工搜集
FRQ	+	财务报告质量,等于财务错报金额除以净利润的绝对值(Burns,Kedia,2008;Files et al.,2009)	手工搜集
VOL_MAR	—	市场流动性,等于 B 股市场年交易量除以 A 股市场年交易量(Wang,Yau,2000;Chordia,2002)	CSMAR
LAG(DIS_AB)	+	第($t-1$)年的 A-B 股价差(Domowitz et al.,1997;Sun,Tong,2000)	WIND
敏感性测试和内生性测试使用的变量			
DIS_MON		5 月 1 日至次年 4 月 30 日的月均 A-B 股价差(Domowitz et al.,1997)	WIND
DIS$_{[-t,t]}$		PM$_{2.5}$ 事件前 t 周与 PM$_{2.5}$ 事件后 t 周 A-B 股价差均值的差异($t=1$,2,3,5)	计算
ENV_SD	—	标准化后的环境信息披露,等于"(ENV$_t$ − ENV$_{min}$)/(ENV$_{max}$ − ENV$_{min}$)"(Du 等,2016),其中 ENV$_{max}$(ENV$_{min}$)表示所有公司环境信息披露的最大(小)值,ENV$_t$ 表示 t 公司当年的环境信息披露	手工搜集

续表

变量	符号	变量定义	数据来源
LN(ENV)	—	等于(1＋公司环境信息披露)的自然对数	手工搜集
ENV_EXP		公司所在省份的环境污染治理支出与投资总额之比的自然对数(单位：十亿人民币)	中国统计年鉴
BEIJING		虚拟变量,当公司位于北京时赋值为1,否则赋值为0	CSMAR
PITI		污染源监管信息公开指数,等于公共及环境研究中心和自然资源保护委员会公布的省级层面的环境监管指数(Du et al.,2016；IPEA,2014)	IPEA (2014)
SPREAD_A (SPREAD_B)		A股(B股)的买卖价差,等于当日A股(B股)的最高价与最低价之差(Corwin,Schultz,2012)	计算
ROA		总资产收益率,等于净利润与总资产的比值	CSMAR
ROE		净资产收益率,等于净利润与净资产的比值	CSMAR
EPS		每股收益	CSMAR
ENV_GRI (_NGRI)		虚拟变量,当公司(未)按照《可持续发展报告指南》(GRI,2006)披露环境信息时赋值为1,否则赋值为0	手工搜集
ENV_SEP (_BUN)		环境信息在CSR报告中(与其他报告整合)披露	手工搜集
ENV_FAR (ENV_NEAR)		境外投资者来自远离(临近)中国大陆的国家和地区的公司的环境信息披露情况,远离中国大陆的国家和地区包括美国、英国、瑞士、塞浦路斯、荷兰、德国和意大利等,临近中国大陆的国家和地区包括日本、泰国、马来西亚和中国香港等	手工搜集
ENV_t		环境信息披露的七大类别($t=$A, B, C, D, E, F, G)分别表示公司治理与管理系统(ENV_A)、可信度(ENV_B)、环境业绩指标(ENV_C)、有关环保的支出(ENV_D)、远景及战略声明(ENV_E)、环保概况(ENV_F)以及环保倡议(ENV_G)	手工搜集
EF		虚拟变量,当公司发布盈余预测时赋值为1,否则赋值为0(中国的上市公司仅在首次公开发行以及股权再融资的时候发布盈余预测)	手工搜集
IC		虚拟变量,当公司披露了内部控制报告时赋值为1,否则赋值为0	手工搜集
EFA		盈余预测准确度,等于预测的净利润与真实净利润之差除以当年的真实净利润	CSMAR
ICW		内部控制重大缺陷数量	CSMAR

Panel B：环境信息披露计算

项目	均值	标准差	最小值	1/4分位	中位数	3/4分位	最大值
A：公司治理与管理系统(最高6分)							
1.存在控制污染、环保的管理岗位或部门(0～1)	0.08	0.27	0.00	0.00	0.00	0.00	1.00
2.董事会中存在环保委员会或者公共问题委员会(0～1)	0.00	0.00	0.00	0.00	0.00	0.00	0.00
3.与上下游签订了有关环保的条款(0～1)	0.03	0.17	0.00	0.00	0.00	0.00	1.00

续表

项目	均值	标准差	最小值	1/4 分位	中位数	3/4 分位	最大值
4.利益相关者参与了公司环保政策的制定(0～1)	0.00	0.00	0.00	0.00	0.00	0.00	0.00
5.在工厂或整个企业执行了 ISO14001 标准(0～1)	0.18	0.38	0.00	0.00	0.00	0.00	1.00
6.管理者薪酬与环境业绩有关(0～1)	0.00	0.00	0.00	0.00	0.00	0.00	0.00
小计	0.29	0.61	0.00	0.00	0.00	0.00	3.00
B:可信度(最高 10 分)							
1.采用 GRI 报告指南或 CERES 报告格式(0～1)	0.21	0.41	0.00	0.00	0.00	0.00	1.00
2.独立验证或保证在环保业绩报告(网站)中披露的环保信息(0～1)	0.01	0.09	0.00	0.00	0.00	0.00	1.00
3.定期对环保业绩或系统进行独立的审计或检验(0～1)	0.01	0.12	0.00	0.00	0.00	0.00	1.00
4.由独立机构对环保计划进行认证(0～1)	0.00	0.04	0.00	0.00	0.00	0.00	1.00
5.有关环保影响的产品认证(0～1)	0.05	0.22	0.00	0.00	0.00	0.00	1.00
6.外部环保业绩奖励,进入可持续发展指数(0～1)	0.05	0.22	0.00	0.00	0.00	0.00	1.00
7.利益相关者参与了环保信息披露过程(0～1)	0.00	0.00	0.00	0.00	0.00	0.00	0.00
8.参与了由政府部门资助的自愿性的环保倡议(0～1)	0.00	0.00	0.00	0.00	0.00	0.00	0.00
9.参与为改进环保实践的行业内特定的协会、倡议(0～1)	0.02	0.15	0.00	0.00	0.00	0.00	1.00
10.参与为改进环保实践的其他环保组织/协会(除 8、9 中列示外)(0～1)	0.01	0.11	0.00	0.00	0.00	0.00	1.00
小计	0.36	0.79	0.00	0.00	0.00	0.00	5.00
C:环境业绩指标(EPI)(最高 60 分)							
1.关于能源使用、使用效率的环境业绩指标(0～6)	0.19	0.58	0.00	0.00	0.00	0.00	3.00
2.关于水资源使用、使用效率的环境业绩指标(0～6)	0.11	0.45	0.00	0.00	0.00	0.00	3.00
3.关于温室气体排放的环境业绩指标(0～6)	0.03	0.23	0.00	0.00	0.00	0.00	3.00
4.关于其他气体排放的环境业绩指标(0～6)	0.06	0.36	0.00	0.00	0.00	0.00	3.00
5.EPA-TRI 数据库中土地、水资源、空气的污染总量(0～6)	0.02	0.21	0.00	0.00	0.00	0.00	2.00
6.其他土地、水资源、空气的污染总量(除 EPA-TRI 数据库)(0～6)	0.07	0.37	0.00	0.00	0.00	0.00	3.00
7.关于废弃物质产生和管理的指标(回收、再利用、处置、降低使用)(0～6)	0.06	0.30	0.00	0.00	0.00	0.00	3.00
8.关于土地、资源使用,生物多样性和保护的业绩指标(0～6)	0.01	0.09	0.00	0.00	0.00	0.00	1.00
9.关于环保对产品、服务影响的指标(0～6)	0.00	0.00	0.00	0.00	0.00	0.00	0.00
10.关于承诺表现的指标(超标情况、可报告的事件)(0～6)	0.00	0.00	0.00	0.00	0.00	0.00	0.00
小计	0.55	1.72	0.00	0.00	0.00	0.00	13.00

续表

项目	均值	标准差	最小值	1/4分位	中位数	3/4分位	最大值
D:有关环保的支出(最高 3 分)							
1.公司环保倡议所建立的储备金(0～1)	0.01	0.12	0.00	0.00	0.00	0.00	1.00
2.为提高环境表现或效率而支出的技术费用、R&D 费用支出总额(0～1)	0.11	0.31	0.00	0.00	0.00	0.00	1.00
3.环境问题导致的相关罚金总额(0～1)	0.00	0.06	0.00	0.00	0.00	0.00	1.00
小计	0.12	0.33	0.00	0.00	0.00	0.00	1.00
E:远景及战略声明(最高 6 分)							
1.管理层说明中关于环保表现的陈述(0～1)	0.11	0.31	0.00	0.00	0.00	0.00	1.00
2.关于公司环保政策、价值、原则、行动准则的陈述(0～1)	0.31	0.46	0.00	0.00	0.00	1.00	1.00
3.关于环保风险、业绩的正式管理系统的陈述(0～1)	0.06	0.24	0.00	0.00	0.00	0.00	1.00
4.关于公司执行定期检查、评估环境表现的陈述(0～1)	0.04	0.20	0.00	0.00	0.00	0.00	1.00
5.关于未来环境表现中可度量目标的陈述(0～1)	0.01	0.09	0.00	0.00	0.00	0.00	1.00
6.关于特定的环保改进、技术创新的陈述(0～1)	0.25	0.43	0.00	0.00	0.00	1.00	1.00
小计	0.78	1.13	0.00	0.00	0.00	2.00	5.00
F:环保概况(最高 4 分)							
1.关于公司执行特定环境标准的陈述(0～1)	0.03	0.17	0.00	0.00	0.00	0.00	1.00
2.关于整个行业环保影响的概述(0～1)	0.04	0.20	0.00	0.00	0.00	0.00	1.00
3.关于公司运营、产品、服务对环境影响的概述(0～1)	0.02	0.14	0.00	0.00	0.00	0.00	1.00
4.公司环保业绩与同行业对比的概述(0～1)	0.00	0.04	0.00	0.00	0.00	0.00	1.00
小计	0.09	0.39	0.00	0.00	0.00	0.00	3.00
G:环保倡议(最高 6 分)							
1.对环保管理和运营中员工培训的实质性描述(0～1)	0.07	0.26	0.00	0.00	0.00	0.00	1.00
2.存在环境事故的应急预案(0～1)	0.04	0.18	0.00	0.00	0.00	0.00	1.00
3.内部环保奖励(0～1)	0.00	0.00	0.00	0.00	0.00	0.00	0.00
4.内部环保审计(0～1)	0.00	0.00	0.00	0.00	0.00	0.00	0.00
5.环保计划的内部验证(0～1)	0.00	0.06	0.00	0.00	0.00	0.00	1.00
6.与环保有关的社区参与、捐赠(0～1)	0.10	0.30	0.00	0.00	0.00	0.00	1.00
小计	0.21	0.61	0.00	0.00	0.00	0.00	3.00
总计	2.41	4.24	0.00	0.00	0.00	3.00	21.00

　　注:C 部分环境业绩指标中每一个子项的分数为 0～6,每项若存在以下条目则按每条目加 1 分:(1)有具体的绩效数据;(2)绩效数据与同行、竞争对手或行业情况进行了比较;(3)绩效数据与公司以往的情况进行了比较(趋势分析);(4)绩效数据与目标进行了比较;(5)绩效数据同时以绝对数和相对数形式披露;(6)绩效数据有进行分解性描述(如工厂、业务单位、地理分布等)。环境信息披露得分计算方法来源于 Clarkson 等(2008)和 Du 等(2016)。

第十章　公司环境绩效与债务成本

摘要:本章通过探究公司环境绩效对债务成本的影响,拓展了前期关于企业社会责任(CSR)与企业财务行为之间联系的文献。基于中国民营企业的样本,本章研究发现公司环境绩效与债务利率,即债务成本的代理变量显著负相关,这一结果表明贷款人会奖励环境绩效较好的企业。此外,内部控制削弱了公司环境绩效与债务利率间的负相关关系,表明公司环境绩效与内部控制在降低债务利率方面存在替代效应。经过一系列敏感性测试、公司环境绩效与债务利率之间的潜在内生性控制之后,本章结论依然成立。

一、引言

近期许多文献对企业社会责任(CSR)是否影响以及如何影响资本成本进行了研究(例如,Goss,Roberts,2011;Nandy,Lodh,2012;Richardson,Welker,2001;Sharfman,Fernando,2008;Spicer,1978;等),但前期研究并没有得出一致性的结论。不同维度的社会责任对资本成本的影响是存在差异的,而这种差异可能是导致前期研究结论不一致的原因(Zyglidopoulos et al.,2012)。企业社会责任可以分为社会责任强项和社会责任弱项,社会责任强项属于自愿性的社会责任,而在大多数情形下社会责任弱项具有显著的负外部性。由于企业减轻社会责任弱项所需要的成本高于强化社会责任强项的成本(Zyglidopoulos et al.,2012),因此许多公司倾向于通过展现更多成本更低的社会责任强项来掩盖负面形象,而不是直接解决和减少企业社会责任弱项。虽然有一小支文献(Goss,Roberts,2011)探究了社会责任弱项对企业财务行为的影响,但在实务层面上,我们对社会责任弱项的经济后果仍知之甚少(Nandy,Lodh,2012;Sharfman,Fernando,2008)。因此,本章拟通过探究中国公司环境绩效对企业债务成本的影响来拓展前期的研究。

当今中国面临着经济增长与环境保护的矛盾(Du,2015a;2015b)。中国公众和监管机构愈发地关注环境恶化状况,因此激发了公司环境保护的积极性。环保部警告称中国环境状况正日益恶化(Economy,2007;Zhang,Wen,2008)。为改善环境状况,证券监管机构要求中国上市公司披露环境信息。此外,银监会还依法要求国有银行严格执行绿色信贷政策,以提高借款人的环保意识。债务融资是中国企业最重要的融资渠道（Tian，Estrin，2007；Ye，Zhang，2011），因此中国情境为检验公司环境绩效与债务成本之间的联系提供了一个非常合适的研究场景。

债务成本是债务人对贷款人承担的违约风险的补偿。现有文献（Dhaliwal et al.，2011；Kim et al.，2011a，2011b；Milani，2014）发现债务成本与违约风险、贷款人和借款人之间的信息不对称程度呈正相关关系。银行、贷款人和其他债务提供者可以通过评估公司年报中的硬信息来减少信息不对称，并且还可以进一步搜寻软信息作为贷款决策的重要参考（Anderson et al.，2004；Costello，Wittenberg-Moerman，2011；DeYoung et al.，2008；Dhaliwal et al.，2011；Gonzalez，Komarova-Loureiro，2014；Kim et al.，2011a，2011b；Milani，2014；Qi et al.，2010；Sengupta，1998）。当公司的年报中包含可疑的硬信息时，贷款人将致力于寻求软信息以减少信息不对称，从而降低债务契约的违约风险（Costello，Wittenberg-Moerman，2011；Dhaliwal et al.，2011；Kim et al.，2011a，2011b；Milani，2014）。从本质上讲，公司环境信息披露是一种重要的软信息。我们可以合理预测，贷款人会关注公司的环境绩效，从而对环保绩效较好的公司收取较低的债务利率。

本章利用手工收集的公司环境绩效数据和中国民营企业的样本，检验了贷款人是否会关注公司环境绩效。此外，本章还讨论了内部控制的调节作用。简而言之，本章研究结论如下：第一，以债务利率作为债务成本的代理变量，本章发现公司环境绩效与债务成本显著负相关。具体而言，公司环境绩效每增加一个标准差，债务利率下降约 23.91 个基点。显然，这个数值在经济上是显著的。第二，内部控制削弱了公司环境绩效与债务利率之间的负相关关系。最后，在采用公司环境绩效和债务成本的不同代理变量进行一系列敏感性测试，以及控制了公司环境绩效与债务利息之间的潜在内生性后，上述结论依然成立。

本章研究主要有以下几方面的研究贡献：

第一，就所掌握的知识和文献而言，本章是极少数探究公司环境绩效对债务融资定价影响的研究之一。虽然前期研究（Goss，Roberts，2011；Nandy，Lodh，2012；Sharfman，Fernando，2008）关注了企业社会责任与债务成本之间的关联，但并未形成一致的结论。不同维度的企业社会责任可能有着本质的差异，因此前期文献的结论可能无法直接应用于公司环境绩效与债务成本之间的关系研究（Du，2015a）。此外，虽然前期研究考察了企业社会责任对企业财务绩效风险的影响，但却几乎没有提供关于公司环境绩效是否影响债务成本的证据。因此深入探究公司环境绩效与债务成本之间的联系是十分必要的。

第二，公司环境绩效与债务利率之间的负相关关系意味着贷款人向环境绩效较好的企业收取的利率低于向环境绩效较差企业收取的利率。前期文献（Anderson et al.，2004；Dhaliwal et al.，2011；Kim et al.，2011a；Qi et al.，2010；Sengupta，1998）指出，除了依赖于客户财务报表中的硬信息以外，软信息也是贷款人了解客户公司运营情况、管理层的道德操守以及贷款相关风险的重要依据。本章的结论也支持了这一观点。

第三，本章是极少数考察企业多维度环境保护行为的研究之一。Sharfman 和 Fernando（2008）批评了一些公司环境绩效指标的度量偏差，例如 TRI 或公司环境绩效评级

(Al-Tuwaijri et al.,2004；Ambec,Lanoie,2008；Dixon-Fowler et al.,2013；Ilinitch et al.,1998)。综合指数法所具备的优势可以在一定程度上克服 TRI 或公司环境绩效评级的不足(Clarkson et al.,2008；Du,2015a；Du et al.,2014),这也保证了本章研究结果的稳健性。

第四,本章发现公司环境绩效和内部控制对于降低债务利率存在替代效应,表明内部控制削弱了公司环境绩效与债务利率之间的负相关关系。这一结果表明贷款人不仅应关注公司财务报表中的硬信息,也要密切关注非财务信息或软信息,如本章提及的公司环境绩效。本章的研究结论也呼应了现有文献中的观点(Anderson et al.,2004；Costello,Wittenberg-Moerman,2011；Dhaliwal et al.,2011；Qi et al.,2010；Sengupta,1998)。

第五,本章是首次使用中国这个世界上最大的新兴市场和第二大经济体作为研究背景,来检验公司环境绩效对贷款人决策的影响的文献。前期研究主要以美国和欧洲国家等发达国家为研究背景检验公司环境绩效的经济后果。然而,由于发达国家和发展中国家存在制度环境差异(Du,2015a；2015b),因此基于发达国家的研究结论可能并不适用于欠发达国家或发展中国家。本章聚焦于中国背景,通过探究公司环境绩效对债务利率的影响,丰富了公司环境绩效的经济后果的相关文献。

本章后续内容安排如下:第二部分是制度背景、文献回顾和假设发展,第三部分是模型设定和变量定义,第四部分是样本选择、描述性统计、单变量测试和相关性分析,第五部分是实证结果与分析,第六部分是敏感性测试,第七部分是内生性讨论,最后一部分是本章的研究结论与启示。

二、制度背景、文献回顾和假设发展

(一)制度背景

2010 年中国超过日本成为世界第二大经济体,然而,工业化和环境保护两者间的矛盾愈发的严重(Du et al.,2014)。资源的过度开采、空气污染和水土污染对中国环境造成了严重的破坏。中国环保部发布的报告指出,中国 200 个主要城市中约超过一半的城市地下水水质为较差或极差状态,中国超过三分之一的主要河流受到严重污染(China Daily,2013);此外,75%的特大城市空气质量未达到基本的质量标准。环境污染每年造成的损失约占 GDP 的 3.5%～8%,给中国社会带来了沉重的负担(The World Bank,2007)。

随着环境污染日益严重,政府也采取了一系列治理行动。自 2003 年以来,环保部多次发文要求中国上市公司披露公司环境信息。2010 年,环保部发文特别强调了中国上市公司应在年报中披露环境信息。由此,各地环保部门开始严格监控公司的环境报告。2006 年,中国证监会发布了一系列关于公司环境保护的文件,文件要求从 2008 年开始中国上市公司必须在年报中报告公司环境信息。上交所和深交所还分别要求污染行业的企业和深证 100

指数成份股企业应该遵循企业可持续发展报告指南进行环境信息披露(上海证券交易所,2008;深圳证券交易所,2008)。在法律和公众的压力下,已经有越来越多的中国上市公司开始关注公司环境责任,并披露其环境绩效的有关信息。

银监会是中国债务市场最重要的监管机构之一。2007年,银监会要求商业银行建立绿色信贷政策,并强调银行需要对债务人的环境绩效予以充分的关注(银监会,2007)。同年,中国最大的商业银行——中国工商银行宣布称只有遵循了环境保护的基本规则的企业才能从该行贷款(人民日报,2007)。

总而言之,中国的环境保护法律法规的体系建设尚处于初级阶段,但中国公众和投资者对环境问题非常关注,这促使监管机构和银行要求企业依法履行公司环境责任并披露公司环境绩效信息。

(二)文献回顾

利益相关者价值最大化观点认为,企业践行社会责任可以最大化利益相关者的财富(Cornell,Shapiro,1987;Godfrey,2005;Keim,1978)。该观点认为公司是管理者和各种利益相关者(例如,贷款人、消费者、供应商、政府官员、工会和社区)之间显性和隐性契约的中心,利益相关者为构建公司的竞争力优势提供了各种关键资源(Cornell,Shapiro,1987)。一方面,企业践行社会责任可以满足不同利益相关者的道德偏好,从而降低与利益相关者之间的交易成本(Clarkson et al.,2013;Cornell,Shapiro,1987;Godfrey,2005;Keim,1978;Kim et al.,2012)。通过使利益相关者愿意提供关键资源,企业践行社会责任最终可以降低商业风险和改善经济绩效(Deng et al.,2013;McGuire et al.,1988;Spicer 1978;Sun,Cui,2014;Verwijmeren,Derwall,2010)。因此,企业践行社会责任可以显著提高经济绩效(Deng et al.,2013;McGuire et al.,1988;Spicer,1978)。前期大量文献呼应了这一论点,并提供了系统性的证据表明企业践行社会责任可以有效地提高财务绩效,降低违约风险以及帮助企业从投资者和银行获得更有利的财务支持(Clarkson et al.,2011;Clarkson et al.,2013;Cochran,Wood,1984;Deng et al.,2013;Dhaliwal et al.,2014;El Ghoul et al.,2011;Flammer,2013;King,Lenox,2008;Kim et al.,2014a;Kim et al.,2014b;McGuire et al.,1988;Nandy,Lodh,2012;Sharfman,Fernando,2008;Spicer,1978;Sun,Cui,2014;Verwijmeren,Derwall,2010)。

另一方面,利益相关者费用观认为,企业践行社会责任需要耗费企业稀缺资源,进而导致企业价值降低、违约风险增加,因此企业社会责任与融资成本正相关(Barnea,Rubin,2010;Goss,Roberts,2011;Kim et al.,2012)。管理层可能会以牺牲利益相关者的利益为代价践行社会责任,其目的是为个人谋取私利,这种行为将会增加企业的违约风险(Barnea,Rubin,2010;Goss,Roberts 2011;Kim et al.,2012)。管理层和利益相关者之间的代理冲突可能会导致CEO过度投资慈善以提升自身声誉,因此企业社会责任活动可能会对利益相关者的财富产生负面影响(Barnea,Rubin,2010)。此外,有一小支文献[①]发现企业社会责任与资本成本呈正相关关系(Goss,Roberts,2011;Richardson,Welker,2001;Ye,Zhang,2011)。例如,在加拿大,积极践行社会责任的企业融资成本显著高于同行(Richardson,Welker,2001)。进一步将借款人区分为高质量借款人和低质量借款人后,有研究发现企业社会责任与债务成本呈正相关关系,但这种关系仅存在于低质量借款人中(Goss,Roberts,2011)。Ye和Zhang(2011)研究发现中国企业的慈善捐赠和债务成本之间存在 U 形关系。

综上所述,前期文献关于企业社会责任和融资成本之间的关系并未形成一致性的结论。为了便于理解,企业社会责任可以被分为企业社会责任强项和企业社会责任弱项(Zyglidopoulos 等,2012)。

企业社会责任强项指的是超出法律规定和狭隘经济利益以外的能够提供给利益相关者的额外利益,如企业向当地学校和医院的各种捐赠。企业社会责任弱项指的是企业从事了社会责任活动之后,企业经营仍会对利益相关者产生的负面影响,如企业进行社会责任活动(环保投资)之后尚未完全消除的、但符合法律规定的剩余污染。(Zyglidopoulos et al.,2012)。

虽然企业可以通过强化企业社会责任强项和减少企业社会责任弱项的方式来践行社会责任,但是负面效应比正面效应对企业的风险影响更大(Du,2015a;Zyglidopoulos et al.,2012)。除此之外,消除企业社会责任弱项的成本非常高(Du,2015b),而企业社会责任强项更具有操作空间。

基于前期研究成果以及社会责任强项和社会责任弱项的差异,本章合理推断,未能区分企业社会责任强项和企业社会责任弱项,或使用企业社会责任强项作为企业社会责任的代理变量是导致前期文献结论不一致的原因。例如,企业社会责任与权益成本正相关(Richardson,Welker,2001),企业社会责任与债务成本呈 U 形关系(Ye,Zhang,2011),企业社会责任关注评级(企业社会责任弱项的负向代理变量)与债务成本显著正相关,或者企业社会责任强项评级与低质量借款人的债务成本正相关(Goss,Roberts,2011)。但值得注意的是,关于各种企业社会责任弱项与资本成本间的联系,前期研究已得到了相对一致的结论(Clarkson et al.,2013;Goss,Roberts,2011;Nandy,Lodh,2012;Sharfman,Fernando,2008)。因此,本章聚焦于公司环境绩效这一特定维度的企业社会责任弱项,探究公司环境绩效对债务成本的影响。

(三)公司环境绩效和债务成本

Garriga 和 Melé(2004)指出了四种关于企业社会责任的理论:(1)伦理理论;(2)整合理论;(3)政治理论;(4)工具理论。借鉴 Garriga 和 Melé(2004)的理论框架,本章阐述了公司

[①]　Goss,Roberts(2011)认为银行对不同质量的借款人有条件的反应表明企业社会责任与债务成本之间存在正相关关系。事实上,低质量借款人的管理层和银行之间的代理冲突会导致违约风险更高,因此银行要对低质量借款人收取高利率以补偿更高的违约风险。

环境绩效与债务成本之间的联系。

伦理理论框架(Garriga,Melé,2004)表明,公司从事社会责任活动是因为其重视基本的社会道德规范,例如做"正确的事"或"为社会做贡献"(Garriga,Melé,2004)。在这方面,环境绩效较好的公司在经营中更诚实、更值得信赖和、更合乎伦理道德。建立和维护企业的绿色声誉是一个持续过程,需要企业长期积极践行环境保护行为。因此,如果管理层试图通过环境保护和改善环境绩效来掩盖机会主义行为和转移公众注意力,他们将会面临巨大的挑战和高昂的成本(Du,2015a,2015b)。因此环境绩效较好的企业机会主义行为更少,如更少的盈余管理行为(Kim et al.,2012)。这类企业的信息披露质量水平也更高,例如更高质量的可持续发展信息披露(Du,2015b;Sarmento et al.,2005)。此外,贷款人在做出利率决策时会将管理层的个人特征和声誉作为关键参考因素(Moulton,2007)。总之,借款人会青睐和奖励更具信誉、可信度、可靠性和责任感的公司,并为其提供利率较低的贷款。

整合理论的框架(Garriga,Melé,2004)认为环境保护是符合社会需求和主流价值观的,因此环境保护是企业获得合法性和声誉的重要渠道(Garriga,Melé,2004;Kim et al.,2012)。企业通过积极参与环境保护塑造良好的形象以应对来自具有环保意识的利益相关者的压力(Chen,2008;Du,2015b;Miles,Covin,2000;Sarmento et al.,2005)。此外,环保投资可以帮助企业与员工、消费者和供应商建立稳定、良好的关系,有助于缓解企业与利益相关者之间的潜在冲突。例如,具有环保意识的消费者更喜欢绿色产品且愿意为其支付更高的价格(Henriques,Sadorsky,1996)。消费者和供应商的忠诚度可以为企业产生持续且稳定的现金流(Henriques,Sadorsky,1996;Laszlo,2003;Roberts,2003;Russo,Fouts,1997),进而对企业财务柔性产生实质性的影响,降低企业的破产风险(Sharfman,Fernando,2008),强化企业的正面声誉,为企业提供道德无形资产,并使得企业被处罚、诉讼和管制的概率降低(Chen,2008;Du,2015b;Porter,van der Linde,1995;Sharfman,Fernando,2008)。由此可见,较好的公司环境绩效可以帮助企业降低运营成本、提高盈利能力并降低债务违约风险。因此,环境友好型企业承担的债务成本更低。

政治理论认为企业践行社会责任可能是出于政治目的(Garriga,Melé,2004)。中央和地方政府越来越重视环境保护,例如,"十一五"规划(2006—2010 年)将环境问题列为官员的一项重要任务(Wang,Chen,2010;Du,2015a)。基于这一角度,官员的政治生涯可能密切依赖于减排目标的实现,企业则可以通过提升环境绩效加强与重要官员间的政治联系。因此,环境保护工作可以帮助企业降低被政府处罚、管制和关停的风险。作为回报,贷款人会向环境友好型企业收取较低的债务成本。

最后,工具理论指出经济利益可能是企业参与社会责任活动的主要动机(Garriga,Melé,2004)。在中国,积极参与环境保护的企业可以获得财政补助、有利的产业政策或其他降低经营风险的优惠资金支持。例如,银监会要求所有国有商业银行严格执行以环境绩效为关键指标的绿色信贷政策(银监会,2007;新浪网,2006)。因此,中国的商业银行会对环境友好型企业收取较低的债务利率,并授予更高的信用额度。

基于以上讨论,本章提出第一个假设:

假设 10-1:限定其他条件,公司环境绩效与债务成本负相关。

(四)内部控制的调节作用

内部控制可以提供有关企业运营效率的额外信息,并能在一定程度上保证与企业信用风险有关信息的质量(Costello,Wittenberg-Moerman,2011;Dhaliwal et al.,2011;Doyle et al.,2007;Kim et al.,2011b)。薄弱的内部控制与债务成本显著正相关,而有效的内部控制可以降低企业信用风险和债务成本(Costello,Wittenberg-Moerman,2011;Dhaliwal et al.,2011;Kim et al.,2011b)。接下来本节进一步讨论公司环境绩效与内部控制对降低债务成本的交互作用。

内部控制缺陷使得管理层有机会挪用或滥用利益相关者的财富,进而导致企业的违约风险增加,而健全完善的内部控制系统可有效地减少这些潜在的、有意的或无意的机会主义行为(Costello,Wittenberg-Moerman,2011;Kim et al.,2011b)。因此,与内部控制体系薄弱的企业相比,拥有健全内部控制体系的企业面临的处罚、诉讼和管制的风险更低(Costello,Wittenberg-Moerman,2011;Dhaliwal et al.,2011;Doyle et al.,2007;Kim et al.,2011b)[①]。

更重要的是,本章认同前期文献(Costello,Wittenberg-Moerman 2011;Dhaliwal et al.,2011)的观点,即对于内部控制薄弱的企业,贷款人更可能会在对其债务定价决策中参考信用评级机构(银行监管)和分析师的报告等其他信息,而非企业财务信息。当借款企业内部控制的可靠性存疑时,公司环境绩效——一种非财务的软信息——可以帮助贷款人评估借款企业的贷款申请。

基于上述讨论,本章预测公司环境绩效和内部控制对于降低债务成本的影响存在相互替代作用而非强化作用。本章提出假设 10-2:

假设 10-2:限定其他条件,内部控制削弱了公司环境绩效与债务成本之间的负相关关系。

三、模型设定和变量

(一)假设 10-1 的实证模型

为了验证假设 10-1,本章参考前期文献(Francis et al.,2005a,2005b;Kim et al.,2011a,2011b;Pittman,Fortin,2004),设定了模型(10-1)检验债务成本与公司环境绩效的关系。

---

① Daines 等(2010)研究发现可用的、营利性的治理评级数据与相关的治理绩效几乎没有关联,因此本章限定描述为内部控制与行政处罚负相关。同时,本章从国泰安(CSMAR)数据库收集了中国证监会的行政处罚数据,并探究了内部控制与行政处罚间的联系。未列示的结果表明可用的、营利性的内部控制数据与行政处罚风险显著负相关。

$$\begin{aligned}
IRD_{i,t} =\ & \alpha_0 + \alpha_1 CEP_{i,t-1} + \alpha_2 FIRST_{i,t-1} + \alpha_3 DUAL_{i,t-1} + \alpha_4 INDR_{i,t-1} + \alpha_5 MAN\_SHR_{i,t-1} + \\
& \alpha_6 ACUR_{i,t-1} + \alpha_7 LIQUIDITY_{i,t-1} + \alpha_8 PPE_{i,t-1} + \alpha_9 SIZE_{i,t-1} + \alpha_{10} LEV_{i,t-1} + \\
& \alpha_{11} BTM_{i,t-1} + \alpha_{12} ROS_{i,t-1} + \alpha_{13} MATURITY_{i,t-1} + \alpha_{14} SECURITY_{i,t-1} + \\
& \alpha_{15} MKT_{i,t-1} + \sum(Year\ Dummies) + \sum(Industry\ Dummies) + \varepsilon
\end{aligned} \tag{10-1}$$

模型(10-1)中的变量定义详见附录10-1。在模型(10-1)中下标 i 和 t 分别表示公司和年份。被解释变量 IRD 是债务利率,作为债务成本的代理变量,债务利率等于 t 年利息费用总额除以 t 年的年初和年末长短期有息债务的均值(Francis et al.,2005a;Francis et al.,2005b;Kim et al.,2011a;Pittman,Fortin,2004)。基于中国会计准则,长短期有息债务包括:(1)金融机构和非金融机构的贷款;(2)债券;(3)特定业务的长期借款。主要解释变量为滞后一期的公司环境绩效 CEP(定义详见"公司环境绩效"部分和附录10-2)。假设 10-1 预测公司环境绩效与债务成本(有息债务利率)显著负相关。如果模型(10-1)中的 CEP 的系数 α_1 显著为负数,则假设 10-1 被经验证据支持。

关于债务成本或债务利率,前期文献主要有两种度量方式:(1)银行贷款的实际利率(Goss,Roberts,2011;Kim et al.,2011b;Kim et al.,2014a);(2)基于会计数据的债务利率[1]。Francis 等(2005a)认为虽然基于会计数据的利率度量可能存在一定的测量误差,但是该指标可以捕捉企业历史累积的债务融资决策(Kim et al.,2011a)。Greene(1990)认为只要被解释变量和解释变量的度量误差不存在系统相关性,那么二者间的联系就不会影响解释变量的显著性和系数。Kim 等(2011a)的研究也呼应了 Greene(1990)的观点,并为基于会计数据的债务利率度量逻辑提供了重要支持。

为了减轻公司环境绩效与债务成本之间潜在内生性的影响,模型(10-1)中的所有控制变量滞后一期。本文选取如下控制变量:

第一,本章包括了四个公司治理层面的变量控制内部治理机制对债务成本的影响,分别是 FIRST、DUAL、INDR 和 MAN_SHR。FIRST 为第一大股东持股比例;DUAL 是董事长和 CEO 两职合一虚拟变量,若董事长兼任 CEO 则取值为 1,否则为 0;INDR 为独立董事人数占董事会总人数的比例;MAN_SHR 为管理层的持股比例。

第二,前期文献发现应收账款周转率、流动比率、有形资产、公司规模、财务杠杆、盈利能力和成长性会影响企业债务成本(Francis et al.,2005a;Francis et al.,2005b;Kim et al.,2011a;Pittman,Fortin,2004;Ye,Zhang,2011)。因此本章在模型(10-1)中加入了 7 个变量控制公司层面的财务特征对债务成本的影响,分别是 ACUR、LIQUIDITY、PPE、SIZE、LEV、ROS 和 BTM。ACUR 等于营业总收入除以年初年末应收账款的均值;LIQUIDITY 等于流动资产与流动负债的比值;PPE 等于固定资产与资产总额的比值;SIZE 表示公司规模,等于资产总额的自然对数;LEV 表示财务杠杆,等于所有有息负债与资产总额的比值;

---

[1] 可能会有部分学者认为应该对单项贷款的利率和基于会计数据的债务利率两种度量方式进行比较说明。实际上,本章的解释变量是基于环境绩效信息披露和内容分析框架构建的综合环境绩效指标,由于并未基于会计数据,因此公司环境绩效的度量偏差不太可能与债务利率的度量偏差存在系统相关性。

ROS 表示企业盈利能力,等于营业利润与总营业收入的比值;BTM 表示企业成长性,等于普通股的账面价值除以其市场价值。

第三,借鉴 Goss 和 Roberts(2011)的研究,本章在模型(10-1)中控制了债务期限 MA-TURITY 和债务担保 SECURITY 对债务成本的影响。MATURITY 是加权平均的债务期限,等于以单项有息债占总有息债务的比例加权的平均有息债务期限(单位:月)(Anderson et al.,2003,2004)。SECURITY 为债务担保虚拟变量,如果有息债务中包含担保贷款则取值为 1,否则为 0(Goss,Roberts,2011;Qian,Strahan,2007)。

第四,MKT 表示市场化指数来自(樊纲 等,2011),该指数度量了中国不同省份的市场化程度[①]。

最后,本章在模型(10-1)中加入了行业和年度虚拟变量分别控制行业和年度对债务成本的影响。

(二)假设 10-2 的实证模型

为了检验假设 10-2,本节引入了一个额外变量,即内部控制(IC),构建了模型(10-2),用以检验债务成本(IRD)与公司环境绩效(CEP)、内部控制(IC)、交乘项(CEP×IC)、公司层面变量和其他影响因素间的联系。

$$
\begin{aligned}
\mathrm{IRD}_{i,t} = {} & \beta_0 + \beta_1 \mathrm{CEP}_{i,t-1} + \beta_2 \mathrm{IC}_{i,t-1} + \beta_3\ \mathrm{CEP}_{i,t-1} \times \mathrm{IC}_{i,t-1} + \beta_4 \mathrm{FIRST}_{i,t-1} + \beta_5 \mathrm{DUAL}_{i,t-1} + \\
& \beta_6 \mathrm{INDR}_{i,t-1} + \beta_7 \mathrm{MAN\_SHR}_{i,t-1} + \beta_8 \mathrm{ACUR}_{i,t-1} + \beta_9 \mathrm{LIQUIDITY}_{i,t-1} + \beta_{10} \mathrm{PPE}_{i,t-1} + \\
& \beta_{11} \mathrm{SIZE}_{i,t-1} + \beta_{12} \mathrm{LEV}_{i,t-1} + \beta_{13} \mathrm{BTM}_{i,t-1} + \beta_{14} \mathrm{ROS}_{i,t-1} + \beta_{15} \mathrm{MATURITY}_{i,t-1} + \\
& \beta_{16} \mathrm{SECURITY}_{i,t-1} + \beta_{17} \mathrm{MKT}_{i,t-1} + \sum (\text{Year Dummies}) + \sum (\text{Industry Dummies}) + \eta
\end{aligned}
$$

$$(10\text{-}2)$$

在模型(10-2)中,被解释变量和主要的解释变量分别是 IRD 和 CEP,调节变量是 IC。基于前期研究(Costello,Wittenberg-Moerman,2011;Dhaliwal et al.,2011;Kim et al.,2011b),本章预测内部控制 IC 的系数为负数。在模型(10-2)中,如果(CEP×IC)的系数显著为正数,则假设 10-2 被经验证据支持。模型(10-2)中所有控制变量与模型(10-1)相同,变量定义详见附录 10-1。

(三)公司环境绩效

前期文献关于公司环境绩效的度量主要包括四种方法:

第一,一些早期研究通过分析企业公开披露的环境内容来度量环境绩效,如环境信息披露的页数(Gray et al.,1995;Guthrie,Parker,1989;Patten,1992)、句子(Ingram,Frazier,

---

① 市场化指数由国家经济研究所汇编(樊纲等,2011),市场化指数由五个组成部分和各项子指标组成,五个组成部分别是政府与市场的关系、非国有经济的发展、产品市场的发展、要素市场的发展、市场中介机构和法律环境。各项子指标均以 1999 年的数据为基准,最大值和最小值分别制定为 10 和 0。由基准年进行标准化处理的数值作为各项指标的取值,所有子指标的均值作为最终的市场化指数。

1980)和词语(Deegan, Gordon, 1996; Zeghal, Ahmed, 1990)。然而, Clarkson 等(2008)和 Du(2015b)研究指出上述方法存在明显不足, 现在的研究极少采用。

第二, 一类前期文献采用来自投资者责任研究中心(Investor Responsibility Research Center)的有毒物质排放清单(TRI)数据衡量公司环境绩效。然而, 有毒物质排放清单(toxics release inventory, 简称为 TRI)数据主要度量的是企业化学物质排放绩效, 并不是一个公司环境绩效的综合度量指标(Ambec 和 Lanoie, 2008; Dixon-Fowler 等, 2013)。

第三, 另一类文献(Cai, He, 2014; Cho, Patten, 2007; Cho et al., 2006; Fisher-Vanden, Thorburn, 2011)使用社会绩效数据库(例如 KLD)提供的评级数据作为公司环境绩效的代理变量。然而, 这些公开的数据库只提供了部分选定的上市公司(例如, DS400, S&P 500, LCS, Russell 1000, BMS, Russell 2000)的环境绩效评级数据, 而并未提供所有上市公司的环境绩效评级数据, 因此这类度量可能会带来样本选择偏差。更重要的是, 基于有毒物质排放清单(TRI)数据或者社会绩效数据库(例如 KLD)度量的公司环境绩效主要聚焦于美国等发达国家(Dooley, Fryxell, 1999; Hamilton, 1995; Sharfman, Fernando, 2008; Walker, Wan, 2012), 但中国并没有类似的数据库, 因此不能使用这一类数据探究中国背景下公司环境绩效对债务成本的影响。

第四, Clarkson 等(2008)基于 GRI《可持续性报告指南》, 提出了一个可用来处理由企业完全自主披露的环境信息的语义的内容分析框架。Clarkson 等(2008)的框架是一个多维度的环境绩效度量体系, 包括公司治理与管理系统、可信度、环境业绩指标、有关环保的支出、远景及战略声明、环保概况、环保倡议。Clarkson 等(2008)框架的广度、透明度和有效性都得到了众多研究的认可(Du et al., 2014; Rahman, Post, 2012)。

因此, 本章采用基于 Clarkson 等(2008)的内容分析框架构建的环境绩效披露指标作为公司环境绩效的代理变量。具体地, 参考 Clarkson 等(2008)的环境披露内容分析框架, 本章为每个中国民营企业构建了一个公司环境绩效指数, 每个指数由 7 个部分构成, 7 个部分的指标构建参考 GRI(2006)的报告。本章首先从企业的年报、社会责任报告和其他披露中手工收集环境信息。然后, 使用内容分析方法来细化和量化公司环境绩效的 7 个组成部分。最后, 将 7 个组成部分的原始得分相加得到总分作为公司环境绩效的度量指标。

附录 10-2 报告了公司环境绩效 7 个类别和 45 个子项的描述性统计数据。此外, 本章以每个子项的均值为依据将样本划分为高环境绩效子样本和低环境绩效子样本, 并比较两个子样本间的债务利率均值差异。如附录 10-2 所示, 在 7 个类别中, 高公司环境绩效组的债务利率显著低于低公司环境绩效组的债务利率。进一步地, 对于 45 个子项, t 检验结果表明在大多数分组中高公司环境绩效组的债务利率显著低于低公司环境绩效组的债务利率。总体而言, 本章可以合理推断, 公司环境绩效与债务利率呈显著负相关, 为假设 10-1 提供了初步的支持。

四、样本选择和描述性统计

(一)样本选择和数据来源

本章以 2009—2011 年的所有中国民营企业为研究样本。表 10-1 的 Panel A 报告了样本筛选过程,如下:(1)由于金融业报表结构与其他行业不同,因此剔除了金融、银行和保险行业的样本;(2)剔除了企业上市不足 1 年的样本;(3)剔除了净资产小于 0 的样本;(4)剔除了公司环境绩效数据缺失的样本;(5)剔除了在 B、H 股交叉上市的样本;(6)剔除了控制变量缺失的样本;(7)剔除了内部控制变量缺失的样本。最后,本章共获得 1 599 个公司—年度观测值。为了避免极端值的影响,对连续变量按照 1% 与 99% 分位进行了缩尾处理。表 10-1 的 Panel B 报告了样本的年度、行业分布情况,表明样本没有严重的行业、年度聚类的问题。

表 10-1 样本选择和分布

Panel A:样本选择	
初始样本(2009—2011 年)	2 552
剔除了金融、银行和保险行业的样本	(26)
剔除了企业上市不足 1 年的样本	(113)
剔除了净资产小于 0 的样本	(125)
剔除了在 B、H 股交叉上市的样本	(44)
剔除了公司环境绩效数据缺失的样本	(4)
剔除了内部控制变量缺失的样本	(430)
剔除了控制变量缺失的样本	(211)
最终的公司—年度观测值	1 599
公司数量	712

Panel B:样本行业年度分布

行 业	年份			合计	百分比/%
	2009	2010	2011		
农、林、牧、渔业	13	12	17	42	2.63
采矿业	1	2	3	6	0.38
食品和饮料业	20	20	28	68	4.25
纺织、服装制造、皮革和毛皮制品业	32	32	35	99	6.19
木材和家具业	3	5	6	14	0.88
造纸和印刷业	14	17	15	46	2.88
石油、化工、塑料和橡胶制品业	42	56	77	175	10.94
电子设备业	30	33	38	101	6.32

续表

行 业	年份			合计	百分比/%
	2009	2010	2011		
金属和非金属业	35	38	55	128	8.01
机械、设备和仪器制造业	73	83	110	266	16.64
医药和生物制品制造业	35	36	48	119	7.44
其他制造业	14	13	16	43	2.69
电力、热力、燃气及水生产和供应业	4	3	8	15	0.94
建筑业	9	11	11	31	1.94
交通运输、仓储业	6	7	8	21	1.31
信息技术业	31	33	50	114	7.13
批发和零售业	22	28	34	84	5.25
房地产业	26	31	43	100	6.25
居民服务业	9	11	17	37	2.31
通信和文化业	0	0	2	2	0.12
综合性行业	30	30	28	88	5.50
年度合计	449	501	649	1 599	
百分比/%	28.08	31.33	40.59		100

本章的数据来源如下:(1)债务利率(IRD)数据基于国泰安数据库(CSMAR)计算所得;(2)公司环境绩效(CEP)数据基于企业的年报、企业社会责任报告和其他披露的信息手工收集而得;(3)内部控制指数(IC)数据从"DIB 内部控制与风险"数据库(http://www.ic-erm.com/)中获取;(4)市场化(MKT)数据来自樊纲等(2011);(5)其他公司层面的变量来自国泰安数据库(CSMAR)。

(二)描述性统计和 Pearson 相关性分析

表 10-2 的 Panel A 报告了主要变量的描述性统计结果。债务利率(IRD)的平均值约为5.354 3,表明中国民营企业的平均贷款利率为 5.35%。此外,IRD 的平均值没有呈现严重的偏态分布。公司环境绩效(CEP)的平均值为 2.355 2,表明样本公司的公司环境绩效得分较低。内部控制(IC)的平均值为 6.687 6,揭示了中国民营企业内部控制的平均水平。

控制变量显示,中国民营企业中第一大股东平均持股比例(FIRST)约为 33.27%,约有23.51%的公司中董事长兼任 CEO(DUAL),独立董事比例(INDR)平均约为 36.62%,管理层持股比例(MAN_SHR)平均约为 6.98%,平均的应收账款周转率(ACUR)约为 60.116 3次,平均的流动比率(LIQUIDITY)约为 1.828 2,固定资产(PPE)平均占比约为 24.30%,企业规模(SIZE)平均约为 18.2 亿元人民币($e^{21.322\ 3}$),平均的财务杠杆(LEV)约为 22.37%,平均的账面市值比(BTM)约为 0.412 6,平均的销售利润率(ROS)约为 6.14%,平均的加权平均债务期限(MATURITY)约为 11.514 6 个月,平均约 20.89%的公司存在有息债务担保

（SECURITY），平均的市场化指数（MKT）约为 9.317 1。

表 10-2 的 Panel B 报告了单变量测试结果。本章基于公司环境绩效样本均值将全样本划分为高环境绩效子样本和低环境绩效子样本。Panel B 显示高环境绩效子样本的债务利率均值和中位数都显著低于低环境绩效子样本的债务利率，表明环境绩效较好的公司被贷款人收取了较低的债务利率，为假设 10-1 提供了初步的支持证据。此外，Panel B 显示模型（10-1）中控制变量的均值在高环境绩效子样本和低环境绩效子样本两组之间存在显著的差异。

表 10-2　描述性统计和单变量测试

Panel A：描述性统计

变量	观测值	均值	标准差	最小值	25％分位	中位数	75％分位	最大值
IRD_t（％）	1 599	5.354 3	4.650 0	0.000 0	3.084 7	5.316 0	6.693 1	39.166 6
CEP_{t-1}	1 599	2.355 2	4.188 2	0	0	1	3	33
IC_{t-1}	1 599	6.687 6	1.027 1	0.000 0	6.292 7	6.841 7	7.148 4	9.734 1
$FIRST_{t-1}$	1 599	0.332 7	0.146 4	0.085 0	0.221 3	0.303 4	0.424 3	0.770 2
$DUAL_{t-1}$	1 599	0.235 1	0.424 2	0	0	0	0	1
$INDR_{t-1}$	1 599	0.366 2	0.050 1	0.250 0	0.333 3	0.333 3	0.400 0	0.571 4
MAN_SHR_{t-1}	1 599	0.069 8	0.152 4	0.000 0	0.000 0	0.000 1	0.030 0	0.736 0
$ACUR_{t-1}$	1 599	60.116 3	251.494 0	0.874 0	4.454 3	7.878 8	20.706 6	2871.190 0
$LIQUIDITY_{t-1}$	1 599	1.828 2	1.530 5	0.081 6	1.014 5	1.439 2	2.038 9	20.105 8
PPE_{t-1}	1 599	0.243 0	0.168 4	0.001 0	0.112 7	0.215 6	0.348 2	0.783 7
$SIZE_{t-1}$	1 599	21.322 3	1.023 7	18.597 8	20.624 0	21.200 5	21.968 9	25.517 5
LEV_{t-1}	1 599	0.223 7	0.149 1	0.000 0	0.103 8	0.218 6	0.322 9	0.828 7
BTM_{t-1}	1 599	0.412 6	0.238 1	0.008 5	0.234 2	0.367 9	0.542 7	1.299 8
ROS_{t-1}	1 599	0.061 4	0.264 7	−3.602 3	0.022 3	0.070 4	0.143 6	0.674 0
$MATURITY_{t-1}$	1 599	11.514 6	8.126 4	3.000 0	6.000 0	8.437 2	13.602 0	56.304 6
$SECURITY_{t-1}$	1 599	0.208 9	0.406 6	0	0	0	0	1
MKT_{t-1}	1 599	9.317 1	2.029 9	4.25	7.42	9.55	11.04	11.71

Panel B：高环境绩效子样本和低环境绩效子样本间的均值（中位数）差异 t（z）检验

变量	高环境绩效子样本（N＝651）			低环境绩效子样本（N＝948）			t 检验	z 检验
	均值	标准差	中位数	均值	标准差	中位数		
IRD_t（％）	4.854 7	3.542 0	5.183 7	5.697 4	5.252 2	5.431 4	−3.83***	−2.65***
IC_{t-1}	6.929 4	1.074 3	6.938 0	6.521 6	0.959 3	6.777 9	7.79***	7.60***
$FIRST_{t-1}$	0.347 8	0.147 3	0.324 7	0.322 4	0.145 0	0.293 8	3.42***	3.76***
$DUAL_{t-1}$	0.210 4	0.407 9	0	0.252 1	0.434 5	0	−1.95*	−1.93*
$INDR_{t-1}$	0.365 5	0.049 0	0.333 3	0.366 7	0.050 8	0.333 3	−0.48	−0.28

续表

变量	高环境绩效子样本（N=651）			低环境绩效子样本（N=948）			t 检验	z 检验
	均值	标准差	中位数	均值	标准差	中位数		
MAN_SHR_{t-1}	0.083 8	0.164 4	0.000 3	0.060 3	0.142 8	0.000 0	2.96 ***	5.04 ***
$ACUR_{t-1}$	47.894 4	236.490 5	8.049 0	68.509 1	261.090 2	7.683 8	−1.64	0.45
$LIQUIDITY_{t-1}$	1.782 4	1.432 9	1.424 4	1.859 6	1.594 0	1.449 4	−1.01	−0.34
PPE_{t-1}	0.262 5	0.166 6	0.235 5	0.229 6	0.168 4	0.202 4	3.85 ***	4.16 ***
$SIZE_{t-1}$	21.614 2	1.061 8	21.452 1	21.121 8	0.946 5	21.058 1	9.52 ***	8.66 ***
LEV_{t-1}	0.228 5	0.144 6	0.225 4	0.220 5	0.152 0	0.213 4	1.06	1.48
BTM_{t-1}	0.447 4	0.243 3	0.395 8	0.388 7	0.231 6	0.343 8	4.87 ***	4.95 ***
ROS_{t-1}	0.076 6	0.178 6	0.075 6	0.050 9	0.309 9	0.062 6	2.10 **	2.53 **
$MATURITY_{t-1}$	11.082 7	7.633 1	7.937 4	12.143 6	8.763 3	9.191 9	−2.50 **	−3.60 ***
$SECURITY_{t-1}$	0.163 5	0.370 0	0	0.275 0	0.446 8	0	−5.25 ***	−5.38 ***
MKT_{t-1}	9.544 6	1.966 4	10.55	9.160 9	2.058 8	9.55	3.73 ***	3.62 ***

注：本表报告的是描述性统计和单变量测试结果，变量定义详见附录 10-1。为了避免极端值的影响，对连续变量按照 1% 与 99% 分位进行了缩尾处理。 *** 、** 、* 分别表示在 1%、5%、10% 的显著性水平上显著（双侧检验下）。

表 10-3 报告了 Pearson 相关性分析结果，相关系数下方括号中报告的是 p 值。表 10-3 显示 IRD 与 CEP 呈显著负相关（系数＝−0.050 6, p 值＝0.022 8），初步支持了假设 10-1。此外，IRD 与 IC 显著负相关（系数＝−0.089 9, p 值＝0.000 3），综合上述结果表明应该检验公司环境绩效与内部控制对降低企业债务利率的交互作用。

控制变量显示，FIRST、ACUR、LIQUIDITY、SIZE、LEV、BTM、ROS 和 MATURITY 与 IRD 显著负相关，PPE 与 IRD 显著正相关。上述结果表明在模型中加入这些控制变量是必要的。此外，如表 10-3 所示，控制变量间的相关系数较小，且所有变量的方差膨胀因子均小于 10[①]，表明将这些控制变量纳入模型中时不会导致严重的多重共线性问题。

---

① 本章分别采用方差膨胀因子和条件指数来诊断多重共线性。未列示的结果表明，最大的条件指数（或截距调整条件指数）远小于 10，表明本章的实证模型中不存在严重的多重共线性问题（Belsley,1991；Belsley 等,1980；Greene,1990）。

表 10-3 Pearson 相关性分析

变量	VIF	(1)	(2)	(3)	(4)	(5)	(6)	(7)	(8)	(9)	(10)	(11)	(12)	(13)	(14)	(15)	(16)	(17)
IRD$_t$(%) (1)		1																
CEP$_{t-1}$ (2)	1.217 5	−0.050 6 (0.022 8)	1															
IC$_{t-1}$ (3)	1.681 3	−0.089 9 (0.000 3)	0.232 4 (<.0 001)	1														
FIRST$_{t-1}$ (4)	1.164 4	−0.123 5 (<.0 001)	0.061 0 (0.014 7)	0.159 5 (<.0 001)	1													
DUAL$_{t-1}$ (5)	1.092 5	0.008 4 (0.737 6)	−0.056 9 (0.022 9)	0.009 8 (0.694 8)	−0.008 2 (0.742 1)	1												
INDR$_{t-1}$ (6)	1.049 9	0.031 1 (0.213 5)	−0.052 4 (0.036 1)	−0.044 7 (0.073 7)	0.046 8 (0.061 3)	0.049 5 (0.048 0)	1											
MAN_SHR$_{t-1}$ (7)	1.244 8	−0.004 5 (0.858 0)	0.012 1 (0.629 4)	−0.001 7 (0.946 6)	−0.043 3 (0.083 3)	0.166 6 (<.0 001)	0.025 9 (0.300 4)	1										
ACUR$_{t-1}$ (8)	1.150 3	−0.061 1 (0.014 5)	−0.021 7 (0.387 0)	0.026 0 (0.298 0)	0.060 8 (0.015 0)	−0.089 3 (0.000 4)	−0.028 6 (0.253 1)	−0.069 3 (0.005 6)	1									
LIQUIDITY$_{t-1}$ (9)	1.485 2	−0.054 6 (0.029 0)	−0.049 3 (0.048 8)	0.071 4 (0.004 3)	0.024 5 (0.328 3)	0.093 9 (0.000 2)	0.082 7 (0.000 9)	0.122 9 (<.0 001)	−0.023 5 (0.347 4)	1								
PPE$_{t-1}$ (10)	1.541 1	0.049 8 (0.046 7)	0.119 5 (<.0 001)	−0.078 7 (0.001 6)	−0.042 4 (0.089 8)	−0.018 6 (0.457 8)	−0.066 0 (0.008 3)	−0.020 1 (0.422 4)	−0.048 0 (0.054 8)	−0.303 9 (<.0 001)	1							
SIZE$_{t-1}$ (11)	2.510 2	−0.058 3 (0.019 8)	0.298 3 (<.0 001)	0.519 3 (<.0 001)	0.203 6 (<.0 001)	−0.104 8 (<.0 001)	−0.018 0 (0.470 9)	−0.173 3 (<.0 001)	0.114 5 (<.0 001)	−0.143 5 (<.0 001)	−0.045 1 (0.071 3)	1						
LEV$_{t-1}$ (12)	1.446 7	−0.120 0 (<.0 001)	0.004 4 (0.859 9)	−0.011 0 (0.661 4)	0.106 2 (<.0 001)	−0.060 2 (0.016 1)	−0.055 4 (0.026 8)	−0.107 5 (<.0 001)	0.022 5 (0.368 1)	−0.385 2 (<.0 001)	0.215 2 (<.0 001)	0.279 4 (<.0 001)	1					

续表

变量		VIF	(1)	(2)	(3)	(4)	(5)	(6)	(7)	(8)	(9)	(10)	(11)	(12)	(13)	(14)	(15)	(16)	(17)
BTM_{t-1}	(13)	2.2730	−0.2423 (<.0001)	0.0418 (0.0949)	0.0804 (0.0013)	0.1891 (<.0001)	−0.0486 (0.0521)	−0.0278 (0.2661)	0.0730 (0.0035)	0.0197 (0.4309)	−0.0052 (0.8362)	0.0401 (0.1090)	0.2799 (<.0001)	0.1243 (<.0001)	1				
ROS_{t-1}	(14)	1.2489	−0.0842 (0.0008)	0.0527 (0.0351)	0.3580 (<.0001)	0.1478 (<.0001)	0.0317 (0.2046)	0.0060 (0.8104)	0.0683 (0.0063)	0.0402 (0.1082)	0.2041 (<.0001)	−0.1017 (<.0001)	0.2085 (<.0001)	−0.0536 (0.0321)	0.0664 (0.0079)	1			
$MATURITY_{t-1}$	(15)	1.6605	−0.1096 (<.0001)	0.0941 (0.0002)	0.1734 (<.0001)	0.1053 (<.0001)	−0.0725 (0.0037)	0.0051 (0.8400)	−0.1513 (<.0001)	0.1267 (<.0001)	0.1002 (0.0001)	−0.0783 (0.0017)	0.3606 (<.0001)	0.1774 (<.0001)	0.0919 (0.0002)	0.1529 (<.0001)	1		
$SECURITY_{t-1}$	(16)	1.4383	0.0185 (0.4586)	0.1409 (<.0001)	0.2023 (<.0001)	0.0732 (0.0034)	−0.0564 (0.0240)	−0.0034 (0.8934)	−0.0906 (0.0003)	0.0450 (0.0718)	−0.0616 (0.0137)	−0.0030 (0.9046)	0.3802 (<.0001)	0.1974 (<.0001)	0.0782 (0.0018)	0.0890 (0.0004)	0.4758 (<.0001)	1	
MKT_{t-1}	(17)	1.2015	−0.0061 (0.8060)	0.0899 (0.0003)	0.1220 (<.0001)	0.1166 (<.0001)	0.0926 (0.0002)	−0.0687 (0.0060)	0.1827 (<.0001)	−0.0625 (0.0124)	0.0695 (0.0054)	−0.1158 (<.0001)	0.0554 (0.0267)	−0.0363 (0.1465)	0.0853 (0.0006)	0.0678 (0.0067)	−0.0179 (0.4739)	0.0180 (0.4726)	1

注:括号中数表示 p 值,VIF 表示方差膨胀因子,变量定义见详附录 10-1。

五、实证结果

表 10-4 报告了假设 10-1、10-2 的检验结果,为了减轻样本的潜在自相关和聚类问题,所有报告的 t 值都经过公司和年份层面聚类的标准误调整(Petersen,2009)。表 10-4 报告了公司环境绩效、内部控制和其他决定因素对债务成本(债务利率)的逐步回归结果。结果显示所有模型都非常显著(基于模型的 F 统计量)。此外,逐步回归显示模型的调整的 R^2 数值逐渐变大,表明模型的解释力逐渐增加(相邻模型间"ΔR^2"的 F 检验结果详见表 10-4 的倒数第 2、3 行)。

表 10-4 公司环境绩效、内部控制和其他决定因素对债务利率的回归结果

变量	因变量:IRD							
	(1)		(2)		(3)		(4)	
	系数	t 值	系数	t 值	系数	t 值	系数	t 值
CEP_{t-1}			$-0.056\,4^{***}$	-2.71	$-0.052\,0^{**}$	-2.32	$-0.317\,6^{**}$	-2.30
IC_{t-1}					$-0.377\,8^{**}$	-2.34	$-0.473\,7^{**}$	-2.57
$CEP_{t-1}\times IC_{t-1}$							$0.037\,2^{**}$	2.05
$FIRST_{t-1}$	$-2.493\,5^{***}$	-2.90	$-2.471\,4^{***}$	-2.96	$-2.325\,2^{**}$	-2.46	$-2.316\,3^{**}$	-2.46
$DUAL_{t-1}$	$0.011\,8$	0.06	$-0.017\,8$	-0.09	$0.007\,2$	0.04	$0.003\,4$	0.02
$INDR_{t-1}$	$1.922\,1$	0.88	$1.809\,8$	0.80	$1.508\,7$	0.64	$1.572\,4$	0.67
MAN_SHR_{t-1}	$0.754\,1$	0.83	$0.844\,3$	0.90	$0.931\,4$	0.87	$1.009\,5$	0.92
$ACUR_{t-1}$	$-0.000\,6^{***}$	-3.09	$-0.000\,7^{***}$	-3.24	$-0.000\,7^{***}$	-3.19	$-0.000\,7^{***}$	-2.99
$LIQUIDITY_{t-1}$	$-0.309\,6$	-1.53	$-0.310\,5$	-1.53	$-0.293\,2$	-1.46	$-0.288\,7$	-1.45
PPE_{t-1}	$1.033\,9$	0.80	$1.171\,1$	0.91	$1.141\,4$	0.90	$1.160\,9$	0.92
$SIZE_{t-1}$	$-0.109\,5$	-0.63	$-0.023\,5$	-0.12	$0.190\,5$	0.99	$0.173\,3$	0.92
LEV_{t-1}	$-4.362\,1^{**}$	-2.11	$-4.572\,9^{**}$	-2.14	$-4.834\,9^{**}$	-2.23	$-4.738\,7^{**}$	-2.23
BTM_{t-1}	$-0.496\,5$	-0.94	$-0.595\,7$	-1.11	$-0.807\,4$	-1.38	$-0.734\,5$	-1.29
ROS_{t-1}	$-1.203\,9^{***}$	-2.60	$-1.223\,7^{**}$	-2.54	$-0.892\,3^{*}$	-1.79	$-0.848\,0^{*}$	-1.67
$MATURITY_{t-1}$	$-0.033\,6$	-1.15	$-0.032\,5$	-1.17	$-0.033\,4$	-1.15	$-0.034\,3$	-1.16
$SECURITY_{t-1}$	$0.420\,8$	1.01	$0.442\,2$	1.06	$0.471\,1$	1.10	$0.472\,5$	1.12
MKT_{t-1}	$0.029\,9$	0.47	$0.038\,7$	0.64	$0.048\,3$	0.80	$0.049\,5$	0.80
截距	$7.374\,2^{*}$	1.77	$5.652\,7$	1.35	$3.648\,7$	1.00	$4.517\,1$	1.24
行业/年度	控制		控制		控制		控制	
观测值	1 599		1 599		1 599		1 599	
Adj_R^2	0.143 3		0.145 0		0.148 7		0.150 5	
F 值(p 值)	10.32^{***} (<.000 1)		9.87^{***} (<.000 1)		9.52^{***} (<.000 1)		9.32^{***} (<.000 1)	
ΔR^2			4.11^{**} (0.042 8)		7.70^{***} (0.005 6)		4.33^{**} (0.037 7)	
系数测试:$\beta_1(CEP_{t-1})+\beta_3(CEP_{t-1}\times IC_{t-1})=0$							5.46^{**} (0.019 6)	

注:所有变量定义详见附录 10-1。***、**、* 分别表示 1%、5%、10% 水平显著(双侧检验下)。所有报告的 t 值都经过公司和年份层面聚类的标准误调整(Petersen,2009)。

表 10-4 的第(1)列报告了控制变量与债务利率的回归结果。结果显示:(1)FIRST 的系数显著为负,表明第一大股东持股比例越高,企业支付的债务利率越低[①];(2)ACUR 的系数在 1% 的显著性水平上显著为负,表明应收账款周转率越高的企业支付的债务成本越低;(3)LEV 的系数显著为负,表明财务杠杆与债务利率呈负相关;(4)ROS 的系数显著为负,表明财务绩效越好的企业债务利率越低。

假设 10-1 预测公司环境绩效与债务利率负相关。表 10-4 的第(2)列报告了公司环境绩效和其他因素对债务利率的回归结果。结果显示 CEP 的系数在 1% 的显著性水平上显著为负数(系数 $=-0.056\ 4$,t 值 $=-2.71$),表明环境绩效较好的公司的债务利率显著低于环境绩效较差的公司的债务利率,支持了假设 10-1。此外,CEP 的系数在经济意义上也显著。具体而言,CEP 每增加 1 个标准差,债务利率下降约 23.62 个基点($-0.056\ 4\times4.188\ 2$)或 IRD 均值的 4.41%($-0.056\ 4\times4.188\ 2/5.354\ 3$)。

表 10-4 的第(3)列包含了公司环境绩效(CEP)、内部控制(IC)和其他影响因素。结果显示 CEP 的系数显著为负数(系数 $=-0.052\ 0$,t 值 $=-2.32$),再次支持了假设 10-1。此外,IC 与债务利率显著负相关(系数 $=-0.377\ 8$,t 值 $=-2.34$),呼应了前期研究(Costello,Wittenberg-Moerman,2011;Dhaliwal et al.,2011;Kim et al.,2011b)。

假设 10-2 预测内部控制削弱了公司环境绩效和债务利率间的负相关关系,为了验证假设 10-2,表 10-4 的第(4)列包括了 CEP、IC 和交乘项(CEP×IC)。结果显示 CEP 和 IC 的系数均显著为负数(系数 $=-0.317\ 6$,t 值 $=-2.30$;系数 $=-0.473\ 7$,t 值 $=-2.57$),前者支持了假设 10-1,后者与前期研究结果一致(Dhaliwal et al.,2011;Kim et al.,2011b)。CEP 的经济意义表明 CEP 每增加一个标准差,债务利率约下降 133.02 个基点。显然,在模型中加入了内部控制(IC)后,CEP 对债务利率的影响更大了。此外,内部控制(IC)每增加一个标准差,债务利率约下降 48.65 个基点。

更重要的是,交乘项(CEP×IC)的系数在 5% 的显著性水平上显著为正数(系数 $=0.037\ 2$,t 值 $=2.05$),表明公司环境绩效与债务利率之间的负相关关系在内部控制较强的企业中更不显著,支持了假设 10-2。此外,F 检验表明 CEP 系数与 CEP×IC 系数之和在 5% 显著性水平上显著为正数(F 值 $=5.46$,p 值 $=0.019\ 6$),内部控制(IC)每增加一个标准差,环境绩效对债务利率的负向影响减少约 12.03%。上述结果表明公司环境绩效和内部控制之间的替代效应在经济意义上也是显著的。

　　[①]　相对较高的第一大股东持股比例(FIRST)可能是导致 DUAL、INDR 和 MAN_SHR 的系数不显著的原因。

六、敏感性测试

(一)利用调整的债务利率对假设 10-1、10-2 进行敏感性测试

中国央行颁布的基准利率是决定债务成本的关键指标,为了降低基准利率对本章结果的影响,本章借鉴 Kim 等(2011a)、使用债务利率与平均基准利率的差 IRD_ADJ 作为新的被解释变量,然后再利用模型(10-1)、(10-2)重新检验假设 10-1、10-2,表 10-5 报告了使用 IRD_ADJ 作为新的被解释变量的逐步 OLS 回归结果。

表 10-5　使用调整的债务利率作为被解释变量的敏感性测试

变量	因变量:IRD_ADJ							
	(1)		(2)		(3)		(4)	
	系数	t 值	系数	t 值	系数	t 值	系数	t 值
CEP_{t-1}			-0.0564^{***}	-2.73	-0.0519^{**}	-2.35	-0.3014^{**}	-2.13
IC_{t-1}					-0.3804^{**}	-2.50	-0.4704^{***}	-2.67
$CEP_{t-1} \times IC_{t-1}$							0.0349^{*}	1.90
$FIRST_{t-1}$	-2.4451^{***}	-2.79	-2.4229^{***}	-2.85	-2.2757^{**}	-2.38	-2.2674^{**}	-2.38
$DUAL_{t-1}$	0.0016	0.01	-0.0281	-0.14	-0.0029	-0.01	-0.0064	-0.03
$INDR_{t-1}$	1.5299	0.77	1.4177	0.69	1.1145	0.52	1.1743	0.55
MAN_SHR_{t-1}	0.8356	0.99	0.9257	1.07	1.0134	1.02	1.0867	1.06
$ACUR_{t-1}$	-0.0006^{***}	-3.11	-0.0006^{***}	-3.25	-0.0007^{***}	-3.21	-0.0006^{***}	-3.04
$LIQUIDITY_{t-1}$	-0.3020	-1.44	-0.3029	-1.44	-0.2854	-1.37	-0.2812	-1.36
PPE_{t-1}	1.1272	0.87	1.2645	0.98	1.2345	0.98	1.2528	1.00
$SIZE_{t-1}$	-0.0806	-0.48	0.0055	0.03	0.2209	1.22	0.2047	1.16
LEV_{t-1}	-4.3789^{**}	-2.12	-4.5898^{**}	-2.15	-4.8535^{**}	-2.24	-4.7633^{**}	-2.25
BTM_{t-1}	-0.6077	-1.21	-0.7070	-1.40	-0.9201^{*}	-1.67	-0.8517	-1.59
ROS_{t-1}	-1.2560^{***}	-2.99	-1.2758^{***}	-2.91	-0.9421^{**}	-2.10	-0.9005^{**}	-1.98
$MATURITY_{t-1}$	-0.0338	-1.21	-0.0327	-1.22	-0.0337	-1.20	-0.0345	-1.22
$SECURITY_{t-1}$	0.3981	0.93	0.4195	0.97	0.4487	1.01	0.4500	1.03
MKT_{t-1}	0.0276	0.45	0.0364	0.61	0.0461	0.78	0.0472	0.78
截距	4.7794	1.26	3.0581	0.79	1.0403	0.30	1.8556	0.55

续表

变量	因变量：IRD_ADJ							
	(1)		(2)		(3)		(4)	
	系数	t 值	系数	t 值	系数	t 值	系数	t 值
行业/年度	控制		控制		控制		控制	
观测值	1 599		1 599		1 599		1 599	
Adj_R^2	0.042 9		0.044 8		0.049 0		0.050 4	
F 值(p 值)	2.63*** (<.000 1)		2.63*** (<.000 1)		2.61*** (<.000 1)		2.56*** (<.000 1)	
ΔR^2			4.02** (0.045 3)		7.90*** (0.005 0)		3.37* (0.066 8)	
系数测试：$\beta_1(CEP_{t-1})+\beta_3(CEP_{t-1}\times IC_{t-1})=0$							4.68** (0.030 7)	

注：所有变量定义详见附录 10-1。***、**、* 分别表示在 1%、5%、10% 的显著性水平上显著（双侧检验下）。所有报告的 t 值都经过公司和年份层面聚类的标准误调整(Petersen,2009)。

表 10-5 第(1)列报告了所有控制变量与 IRD_ADJ 的回归结果,所有控制变量的符号和显著性与表 10-4 的结果类似。第(2)列中 CEP 的系数在 1% 的显著性水平上显著为负数(系数＝－0.056 4,t 值＝－2.73),进一步支持了假设 10-1。第(3)列报告了 CEP、IC 和其他控制变量对 IRD_ADJ 的影响。如第(3)列所示,CEP 和 IC 的系数都显著为负数(系数＝－0.051 9,t 值＝－2.35;系数＝－0.380 4,t 值＝－2.50),符合理论预测,且再次支持了假设 10-1。第(4)列中(CEP×IC)的系数显著为正数(系数＝0.034 9,t 值＝1.90),进一步支持了假设 10-2,此外,CEP 和 IC 的系数都显著为负数(系数＝－0.301 4,t 值＝－2.13;系数＝－0.470 4,t 值＝－2.67),与表 10-4 第(4)列中的结果一致。

(二)公司环境绩效的敏感性测试

本节进一步以其他变量作为公司环境绩效的代理变量对解释变量进行敏感性测试。首先,本节对企业的年度环境绩效从低到高进行排名,然后以有序变量 CEP_RANK 作为主要的解释变量重新估计模型(10-1)、(10-2)。表 10-6 第(1)列中 CEP_RANK 的系数在 1% 水平上显著为负(系数＝－0.002 6,t 值＝－3.85),为假设 10-1 提供了进一步的支持性证据。第(3)列中 CEP_RANK×IC 的系数在 1% 水平上显著为正(系数＝0.001 5,t 值＝2.81),为假设 10-2 提供了进一步的支持。此外,第(3)列中 CEP_RANK 和 IC 的系数均显著为负,与表 10-4 的结果相似,为假设 10-1 提供了进一步的支持性证据。

其次,本节根据企业的年度环境绩效将样本划分为 10 组,从而构造一个 CEP_GROUP 变量验证假设 10-1、10-2。具体而言,CEP_GROUP 的取值分为 1、2、3、……、10,取值由小到大分别表示最低的到最高的环境绩效组。表 10-6 第(4)列结果显示,CEP_GROUP 的系数在 1% 水平上显著为负(系数＝－0.141 1,t 值＝－4.30),表明公司环境绩效与债务利率显著负相关,与假设 10-1 的预测一致。第(6)列(CEP_GROUP×IC)的系数在 1% 水平上显著为正(系数＝0.086 9,t 值＝2.70),为假设 10-2 提供了有力的支持性证据。此外,CEP_GROUP 和 IC 的系数均显著为负。

表 10-6　主要解释变量的敏感性测试

因变量:IRD

变量	(1) 系数	(1) t 值	(2) 系数	(2) t 值	(3) 系数	(3) t 值	(4) 系数	(4) t 值	(5) 系数	(5) t 值	(6) 系数	(6) t 值
CEP_RANK_{t-1}	−0.002 6 ***	−3.85	−0.002 4 ***	−3.52	−0.012 5 ***	−3.70						
CEP_GROUP_{t-1}							−0.141 1 ***	−4.30	−0.132 9 ***	−3.85	−0.719 2 ***	−3.44
IC_{t-1}			−0.360 3 **	−2.12	−0.773 1 ***	−2.61			−0.359 3 **	−2.07	−0.833 2 ***	−2.89
$CEP\_RANK_{t-1} \times IC_{t-1}$					0.001 5 ***	2.81						
$CEP\_GROUP_{t-1} \times IC_{t-1}$											0.086 9 ***	2.70
$FIRST_{t-1}$	−2.372 5 ***	−2.93	−2.238 0 **	−2.45	−2.232 1 *	−2.49	−2.374 3 **	−2.91	−2.240 6 **	−2.43	−2.193 8 **	−2.40
$DUAL_{t-1}$	−0.050 4	−0.26	−0.025 4	−0.13	−0.055 4	−0.29	−0.047 2	−0.24	−0.022 2	−0.12	−0.051 4	−0.27
$INDR_{t-1}$	2.115 0	0.97	1.808 9	0.80	1.930 3	0.87	2.112 2	0.97	1.806 3	0.80	1.937 8	0.87
MAN_SHR_{t-1}	0.988 9	1.01	1.066 0	0.97	1.185 9	1.05	0.998 5	1.02	1.073 8	0.98	1.231 0	1.10
$ACUR_{t-1}$	−0.000 7 ***	−3.16	−0.000 7 ***	−3.10	−0.000 7 ***	−2.78	−0.000 7 ***	−3.08	−0.000 7 ***	−3.03	−0.000 7 ***	−2.70
$LIQUIDITY_{t-1}$	−0.300 3	−1.45	−0.284 3	−1.39	−0.277 0	−1.38	−0.298 7	−1.44	−0.283 0	−1.38	−0.277 7	−1.37
PPE_{t-1}	1.211 5	0.95	1.183 8	0.94	1.146 0	0.89	1.191 6	0.93	1.164 4	0.93	1.132 1	0.88
$SIZE_{t-1}$	0.024 5	0.13	0.227 8	1.28	0.185 8	1.11	0.021 7	0.11	0.224 0	1.25	0.171 0	1.00
LEV_{t-1}	−4.526 3 **	−2.10	−4.783 0 **	−2.18	−4.522 9 **	−2.17	−4.490 4 **	−2.09	−4.747 8 **	−2.17	−4.456 0 **	−2.13
BTM_{t-1}	−0.641 7	−1.27	−0.843 1	−1.51	−0.693 5	−1.37	−0.654 0	−1.30	−0.853 6	−1.54	−0.658 7	−1.30

续表

因变量：IRD

变量	(1) 系数	(1) t值	(2) 系数	(2) t值	(3) 系数	(3) t值	(4) 系数	(4) t值	(5) 系数	(5) t值	(6) 系数	(6) t值
ROS_{t-1}	−1.268 2**	−2.40	−0.950 1*	−1.75	−0.886 3	−1.51	−1.261 3**	−2.33	−0.944 2*	−1.69	−0.913 8	−1.51
$MATURITY_{t-1}$	−0.032 0	−1.12	−0.032 9	−1.10	−0.034 8	−1.14	−0.032 2	−1.11	−0.033 1	−1.09	−0.035 2	−1.15
$SECURITY_{t-1}$	0.506 0	1.22	0.530 6	1.24	0.532 0	1.27	0.500 3	1.20	0.524 8	1.22	0.540 1	1.27
MKT_{t-1}	0.056 2	0.94	0.064 6	1.08	0.062 0	1.02	0.056 5	0.98	0.064 8	1.12	0.060 9	1.04
截距	4.802 2	1.13	2.900 9	0.80	6.399 1	1.56	5.044 8	1.14	3.145 6	0.84	7.232 9*	1.76
行业/年度	控制		控制		控制		控制		控制		控制	
观测值	1 599		1 599		1 599		1 599		1 599		1 599	
Adj_R^2	0.149 4		0.152 7		0.155 3		0.149 1		0.152 4		0.155 1	
F值（p值）	9.84***（<.000 1）		9.51***（<.000 1）		9.35***（<.000 1）		9.95***（<.000 1）		9.60***（<.000 1）		9.48***（<.000 1）	
ΔR^2	12.21***（0.000 5）		6.98***（0.008 3）		5.86**（0.015 6）		11.64***（0.000 7）		7.16***（0.007 5）		5.86**（0.015 6）	

系数测试：$\beta_1(CEP\_RANK_{t-1})+\beta_3(CEP\_RANK_{t-1}\times IC_{t-1})=0$　14.83***（0.000 1）

系数测试：$\beta_1(CEP\_GROUP_{t-1})+\beta_3(CEP\_GROUP_{t-1}\times IC_{t-1})=0$　12.76***（0.000 4）

注：所有变量定义详见附录10-1。***，**，*分别表示在1%、5%、10%的显著性水平上显著（双侧检验下）。所有报告的 t 值都经过公司和年份层面 (Petersen,2009)。

七、公司环境绩效(CEP)和债务成本(IRD)间的内生性问题讨论

(一)公司环境绩效和债务成本间的格兰杰因果检验

为了减轻公司环境绩效与债务成本之间互为因果的潜在内生性对研究结论的影响,本节通过格兰杰因果检验来判断公司环境绩效是否为债务成本的格兰杰原因。具体地,本节通过检验公司环境绩效的滞后项与债务利率的滞后项来判断格兰杰因果关系。

表 10-7 的 Panel A 报告了线性格兰杰因果检验结果。第(1)列所有的格兰杰因果检验的 F 统计量均显著,表明公司环境绩效是债务利率的格兰杰原因。然而,第(2)列所有的 F 统计量均不显著,表明债务利率不是公司环境绩效的格兰杰原因。总体而言,Panel A 结果表明债务利率和公司环境绩效之间并不是互为因果关系。

表 10-7　使用格兰杰因果检验和两阶段 Tobit-OLS 回归控制内生性

Panel A:格兰杰因果检验

滞后期数	(1)		滞后期数	(2)	
	H_0:CEP 不是 IRD 的格兰杰原因			H_0:IRD 不是 CEP 的格兰杰原因	
	F 值	p 值		F 值	p 值
1	6.00**	0.014 5	1	0.58	0.559 8
2	23.40***	<.000 1	2	0.95	0.417 0

Panel B:使用两阶段 Tobit-OLS 回归控制 CEP 和 IRD 间的内生性问题后验证假设 10-1、10-2

变量	因变量:CEP_{t-1}		因变量:IRD_t			
	(1)		(2)		(3)	
	系数	t 值	系数	t 值	系数	t 值
CEP_{t-1}^*			−0.492 6**	−2.38	−2.732 9**	−2.41
IC_{t-1}					−1.088 9**	−2.32
$CEP_{t-1}^* \times IC_{t-1}$					0.268 2**	2.33
STD_{t-1}	−3.206 1	−0.84				
FIN_{t-1}	−0.421 7	−1.38				
$CAPINREV_{t-1}$	0.889 6	1.28				
$TOBINQ_{t-1}$	0.198 0**	2.52				
REG_{t-1}	0.811 0	1.15				
$CITY_{t-1}$	−0.369 0	−0.86				
POP_{t-1}	0.021 6	0.04				

续表

变量	因变量:CEP$_{t-1}$		因变量:IRD$_t$			
	(1)		(2)		(3)	
	系数	t 值	系数	t 值	系数	t 值
UNV$_{t-1}$	−30.111 2	−0.99				
FIRST$_{t-1}$	1.570 4	1.24	−2.302 5***	−2.60	−2.103 3**	−2.03
DUAL$_{t-1}$	−0.873 9***	−2.63	−0.221 6	−0.90	−0.396 4	−1.33
INDR$_{t-1}$	0.247 3	0.09	1.405 1	0.59	0.756 0	0.29
MAN_SHR$_{t-1}$	4.664 8***	6.40	1.439 7	1.25	2.270 4	1.44
ACUR$_{t-1}$	−0.000 9	−1.24	−0.000 9***	−3.82	−0.001 0***	−4.29
LIQUIDITY$_{t-1}$	0.039 2	0.48	−0.316 3	−1.52	−0.288 0	−1.39
PPE$_{t-1}$	3.851 3***	3.23	1.984 3*	1.65	2.823 8**	2.51
SIZE$_{t-1}$	2.702 4***	12.21	0.443 6	1.50	1.001 9*	1.90
LEV$_{t-1}$	−3.677 2***	−2.83	−5.475 6**	−2.19	−6.178 8**	−2.20
BTM$_{t-1}$	−1.542 5*	−1.92	−1.007 2	−1.46	−1.154 6	−1.46
ROS$_{t-1}$	−0.777 2**	−2.48	−1.280 8**	−2.58	−0.741 4	−1.17
MATURITY$_{t-1}$	0.015 9	0.85	−0.029 5	−1.12	−0.027 3	−1.03
SECURITY$_{t-1}$	0.870 0***	2.74	0.793 8	1.52	1.000 3	1.64
MKT$_{t-1}$	0.622 4***	3.91	0.108 5	1.61	0.181 3*	1.80
截距	−63.607 9***	−6.33	−3.903 1	−0.93	−8.628 5	−1.46
行业/年度	控 制		控 制		控 制	
观测值	1 599		1 599		1 599	
Pseudo R^2/Adj_ R^2	0.356 9		0.146 4		0.160 8	
LR/F 值(p 值)	374.00***（<.000 1）		9.86***（<.000 1）		9.26***（<.000 1）	

注:所有变量定义详见附录 10-1。 ***、**、*分别表示在 1%、5%、10%的显著性水平上显著(双侧检验下)。所有报告的 t 值都经过公司和年份层面聚类的标准误调整(Petersen,2009)。

(二)使用两阶段 Tobit-OLS 回归控制 CEP 和 IRD 间的内生性

表 10-7 中 Panel A 的结果表明公司环境绩效和债务利率间不存在互为因果的关系,但仍不能完全排除内生性问题的影响:因为债务成本较低的企业可能更倾向于投资环保活动。为了减轻潜在内生性的影响,本节采用两阶段 Tobit-OLS 回归控制 CEP 和 IRD 间的潜在内生性。具体地,本章首先在第一阶段估计了模型(10-3)。

$$CEP_{i,t} = \gamma_0 + \gamma_1 STD_{i,t} + \gamma_2 FIN_{i,t} + \gamma_3 CAPINREV_{i,t} + \gamma_4 TOBINQ_{i,t} + \gamma_5 REG_{i,t-1} +$$
$$\gamma_6 CITY_{i,t} + \gamma_7 POP_{i,t} + \gamma_8 UNV_{i,t} + \sum Exogenous\ variables +$$
$$\sum Year\ Dummies + \sum Industry\ Dummies + \varepsilon \tag{10-3}$$

在模型(10-3)中,被解释变量是公司环境绩效(CEP)。STD 为股价波动率,等于经市场调整的周股票收益率的标准差。FIN 表示融资活动,等于债务与权益融资之和与年初资产总额的比值。CAPINREV 表示资本强度,等于资本性支出(包括固定资产、无形资产和其他长期资产)与总营业收入的比值。TOBINQ 表示企业成长性,等于企业市价除以年末总资产。REG 表示监管强度,等于企业与最近的监管中心(北京、上海和深圳)间的距离(单位:千公里)。CITY 是一个虚拟变量,如果企业位于大都市则为 1,否则为 0。POP 表示人口密度,等于企业所在省份的总人口(单位:百万)的自然对数。UNV 表示文化强度,等于企业所在省份的大学数量除以中国大学总数的比值。模型(10-3)还包括了模型(10-1)和(10-2)中的所有外生变量。

第二阶段的结果在很大程度上取决于第一阶段模型中是否选择了合适的工具变量。参考 Sargan(1958)、Basmann(1960)和 Wooldridge(1995)的研究,本章做了一系列的过度识别测试检验工具变量的适当性。测试结果显示,Sargan χ^2、Basmann χ^2 和 Wooldridge χ^2 统计量均不显著[1],表明第一阶段不存在过度识别问题。表 10-7 的 Panel B 报告了两阶段 Tobit-OLS 的回归结果。第(1)列结果显示 TOBINQ 的系数显著为正,表明公司成长性与其环境绩效正相关。

进一步地,本节利用第一阶段 Tobit 模型估计的 CEP* 估计了第二阶段的 OLS 模型,表 10-7 第(2)列报告了回归结果。第(2)列 CEP* 的系数在 5% 的显著性水平上显著为负数,表明公司环境绩效与债务利率显著负相关,再次为假设 10-1 提供了有力的支持性证据。

表 10-7 的第(3)列(CEP* × IC)系数在 5% 的显著性水平上显著为正数,再次支持了假设 10-2。此外,CEP* 和 IC 的系数均显著为负数,与表 10-4 的结果一致,也再次支持了假设 10-1。

(三)利用倾向得分匹配法控制 CEP 和 IRD 间的内生性

为了保证本章研究结论的稳健性,本节进一步采用倾向得分匹配法(PSM 模型)来控制公司环境绩效 CEP 和债务利率 IRD 间的内生性问题。第一阶段模型(Probit 回归)中,被解释变量是虚拟变量 CEP_DUM_{t-1},如果公司环境绩效得分大于 0,则 CEP_DUM_{t-1} 取值为 1,否则为 0。此外,第一阶段模型中还包括了 IC、STD、FIN、CAPINREV、TOBINQ、REG、CITY、POP、UNV、FIRST、SIZE、LEV、ROS 和行业/年度虚拟变量,变量定义详见附录 10-1。表 10-8 的第(1)列报告了第一阶段模型的回归结果。

表 10-8 的第(2)、(3)列报告了采用 PSM 第二阶段模型检验假设 10-1、10-2 的 OLS 回归结果。第(2)列中公司环境绩效 CEP 在 1% 的水平上显著为负数(系数 = -0.099 8,t 值 = -3.48),再次支持了假设 10-1。第(3)列中(CEP × IC)的系数显著为正数(系数 = 0.037 9,t 值 = 2.15),再次支持了假设 10-2。此外,CEP 和 IC 的系数均显著为负数。

---

① Sargan χ^2 统计量为 9.627 8,p 值为 0.210 7;Basmann χ^2 统计量为 9.413 6,p 值为 0.224 3;Wooldridge χ^2 统计量为 7.620 5,p 值为 0.367 2。

表 10-8　利用倾向得分匹配法控制内生性的回归结果

变量	因变量:$CEPDUM_{t-1}$		因变量:IRD_t			
	(1)		(2)		(3)	
	系数	t 值	系数	t 值	系数	t 值
CEP_{t-1}			$-0.099\ 8^{***}$	-3.48	$-0.108\ 1^{***}$	-4.04
IC_{t-1}	$-0.109\ 6^{***}$	-3.25			$-0.430\ 6^{***}$	-3.69
$CEP_{t-1} \times IC_{t-1}$					$0.037\ 9^{**}$	2.15
STD_{t-1}	$-0.594\ 5$	-0.32				
FIN_{t-1}	$0.081\ 8$	0.75				
$CAPINREV_{t-1}$	$-0.452\ 4^{**}$	-2.38				
$TOBINQ_{t-1}$	$-0.035\ 7$	-1.05				
REG_{t-1}	$0.328\ 0^{***}$	3.20				
$CITY_{t-1}$	$0.010\ 8$	0.12				
POP_{t-1}	$-0.119\ 3$	-0.86				
UNV_{t-1}	$12.362\ 1^{*}$	1.66				
$FIRST_{t-1}$	$-0.386\ 4^{*}$	-1.70	$-3.180\ 1^{***}$	-3.77	$-2.957\ 1^{***}$	-3.10
$DUAL_{t-1}$			$-0.356\ 1$	-1.53	$-0.331\ 2$	-1.45
$INDR_{t-1}$			$1.972\ 9$	1.09	$1.599\ 0$	0.75
MAN_SHR_{t-1}			$0.867\ 5$	0.73	$1.025\ 3$	0.75
$ACUR_{t-1}$			$-0.000\ 7^{***}$	-2.86	$-0.000\ 7^{***}$	-2.63
$LIQUIDITY_{t-1}$			$-0.289\ 4$	-1.29	$-0.263\ 3$	-1.19
PPE_{t-1}			$1.032\ 3$	0.57	$1.005\ 9$	0.57
$SIZE_{t-1}$	$-0.394\ 0^{***}$	-7.40	$-0.144\ 0$	-1.15	$0.078\ 0$	0.45
LEV_{t-1}	$0.337\ 4$	0.61	$-4.703\ 7^{**}$	-2.05	$-4.847\ 0^{**}$	-2.13
BTM_{t-1}			$-0.616\ 2$	-0.88	$-0.706\ 8$	-0.98
ROS_{t-1}	$0.144\ 8$	0.80	$-0.912\ 2$	-1.55	$-0.539\ 0$	-0.86
$MATURITY_{t-1}$			$-0.034\ 6$	-1.09	$-0.035\ 8$	-1.07
$SECURITY_{t-1}$			$0.468\ 2$	1.00	$0.507\ 5$	1.12
MKT_{t-1}			$0.064\ 6$	0.87	$0.077\ 1$	1.05
截距	$10.806\ 9^{***}$	4.08	$8.328\ 7^{***}$	3.15	$6.289\ 9^{***}$	2.86
行业/年度	控 制		控 制		控 制	
观测值	1 599		1 296		1 296	
Pseudo R^2/Adj_R^2	0.120 9		0.139 9		0.145 0	
LR/F 值(p 值)	261.27^{***} ($<.000\ 1$)		6.69^{***} ($<.000\ 1$)		12.87^{***} ($<.000\ 1$)	

　　注:所有变量定义详见附录 10-1。 ***、**、* 分别表示在 1%、5%、10%的显著性水平上显著(双侧检验下)。所有报告的 t 值都经过公司和年份层面聚类的标准误调整(Petersen,2009)。

(四)利用子样本控制 CEP 和 IRD 间的内生性

除了使用两阶段 Tobit-OLS 回归和倾向得分匹配法控制 CEP 和 IRD 的内生性以外，本节进一步使用子样本再次验证假设 10-1、10-2。具体地，本章将样本依据环境绩效由低到高进行排序，并将整个样本划分为 5 组，然后选取环境绩效最高组和最低组构成子样本重新估计模型(10-1)、(10-2)。表 10-9 的(1)、(2)列报告了估计结果。

表 10-9 使用环境绩效前 20% 和后 20% 的子样本回归结果

	因变量:IRD_t			因变量:$CEP\_GROUP\_DUM_{t-1}$		因变量:IRD_t			
	使用环境绩效前 20% 和后 20% 的子样本回归结果			基于环境绩效前 20% 和后 20% 的子样本 采用倾向得分匹配法控制内生性的回归结果					
	(1)		(2)		(3)		(4)		(5)	
	系数	t 值	系数	t 值	系数	t 值	系数	t 值	系数	t 值
STD_{t-1}					−4.271 6	−1.50				
FIN_{t-1}					−0.259 7	−1.52				
$CAPINREV_{t-1}$					1.078 8**	2.47				
$TOBINQ_{t-1}$					0.088 8*	1.68				
REG_{t-1}					−0.398 7**	−2.24				
$CITY_{t-1}$					−0.343 4**	−2.10				
POP_{t-1}					0.123 4	0.60				
UNV_{t-1}					−8.885 9	−0.79				
CEP_{t-1}	−0.093 5***	−2.76	−0.118 2***	−4.62			−0.108 0**	−2.10	−0.120 3**	−2.27
IC_{t-1}			−0.431 2**	−2.26	0.127 7*	1.75			−0.476 5*	−1.79
$CEP_{t-1} \times IC_{t-1}$			0.051 7**	2.41					0.067 9***	2.60
$FIRST_{t-1}$	−1.477 0	−1.34	−1.347 5	−1.04	0.716 2	1.49	−3.233 8*	−1.81	−2.950 1	−1.49
$DUAL_{t-1}$	0.684 4	1.36	0.659 2	1.35			0.423 3	0.83	0.366 3	0.72
$INDR_{t-1}$	2.502 8	0.83	2.465 5	0.92			2.235 9	0.81	2.021 4	0.81
MAN_SHR_{t-1}	0.007 7	0.01	0.371 3	0.26			0.002 5	0.00	0.470 2	0.29
$ACUR_{t-1}$	−0.000 4	−0.95	−0.000 4	−0.93			−0.000 5	−0.96	−0.000 6	−0.90
$LIQUIDITY_{t-1}$	−0.352 8	−1.49	−0.341 9	−1.43			−0.236 5	−0.63	−0.223 6	−0.61
PPE_{t-1}	0.924 4	0.54	1.067 1	0.63			0.443 9	0.22	0.599 4	0.31
$SIZE_{t-1}$	0.115 4	0.35	0.307 8	1.11	0.629 8***	5.75	0.035 0	0.13	0.340 5	1.32
LEV_{t-1}	−6.013 4***	−2.82	−6.163 4***	−2.91	−0.864 9	−1.58	−7.165 7***	−3.33	−7.258 9***	−3.31
BTM_{t-1}	0.001 4	0.00	−0.109 1	−0.13			−0.488 4	−0.51	−0.723 2	−0.67
ROS_{t-1}	−2.007 7***	−3.92	−1.437 5***	−3.20	0.157 0	0.32	−1.393 0***	−3.17	−0.745 6**	−2.08
$MATURITY_{t-1}$	−0.035 7***	−2.92	−0.039 3***	−2.88			−0.052 5	−1.53	−0.059 3	−1.57
$SECURITY_{t-1}$	0.190 3	0.38	0.217 3	0.45			0.239 8	0.33	0.280 0	0.40

续表

	因变量：IRD_t				因变量：$CEP\_GROUP\_DUM_{t-1}$		因变量：IRD_t			
	使用环境绩效前 20% 和后 20% 的子样本回归结果				基于环境绩效前 20% 和后 20% 的子样本 采用倾向得分匹配法控制内生性的回归结果					
	(1)		(2)		(3)		(4)		(5)	
	系数	t 值	系数	t 值	系数	t 值	系数	t 值	系数	t 值
MKT_{t-1}	−0.037 6	−0.31	−0.021 6	−0.18			−0.063 8	−0.43	−0.058 9	−0.39
截距	2.342 9	0.37	1.083 6	0.18	−16.104 4***	−4.65	5.638 9	1.14	2.511 3	0.57
行业/年度	控制		控制		控制		控制		控制	
观测值	642		642		642		456		456	
Pseudo R^2/Adj_R^2	0.146 9		0.152 5		0.276 6		0.131 4		0.137 1	
LR/F 值(p 值)	3.98*** (<.000 1)		3.96*** (<.000 1)		245.43*** (<.000 1)		3.44*** (<.000 1)		3.28*** (<.000 1)	

　　注：所有变量定义详见附录 10-1。***、**、* 分别表示在 1%、5%、10% 的显著性水平上显著（双侧检验下）。所有报告的 t 值都经过公司和年份层面聚类的标准误调整（Peterson，2009）。

　　表 10-9 的第（1）列中 CEP 的系数显著为负数（系数＝−0.093 5，t 值＝−2.76），支持了假设 10-1。第（2）列中（CEP×IC）的系数显著为正（系数＝0.051 7，t 值＝2.41），支持了假设 10-2。此外，第（2）列 CEP 和 IC 的系数都显著为负数，与表 10-4 中的结果一致。

　　进一步地，与表 10-8 相似，本章也基于两个子样本使用倾向得分匹配法再次检验了假设 10-1、10-2。表 10-9 第（3）列报告了第一阶段 Probit 模型的回归结果。第（3）列的被解释变量是虚拟变量，如果公司环境绩效排名属于前 20% 则取值为 1，否则为 0。

　　表 10-9 的第（4）列中 CEP 的系数显著为负数（系数＝−0.108 0，t 值＝−2.10），支持了假设 10-1。第（5）列中（CEP×IC）的系数显著为正（系数＝0.067 9，t 值＝2.60），支持了假设 10-2。此外，第（5）列中 CEP 和 IC 的系数都显著为负数。

（五）基于环境风险自然实验的进一步测试[①]

　　环境风险自然实验可能是一个控制公司环境绩效和债务成本间潜在内生性的不错机制。因此，本节利用 t 检验分别检验了涉及环境灾害的企业（$t-1$）、t、（$t+1$）和（$t+2$）年的债务利率差异。

　　表 10-10 的 Panel A 报告了涉及环境灾害的企业债务利率差异的 t 检验结果。结果表明：（1）企业 t 年的债务利率边际显著高于（$t-1$）年的债务利率；（2）企业（$t+1$）年的债务利率边际显著高于（$t-1$）年的债务利率；（3）企业（$t+2$）年的债务利率边际显著高于（$t-1$）年的债务利率。整体而言，上述结果表明涉及环境灾害、有环境风险的企业承担的债务利率显著升高，表 10-10 的 Panel B 也报告了类似的结果。整体而言，基于环境风险自然实验的附加测试进一步支持了本章的假设，即公司环境绩效与债务利率（债务成本）负相关。

---

　　① 由于缺乏相关的环境实践数据，本章只能手工收集 2009—2011 年民营公司环境灾害的数据。

表 10-10　基于环境风险自然实验做进一步测试

Panel A：环境灾害后债务成本（IRD）的变化

股票代码	事件日	IRD_{t-1}	IRD_t	IRD_{t+1}	IRD_{t+2}
000615	2011-11-09	7.549 0	11.168 3	10.107 3	10.838 8
002224	2011-09-21	5.496 6	4.906 5	8.001 4	7.092 8
002237	2011-10-17	5.258 1	6.721 9	6.450 8	6.269 5
002276	2011-06-10	7.284 4	8.380 1	8.613 5	13.312 8
002321	2011-07-14	4.180 0	5.167 5	5.772 7	6.031 3
			$IRD_t - IRD_{t-1} > 0$	$IRD_{t+1} - IRD_{t-1} > 0$	$IRD_{t+2} - IRD_{t-1} > 0$
t 检验			1.95	6.30***	3.06**
（p 值）			(0.123)	(0.003)	(0.038)

Panel B：环境灾害后调整的债务成本（RD_ADJ）的变化

股票代码	事件日	IRD_{t-1}	IRD_t	IRD_{t+1}	IRD_{t+2}
000615	2011-11-09	2.199 0	5.443 3	4.507 3	5.238 8
002224	2011-09-21	0.146 6	−0.818 5	2.401 4	1.492 8
002237	2011-10-17	−0.091 9	0.996 9	0.850 8	0.669 5
002276	2011-06-10	1.934 4	2.655 1	3.013 5	7.712 8
002321	2011-07-14	−1.170 0	−0.557 5	0.172 7	0.431 3
			$IRD_t - IRD_{t-1} > 0$	$IRD_{t+1} - IRD_{t-1} > 0$	$IRD_{t+2} - IRD_{t-1} > 0$
t 检验			1.39	5.44***	2.78**
（p 值）			(0.236)	(0.006)	(0.049)

注：所有变量定义详见附录 10-1。 ***、**、*分别表示在 1%、5%、10%的显著性水平上显著（双侧检验下）。

总之，假设 10-1 和 10-2 在使用两阶段 Tobit-OLS 回归、倾向得分匹配法、分样本测试和环境风险自然实验控制债务利率和公司环境绩效的内生性以后仍然成立。

八、研究结论

前期研究关于企业社会责任和资本成本的关系有两种截然相反的观点。利益相关者价值最大化观点认为企业社会绩效与资本成本负相关，但利益相关者费用观则认为企业环境绩效与资本成本正相关。在区分了社会责任强项和社会责任弱项之后，本章以中国民营企业为研究样本，聚焦于企业社会责任弱项之一的环境绩效，检验贷款人是否会关注公司环境绩效。本章的研究表明公司环境绩效与债务成本负相关。此外，本章还发现内部控制可以削弱环境绩效对债务成本的降低作用。

本章研究主要有以下几方面的研究贡献：

第一，本章检验了公司环境绩效与债务成本间的联系，并发现公司环境绩效与债务成本显著负相关，这一结论表明贷款人会增加企业用于减少社会责任弱项的投资。这一结论为利益相关者价值最大化的观点提供了强有力的支持性证据。在这一方面，环境绩效作为一种软信息，是贷款人评估企业风险和确定债务利率的重要参考依据。

第二，本章发现内部控制会削弱公司环境绩效和债务成本间的负相关关系，表明在降低企业债务成本方面公司治理（内部控制）和公司财务报表中的软信息（公司环境绩效）存在替代效应。这一结论有助于贷款人的信贷决策，即贷款人在进行贷款决策时应该综合评估企业的内部控制系统和软信息。此外，内部控制和债务成本间的负相关关系也呼应了前期研究（Costello，Wittenberg-Moerman，2011；Dhaliwal et al.，2011）。

第三，本章的研究结论也可以应用于环境和金融风险管理的监管政策方面。中央和地方政府不断通过行政法规要求企业践行环境保护责任（Economy，2007），因此，企业必须在财务绩效和可持续发展间进行权衡。本章的研究表明企业可以通过提升环境绩效获得更低的债务成本。此外，本章关于公司环境绩效与债务成本间呈负相关关系的发现为环境保护相关的法律法规要求提供了理论依据。因此，本章研究结论可以为中国环境保护宏观政策的制定提供重要的支撑。

当然，本章的研究也存在一定的局限性：首先，本章是基于财务报表中的会计数据度量的债务成本，虽然这一度量已在前期研究中广泛使用，但该度量方式未能准确捕捉企业的实际利率。其次，本章基于多维度的环境保护指标体系构造的综合指标，可能不能精确地度量企业的环境绩效。因此，本章也呼吁未来的研究采用更综合、精确的指标度量公司环境绩效和债务成本，为公司环境绩效与债务成本之间的联系提供更稳健的支持性证据。

参考文献

[1]樊纲，王小鲁，朱恒鹏. 中国市场化指数——各地区市场化相对进程 2011 年度报告[M]. 北京：经济科学出版社，2011.

[2]人民日报. 工行力推"绿色信贷"环保不达标企业别贷款[EB/OL]. [2014-06-08]. http://finance.people.com.cn/GB/6395241.html.

[3]上海证券交易所. 上海证券交易所关于做好上市公司 2008 年年度报告工作的通知[EB/OL]. (2008-12-31)[2014-07-15]. http://www.sse.com.cn/aboutus/hotandd/ssenews/c/c_20121024_51173.shtml.

[4]深圳证券交易所. 深圳证券交易所关于做好上市公司 2008 年年度报告工作的通知[EB/OL]. (2008-12-31)[2014-07-15]. http://www.szse.cn/main/disclosure/bsgg/2008123139739051.shtml.

[5]新浪网.《国家鼓励的资源综合利用认定管理办法》的通知[EB/OL]. (2006-19-14)[2014-06-08]. http://finance.sina.com.cn/money/fund/20060914/1527925848.shtml.

[6]银监会. 关于落实环保政策法规防范信贷风险的意见[EB/OL]. (2008-01-29)[2014-08-15]. http://www.cbrc.gov.cn/chinese/home/docView/20080129C3FA6D993AC4AEF7FFE133D6E2AD0D00.html

[7]AL-TUWAIJRI S A，CHRISTENSEN T E，HUGHES II K E.The relations among environmental disclosure, environmental performance, and economic performance：a simultaneous equations approach[J]. Accounting, organizations and society，2004，29(5)：447-471.

[8]ANDERSON R C，MANSI S A，REEB D M.Founding family ownership and the agency cost of debt[J]. Journal of financial economics，2003，68(2)：263-285.

[9]ANDERSON R C，MANSI S A，REEB D M.Board characteristics, accounting report integrity, and the cost of debt[J]. Journal of accounting and economics，2004，37(3)：315-342.

[10]AMBEC S，LANOIE P.Does it pay to be green? A systematic overview[J]. Academy of management perspectives，2008，22(4)：45-62.

[11]BASMANN R L.On finite sample distributions of generalized classical linear identifiability test statistics[J]. Journal of the American statistical association，1960，55：650-659.

[12]BARNEA A，RUBIN A.Corporate social responsibility as a conflict between shareholders[J]. Journal of business ethics，2010，97(1)：71-86.

[13]BELSLEY D A.A guide to using the collinearity diagnostics[J]. Computer science in economics and management，1991，4(1)：33-50.

[14]BELSLEY D A，KUH E，WELSCH R E.Regression diagnostics：identifying influential observations and sources of collinearity[M]. New York：John Wiley and Sons，1980.

[15]CAI L，HE C.Corporate environmental responsibility and equity prices[J]. Journal of business ethics，2014，125(4)：617-635.

[16]CHEN Y.The driver of green innovation and green image-green core competence[J]. Journal of business ethics，2008，81(3)：531-543.

[17]China Daily. For a better environment[EB/OL]. (2013-06-05)[2013-08-30]. http://usa.chinadaily.com.cn/opinion/2013-06/05/content_16567852.htm.

[18]CHO C H，PATTEN D M.The role of environmental disclosures as tools of legitimacy：a research note[J]. Accounting, organizations and society，2007，32(7-8)：639-647.

[19]CHO C H，PATTEN D M，ROBERTS R W.Corporate political strategy：an examination of the relation between political expenditures, environmental performance, and environmental disclosure[J]. Journal of business ethics，2006，67(2)：139-154.

[20]CLARKSON P M，FANG X，LI Y，et al. The relevance of environmental disclosures：are such disclosures incrementally informative? [J]. Journal of accounting and public policy，2013，32(5)：410-431.

[21]CLARKSON P M，LI Y，RICHARDSON G D，et al. Revisiting the relation between environmental performance and environmental disclosure：an empirical analysis[J]. Accounting, organizations and society，2008，33(4)：303-327.

[22]CLARKSON P M，LI Y，RICHARDSON G D，et al. Does it really pay to be green? Determinants and consequences of proactive environmental strategies[J]. Journal of accounting and public policy，2011，30(2)：122-144.

[23]COCHRAN P L，WOOD R A. Corporate social responsibility and financial performance[J]. Academy of management journal，1984，27(1)：42-56.

[24]CORNELL B，SHAPIRO A C.Corporate stakeholders and corporate finance[J]. Financial man-

agement，1987，16(1)：5-14.

[25]COSTELLO A M，WITTENBERG-MOERMAN R.The impact of financial reporting quality on debt contracting：evidence from internal control weakness reports[J]. Journal of accounting research，2011，49(1)：97-136.

[26]DAINES R M，GOW I D，LARCKER D F. Rating the ratings：how good are commercial governance ratings? [J]. Journal of financial economics，2010，98(3)：439-461.

[27]DEEGAN C，GORDON B.A study of the environmental disclosure practices of Australian corporations[J]. Accounting and business research，1996，26(3)：187-199.

[28] DENG X，KANG J，LOW B S. Corporate social responsibility and stakeholder value maximization：evidence from mergers[J]. Journal of financial economics，2013，110(1)：87-109.

[29]DEYOUNG R，GLENNON D，NIGRO P. Borrower-lender distance，credit scoring，and loan performance：evidence from informational-opaque small business borrowers[J]. Journal of financial intermediation，2008，17(1)：113-143.

[30]DHALIWAL D，HOGAN C，TREZEVANT R,et al. Internal control disclosures，monitoring，and the cost of debt[J]. The accounting review，2011，86(4)：1131-1156.

[31]DHALIWAL D，LI O Z，TSANG A,et al. Corporate social responsibility disclosure and the cost of equity capital：the roles of stakeholder orientation and financial transparency[J]. Journal of accounting and public policy，2014，33(4)：328-355.

[32]DIXON-FOWLER H R，SLATER D J，JOHNSON J L,et al. Beyond "does it pay to be green?" A meta-analysis of moderators of the CEP-CFP relationship[J]. Journal of business ethics，2013，112(2)：353-366.

[33]DOOLEY R S,FRYXELL G E. Are conglomerates less environmentally responsible? An empirical examination of diversification strategy and subsidiary pollution in the U.S. chemical industry[J]. Journal of business ethics，1999，21(1)：1-14.

[34]DOYLE J T，GE W，MCVAY S.Accruals quality and internal control over financial reporting[J]. The accounting review，2007，82(5)：1141-1170.

[35]Du，X. Is corporate philanthropy used as environmental misconduct dressing? Evidence from Chinese family-owned firms[J]. Journal of business ethics，2015a，129(2)：341-361.

[36]Du，X. How the market values greenwashing? Evidence from China[J]. Journal of business ethics，2015b，128(3)：547-574.

[37]DU X，JIAN W，ZENG Q,et al. Corporate environmental responsibility in polluting industries：does religion matter? [J]. Journal of business ethics，2014，124(3)：485-507.

[38]ECONOMY E C.The Great Leap backward? The costs of China's environmental crisis[J]. Foreign Affairs，2007，86(5)：38-59.

[39]EL GHOUL S，GUEDHAMI O，KWOK C C Y,et al. Does corporate social responsibility affect the cost of capital? [J]. Journal of banking & finance，2011，35(9)：2388-2406.

[40] FISHER-VANDEN K，THORBURN K S.Voluntary corporate environmental initiatives and shareholder wealth[J]. Journal of environmental economics and management，2011，62(3)：430-445.

[41]FLAMMER C.Corporate social responsibility and shareholder reaction：the environmental awareness of investors[J]. Academy of management journal，2013，56(3)：758-781.

[42]FRANCIS J R, KHURANA I K, PEREIRA R. Disclosure incentives and effects on cost of capital around the world[J]. The accounting review, 2005a, 80(4): 1125-1162.

[43]FRANCIS J, LAFOND R, OLSSON P,et al. The market pricing of accruals quality[J]. Journal of accounting and economics, 2005b, 39(2): 295-327.

[44] GARRIGA E, MELé D. Corporate social responsibility theories: mapping the territory[J]. Journal of business ethics, 2004, 53(1-2): 51-71.

[45]GODFREY P C. The relationship between corporate philanthropy and shareholder wealth: a risk management perspective[J]. Academy of management review, 2005, 30(4): 777-798.

[46]GONZALEZ L, KOMAROVA-LOUREIRO Y. When can a photo increase credit? The impact of lender and borrower profiles on online peer-to-peer loans[J]. Journal of behavioral and experimental finance, 2014, 2: 44-58.

[47]GOSS A, ROBERTS G S.The impact of corporate social responsibility on the cost of bank loans [J]. Journal of banking & finance, 2011, 35(7): 1794-1810.

[48]GRAY R, KOUHY R, LAVERS S.Corporate social and environmental reporting: a review of the literature and a longitudinal study of UK disclosure[J]. Accounting auditing and accountability journal, 1995, 8(2): 47-77.

[49]GREENE W H. Econometric analysis[M]. New York: Macmillan, 1990.

[50]GLOBAL REPORTING INITIATIVE. Sustainability reporting guidelines (version 3.0)[R/OL]. (2006)[2013-05-20]. https://www. globalreporting. org/resourcelibrary/G3-Guidelines-Incl-Technical-Protocol.pdf.

[51]GUTHRIE J, PARKER L.Corporate social reporting: a rebuttal of legitimacy theory[J]. Accounting and business research, 1989, 19(76): 343-352.

[52]HAMILTON J T. Pollution as news: media and stock market reactions to the toxic release inventory data[J]. Journal of environmental economics and management, 1995, 28(1): 98-113.

[53]HENRIQUES I, SADORSKY P.The Determinants of an environmentally responsive firm: an empirical approach[J]. Journal of environmental economics and management, 1996, 30(3): 381-395.

[54]ILINITCH A Y, SODERSTROM N S, THOMAS T E. Measuring corporate environmental performance[J]. Journal of accounting and public policy, 1998, 17(4-5): 383-408.

[55]INGRAM R, FRAZIER K B.Environmental performance and corporate disclosure[J]. Journal of accounting research, 1980, 18: 612-622.

[56]Laszlo C. The sustainable company: how to create lasting value through social and environmental performance[M]. Washington D.C: Island Press, 2003.

[57]KEIMG D. Corporate social responsibility: an assessment of the enlightened Self-Interest model [J]. Academy of management review, 1978, 3(1): 32-39.

[58]KIM J B, SIMUNIC D A, STEIN M T,et al. Voluntary audits and the cost of debt capital for privately held firms: Korean evidence[J]. Contemporary accounting research, 2011a, 28(2): 585-615.

[59]KIM J B, SONG B Y, ZHANG L. Internal control weakness and bank loan contracting: evidence from SOX section 404 disclosures[J]. The accounting review, 2011b, 86(4): 1157-1188.

[60]KIMM, SURROCA J, TRIBó J A. Impact of ethical behavior on syndicated loan rates[J]. Journal

of banking & finance，2014a，38：122-144.

[61]KIM Y，LI H，LI S. Corporate social responsibility and stock price crash risk[J]. Journal of banking & finance，2014b，43：1-13.

[62]KIM Y，PARK M，WIER B.Is earnings quality associated with corporate social responsibility？[J]. The accounting review，2012，87(3)：761-796.

[63]KING A A，LENOX M J. Does it really pay to be green？ An empirical study of firm environmental and financial performance[J]. Journal of industrial ecology，2008，5(1)：105-116.

[64]MCGUIRE J B，SUNDGREN A，SCHNEEWEIS T.Corporate social responsibility and firm financial performance[J]. Academy of management journal，1988，31(4)：854-872.

[65]MILANI C. Borrower-lender distance and loan default rates：Macro evidence from the Italian local markets[J]. Journal of economics and business，2014，71：1-21.

[66]MILES M P，COVIN J G.Environmental marketing：a source of reputational，competitive，and financial advantage[J]. Journal of business ethics，2000，23(3)：299-311.

[67]MOULTON L. Divining value with relational proxies：how moneylenders balance risk and trust in the quest for good borrowers[J]// Sociological Forum. Oxford：Blackwell Publishing，2007，22：300-330.

[68]NANDY M，LODH S.Do bankers value the eco-friendliness of firms in their corporate lending decision？ Some empirical evidence[J]. International review of financial analysis，2012，25：83-93.

[69]PATTEN D M.Intra-industry environmental disclosures in response to the Alaskan oil spill[J]. Accounting，organizations and society，1992，17(5)：471-475.

[70]PETERSEN M A. Estimating standard errors in finance panel data sets：comparing approaches[J]. Review of financial studies，2009，22(1)：435-480.

[71]PITTMAN J A，FORTIN S. Auditor choice and the cost of debt capital for newly public firms[J]. Journal of accounting and economics，2004，37(1)：113-136.

[72]PORTER M，VAN DER LINDE C. Green and competitive：ending the stalemate[J]. Harvard business review，1995，73(5)：120-134.

[73]QI Y，ROTH L，WALD J K. Political rights and the cost of debt[J]. Journal of financial economics，2010，95(2)：202-226.

[74]QIAN J，STRAHAN P E. How laws and institutions shape financial contracts：the case of bank loans[J]. Journal of finance，2007，62(6)：2803-2834.

[75]RAHMAN N，POST C.Measurement issues in environmental corporate social responsibility (ECSR)：toward a transparent，reliable，and construct valid instrument[J]. Journal of business ethics，2012，105(3)：307-319.

[76]RICHARDSON A J，WELKER M.Social disclosure，financial disclosure and the cost of equity capital[J]. Accounting，organizations and society，2001，26(7-8)：597-616.

[77]ROBERTS S. Supply chain specific？ Understanding the patchy success of ethical sourcing initiatives[J]. Journal of business ethics，2003，44(2-3)：159-170.

[78]RUSSO M V，FOUTS P A.A resource-based perspective on corporate environmental performance and profitability[J]. Academy of management journal，1997，40(3)：534-559.

[79]SARGAN J D.The estimation of economic relationships using instrumental variables[J]. Econo-

metrica，1958，26：393-415.

[80]SARMENTO M，DURaO D，DUARTE M.Study of environmental sustainability：the case of Portuguese polluting industries[J]. Energy，2005，30(8)：1247-1257.

[81]SHARFMAN M P，FERNANDO C S. Environmental risk management and the cost of capital[J]. Strategic management journal，2008，29(6)：569-592.

[82]SENGUPTA P. Corporate disclosure quality and the cost of debt[J]. The accounting review，1998，73(4)：459-475.

[83]SPICER B H. Investors，corporate social performance and information disclosure：an empirical study[J]. The accounting review，1978，54(1)：94-111.

[84]SUN W，CUI K.Linking corporate social responsibility to firm default risk[J]. European management journal. 2014，32(2)：275-287.

[85]The World Bank. Cost of pollution in China：economic estimates of physical damages[EB/OL]. (2010-07-01) [2014-09-11]. http://web. worldbank. org/WBSITE/EXTERNAL/COUNTRIES/EASTASIAPACIFICEXT/EXTEAPREGTOPENVIRONMENT.

[86] TIAN L，ESTRIN S.Debt financing，soft budget constraints，and government ownership：evidence from China[J]. Economics of transition，2007，15(3)：461-481.

[87]VERWIJMEREN P，DERWALL J.Employee well-being，firm leverage，and bankruptcy risk[J]. Journal of banking & finance，2010，34(5)：956-964.

[88]WANG Q，CHEN Y. Energy saving and emission reduction revolutionizing China's environmental protection[J]. Renewable and sustainable energy reviews，2010，14(1)：535-539.

[89]WALKER K，WAN F.The harm of symbolic actions and green-washing：corporate actions and communications on environmental performance and their financial implications[J]. Journal of Business Ethics，2012，109(2)：227-242.

[90] WOOLDRIDGE J M.Score diagnostics for linear models estimated by two stage least squares. [M]// MADDALA G S，PHILLIPS P C B，SRINIVASAN T N. Advances in Econometrics and Quantitative Economics. Oxford：Blackwell，1995.

[91]YE K，ZHANG R.Do lenders value corporate social responsibility? Evidence from China[J]. Journal of business ethics，2011，104(2)：197-206.

[92]ZEGHAL D，AHMED S.Comparison of social responsibility information disclosure media by Canadian firms[J]. Accounting，auditing，and accountability journal，1990，3(1)：38-53.

[93]ZHANG K，WEN Z. Review and challenges of policies of environmental protection and sustainable development in China[J]. Journal of environmental management，2008，88(4)：1249-1261.

[94]ZYGLIDOPOULOS S C，GEORGIADIS A P，CARROLL C E,et al. Does media attention drive corporate social responsibility? [J]. Journal of business research，2012，65(11)：1622-1627.

附录

附录 10-1　变量定义

数据来源	定义	
IRD_t	债务成本,等于 t 年利息费用总额和 t 年年初年末长短期有息债务的均值的比(Francis et al.,2005a;Francis et al.,2005b;Kim et al.,2011;Pittman,Fortin 2004;Ye,Zhang 2011)。长期和短期有息债务包括:(1)金融机构和非金融机构的贷款;(2)债券;(3)特定业务的长期借款(例如,融资租赁、售后回租、带有回购协议的销售)。	基于 CSMAR 的手工计算
CEP_{t-1}	基于 Clarkson 等(2008)的内容分析框架构建的公司环境绩效指标(详见附录 10-2)。	手工收集
IC_{t-1}	DIB 数据库的内部控制与风险指标。	http://www.ic-erm.com/
$FIRST_{t-1}$	第一大股东持股与企业总股数对比值。	CSMAR
$DUAL_{t-1}$	董事长和 CEO 两职合一虚拟变量,若董事长兼任 CEO 则取值为 1,否则为 0。	CSMAR
$INDR_{t-1}$	独立董事比例,独立董事人数占董事会总人数的比例。	CSMAR
MAN_SHR_{t-1}	管理层的持股与企业总股数的比值。	CSMAR
$ACUR_{t-1}$	应收账款周转率,等于营业总收入除以年初年末应收账款的平均值。	CSMAR
$LIQUIDITY_{t-1}$	流动比率,流动资产与流动负债的比值。	CSMAR
PPE_{t-1}	固定资产与资产总额的比值。	CSMAR
$SIZE_{t-1}$	公司规模,等于资产总额的自然对数。	CSMAR
LEV_{t-1}	财务杠杆,等于所有有息负债与资产总额的比值。	CSMAR
BTM_{t-1}	账面市值比,等于普通股的账面价值除以其市场价值。	CSMAR
ROS_{t-1}	销售利润率,营业利润与总营业收入的比值(Kim et al.,2011)。	CSMAR
$MATURITY_{t-1}$	以单项有息债占总有息债务的比例加权的平均有息债务期限(单位:月)(Anderson et al.,2003,2004)。	基于 CSMAR 的手工计算
$SECURITY_{t-1}$	虚拟变量,如果有息债务中包含担保贷款则取值为 1,否则为 0(Goss,Roberts,2011;Qian,Strahan 2007)。	基于 CSMAR 的手工计算
MKT_{t-1}	市场化指数,用于度量中国省级的市场化发展水平。	樊纲等(2011)
IRD_ADJ_t	调整的债务利率,等于债务利率与年平均基准利率的差(Kim et al.,2011)。	基于 CSMAR 的手工计算
CEP_RANK_{t-1}	企业年环境绩效由低到高的排序值。	手工收集
CEP_GROUP_{t-1}	公司环境绩效分组排序,取值分为 1、2、3、……、10,取值由小到大分别表示最低到最高的环境绩效组。	手工收集
CEP_DUM_{t-1}	虚拟变量,若公司环境绩效大于 0 则取值为 1,否则为 0。	手工收集

续表

数据来源		定义
CEP_GROUP_DUM$_{t-1}$	虚拟变量,若公司环境绩效排名属于前 20% 则取值为 1,否则为 0。	手工收集
STD$_{t-1}$	股价波动率,等于经市场调整的周股票收益率的标准差(Clarkson et al.,2008;Du et al.,2014)。	CSMAR
FIN$_{t-1}$	债务与权益融资之和与年初资产总额的比值(Clarkson et al.,2008;Du et al.,2014)。	CSMAR
CAPINREV$_{t-1}$	资本性支出(包括固定资产、无形资产和其他长期资产)与总营业收入的比值(Clarkson et al.,2008;Du et al.,2014)。	CSMAR
TOBINQ$_{t-1}$	企业市场价值除以年末总资产(Clarkson et al.,2008)。	CSMAR
REG$_{t-1}$	监管强度,等于企业与最近的监管中心(北京、上海和深圳)间的距离(单位:千公里)。	手工收集
CITY$_{t-1}$	虚拟变量,如果企业位于大都市①则为 1,否则为 0。	CSMAR
POP$_{t-1}$	企业所在省份的总人口(单位:百万)的自然对数。	中国统计年鉴
UNV$_{t-1}$	企业所在省份的大学数量除以中国大学总数量。	中国统计年鉴

---

①　大都市包括:厦门、大连、青岛、宁波、呼和浩特、南宁、拉萨、乌鲁木齐、银川、天津、重庆、石家庄、太原、沈阳、长春、哈尔滨、济南、南京、杭州、合肥、福州、南昌、郑州、武汉、长沙、广州、海口、成都、贵阳、昆明、西安、兰州、西宁、北京、上海、深圳。

附录10-2 公司环境绩效(CEP)的计算程序,7个类别和所有子项的描述性统计和单变量测试

项目	CEP 均值	CEP 标准差	债务利率均值 t/z 检验 高 环境绩效组	债务利率均值 t/z 检验 低 环境绩效组	t 检验
I：公司治理与管理系统(最高6分)					
1.存在控制污染、环保的管理岗位或部门(0~1)	0.051 3	0.220 6	4.850 3	5.381 6	−1.59
2.董事会中存在环保委员会或者公共问题委员会(0~1)	0.001 3	0.035 4	3.347 0	5.356 8	−2.77***
3.与上下游签订了有关环保的条款(0~1)	0.011 3	0.105 5	4.543 5	5.363 5	−1.54
4.利益相关者参与了公司环保政策的制定(0~1)	0.007 5	0.086 3	3.590 0	5.367 7	−2.64**
5.在工厂或整个企业执行了 ISO14001 标准(0~1)	0.165 1	0.371 4	5.189 7	5.386 9	−0.59
6.管理者薪酬与环境业绩有关(0~1)	0.013 8	0.116 5	4.758 9	5.362 6	−0.60
合计	0.250 2	0.566 0	4.421 8	5.395 7	−2.62**
II：可信度(最高10分)					
1.采用 GRI 报告指南或 CERES 报告格式(0~1)	0.111 3	0.314 6	4.855 4	5.416 8	−2.80***
2.独立验证或保证在环保业绩报告(网站)中披露的环保信息	0.048 2	0.214 2	4.228 5	5.411 3	−3.19***
3.定期对环保业绩系统或进行独立的审计检验(0~1)	0.023 1	0.150 4	5.018 1	5.362 3	−1.76*
4.由独立机构对环保计划进行认证(0~1)	0.021 9	0.146 4	5.939 9	5.341 2	1.11
5.有关环保影响的产品认证(0~1)	0.030 0	0.170 7	6.273 9	5.325 9	1.13
6.外部环保业绩奖励,进入可持续发展指数(0~1)	0.040 7	0.197 5	4.769 3	5.379 1	−1.74*
7.利益相关者参与了环保信息披露过程(0~1)	0.005 6	0.074 8	4.111 9	5.361 3	−2.59**
8.参与了由政府部门资助的自愿性的环保倡议(0~1)	0.017 5	0.131 2	4.470 4	5.370 1	−2.07**

续表

项目	描述性统计和 t/z 检验				t 检验
	CEP		债务利率均值		
	均值	标准差	高环境绩效组	低环境绩效组	
9.参与为改进环保实践的行业内特定的协会,倡议(0~1)	0.000 0	0.000 0	5.678 8	5.350 8	0.48
10.参与为改进环保实践的其他环保组织/协会(除 8,9 中列示外)(0~1)	0.010 6	0.102 6	4.839 1	5.487 8	−2.72***
合计	0.308 9	0.721 3			
Ⅲ:环境业绩指标(EPI)(最高 6 分)					
1.关于能源使用,使用效率的环境业绩指标(0~6)	0.145 1	0.542 5	5.350 3	5.455 0	−0.37
2.关于水资源使用,使用效率的环境业绩指标(0~6)	0.086 3	0.412 6	5.343 3	5.793 0	−0.74
3.关于温室气体排放的环境业绩指标(0~6)	0.065 7	0.335 7	5.355 3	5.292 0	0.12
4.关于其他气体排放的环境业绩指标(0~6)	0.080 7	0.386 4	4.725 1	5.387 9	−1.93*
5.EPA-TRI 数据库中土地,水资源,空气的污染总量(0~6)	0.016 3	0.193 1	3.532 0	5.364 6	−2.03**
6.其他土地,水资源,空气的污染总量(除 EPA-TRI 数据库)(0~6)	0.013 8	0.165 4	5.354 4	5.354 4	0.01
7.关于废弃物产生和管理的指标(回收,再利用,处置,降低使用)(0~6)	0.111 3	0.457 3	5.204 1	5.366 0	−0.51
8.关于土地,资源使用,生物多样性和保护的业绩指标(0~6)	0.008 1	0.102 8	4.251 6	5.362 0	−2.24**
9.关于环保对产品,服务影响的指标(0~6)	0.010 6	0.163 7	5.171 3	5.355 2	−0.26
10.关于承诺表现情况(超标情况,可报告的事件)(0~6)	0.003 1	0.055 8	5.508 0	5.353 8	0.06
合计	0.541 0	1.883 5	4.975 9	5.394 1	−1.78*
Ⅳ:有关环保的支出(最高 3 分)					
1.公司环保倡议所建立的储备金(0~1)	0.005 6	0.074 8	4.630 6	5.358 4	−1.99**
2.为提高环保表现或效率而支出的技术费用,R&D 费用支出总额(0~1)	0.121 3	0.326 6	5.001 5	5.403 0	−1.67*

续表

项 目	描述性统计和 t/z 检验				t 检验
	CEP		债务利率均值		
	均值	标准差	高 环境绩效组	低 环境绩效组	
3.环境问题导致的相关罚金总额(0~1)	0.000 6	0.025 0	5.285 5	5.354 4	−0.01
合计	0.127 6	0.341 1	4.977 2	5.408 2	−1.81*
V:远景及战略声明(最高 6 分)					
1.管理层说明中关于环保表现的陈述(0~1)	0.125 1	0.330 9	4.956 6	5.411 2	−2.67***
2.关于公司环保政策,价值,原则,行动准则的陈述(0~1)	0.322 1	0.467 4	5.036 9	5.505 1	−2.13**
3.关于环保风险,业绩的正式管理系统的陈述(0~1)	0.028 1	0.165 4	4.491 8	5.379 3	−2.23**
4.关于公司执行定期检查,评估环境表现的陈述(0~1)	0.025 6	0.158 1	5.081 0	5.361 5	−0.58
5.关于未来环境表现中可度量目标的陈述(0~1)	0.006 3	0.078 9	3.514 8	5.365 9	−2.79***
6.关于特定的环保改进,技术创新的陈述(0~1)	0.177 6	0.382 3	4.851 6	5.462 9	−2.40**
合计	0.684 8	0.988 4	4.950 9	5.624 9	−3.09***
VI:环保概况(最高 4 分)					
1.关于公司执行特定环境标准的陈述(0~1)	0.072 5	0.259 5	5.009 9	5.381 3	−1.10
2.关于行业整个行业环保影响的概述(0~1)	0.090 7	0.287 2	6.099 3	5.280 0	2.01**
3.关于公司运营,产品,服务对环境影响的概述(0~1)	0.129 5	0.335 8	5.499 9	5.332 7	0.50
4.公司环保业与同行业对比的概述(0~1)	0.008 1	0.089 8	4.591 5	5.360 6	−1.97*
合计	0.300 8	0.596 4	5.294 5	5.357 9	−0.17
VII:环保倡议(最高 6 分)					
1.对环保管理和运营中员工培训的实质性描述(0~1)	0.073 8	0.261 5	5.112 8	5.373 6	−0.76
2.存在环境事故的应急预案(0~1)	0.014 4	0.119 1	5.528 6	5.351 8	0.25

续表

项　　目	描述性统计和 t/z 检验				
	CEP		债务利率均值		t 检验
	均值	标准差	高 环境绩效组	低 环境绩效组	
3.内部环保奖励(0~1)	0.008 8	0.093 2	5.256 8	5.355 2	−0.08
4.内部环保审计(0~1)	0.007 5	0.086 3	3.839 2	5.365 8	−2.08**
5.环保计划的内部验证(0~1)	0.015 0	0.121 6	5.183 4	5.356 9	−0.21
6.与环保有关的社区参与、捐赠(0~1)	0.022 5	0.148 4	5.393 5	5.353 4	0.04
合计	0.142 0	0.455 0	5.154 8	5.378 1	−0.68
总计	2.355 2	4.188 2	4.854 7	5.697 4	−3.83***

注:附录参考了 GRI(2006)、Clarkson 等(2008)、Du(2015b)和 Du 等(2014)的研究。附录的第Ⅲ部分赋值范围是 0~6,若存在以下条目则按每条目加 1 分(1)有具体的绩效数据;(2)绩效数据与同行、竞争对手或同行业情况进行了比较;(3)绩效数据与公司以往绩效数据进行了比较;(4)绩效数据与目标进行了比较;(5)绩效数据同时以绝对数和相对数形式披露;(6)绩效数据有进行分解性描述(如加工、业务单位、地理分布等)。

第十一章　环境审计与分析师预测

摘要:与其他关注领导干部自然资源资产离任审计与环境规制政策对企业影响的研究不同,本章探索了企业层面自愿性的环境治理工具对企业的影响。本章以 2008—2017 年沪深两市 A 股上市公司为研究样本,研究了公司环境审计对分析师预测的影响。实证结果表明,环境审计能优化分析师信息环境,提高分析师预测准确度,降低分析师预测分歧度。本章进一步探索了环境审计与分析师预测间联系的机制,以及环境审计形式差异和企业异质性对二者间联系的影响。机制分析研究发现环境审计能有效提升公司环境绩效和环境投资水平;区分环境审计形式后发现仅外部环境审计能有效改善分析师预测,内部环境审计没有改善效果;区分企业异质性后发现环境审计对分析师预测的改善作用在重污染企业中更突出。本章研究结论表明,环境审计有强化公司环境治理以及降低企业信息不对称性的作用,这将有助于政策制定者在未来制定强化公司环境治理政策时丰富工具组合。

一、引言

在长时间粗放型经济发展模式下,中国的环境污染问题日益严峻,2020 年《政府工作报告》[①]指出要提高生态环境治理成效,突出依法、科学、精准治污。企业是主要的自然资源耗费和污染排放主体,因此企业也应该是环境治理的重要主体和关键行动者(李维安 等,2019)。环境治理部门颁布了一系列环境规制政策,迫使企业强化环境治理。前期研究(王班班,齐绍洲,2016;齐绍洲 等,2018;周源 等,2018;胡珺 等,2020)发现一系列环境管制政策确实能促进企业绿色生产技术或环境绩效的提升。但环境规制政策在执行时不仅面临着社会成本高、监督难度大等问题,而且由于其强制性,还可能会导致企业成本结构恶化,增大企业经营风险。Anton 等(2004)研究发现随着环境规制政策和市场激励的增强,企业会逐渐由环境规制驱动的环境治理转变为积极主动采用自愿性的环境治理工具参与环境治理,来自投资者、消费者和社会大众的环境压力也会推动公司环境治理形式的转变。因此在科

[①]　报告全文详见网页:http://www.gov.cn/guowuyuan/2020zfgzbg.htm。

学制定环境规制的基础上,也要积极探索自愿性的环境治理工具对企业公司治理的影响,因为良好的公司治理机制既能帮助企业积极应对来自外界的合法性威胁,又能有效提升企业的环境绩效(Cormier et al.,2015;Jacoby et al.,2019)。当前我国上市公司环境治理水平整体较低,而且国内外对于中国上市公司的环境治理机制的研究仍然不足(李维安 等,2019)。因此本章拟探索公司环境审计这一自愿性环境治理工具在中国上市公司中的实施效果,以期帮助实务工作者和政策制定者加深对自愿性环境治理工具的理解和认识。

环境审计是一种风险控制导向的治理工具,聚焦于企业运营及产品的环境风险方面,能够识别潜在的环境危害,最大程度降低企业发生环境事故的可能性(Patriarca et al.,2017)。环境审计能向投资者、消费者和社会大众传递一个致力于环境保护的企业形象(Earnhart,Leonard,2016),而且环境审计不仅可以提供一系列新的环境信息,还可以增强企业原有公司环境信息的可信度(Lee et al.,2017;Nishitani et al.,2020)。分析师是缓解资本市场信息不对称最重要的信息中介之一,而非财务信息是分析师对企业作出分析预测的重要信息素材(Dhaliwal et al.,2012)。因此本章关注的问题如下:公司环境审计这一环境治理工具是否能优化分析师面临的信息环境,改善分析师预测?若环境审计能改善分析师预测,那么是通过何种机制实现的?不同的环境审计形式和企业异质性是否会对环境审计和分析师预测间的联系产生影响?

为了回答上述问题,本章以2008—2017年沪深两市A股上市公司为研究样本,手工收集了企业层面的环境审计和其他环境相关的数据,实证检验了环境审计与分析师预测间的联系。研究结果发现:(1)环境审计能优化分析师信息环境,提高分析师预测准确度,降低分析师预测分歧度;(2)进一步的机制检验表明分析师能有效提升企业的环境绩效和环境投资水平;(3)仅外部环境审计能有效改善分析师预测,而内部环境审计对分析师预测没有改善效果;(4)环境审计对分析师预测的改善作用在重污染企业中更突出。

本章的研究贡献主要体现在以下几方面:(1)本章首次检验了环境审计这一环境治理工具在我国上市公司中的作用。前期研究(全进 等,2018;张琦,谭志东,2019;蒋秋菊,孙芳城,2019)探索了领导干部自然资源资产离任审计这一宏观层面的环境审计对企业资本成本、环境治理和税收规避的影响,本章将环境审计由宏观层面深入企业层面,可以为后续针对公司环境审计的研究提供度量方面的参考;(2)本章将公司环境治理工具的作用拓展到资本市场信息中介维度。前期研究(Peters,Romi,2014;Liao et al.,2015;Passetti,Tenucci,2016;Kanashiro,2020;Orazalin,2020)探索了管理层环境薪酬、环保委员会和环境管理体系认证等公司环境治理工具对公司环境绩效和环境投资的影响,以及在Lee 等(2017)和Nishitani 等(2020)探索了环境审计对企业价值影响的基础上,本章着重强调了环境审计在资本市场中的信息作用,将前期研究侧重的环境治理工具对企业自身环境绩效的影响这一维度拓展到资本市场信息中介维度;(3)本章对公司环境审计形式以及企业类型的区分为未来研究环境审计在其他公司治理以及会计审计中的作用提供了有益的参考。

本章后续行文内容安排如下:第二部分是文献回顾与研究假设,主要回顾了公司环境治理工具相关的研究,并提出了研究假设;第三部分是数据来源、变量选择和模型设定;第四部分是实证结果分析;第五部分是敏感性分析和进一步研究;第六部分是文章的研究结论与启示。

二、文献回顾与研究假设

(一)文献回顾

基于采用企业治理工具的主体不同可以将公司环境治理划分为内部环境治理和外部环境治理,内部环境治理工具是企业自身采用的,外部环境治理工具主要是在外部主体监督或协作下采用的。内部环境治理从形式上来划分既包括使用激励和监督两类治理工具促使企业管理人员在现有治理框架内最大限度地关注公司环境绩效,也包括新设特定的岗位或委员会专注于执行企业的环境治理职能。

在管理层薪酬考核中增加一系列的环境考核指标形成的环境薪酬激励是企业内部环境治理的主要激励工具。Kanashiro(2020)研究表明环境薪酬激励能强化管理层收益与公司环境绩效间的联系,从而激励管理层积极践行环境保护行为,提升公司环境绩效。但 Rodrigue 等(2013)将公司环境绩效划分为环境规制绩效和环境保护绩效后,发现环境薪酬激励仅能改善公司环境保护绩效,不能提高公司环境规制绩效,即环境薪酬激励对公司环境绩效的改善主要是促进企业自愿性环境保护行为,而不会影响企业被监管层要求的强制性环境保护行为。

除了对管理层的薪酬激励,企业设立首席可持续发展官(chief sustainability officer)也是一种典型的公司内部环境治理工具。Peters 和 Romi(2014)检验了首席可持续发展官与公司环境风险信息披露之间的联系,该研究以温室气体排放的披露信息作为公司环境风险信息披露的代理变量,发现首席可持续发展官不仅提高了公司环境风险信息的披露概率,同时也提升了公司环境风险信息的披露水平。

董事会下设的环保委员会、可持续发展委员以及具有环境保护背景的董事是企业常见的三种监督性质的内部环境治理工具。当前研究对监督性质的公司治理工具与公司环境绩效间的联系所持的观点并不统一,一部分研究认为监督性质的公司治理工具将促使管理层重视企业面临的环境问题以及环境问题带来的合法性威胁,从而增加管理层优先考虑环境治理的解决方案的可能性。前期的部分研究(Kanashiro,2020;Orazalin,2020;Liao et al.,2015;Peters,Romi,2014)支持了这一观点,研究发现环保委员会、可持续发展委员以及具有环境保护背景的董事能够增强企业的环境绩效、社会绩效、环境保护投资和环境风险信息的披露水平。Kanashiro(2020)进一步研究了激励工具和监督工具共同被采用时对公司环境治理的影响,发现同时采用环境薪酬激励和环保委员会两种环境治理工具对企业的环境绩效的促进作用更强。另一部分研究认为企业设立环保委员会和聘请具有环保意识的董事仅仅是象征性地响应政府、社会大众等利益相关者对环境问题的关注,而企业并不会真正践行环境保护行为。Rodrigue 等(2013)实证检验发现企业设立环保委员会和聘请具有环保意识的董事并不会对公司环境绩效、环境保护投资产生影响。Lee 等(2017)和 Nishitani 等(2020)以日本的数据检验了公司环境审计对企业价值的影响,发现公司环境审计不仅能提升企业市场价值,而且还能强化企业自愿环境信息披露和企业价值间的正相关关系。有趣的是,不仅环境管理工具能有效提升公司环境绩效,Daddi 等(2019)研究发现环境管理人员工作满意度的提升也会促进企业的生态创新和环境绩效提升。

除了上述企业内部环境治理工具外,环境管理体系认证是国内外常用的一种外部环境治理工具。环境管理体系认证主要用于定义和规范企业有关环境管理过程的职责和活动,ISO14001 以及生态管理与审计计划(eco-management and audit scheme,EMAS)是两种最常见的管理体系认证。研究发现 ISO14001 和 EMAS 都能够促进企业技术和组织创新,降低企业二氧化碳的排放,提升企业能源利用效率(Passetti,Tenucci,2016)。环境管理体系认证不仅能提升公司环境绩效(Perez et al.,2007;Testa et al.,2014),还能改善企业财务绩效(Darnall et al.,2008)。张兆国等(2019)以我国重污染企业为研究样本,也发现 ISO14001认证能够提升公司环境绩效,而且企业的政府监管、行业竞争、舆论监督以及公司环境信息披露都对两者的关系起到正向调节作用。

此外,企业和供应商合作践行环境可持续发展战略也是一种有效的外部环境治理工具。Kim 等(2018)检验了企业内部监督和供应商合作两种公司环境治理工具对企业产品创新的影响,研究表明二者都会促进企业产品创新能力。Lun 等(2015)将与供应商合作的环境治理划分为合同治理、关系治理,并结合企业内部环境治理,发现三种治理工具都能提升企业的环境绩效,而且与供应商的合同治理是通过以关系治理和企业内部治理作为中介实现的。

综上所述,前期研究实证检验了管理层环境薪酬激励、首席可持续发展官和环保委员会等一系列公司环境治理工具对企业的影响,但是对公司环境审计这一公司环境治理工具着墨不多。此外,前期对包括公司环境审计在内的一系列环境治理工具的影响研究聚焦于公司环境绩效、环境投资和企业价值,但对于环境治理工具是否能在资本市场上产生信息增量,这些信息能否被市场捕捉这一问题并未予以研究。因此本章拟对环境审计与分析师预测间的关系进行探索,以期拓展研究公司环境治理工具的信息增量作用。

(二)研究假设

公司环境审计具有强烈的风险导向视角,通过对公司环境绩效、环境系统的检查强化企业的环境治理,能够全面地而不仅仅是从技术层面降低公司环境风险,优化公司环境信息质量(Patriarca et al.,2017)。企业的特质信息是分析师针对特定企业预测最重要的信息素材,除了企业盈余相关信息以外,非财务信息也是分析师预测的重要依据(Ramnath et al.,2008)。具体地,环境审计能从企业合法性、环境绩效以及强化公司环境信息可信度等角度优化分析师面临的信息环境。

首先,随着环境规制政策和社会公众环保意识的增强,企业生产经营的合法性威胁日益加剧。环境审计是企业一项积极主动的公司治理行为,能够向消费者、市场和监管层传递一个积极信号,有助于强化企业正面的环境形象,帮助企业形成良好的声誉、获得来自各方利益相关者的合法性,降低企业经营风险(Earnhart,Leonard,2016)。企业经营风险的降低将有助于弱化外部信息使用者的信息不对称劣势,从而增强企业的可预测性。

其次,环境审计能强化管理层对公司环境问题的关注,增强公司环境相关技术的创新能力,降低企业在生产运营中对环境造成的损害,进而提升企业的环境绩效(Viegas et al.,2013;Lee et al.,2017)。一方面,公司环境绩效的提高能够降低公司环境风险,如诉讼风险、行政处罚风险等,公司环境风险的降低能够降低企业的经营不确定性,而企业不确定性的降低又将有助于增强企业盈余的可预测性。另一方面,公司环境绩效的提升是企业承担社会责任的一个重要维度,而社会责任承担水平的提高将有助于改善分析师预测(Dhaliwal et al.,2012)。

最后,环境审计不仅增加了一系列新的环境信息,而且还可以增强企业原有环境信息的可信度。一方面,环境审计公布的一系列详细的"三废"排放、毒性检测等环境数据有助于丰富分析师的信息环境,能够降低分析师对企业信息的搜寻成本和加工成本。另一方面,环境审计本身传递着企业重视环境治理的信号,以及通过将环境审计的相关信息与企业其他渠道来源的环境信息进行交叉比对,有助于增强企业的环境信息甚至其他经营相关的信息的可信度。例如,Nishitani 等(2020)研究发现环境审计能增强企业自愿披露的环境信息可信度,从而强化企业自愿环境信息披露和企业价值间的正相关关系。基于上述分析,本章提出假设 11-1。

假设 11-1:限定其他条件,环境审计提高了分析师预测准确度。

分析师的信息来源主要有公开渠道和私人调查两个渠道,而分析师间的预测分歧很大程度上是由于不同分析师掌握的公开信息和私有信息之间存在差异,如果公开信息在分析师预测中发挥着更强的作用,分析师间的预测分歧度将下降(Ramnath et al.,2008;Barron et al.,2017)。环境审计增强了公司环境信息披露,提高了公司环境信息透明度。环境审计将企业的环境信息由需要分析师自行收集、判断的私有信息转换为全部分析师共享的公开信息,因此分析师特长、分析师信息收集能力差异对分析师预测的影响将会被弱化。此外,环境审计促成的公司环境信息的可信度的增强,将会增强分析师对企业披露的环境信息的利用,而所有基于相同的信息作出的预测将会弱化分析师间的预测分歧。基于上述分析,本章提出假设 11-2。

假设 11-2:限定其他条件,环境审计会降低分析师预测分歧度。

三、研究设计

(一)样本与数据来源

本章选取 2008—2017 年的 A 股上市公司为研究样本,并按照以下标准对研究样本进行了筛选:(1)剔除了银行、保险和其他金融行业的样本;(2)剔除 ST、∗ ST 或 PT 类等非正常交易状态的样本;(3)剔除上市时间不足 1 年的样本;(4)剔除关键变量及控制变量数据缺失的样本。公司环境审计、环境绩效和环境投资的数据由作者手工收集,其余数据均来自国泰安数据库(CSMAR)。同时,为了避免极端值对结果的影响,本章对所有连续性变量进行了缩尾处理。

(二)变量定义

1.被解释变量

参考前期研究(Veenman,Verwijmeren,2018;王攀娜,罗宏,2017;谭松涛 等,2015;王玉涛,王彦超,2012),本章对分析师预测的数据进行了初步筛选:(1)剔除分析师预测每股盈余缺失的样本;(2)剔除分析师预测终止日期的年度大于分析师预测发布年度的样本;(3)对同一个分析师仅保留当年最后一份每股盈余预测样本。然后分别采用模型(11-1)、(11-2)计算了分析师预测准确度(ACCY)和分析师预测分歧度(DISP)。

$$ACCY = \frac{|\text{Mean}(\text{FEPS}) - \text{MEPS}|}{|\text{MEPS}|} \tag{11-1}$$

模型(11-1)中,FEPS 表示分析师预测的每股盈余,Mean(FEPS)表示所有分析师预测的每股盈余的均值,MEPS 表示实际每股盈余。分析师预测准确度(ACCY)等于所有分析师预测的每股盈余均值与实际每股盈余之差的绝对值除以实际每股盈余绝对值。ACCY数值越小,分析师预测准确度越高。

$$DISP = \frac{\text{SD}(\text{FEPS})}{|\text{MEPS}|} \tag{11-2}$$

模型(11-2)中,SD(FEPS)表示所有分析师预测每股盈余的标准差,MEPS 表示实际每股盈余。DISP 等于所有分析师预测的每股盈余标准差除以实际每股盈余绝对值。DISP 数值越小,表示分析师预测间的分歧程度越低。

2.环境审计

本章从企业的年报、社会责任报告中搜索了公司环境审计信息,并构建了环境审计(ENV_AUDIT)虚拟变量。若企业聘请了第三方对企业的环境绩效或环保系统进行独立的审计或检验,则 ENV_AUDIT 取值为 1,否则为 0。

3.控制变量

本章参考前期研究,选取了企业规模(SIZE)、财务杠杆(LEV)、公司成立年限(AGE)、财务绩效(ROA)、财务绩效波动性(VOLATILITY)、托宾 Q 值(TOBIN'Q)、"四大"会计师事务所审计虚拟变量(BIG4)、第一大股东持股比例(FIRST)、机构投资者持股比例(INST_SHARE)、最终控制人性质(STATE)、分析师跟踪人数(COVERAGE)和相对预测期间(HORIZON),以及年度(YEAR)和行业(IND)两个虚拟变量。变量定义详见附录 11-1。

(三)研究模型

为了检验假设 11-1 和假设 11-2,本章构建了如下 OLS 模型(11-3):

$$ACCY/DISP = a_0 + a_1 ENV\_AUDIT + a_2 SIZE + a_3 LEV + a_4 AGE + a_5 ROA + a_6 VOLATILITY +$$
$$a_7 TOBIN'Q + a_8 BIG4 + a_9 FIRST + a_{10} INST\_SHARE + a_{11} STATE +$$
$$a_{12} COVERAGE + a_{13} HORIZON + YEAR + IND + \xi \tag{11-3}$$

模型(11-3)分别以 ACCY 和 DISP 为被解释变量验证假设 11-1 和假设 11-2。以 ACCY 为被解释变量时,若模型(11-3)中 ENV_AUDIT 的系数 a_1 显著为负数(即 $a_1 < 0$),则假设 11-1 被经验证据支持。以 DISP 为被解释变量时,若模型(11-3)中 ENV_AUDIT 的系数 a_1 显著为负数(即 $a_1 < 0$),则假设 11-2 被经验证据支持。

四、实证结果

(一)描述性统计

表 11-1 报告了变量的描述性统计结果。ACCY 的均值为 0.907 2,最小值为 0.002 4,最大值为 14.312 5,标准差为 2.039 9,表明平均而言分析师预测的每股盈余与企业实际的每股盈余相差 90.72%,而且分析师对不同企业预测的准确度差别很大。DISP 的均值为 0.679 4,最小值和最大值分别 0.000 0 和 10.659 4,表明不同企业的分析师预测分歧度差异较大。ENV_AUDIT 的均值为 0.041 1,表明样本中有 4.11% 的企业实施了环境审计。

表 11-1　变量描述性统计

变量	均值	标准差	最小值	1/4 分位数	中位数	3/4 位数	最大值
ACCY	0.907 2	2.039 9	0.002 4	0.092 2	0.261 3	0.753 6	14.312 5
DISP	0.679 4	1.486 4	0.000 0	0.108 7	0.231 4	0.560 5	10.659 4
ENV_AUDIT	0.041 1	0.198 5	0.000 0	0.000 0	0.000 0	0.000 0	1.000 0
SIZE	22.506 2	1.260 3	20.247 3	21.606 2	22.326 5	23.247 1	26.271 8
LEV	0.462 0	0.198 5	0.067 2	0.308 6	0.463 9	0.618 7	0.865 6
AGE	2.667 4	0.360 8	1.609 4	2.484 9	2.708 1	2.944 4	3.332 2
ROA	0.048 3	0.046 7	−0.093 3	0.020 1	0.041 4	0.071 0	0.201 8
VOLATILITY	0.022 7	0.027 0	0.000 8	0.007 1	0.014 0	0.026 9	0.163 4
TOBIN'Q	2.147 4	1.548 1	0.152 8	1.270 2	1.703 2	2.486 1	48.270 4
BIG4	0.085 1	0.279 1	0.000 0	0.000 0	0.000 0	0.000 0	1.000 0
FIRST	36.320 2	15.322 4	9.000 0	23.900 0	34.760 0	47.170 0	75.460 0
INST_SHARE	0.284 8	0.237 9	0.003 0	0.084 8	0.210 8	0.455 2	0.882 1
STATE	0.486 8	0.499 8	0.000 0	0.000 0	0.000 0	1.000 0	1.000 0
COVERAGE	2.234 9	0.768 4	0.693 1	1.609 4	2.197 2	2.833 2	3.784 2
HORIZON	4.836 3	0.477 2	3.030 8	4.604 3	4.908 1	5.147 5	5.681 9

　　控制变量的描述性统计显示：SIZE 为 59.47 亿元（$e^{22.506\,2}$），LEV 为 46.20％，AGE 为 14 年（$e^{2.667\,4}$），ROA 为4.83％，VOLATILITY 均值为 0.022 7，TOBIN'Q 的均值为2.147 4，样本中有 8.51％的企业是 BIG4，FIRST 平均为 36.32％，样本中有 48.68％的国有企业 STATE，平均每家企业有 9 个（$e^{2.234\,9}$）分析师跟踪 COVERAGE，分析师报告日与分析师预测终止日的平均间隔天数 HORIZON 为 126 天（$e^{4.836\,3}$）。

（二）Pearson 相关性分析

　　表 11-2 报告了变量相关性分析的结果。结果显示：ENV_AUDIT 分别与 ACCY 和 DISP 在 5％与 10％的显著性水平上负相关，表明环境审计提高了企业分析师预测准确度，降低了分析师预测分歧度。相关性分析结果初步支持了假设 11-1 和假设 11-2。

表 11-2　Pearson 相关性分析

变量	(1)	(2)	(3)	(4)	(5)	(6)	(7)	(8)
(1)ACCY	1.000 0							
(2)DISP	0.850 3***	1.000 0						
(3)ENV_AUDIT	−0.020 2**	−0.017 6*	1.000 0					
(4)SIZE	−0.060 2***	−0.021 3**	0.072 3***	1.000 0				
(5)Lev	0.066 9***	0.074 3***	−0.002 4	0.519 7***	1.000 0			
(6)AGE	−0.018 8**	−0.021 0**	0.019 2**	0.194 5***	0.132 4***	1.000 0		
(7)ROA	−0.307 5***	−0.263 9***	0.0076	−0.134 0***	−0.427 6***	−0.060 3***	1.000 0	
(8)VOLATILITY	0.057 6***	0.068 5***	−0.003 7	−0.109 5***	−0.063 5***	0.020 5**	0.071 7***	1.000 0
(9)TOBIN'Q	−0.007 0	0.003 4	−0.027 6***	−0.412 9***	−0.375 2***	−0.050 0***	0.278 6***	0.072 3***
(10)BIG4	−0.048 5***	−0.023 8**	0.011 7	0.394 2***	0.118 6***	0.036 5***	0.013 4	−0.034 1***
(11)FIRST	−0.036 0***	−0.011 3	0.027 0***	0.265 2***	0.132 0***	−0.108 4***	0.046 4***	0.015 2
(12)INST_SHARE	−0.094 3***	−0.077 4***	0.016 7*	0.249 6***	0.014 8	0.227 9***	0.087 1***	−0.030 4***
(13)STATE	−0.001 0	0.013 9	0.041 8***	0.323 8***	0.288 2***	0.136 3***	−0.125 7***	−0.047 2***
(14)COVERAGE	−0.151 5***	−0.107 6***	0.044 2***	0.305 1***	−0.027 1***	−0.079 1***	0.376 3***	−0.060 2***
(15)HORIZON	0.186 0***	0.107 4***	0.022 5**	−0.023 6**	0.008 5	−0.004 1	−0.102 6***	−0.013 0

变量	(9)	(10)	(11)	(12)	(13)	(14)	(15)
(9)TOBIN'Q	1.000 0						
(10)BIG4	−0.123 3***	1.000 0					
(11)FIRST	−0.111 1***	0.161 9***	1				
(12)INST_SHARE	0.016 1*	0.145 9***	0.072 2***	1.000 0			

续表

变量	(9)	(10)	(11)	(12)	(13)	(14)	(15)
(13)STATE	−0.216 4 ***	0.160 1 ***	0.279 7 ***	0.060 7 ***	1.000 0		
(14)COVERAGE	0.050 8 ***	0.151 5 ***	0.032 8 ***	0.157 9 ***	−0.014 3	1.000 0	
(15)HORIZON	−0.070 1 ***	0.000 2	0.004 6	−0.092 8 ***	0.071 3 ***	−0.025 6 ***	1.000 0

注:*** 、** 、* 分别表示 1%、5%、10%的显著性水平上显著。下同。

(三)环境审计与分析师预测准确度

假设 11-1 预测环境审计将会提高分析师预测准确度。表 11-3 的第(1)列报告了以 ENV_AUDIT 为自变量,ACCY 为被解释变量的回归结果。结果显示,ENV_AUDIT 的系数在 1%的显著性水平上为负(系数=−0.247 6,t 值=−3.07),表明环境审计优化了分析师信息环境,提高了分析师预测准确度,上述结果支持了假设 11-1。

表 11-3　环境审计与分析师预测准确度和分析师预测分歧度的关系

变量	(1)ACCY		(2)DISP	
	系数	t 值	系数	t 值
ENV_AUDIT	−0.247 6 ***	−3.07	−0.163 1 ***	−3.72
FIRST	0.000 4	0.34	0.001 2	1.22
INST_SHARE	−0.204 1 **	−2.29	−0.149 7 **	−2.19
BIG4	−0.131 1 **	−2.20	−0.062 3	−1.15
COVERAGE	−0.047 9	−1.64	−0.001 5	−0.07
HORIZON	0.656 4 ***	15.95	0.253 9 ***	8.50
SIZE	0.002 7	0.11	0.038 2 *	1.91
LEV	−0.263 7 *	−1.86	−0.102 7	−0.98
ROA	−14.238 2 ***	−24.57	−9.275 0 ***	−20.75
VOLATILITY	4.765 9 ***	6.08	4.055 7 ***	6.98
TOBING'Q	0.108 1 ***	4.23	0.087 4 ***	4.29
AGE	0.035 0	0.63	0.013 9	0.34
STATE	−0.102 7 **	−2.32	−0.057 0 *	−1.74
截距	−0.955 2	−1.60	−0.673 8	−1.43
行业/年度	控制		控制	
Adj_R^2	0.150 8		0.105 5	
观测值	10 936		10 936	

控制变量结果显示：INST_SHARE、BIG4、LEV、ROA 和 STATE 均与 ACCY 至少在 10% 的显著性水平上为负，即提高了 ACCY；HORIZON、VOLATILITY 和 TOBIN'Q 与 ACCY 至少在 1% 的显著性水平上为正，即降低了 ACCY；SIZE、AGE、FIRST、COVERAGE 未能对 ACCY 产生影响。

(四)环境审计与分析师预测分歧度

假设 11-2 预测环境审计将会降低分析师预测分歧度。表 11-3 的第(2)列报告了以 ENV_AUDIT 为自变量，DISP 为被解释变量的回归结果。结果显示，ENV_AUDIT 的系数在 1% 的显著性水平上为负(系数＝－0.163 1,t 值＝－3.72)，表明环境审计对分析预测信息环境的优化有助于分析师们对于企业盈余形成更加一致的认识，从而降低了分析师预测分歧度，支持了假设 11-2。

控制变量结果显示：INST_SHARE、ROA、STATE 均与 DISP 至少在 10% 的显著性水平上为负，即降低了 DISP；HORIZON、SIZE、VOLATILITY 和 TOBIN'Q 与 DISP 至少在 10% 的显著性水平上为正，即提高了 DISP；AGE、BIG4、FIRST、COVERAGE 未能对 DISP 产生影响。

五、敏感性测试与进一步分析

(一)敏感性测试

1.更换因变量的度量

表 11-3 对 ACCY 和 DISP 的度量都是以实际每股盈余的绝对值加权度量的，为了保证研究结论的稳健性，本节参考杨青等(2019)的研究，以股价加权来度量分析预测。具体而言，ACCY_PRICE 等于所有分析师预测的每股盈余均值与实际每股盈余之差的绝对值除以上一年年末收盘价，DISP_PRICE 等于所有分析师预测的每股盈余标准差除以上一年年末收盘价，然后将新计算的分析师预测指标代入模型(11-3)，回归结果见表 11-4。

表 11-4 的第(1)列中 ENV_AUDIT 的系数在 10% 的显著性水平上为负(系数＝－0.001 3,t 值＝－1.83)，表明环境审计提高了分析师预测准确度，进一步支持了假设 11-1。第(2)列中 ENV_AUDIT 的系数在 10% 的显著性水平上为负(系数＝－0.000 8,t 值＝－1.73)，表明环境审计降低了分析师预测分歧度，进一步支持了假设 11-2。

表 11-4　更换因变量进行度量的敏感性测试

变量	(1)ACCY_PRICE		(2)DISP_PRICE	
	系数	t 值	系数	t 值
ENV_AUDIT	−0.001 3*	−1.83	−0.000 8*	−1.73
FIRST	0.000 0	1.57	0.000 0	1.09
INST_SHARE	−0.001 6**	−2.34	−0.000 9**	−1.97
BIG4	−0.001 3**	−2.15	−0.000 9**	−2.23
COVERAGE	−0.000 2	−0.79	0.000 1	0.39
HORIZON	0.005 7***	17.19	0.001 3***	5.95
SIZE	0.001 2***	6.05	0.001 5***	11.40
LEV	0.006 6***	6.11	0.006 6***	9.15
ROA	−0.125 5***	−18.77	−0.032 5***	−8.34
VOLATILITY	0.064 2***	10.12	0.041 9***	9.99
TOBING'Q	0.000 4***	2.63	−0.000 1	−0.85
AGE	0.001 8***	4.55	0.000 5**	2.08
STATE	−0.000 7**	−2.01	−0.000 6***	−2.68
截距	−0.043 6***	−9.29	−0.034 4***	−11.59
行业/年度	控制		控制	
Adj_R^2	0.246 8		0.176 2	
观测值	10 936		10 936	

2.仅以制造业数据为样本

相对其他行业而言,制造业企业的环境负担更为沉重,而且本章实施环境审计的企业样本中,有 83.77% 的样本属于制造业,因此本节缩小样本范围,只以制造业的数据为研究样本检验假设 11-1 和假设 11-2。表 11-5 报告了回归结果。

表 11-5 的第(1)列中 ENV_AUDIT 的系数在 1% 的显著性水平上为负(系数=−0.279 2,t 值=−3.53),表明环境审计提高了分析师预测准确度,支持了假设 11-1。第(2)列中 ENV_AUDIT 的系数在 1% 的显著性水平上为负(系数=−0.177 4,t 值=−2.86),表明环境审计降低了分析师预测分歧度,支持了假设 11-2。

表 11-5　仅以制造业数据为样本的敏感性测试

变量	(1)ACCY		(2)DISP	
	系数	t 值	系数	t 值
ENV_AUDIT	−0.279 2***	−3.53	−0.177 4***	−2.86
FIRST	0.003 1*	1.80	0.003 4**	2.47
INST_SHARE	−0.358 4***	−2.94	−0.253 2***	−2.76
BIG4	−0.099 5	−1.05	−0.038 4	−0.46

续表

变量	(1)ACCY		(2)DISP	
	系数	t 值	系数	t 值
COVERAGE	−0.096 1**	−2.40	−0.048 3	−1.60
HORIZON	0.824 8***	15.16	0.344 3***	8.60
SIZE	0.069 3*	1.91	0.096 3***	3.56
LEV	−0.144 1	−0.75	−0.100 4	−0.73
ROA	−14.383 2***	−19.41	−9.050 3***	−16.33
VOLATILITY	5.639 9***	4.66	4.314 9***	5.05
TOBING'Q	0.164 8***	5.33	0.105 2***	5.03
AGE	0.101 2	1.38	0.018	0.33
STATE	−0.123 3**	−2.17	−0.047 7	−1.11
截距	−3.527 7***	−4.71	−2.547 3***	−4.43
行业/年度	控制		控制	
Adj_R^2	0.164 3		0.111 9	
观测值	6 737		6 737	

3.考虑领导干部自然资源资产离任审计的影响

领导干部自然资源资产离任审计旨在督促领导干部落实自然资源资产管理和环境保护责任,加强环境保护工作,推动生态文明建设(张琦,谭志东,2019)。与本章所关注的企业层面的环境审计不同,领导干部自然资源资产离任审计属于宏观层面的环境规制政策。为了保证本章研究结果的稳健性,本节控制了领导干部自然资源资产离任审计的影响,构建了领导干部自然资源资产离任审计虚拟变量 GOV_AUDIT,若企业所在地政府实施了领导干部自然资源资产离任审计,则取值为 1,否则为 0;将 GOV_AUDIT 加入模型(11-3)中然后验证假设 11-1 和假设 11-2,表 11-6 报告了回归结果。

表 11-6 的第(1)列中 ENV_AUDIT 的系数在 1% 的显著性水平上为负(系数＝−0.247 8,t 值＝−3.72),表明环境审计提高了分析师预测准确度,进一步支持了假设 11-1。第(2)列中 ENV_AUDIT 的系数在 1% 的显著性水平上为负(系数＝−0.163 2,t 值＝−3.07),表明环境审计降低了分析师预测分歧度,进一步支持了假设 11-2。表 11-6 第(1)、(2)列中 GOV_AUDIT 的系数均不显著,表明领导干部自然资源资产离任审计不会对分析师预测产生影响,且两列 ENV_AUDIT 的系数显著性水平和符号都没有变化,表明控制了领导干部自然资源资产离任审计因素后,环境审计改善分析师预测的结果依然成立。

表 11-6　考虑领导干部自然资源资产离任审计的敏感性测试

变量	(1)ACCY		(2)DISP	
	系数	t 值	系数	t 值
ENV_AUDIT	−0.247 8***	−3.72	−0.163 2***	−3.07
GOV_AUDIT	−0.081 6	−0.92	−0.020 7	−0.29
FIRST	0.000 4	0.33	0.001 2	1.22
INST_SHARE	−0.204 1**	−2.29	−0.149 7**	−2.19
BIG4	−0.132 3**	−2.22	−0.062 6	−1.16
COVERAGE	−0.047 5	−1.62	−0.001 4	−0.06
HORIZON	0.656 5***	15.95	0.253 9***	8.50
SIZE	0.002 8	0.11	0.038 2*	1.91
LEV	−0.264 8*	−1.87	−0.103 0	−0.99
ROA	−14.253 6***	−24.56	−9.279 0***	−20.75
VOLATILITY	4.759 2***	6.07	4.054 0***	6.98
TOBING'Q	0.108 1***	4.22	0.087 4***	4.29
AGE	0.034 6	0.62	0.013 8	0.33
STATE	−0.102 6**	−2.32	−0.057 0*	−1.74
截距	−0.951 5	−1.59	−0.672 9	−1.43
行业/年度	控制		控制	
Adj_R^2	0.150 8		0.105 5	
观测值	10 936		10 936	

4.内生性问题分析

本章可能存在两种类型的潜在内生性问题：(1)环境审计的自选择问题；(2)样本的选择性偏误。环境审计的自选择问题指的是企业采用环境审计是否为企业公司治理的一项决策，因此该问题的出现有可能是由于公司治理水平较高的企业更可能采用环境审计。本章采用倾向得分匹配(PSM 模型)和跨期动态模型(Bertrand，Mullainathan，2003；谢德仁等，2016；褚剑等，2019)来处理环境审计的自选择问题。

对于 PSM 模型，本章首先选取了 SIZE、LEV、AGE、ROA、VOLATILITY、TOBIN'Q、BIG4、FIRST、STATE、YEAR 和 IND 虚拟变量作为解释变量，然后为实施了环境审计的企业 1∶1 匹配控制组，最后再采用回归模型(11-3)检验假设 11-1 和假设 11-2。表 11-7 第(1)、(2)列分别报告了假设 11-1 和假设 11-2 的检验结果。表 11-7 第(1)列中环境审计 ENV_AUDIT 的系数在 1% 的显著性水平上为负(系数＝−0.316 4，t 值＝−2.64)，表明环境审计提高了分析师预测准确度，支持了假设 11-1。第(2)列中环境审计 ENV_AUDIT 的系数在 5% 的显著性水平上为负(系数＝−0.215 5，t 值＝−2.24)，表明环境审计降低了分析师预测分歧度，支持了假设 11-2。上述结果表明通过 PSM 模型控制公司环境审计自选择问题后，本章的主要结论依然成立。

　　进一步地,本章还采用跨期动态模型处理了环境审计自选择导致的潜在内生性问题。本章构建了两个虚拟变量:第一个是虚拟变量环境审计前一年度(ENV_AUDIT_BEFORE),公司前一年度实施环境审计则取值为1,否则为0;第二个是虚拟变量环境审计后一年度(ENV_AUDIT_AFTER),公司本年度未实施环境审计但后一年度实施了环境审计则取值为1,否则为0。将两个虚拟变量加入模型(11-3)后再次验证假设11-1和假设11-2,表11-7第(3)、(4)列报告了检验结果。表11-7第(3)列中ENV_AUDIT的系数在1%的显著性水平上为负(系数=−0.245 9,t值=−3.70),表明环境审计提高了分析师预测准确度,支持了假设11-1。第(4)列中ENV_AUDIT的系数在1%的显著性水平上为负(系数=−0.162 1,t值=−3.05),表明环境审计降低了分析师预测分歧度,支持了假设11-2。同时ENV_AUDIT_BEFORE和ENV_AUDIT_AFTER在第(3)、(4)列中都不显著,表明的确是环境审计优化了分析师信息环境,从而提高了分析师预测准确度、降低了分析师预测分歧度,而并非由于实施环境审计的企业公司治理水平更高导致的观测偏差。

　　本章存在的样本选择性偏误主要可能是本章的被解释变量分析师预测的缺失导致的,因为存在少数没有分析师跟踪而造成没有分析师预测的企业数据。因此采用Heckman两阶段模型处理样本选择偏误。本章首先构建一个分析师预测的虚拟变量FORECAST,若有分析师预测数据,则取值为1,否则为0。然后以虚拟变量FORECAST为被解释变量,选取 SIZE、LEV、AGE、ROA、VOLATILITY、TOBIN'Q、BIG4、FIRST、INST_SHARE、STATE、YEAR 和 IND 虚拟变量作为解释变量,计算逆米尔斯比率IMR。最后将逆米尔斯比率IMR代入模型(11-3)中检验假设11-1和假设11-2,表11-7的第(5)、(6)列报告了检验结果。表11-7的第(5)列中ENV_AUDIT的系数在1%的显著性水平上为负(系数=−0.248 2,t值=−3.68),支持了假设11-1。第(6)列中ENV_AUDIT的系数在1%的显著性水平上为负(系数=−0.152 7,t值=−3.01),进一步支持了假设11-2。表11-7的第(5)列中逆米尔斯比率IMR不显著,但第(6)列中逆米尔斯比率IMR显著为负数,表明的确存在一定的选择性偏误。但控制了样本选择性偏误后,环境审计对分析师预测的改善作用依然存在。

表 11-7　控制潜在内生性的敏感性分析

变量	PSM		跨期动态模型		Heckman 两阶段模型	
	(1)ACCY	(2)DISP	(3)ACCY	(4)DISP	(5)ACCY	(6)DISP
	系数 t 值	系数 t 值	系数 t 值	系数 t 值	系数 t 值	系数 t 值
ENV_AUDIT	−0.316 4 *** (−2.64)	−0.215 5 ** (−2.24)	−0.245 9 *** (−3.70)	−0.162 1 *** (−3.05)	−0.248 2 *** (−3.68)	−0.152 7 *** (−3.01)
ENV_AUDIT_BEFORE			−0.099 5 (−0.67)	−0.088 9 (−0.83)		
ENV_AUDIT_AFTER			0.345 4 (1.03)	0.273 5 (1.16)		

续表

变量	PSM		跨期动态模型		Heckman 两阶段模型	
	(1)ACCY	(2)DISP	(3)ACCY	(4)DISP	(5)ACCY	(6)DISP
	系数 t 值	系数 t 值	系数 t 值	系数 t 值	系数 t 值	系数 t 值
IMR					−0.135 5 (−0.63)	−0.661 6*** (−4.57)
FIRST	0.004 5 (1.05)	0.004 4 (1.18)	0.000 4 (0.30)	0.001 1 (1.18)	−0.000 2 (−0.19)	0.000 7 (0.78)
INST_SHARE	−0.287 4 (−0.91)	−0.052 4 (−0.22)	−0.202 2** (−2.27)	−0.148 2** (−2.17)	−0.267 6*** (−2.90)	−0.258 1*** (−3.87)
BIG4	−0.309 0** (−2.24)	−0.225 3* (−1.82)	−0.131 2** (−2.20)	−0.062 5 (−1.16)	−0.136 7** (−2.31)	−0.041 0 (−0.82)
COVERAGE	−0.101 8 (−1.04)	−0.110 4 (−1.43)	−0.048 7* (−1.66)	−0.002 1 (−0.09)	−0.099 3*** (−3.30)	−0.040 3* (−1.89)
HORIZON	0.705 0*** (6.16)	0.309 1*** (3.43)	0.656 2*** (15.95)	0.253 7*** (8.49)	0.628 3*** (16.06)	0.243 7*** (9.13)
SIZE	0.068 9 (0.86)	0.093 4 (1.44)	0.002 3 (0.09)	0.037 9* (1.90)	0.018 0 (0.59)	−0.033 2 (−1.50)
LEV	−0.096 5 (−0.18)	0.081 4 (0.21)	−0.262 3* (−1.85)	−0.101 6 (−0.97)	−0.158 0 (−1.11)	0.018 5 (0.19)
ROA	−12.051 8*** (−6.46)	−7.839 3*** (−5.43)	−14.238 7*** (−24.57)	−9.275 4*** (−20.76)	−13.516 5*** (−19.28)	−9.327 2*** (−18.33)
VOLATILITY	5.911 1** (2.05)	5.963 7** (2.28)	4.779 1*** (6.10)	4.066 0*** (7.00)	3.926 9*** (5.32)	3.788 9*** (7.69)
TOBING'Q	0.170 7*** (3.26)	0.104 6** (2.49)	0.108 0*** (4.23)	0.087 4*** (4.29)	0.157 9*** (7.45)	0.104 3*** (6.69)
AGE	0.367 9* (1.86)	0.196 9 (1.25)	0.033 6 (0.61)	0.012 9 (0.31)	0.001 4 (0.32)	0.006 8** (2.13)
STATE	−0.092 9 (−0.63)	−0.035 4 (−0.29)	−0.103 5** (−2.35)	−0.057 6* (−1.76)	−0.089 0* (−1.95)	−0.022 7 (−0.72)
截距	−3.849 8** (−2.22)	−2.852 0** (−2.05)	−0.938 6 (−1.57)	−0.661 7 (−1.41)	−1.079 5 (−1.48)	1.082 5** (2.05)
行业/年度	控制	控制	控制	控制	控制	控制
Adj_R^2	0.151 7	0.113 6	0.150 9	0.105 6	0.143 6	0.106 3
观测值	867	867	10 936	10 936	10 936	10 936

(二)进一步分析

1.机制分析

环境审计优化了分析师预测的信息环境,从而提高了分析师预测准确度并降低了分析师预测分歧度。正如前文所述,环境审计不仅向外界传递了一个积极正面的信号以帮助企业降低合法性危机,而且影响了企业的环境绩效,降低了企业的经营不确定性,进而增强了企业盈余的信息可预测性。本节试图采用数据去实证检验前文的分析机制,检验环境审计对公司环境治理的影响。Kanashiro(2020)研究指出公司环境治理的影响主要体现在公司环境绩效和环境投资两个维度,因此本节主要分析环境审计对公司环境绩效和环境投资的影响。

本章参考 Du 等(2018)的研究拟定了表 11-8 测度企业的环境绩效和环境投资。环境绩效 EP 指标包含 10 个测度子项,每个测度子项分别按照不同的披露情形赋值 0~6 分,若存在以下条目则按每条目加 1 分:(1)有具体的绩效数据;(2)绩效数据与同行、竞争对手或行业情况进行了比较;(3)绩效数据与公司以往的情况进行了比较(趋势分析);(4)绩效数据与目标进行了比较;(5)绩效数据同时以绝对数和相对数形式披露;(6)绩效数据有进行分解性描述(如工厂、业务单位、地理分布等)。环境绩效 EP 的每个子项最低 0 分,最高 6 分。环境投资 ENV_INVEST 按照不同情形赋值 0 或 1,若披露了为提高环境表现或效率而支出的技术费用、R&D 费用支出总额则取值为 1,否则为 0。本章首先基于企业年度报告、社会责任报告和企业官网的环境信息对表 11-8 的各个子项进行赋值,然后将环境绩效 EP 的各个子项加总,构成企业的环境绩效总得分,并以总得分作为企业环境绩效 EP 的代理变量。环境投资 ENV_INVEST 直接采用赋值结果,构成虚拟变量度量企业的环境投资。最后选择 SIZE、LEV、AGE、ROA、VOLATILITY、TOBIN'Q、BIG4、FIRST、INST_SHARE、STATE、YEAR 和 IND 虚拟变量作为控制变量,分别采用 OLS 和 Logit 回归检验环境审计对公司环境绩效和环境投资的影响。

表 11-8 环境绩效和环境投资的测度指标

变量	子项
环境绩效 EP	(1)关于能源使用、使用效率的环境绩效指标(0~6)
	(2)关于水资源使用、使用效率的环境绩效指标(0~6)
	(3)关于温室气体排放的环境绩效指标(0~6)
	(4)其他气体排放方面的环境绩效指标(0~6)
	(5)高毒性物质排放(土壤、水、空气)方面的环境绩效指标(0~6)
	(6)其他有毒有害物质排放或泄露的环境绩效指标(0~6)
	(7)关于废弃物质产生和管理的指标(回收、再利用、处置、降低使用)(0~6)
	(8)关于土地、资源使用,生物多样性和保护的绩效指标(0~6)
	(9)关于环保对产品、服务影响的指标(0~6)
	(10)遵从法规的情形(包括超限情况、应报告事故等)(0~6)
环境投资 ENV_INVEST	披露了为提高环境表现或效率而支出的技术费用、R&D 费用支出总额(0~1)

表 11-9 报告了环境审计分别对企业环境绩效 EP 和环境投资 ENV_INVEST 的回归结果。表 11-9 的第(1)列结果显示环境审计 ENV_AUDIT 的系数在 1% 的显著性水平上为正(系数＝2.638 7,t 值＝12.45),表明环境审计提升了公司环境绩效;表 11-9 第(2)列结果显示环境审计 ENV_AUDIT 的系数在 1% 的显著性水平上为正(系数＝1.411 6,z 值＝13.20),表明环境审计促进了公司环境投资。上述两项回归结果表明环境审计在企业的环境治理过程中的确发挥了积极的作用,提升了公司环境绩效,促进了公司环境投资。

表 11-9　环境审计对企业环境绩效和环境投资的回归结果

变量	(1)EP		(2)ENV_INVEST	
	系数	t 值	系数	z 值
ENV_AUDIT	2.638 7***	12.45	1.411 6***	13.20
FIRST	0.007 2***	3.98	0.004 7***	2.63
INST_SHARE	0.059 9	0.50	−0.135 9	−1.04
BIG4	1.155 3***	8.38	0.190 8**	2.03
SIZE	0.788 5***	24.96	0.434 6***	13.96
LEV	−1.078 1***	−7.01	−0.543 1***	−3.02
ROA	−2.485 0***	−4.67	−0.861 7	−1.34
VOLATILITY	1.783 1**	2.11	−0.672 2	−0.70
TOBING'Q	0.074 3	5.37	−0.000 6	−0.03
AGE	−0.316 2***	−5.02	−0.220 1***	−2.72
STATE	0.232 7***	4.57	0.157 1**	2.52
截距	−16.123 1***	−24.17	−10.380 2***	−14.77
行业/年度	控制		控制	
Adj_R^2/ Pseudo R^2	0.258 0		0.124 5	
观测值	10 936		10 932	

2.考虑内部环境审计

前文是以外部环境审计对公司环境审计进行的度量,本节进一步考虑内部环境审计。本节首先构造两个新的虚拟变量,第一个是内部环境审计虚拟变量 ENV_AUDIT_INNER,若存在企业内部部门对公司环境绩效进行审计则取值为 1,否则为 0;第二个是虚拟变量 ENV_AUDIT_ANY,若企业存在外部环境审计或内部环境审计则为 1,否则为 0。分别将上述变量带入模型(11-3)验证假设 11-1 和假设 11-2,回归结果见表 11-10。

表 11-10 的第(1)、(2)列以虚拟变量 ENV_AUDIT_ANY 为自变量,第(1)列 ENV_AUDIT_ANY 系数在 5% 的显著性水平上为负(系数＝−0.171 5,t 值＝−2.41),第(2)列的 ENV_AUDIT_ANY 系数在 10% 的显著性水平上为负(系数＝−0.097 7,t 值＝−1.74),表明同时考虑企业外部环境审计和内部环境审计时,公司环境审计依然能提高分析师预测准确度并降低分析师预测分歧度,该结果支持了假设 11-1 和假设 11-2。本章进一步区分内部环境审计和外部环境审计,检验环境审计对分析师预测的影响。表 11-10 的第(3)、(4)列以内

部环境审计 ENV_AUDIT_INNER 为解释变量,结果显示两列的内部环境审计 ENV_AU-DIT_INNER 系数都不显著,表 11-10 的第(5)、(6)列在第(3)、(4)列的基础上加入外部环境审计 ENV_AUDIT,结果显示两列的内部环境审计 ENV_AUDIT_INNER 系数依然都不显著,而第(5)、(6)列中外部环境审计 ENV_AUDIT 系数均在 1% 的显著性水平上为负数(系数$=-0.252\,3$,t 值$=-3.71$;系数$=-0.168\,2$,t 值$=-3.10$)。上述结果表明内部环境审计不能改善分析师预测,但外部环境审计能有效提高分析师预测准确度,降低分析师预测分歧度。

表 11-10　考虑内部环境审计的进一步分析回归结果

变量	(1)ACCY	(2)DISP	(3)ACCY	(4)DISP	(5)ACCY	(6)DISP
ENV_AUDIT_ANY	$-0.171\,5^{**}$	$-0.097\,7^{*}$				
	(-2.41)	(-1.74)				
ENV_AUDIT_INNER			0.043 3	0.065 3	0.092 1	0.097 8
			(0.21)	(0.42)	(0.45)	(0.62)
ENV_AUDIT					$-0.252\,3^{***}$	$-0.168\,2^{***}$
					(-3.71)	(-3.10)
FIRST	0.000 4	0.001 2	0.000 4	0.001 2	0.000 4	0.001 2
	(0.33)	(1.21)	(0.31)	(1.20)	(0.34)	(1.23)
INST_SHARE	$-0.202\,4^{**}$	$-0.148\,3^{**}$	$-0.198\,6^{**}$	$-0.146\,0^{**}$	$-0.204\,0^{**}$	$-0.149\,6^{**}$
	(-2.27)	(-2.17)	(-2.23)	(-2.14)	(-2.28)	(-2.19)
BIG4	$-0.129\,2^{**}$	$-0.060\,8$	$-0.126\,8^{**}$	$-0.059\,6$	$-0.131\,7^{**}$	$-0.062\,9$
	(-2.16)	(-1.12)	(-2.13)	(-1.10)	(-2.22)	(-1.17)
COVERAGE	$-0.047\,8$	$-0.001\,5$	$-0.048\,9^{*}$	$-0.002\,2$	$-0.048\,0$	$-0.001\,6$
	(-1.63)	(-0.07)	(-1.67)	(-0.10)	(-1.64)	(-0.07)
HORIZON	$0.656\,2^{***}$	$0.253\,6^{***}$	$0.655\,0^{***}$	$0.252\,9^{***}$	$0.656\,2^{***}$	$0.253\,7^{***}$
	(15.94)	(8.48)	(15.91)	(8.45)	(15.94)	(8.48)
SIZE	0.001 2	$0.036\,9^{*}$	$-0.001\,7$	$0.035\,2^{*}$	0.002 8	$0.038\,3^{*}$
	(0.05)	(1.84)	(-0.07)	(1.76)	(0.11)	(1.92)
LEV	$-0.261\,7^{*}$	$-0.100\,6$	$-0.252\,3^{*}$	$-0.095\,0$	$-0.263\,3^{*}$	$-0.102\,3$
	(-1.85)	(-0.96)	(-1.78)	(-0.91)	(-1.86)	(-0.98)
ROA	$-14.234\,6^{***}$	$-9.271\,7^{***}$	$-14.224\,2^{***}$	$-9.265\,7^{***}$	$-14.238\,4^{***}$	$-9.275\,3^{***}$
	(-24.56)	(-20.75)	(-24.56)	(-20.75)	(-24.57)	(-20.75)
VOLATILITY	$4.767\,1^{***}$	$4.056\,0^{***}$	$4.759\,6^{***}$	$4.049\,8^{***}$	$4.761\,7^{***}$	$4.051\,3^{***}$
	(6.08)	(6.98)	(6.07)	(6.97)	(6.08)	(6.98)
TOBING'Q	$0.108\,0^{***}$	$0.087\,4^{***}$	$0.107\,6^{***}$	$0.087\,2^{***}$	$0.108\,1^{***}$	$0.087\,4^{***}$
	(4.23)	(4.29)	(4.22)	(4.28)	(4.23)	(4.29)
AGE	0.032 7	0.012 4	0.033 5	0.013 3	0.036 0	0.015 0
	(0.59)	(0.30)	(0.60)	(0.32)	(0.65)	(0.36)
STATE	$-0.103\,6^{**}$	$-0.057\,8^{*}$	$-0.106\,0^{**}$	$-0.059\,1^{*}$	$-0.102\,5^{**}$	$-0.056\,8^{*}$
	(-2.35)	(-1.77)	(-2.40)	(-1.81)	(-2.31)	(-1.73)
截距	$-0.915\,2$	$-0.641\,4$	$-0.848\,2$	$-0.603\,8$	$-0.958\,6$	$-0.677\,3$
	(-1.53)	(-1.36)	(-1.42)	(-1.29)	(-1.60)	(-1.44)

续表

变量	(1)ACCY	(2)DISP	(3)ACCY	(4)DISP	(5)ACCY	(6)DISP
行业/年度	控制	控制	控制	控制	控制	控制
Adj_R^2	0.150 5	0.105 3	0.150 2	0.105 1	0.150 7	0.105 5
观测值	10 936	10 936	10 936	10 936	10 936	10 936

3.企业异质性分析

重污染企业与其他类型的企业相比,面临着更高的合法性威胁和环境风险,因此本章进一步分析企业异质性对环境审计与分析师预测间联系的影响。参考刘运国和刘梦宁(2015)的研究,将企业划分为非重污染企业和重污染企业两类,然后分别利用回归模型(11-3)验证假设 11-1 和假设 11-2。表 11-11 报告了企业异质性的分析结果。

表 11-11 第(1)、(2)列以分析师预测准确度 ACCY 为被解释变量,第(3)、(4)列以分析师预测分歧度 DISP 为被解释变量,表 11-11 的最后一行的两列分别报告了以分析师预测准确度 ACCY 和分析师预测分歧度 DISP 为被解释变量的组间差异检验结果,两列组间差异检验都在 1% 的显著性水平上显著,揭示了非重污染企业与重污染企业分组的必要性。表 11-11 第(1)列中环境审计 ENV_AUDIT 的系数不显著,第(2)列的环境审计 ENV_AUDIT 系数在 1% 的显著性水平上为负(系数＝－0.573 8,t 值＝－5.88),且第(1)、(2)列 ENV_AUDIT 系数在 1% 的显著性水平上存在差异,表明环境审计对分析师预测准确度的促进作用在重污染企业中更突出。第(3)列中环境审计 ENV_AUDIT 的系数不显著,第(4)列的环境审计 ENV_AUDIT 系数在 1% 的显著性水平上为负(系数＝－0.347 8,t 值＝－3.60),且第(3)、(4)列 ENV_AUDIT 系数在 5% 的显著性水平上存在差异,表明环境审计对分析师预测分歧度的降低作用在重污染企业中更突出。上述结果揭示企业异质性会对环境审计与分析师预测间的联系产生影响,即环境审计对分析师预测的改善作用在重污染企业中更为突出。

表 11-11　有关环境审计和分析师预测间联系的企业异质性分析

变量	(1)ACCY		(2)DISP	
	(1)非重污染企业	(2)重污染企业	(3)非重污染企业	(4)重污染企业
ENV_AUDIT	－0.111 4	－0.573 8***	－0.094 2	－0.347 8***
	(－1.30)	(－5.88)	(－1.48)	(－3.60)
FIRST	－0.000 5	0.001 8	－0.000 1	0.002 7
	(－0.36)	(0.52)	(－0.06)	(0.97)
INST_SHARE	－0.121 9	－0.454 4*	－0.053 7	－0.408 1**
	(－1.27)	(－1.86)	(－0.73)	(－2.24)
BIG4	－0.171 8***	0.096 3	－0.064 4	0.024 2
	(－3.08)	(0.49)	(－1.20)	(0.15)
COVERAGE	－0.053 9*	－0.056 4	－0.001 8	－0.038 3
	(－1.79)	(－0.65)	(－0.08)	(－0.57)

续表

变量	(1)ACCY		(2)DISP	
	(1)非重污染企业	(2)重污染企业	(3)非重污染企业	(4)重污染企业
HORIZON	0.628 1***	0.777 2***	0.241 5***	0.300 5***
	(14.46)	(6.88)	(7.85)	(3.48)
SIZE	−0.006 0	−0.034 8	0.019 6	0.044 2
	(−0.22)	(−0.48)	(0.92)	(0.78)
LEV	−0.369 9**	0.131 0	−0.215 1*	0.298 7
	(−2.38)	(0.38)	(−1.88)	(1.14)
ROA	−14.271 3***	−13.380 3***	−9.228 8***	−7.954 4***
	(−21.62)	(−10.72)	(−18.07)	(−8.40)
VOLATILITY	4.524 2***	4.927 7***	3.742 8***	4.212 6***
	(5.34)	(2.58)	(6.14)	(2.79)
TOBING'Q	0.113 9***	0.053 7	0.095 7***	0.034 3
	(3.98)	(1.06)	(4.11)	(0.99)
AGE	−0.022 0	0.264 6*	−0.015 6	0.106 9
	(−0.37)	(1.72)	(−0.35)	(0.88)
STATE	−0.103 2**	−0.183 3	−0.079 8**	−0.062 8
	(−2.18)	(−1.53)	(−2.34)	(−0.68)
截距	−0.550 0	−0.949 9	−0.062 5	−1.436 3
	(−0.84)	(−0.61)	(−0.12)	(−1.14)
行业/年度	控制	控制	控制	控制
Adj_R^2	0.152 0	0.142 0	0.107 1	0.097 0
观测值	8 916	2 020	8 916	2 020
系数差异(t−stat.)		−3.56***		−2.19**
组间 Chow 测试(F−stat.)		1.79***		2.56***

六、结论与启示

(一)研究结论

近年来,随着政府、社会大众对环境问题的关注日益增强,企业面临的合法性危机愈发严峻,前期研究探索了一系列环境规制政策对企业生产经营的影响,但是关于公司环境治理对企业的影响的关注仍显不足。因此本章聚焦于公司环境审计这一环境治理工具,探索了环境审计对分析师预测的影响。

首先,本章以 2008—2017 年的 A 股上市公司为研究样本,研究发现环境审计能优化分析师的信息环境,从而提高分析师预测准确度和降低分析师预测分歧度。上述结论经过一系列敏感性测试和内生性检验后依然成立。其次,本章对环境审计与分析师预测间的联系机制进行了分析,研究表明环境审计能有效提高公司环境绩效和环境投资,降低企业经营不确定性。再次,在环境审计改善分析师预测的基础上,本章进一步区分了环境审计形式差异对环境审计与分析师预测间联系的影响,研究表明仅外部环境审计能改善分析师预测准确度和分析师预测分歧度,而内部环境审计不能对分析师预测产生影响。最后,本章探索了企业异质性对环境审计和分析师预测间联系的影响,研究发现环境审计对分析师预测准确度和分歧度的改善作用在重污染企业中更突出。

(二)实践启示

(1)本章研究发现环境审计在公司治理中起着积极作用。因此对于环境治理监督者而言,可以有效引导更多的企业采用自愿性的环境治理工具主动参与环境治理。本章研究还发现环境审计能有效提升公司环境绩效和环境投资,以及改善分析师预测。上述发现表明环境审计这一公司环境治理工具,不仅有助于提升企业的环境保护水平,而且有助于提升企业信息质量。结合前期环境审计促进企业价值提升的研究(Lee et al.,2017),本章认为环境审计可以从社会层面督促公司强化环境保护意识,而且也是一种可以帮助企业实现价值最大化的有效治理工具。当前环境保护监督治理主要是通过环境规制政策强制促使企业参与环境保护治理,环境规制的强制性特点使得政策执行成本较高,且由于环境治理监督者只关注最终的环境治理结果,使得企业面临的运营压力和经营风险较大。因此,今后环境治理监督者可以有效引导企业采用自愿性的环境治理工具,从企业内部建立环境保护的治理机制,将外部环境规制和内部环境治理相结合,如此既有助于从社会层面降低政策的执行成本以及实现环境保护目标,又有助于企业化解环境规制导致的经营风险,以帮助企业实现企业价值最大化的目标。

(2)考虑环境治理工具的形式,充分利用外部监督强化环境治理工具的正面作用。本章研究发现外部环境审计能有效提高分析师预测准确度和降低分析师预测分歧度,但内部环境审计却不能有效改善分析师预测,表明企业和政策制定者在选择运用或推广环境治理工具时,需要将外部监督和内部执行结合起来,发挥协同增效的作用。内部环境治理工具由于独立性的不足,很可能成为企业获取合法性的象征性工具,不能真正有效地改善公司环境治理;而通过引进外部机构介入公司环境治理,能利用外部机构的专业性以及独立性,提升环境治理工具的有效性。

(3)重污染企业应该探索和尝试更多类型的自愿性环境治理工具,降低企业风险。环境治理是企业应对企业合法性风险的有效工具,除了本章涉及的环境审计外,企业应该主动探索和尝试更多类型的环境治理工具,如高管环境薪酬激励、环保委员会等,通过有效的选择环境治理工具组合,提升公司环境治理水平,降低企业的环境风险,以最小成本实现最大化的环境绩效,从而推动企业价值最大化目标的实现。

(4)投资者应关注分析师对公司环境治理、环境绩效的解读,以降低投资风险和提高投资收益。本章研究发现环境审计能改善分析师预测,表明分析师能够从企业的环境治理、环境信息中提取出有效的价值信息,进而强化预测的可靠性。因此,分析师关于公司环境治理、环境绩效的解读,将有助于投资者的投资决策,从而降低投资风险和提高投资收益。此外,投资者通过分析师中介对于环境信息的解读,将有助于降低投资者和企业间的信息不对称性,使市场能够给予企业的环境治理更准确的估值,进而实现市场对公司环境保护行为的激励。

参考文献

[1]褚剑,秦璇,方军雄.中国式融资融券制度安排与分析师盈利预测乐观偏差[J].管理世界,2019,35(1):151-166.

[2]胡珺,黄楠,沈洪涛.市场激励型环境规制可以推动企业技术创新吗?——基于中国碳排放权交易机制的自然实验[J].金融研究,2020(1):171-89.

[3]蒋秋菊,孙芳城.领导干部自然资源资产离任审计是否影响企业税收规避——基于政府官员晋升机制转变视角的准自然实验研究[J].审计研究,2019(3):35-43.

[4]李维安,张耀伟,郑敏娜,等.中国上市公司绿色治理及其评价研究[J].管理世界,2019,35(5):126-133.

[5]刘运国,刘梦宁.雾霾影响了重污染企业的盈余管理吗?——基于政治成本假说的考察[J].会计研究,2015(3):26-33.

[6]齐绍洲,林屾,崔静波.环境权益交易市场能否诱发绿色创新?——基于我国上市公司绿色专利数据的证据[J].经济研究,2018,53(12):129-43.

[7]全进,刘文军,谢帮生.领导干部自然资源资产离任审计、政治关联与权益资本成本[J].审计研究,2018(2):46-54.

[8]谭松涛,甘顺利,阚铄.媒体报道能够降低分析师预测偏差吗?[J].金融研究,2015(5):192-206.

[9]王班班,齐绍洲.市场型和命令型政策工具的节能减排技术创新效应——基于中国工业行业专利数据的实证[J].中国工业经济,2016(6):91-108.

[10]王攀娜,罗宏.放松卖空管制对分析师预测行为的影响——来自中国准自然实验的证据[J].金融研究,2017(11):191-206.

[11]王玉涛,王彦超.业绩预告信息对分析师预测行为有影响吗[J].金融研究,2012(6):193-206.

[12]谢德仁,郑登津,崔宸瑜.控股股东股权质押是潜在的"地雷"吗?——基于股价崩盘风险视角的研究[J].管理世界,2016(5):128-140.

[13]杨青,吉赟,王亚男.高铁能提升分析师盈余预测的准确度吗?——来自上市公司的证据[J].金融研究,2019(3):168-88.

[14]张琦,谭志东.领导干部自然资源资产离任审计的环境治理效应[J].审计研究,2019(1):16-23.

[15]张兆国,张弛,曹丹婷.企业环境管理体系认证有效吗[J].南开管理评论,2019,22(4):123-34.

[16]周源,张晓东,赵云,等.绿色治理规制下的产业发展与环境绩效[J].中国人口·资源与环境,2018,28(9):82-92.

[17]ADAMS C A, LARRINAGA-GONZÁLEZ C, PÉREZ E A, et al. Environmental management systems as an embedding mechanism: a research note [J]. Accounting, auditing & accountability journal, 2007, 20(3):403-422.

[18]ANTON W R Q, DELTAS G, KHANNA M. Incentives for environmental self-regulation and implications for environmental performance [J]. Journal of environmental economics and management, 2004, 48(1): 632-654.

[19]BARRON O E, BYARD D, YU Y. Earnings announcement disclosures and changes in analysts' information [J]. Contemporary accounting research, 2017, 34(1): 343-373.

[20]BERTRAND M, MULLAINATHAN S. Enjoying the quiet life? Corporate governance and managerial preferences [J]. Journal of political economy, 2003, 111(5): 1043-1075.

[21]CORMIER D, LAPOINTE-ANTUNES P, MAGNAN M. Does corporate governance enhance the appreciation of mandatory environmental disclosure by financial markets? [J]. Journal of management & governance, 2015, 19(4): 897-925.

[22]DADDI T, IRALDO F, TESTA F, et al. The influence of managerial satisfaction on corporate environmental performance and reputation [J]. Business strategy and the environment, 2019, 28(1): 15-24.

[23]DARNALL N, HENRIQUES I, SADORSKY P. Do environmental management systems improve business performance in an international setting? [J]. Journal of international management, 2008, 14(4): 364-376.

[24]DHALIWAL D S, RADHAKRISHNAN S, TSANG A, et al. Nonfinancial disclosure and analyst forecast accuracy: international evidence on corporate social responsibility disclosure [J]. Accounting review, 2012, 87(3): 723-759.

[25]DU X, JIAN W, ZENG Q, et al. Do auditors applaud corporate environmental performance? Evidence from china [J]. Journal of business ethics, 2018, 151(4): 1049-1080.

[26]EARNHART D, LEONARD J M. Environmental audits and signaling: the role of firm organizational structure [J]. Resource and energy economics, 2016, 44: 1-22.

[27] JACOBY G, LIU M, WANG Y, et al. Corporate governance, external control, and environmental information transparency: evidence from emerging markets [J]. Journal of international financial markets institutions & money, 2019, 58: 269-283.

[28]KANASHIRO P. Can environmental governance lower toxic emissions? A panel study of us high-polluting industries [J]. Business strategy and the environment, 2020, 29(4): 1634-1646.

[29]KIM M K, SHEU C, YOON J. Environmental sustainability as a source of product innovation: the role of governance mechanisms in manufacturing firms [J]. Sustainability, 2018, 10(7): 22-38.

[30]LEE K-H, PARK B-J, SONG H, et al. The value relevance of environmental audits: evidence from Japan [J]. Business strategy and the environment, 2017, 26(5): 609-625.

[31]LIAO L, LUO L, TANG Q. Gender diversity, board independence, environmental committee and greenhouse gas disclosure [J]. British accounting review, 2015, 47(4): 409-424.

[32]LUN Y H V, LAI K-H, WONG C W Y, et al. Environmental governance mechanisms in shipping firms and their environmental performance [J]. Transportation research part e-logistics and transportation review, 2015, 78: 82-92.

[33]NISHITANI K, HAIDER M B, KOKUBU K. Are third-party assurances preferable to third-party comments for promoting financial accountability in environmental reporting? [J]. Journal of cleaner production, 2020, 248: 1-12.

[34]ORAZALIN N. Do board sustainability committees contribute to corporate environmental and social performance? The mediating role of corporate social responsibility strategy [J]. Business strategy and the environment, 2020, 29(1): 140-153.

[35]PASSETTI E, TENUCCI A. Eco-efficiency measurement and the influence of organisational factors: evidence from large Italian companies [J]. Journal of cleaner production, 2016, 122: 228-239.

[36]PATRIARCA R, DI GRAVIO G, COSTANTINO F, et al. The functional resonance analysis method for a systemic risk based environmental auditing in a sinter plant: a semi-quantitative approach [J]. Environmental impact assessment review, 2017, 63: 72-86.

[37]PEREZ E A, RUIZ C C, FENECH F C. Environmental management systems as an embedding mechanism: a research note[J]. Accounting, auditing & accountability journal, 2007,20(3): 403-422.

[38]PETERS G F, ROMI A M. Does the voluntary adoption of corporate governance mechanisms improve environmental risk disclosures? Evidence from greenhouse gas emission accounting [J]. Journal of business ethics, 2014, 125(4): 637-666.

[39]RAMNATH S, ROCK S, SHANE P. The financial analyst forecasting literature: a taxonomy with suggestions for further research [J]. International journal of forecasting, 2008, 24(1): 34-75.

[40]RODRIGUE M, MAGNAN M, CHO C H. Is environmental governance substantive or symbolic? An empirical investigation [J]. Journal of business ethics, 2013, 114(1): 107-129.

[41]TESTA F, RIZZI F, DADDI T, et al. EMAS and ISO 14001: the differences in effectively improving environmental performance [J]. Journal of cleaner production, 2014, 68: 165-173.

[42]VEENMAN D, VERWIJMEREN P. Do investors fully unravel persistent pessimism in analysts' earnings forecasts? [J]. Accounting review, 2018, 93(3): 349-377.

[43]VIEGAS C V, BOND A, RIBEIRO J L D, et al. A review of environmental monitoring and auditing in the context of risk: unveiling the extent of a confused relationship [J]. Journal of cleaner production, 2013, 47: 165-173.

附录

附录 11-1　变量定义

变量名	变量定义
主检验	
ACCY	分析师预测偏差,等于"$\lvert Mean(FEPS)\text{-}MEPS \rvert/\lvert MEPS \rvert$",Mean(FEPS)表示所有分析师预测每股盈余的均值,MEPS表示实际每股盈余
DISP	分析师预测分歧度,等于"$SD(FEPS)/\lvert MEPS \rvert$",SD(FEPS)表示所有分析师预测每股盈余的标准差
ENV_AUDIT	外部环境审计,若企业聘请了第三方对企业环保业绩或环保系统进行独立的审计或检验则取值为1,否则为0
SIZE	年末资产总额的自然对数
LEV	负债总额与资产总额的比值
AGE	企业成立年限的对数
ROA	净利润与资产总额的比值
VOLATILITY	企业过去3年ROA的标准差
TOBIN'Q	企业市场价值与账面价值的比值
BIG4	审计师为国际"四大"会计师事务所,则取值为1,否则为0
FIRST	第一大股东持股比例
INST_SHARE	机构投资者持股比例
STATE	若公司的实际控制人为各级政府或国有企业则为1,否则为0
COVERAGE	分析师跟踪人数加1取对数
HORIZON	分析师报告日与分析师预测终止日期间隔天数的自然对数
敏感性测试与进一步分析部分新增变量	
ACCY_PRICE	分析师预测偏差,等于"$\lvert Mean(FEPS)\text{-}MEPS \rvert/PRICE$",PRICE表示上年度年末收盘价
DISP_PRICE	分析师预测分歧度,等于"$SD(FEPS)/PRICE$"
GOV_AUDIT	若企业所在地政府实施了领导干部自然资源资产离任审计则取值为1,否则为0
ENV_AUDIT_AFTER	企业前一年度进行外部环境审计,则取值为1,否则为0
ENV_AUDIT_BEFORE	企业本年度未进行环境审计,但后一年度进行了外部环境审计,则取值为1,否则为0
ENV_AUDIT_INNER	内部环境审计,若由企业内部部门对公司环境绩效进行审计则取值为1,否则为0
ENV_AUDIT_ANY	若企业存在外部环境审计或内部环境审计则取值为1,否则为0
EP	环境绩效,包含10个测度子项目,每项目取值为0~6分,以10个项目分值之和作为环境绩效的总得分,环境绩效最大值为60分,最小值为0分
ENV_INVEST	环境投资,若披露了为提高环境表现或效率而支出的技术费用、R&D费用支出总额则取值为1,否则为0

第十二章　公司漂绿行为的市场反应

摘要: 在中国,有许多公司宣称自身环保但实际上却反其道而行,这种行径被称为"漂绿";漂绿引发了公众对企业绿色化信息真实性的怀疑。本章主要研究资本市场如何评价漂绿,并进一步检验公司环境绩效能否解释资本市场对环保型企业与非环保型企业的非对称反应。基于中国股票市场的样本,本章为漂绿与漂绿曝光期间的累计超额收益(CAR)之间的显著负相关关系提供了有力的经验证据;进一步的研究结果显示,公司环境绩效与漂绿曝光期间的 CAR 显著正相关。此外,研究结果表明,公司环境绩效对漂绿曝光期间的 CAR 具有两种不同的影响:在环境友好型企业中二者存在竞争效应,在潜在的环境违法企业中二者存在传染效应。本章研究结果经过一系列敏感性测试后仍保持稳健。

一、引言

在商业竞争日益激烈的今天,企业被迫不断寻求与竞争对手的差异化。绿色化进程成为企业实现差异化、解决环境问题的一个重要、有效的途径。企业也逐渐意识到,他们之所以履行环境责任,是因为消费者对其环境表现的关注。可以看到,有些企业经常在广告信息中加入环保相关的流行语和短语,如"ECO""环保""无污染""地球友好""可持续性""绿色""绿色化"等。

从 2006 年到 2009 年,发达国家的绿色广告增长了大约 300%(TerraChoice,2009)。截至 2015 年,与绿色产品和服务相关的销售收入约达到 8 450 亿美元(Tolliver-Nigro,2009)。超过 75% 的标准普尔 500 强企业使用其网站定期披露环境政策和表现(Alves,2009)。2010 年,60 家大型跨国公司利用社交媒体与利益相关者进行可持续发展对话;到 2012 年,这一数字增长到 176 家(Lyon,Montgomery,2013;Yeomans,2013)。

企业环保声明数量激增的同时,公众却越来越怀疑其真实性。媒体也对漂绿行为的原因和后果表示了担忧,即企业试图用环保声明来掩盖其环境方面的不当行为。因此,对于企业在广告中宣称其在环保行为、产品、流程和服务等方面进行了绿色化,有学者质疑其真实性和可靠性(Chen,Chang,2013;Horiuchi,Schuchard,2009;Laufer,2003;Parguel et al.,

2011；Ramus，Montiel，2005；TerraChoice，2010)。事实上，约98％的声称环保的产品都犯了"漂绿七宗罪"中的一宗或多宗罪，导致了消费者的误解(Fieseler et al.，2010；TerraChoice，2009)。

"漂绿"(greenwashing 或 green sheen)是指一种误导性行为，在这种行为中，绿色公关或绿色营销被欺骗性地用来让人们认为一个公司的产品、目标和(或)政策是环保的(Greenpeace USA，2013；Parguel et al.，2011；Wikipedia，2013)[1]。《牛津简明英语词典(第10版)》中将"漂绿"定义为"组织为呈现对环境负责的公众形象而散布虚假信息"。事实上，相对宽泛的"漂绿"定义是指企业对其积极环境政策承诺的偏离(Ramus，Montiel，2005)。具体来说，与环境保护相关的"漂绿"指的是"有选择地披露公司在环境或社会表现方面的正面信息，而隐瞒这些方面的负面信息"(Lyon，Maxwell，2011)。总的来说，漂绿意味着一个公司用环保的表象掩盖其不环保的实质。漂绿行为包括为响应环保改变有害产品的名称或标签、宣传企业及其产品的绿色特征，以及利用数百万计美元的广告将污染企业描绘成生态友好型企业(Burdick，2009；Joshua，2001)。

投资者和公众高度依赖广告，但漂绿行为背叛了他们的信任。一些非政府媒体和报刊扮演了市场监督者或"看门狗"(watchdogs)的角色(Miller，2006)，调查并公布了具有漂绿行为的公司名单。媒体的报道确保了漂绿行为的曝光，从而使公众对这些公司及其广告和产品失去信心。公众的信任一旦丧失，市场的信号效应就会崩溃；公众不知道应该信任谁，也不知道应该购买哪些商品或服务。因此，漂绿会危及投资者的信心，进而引发资本市场的负面反应。

但令人惊讶的是，很少有研究涉及市场是否以及如何评价企业的漂绿行为并做出何种反应。一个重要的原因是，研究人员无法从非政府组织或权威机构获得令人信服的漂绿企业名单。想要研究漂绿的市场反应，必须首先确定用于判断企业是否漂绿的标准。幸运的是，中国颇具影响力的、由非官方组织主办的报纸《南方周末》每年都会发布一份漂绿企业名单，这为上述研究的开展提供了一个合适的自然实验场景。

本章的研究有别于现有的漂绿文献(例如 Chen，2008a，2008b，2010；Chen，Chang，2013；Chen et al.，2006；Lyon，Maxwell，2011；Parguel et al.，2011；Polonsky et al.，2010；Ramus，Montiel，2005；Self et al.，2010)，为漂绿曝光后的市场反应(累计超额收益，cumulative abnormal return，CAR；下同)提供了经验证据。此外，本章还探讨了公司环境绩效对漂绿曝光期间 CAR 的趋势的解释作用。具体来说，本章关注：(1)CAR 是否与漂绿显著负相关；(2)CAR 是否与企业环境绩效得分显著正相关。

为进行实证检验，本章手工收集了漂绿和公司环境绩效的相关数据，构建了2011—2012年中国股票市场的样本。本章重点关注环境漂绿，即企业花费高昂资金来宣传自身是

---

① 绿色公关(PR)是公共关系的一个分支领域，指的是向公众传达一个组织承担社会责任的行为或环保做法。其目的在于提高品牌知名度和改善组织声誉。常用策略包括发布新闻报道、赢得奖项、与环境组织沟通和发布出版物(可参见：http://en.wikipedia.org/wiki/Green_PR)。

环境友好型企业的行为（Burdick,2009；Joshua,2001），进而研究资本市场如何评价漂绿。简言之，本章研究结果显示，漂绿与环境违法行为曝光期间的 CAR 显著负相关，表明资本市场对漂绿行为的评价是消极的。此外，公司环境绩效与漂绿曝光期间 CAR 的趋势呈显著正相关，这意味着公司环境绩效在解释漂绿的市场反应方面起着重要作用。

本章对现有文献的贡献如下：

第一，根据已掌握的文献，本章是第一篇考察漂绿的市场反应的文章。以往文献大多关注漂绿的影响因素和经济后果（例如 Chen,2008a,2008b,2010；Chen,Chang,2013；Chen et al.,2006；Parguel et al.,2011；Ramus,Montiel,2005），但这些研究对于让公众了解漂绿对投资者行为和市场反应的影响提供的证据较少。本章通过研究漂绿报道的市场反应填补了这一空白。本章的研究结果与现有的研究发现相呼应，即媒体报道在影响投资者行为和市场反应方面起着重要的监督作用（Bushee et al.,2010；Dyck et al.,2008；Fang,Peress,2009；Joe et al.,2009；Miller,2006）。

第二，本章通过考察是否以及如何借助公司环境绩效得分区分年度漂绿名单之外的环境友好型企业与非环境友好型企业，首次将公司环境绩效得分与市场反应（CAR）联系起来。具体而言，本章的研究结果表明，公司环境绩效对漂绿曝光期间的 CAR 具有两种不同影响：对环境友好型企业有向上的竞争效应，而对非环境友好型企业有向下的传染效应。

第三，本章是极少数基于全球报告倡议组织（GRI,2006；下同）发布的《可持续发展报告指南》的有关公司环境绩效评分的研究之一。早期一系列研究使用页数（Gray et al.,1995；Guthrie,Parker,1989；Patten,1992）、句子（Ingram,Frazier,1980）和单词（Deegan,Gordon,1996；Zeghal,Ahmed,1990）度量年报或独立报告中的环境信息披露。另一系列现有文献采用源自内容分析的披露评分度量方法（Al-Tuwaijri et al.,2004；Blacconiere,Northcut,1997；Cormier,Magnan,1999；Konar,Cohen,2001；Wiseman,1982；等等）。由于这些度量方法使用的数据来源和数据编码标准不同，导致对公司环境绩效和公司环境信息披露之间的关系一直存在争议（Clarkson et al.,2008）。相对而言，基于 GRI《可持续发展报告指南》的公司环境绩效评分更具有说服力且争议较少。

第四，本章聚焦于中国这个世界上最大的发展中国家和第二大经济体，对以往基于发达市场的研究具有补充贡献（Sharfman,Fernando,2008；Ye,Zhang,2011）。发达国家或地区的企业通常面临更强的环境压力或其他社会责任压力；然而，中国的法律制度尚不健全，商业道德仍在形成之中，许多企业仍缺乏社会责任意识（Du,2013；Sharfman,Fernando,2008），致使当今中国环境破坏和污染严重。因此，基于发达市场得出的结论可能并不适用于中国情境，本章扎根中国背景的研究对现有研究做出了重要的补充。

本章后续内容安排如下：本章的第二部分，介绍制度背景并提出研究假设；第三部分，阐述实证模型和关键变量；第四部分为样本构建、描述性统计、单变量检验和相关性分析；第五部分，报告实证分析结果；第六部分进行一系列稳健性检验；第七部分，总结研究结论并提出政策建议。

二、制度背景和研究假设

(一)制度背景

尽管漂绿并非新鲜事[①],但在过去的十余年里企业开始更频繁地使用漂绿来应对公众对其环境责任的要求。在中国,环境保护法规尚在建设之中,环境法律法规执行不力,许多公司滥用漂绿以显示他们对环境负责,可以说漂绿现象在中国普遍存在。因此,中国为观察和研究资本市场是否以及如何对漂绿进行反应提供了一个独特的背景。

有许多中国上市公司花费大量的广告费来塑造自己的绿色环保形象,但实际上却在生产过程中使用了大量的添加剂和有毒物质。例如,在 2008 年臭名昭著的三聚氰胺事件中,多家乳制品企业(如蒙牛乳业股份有限公司和伊利乳业股份有限公司等)被曝使用三聚氰胺作为添加剂,严重损害了婴幼儿的健康。具有讽刺意味的是,在三聚氰胺事件之前,这些公司一直被誉为环保的标杆和慈善的"指南针"。换言之,他们通过漂绿来塑造正面和环保的形象。此外,烟草、金属冶炼、石油化工和餐饮服务业等有争议或重污染行业的企业,经常在宣传自己绿色形象的同时肆无忌惮地耗费资源和污染环境。因此,公众对企业形象和现实之间的差异开始保持警惕,对其绿色化的说法也持怀疑态度。

事实上,中国已有相关的环保法律法规和规章来限制企业不环保的行为[②]。然而,由于缺乏独立高效的司法体系,致使现有的环保法律法规和规章制度执行不力(Du,2013)。没有强有力的执法,环境保护就只能是纸上谈兵(Du et al.,2014)。此外,中国上市公司的道德规范仍在形成之中,其对环保行为的激励作用也有限。因此,不能想当然地认为环保法律法规能有效限制中国企业的不环保行为。

---

① 来自纽约的环保主义者 Jay Westervelt,在其 1986 年发表的文章中首次创造了"漂绿"一词,该文提及酒店业在每个房间放置标语牌要求客人重复使用毛巾以"拯救环境"的做法。他认为,酒店实际上是利用绿色活动来降低成本(Hayward,2009;Wikipedia,2013)。

② 自 2007 年以来,中华人民共和国环境保护部颁布了一系列公司环境信息报告的相关措施(Du 等,2014)。《环境信息公开办法》于 2008 年 5 月 1 日生效,强制要求环保机构和重污染企业公开披露环境信息。此外,政府颁布了更严格的法规,要求中国上市公司承担环境责任。考虑到社会、经济和政府的可持续性,以及环境保护是企业社会责任最重要的方面之一,上海和深圳证券交易所出台了多项规定,要求一部分上市公司从 2008 年开始发布企业社会责任报告。这些规定包括:(1)《上海证券交易所关于做好上市公司 2008 年年度报告工作的通知》(上海证券交易所);(2)《深圳证券交易所关于做好上市公司 2008 年年度报告工作的通知》(深圳证券交易所);(3)2008 年《上海证券交易所上市公司环境信息披露指引》(上海证券交易所)。

(二)研究假设

公司环境政策为环境目标和指标提供了一个框架,表明公司在整体环境绩效方面的意图和原则(Ramus,Montiel,2005)。理想情况下,一个公司关于保护环境的承诺,将体现该公司执行积极和适当的措施、政策以实现可持续发展的严肃意图。一些公司似乎正在负责任地、可持续地管理他们的环境影响(Holliday et al.,2002),企业自我监管或许可以减少不必要的外部监管干预。

但自我监管可能是不足够的(Howard et al.,1999;King,Lenox,2000)。例如,同一行业的公司,如石油和天然气行业,可能表现出明显不同的环境保护水平(Logsdon,1985;Sharma et al.,1999)。此外,工业部门对具体环境政策的承诺可能并无很大差异,但只有工业部门中的大型领先企业才会积极主动地执行政策(Ramus,Montiel,2005)。对环境保护的承诺和环境政策的实施是截然不同的概念(Winn,Angell,2000),不能武断地预先假定承诺必然会转化为实际的绿色活动。当企业无法将政策转化为实际执行行动时,他们可能会诉诸漂绿。

更糟糕的是,由于中国执法的松懈,漂绿在中国股票市场上产生了更大的负面影响,无效的监管助长了公司在标榜绿色化的同时进行漂绿的行径[①]。因此,本应推动公司实行绿色解决方案的外部力量被削弱了(Dahl,2010)。不幸的是,中国的股票市场表明,在无效的监管和薄弱的商业道德下,公司越来越多地进行漂绿。

环境违法企业可能会在花费相当大比例的广告预算塑造环保形象的同时,肆无忌惮地破坏环境。因此,公众不禁质疑其绿色化背后的真正动机。换言之,公众已经开始怀疑许多公司宣传绿色化只是为了掩盖其环境方面的不当行为。当然,市场不会永远上当受骗。一些非政府的报刊或媒体可以发挥"监督者"的作用进行独立调查,揭露那些漂绿的公司。接下来,本章将从以下两个方面讨论漂绿的市场反应:(1)媒体报道;(2)逆火效应。

现有研究已提供了有力的证据,表明自由媒体或媒体报道压力可以在市场和公司治理中发挥重要作用(Djankov et al.,2002;Dyck,Zingales,2002;Miller,2006)。非政府性报刊或媒体本身就是特殊的市场参与者,与市场和投资者有诸多一致的利益(Miller,2006)。因此,非政府性媒体更可能"引起人们对市场的关注或面临对他们自身的审查"(Herman,2002;Miller,2006)。

媒体报道通常起到监督者或"看门狗"的作用,可以帮助公众尽早发现企业的不当行为,这是媒体最重要的功能(Djankov et al.,2002;Miller,2006)。监督过程通常包括"将公开和非公开的信息与强调潜在问题的分析相结合"(Miller,2006)。为揭露公司的不当行为,报

---

① 由于美国联邦贸易委员会(Federal Trade Commission in the United States)、加拿大竞争局(Competition Bureau in Canada)、英国的广告实践委员会(Committee of Advertising Practice)和广告实践广播委员会(Broadcast Committee of Advertising Practice)等监管机构的强制执行,漂绿的影响较小(Wikipedia,2013)。

道者必须收集支持性数据并对信息进行综合(Miller,2006)。调查性媒体及记者作为最早或最初的分析师和信息提供者,是最好的监督者。

越来越多的文献提供的强有力的证据表明,市场会对环境新闻做出反应,以及媒体在公司治理和市场中发挥着重要作用(Bushee et al.,2010;Dyck et al.,2008;Fang,Peress,2009;Joe et al.,2009;Miller,2006)。例如,"媒体可以作为信息中介,通过包装和传播信息以及借助新闻活动创造新的信息,潜在地塑造企业的信息环境"(Bushee et al.,2010)。具体来说,Bushee 等(2010)发现,更多的媒体报道缓解了有关盈利公告的信息不对称情况。Dyck 等(2008)以俄罗斯为背景进行研究发现,英美媒体的报道增加了公司治理违规行为被扭转的可能性。即使没有报道真正的新闻,媒体也能缓解信息摩擦并影响证券定价,即媒体报道和股票预期收益正相关(Fang,Peress,2009)。Joe 等(2009)发现媒体对董事会在公司治理、投资者交易行为和证券价格方面无效性的曝光,会迫使相应的代理人采取纠正措施,提升股东财富。另外,媒体也可以通过转载来自分析师和审计师等其他信息中介机构的信息、诉讼相关的信息以及原始调查和分析的信息等,来实现监督作用(Miller,2006)。

总的来说,先前的研究支持了媒体报道作为一个重要的信息中介,在通过新闻活动创造新信息和披露转载信息从而影响投资者交易行为和证券价格方面所发挥的作用。这些研究结果既适用于发达市场,也适用于新兴市场(Dasgupta et al.,2001;Gupta,Goldar,2005;Khanna et al.,1998)。就该方面而言,媒体报道应该对媒体披露负面事件后的累计超额收益(CAR)有影响。相应地,可以进一步预测市场对漂绿的曝光有负面的反应。

除了要分析媒体报道在影响投资者行为和引发负面环境信息的市场反应方面的监督和治理作用,还必须考虑到投资者可能会惩罚环境违法企业。事实上,在媒体披露了虚假的绿色化或漂绿行为后,公司的声誉可能会因为"逆火效应"而受到永久损害(Brown,Dacin,1997;Yoon et al.,2003)。

当个体遇到与其信念相矛盾的证据时,就会出现"逆火效应"(Nyhan,Reifler,2010),即个体往往会拒绝证据,反而更坚定地坚持自己最初的信念。具体来说,当投资者看到一家宣传绿色化的公司实际上却在污染环境时,就会表现出这种现象:投资者会形成直观的初步印象,认为该公司在漂绿;一旦媒体披露了漂绿行为,投资者就会更坚定地坚持其最初的负面判断,认为该公司宣称绿色化只是为了掩盖他们对环境的破坏行为。显然,逆火效应与本章关于投资者是否会惩罚漂绿违规企业的研究尤为相关。

总之,从媒体报道和逆火效应的角度来看,市场很可能对环境漂绿行为的曝光做出负面反应。因此,本章提出假设12-1:

假设12-1:限定其他条件,漂绿与环境违法企业曝光期间的累计超额收益(CAR)负相关。

假设12-1预测了漂绿和CAR之间的负相关关系。然而,假设12-1只区分了有漂绿行为的公司和其他公司,但是不能排除部分公司因媒体的限制而未被列入漂绿名单的可能性。例如,媒体通常只报道那些能引起广大读者兴趣或鉴定和调查成本较低的公司及其欺诈行为(Miller,2006)。事实上,一些公司的确设法隐藏其不环保的活动。因此,对于未被列入漂绿名单的企业,本章进一步讨论了公司环境绩效在区分环保型企业和环境违法企业方面的作用。

公司环境绩效度量的是,相对于行业平均水平或同行群体,一个企业在降低和最小化其对环境的影响方面的成功程度(Investor Responsibility Research Center,1992;Klassen,McLaughlin,1996)。企业的运营可能会导致环境污染等负外部性(Coase,1965;Bragdon,Marlin,1972),因此,企业高层管理者经常需要在环境绩效和会计利润之间进行权衡(Walley,Whitehead,1994)。

在中国等发展中国家,企业不太可能在污染控制方面投资,因为环境法律法规的执行效率较低(Du,2013),并且合规成本可能超过预期收益(Dasgupta et al.,2001)。然而,除了宽松的政府监管外,市场这只"看不见的手"在激励企业履行环境责任方面可以发挥重要的替代作用。市场对不利的、消极的或负面的环境事件(如污染泄漏和投资者投诉)公告有负面反应,而对企业更好的环境绩效的公告有正面反应(Dasgupta et al.,2001;Walley,Whitehead,1994)。因此,如果不考虑来自市场和投资者的惩罚,企业可能会严重低估与糟糕的环境表现相关的预期成本。例如,对于报告有毒物质排放清单(TRI)污染的公司,在污染数字首次公布的当天,异常收益造成了平均410万美元的股票价值损失(Hamilton,1995)。因此,与监管机构的罚款、处罚这一传统渠道相比,市场可通过社区和投资者向企业特别是发展中国家的企业提供有助于提高其环境绩效的实质性激励(Dasgupta et al.,2001)。

对于公司环境绩效对投资者行为、市场反应和累计超额收益(CAR)的影响,现有的研究提供了系统的证据(Hamilton,1995;Klassen,McLaughlin,1996;Laplante,Lanoie,1994;Lanoie et al.,1998;Dasgupta et al.,2001;Gupta,Goldar,2005;Khanna et al.,1998)。例如,报告有毒物质排放清单(TRI)污染的公司的股东在负面信息首次发布时会经历显著为负的异常回报(Hamilton,1995)。Klassen 和 McLaughlin(1996)发现 CAR 与强(弱)环境管理之间存在显著的正(负)相关关系,表明更好的环境绩效可以提高未来股票市场绩效(CAR)。Laplante 和 Lanoie(1994)发现环境事件公告对加拿大企业的股权价值有负面影响(公告当天股票价值显著下降)。此外,Lanoie 等(1998)发现美国和加拿大的重污染企业受到的来自环境绩效的影响比轻污染企业更大。

在阿根廷、智利、墨西哥和菲律宾等发展中国家市场,资本市场也会对环境事件的公告做出反应(Dasgupta et al.,2001)。先前研究发现,股票异常收益与环境绩效之间存在正相关关系;具体来说,市场以高达30%的负异常收益实行了对不环保企业的惩罚(Gupta,Goldar,2005);有毒物质排放清单信息在披露后的一天内造成了显著为负的股票市场回报(Khanna et al.,1998)。

总的来说,大多数先前的研究都提供了强有力的证据,表明资本市场确实会对公司环境信息的披露做出反应,尤其是对较好和较差的环境表现做出不对称的反应。例如,在《纽约时报》报道 EntreMed 公司已经开发出可能治愈癌症的药物后,市场对 EntreMed 公司股价的热情外溢到了其他生物技术股[1],在生物技术行业的公司中产生了积极的传染效应(Huberman,Regev,2001)。此外,现有文献越来越多地探讨新兴市场是否以及如何对公司环境绩效做出反应(Dasgupta et al.,2001;Gupta,Goldar,2005)。"鉴于政府执法资源有限,发展中国家的公开披露机制可能是一个有用的模式"(Dasgupta et al.,2001)。资本市场可以在环境管理中发挥首要作用,特别是在环境监测和执法不力的发展中国家(Gupta,Goldar,2005)。因此,本章可以合理地预测,当企业漂绿名单被曝光后,市场会对具有不同公司环境表现的公司做出不同的反应。

公司对环境保护的承诺并不一定意味着公司会履行环保政策(Ramus,Montiel,2005;Winn,Angell,2000)。事实上,绿色化的口号或主张并不等同于实际的环保活动。因此,关键在于事后评估实际的环境绩效,而非被事先的主张所欺骗,因为漂绿企业不太可能履行环境政策并且更可能有相对较差的环境绩效。

除存在漂绿行为的企业外,漂绿名单之外的企业根据其环境表现可分为两类:(1)环境表现较差的企业;(2)环境表现较好的企业。从逻辑上讲,环境表现较差的企业更有可能被认定为未被曝光的漂绿企业,而环境表现较好的企业更有可能是环保型企业。因此,漂绿曝光期间的 CAR 应该与公司环境绩效正相关。此外,CAR 将表现出两种不同的趋势[2]:在环保型企业中表现出竞争效应;在未曝光的漂绿企业的中表现出传染效应。基于上述讨论,本章提出假设 12-2 如下:

假设 12-2:限定其他条件,公司环境绩效与漂绿曝光期间的累计超额收益(CAR)正相关。

三、实证模型与变量

(一)假设 12-1 的多元回归模型

为检验假设 12-1,本章构建了包括漂绿和其他影响因素在内的模型(12-1):

$$CAR\,[-1,\,t] = \alpha_0 + \alpha_1 GREENWASH + \alpha_2 FIRST + \alpha_3 DUAL + \alpha_4 INDR + \alpha_5 LNBOARD +$$
$$\alpha_6 SIZE + \alpha_7 LEV + \alpha_8 ROA + \alpha_9 MTB + \alpha_{10} CROSS + \alpha_{11} ST + \alpha_{12} GEB +$$
$$\alpha_{13} SMEB + \alpha_{14} EXCHANGE + \alpha_{15} LISTAGE + \alpha_{16} STATE +$$
$$Industry\ Dummies + Year\ Dummies + \varepsilon \tag{12-1}$$

---

[1]　EntreMed 的股价从周五收盘时的 12.063 开始上涨。周一开盘时为 85,收盘时接近 52。

[2]　漂绿名单为投资者提供了有关不环保活动的信息。投资者可以借此推断出,环境保护做得较差(较好)的上市公司更有可能对环境不友好(友好),尽管他们可能已在漂绿名单上。此外,漂绿名单传递了同行业中非环境友好公司的相关信息。因此,本章预测,在漂绿曝光期间,环保表现较差的企业会表现出传染效应,而环保表现较好的企业会表现出竞争效应。

在模型(12-1)中,因变量为 CAR $[-1, t]$,是利用行业调整模型(Kolari,Pynnönen,
2010;Lewellen,Metrick,2010)计算的第 -1 天至第 t 天$(t=0,1,2,3,4,5)$的累计超额收益
(CAR)。此外,在模型(12-1)中,GREENWASH 是主要解释变量,如果一个公司出现在由
中国颇具影响力、发行量颇大的报纸之一——《南方周末》公布的漂绿名单上则赋值为 1,否
则为 0。在模型(12-1)中,如果 GREENWASH 的系数(即 α_1)显著为负,则假设 12-1 得到
经验证据的支持。

为分离出漂绿对累计超额收益(CAR)的影响,本章在模型(12-1)中加入一系列控制变
量:(1)加入 FIRST、DUAL、INDR 和 LNBOARD 四个变量来控制各种公司治理机制对
CAR 的影响。FIRST 是第一大股东持有的普通股比例。DUAL 是虚拟变量,如果 CEO 和
董事长由同一人担任则赋值为 1,否则赋值为 0。INDR 等于独立董事的数量与董事会中的
董事数量之比。LNBOARD 是董事会中董事人数的自然对数。(2)纳入 SIZE、LEV、ROA
和 MTB 以控制公司的财务特征对 CAR 的影响。SIZE 表示公司规模,用总资产的自然对
数度量。LEV 是财务杠杆,用总负债与总资产的比率来度量。ROA 是总资产回报率,用净
营业收入除以总资产来度量。MTB 是市值账面比,由公司的市场价值除以账面价值计算
得到,账面价值是根据公司的历史成本或会计价值计算的,而市场价值是由股票市场的市值
决定的。(3)控制了 6 个与上市特征相关的变量:CROSS 是交叉上市的虚拟变量,当公司股
票在两个或两个以上市场上市时,CROSS 为 1,否则为 0。ST 是上市状态的虚拟变量,当一
个公司的股票被标记为特别处理(ST)或带星号的特别处理(＊ST)时,ST 赋值为 1,否则为
0。GEB(SMEB)是上市板块的虚拟变量,当公司在创业板(中小板)上市时等于 1,否则等于
0。EXCHANGE 是上市市场的虚拟变量,当企业在上海证券交易所上市时等于 1,否则等
于 0。LISTAGE 指的是一家企业首次公开募股后的年数。(4)引入了 STATE 来控制最终
控制人的性质对 CAR 的影响。STATE 是虚拟变量,当公司的控股股东是中央(或地方)政
府机构或政府控制的国有企业时等于 1,否则等于 0。(5)最后,本章在模型(12-1)中加入行
业和年份的虚拟变量,分别控制行业和年份的固定效应。变量定义详见附录 12-1。

(二)假设 12-2 的多元检验模型

为了检验假设 12-2,本章构建了包括上一年度环境绩效(ENV)和其他影响因素的模型
(12-2):

$$\text{CAR}\,[-1,\,t]=\beta_0+\beta_1\text{ENV}+\beta_2\text{FIRST}+\beta_3\text{DUAL}+\beta_4\text{INDR}+\beta_5\text{LNBOARD}+\beta_6\text{SIZE}+$$
$$\beta_7\text{LEV}+\beta_8\text{ROA}+\beta_9\text{MTB}+\beta_{10}\text{CROSS}+\beta_{11}\text{ST}+\beta_{12}\text{GEB}+\beta_{13}\text{SMEB}+$$
$$\beta_{14}\text{EXCHANGE}+\beta_{15}\text{LISTAGE}+\beta_{16}\text{STATE}+\text{Industry Dummies}+$$
$$\text{Year Dummies}+\delta \tag{12-2}$$

在模型(12-2)中,CAR$[-1, t]$$(t=0,1,2,3,4,5)$是因变量,ENV 是主要解释变量。
ENV 是上一年度公司环境绩效得分(详见附录 12-2)。在模型(12-2)中,若 ENV 的系数(即
β_1)显著为正,则假设 12-2 得到经验证据的支持。模型(12-2)中的控制变量与模型(12-1)中
的控制变量相同。变量定义详见附录 12-1。

(三)漂绿的市场反应

本章参考 Kolari 和 Pynnönen(2010)以及 Lewellen 和 Metrick(2010)的做法,计算了漂绿名单曝光前后的累计超额收益(CAR)。具体来说,本章使用 CAR[−1,t](t=0,1,2,3,4,5)代表从第−1天至第 t 天的累计超额收益,并根据以下模型(12-3)来计算 CAR[−1,t]:

$$CAR[-1,t] = \sum_{j=-1}^{t} AR_j \quad (t=0,1,2,3,4,5) \tag{12-3}$$

模型(12-3)中,AR 代表漂绿名单曝光前后的经行业均值调整后的异常收益,以当日交易收益率减去同行业所有公司的平均日交易收益率来度量(Kolari,Pynnönen,2010;Lewellen,Metrick,2010)。

为进行稳健性检验,本章采用市场模型(Baker et al.,2010)和市场调整模型(Brown,Warner,1985)计算漂绿名单曝光前后的累计超额收益(CAR),标记为 $CAR_M[-1,t]$ 和 $CAR_A[-1,t]$(t=0,1,2,3,4,5)。

(四)漂绿的度量

本章按照《南方周末》公布的漂绿名单来度量 GREENWASH。具体而言,如果一家公司在《南方周末》公布的漂绿名单中,那么 GREENWASH 等于1,否则等于0。因此,《南方周末》公布的漂绿名单是否有说服力至关重要。商业导向的或非政府的新闻机构更有可能进行原创分析(Miller,2006)。从这个角度来看,《南方周末》发布的漂绿名单相对具有说服力,因为其属于中国深具影响力的非政府和商业导向的媒体。

根据《南方周末》的披露政策,他们首先任命了一个漂绿鉴定委员会,该委员会由行业专家以及来自学术界、非政府组织(non-governmental organizations,NGO)和咨询机构的专属成员组成(Peng,2012)。

其次,漂绿鉴定委员会对每个案例进行判断,以确定企业是否犯有公然欺骗、故意隐瞒、双重标准、空头支票、政策干扰、印象管理和负外部性。《南方周末》对这些特征进行了如下解释[①]:(1)公然欺骗是指公司完全违背生态友好或可持续发展的原则,故意给其产品贴上环境友好的虚假标签。(2)故意隐瞒是指企业在宣传并塑造一个生态友好或可持续发展形象的同时,有意隐瞒不环保的行为或产品。(3)双重标准表示跨国公司在本国宣称自己是环保的,而在其他国家则是不环保的,反之亦然。(4)空头支票意味着在违规行为造成了严重的危害后果后,公司虽然口头道歉,但并未改变实际经营。(5)政策干扰是指具有行业垄断地位和强大游说能力的企业干扰或阻碍有关环境保护和可持续发展的法律法规的制定,或生态友好产品的推出。(6)印象管理意味着公司在广告和年度报告中含糊其辞,误导消费者。(7)负外部性是指企业的产品和行为对环境产生了严重的负面影响。

再次,利用这一评估体系,漂绿鉴定委员会起草一份可能存在漂绿行为的备选企业名

---

① 参见 http://www.infzm.com。

单,并附上惩罚信息、权威媒体报道和来自国内外非政府组织的独家调查数据。

最后,处理质疑和回复,并随即公布漂绿名单。

总之,《南方周末》在遵循一系列合理、严谨的评估程序和原则后,最终形成了公正、公开、透明和权威的年度漂绿名单。

(五)公司环境绩效的度量

为了计算公司环境信息披露得分,本章参考了 GRI《可持续发展报告指南》。现有研究中关于环境信息披露水平与环境绩效之间关系的争论一直悬而未决(Al-Tuwaijri et al.,2004;Hughes et al.,2001;Patten,2002),因此基于企业自行披露的环境信息获取的环境绩效得分遭受到部分学者质疑。但是,基于 GRI《可持续发展报告指南》的公司环境绩效得分相对具有说服力,因为公司环境责任与环境信息披露之间存在正相关关系(Clarkson et al.,2008)。

对公司环境责任进行绩效衡量非常重要,这使得公司间的横向比较成为可能,并能为利益相关者提供更可靠、一致和准确的信息(Du et al.,2014)。部分研究利用专有数据库(如KLD)分析了公开可获得的自愿环境披露模式,并进一步评估了环境绩效。早期一支文献对年度报告或独立报告中的页数(Gray et al.,1995;Guthrie,Parker,1989;Patten,1992)、句子(Ingram,Frazier,1980)和单词(Deegan,Gordon,1996;Zeghal,Ahmed,1990)进行量化,以度量公司环境信息披露的水平;另一支文献使用了源自内容分析的披露评分法(例如,Al-Tuwaijri et al.,2004;Clarkson et al.,2008;Cormier,Magnan,1999;Wiseman,1982)。但是,由于数据编码标准不同,这两支文献关于环境绩效和环境信息披露之间的关系产生了相反的论点。

Clarkson 等(2008)的研究通过关注纯自主的环境信息披露,并开发出一套基于 GRI《可持续发展报告指南》的内容分析指数,拓展了现有文献对公司环境绩效的度量。具体地,公司环境绩效得分包括 7 个类别:公司治理和管理系统、可信度、环境业绩指标、有关环保的支出、远景及战略声明、环保概况以及环保倡议。这 7 个类别可以进一步划分为 45 个子项(Clarkson et al.,2008;Du et al.,2014;Rahman,Post,2012)。

Rahman 和 Post(2012)强调,Clarkson 等(2008)的方法因其广度、透明度和有效性较高,比之前使用的指数更能反映与环境保护承诺相关的信息披露。换言之,基于 GRI 的公司环境信息披露得分能够很好地反映企业的环境绩效。"基于 GRI 的内容分析指数可以评估公司网站、年度报告里或环境和社会责任报告中的自愿环境信息的披露水平"(Clarkson et al.,2008)。由于基于 GRI 的环境绩效得分关注的是企业与其环境保护承诺相关的信息披露,其与现有研究中普遍使用的 Wiseman(1982)指数有所不同(Clarkson et al.,2008)。具体而言,"基于 GRI 的环境绩效得分使所有环境利益相关者群体(投资者、监管者等)能够从披露得分中推断出环境绩效。因此,对那些试图评估企业真正的环境承诺和环境风险的用户很有价值"(Clarkson et al.,2008)。

继 Clarkson 等(2008)、Rahman 和 Post(2012)之后,越来越多的文献开始采用 GRI《可持续发展报告指南》来计算公司环境绩效分数(例如,Cho et al.,2012;Clarkson et al.,

2011a,2011b;de Villiers,van Staden,2010;Dixon-Fowler et al.,2013;Du et al.,2014;Lyon,Maxwell,2011;Rahman,Post,2012;Zeng et al.,2012)。因此,从 Rahman 和 Post (2012)的讨论和现有文献来看,基于 GRI 的公司环境绩效得分相对更有说服力。

在本研究中,基于 GRI《可持续发展报告指南》,本章遵循 Clarkson 等(2008)和 Du 等 (2014)的做法,首先从企业年报、企业社会责任报告和其他披露信息中提取环境信息,计算公司环境绩效得分。其次,采用内容分析法,根据 GRI《可持续发展报告指南》进行评分。GRI《可持续发展报告指南》用于指导企业在管理方法和绩效指标的披露中应该报告的内容,如经济、环境、劳工、人权、社会和产品责任。再次,根据 45 个子项的原始得分,汇总计算得到 7 个类别的得分。最后,根据 7 个类别的得分,计算出公司环境绩效的总分。在附录12-2 中,本章提供了计算公司环境绩效得分的步骤,以及对公司环境绩效的 7 个类别和 45 个子项的描述性统计。

总的来说,基于 GRI《可持续发展报告指南》的公司环境信息披露得分是比较有说服力的。此外,公司环境绩效得分的描述性统计与同样以中国为背景的 Du 等(2014)的研究结果相似。

四、样本、数据来源和描述性统计

(一)样本

2012 年 2 月 15 日和 2013 年 1 月 31 日,《南方周末》分别发布了 2011 年和 2012 年的漂绿榜。Miller(2006)强调以商业为导向的媒体更有可能进行原创分析;事实上,《南方周末》作为中国颇具影响力的、以商业为导向的非政府媒体,的确在中国进行了一些原创调查,其每年公布的漂绿榜是比较有说服力的。

本章按照如下步骤进行样本筛选:第一,本章在漂绿榜和相应的行业中确定了 14 个公司—年度观测值。2011 年的漂绿榜包括 7 家中国上市公司(一家金融业的公司除外):(1)河南双汇投资发展股份有限公司(000895.SZ);(2)浙江苏泊尔股份有限公司(002032.SZ);(3)山东恒邦冶炼股份有限公司(002237.SZ);(4)中国石油化工股份有限公司(600028.SH);(5)浙江升华拜克生物股份有限公司(600226.SH);(6)浙江海正药业股份有限公司(600267.SH);(7)哈药集团股份有限公司(600664.SH)。2012 年的漂绿榜包括 7 家中国上市公司:(1)珠海格力电器股份有限公司(000651.SZ);(2)北京首钢股份有限公司(000959.SZ);(3)上海美特斯邦威服饰股份有限公司(002269.SZ);(4)包头东宝生物技术股份有限公司(300239.SZ);(5)中国石油化工股份有限公司(600028.SH);(6)中国神华能源股份有限公司(601088.SH);(7)中国中煤能源股份有限公司(601898.SH)。第二,本章纳入同一行业的所有观测值,构成初始样本(629 个观测值)。第三,本章删除了净资产或股东权益小于0 的观测值(16 个观测值)。第四,本章删除了计算累计超额收益所需数据缺失的观测值(17

个观测值)。第五,本章删除了公司控制变量数据缺失的观测值(35 个观测值)。最终研究样本共包括 561 个观测值。此外,本章对所有连续变量的 1% 和 99% 分位进行缩尾处理,以减轻极端观测值的影响。

(二)数据来源

本章的数据来源如下:(1)本章从中国发行量最大的报纸之一《南方周末》上手工收集了 GREENWASH 数据;(2)本章以《南方周末》公布 2011 年和 2012 年漂绿榜的时间,即 2012 年 2 月 15 日和 2013 年 1 月 31 日分别为事件日,根据国泰安数据库(China stock market and accounting research,CSMAR)提供的股票市场交易原始数据计算 $CAR[-1,t]$($t=0$, $1,2,3,4,5$),(3)本章根据附录 12-2 中的程序和原则计算了公司环境绩效得分(ENV),包括 7 个类别和 45 个子项;(4)除了 $CAR[-1,t]$($t=0,1,2,3,4,5$)、GREENWASH 和 ENV 外,其他数据均来自 CSMAR。数据来源详见附录 12-1。

(三)描述性统计和单变量测试

表 12-1 的 Panel A 报告了本章变量的描述性统计结果。如 Panel A 所示,$CAR[-1, 0]$、$CAR[-1,1]$、$CAR[-1,2]$、$CAR[-1,3]$、$CAR[-1,4]$ 和 $CAR[-1,5]$ 的均值分别为 0.013 3、0.018 0、0.025 1、0.016 8、0.023 9 和 0.017 7,揭示了累计超额收益(CAR)在漂绿曝光期间的基本特征。

GREENWASH 的平均值为 0.025 0,表明 2.50% 的公司被认定为"漂绿"的环境违规者。ENV 均值为 3.774 5,说明本研究中样本的公司环境绩效平均得分为 3.774 5。显然,与附录 12-2 显示的满分(95 分)相比,3.774 5 分是一个非常低的分数。

公司治理变量的描述性统计结果显示,第一大股东(FIRST)的平均持股比例为 37.71%,约 26.20% 的公司由同一人担任 CEO 和董事长(DUAL),独立董事(INDR)的平均比例为 36.63%,董事会的董事人数(LNBOARD)平均为 9 人。财务特征变量的描述性统计结果显示,样本的平均规模(SIZE)约为 35.5 亿元人民币;平均财务杠杆(LEV)约为 40.65%;平均总资产收益率(ROA)约为 7.19%;市值账面比(MTB)均值为 2.636 5,标准差相对较大,为 2.227 0。上市特征变量的描述性统计结果显示,6.60% 的企业在两个及以上的证券市场上市(CROSS),1.43% 的企业股票为 ST 或 *ST,7.84% 的企业在创业板上市(GEB),30.12% 的企业在中小板上市(SMEB),41.18% 的企业在上海证券交易所上市(EX-CHANGE),企业平均上市年限约为 9.882 4 年(LISTAGE)。此外,约 60.61% 的公司的最终所有者是中央(或地方)政府机构或政府控制的国有企业(STATE)。

Panel B 给出了漂绿子样本($n=14$)和非漂绿子样本($n=547$)之间 CAR 均值差异的 t 检验结果。如 Panel B 所示,与非漂绿子样本相比,漂绿子样本的 $CAR[-1,0]$、$CAR[-1,1]$、$CAR[-1,2]$、$CAR[-1,3]$、$CAR[-1,4]$、$CAR[-1,5]$ 显著较低。这些结果为假设 12-1 提供了初步的支持。

以年度漂绿名单上企业的平均环境绩效得分为基准,Panel C 报告了漂绿子样本($n=$

14)、高 ENV 子样本($n=161$)和低 ENV 子样本($n=386$)之间 CAR 均值差异的 t 检验结果。Panel C 结果显示:(1)高 ENV 子样本的 CAR[$-1,0$]、CAR[$-1,1$]、CAR[$-1,2$]、CAR[$-1,3$]、CAR[$-1,4$]和 CAR[$-1,5$]显著高于漂绿(GREENWASH)子样本。(2)低 ENV 子样本的 CAR[$-1,0$]、CAR[$-1,1$]、CAR[$-1,2$]、CAR[$-1,3$]、CAR[$-1,4$]、CAR[$-1,5$]显著低于漂绿(GREENWASH)子样本。上述结果为假设 12-2 提供了初步支持。

表 12-1　描述性统计和单变量检验

Panel A:描述性统计

变量	观测值	均值	标准差	最小值	1/4 分位数	中位数	3/4 分位数	最大值
CAR [$-1, 0$]	561	0.013 3	0.026 9	$-0.078\ 3$	$-0.001\ 3$	0.011 0	0.024 0	0.182 5
CAR [$-1, 1$]	561	0.018 0	0.034 0	$-0.118\ 2$	$-0.001\ 6$	0.013 8	0.033 6	0.208 7
CAR [$-1, 2$]	561	0.025 1	0.040 2	$-0.122\ 8$	0.001 6	0.019 6	0.045 2	0.213 5
CAR [$-1, 3$]	561	0.016 8	0.043 2	$-0.151\ 1$	$-0.008\ 7$	0.007 5	0.038 6	0.258 5
CAR [$-1, 4$]	561	0.023 9	0.047 4	$-0.128\ 7$	$-0.006\ 5$	0.016 0	0.048 3	0.279 3
CAR [$-1, 5$]	561	0.017 7	0.048 9	$-0.118\ 6$	$-0.012\ 3$	0.010 1	0.041 1	0.275 5
GREENWASH	561	0.025 0	0.156 1	0	0	0	0	1
ENV	561	3.774 5	6.040 2	0	0	1	5	40
FIRST	561	0.377 1	0.158 1	0.085 2	0.245 9	0.369 4	0.481 7	0.757 8
DUAL	561	0.262 0	0.440 1	0	0	0	1	1
INDR	561	0.366 3	0.049 9	0.307 7	0.333 3	0.333 3	0.375 0	0.571 4
LNBOARD	561	2.189 9	0.193 6	1.609 4	2.197 2	2.197 2	2.197 2	2.708 1
SIZE	561	21.989 5	1.311 2	18.997 2	21.072 8	21.737 1	22.725 2	26.796 3
LEV	561	0.406 5	0.222 8	0.030 3	0.218 4	0.411 8	0.577 5	0.983 9
ROA	561	0.071 9	0.085 8	$-0.200\ 6$	0.021 7	0.061 7	0.103 8	0.664 6
MTB	561	2.636 5	2.227 0	0.553 5	1.390 5	1.932 0	3.076 6	18.444 3
CROSS	561	0.066 0	0.248 4	0	0	0	0	1
ST	561	0.014 3	0.118 7	0	0	0	0	1
GEB	561	0.078 4	0.269 1	0	0	0	0	1
SMEB	561	0.301 2	0.459 2	0	0	0	1	1
EXCHANGE	561	0.411 8	0.492 6	0	0	0	1	1
LISTAGE	561	9.882 4	5.890 1	1	4	10	15	23
STATE	561	0.606 1	0.489 1	0	0	1	1	1

Panel B:漂绿子样本与非漂绿子样本 CAR 均值差异的 t 检验

变量	漂绿子样本			非漂绿子样本			t 检验
	观测值	均值	标准差	观测值	均值	标准差	
CAR [$-1, 0$]	14	$-0.000\ 5$	0.001 4	547	0.013 6	0.027 1	-11.54 ***
CAR [$-1, 1$]	14	$-0.001\ 6$	0.004 3	547	0.018 5	0.034 2	-10.85 ***
CAR [$-1, 2$]	14	$-0.002\ 6$	0.008 4	547	0.025 9	0.040 4	-10.04 ***

续表

变量	漂绿子样本			非漂绿子样本			t 检验
	观测值	均值	标准差	观测值	均值	标准差	
CAR [−1, 3]	14	−0.004 8	0.016 2	547	0.017 4	0.043 6	−4.70***
CAR [−1, 4]	14	−0.004 8	0.016 7	547	0.024 7	0.047 7	−5.99***
CAR [−1, 5]	14	−0.003 4	0.011 7	547	0.018 3	0.049 4	−5.76***

Panel C:漂绿子样本、高 ENV 子样本和低 ENV 子样本 CAR 均值差异的 t 检验

变量	(1) 高 ENV 子样本			(2) 漂绿子样本			(3) 低 ENV 子样本			t 检验	
	观测值	均值	标准差	观测值	均值	标准差	观测值	均值	标准差	(1)VS(2)	(2)VS(3)
CAR [−1, 0]	161	0.058 1	0.025 9	14	−0.000 5	0.001 4	386	−0.008 6	0.027 5	8.37***	−6.02***
CAR [−1, 1]	161	0.095 0	0.032 7	14	−0.001 6	0.004 3	386	−0.015 0	0.034 4	10.84***	−7.68***
CAR [−1, 2]	161	0.145 0	0.040 9	14	−0.002 6	0.008 4	386	−0.023 3	0.039 8	13.22***	−8.88***
CAR [−1, 3]	161	0.155 2	0.042 1	14	−0.004 8	0.016 2	386	−0.027 5	0.042 8	13.71***	−7.10***
CAR [−1, 4]	161	0.177 5	0.047 5	14	−0.004 8	0.016 7	386	−0.030 2	0.044 7	13.91***	−7.54***
CAR [−1, 5]	161	0.176 3	0.048 1	14	−0.003 4	0.011 7	386	−0.033 4	0.047 1	13.67***	−10.07***

注:***、**和*分别表示在 1%、5%和 10%的显著性水平上显著(双侧检验下)。附录 12-2 提供了公司环境绩效的 7 个类别和 45 个子项的得分情况。如附录 12-2 所示,公司环境绩效得分的最大值为 40 分,与满分 95 分相比,该得分较低(详见附录 12-2)。此外,在样本中,公司环境绩效的主要缺陷在于"环境业绩指标(EPI)"部分,因为该类别的样本最大值为 19 分,远远低于满分 60。

(四)Pearson 相关性分析

表 12-2 报告了本章中使用的变量的 Pearson 相关性分析,系数下方括号内是 p 值。如表 12-2 所示,以下结论值得关注:(1)GREENWASH 与 CAR[−1,0]、CAR[−1,1]、CAR[−1,2]、CAR[−1,3]和 CAR[−1,4]之间存在显著负相关关系。此外,CAR[−1,5]与 GREENWASH 的相关系数边际显著为负(p 值=0.104 0)。上述结果共同表明,漂绿与环境违法企业被曝光(即年度漂绿名单)前后的 CAR 显著负相关。(2)ENV 与 CAR[−1,0]、CAR[−1,1]、CAR[−1,2]、CAR[−1,3]、CAR[−1,4]和 CAR[−1,5]之间的相关系数均显著为正,表明公司环境绩效得分越高,在漂绿名单发布期间的累计超额收益(CAR)会越高。这些结果为假设 12-2 提供了初步支持。

关于 CAR 和控制变量之间的 Pearson 相关性,表中数据显示,CAR 与 FIRST、SIZE、LEV 和 STATE 显著负相关,CAR 与 MTB 显著正相关。此外,与预期一致,控制变量之间的相关系数普遍较低,表明当这些变量同时被纳入回归模型时,不存在严重的多重共线性问题。

表 12-2　Pearson 相关性分析

变量		(1)	(2)	(3)	(4)	(5)	(6)	(7)	(8)	(9)	(10)	(11)	(12)	(13)	(14)	(15)	(16)	(17)	(18)	(19)	(20)	(21)	(22)	(23)
CAR[−1, 0]	(1)	1																						
CAR[−1, 1]	(2)	0.851 1 (<.0 001)	1																					
CAR[−1, 2]	(3)	0.752 8 (<.0 001)	0.856 8 (<.0 001)	1																				
CAR[−1, 3]	(4)	0.633 7 (<.0 001)	0.754 2 (<.0 001)	0.896 3 (<.0 001)	1																			
CAR[−1, 4]	(5)	0.624 1 (<.0 001)	0.725 7 (<.0 001)	0.852 6 (<.0 001)	0.924 6 (<.0 001)	1																		
CAR[−1, 5]	(6)	0.578 0 (<.0 001)	0.685 1 (<.0 001)	0.776 8 (<.0 001)	0.871 5 (<.0 001)	0.949 4 (<.0 001)	1																	
GREENWASH	(7)	−0.082 7 (0.050 2)	−0.093 8 (0.026 3)	−0.107 5 (0.010 8)	−0.078 6 (0.062 8)	−0.091 8 (0.029 7)	−0.088 7 (0.104 0)	1																
ENV	(8)	0.119 3 (0.004 7)	0.170 3 (0.000 1)	0.162 4 (0.000 1)	0.099 8 (0.018 1)	0.138 4 (0.001 0)	0.159 1 (0.000 2)	0.031 1 (0.462 2)	1															
FIRST	(9)	−0.090 0 (0.033 1)	−0.117 5 (0.005 3)	−0.076 4 (0.070 7)	−0.030 9 (0.464 7)	−0.039 7 (0.347 8)	−0.056 6 (0.180 9)	0.148 0 (0.000 4)	0.037 1 (0.380 3)	1														
DUAL	(10)	−0.003 5 (0.933 9)	0.007 2 (0.865 0)	0.014 5 (0.732 6)	0.000 3 (0.994 0)	0.001 7 (0.968 9)	0.022 3 (0.597 7)	0.034 6 (0.413 4)	−0.014 5 (0.731 6)	−0.127 6 (0.002 5)	1													
INDR	(11)	−0.054 5 (0.197 0)	−0.061 3 (0.147 0)	−0.033 9 (0.423 0)	−0.016 2 (0.701 6)	−0.025 6 (0.545 3)	−0.025 2 (0.552 2)	0.052 0 (0.219 0)	0.017 4 (0.680 1)	0.024 9 (0.555 4)	0.009 0 (0.832 2)	1												
LNBOARD	(12)	−0.044 9 (0.288 4)	−0.036 4 (0.389 9)	−0.007 4 (0.861 2)	0.015 1 (0.721 9)	0.020 0 (0.636 2)	0.027 6 (0.513 6)	0.012 0 (0.775 9)	−0.025 1 (0.552 5)	0.121 8 (0.003 9)	−0.107 5 (0.010 9)	−0.266 6 (<.0 001)	1											
SIZE	(13)	−0.157 1 (0.000 2)	−0.174 8 (<.0 001)	−0.087 5 (0.038 3)	0.031 3 (0.459 3)	0.003 2 (0.939 3)	0.020 0 (0.636 7)	0.220 7 (<.0 001)	0.147 8 (0.000 4)	0.311 1 (<.0 001)	−0.181 8 (<.0 001)	0.069 0 (0.102 7)	0.270 3 (<.0 001)	1										
LEV	(14)	−0.096 0 (0.022 9)	−0.062 8 (0.137 3)	−0.033 7 (0.426 1)	0.054 2 (0.199 9)	0.009 1 (0.830 1)	0.015 7 (0.711 3)	0.044 1 (0.296 9)	0.085 2 (0.043 6)	0.002 9 (0.944 5)	−0.120 7 (0.004 2)	−0.009 4 (0.823 4)	0.167 1 (0.000 1)	0.450 8 (<.0 001)	1									

续表

变量		(1)	(2)	(3)	(4)	(5)	(6)	(7)	(8)	(9)	(10)	(11)	(12)	(13)	(14)	(15)	(16)	(17)	(18)	(19)	(20)	(21)	(22)	(23)
ROA	(15)	0.023 8	-0.006 8	0.003 9	-0.053 1	-0.027 0	-0.025 9	0.004 4	-0.015 0	0.018 0	-0.010 9	-0.084 4	-0.010 0	-0.056 9	-0.375 4	1								
		(0.573 5)	(0.872 3)	(0.926 1)	(0.209 1)	(0.522 7)	(0.540 1)	(0.917 6)	(0.722 2)	(0.670 5)	(0.797 5)	(0.045 6)	(0.812 8)	(0.179 5)	(<.0 001)									
MTB	(16)	0.121 2	0.116 4	0.073 4	-0.001 2	0.013 9	0.009 0	0.000 5	0.011 2	-0.157 9	0.015 1	-0.027 0	-0.096 7	-0.282 6	0.185 7	0.087 0	1							
		(0.004 0)	(0.005 8)	(0.082 4)	(0.976 9)	(0.741 7)	(0.830 7)	(0.990 1)	(0.790 6)	(0.000 2)	(0.720 6)	(0.523 7)	(0.021 9)	(<.0 001)	(<.0 001)	(0.039 4)								
CROSS	(17)	-0.020 6	-0.029 8	-0.012 5	0.018 3	0.016 2	0.003 3	0.141 7	0.022 6	0.067 8	-0.076 7	0.045 3	0.002 1	0.309 9	0.132 3	-0.053 4	-0.005 4	1						
		(0.627 1)	(0.480 6)	(0.768 4)	(0.665 5)	(0.701 8)	(0.938 2)	(0.000 8)	(0.593 3)	(0.108 7)	(0.069 5)	(0.284 3)	(0.961 1)	(<.0 001)	(0.001 7)	(0.206 5)	(0.898 8)							
ST	(18)	-0.059 9	-0.062 5	-0.113 5	-0.066 5	-0.076 7	-0.052 8	-0.019 2	-0.029 2	-0.024 7	-0.003 3	0.005 1	0.032 4	0.050 5	0.194 5	-0.212 5	0.226 6	0.028 6	1					
		(0.156 3)	(0.139 5)	(0.007 1)	(0.115 6)	(0.069 7)	(0.212 0)	(0.649 3)	(0.490 5)	(0.559 2)	(0.938 0)	(0.904 5)	(0.443 8)	(0.232 7)	(<.0 001)	(<.0 001)	(<.0 001)	(0.498 8)						
GEB	(19)	-0.005 9	-0.020 8	-0.044 8	-0.078 9	-0.038 9	0.002 6	-0.004 2	-0.020 0	-0.057 7	0.127 7	-0.005 7	0.054 0	-0.215 1	-0.315 7	0.073 8	-0.101 8	-0.077 5	-0.035 1	1				
		(0.889 8)	(0.622 7)	(0.289 8)	(0.061 8)	(0.357 4)	(0.951 6)	(0.921 6)	(0.637 6)	(0.172 0)	(0.002 4)	(0.892 0)	(0.201 5)	(<.0 001)	(<.0 001)	(0.080 6)	(0.015 8)	(0.066 5)	(0.406 8)					
SMEB	(20)	0.004 7	-0.006 1	-0.032 1	-0.037 7	-0.026 3	-0.032 6	-0.030 3	-0.003 8	0.115 2	0.156 5	0.035 6	-0.203 2	-0.305 9	-0.348 5	0.078 6	-0.120 1	-0.174 5	-0.079 0	-0.191 5	1			
		(0.911 1)	(0.885 6)	(0.448 6)	(0.372 8)	(0.534 0)	(0.441 0)	(0.473 5)	(0.929 0)	(0.006 3)	(0.000 2)	(0.400 4)	(<.0 001)	(<.0 001)	(<.0 001)	(0.063 0)	(0.004 4)	(<.0 001)	(0.061 6)	(<.0 001)				
EXCHANGE	(21)	-0.049 4	-0.031 5	0.018 3	0.024 7	0.009 9	0.011 9	0.028 7	0.056 7	0.040 7	-0.144 4	-0.040 8	0.210 9	0.292 3	0.336 3	-0.078 8	0.111 6	0.069 5	-0.009 0	-0.244 1	-0.549 4	1		
		(0.242 4)	(0.456 9)	(0.666 0)	(0.559 2)	(0.814 6)	(0.779 1)	(0.497 8)	(0.179 6)	(0.335 9)	(0.000 6)	(0.334 8)	(<.0 001)	(<.0 001)	(<.0 001)	(0.062 0)	(0.008 2)	(0.099 9)	(0.831 8)	(<.0 001)	(<.0 001)			
LISTAGE	(22)	0.031 9	0.048 7	0.079 5	0.071 7	0.056 7	0.023 7	0.007 1	0.021 5	-0.211 2	-0.154 1	-0.023 5	0.053 3	0.252 3	0.473 2	-0.089 3	0.240 0	0.212 8	0.056 1	-0.371 6	-0.655 7	0.405 1	1	
		(0.450 9)	(0.249 8)	(0.059 7)	(0.089 6)	(0.180 2)	(0.575 0)	(0.867 1)	(0.610 6)	(<.0 001)	(0.000 2)	(0.578 0)	(0.207 2)	(<.0 001)	(<.0 001)	(0.034 4)	(<.0 001)	(<.0 001)	(0.184 9)	(<.0 001)	(<.0 001)	(<.0 001)		
STATE	(23)	-0.088 5	-0.056 5	0.019 8	0.053 3	0.093 8	0.074 2	0.035 4	0.089 8	0.122 4	-0.150 1	0.041 8	0.150 4	0.271 7	0.290 9	-0.193 8	0.012 1	0.111 3	0.066 2	-0.144 7	-0.321 4	0.252 0	0.300 0	1
		(0.036 1)	(0.181 4)	(0.640 7)	(0.207 7)	(0.026 2)	(0.078 9)	(0.402 2)	(0.033 5)	(0.003 7)	(0.000 4)	(0.322 7)	(0.000 3)	(<.0 001)	(<.0 001)	(<.0 001)	(0.775 2)	(0.008 3)	(0.117 3)	(0.000 6)	(<.0 001)	(<.0 001)	(<.0 001)	

注：括号内为 p 值。所有变量定义见附录 12-1。

五、实证结果

(一)假设 12-1 的多元检验

假设 12-1 预测漂绿与累计超额收益(CAR)之间呈负相关关系。表 12-3 报告了 CAR 和 GREENWASH 以及其他影响因素的 FGLS(可行广义最小二乘法)回归结果[①]。

如表 12-3 第(1)至(6)列所示,GREENWASH 的系数在各列均显著为负(分别为:系数 $=-0.0075$,z 值 $=-3.37$;系数 $=-0.0137$,z 值 $=-13.10$;系数 $=-0.0215$,z 值 $=-8.72$;系数 $=-0.0213$,z 值 $=-17.47$;系数 $=-0.0293$,z 值 $=-6.44$;系数 $=-0.0164$,z 值 $=-7.69$),表明漂绿和 CAR 之间存在显著的负相关关系,为假设 12-1 提供了强有力且一致的证据支持。此外,GREENWASH 的系数估计值表明,与未被曝光漂绿的企业相比,被曝光漂绿的企业的 CAR[$-1,0$]、CAR[$-1,1$]、CAR[$-1,2$]、CAR[$-1,3$]、CAR[$-1,4$]和 CAR[$-1,5$]分别平均降低 0.75%、1.37%、2.15%、2.13%、2.93%和 1.64%。这些系数估计值不仅在统计上显著,还具有经济显著性。

关于表 12-3 中控制变量的符号和显著性,以下几个方面值得关注:(1)FIRST 的系数在第(1)列和第(3)列中显著为正,在第(5)列和第(6)列中显著为负,而在第(2)列和第(4)列中则不显著。这些结果表明,在不同的时间窗口,第一大股东持股比例对 CAR 的影响是不一致的,具体而言,第一股东持股比例对 CAR[$-1,0$]和 CAR[$-1,2$]有正向影响,对 CAR[$-1,4$]和 CAR[$-1,5$]有负向影响,而对 CAR[$-1,1$]和 CAR[$-1,3$]影响不显著。(2)DUAL 的系数在第(1)~(4)列中系数显著为负,表明由一人兼任 CEO 和董事长的公司的 CAR[$-1,t$]($t=0,1,2,3$)低于其他公司。(3)INDR 的系数在各列中均显著为负,表明独立董事比例较高的公司的 CAR[$-1,t$]($t=0,1,2,3,4,5$)较低。(4)在第(1)~(4)列中,LNBOARD 的系数显著为负,但在第(6)列中的系数显著为正,表明在不同的时间窗口,董事会规模对 CAR 的影响是不对称的。(5)SIZE 在第(1)~(4)列中系数显著为负,在第(6)列中系数显著为正,意味着公司规模对 CAR[$-1,t$]($t=0,1,2,3$)具有负面影响,对 CAR[$-1,5$]具有正面影响。(6)LEV 的系数在第(2)~(6)列中显著为负,意味着较高的财务杠杆对 CAR[$-1,t$]($t=1,2,3,4,5$)有负向影响。(7)ROA 在第(1)~(5)列中系数显著为负,说明较好的会计绩效负向影响了 CAR[$-1,t$]($t=0,1,2,3,4$)。(8)MTB 的系数在第(1)列中显著为负,在第(3)~(6)列中显著为正,意味着市值账面比对 CAR[$-1,0$]和 CAR

① 本章研究中的数据是准面板数据类型,所以 OLS 回归方法并不合适。但本章进行了 Hausman 测试,以确定固定效应或随机效应是否适合本章研究中的准面板数据。Hausman 检验的结果显示(未列示,备索),所有的 χ^2 值都不显著,所以原假设未被拒绝。因此,根据 Greene(2012),使用 FGLS(可行广义最小二乘)方法的随机效应回归比固定效应、LSDV(最小二乘虚拟变量估计)方法更合适。

$[-1,t](t=2,3,4,5)$分别有负向和正向影响。(9)CROSS 在第(1)列和第(5)列中系数显著为正,表明同时在两个或两个以上股票市场上市的公司 CAR[-1,0]和 CAR[-1,4]较高。(10)ST 的系数在第(1)~(6)列中均显著为负,说明 ST 或 *ST 公司在漂绿行为曝光前后的 CAR 显著较低。(11)GEB 的系数在第(1)~(6)列中均显著为负,意味着在创业板上市的企业的 $CAR[-1,t](t=0,1,2,3,4,5)$显著低于其他企业。(12)SMEB 在第(2)~(6)列中的系数显著为负,说明在中小板上市的企业的 $CAR[-1,t](t=1,2,3,4,5)$较低。(13)EXCHANGE 在第(2)、(4)、(5)列中的系数显著为负,意味着在上海证券交易所上市的公司的 $CAR[-1,t](t=1,3,4)$显著较低。(14)LISTAGE 在第(2)~(6)列中的系数显著为负,表明上市时间较长的企业的 $CAR[-1,t](t=1,2,3,4,5)$比上市时间较短的企业低。(15)STATE 的系数在第(1)~(5)列中显著为负,意味着国有企业的 $CAR[-1,t](t=0,1,2,3,4)$比非国有企业低。

表 12-3 CAR 对漂绿及其他影响因素的回归结果

变量	(1) CAR[-1, 0] 系数 (z 值)	(2) CAR[-1, 1] 系数 (z 值)	(3) CAR[-1, 2] 系数 (z 值)	(4) CAR[-1, 3] 系数 (z 值)	(5) CAR[-1, 4] 系数 (z 值)	(6) CAR[-1, 5] 系数 (z 值)
GREENWASH	-0.007 5*** (-3.37)	-0.013 7*** (-13.10)	-0.021 5*** (-8.72)	-0.021 3*** (-17.47)	-0.029 3*** (-6.44)	-0.016 4*** (-7.69)
FIRST	0.004 4*** (4.33)	-0.000 2 (-0.16)	0.007 4*** (3.37)	0.003 0 (1.47)	-0.017 9*** (-7.84)	-0.021 1*** (-8.82)
DUAL	-0.002 5*** (-6.51)	-0.002 6*** (-4.94)	-0.003 4*** (-4.62)	-0.001 9** (-2.50)	0.000 3 (0.44)	-0.000 5 (-0.53)
INDR	-0.025 3*** (-4.77)	-0.033 8*** (-7.54)	-0.033 4*** (-6.30)	-0.037 2*** (-6.60)	-0.058 8*** (-9.37)	-0.037 1*** (-4.82)
LNBOARD	-0.006 7*** (-8.35)	-0.003 2** (-2.49)	-0.003 8*** (-2.63)	-0.004 1** (-2.27)	-0.001 7 (-0.78)	0.009 5*** (4.45)
SIZE	-0.001 2*** (-5.12)	-0.000 7** (-2.50)	-0.001 5*** (-3.94)	-0.001 3*** (-3.04)	0.000 7 (1.63)	0.001 9*** (4.11)
LEV	-0.000 1 (-0.10)	-0.003 7** (-2.28)	-0.006 4*** (-4.38)	-0.013 0*** (-5.07)	-0.014 1*** (-5.35)	-0.020 9*** (-8.33)
ROA	-0.005 3*** (-2.70)	-0.040 6*** (-15.94)	-0.025 3*** (-7.34)	-0.023 8*** (-6.87)	-0.012 5** (-2.25)	0.011 6 (1.51)
MTB	-0.000 3** (-2.25)	0.000 1 (0.60)	0.000 8*** (4.84)	0.001 6*** (7.55)	0.001 2*** (7.01)	0.001 3*** (3.58)
CROSS	0.002 5*** (2.62)	0.001 7 (1.10)	0.000 4 (0.15)	0.002 5 (1.14)	0.005 5** (2.16)	0.001 7 (0.63)
ST	-0.005 7** (-2.06)	-0.023 5*** (-13.31)	-0.040 7*** (-33.27)	-0.032 9*** (-12.52)	-0.039 0*** (-25.64)	-0.038 8*** (-23.69)
GEB	-0.009 7*** (-7.69)	-0.018 1*** (-11.42)	-0.023 1*** (-8.00)	-0.018 7*** (-8.44)	-0.023 5*** (-9.27)	-0.008 6*** (-3.56)

续表

变量	(1) CAR $[-1,0]$ 系数 (z值)	(2) CAR $[-1,1]$ 系数 (z值)	(3) CAR $[-1,2]$ 系数 (z值)	(4) CAR $[-1,3]$ 系数 (z值)	(5) CAR $[-1,4]$ 系数 (z值)	(6) CAR $[-1,5]$ 系数 (z值)
SMEB	-0.0007 (-0.63)	-0.0100^{***} (-7.89)	-0.0117^{***} (-5.77)	-0.0139^{***} (-7.65)	-0.0184^{***} (-9.99)	-0.0121^{***} (-5.84)
EXCHANGE	-0.0002 (-0.49)	-0.0039^{***} (-8.22)	-0.0013 (-1.19)	-0.0040^{***} (-4.55)	-0.0059^{***} (-5.82)	0.0010 (0.94)
LISTAGE	0.0001 (1.06)	-0.0002^{***} (-3.19)	-0.0006^{***} (-4.50)	-0.0007^{***} (-6.58)	-0.0011^{***} (-8.46)	-0.0010^{***} (-7.55)
STATE	-0.0018^{***} (-5.10)	-0.0042^{***} (-7.25)	-0.0038^{***} (-5.55)	-0.0031^{***} (-4.54)	-0.0014^{*} (-1.75)	0.0007 (0.73)
截距	0.0377^{***} (5.72)	0.0260^{***} (3.38)	0.0557^{***} (5.94)	0.0734^{***} (6.96)	0.0233^{**} (2.10)	-0.0472^{***} (-4.04)
行业	控制	控制	控制	控制	控制	控制
年度	控制	控制	控制	控制	控制	控制
观测值	561	561	561	561	561	561
χ^2-value (p-value)	$9\,908.97^{***}$ $(<.0001)$	$12\,309.73^{***}$ $(<.0001)$	$12\,248.65^{***}$ $(<.0001)$	$33\,283.65^{***}$ $(<.0001)$	$38\,468.94^{***}$ $(<.0001)$	$28\,878.10^{***}$ $(<.0001)$

注：***、** 和 * 分别表示在 1%、5% 和 10% 的显著性水平上显著（双侧检验下）。所有变量定义见附录 12-1。

为了更直观地理解表 12-3 的结果，本章绘制了图 12-1。图 12-1 中绘制了漂绿子样本和非漂绿子样本 CAR$[-1,t]$（$t=0,1,2,3,4,5$）的平均趋势。如图 12-1 所示，漂绿子样本的 CAR$[-1,t]$的均值明显低于非漂绿子样本，为假设 12-1 提供了直观、直接的证据。

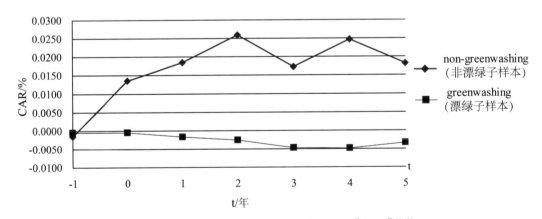

图 12-1　漂绿子样本和非漂绿子样本的 CAR$[-1,t]$趋势

(二)假设 12-2 的多元检验

假设 12-2 预测公司环境绩效得分与累计超额收益(CAR)之间存在正相关关系。表 12-4 报告了 CAR 对 ENV 和其他控制变量的 FGLS(可行广义最小二乘法)回归结果。

表 12-4 第(1)~(6)列中 ENV 的系数均显著为正(分别为系数=0.000 2,z 值=8.92;系数=0.000 6,z 值=18.53;系数=0.000 7,z 值=13.28;系数=0.000 7,z 值=13.55;系数=0.000 8,z 值=12.86;系数=0.000 5,z 值=7.10),为假设 12-2 提供了有力的支持,并表明公司环境绩效能够解释漂绿行为曝光前后的 CAR。此外,上述 ENV 的估计系数表明,环境绩效得分每增加一个标准差可以使样本的 CAR[−1,0]、CAR[−1,1]、CAR[−1,2]、CAR[−1,3]、CAR[−1,4]和 CAR[−1,5]分别增加 9.08%、20.13%、16.85%、25.17%、20.22%和17.06%。毫无疑问,上述估计系数具有显著的经济意义。表 12-4 中控制变量的符号和显著性与表 12-3 大体相似。

表 12-4　CAR 对公司环境绩效及其他影响因素的回归结果

变量	(1) CAR [−1, 0] 系数 (z 值)	(2) CAR [−1, 1] 系数 (z 值)	(3) CAR [−1, 2] 系数 (z 值)	(4) CAR [−1, 3] 系数 (z 值)	(5) CAR [−1, 4] 系数 (z 值)	(6) CAR [−1, 5] 系数 (z 值)
ENV	0.000 2 *** (8.92)	0.000 6 *** (18.53)	0.000 7 *** (13.28)	0.000 7 *** (13.55)	0.000 8 *** (12.86)	0.000 5 *** (7.10)
FIRST	0.005 3 *** (8.10)	0.000 4 (0.34)	0.002 3 (1.51)	−0.001 3 (−0.94)	−0.018 1 *** (−12.07)	−0.023 2 *** (−14.59)
DUAL	−0.002 0 *** (−6.76)	−0.002 7 *** (−7.23)	−0.003 2 *** (−5.33)	−0.002 4 *** (−3.51)	−0.000 7 (−1.19)	−0.000 9 (−1.09)
INDR	−0.020 9 *** (−4.98)	−0.017 4 *** (−5.38)	−0.017 2 *** (−4.55)	−0.036 9 *** (−11.67)	−0.037 1 *** (−8.22)	−0.020 2 *** (−2.98)
LNBOARD	−0.004 7 *** (−7.14)	−0.000 5 (−0.37)	−0.000 6 (−0.59)	−0.003 4 ** (−2.09)	0.003 6 *** (3.52)	0.011 7 *** (8.51)
SIZE	−0.001 7 *** (−9.79)	−0.003 0 *** (−13.90)	−0.003 7 *** (−9.41)	−0.003 2 *** (−8.83)	−0.001 6 *** (−4.26)	−0.000 8 (−1.50)
LEV	−0.001 1 (−1.27)	−0.005 9 *** (−3.69)	−0.002 5 * (−1.91)	−0.009 2 *** (−4.76)	−0.014 1 *** (−5.94)	−0.016 8 *** (−7.38)
ROA	−0.015 8 *** (−10.12)	−0.040 0 *** (−12.89)	−0.025 2 *** (−12.40)	−0.008 9 *** (−2.97)	−0.034 0 *** (−7.09)	0.024 3 *** (3.78)
MTB	−0.000 4 *** (−3.75)	0.000 2 (1.48)	0.000 4 *** (3.04)	0.001 0 *** (6.10)	0.001 1 *** (5.26)	0.000 5 (1.35)
CROSS	0.003 5 *** (5.21)	0.000 5 (0.55)	0.000 9 (0.80)	0.001 7 (0.85)	0.003 4 (1.11)	0.001 7 (0.62)
ST	−0.001 2 (−0.24)	−0.022 6 *** (−16.11)	−0.036 5 *** (−33.71)	−0.031 6 *** (−28.76)	−0.042 1 *** (−26.52)	−0.035 7 *** (−17.83)
GEB	−0.009 9 *** (−8.41)	−0.025 6 *** (−18.06)	−0.028 7 *** (−12.87)	−0.028 7 *** (−16.69)	−0.027 0 *** (−10.66)	−0.009 6 *** (−4.30)

续表

变量	(1) CAR $[-1,0]$ 系数 (z 值)	(2) CAR $[-1,1]$ 系数 (z 值)	(3) CAR $[-1,2]$ 系数 (z 值)	(4) CAR $[-1,3]$ 系数 (z 值)	(5) CAR $[-1,4]$ 系数 (z 值)	(6) CAR $[-1,5]$ 系数 (z 值)
SMEB	$-0.001\ 1$ (-1.34)	$-0.016\ 1^{***}$ (-14.61)	$-0.017\ 8^{***}$ (-12.11)	$-0.021\ 2^{***}$ (-14.22)	$-0.021\ 2^{***}$ (-13.22)	$-0.014\ 8^{***}$ (-7.20)
EXCHANGE	$0.000\ 7^{*}$ (1.83)	$-0.005\ 7^{***}$ (-11.37)	$-0.006\ 2^{***}$ (-8.60)	$-0.006\ 4^{***}$ (-12.13)	$-0.008\ 0^{***}$ (-9.76)	$-0.000\ 9$ (-0.96)
LISTAGE	$0.000\ 1$ (0.35)	$-0.000\ 6^{***}$ (-8.40)	$-0.000\ 8^{***}$ (-7.79)	$-0.001\ 3^{***}$ (-16.16)	$-0.001\ 4^{***}$ (-14.02)	$-0.001\ 1^{***}$ (-8.76)
STATE	$-0.002\ 4^{***}$ (-6.36)	$-0.004\ 4^{***}$ (-12.71)	$-0.005\ 7^{***}$ (-11.58)	$-0.004\ 7^{***}$ (-7.89)	$-0.002\ 1^{***}$ (-5.36)	$0.000\ 9$ (0.98)
截距	$0.048\ 1^{***}$ (8.68)	$0.092\ 4^{***}$ (13.09)	$0.132\ 5^{***}$ (11.71)	$0.154\ 6^{***}$ (16.26)	$0.097\ 7^{***}$ (10.75)	$0.023\ 5^{*}$ (1.70)
行业	控制	控制	控制	控制	控制	控制
年度	控制	控制	控制	控制	控制	控制
观测值	561	561	561	561	561	561
χ^2-value (p-value)	$9\ 036.28^{***}$ $(<.000\ 1)$	$95\ 118.52^{***}$ $(<.000\ 1)$	$7\ 673.52^{***}$ $(<.000\ 1)$	$10\ 5241.17^{***}$ $(<.000\ 1)$	$264\ 250.90^{***}$ $(<.000\ 1)$	$36\ 550.11^{***}$ $(<.000\ 1)$

注：***、** 和 * 分别表示在 1%、5% 和 10% 的显著性水平上显著（双侧检验下）。所有变量定义见附录 12-1。

同样，为了更直观地展示表 12-4 中的结果，本章绘制了图 12-2。为确保图像效果，本章使用 CAR_adj 作为 Y 轴；CAR_adj 等于 CAR$[-1,t]$ 减去同年同行业漂绿公司的 CAR$[-1,t]$ 均值。

图 12-2 中，绘制了漂绿子样本、高 ENV 子样本和低 ENV 子样本的 CAR$[-1,t]$（$t=0,1,2,3,4,5$）的平均趋势。如图 12-2 所示，CAR 有如下非常明显的趋势：(1) 高 ENV 子样本中 CAR$[-1,t]$ 的均值明显高于漂绿子样本。(2) 低 ENV 子样本中 CAR$[-1,t]$ 的均值明显低于漂绿子样本。(3) 高 ENV 子样本中 CAR$[-1,t]$ 的均值明显高于低 ENV 子样本。因此，图 12-2 提供了直观且直接的证据，表明环境绩效得分对 CAR$[-1,t]$ 有显著的正向影响，为假设 12-2 提供了额外的支持。

此外，与漂绿子样本的 CAR$[-1,t]$（$t=0,1,2,3,4,5$）相比，图 12-2 还表明，在漂绿曝光前后，公司环境绩效得分对 CAR$[-1,t]$ 具有两种独立且不同的影响[①]：(1) 在高 ENV 子样本中的竞争效应；(2) 在低 ENV 子样本中的传染效应。这些结果直观地展示了更好和更差的环境表现对 CAR$[-1,t]$ 的不对称经济后果。

---

① 为更好、更直观地说明竞争效应和传染效应，本章使用调整后的 CAR（即 CAR_adj）绘制图 12-2，CAR_adj 等于一家公司的 CAR 减去漂绿行为被曝光公司的 CAR 的均值。CAR_adj 的趋势与使用原始 CAR 进行绘制的趋势保持相似。

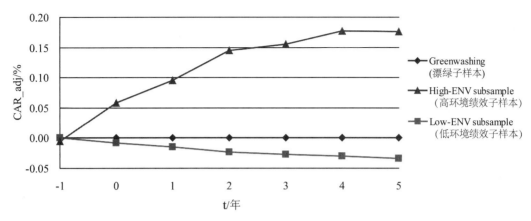

图 12-2 漂绿子样本、高 ENV 子样本和低 ENV 子样本的 CAR[−1, t]趋势

注：为更好更直观地说明竞争效应和传染效应，本章使用调整后的 CAR（即 CAR_adj）来绘制图 12-2。CAR_adj 等于一家公司的 CAR 值减去漂绿行为被曝光的公司 CAR 值的均值。CAR_adj 的趋势与按原始 CAR 进行绘制的趋势相似。

六、稳健性检验

(一)采用因变量的其他度量方式对假设 12-1 和假设 12-2 进行稳健性检验

在表 12-3 和表 12-4 中，本章采用了基于行业调整模型的 CAR(Kolari, Pynnönen, 2010; Lewellen, Metrick, 2010)。为检验本章表 12-3 和表 12-4 中的研究结果对其他因变量是否具有稳健性，本章采用了市场调整模型(Brown, Warner, 1985)和市场模型(Baker et al., 2010)来计算 $CAR_A[−1, t]$ 和 $CAR_M[−1, t]$ $(t=0, 1, 2, 3, 4, 5)$，并分别使用 FGLS 回归方法重新估计模型(12-1)和模型(12-2)。

表 12-5 的 Panel A 和 Panel B 中，因变量 $CAR_A[−1, t]$ 和 $CAR_M[−1, t]$ $(t=0, 1, 2, 3, 4, 5)$是分别基于市场调整模型(Brown 和 Warner, 1985)和市场模型(Baker 等, 2010)的累计超额收益。如 Panel A 的第(1)~(6)列所示，GREENWASH 的系数均显著为负，为假设 12-1 提供了额外的支持。此外，Panel A 第(7)~(12)列中，除了 CAR[−1, 0]这一列，ENV 的系数均显著为正，与假设 12-2 总体上一致。在 Panel B 中，第(1)~(6)列中 GREEN-WASH 的系数显著为负，为假设 12-1 提供了额外的支持，并与表 12-3 和表 12-4 中 Panel A 的发现相呼应。如 Panel B 第(7)~(12)列所示，除了 CAR[−1, 0]这一列，ENV 的系数均显著为正，从整体上为假设 12-2 提供了额外的支持。总的来说，以 $CAR_A[−1, t]$ 和 $CAR_M[−1, t]$ $(t=0, 1, 2, 3, 4, 5)$作为因变量，表 12-5 的结果与表 12-3 和表 12-4 的结果相比无本质区别。

表 12-5　使用不同因变量对假设 12-1 和假设 12-2 进行稳健性检验

变量	Section A: 假设 12-1 的稳健性检验						Section B: 假设 12-2 的稳健性检验					
	(1) CAR [−1,0]	(2) CAR [−1,1]	(3) CAR [−1,2]	(4) CAR [−1,3]	(5) CAR [−1,4]	(6) CAR [−1,5]	(7) CAR [−1,0]	(8) CAR [−1,1]	(9) CAR [−1,2]	(10) CAR [−1,3]	(11) CAR [−1,4]	(12) CAR [−1,5]
	系数 (z 值)	系数 (z 值)	系数 (z 值)	系数 (z 值)	系数 (z 值)	系数 (z 值)	系数 (z 值)	系数 (z 值)	系数 (z 值)	系数 (z 值)	系数 (z 值)	系数 (z 值)
Panel A: 使用基于市场调整模型的 CAR 对假设 12-1 和假设 12-2 进行稳健性检验												
GREENWASH	−0.002 7*** (−4.20)	−0.010 6*** (−9.73)	−0.022 3*** (−17.96)	−0.019 8*** (−18.94)	−0.020 8*** (−11.57)	−0.014 1*** (−9.52)						
ENV							−0.000 1 (−0.61)	0.000 4*** (13.05)	0.000 6*** (10.31)	0.000 4*** (6.34)	0.000 7*** (8.41)	0.000 6*** (8.49)
FIRST	0.004 4*** (4.83)	0.000 8 (0.43)	0.006 5*** (4.64)	0.002 1 (1.00)	−0.020 7*** (−9.92)	−0.024 3*** (−12.88)	0.006 4*** (12.63)	0.001 1 (0.68)	0.005 6*** (3.81)	0.000 2 (0.08)	−0.015 9*** (−6.25)	−0.022 3*** (−10.24)
DUAL	−0.002 2*** (−7.03)	−0.002 6*** (−4.09)	−0.002 5*** (−3.25)	−0.002 5*** (−3.72)	−0.000 6 (−0.92)	0.001 0 (1.37)	−0.002 0*** (−8.33)	−0.002 6*** (−4.62)	−0.002 8*** (−4.36)	−0.002 6*** (−2.89)	−0.001 9** (−2.31)	−0.000 3 (−0.43)
INDR	−0.027 6*** (−7.06)	−0.039 9*** (−9.78)	−0.026 1*** (−4.76)	−0.050 8*** (−13.32)	−0.058 2*** (−9.55)	−0.037 3*** (−6.14)	−0.012 9*** (−4.08)	−0.023 2*** (−7.39)	−0.015 6*** (−4.49)	−0.045 9*** (−9.45)	−0.051 6*** (−9.03)	−0.040 4*** (−6.81)
LNBOARD	−0.004 7*** (−6.05)	−0.003 1** (−2.16)	−0.006 2*** (−5.42)	−0.003 3** (−2.08)	−0.001 3 (−0.95)	0.002 9 (1.30)	−0.004 5*** (−11.36)	−0.000 7 (−0.62)	−0.000 1 (−0.10)	−0.006 5*** (−3.14)	0.001 9 (0.94)	0.005 7*** (3.00)
SIZE	−0.001 4*** (−9.88)	−0.000 8*** (−4.34)	−0.003 8*** (−13.20)	−0.002 3*** (−5.60)	−0.000 7* (−1.77)	0.001 5*** (4.85)	−0.001 4*** (−11.11)	−0.002 9*** (−9.91)	−0.004 7*** (−12.23)	−0.003 6*** (−7.61)	−0.003 1*** (−6.31)	−0.001 4*** (−2.73)
LEV	−0.002 4*** (−2.87)	−0.008 4*** (−6.09)	0.005 3*** (4.46)	−0.004 2** (−1.98)	−0.009 6*** (−5.54)	−0.017 7*** (−7.05)	−0.002 7*** (−3.64)	−0.005 0*** (−3.17)	−0.001 1 (−0.46)	−0.002 8 (−1.27)	−0.007 8*** (−4.18)	−0.011 4*** (−5.60)
ROA	−0.013 0*** (−7.84)	−0.040 3*** (−11.27)	−0.009 5*** (−6.12)	−0.012 6*** (−3.23)	−0.003 9** (−2.19)	0.023 5*** (4.09)	−0.012 7*** (−8.28)	−0.030 0*** (−9.40)	−0.020 7*** (−4.74)	−0.002 3 (−0.65)	−0.019 7*** (−4.30)	0.011 8** (1.97)
MTB	−0.000 4*** (−4.59)	0.000 3** (2.26)	0.000 1 (0.68)	0.000 8*** (4.56)	0.000 3 (1.33)	0.000 3 (1.13)	−0.000 4*** (−4.95)	0.000 2** (2.09)	0.000 1 (0.71)	0.000 6** (2.19)	0.000 5** (1.99)	−0.000 4 (−1.30)

续表

变量	(1) CAR [−1, 0] 系数 (z 值)	(2) CAR [−1, 1] 系数 (z 值)	(3) CAR [−1, 2] 系数 (z 值)	(4) CAR [−1, 3] 系数 (z 值)	(5) CAR [−1, 4] 系数 (z 值)	(6) CAR [−1, 5] 系数 (z 值)	(7) CAR [−1, 0] 系数 (z 值)	(8) CAR [−1, 1] 系数 (z 值)	(9) CAR [−1, 2] 系数 (z 值)	(10) CAR [−1, 3] 系数 (z 值)	(11) CAR [−1, 4] 系数 (z 值)	(12) CAR [−1, 5] 系数 (z 值)
	Section A: 假设 12-1 的稳健性检验						Section B: 假设 12-2 的稳健性检验					
CROSS	0.004 2*** (6.11)	0.004 0** (2.14)	0.001 8 (1.16)	0.002 0 (1.52)	0.002 4 (0.87)	−0.005 0* (−1.80)	0.002 6*** (4.96)	0.002 8*** (3.12)	0.003 3** (2.00)	0.004 9*** (3.06)	0.003 8 (1.33)	0.000 8 (0.44)
ST	−0.003 8*** (−2.57)	−0.024 0*** (−14.12)	−0.042 7*** (−36.41)	−0.035 9*** (−13.06)	−0.041 1*** (−27.23)	−0.034 3*** (−12.94)	−0.004 4 (−1.61)	−0.022 0*** (−16.84)	−0.035 3*** (−18.63)	−0.028 0*** (−11.40)	−0.043 0*** (−30.64)	−0.033 4*** (−22.24)
GEB	−0.001 2 (−1.37)	−0.010 0*** (−7.86)	−0.026 8*** (−15.57)	−0.015 2*** (−8.04)	−0.026 8*** (−15.37)	−0.021 2*** (−9.38)	−0.001 3 (−1.40)	−0.016 3*** (−9.39)	−0.017 8*** (−9.93)	−0.018 4*** (−8.11)	−0.026 9*** (−12.25)	−0.022 3*** (−10.03)
SMEB	−0.001 6** (−2.30)	−0.009 0*** (−6.66)	−0.024 7*** (−25.72)	−0.014 9*** (−11.49)	−0.023 4*** (−17.08)	−0.016 4*** (−9.08)	−0.002 3*** (−4.36)	−0.015 3*** (−11.24)	−0.018 6*** (−17.06)	−0.018 0*** (−11.06)	−0.020 9*** (−12.00)	−0.019 4*** (−9.33)
EXCHANGE	−0.000 4 (−1.06)	−0.004 4*** (−8.26)	−0.008 8*** (−13.14)	−0.006 0*** (−10.47)	−0.008 6*** (−8.83)	−0.002 0* (−1.81)	−0.000 9*** (−3.45)	−0.006 7*** (−11.64)	−0.009 7*** (−12.86)	−0.006 9*** (−8.13)	−0.008 8*** (−8.20)	−0.002 5** (−2.43)
LISTAGE	0.000 1 (0.87)	−0.000 1* (−1.75)	−0.001 6*** (−22.54)	−0.001 0*** (−10.58)	−0.001 6*** (−16.34)	−0.001 0*** (−7.98)	0.000 1* (1.72)	−0.000 5*** (−5.96)	−0.000 8*** (−8.65)	−0.001 1*** (−10.79)	−0.001 5*** (−15.38)	−0.001 3*** (−10.32)
STATE	−0.002 9*** (−9.84)	−0.003 9*** (−5.29)	−0.004 5*** (−9.47)	−0.003 1*** (−4.51)	−0.000 4 (−0.99)	0.001 6* (1.74)	−0.002 2*** (−9.68)	−0.004 6*** (−10.09)	−0.004 4*** (−7.50)	−0.004 1*** (−6.34)	−0.000 9 (−1.47)	−0.001 0 (−1.45)
截距	0.052 4*** (13.69)	0.044 7*** (6.80)	0.151 9*** (23.56)	0.121 9*** (10.58)	0.083 3*** (9.39)	−0.009 7 (−1.08)	0.047 9*** (13.50)	0.097 9*** (13.48)	0.170 9*** (17.87)	0.178 8*** (13.25)	0.151 2*** (12.78)	0.075 6*** (5.90)
行业/年度	控制	控制	控制	控制	控制	控制	控制	控制	控制	控制	控制	控制
观测值	561	561	561	561	561	561	561	561	561	561	561	561
χ^2-value	39 376.13***	55 625.56***	74 634.61***	21 038.14***	97 050.10***	8 779.79***	358 637.62***	40 283.42***	22 288.32***	28 870.86***	68 548.47***	19 440.93***
(p-value)	(<.000 1)	(<.000 1)	(<.000 1)	(<.000 1)	(<.000 1)	(<.000 1)	(<.000 1)	(<.000 1)	(<.000 1)	(<.000 1)	(<.000 1)	(<.000 1)

续表

变量	Section A：假设 12-1 的稳健性检验						Section B：假设 12-2 的稳健性检验					
	(1) CAR [−1，0]	(2) CAR [−1，1]	(3) CAR [−1，2]	(4) CAR [−1，3]	(5) CAR [−1，4]	(6) CAR [−1，5]	(7) CAR [−1，0]	(8) CAR [−1，1]	(9) CAR [−1，2]	(10) CAR [−1，3]	(11) CAR [−1，4]	(12) CAR [−1，5]
	系数 (z 值)	系数 (z 值)	系数 (z 值)	系数 (z 值)	系数 (z 值)	系数 (z 值)	系数 (z 值)	系数 (z 值)	系数 (z 值)	系数 (z 值)	系数 (z 值)	系数 (z 值)

Panel B：使用基于市场模型的 CAR 对假设 12-1 和假设 12-2 进行稳健性检验

变量	(1) CAR[−1，0]	(2) CAR[−1，1]	(3) CAR[−1，2]	(4) CAR[−1，3]	(5) CAR[−1，4]	(6) CAR[−1，5]	(7) CAR[−1，0]	(8) CAR[−1，1]	(9) CAR[−1，2]	(10) CAR[−1，3]	(11) CAR[−1，4]	(12) CAR[−1，5]
GREENWASH	−0.006 3*** (−12.58)	−0.008 0*** (−7.30)	−0.020 2*** (−9.74)	−0.026 2*** (−6.07)	−0.022 1*** (−13.53)	−0.022 0*** (−4.90)						
ENV							−0.000 1 (−0.89)	0.000 2*** (4.14)	0.000 4*** (5.50)	0.000 5*** (7.29)	0.000 6*** (8.63)	0.000 6*** (7.65)
FIRST	0.002 7** (2.49)	−0.004 6** (−2.21)	0.004 0* (1.88)	0.000 5 (0.20)	−0.009 8** (−3.38)	−0.020 8*** (−7.12)	0.003 9*** (3.19)	−0.003 3 (−1.54)	0.002 4 (1.00)	−0.006 1** (−2.20)	−0.012 2*** (−5.26)	−0.030 5*** (−13.10)
DUAL	−0.001 3*** (−3.49)	−0.002 7*** (−3.94)	−0.002 9*** (−3.08)	0.000 6 (0.80)	−0.001 8* (−1.71)	0.002 9*** (3.35)	−0.002 0*** (−4.53)	−0.002 8*** (−4.79)	−0.003 4*** (−4.37)	−0.001 5** (−1.98)	−0.000 1 (−0.05)	0.002 7*** (3.19)
INDR	−0.011 0*** (−2.53)	−0.031 8*** (−6.28)	−0.029 4*** (−5.90)	−0.050 3*** (−10.16)	−0.063 8*** (−14.12)	−0.073 5*** (−13.62)	−0.015 1*** (−4.32)	−0.017 1*** (−3.10)	−0.016 7*** (−2.60)	−0.051 0*** (−7.21)	−0.059 3*** (−12.26)	−0.050 1*** (−11.25)
LNBOARD	−0.006 6*** (−9.06)	−0.007 3*** (−4.84)	−0.001 5 (−1.34)	−0.005 7*** (−2.69)	−0.004 4** (−2.12)	−0.002 4 (−1.20)	−0.006 2*** (−7.85)	−0.006 6*** (−3.78)	−0.003 6** (−2.85)	−0.007 8*** (−2.86)	−0.003 1 (−1.47)	−0.001 1 (−0.42)
SIZE	−0.001 1*** (−4.80)	0.000 9*** (2.88)	−0.001 5*** (−3.38)	0.000 4 (0.71)	0.000 5 (1.28)	0.002 6*** (4.96)	−0.001 0*** (−3.22)	−0.000 6 (−1.63)	−0.002 6*** (−5.60)	−0.001 2** (−2.50)	−0.001 1** (−2.36)	0.001 4** (2.49)
LEV	−0.002 8** (−2.66)	−0.011 4*** (−7.40)	−0.003 9 (−1.26)	−0.019 2*** (−7.43)	−0.019 9*** (−8.66)	−0.018 1*** (−6.52)	−0.003 0*** (−2.74)	−0.013 2*** (−8.00)	−0.009 3*** (−3.20)	−0.015 1*** (−5.01)	−0.011 1*** (−4.30)	−0.017 8*** (−8.53)
ROA	−0.007 8*** (−4.38)	−0.035 0*** (−6.82)	−0.027 3*** (−6.52)	−0.034 5*** (−11.20)	−0.035 8*** (−7.30)	−0.001 1 (−0.22)	−0.005 3*** (−3.32)	−0.046 2*** (−9.04)	−0.029 5*** (−8.17)	−0.034 2*** (−6.68)	−0.033 0*** (−7.23)	−0.011 3*** (−2.59)
MTB	−0.000 8*** (−6.59)	−0.000 7*** (−4.60)	0.000 3 (1.35)	0.001 4*** (7.14)	0.000 1 (0.53)	0.000 1 (0.18)	−0.000 7*** (−4.76)	−0.000 7*** (−5.16)	0.000 3 (1.16)	0.000 4 (1.27)	−0.000 2 (−0.92)	−0.000 2 (−1.18)

续表

变量	Section A：假设 12-1 的稳健性检验						Section B：假设 12-2 的稳健性检验					
	(1)	(2)	(3)	(4)	(5)	(6)	(7)	(8)	(9)	(10)	(11)	(12)
	CAR [-1, 0]	CAR [-1, 1]	CAR [-1, 2]	CAR [-1, 3]	CAR [-1, 4]	CAR [-1, 5]	CAR [-1, 0]	CAR [-1, 1]	CAR [-1, 2]	CAR [-1, 3]	CAR [-1, 4]	CAR [-1, 5]
	系数 (z 值)	系数 (z 值)	系数 (z 值)	系数 (z 值)	系数 (z 值)	系数 (z 值)	系数 (z 值)	系数 (z 值)	系数 (z 值)	系数 (z 值)	系数 (z 值)	系数 (z 值)
CROSS	0.007 2*** (6.07)	-0.001 0 (-0.78)	0.000 5 (0.21)	0.004 2** (1.98)	0.004 8*** (2.70)	-0.002 6 (-0.95)	0.003 3*** (3.44)	-0.004 0*** (-4.88)	-0.001 8 (-0.65)	0.001 9 (0.75)	0.009 0*** (5.43)	0.002 0 (0.81)
ST	-0.011 7*** (-4.89)	-0.020 5*** (-9.15)	-0.040 1*** (-13.96)	-0.046 2*** (-16.86)	-0.041 2*** (-18.79)	-0.040 6*** (-36.36)	-0.012 0*** (-3.89)	-0.021 7*** (-11.30)	-0.036 7*** (-10.32)	-0.033 3*** (-8.24)	-0.040 6*** (-12.66)	-0.042 7*** (-23.76)
GEB	-0.003 0* (-2.42)	-0.016 4*** (-9.68)	-0.020 2*** (-9.74)	-0.024 2*** (-10.20)	-0.029 4*** (-10.93)	-0.027 0*** (-11.08)	-0.004 7*** (-3.75)	-0.018 8*** (-9.07)	-0.023 0*** (-10.73)	-0.023 4*** (-9.53)	-0.034 4*** (-14.03)	-0.028 3*** (-10.03)
SMEB	-0.002 7*** (-3.45)	-0.013 4*** (-8.97)	-0.016 1*** (-8.74)	-0.023 2*** (-14.80)	-0.020 9*** (-10.32)	-0.021 5*** (-14.88)	-0.003 8*** (-4.81)	-0.015 8*** (-9.18)	-0.020 7*** (-10.52)	-0.022 4*** (-14.08)	-0.025 0*** (-12.02)	-0.023 3*** (-12.18)
EXCHANGE	-0.001 1* (-2.37)	-0.008 0*** (-10.58)	-0.008 5*** (-11.18)	-0.008 3*** (-7.01)	-0.011 0*** (-9.17)	-0.005 4*** (-4.27)	-0.001 6*** (-3.82)	-0.009 2*** (-10.49)	-0.009 0*** (-8.23)	-0.011 5*** (-8.49)	-0.012 9*** (-9.55)	-0.008 4*** (-7.44)
LISTAGE	-0.000 1 (-1.44)	-0.000 4*** (-7.15)	-0.000 7*** (-5.83)	-0.001 3*** (-12.76)	-0.001 2*** (-11.36)	-0.001 5*** (-13.79)	-0.000 1 (-1.19)	-0.000 4*** (-4.59)	-0.001 0*** (-7.22)	-0.001 3*** (-11.09)	-0.001 6*** (-15.52)	-0.001 7*** (-15.08)
STATE	-0.001 8*** (-5.02)	-0.003 0*** (-7.65)	-0.008 0*** (-13.47)	-0.007 1*** (-8.53)	-0.003 4*** (-4.14)	-0.003 1*** (-3.40)	-0.002 4*** (-5.28)	-0.004 3*** (-7.83)	-0.006 7*** (-11.49)	-0.003 3*** (-4.30)	-0.006 1*** (-6.84)	-0.000 1 (-0.08)
截距	0.048 2*** (8.38)	0.023 1*** (2.52)	0.080 3*** (7.31)	0.064 3*** (4.55)	0.034 4*** (3.21)	-0.041 0*** (-3.61)	0.040 7*** (5.29)	0.058 4*** (5.41)	0.120 1*** (9.41)	0.129 3*** (8.94)	0.089 9*** (8.03)	0.003 6 (0.24)
行业/年度	控制	控制	控制	控制	控制	控制	控制	控制	控制	控制	控制	控制
观测值	561	561	561	561	561	561	561	561	561	561	561	561
χ^2-value	96 654.47***	57 250.86***	70 25.52***	16 339.02***	8 215.09***	42 352.07***	110 412.79***	22 323.95***	49 49.01***	16 002.04***	17 896.66***	71 204.65***
(p-value)	(<.000 1)	(<.000 1)	(<.000 1)	(<.000 1)	(<.000 1)	(<.000 1)	(<.000 1)	(<.000 1)	(<.000 1)	(<.000 1)	(<.000 1)	(<.000 1)

注：***、** 和 * 分别表示在 1%、5% 和 10% 的显著性水平上显著（双侧检验下）。所有变量定义见附录 12-1。

(二)使用公司环境信息披露得分排名对假设 12-2 进行稳健性检验

表 12-4 使用了公司环境绩效的原始得分作为解释变量。为检验表 12-4 中的结果是否稳健,本章采用了 ENV_RANK,即根据上一年度公司环境信息披露得分的排名度量的序数变量,来重新估计模型(12-2),相关研究结果在表 12-6 中报告。

如表 12-6 所示,ENV_RANK 的系数在各列中均显著为正,为假设 12-2 提供了强有力的额外支持,也与表 12-4 的结论相呼应。这些结果表明,较高的环境绩效排名与漂绿曝光期间的 CAR 显著正相关,且使用 ENV_RANK 作为自变量,本章的主要结论未发生实质性变化。

表 12-6　使用公司环境排名对假设 12-2 进行稳健性检验

变量	(1) CAR $[-1, 0]$ 系数 (z 值)	(2) CAR $[-1, 1]$ 系数 (z 值)	(3) CAR $[-1, 2]$ 系数 (z 值)	(4) CAR $[-1, 3]$ 系数 (z 值)	(5) CAR $[-1, 4]$ 系数 (z 值)	(6) CAR $[-1, 5]$ 系数 (z 值)
ENV_RANK	0.000 1*** (26.85)	0.000 1*** (20.81)	0.000 1*** (19.11)	0.000 1*** (26.69)	0.000 1*** (25.94)	0.000 1*** (20.62)
FIRST	0.002 3*** (3.48)	−0.000 2 (−0.12)	0.002 8* (1.95)	−0.005 8*** (−3.44)	−0.017 1*** (−8.48)	−0.026 1*** (−15.71)
DUAL	−0.002 1*** (−7.58)	−0.002 1*** (−3.82)	−0.002 5*** (−3.35)	−0.001 4** (−2.32)	−0.002 5*** (−3.86)	0.000 2 (0.28)
INDR	−0.014 0*** (−3.41)	−0.020 7*** (−4.49)	−0.005 9 (−1.56)	−0.020 2*** (−4.85)	−0.037 7*** (−8.23)	−0.011 9** (−2.11)
LNBOARD	−0.005 3*** (−10.98)	−0.000 8 (−0.57)	0.001 8 (1.04)	−0.002 9*** (−2.90)	0.004 7*** (2.86)	0.013 3*** (6.80)
SIZE	−0.0019*** (−9.88)	−0.003 9*** (−11.36)	−0.004 5*** (−11.88)	−0.002 6*** (−7.93)	−0.002 8*** (−7.27)	−0.001 2*** (−2.63)
LEV	−0.005 8*** (−11.15)	−0.004 9*** (−2.89)	−0.000 1 (−0.04)	−0.008 7*** (−7.05)	−0.008 4*** (−4.04)	−0.014 0*** (−6.47)
ROA	−0.023 4*** (−10.50)	−0.024 1*** (−7.61)	−0.020 5*** (−3.59)	−0.011 4*** (−4.89)	−0.019 4*** (−3.21)	0.009 4 (1.36)
MTB	−0.000 1 (−1.07)	−0.000 1 (−0.34)	0.000 5*** (2.82)	0.000 9*** (6.82)	0.000 5* (1.82)	0.000 4 (1.45)
CROSS	0.003 3*** (5.02)	0.003 7*** (3.88)	0.001 2 (0.84)	0.001 1 (0.50)	0.006 6*** (4.93)	0.005 7*** (5.10)
ST	−0.005 0** (−2.28)	−0.016 2*** (−13.28)	−0.035 6*** (−21.90)	−0.032 5*** (−21.19)	−0.037 5*** (−26.16)	−0.034 5*** (−18.45)
GEB	−0.013 4*** (−13.21)	−0.023 0*** (−17.04)	−0.028 0*** (−13.59)	−0.026 7*** (−13.33)	−0.024 8*** (−9.77)	−0.011 8*** (−5.42)
SMEB	−0.004 1*** (−6.68)	−0.013 5*** (−14.03)	−0.017 0*** (−17.45)	−0.017 8*** (−10.98)	−0.018 8*** (−12.61)	−0.014 7*** (−8.27)

续表

变量	(1) CAR $[-1,0]$ 系数 (z 值)	(2) CAR $[-1,1]$ 系数 (z 值)	(3) CAR $[-1,2]$ 系数 (z 值)	(4) CAR $[-1,3]$ 系数 (z 值)	(5) CAR $[-1,4]$ 系数 (z 值)	(6) CAR $[-1,5]$ 系数 (z 值)
EXCHANGE	−0.001 1*** (−3.91)	−0.005 5*** (−8.92)	−0.005 5*** (−7.50)	−0.007 1*** (−12.84)	−0.004 6*** (−5.91)	−0.003 3*** (−3.89)
LISTAGE	−0.000 1*** (−2.75)	−0.000 5*** (−8.13)	−0.000 8*** (−10.83)	−0.001 0*** (−9.80)	−0.001 3*** (−14.82)	−0.001 2*** (−10.32)
STATE	−0.003 2*** (−14.08)	−0.003 5*** (−6.23)	−0.005 6*** (−9.62)	−0.004 7*** (−7.46)	−0.003 0*** (−6.86)	0.000 2 (0.32)
截距	0.056 0*** (11.65)	0.101 4*** (11.07)	0.123 8*** (11.85)	0.112 9*** (13.03)	0.099 5*** (11.77)	0.023 4** (2.28)
行业	控制	控制	控制	控制	控制	控制
年度	控制	控制	控制	控制	控制	控制
观测值	561	561	561	561	561	561
χ^2-value (p-value)	75 931.86*** (<.000 1)	108 152.53*** (<.000 1)	187 886.15*** (<.000 1)	323 983.50*** (<.000 1)	64 577.40*** (<.000 1)	68 733.02*** (<.000 1)

注：***、** 和 * 分别表示在 1%、5% 和 10% 的显著性水平上显著（双侧检验下）。所有变量定义见附录 12-1。

七、结论

本章研究了市场是否以及如何评价漂绿行为，并进一步探索了借助公司环境绩效得分是否能够解释市场对漂绿行为的反应。基于中国背景，本章首先研究了市场对漂绿行为的反应，并探讨了公司环境绩效在不同类型企业中对 CAR 的两种不同效应：在环境友好型企业中的竞争效应和在漂绿未被曝光的环境违法企业中的传染效应。本章的研究结果表明，漂绿与累计超额收益（CAR）显著负相关；公司环境绩效与漂绿行为曝光期间的累计超额收益显著正相关。

本章对企业社会责任和商业伦理等相关领域的研究具有若干实际意义：

第一，本章的研究结果揭示了资本市场对漂绿行为的负面反应，呼应了"逆火效应"（Nyhan，Reifler，2010）。也就是说，在一家公司被曝光漂绿后，投资者会更坚定地坚持他们最初的印象，即认定该公司是不环保的，其绿色化主张是不诚实的。因此，投资者对该公司的评价是负面的。

第二，本章的研究结果表明，资本市场对漂绿的曝光具有负面反应，意味着媒体报道在影响投资者行为和市场反应方面发挥了重要的治理作用。这一结果与强调媒体报道在创造新信息、转载信息方面起到重要中介作用的研究相呼应(Bushee et al.,2010;Dyck et al.,2008;Fang,Peress,2009;Joe et al.,2009;Lyon,Montgomery,2013;Miller,2006)。因此,在中国这样公司治理机制尚不完善、商业道德正在形成的新兴市场,媒体报道可以作为替代性的监督手段。

第三,本章提供的强有力的证据表明公司环境绩效得分与漂绿曝光期间的 CAR 显著正相关。这一结果可以激励监管者和公众将公司环境绩效与实际的环境绿色化联系起来,而不是接受广告信息中的绿色表象或环境漂绿。此外,这一结果也支持了以下观点:在新兴市场公开披露环境绩效对环境管理是有益的,特别是在环境监管和执法薄弱的发展中国家市场(Dasgupta et al.,2001;Gupta,Goldar,2005)。

第四,本章提供了系统性的证据说明公司环境绩效对漂绿曝光期间 CAR 的两种不同影响:在环境绩效更好的环保型企业中的竞争效应和在具有潜在漂绿行为的环境违法企业中的传染效应。这些结果表明市场可以通过公司环境绩效得分来识别环境违法企业,从而区别于环境友好型企业。因此,企业应该从实质上而非通过虚假声明履行其环境责任,否则市场将严惩该公司。

第五,本章的研究结果也适用于除中国外的其他新兴市场。在新兴市场中,许多公司不计后果地以破坏环境为代价,贪婪地攫取利润,而且他们对环境保护的承诺并不一定会转化为实际的绿色化活动,因此许多公司声称的绿色化只是表象而非实质。因此,单纯的企业自我监管是不够的,有效的政府监管必不可少,否则对环境保护的承诺只是廉价的、不负责任的、不真实的和空洞的。因此,监管者、利益相关者和公众都应该密切关注伪绿色化的现象。

本章的研究探讨了漂绿、环境绩效和市场反应(即 CAR)之间的关系,但仍存在两个局限性有待未来研究进一步解决:首先,本章主要关注的是环境漂绿,但受数据限制,本章没有调查资本市场是否以及如何对其他方面的漂绿做出反应,如伪绿色化的生产和关于绿色产品的虚假广告。其次,本章的研究基于中国背景,因此本章的结论可能无法完全适用于其他市场,特别是发达国家市场。未来的研究应在本研究的基础上做相应拓展,并注重研究市场对各个维度的漂绿的反应。

参考文献

[1]AL-TUWAIJRI S A, CHRISTENSEN T E, HUGHES K E. The relations among environmental disclosure, environmental performance, and economic performance: a simultaneous equations approach[J]. Accounting, organizations and society, 2004, 29(5-6): 447-471.

[2]ALVES I. Green spin everywhere: how greenwashing reveals the limits of the CSR paradigm[J]. Journal of global change and governance, 2009, 2(1): 1-26.

[3]BAKER M, LITOV L, WACHTER J A, et al. Can mutual fund managers pick stocks? evidence from their trades prior to earnings announcements[J]. Journal of financial and quantitative analysis, 2010, 45(5): 1111-113.

[4]BLACCONIERE W G, NORTHCUT W D. Environmental information and market reactions to en-

vironmental legislation[J]. Journal of accounting, auditing and finance, 1997, 12(2): 149-178.

[5]BRAGDON J, MARLIN J. Is pollution profitable? [J]. Risk management, 1972, 19(4): 9-18.

[6]BROWN T J, DACIN P A. The company and product: corporate associations and consumer product response[J]. Journal of marketing, 1997, 61: 68-84.

[7]BROWN S J, WARNER J B. Using daily stock returns: the case of event studies[J]. Journal of financial economics, 1985, 14: 3-31.

[8]BURDICK D. Top 10 greenwashing companies in America[N/OL]. (2009-04-03)[2013-08-25]. http://www.huffingtonpost.com/2009/04/03/top-10-greenwashingcompa_n_182724.html.

[9]BUSHEE B J, CORE J E, GUAY W, et al. The role of the business press as an information intermediary[J]. Journal of accounting research, 2010, 48(1): 1-19.

[10]CHEN Y S. The driver of green innovation and green image:green core competence[J]. Journal of Business Ethics, 2008a, 81(3): 531-543.

[11]CHEN Y S. The positive effect of green intellectual capital on competitive advantages of firms[J]. Journal of business ethics, 2008b, 77(3): 271-286.

[12]CHEN Y S. The drivers of green brand equity: green brand image, green satisfaction, and green trust[J]. Journal of business ethics, 2010, 93(2): 307-319.

[13]CHEN Y S, CHANG C H. Greenwash and green trust: the mediation effects of green consumer confusion and green perceived risk[J]. Journal of business ethics, 2013, 114: 489-500.

[14]CHEN Y S, LAI S B, WEN C T. The influence of green innovation performance on corporate advantage in Taiwan[J]. Journal of business ethics, 2006, 67(4): 331-339.

[15]CHO C H, GUIDRY R P, HAGEMAN A M, et al. Do actions speak louder than words? An empirical investigation of corporate environmental reputation[J]. Accounting, organizations and society, 2012, 37(1): 14-25.

[16]CLARKSON P M, LI Y, RICHARDSON G D, et al. Revisiting the relation between environmental performance and environmental disclosure: an empirical analysis[J]. Accounting, organizations and society, 2008, 33(4): 303-327.

[17] CLARKSON P M, LI Y, RICHARDSON G D, et al. Does it really pay to be green? Determinants and consequences of proactive environmental strategies[J]. Journal of accounting and public policy, 2011a, 30(2): 122-144.

[18]CLARKSON P M, OVERELL M B, CHAPPLE L. Environmental reporting and its relation to corporate environmental performance[J]. Abacus, 2011b, 47(1): 27-60.

[19]COASE R H. The problem of social cost[J]. Journal of law and economics, 1960, 3(1): 1-44.

[20]CORMIER D, MAGNAN M. Corporate environmental disclosure strategies: determinants, costs and benefits[J]. Journal of accounting, auditing and finance, 1999, 14(3): 429-451.

[21]DAHL R. Green washing: do you know what you're buying? Environmental health perspectives [J]. 2010, 118(6): A246-252.

[22]DASGUPTA S, LAPLANTE B, MAMINGI N. Pollution and capital markets in developing countries[J]. Journal of environmental economics and management, 2001, 42(3): 310-335.

[23]DEEGAN C, GORDON B. A study of the environmental disclosure practices of Australian corpo-

rations[J]. Accounting and business research，1996，26(3)：187-199.

[24]DE VILLIERS C，VAN STADEN C J. Shareholders' requirements for corporate environmental disclosures：a cross country comparison[J]. The British accounting review，2010，42(4)：227-240.

[25]DIXON-FOWLER H R，SLATER D J，JOHNSON J L，et al. Beyond "Does it pay to be green?" A meta-analysis of moderators of the CEP-CFP relationship[J]. Journal of business ethics，2013，112(2)：353-366.

[26]DJANKOV S，MCLIESH C，NENOVA T，et al. Who owns the media?［J］. National bureau of economic research，2002.

[27]DU X. Does religion matter to owner-manager agency costs? Evidence from China[J]. Journal of business ethics，2013，118(2)：319-347.

[28]DU X，JIAN W，ZENG Q，et al. Corporate environmental responsibility in polluting industries：does religion matter?［J］. Journal of business ethics，2014，124(3)：485-507.

[29]DYCK A，VOLCHKOVA N，ZINGALES L. The corporate governance role of the media：evidence from Russia[J]. The journal of finance，2008，63(3)：1093-1135.

[30]DYCK A，ZINGALES L. The corporate governance role of the media[R]. NBER Working Paper，No.9309，2002：107-137.

[31]FANG L，PERESS J. Media coverage and the cross-section of stock returns[J]. The journal of finance，2009，64(5)：2023-2052.

[32]FIESELER C，FLECK M，MECKEL M. Corporate social responsibility in the blogosphere[J]. Journal of business ethics，2010，91：599-614.

[33]GRAY R，KOUHY R，LAVERS S. Corporate social and environmental reporting：a review of the literature and a longitudinal study of UK disclosure[J]. Accounting auditing and accountability journal，1995，8(2)：47-77.

[34]GREENE W H. Econometric analysis (7th edition)[M]. Upper Saddle River，NJ：Prentice Hall，2012.

[35]GREENPEACE USA. Greenpeace greenwash criteria[S]. (2013)[2013-08-25]. http://www.stopgreenwash.org.

[36]GLOBAL REPORTING INITIATIVE. Sustainability reporting guidelines (version 3.0)[R/OL]. (2006)[2013-05-20]. https://www.globalreporting.org/resourcelibrary/G3-Guidelines-Incl-Technical-Protocol.pdf.

[37]GUPTA S，GOLDAR B. Do stock markets penalize environment-unfriendly behavior? Evidence from India[J]. Ecological economics，2005，52(1)：81-95.

[38]GUTHRIE J，PARKER L. Corporate social reporting：a rebuttal of legitimacy theory[J]. Accounting and business research，1989，19(76)：343-352.

[39]HAYWARD P. The real deal? Hotels grapple with green washing[N/OL]. Lodging magazine，2009[2013-08-25]. http://www.lodgingmagazine.com/Main/Home.aspx.

[40]HAMILTON J T. Pollution as news：media and stock market reactions to the toxics release inventory data[J]. Journal of environmental economics and management，1995，28(1)：98-113.

[41]HERMAN E. The media and market in the United States[M]. Washington，DC：The World Bank

Institute，2002：61-81．

[42]HOLLIDAY C O，SCHMIDHEINY S，WATTS P. Walking the talk：the business case for sustainable development[M]. Sheffield，UK：Greenleaf，2002．

[43]HORIUCHI R，SCHUCHARD R. Understanding and preventing greenwash：a business guide [M]. London：Futerra Sustainability Communications，2009．

[44]HOWARD J，NASH J，EHRENFELD J. Industry codes as agents of change：responsible care adoption by U.S. chemical companies[J]. Business strategy and the environment，1999，8：281-295．

[45]HUBERMAN G，REGEV T. Contagious speculation and a cure for cancer：a nonevent that made stock prices soar[J]. The journal of finance，2001，56(1)：387-396．

[46]HUGHES S B，ANDERSON A，GOLDEN S. Corporate environmental disclosures：are they useful in determining environmental performance？ [J]. Journal of accounting and public policy，2001，20：217-240．

[47]INGRAM R，FRAZIER K B. Environmental performance and corporate disclosure[J]. Journal of accounting research，1980，18：612-622．

[48]INVESTOR RESPONSIBILITY RESEARCH CENTER. Corporate environmental profiles directory[R/OL]. Washington,DC,1992．

[49]JOE J R，LOUIS H，ROBINSON D. Managers' and investors' responses to media exposure of board ineffectiveness[J]. Journal of financial and quantitative analysis，2009，44(03)：579-605．

[50]JOSHUA K. A brief history of greenwash [N/OL]. CorpWatch，2001-03-22 [2013-03-22]. https://www.corpwatch. org/article/brief-history-greenwash．

[51]KHANNA M，QUIMIO W R H，BOJILOVA D.Toxics release information：a policy tool for environmental protection[J]. Journal of environmental economics and management，1998，36(3)：243-266．

[52]KING A A，LENOX M. Industry self-regulation without sanctions：the chemical industry's responsible care program[J]. Academy of management journal，2000，43：698-716．

[53]KLASSEN R D，MCLAUGHLIN C P. The impact of environmental management on firm performance[J]. Management science，1996，42(8)：1199-1214．

[54]KOLARI J W，PYNNÖNEN S. Event study testing with cross-sectional correlation of abnormal returns[J]. The review of financial studies，2010，23(11)：3996-4025．

[55]KONAR S，COHEN M A. Does the market value environmental performance？ [J]. Review of economics and Sstatistics，2001，83(2)：281-289．

[56]LANOIE P，LAPLANTE B，ROY M.Can capital markets create incentives for pollution control？ [J]. Ecological economics，1998，26(1)：31-41．

[57]LAPLANTE B，LANOIE P. The market response to environmental incidents in Canada：a theoretical and empirical analysis[J]. Southern economic journal，1994：657-672．

[58]LAUFER W S. Social accountability and corporate greenwashing[J]. Journal of business ethics，2003，43(3)：253-261．

[59]LEWELLEN S，METRICK A. Corporate governance and equity prices：are results robust to industry adjustments？ [EB/OL]. (2010-07-20) [2013-08-25]. https://wpweb2.tepper.cmu.edu/wfa/wfasecure/upload2010/2010_7.382644E+08_PARE_IGE_WFA.pdf．

[60]LOGSDON J M. Organizational responses to environmental issues：oil refining companies and air pollution[M]// L. E. PRESTON. Research in corporate social performance and policy. Greenwich，CT：JAI，1985：47-71.

[61]LYON T P，MAXWELL J W. Greenwash：corporate environmental disclosure under threat of audit[J]. Journal of economics and management strategy，2011，20(1)：3-41.

[62]LYON T P，MONTGOMERY A W. Tweetjacked：the impact of social media on corporate greenwash[J]. Journal of business ethics，2013，118(4)：747-757.

[63]MILLER G S. The press as a watchdog for accounting fraud[J]. Journal of accounting research，2006，44(5)：1001-1033.

[64]NYHAN B，REIFLER J. When corrections fail：the persistence of political misperceptions[J]. Political behavior，2010，32(2)：303-330.

[65]PARGUEL B，BENOÎT-MOREAU F，LARCENEUX F. How sustainability ratings might deter 'greenwashing'：a closer look at ethical corporate communication[J]. Journal of business ethics，2011，102(1)：15-28.

[66]PENG X. Supervise to the end：the yearly list of greenwashing[N/OL]. (2012-02-16) [2013-03-12]. http：//green.sohu.com/ 20120216/n334949898.shtml.

[67]PATTEN D M. Intra-industry environmental disclosures in response to the Alaskan oil spill[J]. Accounting，organizations and society，1992，17(5)：471-475.

[68]POLONSKY M J，GRAU S L，GARMA R. The new greenwash? Potential marketing problems with carbon offsets[J]. International journal of business studies，2010，18(1)：49-54.

[69]RAHMAN N，C POST. Measurement issues in environmental corporate social responsibility (EC-SR)：toward a transparent，reliable，and construct valid instrument[J]. Journal of business ethics，2012，105(3)：307-319.

[70]RAMUS C A，MONTIEL I. When are corporate environmental policies a form of greenwashing? [J]. Business and society，2005，44(4)：377-414.

[71]SELF R M，SELF D R，BELL-HAYNES J. Marketing tourism in the Galapagos Islands：ecotourism or greenwashing? [J]. International business and economics research journal，2010，9(6)：111-125.

[72]SHARFMAN M P，FERNANDO C S. Environmental risk management and the cost of capital[J]. Strategic management journal，2008，29(6)：569-592.

[73]SHARMA S,PABLO A L，VREDENBURG H. Corporate environmental responsiveness strategies：the importance of issue interpretation and organizational context[J]. Journal of applied behavioral science，1999，35：87-108.

[74]TERRACHOICE. The sins of greenwashing[EB/OL]. (2010).[2021-03-06].Ottawa,ON：Terrachoice Environmental Marketing Inc.

[75]TERRACHOICE. The seven sins of greenwashing：environmental claims in consumer markets [EB/OL]. (2009-06-24) [2013-03-12]. http：//sinsofgreenwashing.org/findings/greenwashing-report-2009.

[76]TOLLIVER-NIGRO H. Greenmarket to grow 267 percent by 2012[N/OL]. Matter Network，2009[2013-03-12]. www.matternetwork.com/2009/6/green-market-grow-267-percent.cfm.

[77]WALLEY N，WHITEHEAD B. It's not easy being green[J]. Harvard business review，1994，72

（3）：46-52.

[78]WIKIPEDIA. Greenwashing[Z/OL]. (2013)[2013-08-25]. http://en.wikipedia.org/wiki/Greenwashing.

[79]WINN M I, ANGELL L C. Towards a process model of corporate greening[J]. Organization studies，2000，21：1119-1147.

[80]WISEMAN J. An evaluation of environmental disclosures made incorporate annual reports[J]. Accounting，organizations and society，1982，7(1)：53-63.

[81]YE K, ZHANG R. Do lenders value corporate social responsibility? Evidence from China[J]. Journal of business ethics，2011，104：197-206.

[82]YEOMANS M. Communicating sustainability：the rise of social media and storytelling[N/OL]. 2013[2013-08-25]. http://www.guardian.co.uk/sustainable-business/communicating-sustainability-social-media-storytelling? CMP.

[83]YOON Y，GURHAN-GANLI Z，ZHU C. Drowing inferences about others on the basis of corporate association[J]. Academy of marketing science，2003，34(2)：167-173.

[84]ZEGHAL D, AHMED S. Comparison of social responsibility information disclosure media by Canadian firms[J]. Accounting，auditing，and accountability journal，1990，3(1)：38-53.

[85]ZENG S X, XU X D, YIN H T, et al. Factors that drive Chinese listed companies in voluntary disclosure of environmental information[J]. Journal of business ethics，2012，109(3)：309-321.

附录

附录 12-1　变量定义

变量	变量定义	数据来源
主检验中使用的变量		
CAR[−1,t]	使用行业调整模型（Kolari 和 Pynnönen，2010；Lewellen 和 Metrick，2010)计算的第−1天至第 t 天的累计超额收益(t=0,1, 2,3,4,5)	根据 CSMAR 原始数据计算
GREENWASH	虚拟变量,如果公司被《南方周末》曝光为漂绿的环境违法企业则赋值 1,否则为 0	从《南方周末》手工收集
ENV	上一年度的公司环境信息披露得分(详情请参见附录 12-2)	手工收集
FIRST	第一大股东持有的普通股比例	CSMAR
DUAL	虚拟变量,如果同一人兼任 CEO 和董事长则赋值 1,否则赋值 0	CSMAR
INDR	独立董事人数占董事会人数的比例	CSMAR
LNBOARD	董事会中董事人数的自然对数	CSMAR
SIZE	公司规模,以总资产的自然对数度量	CSMAR
LEV	财务杠杆,以总负债占总资产的比率度量	CSMAR
ROA	总资产收益率,以净营业收入除以总资产度量	CSMAR
MTB	市值账面比,即公司市场价值与账面价值的比率(账面价值是根据公司的历史成本或会计价值计算的;市场价值通过股票市场的市值确定)	CSMAR

续表

变量	变量定义	数据来源
CROSS	交叉上市虚拟变量,当公司在两个或两个以上股票市场上市时为1,否则为0	CSMAR
ST	上市状态虚拟变量,当公司股票为特别处理(即 ST)或带星号的特别处理(即 * ST)时为1,否则为0	CSMAR
GEM	虚拟变量,当公司在创业板(GEB)上市时赋值1,否则赋值0	CSMAR
SMEB	虚拟变量,当公司在中小板上市时赋值1,否则赋值0	CSMAR
EXCHANGE	上市市场的虚拟变量,当公司在上海证券交易所上市时等于1,否则等于0	CSMAR
LISTAGE	公司上市年数	CSMAR
STATE	虚拟变量,当上市公司的最终控股股东是(中央或地方)政府机构或政府控制的国有企业时赋值为1,否则为0	CSMAR

稳健性检验中使用的变量

$CAR_M[-1, t]$	使用市场模型(Baker 等,2010)计算的第 -1 天至第 t 天的累积超额收益($t=0,1,2,3,4,5$)	计算
$CAR_A[-1, t]$	使用市场调整模型(Brown,Warner,1985)计算的第 -1 天至第 t 天的累积超额收益($t=0,1,2,3,4,5$)	计算
ENV_RANK	对上一年度的公司环境信息披露得分进行排序得到的序数变量	计算

附录 12-2　公司环境绩效得分的计算程序以及公司环境绩效 7 个类别和 45 个子项的描述性统计

项目	均值	标准差	最小值	1/4分位	中位数	3/4分位	最大值
Ⅰ:公司治理与管理系统(最高 6 分)	0.451 9	0.804 2	0	0	0	1	4
1.存在控制污染、环保的管理岗位或部门(0~1)	0.165 8	0.367 4	0	0	0	0	1
2.董事会中存在环保委员会或者公共问题委员会(0~1)	0.003 6	0.059 7	0	0	0	0	1
3.与上下游签订了有关环保的条款(0~1)	0.021 4	0.138 5	0	0	0	0	1
4.利益相关者参与了公司环保政策的制定(0~1)	0.008 9	0.089 2	0	0	0	0	1
5.在工厂或整个企业执行了 ISO14001 标准(0~1)	0.207 7	0.402 1	0	0	0	0	1
6.管理者薪酬与环境业绩有关(0~1)	0.044 6	0.202 2	0	0	0	0	1
Ⅱ:可信度(最高 10 分)	0.480 4	0.949 9	0	0	0	1	8
1.采用 GRI 报告指南或 CERES 报告格式(0~1)	0.201 4	0.399 2	0	0	0	0	1
2.独立验证或保证在环保业绩报告(网站)中披露的环保信息(0~1)	0.026 7	0.155 8	0	0	0	0	1
3.定期对环保业绩或系统进行独立的审计或检验(0~1)	0.044 6	0.197 7	0	0	0	0	1
4.由独立机构对环保计划进行认证(0~1)	0.033 0	0.172 4	0	0	0	0	1
5.有关环保影响的产品认证(0~1)	0.041 0	0.196 2	0	0	0	0	1
6.外部环保业绩奖励、进入可持续发展指数(0~1)	0.083 8	0.260 7	0	0	0	0	1

续表

项目	均值	标准差	最小值	1/4分位	中位数	3/4分位	最大值
7.利益相关者参与了环保信息披露过程(0~1)	0.007 1	0.084 2	0	0	0	0	1
8.参与了由政府部门资助的自愿性的环保倡议(0~1)	0.016 9	0.123 8	0	0	0	0	1
9.参与为改进环保实践的行业内特定的协会、倡议(0~1)	0.002 7	0.047 2	0	0	0	0	1
10.参与为改进环保实践的其他环保组织/协会(除8、9中列示外)(0~1)	0.023 2	0.147 6	0	0	0	0	1
Ⅲ:环境业绩指标(EPI)(最高60分)	1.165 8	2.954 6	0	0	0	0	19
1.关于能源使用、使用效率的环境业绩指标(0~6)	0.3039	0.753 5	0	0	0	0	4
2.关于水资源使用、使用效率的环境业绩指标(0~6)	0.162 2	0.530 7	0	0	0	0	3
3.关于温室气体排放的环境业绩指标(0~6)	0.098 9	0.437 6	0	0	0	0	3
4.关于其他气体排放的环境业绩指标(0~6)	0.172 0	0.560 9	0	0	0	0	3
5.EPA-TRI数据库中土地、水资源、空气的污染总量(0~6)	0.051 7	0.317 6	0	0	0	0	3
6.其他土地、水资源、空气的污染总量(除EPA-TRI数据库)(0~6)	0.083 8	0.379 3	0	0	0	0	3
7.关于废弃物质产生和管理的指标(回收、再利用、处置、降低使用)(0~6)	0.205 0	0.613 7	0	0	0	0	4
8.关于土地、资源使用,生物多样性和保护的业绩指标(0~6)	0.074 0	0.374 8	0	0	0	0	3
9.关于环保对产品、服务影响的指标(0~6)	0.011 6	0.1534	0	0	0	0	3
10.关于承诺表现的指标(超标情况、可报告的事件)(0~6)	0.002 7	0.047 2	0	0	0	0	1
Ⅳ:有关环保的支出(最高3分)	0.214 8	0.413 8	0	0	0	0	2
1.公司环保倡议所建立的储备金(0~1)	0.010 7	0.098 5	0	0	0	0	1
2.为提高环境表现或效率而支出的技术费用、R&D费用支出总额(0~1)	0.202 3	0.390 3	0	0	0	0	1
3.环境问题导致的相关罚金总额(0~1)	0.0018	0.042 2	0	0	0	0	1
Ⅴ:远景及战略声明(最高6分)	0.910 0	1.173 5	0	0	0	2	6
1.管理层说明中关于环保表现的陈述(0~1)	0.162 2	0.364 1	0	0	0	0	1
2.关于公司环保政策、价值、原则、行动准则的陈述(0~1)	0.353 8	0.470 6	0	0	0	1	1
3.关于环保风险、业绩的正式管理系统的陈述(0~1)	0.074 9	0.253 0	0	0	0	0	1
4.关于公司执行定期检查、评估环境表现的陈述(0~1)	0.032 1	0.166 0	0	0	0	0	1
5.关于未来环境表现中可度量目标的陈述(0~1)	0.018 7	0.130 6	0	0	0	0	1
6.关于特定的环保改进、技术创新的陈述(0~1)	0.268 3	0.436 9	0	0	0	1	1

续表

项目	均值	标准差	最小值	1/4分位	中位数	3/4分位	最大值
Ⅵ:环保概况(最高4分)	0.243 3	0.544 5	0	0	0	0	4
1.关于公司执行特定环境标准的陈述(0~1)	0.082 0	0.271 3	0	0	0	0	1
2.关于整个行业环保影响的概述(0~1)	0.054 4	0.220 0	0	0	0	0	1
3.关于公司运营、产品、服务对环境影响的概述(0~1)	0.089 1	0.275 6	0	0	0	0	1
4.公司环保业绩与同行业对比的概述(0~1)	0.017 8	0.125 5	0	0	0	0	1
Ⅶ:环保倡议(最高6分)	0.264 7	0.631 0	0	0	0	0	4
1.对环保管理和运营中员工培训的实质性描述(0~1)	0.127 5	0.327 7	0	0	0	0	1
2.存在环境事故的应急预案(0~1)	0.049 9	0.209 6	0	0	0	0	1
3.内部环保奖励(0~1)	0.012 5	0.102 8	0	0	0	0	1
4.内部环保审计(0~1)	0.013 4	0.109 0	0	0	0	0	1
5.环保计划的内部验证(0~1)	0.016 9	0.123 8	0	0	0	0	1
6.与环保有关的社区参与、捐赠(0~1)	0.044 6	0.195 4	0	0	0	0	1
总计	3.774 5	6.040 2	0	0	1	5	40

注:Ⅲ部分环境业绩指标中每一小项的分数为0~6分,每项若存在以下条目则按每条目加1分:(1)有具体的绩效数据;(2)绩效数据与同行、竞争对手或行业情况进行了比较;(3)绩效数据与公司以往的情况进行了比较(趋势分析);(4)绩效数据与目标进行了比较;(5)绩效数据同时以绝对数和相对数形式披露;(6)绩效数据有进行分解性描述(如工厂、业务单位、地理分布等)。环境信息披露得分计算方法来源于Clarkson等(2008)和Du等(2014)。

第十三章　结论与进一步的研究方向

一、本书的主要结论及其启示

本书共包括十三章,除了第一章(提供了公司环境绩效的影响因素与经济后果的分析框架)和第十三章(本章)之外,其余各章的主要发现如下:

第二章"地区经济增长目标与公司环境保护绩效"聚焦企业微观层面,探究地方政府在面对高经济增长目标压力时,如何影响当地企业的环保行为。基于手工整理的2007—2017年地级市经济增长目标数据与A股上市公司披露的相关环保信息,研究发现,地方政府设置高经济增长目标会降低企业自发性环保绩效、能源(水资源)使用效率的环保绩效及温室气体排放的环保绩效;但是对能产生严重后果的环境问题的环保绩效没有显著影响,包括污染性气体排放、有毒物质排放、废弃物质回收与管理以及土地资源、生物多样保持。本章的发现说明地方政府在完成经济增长目标的过程中,在一定程度上放松了对辖区企业的环境治理,但是仍然保留对严重环境问题的关切。

第三章"国际化董事会与公司环境绩效"探讨了国际化董事会对公司环境绩效的影响,并考察了地区绿色发展指数对这一关系的调节作用。本章研究发现国际化董事会与公司环境绩效显著正相关,表明国际化董事会发挥了强化企业承担环境责任的道德动机与战略动机的作用,进而提升公司环境绩效;地区绿色发展指数削弱了国际化董事会与公司环境绩效之间的正相关关系。此外,进一步检验表明,当境外董事来自与公司总部时区差更小、投资者保护水平更高、环境保护表现更好的国家(地区)时,国际化董事会对公司环境绩效的正向影响更突出。

第四章"分析师关注与环境信息的不透明度"研究了分析师关注是否影响公司环境信息的不透明度。实证结果显示,分析师关注会显著降低环境信息的不透明度。此外,健全的内部控制能够强化分析师关注对环境信息不透明度的抑制作用。

第五章"CEO童年干旱经历与公司水资源保护绩效"利用中国资本市场A股上市公司披露的水资源利用效率及水污染信息,实证研究了CEO童年干旱经历对公司水资源保护绩效的影响。研究发现,CEO童年(5～15岁)经历的累积重大干旱时间与公司水资源保护绩效显著正相关,表明童年干旱的"烙印"以及由此造成的 CEO 的水资源忧患和风险意识促使 CEO 提升公司水资源保护绩效。此外,公司设置的污染控制部门强化了 CEO 童年干旱经历与公司水资源保护绩效之间的正关系。进一步的研究表明,现今极端干旱的发生会强化 CEO 童年干旱经历对公司水资源保护绩效的正向影响,且 CEO 的童年干旱经历促使公司环境绩效得到提升。

第六章"人口婚姻状况、环境法与公司环境绩效"关注人口婚姻状况对公司环境绩效的影响,并进一步调查了环境法实施的调节效应。研究发现:离结率越高,公司环境绩效显著越低;2015 年颁布的《中华人民共和国环境保护法》削弱了离结率与公司环境绩效之间的负向关系。上述结果表明,反映了社会文化(个人主义或集体主义价值观)的人口婚姻状况越不稳定,公司环境绩效越差,且环境法作为正式制度弱化了离结率与环境绩效之间的负向关系。进一步而言,离结率对公司环境绩效的负向影响在重污染行业、高竞争行业、CEO 低学历公司、男性 CEO 公司更为突出。本章研究丰富了公司环境绩效影响因素的文献,补充了非正式制度与正式制度对公司环境治理行为的影响的研究。在中国持续推进环境治理的背景下,本章的发现既凸显了社会文化对公司环境绩效的重要性,且对从非正式制度角度认识公司环境治理问题具有一定的启示作用,又可以推动监管部门基于正式制度与非正式制度的共同作用,推进环境制度体系的完善和改进公司环境治理。

第七章"公司环境绩效与审计意见"研究了公司环境绩效对审计师发表非标准审计意见倾向的影响,并进一步考察了内部控制和漂绿的调节效应。采用中国上市公司样本,本章研究发现公司环境绩效与非标准审计意见显著负相关,这表明审计师认可环境友好型公司。此外,内部控制强化了公司环境绩效与非标准审计意见之间的负相关关系,但漂绿削弱了公司环境绩效对非标准审计意见的负向影响。附加测试表明:(1)公司环境绩效与非标准审计意见之间的负相关关系仅在没有审计意见购买的公司中成立;(2)公司环境绩效与盈余管理、审计费用均显著负相关。

第八章"公司环境绩效、会计稳健性与股价崩盘风险"检验了公司环境绩效对公司股价崩盘风险的影响,并进一步研究了会计稳健性的调节作用。具体而言,采用公司环境绩效和会计稳健性得分的手工数据,本章研究发现公司环境绩效与股价崩盘风险显著负相关,表明环境友好型公司的股价崩盘风险较小。此外,会计稳健性削弱了公司环境绩效与未来股价崩盘风险之间的负相关关系。

第九章"公司环境信息披露与 A-B 股价差"基于中国 A-B 股市场的独特背景,采用同时在 A、B 股市场上市的公司为样本,研究了公司环境信息披露对 A-B 股价差的影响,并进一步考察了国际化董事会的调节作用。研究发现环境信息披露与 A-B 股价差显著负相关,表明环境信息披露提供了增量且有价值的信息,降低了境内外投资者之间的信息不对称性,因此减少了 A-B 股价差。此外,国际化董事会强化了环境信息披露与 A-B 股价差之间的负相关关系。

第十章"公司环境绩效与债务成本"通过探究公司环境绩效对债务成本的影响,拓展了前期关于企业社会责任(CSR)与企业财务行为之间联系的文献。基于中国民营企业的样本,本章研究发现公司环境绩效与债务利率(即债务成本的代理变量)显著负相关,这一结果表明贷款人会更乐于支持环境绩效较好的企业。此外,内部控制削弱了公司环境绩效与债务利率间的负相关关系,表明公司环境绩效与内部控制在降低债务利率方面存在替代效应。

第十一章"环境审计与分析师预测"探索了企业层面自愿性的环境治理工具对企业的影响,研究了公司环境审计对分析师预测的影响。实证结果表明,环境审计能优化分析师信息环境,提高分析师预测准确度,降低分析师预测分歧度。本章进一步探索了环境审计与分析师预测间联系的机制,以及环境审计形式差异和企业异质性对二者间联系的影响。机制分析研究发现环境审计能有效提升公司环境绩效和环境投资水平;区分环境审计形式后发现仅外部环境审计能有效改善分析师预测,内部环境审计没有改善效果;区分企业异质性后发现环境审计对分析师预测的改善作用在重污染企业中更突出。本章研究结论表明,环境审计有强化公司环境治理以及降低企业信息不对称性的作用,这将有助于政策制定者未来制定强化公司环境治理的政策时丰富工具组合。

第十二章"公司漂绿行为的市场反应"主要研究资本市场如何评价漂绿,并进一步检验公司环境绩效能否解释资本市场对环保型企业与非环保型企业的非对称反应。基于中国股票市场的样本,本章的研究结果为漂绿与漂绿曝光期间的累计超额收益(CAR)之间呈显著负相关关系提供了有力的经验证据;进一步的结果显示,公司环境绩效与漂绿曝光期间的CAR显著正相关。此外,研究结果表明,公司环境绩效对漂绿曝光期间的CAR具有两种不同的影响:在环境友好型企业中的竞争效应,在潜在的环境违法企业中存在的传染效应。

二、公司环境绩效的影响因素：可能的研究问题例举

虽然前期文献中关于公司环境绩效影响因素的研究并不鲜见,但是大多聚焦于内外部公司治理等,在"政府监管、行业自律与公司环境绩效""非正式制度与公司环境绩效""文化影响与公司环境绩效"等领域则存在研究不足的情况。

在建立了一套透明且具有可比性的公司环境绩效评价体系之后,需要思考一个符合逻辑的问题:公司环境绩效的影响因素包括哪些? 近年来,越来越多的研究开始围绕企业的环境保护参与和环境信息披露展开(Clarkson et al.,2008;Cormier,Magnan,1999;Rahman,Post,2012)。但是目前的文献往往从股权特征、董事会特征、财务特征以及外部因素讨论环境绩效的影响机制,但对公司国际化战略等公司治理机制如何影响公司环境绩效的研究则相对不足。

(一)国际化战略与公司环境绩效

随着经济全球化的发展和世界范围内公众环保意识的增加,企业的国际化战略对其环

境信息披露正发挥着越来越重要的作用,但目前学者对此关注的较少。毋庸置疑,公司业务的国际化将促进企业的环境信息披露。主要的理由如下:第一,随着国际化业务的拓展,跨国公司通常具有较高的曝光率,进而在环境保护方面面临着更多的利益相关者压力(Friedman,1991),因此为满足国内外利益相关者的需求,企业将披露更多的环境信息。第二,国际化的企业往往面临外来者不利(liability of foreignness)的问题,东道国的利益相关者由于缺乏对异国企业的了解,可能对其产生不必要的偏见或设置更严格的环保标准(Campbell et al.,2012;Kostova,Zaheer,1999;Mezias,2002;Nachum,2003)。企业披露更多履行环保公民责任的信息有助于提高其国际市场中的组织合法性,缓解由外来者不利引发的进入障碍。第三,企业通过披露践行环境保护的相关信息,有助于自身积累良好的声誉和积极的道德资本,对于抵抗未来国际化进程中的风险可以起到类似保险功能的作用(Hart,1995;Turban,Greening,1997;Russo,Fouts,1997)。因此,国际化的企业具有积极的动力对自身的环境信息进行披露,也相应地具有更好的环境绩效。

此外,董事会结构的国际化是企业施行国际化战略的另一重要体现,为此应进一步关注国际化的董事会对公司履行环境责任的影响。首先,从董事会异质性的角度,拥有不同能力、经验和背景的境外董事融入本土董事"圈子"、形成决策"小团体"的可能性不大,因此往往能够从公司大部分利益相关者的角度出发提出问题(Carver,2000;Mattis,2000),进而可以对约束大股东或管理层以牺牲环境换取经济利益的自利行为起到一定的监督作用。其次,董事的先前经验有助于其解决在公司中所面临的特定的管理问题(Stewart,Ruckdeschel,1998)。中国上市公司的境外董事,大多来自欧美发达国家和地区,其在参与中国企业的公司治理过程中,往往将外国先进的环保理念带入中国企业,进而对中国上市公司的环境治理和信息披露起到建议、咨询的作用。再者,境外董事对法律和契约遵守的意识较强,在监督管理层遵循环保法律法规方面具有积极的监督作用。

(二) 机构投资者与公司环境绩效

机构投资者与企业外部具有紧密的联系,较少地考虑控制权因素,因此,其在资本市场上的投资与退出更加灵活和频繁,更容易受到社会规范的制约。此外,机构投资者也不同于散户,机构投资者的持股比例是公开信息,社会公众更容易监督他们的行为和决策。Hong和Kacperczyk(2009)指出社会规范可以通过投资者对融资需求的约束来影响公司决策,他们发现机构投资者持有那些附带有"罪恶"的公司的股票比例显著更低。显然,任何社会都是以追求健康、富裕、和谐的生活为主要目标的,而污染环境是违背社会规范的。因此,按照社会规范的要求,机构投资者必然要求污染环境的企业改善环境绩效。Heinkel等(2001)指出受到环境保护的社会规范思潮的影响,具有环保倾向的机构投资者会减少对污染环境的企业的投资。根据Merton(1987)的理论,市场的分化会增加单个投资者所面对的风险水平,因此投资者会向公司寻求更高的风险溢价。基于上述逻辑,有环保投资倾向的投资者的退出将导致立场中立的投资者为了弥补增加的风险而要求更高的回报率,进而增加了企业融资成本,这意味着污染成本的提高。如果因资本成本提高而导致成本超过治理污染所需付出的代价,那么污染企业就会选择进行环境治理。李培功和沈艺峰(2011)指出机构投资者是社会规范的重要传导路径,在机构投资者退出以及融资成本增加的压力下,涉足污染行业的公司的污染物排放与机构持股比例显著负相关。

(三)女性董事与公司环境绩效

在几千年的封建社会历史中,中国女性一直扮演着附属品的角色,社会主流价值观(儒家文化)要求女性"从父""从夫""从子"等,认为女性"无才便是德"。但是,随着1949年中华人民共和国的成立和1978年改革开放政策的实施,中国女性的社会地位有了翻天覆地的改变。为了更充分地实现自我的社会价值,越来越多的女性走出家庭,开始更多地参与社会生活。时至今日,无论在政界或商界,中国社会的各个领域都有越来越多的女性参与其中,如海尔的总裁杨绵绵女士和格力的董事长董明珠女士。2011年《财富》杂志评选的全球最具影响力的50位商界女性中,有10人来自中国。《中国企业家》杂志发布的"中国上市公司女性高管2010年度报告"显示,有高达67.17%的公司已聘请了女性董事或高管。致同会计师事务所2014年发布的《国际商业问卷调查报告》显示,中国内地企业中女性高管的比例为38%,位居全球前列。同样,在国际上,女性在社会生活中的地位和作用也越来越得到关注,甚至有些国家出台相关法律法规对公司中的女性高管席位作出规定,如挪威法律规定2008年所有上市公司必须至少包含40%的女性董事,瑞典法案要求公司董事会中至少有25%的女性成员,西班牙和法国也分别提出本国企业2015年和2016年的董事会中女性董事比例不得低于40%(Adams,Ferreira,2009)。美国《董事会》(*Directors and Boards*)杂志数据显示2007年、2008年和2009年,美国公司中的女性董事比例分别为25%、28%和38%。

近年来,随着社会生活中女性地位的提高,有越来越多的女性参与到公司的管理决策,所以女性高管在公司治理中的作用被越来越多的学者关注和研究(Dezsö,Ross,2012;Huang,Kisgen,2013;杜兴强,冯文滔,2012),特别是女性在公司伦理和社会责任方面的表现。Betz等(1989)、Wahn(2003)和Zahra等(2005)的研究均发现女性高管在面临实现组织目标和外部压力的情况下,比男性高管更少地采取不道德的举措。Bernardi等(2009)研究发现女性董事更能促进公司成为"全球最具有商业道德企业(world's most ethical companies)"。Ibrahim和Angelidis(1994)研究发现女性董事更关注公司的社会责任和利益相关者,而男性则更加注重公司的经济绩效。Williams(2003)、杜兴强和冯文滔(2012)研究发现女性董事促使公司进行更多的慈善捐赠。Campbell和Minguez-Vera(2008)发现女性董事加强了董事会的监督职能,从而增加了企业价值。Habbash(2010)研究发现女性高管可以降低盈余管理,从而提高会计信息质量。Jia和Zhang(2011)以中国民营上市公司为样本,研究发现女性监事降低了慈善捐赠与代理成本之间的关系。Xiang等(2014)以深交所的上市公司为样本,研究发现女性董事对公司透明度有显著影响。Post等(2011)研究指出当董事会中拥有3名以上女性董事时,其KLD环境评分更高。

首先,女性关怀伦理学(feminine ethics of care)为我们研究女性高管与公司环境责任之间的关系提供了理论依据,该理论认为在道德的定义方面,女性更多认为道德是"人与人之间相互依赖而产生的对他人的责任意识",强调"关系与责任";而男性则基于个人权利和独立性追求,认为道德应该是"权利和规则"的公平和公正。Grimshaw(1986)提出女性在伦理道德方面有三个特征:(1)批判脱离实际的抽象理论,注重联系实际情况;(2)强调同情、教养和关怀的重要性;(3)反对以自我为中心的道德标准,认为应对周围环境做出适当的回应。"移情"是女性关怀伦理理论的核心内容,Slote(2007)认为移情是在帮助他人脱离困境时的一种感情反应,例如关怀、同情和仁慈。Boulouta(2013)研究发现董事会中女性董事越多,企业消极的社会责任(如环境污染、产品质量缺陷等)就越少。Davidson 和 Freudenburg (1996)以及 Bord 和 O'Connor(1997)研究发现女性比男性更关注健康和环境风险。Mainieri 等(1997)研究发现女性消费者在环境友好态度和行为方面表现更加突出。Fukukawa 等(2007)的调查问卷研究发现,女性的 MBA 学生对环境责任政策和规章制度更加支持。

其次,社会角色理论(social role theory)提出,社会劳动分工以性别为基础。在传统社会中女性的主要功能是照顾家庭和养育子女,这些角色扮演或分工使得女性在进入企业、参与决策时,更多关注企业社会责任的承担和各个方面利益相关者的诉求;而男性则更多地关注企业的利润、投资回报等经济绩效方面(Ibrahim,Angelidis,1994)。环境责任作为社会责任的一个重要方面,更加为女性高管所关注和重视。在参与公司环境治理方面的决策时,女性高管因其特有的母性特征和友善敏感的特质,会要求企业遵守相应的环境保护规章制度,生产绿色产品,在生产运营过程中尽可能地降低耗能、减少污染,还有可能进一步督促企业上下游供应商和顾客也同时承担更多的环境责任。

最后,女性高管和男性高管在领导风格上有很大差异(Kushell,Newton, 1986)。一般来说,女性高管是参与性、民主性的领导风格,同时更加注重自己的声誉;而男性领导多是专制的、独裁的领导风格。女性更加倾向于风险规避,决策更加谨慎,更少参与违法违规的行为(Hudgens,Fatkin,1985;Levin et al.,1988)。当前的环境生态问题已经发展到刻不容缓的地步,中央和地方各级政府已经相继出台了多项环境保护的相关法律法规,并加强相关的执法力度。例如 2007 年国家环保总局、中国人民银行和中国证监会联合发布《关于落实环保政策法规防范信贷风险的意见》,指出应该以"绿色信贷"为手段,一方面遏制高耗能高污染产业的盲目扩张,另一方面支持和鼓励环保节能项目和企业的发展。综上所述,由于女性的伦理价值观和风险规避态度,女性董事应当能够提高企业的环境绩效。

三、公司环境绩效的经济后果:可能的研究问题例举

公司环境绩效评价体系建立之后,需要思考的问题是:不同的环境绩效具有什么不一样的经济后果?当前的文献主要集中在讨论公司环境绩效与企业财务绩效(价值)、资本成本的关系研究上,较少分析公司环境绩效其他方面的经济后果。为此,系统地分析公司环境绩效对分析师预测、债务期限结构、公司漂绿行为等问题的影响十分必要。

（一）公司环境信息披露（环境绩效）与分析师预测

根据前期文献，企业的环境行为会直接或间接地对企业风险、资本成本和财务绩效等产生影响（Stefan，Paul，2008；Muhammad et al.，2015），而市场投资者主要通过对企业披露的环境信息的解读来对企业的环境行为进行判断。但值得注意的是，环境信息是一种"软信息"，难以像传统的财务指标一样被客观核实，而且往往具有前瞻性，所以投资者在解读这类信息时会不可避免地遇到问题，进而导致企业价值和投资者心理价值的差距增加。而分析师作为资本市场重要的信息媒介，往往能够利用自身专业知识与搜集加工的相对优势对这些信息进行相对公允的评价，进而指导投资者投资方向，提高市场定价效率，降低证券市场的价格偏离。因此，企业的环境信息披露将对分析师预测产生影响。

分析师研究报告的质量除了跟自身的分析能力有关外，主要取决于分析师从外界获取的关于上市公司的信息质量。这些信息可以分为公有信息和私有信息：公有信息即上市公司通过定期报告、临时公告等形式发布出来的关于公司经营发展的信息，这些信息只要分析师认为其有价值，便可以以极低的成本获取；私有信息通常指某些券商的分析师利用私人关系或者地理位置优势得到的公司并未对外公布的信息。这两种信息共同作用，共同影响分析师的盈余预测结果。由于企业披露环境信息主要通过年报、社会责任报告等公开途径，因此在私有信息保持不变的情况下，公司环境信息披露的增加将导致市场中所有分析师的公有信息同步增加，必然导致此时各个分析师盈余预测的准确性比没有参考环境信息时的准确性有所提高。

分析师盈余预测时通常需要持有一定水平的信息含量，上市公司披露的环境信息越充分，各个分析师能获得的公有信息越多，就会导致分析师获取私有信息的动力降低，因为私有信息的获取是需要成本的，如果公有信息的信息含量已经足够使分析师作出比较准确的盈余预测的话，其就没有必要再去追逐过多的私有信息。环境信息披露增加的最终结果将导致各个分析师的信息水平趋于一致，即分析师盈余预测的一致性将提高。

（二）IPO 环境绩效"变脸"

"绿色证券"制度是我国出台的一项重大环境金融政策，其主要用于规范企业首次上市融资以及上市后的再融资活动中的环境行为，是政府运用市场手段进行环境管制的重要举措。2008 年，中国证券监督管理委员会发布了《关于重污染行业生产经营公司 IPO 申请申报文件的通知》，提出"从事火力发电、钢铁、水泥、电解铝行业和跨省从事环发〔2003〕101 号文件所列的其他重污染行业生产经营活动的企业申请首次公开发行股票的，申请文件中应当提供国家环保总局的核查意见，未取得相关意见的，不受理申请"。随后，原国家环保总局又联合证监会等相关部门发布了《关于加强上市公司环境保护监督管理工作的指导意见》。这两项规范性文件的推出标志着"绿色证券"制度在中国的正式建立。"绿色证券"制度旨在构建一个以上市公司环保核查制度、环境绩效评估制度以及上市公司环境信息披露制度为主要内容的绿色证券市场，以兼顾金融市场的发展和环境保护。

以环保核查制度为例,2003 年原国家环保总局发布《关于对申请上市的企业和申请再融资的上市企业进行环保核查的规定》,要求对于从事重污染行业的企业申请首次上市和上市后申请再融资,以及将要投入到重污染行业的企业必须实行严格的环保核查制度。涉及的行业主要包括环发〔2003〕101 号文件中列示的从事火力发电、水泥、钢铁、电解行业的企业以及跨省从事冶金、石化、化工、煤炭、火电、发酵、制药、建材、造纸、酿造、纺织、制革、采矿的 13 类行业。环保核查的内容主要包括:环境影响评价与"三同时"制度;污染物的排放、总量控制、工业固体废物的处置和危险废物以及重金属污染防治情况;企业环保设施的运行情况、是否使用了违禁物质、是否发生过环境污染事故以及企业的环境管理状况、清洁生产和环境信息披露情况;是否完成了上一次环保核查所承诺任务。

环保核查制度对环保核查的范围、内容、程序、时段、分级核查等做出了相关的规定,进而对从源头上遏制重污染行业的环境污染和无序扩张起到了一定的预防作用。但由于这些规定多为原则性、综合性的指导目录,缺乏具体可依的细则和评价标准,导致环保核查制度受到主观因素的影响较大,实施效果大打折扣。而且,由于上市公司的融资行为涉及多方主体的利益,尤其是会直接影响地方政府的税收和财政,拥有环保核查权力的部门面临来自多方利益主体的压力,因而不得不进行权衡甚至妥协。再加上对高污染行业的已上市公司的惩罚制度仅停留在督察、敦促整改或少量罚款等措施,威慑力不足,所以资本市场中某些企业会为了获取金融市场融资的准入资格而暂时迎合政府的环保审查,在通过之后环境绩效又迅速"变脸"的行为时有发生,甚至出现个别环保不达标的企业也能通过环保核查的极端现象,这显然违背了环保审核制度设立的初衷。以紫金矿业集团股份有限公司为例,2008年 2 月由于比较突出的环保问题,紫金矿业成为首批"绿色证券"政策中 10 家未能通过或暂缓通过环保核查的企业之一,但仅仅经过两个月的整改便成功上市 A 股。而且经过核查后其环境表现依然很差:2009 年其下属的张家口东坪旧矿尾矿库回水系统发生泄漏事件;2010 年 5 月,其成为环保部公布的《通报批评公司及其未按期完成整改的环保问题》中 11家被通报的上市公司之一,旗下多达 7 家企业未能按期完成整改环保问题,同年 7 月更是发生"7·3"重大污水渗漏事故,造成福建汀江流域的严重污染。紫金矿业在事故发生之后,不仅未正常公告且停牌,而且在瞒报 9 天之后才公之于众。中国环保核查制度的施行情况令人担忧。

上市公司 IPO 环境绩效"变脸"的行为属于典型的漂绿范畴。漂绿往往意味着公司宣称对环境保护付出的同时又进行环境污染或破坏(Delmas,Burbano,2011),是用于误导投资者、政府等利益相关者的重要操控手段(Du,2015)。这种"变脸"行为的相关信息一旦被投资者通过政府、分析师、媒体或其他途径所获取,将对上市公司的声誉造成非常严重的影响。根据"逆火效应"(backfire effects)理论,上市公司可能在相当长的时间内被贴上漂绿的标签,且这种标签难以被改变。因此,我们预测市场将对 IPO 环境绩效"变脸"的企业有负向反应。

(三)公司环境绩效与债务期限结构

绿色信贷制度是中国政府将环保调控手段通过债券市场来实现的一项重要的环保监管

政策。2007年7月12日,国家环保总局、中国人民银行、中国银监会三部门联合提出《关于落实环保政策法规防范信贷风险的意见》(以下简称《意见》),该《意见》的提出标志着绿色信贷的全面实施。《意见》规定,各商业银行要对不符合产业政策和环境违法的企业和新建项目进行严格的信贷控制,将企业环保守法情况作为审批贷款的必备条件之一。政策发布后,多个省、市的环保部门与所在地的金融监管机构,又进一步联合出台了有关绿色信贷的实施方案和具体细则。国内金融系统中,中国工商银行更是率先制定了系统的绿色信贷政策,还确定了严格的环保准入标准,推行"环保一票否决制"。强有力的绿色信贷制度,有效地限制了高耗能、高污染行业的无序发展和盲目扩张,进而实现国家对产业结构的宏观调控。

　　目前国内学者们对绿色信贷制度的研究多集中在以案例的形式分析其实践的情况或在理论上分析该制度的缺陷和不足,比如绿色信贷政策多偏重于限制性和约束性条款,而鼓励性、补贴性的优惠绿色信贷政策非常缺乏,很多规定仍停留在条文上,银行对环境承诺及放贷业务相关信息的公开仍缺乏透明度等;而很少以实证的方法从微观企业的角度基于债务融资讨论政府环境金融监管的经济后果。本书建议选择债务期限结构,讨论其与公司环境绩效的关系,显然,国内银行业积极实践绿色信贷为该问题的研究提供了制度上的支持。

　　首先,公司环境治理是一种长期目标导向的投资行为而非短期逐利行为,其实施成本高、自由度低,因此环境绩效良好的企业更重视基本的社会伦理规范,管理层的表现更诚实、可信,环境信息披露更加透明、更具有解释力,进而有助于降低企业的机会主义行为和信息不对称的程度(Garriga,Melé,2004)。其次,根据制度利益相关者理论,好的环境绩效能迎合不同的利益相关者(如投资者、政府监管部门、消费者、员工和社会公众等)的需求,能为企业带来好的声誉、提高企业的合法性,降低预期外的环境事件如重大环境事故、法律诉讼以及环境管制发生的可能性,在一定程度上有财物保护或类似保险的功能,从而降低企业的经营风险。再者,好的环境绩效或环境风险管理往往代表企业具有良好的组织和管理能力、高效率的资源利用能力和运营效率。特别是企业通过环境技术创新或环境流程变革降低材料、能源等成本,可以增加宏观环境变化时(尤其是在经济低迷期)的企业弹性,进而使企业保持竞争优势。基于上述分析,债权人将鼓励企业创造更好的环境绩效,其也更愿意为企业提供长期贷款业务,进而保证绿色信贷的有效执行。

四、未来可能的研究方向

(一) 公司环境绩效的合理度量

　　随着中国面临日益严峻的环境压力,公司环境信息披露的重要性日益凸显,且已经成为企业加强外部监管、提升环境治理水平、履行环境责任的重要手段之一。但是,目前与环境相关的法律法规仅从原则上对公司的信息披露进行了规范,但在具体内容、可实现的保障机制和有效的执行能力方面相对欠缺,从而导致公司的环境信息披露往往具有自利性,表现为自愿性环境信息披露的水平普遍偏低、参差不齐,披露的内容不规范、形式不统一、缺乏客观性,披露内容的实用价值和参考性也有待提高。为此,建立一套系统、透明、具有可比性的公司环境绩效评价体系迫在眉睫。

因此,可以参考全球报告倡议组织(GRI)的《可持续发展报告指南》,采用内容分析法就环境信息中涉及的公司治理与管理系统、可信度、环境绩效指标、环保支出、远景及战略声明、环保概况、环保倡议等 7 大类项目及 45 个子项目进行评分,构建全面的公司环境信息披露体系。

第一,应该进一步确立基于财务报表和(或)社会责任报告的环境信息披露与公司环境绩效之间的关系。虽然现有文献以公司环境信息披露为基础,使用内容分析法构建公司环境绩效评价体系并取得公司环境绩效的相关数据,但是值得指出的是,公司环境信息披露的确存在着"自选择"问题——若公司较好地履行环境责任,则信息披露较为透明和完整,而履行环境责任较差的公司,环境信息披露往往较为不透明。为此,唯有很好地解决了公司环境信息披露领域的"自选择"问题,公司环境信息披露作为公司环境绩效的替代变量,或者以公司环境信息披露为基础度量公司环境绩效,才更可具信服性。

第二,基于财务报表和(或)社会责任报告的环境信息披露、通过数据挖掘获取的公司环境绩效数据虽然具有客观性,但是毕竟属于二手数据。值得注意的是,管理的重心在经营,经营的重心在决策。公司 CEO、董事与高管的个人经历、对待环境的态度乃至个人哲学理念等,都在很大程度上影响着公司决策,包括环境领域的公司决策、信息披露等。为此,应该辅之以关于 CEO、董事与高管环保意识的问卷调查数据,这样才能更好地捕捉和理解不同公司间的环境绩效差异。

(二)"政府、企业与公众'三元共治'"的环境信息披露与治理体系:一个框架

公司环境绩效研究的前期文献多从一个侧面去研究。但是实际上,环境问题从不是单维的,而是多维的,不是局部的,而是全局的。建议未来的研究从"三元共治"的视角出发,综合讨论政府、企业与公众在环境信息披露与环境治理体系中所发挥的重要作用。这意味着未来关于公司环境绩效的研究框架将超越以往相对单一和零散的局部分析,更全面系统地分析并构建"政府、企业与公众'三元共治'"的环境治理体系。从政府监管维度来看,应该坚持政府监管与行业自律相结合的环境治理思路。具体地,环境治理的监管应该侧重于政府日常监管、政府与企业互动回应、政府公开重要污染源的排放数据、环评信息等四个方面,尽快建立科学的政府环境信息披露监管的评价标准。此外,应该从参与和组织环境保护倡议、价值链或供应链的绿色要求、实施环境管理系统、获得关于环境保护的第三方认证与执行行业协会的相关指导方针等五个方面形成行业监管的框架,与政府监管相配合,更高效地进行环境信息披露与环境治理。

关于"政府、企业与公众'三元共治'"的环境信息披露与治理体系,前期研究多以规范性的描述与定性分析为主,即便是实证研究也因为对环境绩效度量的不一致而结论不一。未

来的研究将在构建"环境信息披露与环境治理的政府监管体系"与"公司环境信息披露与环境绩效评价体系"等数据库的基础上,以定量和实证研究为主、定性与规范研究为辅,更深入分析三者在环境治理体系的定位。特别是上述两个相对大型的数据库的建立,为学者分析和评价环境绩效、环境治理效果,以及敦促学者们将实证研究建立在相对可比的基础上,提供了重要的支持。

对公司环境绩效与环境信息披露的研究应关注社会公众压力与媒体关注对公司履行环境责任的影响。媒体的负面报道会使企业声誉受损,产生合法性危机与其他负面影响。在一个信息开放的时代,媒体关注与公众压力已经成为影响、约束企业行为的重要力量。研究媒体关注、公众压力对环境信息披露与环境治理的影响,将在一定程度上为管制机构与企业提供重要的决策依据。应该充分发挥社会公众与媒体监督企业积极进行环境信息披露与环境治理的作用。

未来研究应进一步厘定政府、企业与社会公众(媒体)三个主要环境治理驱动因素的各自角色,即以市场机制促进公司环境绩效的改进与环境信息披露;政府负责监管并辅以必要的行业自律,媒体与社会公众起到补充但不可或缺的治理作用。环境问题已对社会经济发展产生了极为重大的负面影响,一味强调严防死守的策略既不利于经济的发展也不利于社会的进步。为此,需要从多个角度深入思考如何能够调动企业、政府以及公众共同参与到环境治理中,构建科学的"政府、企业与公众'三元共治'"的环境信息披露与环境治理体系,这将对我国的环境治理具有重要的借鉴与参考意义。

(三)"政府、企业与公众'三元共治'"的环境信息披露与治理体系的关键问题

未来围绕"政府、企业、公众'三元共治'的环境信息披露与治理体系"进行的研究,拟解决的关键问题可以概括如下:

1.如何构建基于环境治理与环境信息披露的政府监管评价体系

为了客观地了解各级政府对环境信息公开制度的执行情况,评估环境监管信息是否能够满足公众、企业、政府和其他利益相关者的信息需求和公众参与环境治理实践的需要,统一政府环境信息公开的流程、模式与体系,发现和推广各地在环境监管信息公开方面的优秀执法案例,健全对政府环保作为的监督,有必要搭建一个系统性的评价政府对环境信息披露监管的体系。具体地,可以通过对各级政府披露的环境监管信息、互动回应、公开企业排放数据、环境影响评价信息等四大类指标的定量和定性分析,客观地评价各级政府执行环境信息披露政策情况的数据,进而度量当地政府信息披露的透明度和对环境信息披露的监管力度。

2.政府管制与行业自律对环境信息披露与环境治理的互补作用

虽然关于环境治理的法律法规具有强制性,但为了节约个体之间的组织和协调成本,并不适宜单纯强调政府在环境信息披露与环境治理过程中的作用。实际上,行业自律可以在很大程度上降低环境治理的执行成本,提高政府管制和环境治理的效果,节约社会总体运行成本。因此,如何协调政府管制与行业自律在环境治理中的各自角色,就成为一个重要的问题。

3.社会公众压力与媒体关注对公司环境绩效的影响

伴随着中国经济的快速发展,环境污染与经济发展的矛盾日益凸显。社会公众不断呼吁可持续发展的绿色经济,要求企业担负起治理环境污染、加强环境保护的社会责任。公众对环境问题的关注与媒体关注相互促进,给公司的环境污染行为带来了极大的压力,往往可以在一定程度上促进公司改进环境绩效,近年发生的典型环境保护事件即是佐证。因此研究公众压力、媒体关注如何影响公司环境绩效成为一个现实和重要的问题。

(四)碳排放、碳达峰与碳中和

对公司环境绩效的度量有一个综合评价体系,包括"公司治理与管理系统"、"可信度"、"环境业绩指标"、"有关环保的支出"、"远景及战略声明"、"环境概况"和"环保倡议"等7个重要组成部分以及45个子项,其中包括了碳排放相关的内容。为此,未来的研究可以进一步关注:(1)使用国际比较数据,分析影响碳排放、碳达峰和碳中和的因素;(2)具体到中国情境,公司层面上如何对我国的碳排放、碳达峰和碳中和做出贡献。

(五)文化因素如何影响环境绩效

Koford 和 Miller(1991)指出,社会规范(Social Norms)存在于所有社会经济系统之中,比如家庭、市场和科层组织,并且影响着人们的决策行为。Du(2015)与Du 等(2014)的研究则进一步指出传统文化促进社会规范的形成,从而影响个人的行为方式。为此,儒家文化作为占据非正式制度的核心地位的传统文化,囊括了中华民族与华人社会共有的价值观念、伦理规范、道德意识等,能够对人们的思想和行为起到广泛的隐性约束作用(孔泾源,1992)。因此未来研究可以探讨儒家文化如何影响环境绩效。

参考文献

[1]杜兴强,冯文滔.女性高管,制度环境与慈善捐赠——基于中国资本市场的经验证据[J].经济管理,2012(11):53-63.

[2]孔泾源.中国经济生活中的非正式制度安排[J].经济研究,1992(7):70-80.

[3]李培功,沈艺峰.社会规范,资本市场与环境治理:基于机构投资者视角的经验证据[J].世界经济,2011(6):126-146.

[4]ADAMS R B, FERREIRA D. Women in the boardroom and their impact on governance and performance[J]. Journal of financial economics, 2009, 94(2): 291-309.

[5]BERNARDI R A, BOSCO S M, COLUMB V L. Does female representation on boards of directors associate with the "most ethical companies" list? [J]. Corporate reputation review, 2009, 12(3): 270-280.

[6]BETZ M, O'CONNELL L, SHEPARD J M. Gender differences in proclivity for unethical behavior [J]. Journal of business ethics, 1989, 8(5): 321-324.

[7]BORD R J, O'CONNOR R E. The gender gap in environmental attitudes: the case of perceived vulnerability to risk[J]. Social science quarterly, 1997, 78(4): 830-840.

[8]BOULOUTA I. Hidden connections: the link between board gender diversity and corporate social performance[J]. Journal of business ethics, 2013, 113(2): 185-197.

[9]CAMPBELL J T, EDEN L, MILLER S R. Multinationals and corporate social responsibility in host countries: does distance matter? [J]. Journal of international business studies, 2012, 43(1): 84-106.

[10]CAMPBELL K, MÍNGUEZ-VERA A. Gender diversity in the boardroom and firm financial performance[J]. Journal of business ethics, 2008, 83(3): 435-451.

[11]CARVER J. On board leadership[M]. New York: Jossey-Bass, John Wiley, 2000.

[12]CLARKSON P M,LI Y,RICHARDSON G D,et al.Revisiting the relation between environmental performance and environmental disclosure:an empirical analysis[J].Accounting,organization and society, 2008,33(4-5):303-327.

[13]CORMIER D, MAGNAN M. Corporate environmental disclosure strategies: determinants, costs and benefits[J]. Journal of accounting, auditing & finance, 1999, 14(4): 429-451.

[14]DAVIDSON D J, FREUDENBURG W R. Gender and environmental risk concerns: a review and analysis of available research[J]. Environment and behavior, 1996, 28(3): 302-339.

[15]DELMAS M A, BURBANO V C. The drivers of greenwashing[J]. California management review, 2011, 54(1): 64-87.

[16]DEZSÖ C L, ROSS D G. Does female representation in top management improve firm performance? A panel data investigation[J]. Strategic management journal, 2012, 33(9): 1072-1089.

[17]DU X. How the market values greenwashing? evidence from China[J]. Journal of business ethics, 2015, 128(3): 547-574.

[18]DU X, JIAN W, ZENG Q, et al. Corporate environmental responsibility in polluting industries: does religion matter? [J]. Journal of business ethics, 2014, 124(3): 485-507.

[19]FRIEDMAN M. Consumer boycotts: a conceptual framework and research agenda[J]. Journal of social issues, 1991, 47(1): 149-168.

[20]FUKUKAWA K, BALMER J M T, GRAY E R. Mapping the interface between corporate identity, ethics and corporate social responsibility[J]. Journal of business ethics, 2007, 76(1): 1-5.

[21]GARRIGA E, MELÉ D. Corporate social responsibility theories: mapping the territory[J]. Journal of business ethics, 2004, 53(1): 51-71.

[22]GRIMSHAW J. Feminist philosophers: women's perspectives on philosophical traditions[M]. Brighton: Wheatsheaf Books, 1986.

[23]HABBASH M. The effectiveness of corporate governance and external audit on constraining earnings management practice in the UK[D]. Durham: Durham University, 2010.

[24]HART O. Corporate governance: some theory and implications[J]. The economic journal, 1995, 105(430): 678-689.

[25]HEINKEL R, KRAUS A, ZECHNER J. The effect of green investment on corporate behavior [J]. Journal of financial and quantitative analysis, 2001, 36(4): 431-449.

[26]HONG H, KACPERCZYK M. The price of sin: the effects of social norms on markets[J]. Journal of financial economics, 2009, 93(1): 15-36.

[27]HUANG J, KISGEN D J. Gender and corporate finance: are male executives overconfident

relative to female executives? [J]. Journal of financial economics, 2013, 108(3): 822-839.

[28]HUDGENS G A, FATKIN L T. Sex differences in risk taking: repeated sessions on a computer-simulated task[J]. The journal of psychology, 1985, 119(3): 197-206.

[29]IBRAHIM N A, ANGELIDIS J P. Effect of board members gender on corporate social responsiveness orientation[J]. Journal of applied business research, 1994, 10(1): 35-43.

[30]JIA M, ZHANG Z. Agency costs and corporate philanthropic disaster response: the moderating role of women on two-tier boards-evidence from People's Republic of China[J]. The international journal of human resource management, 2011, 22(9): 2011-2031.

[31]KOFORD K J, MILLER J B. Habit, custom, and norms in economics[J]. Social norms and economic institutions, 1991: 21-38.

[32]KOSTOVA T, ZAHEER S. Organizational legitimacy under conditions of complexity: the case of the multinational enterprise[J]. Academy of management review, 1999, 24(1): 64-81.

[33]KUSHELL E, NEWTON R. Gender, leadership style, and subordinate satisfaction: an experiment[J]. Sex roles, 1986, 14(3): 203-209.

[34]LEVIN I P, SNYDER M A, CHAPMAN D P. The interaction of experiential and situational factors and gender in a simulated risky decision-making task[J]. The journal of psychology, 1988, 122(2): 173-181.

[35]MAINIERI T, BARNETT E G, VALDERO T R, et al. Green buying: the influence of environmental concern on consumer behavior[J]. The journal of social psychology, 1997, 137(2): 189-204.

[36]MATTIS M C. Women corporate directors in the United States[M]// Women on corporate boards of directors. Dordrecht: Springer, 2000.

[37]MERTON R C. A simple model of capital market equilibrium with incomplete information[J]. The journal of finance, 1987, 42(3): 483-510.

[38]MEZIAS J M. How to identify liabilities of foreignness and assess their effects on multinational corporations[J]. Journal of international management, 2002, 8(3): 265-282.

[39]MUHAMMAD N, SCRIMGEOUR F, REDDY K, et al. The impact of corporate environmental performance on market risk: the Australian industry case[J]. Journal of business ethics, 2015, 132(2): 347-362.

[40]NACHUM L. Liability of foreignness in global competition? Financial service affiliates in the city of London[J]. Strategic management journal, 2003, 24(12): 1187-1208.

[41]POST C, RAHMAN N, RUBOW E. Green governance: boards of directors' composition and environmental corporate social responsibility[J]. Business & society, 2011, 50(1): 189-223.

[42]RAHMAN N, POST C. Measurement issues in environmental corporate social responsibility (ECSR): toward a transparent, reliable, and construct valid instrument[J]. Journal of business ethics, 2012, 105(3): 307-319.

[43] RUSSO M V, FOUTS P A. A resource-based perspective on corporate environmental performance and profitability[J]. Academy of management journal, 1997, 40(3): 534-559.

[44]STEFAN A, PAUL L. Does it pay to be green? A systematic overview[J]. Academy of management perspectives, 2008, 22(4): 45-62.

[45]STEWART T，RUCKDESCHEL C. Intellectual capital：the new wealth of organizations[J]. Performance improvement，1998，37(7)：56-59.

[46]SLOTE M. The ethics of care and empathy[M]. New York：Routledge，2007.

[47]TURBAN D B，GREENING D W. Corporate social performance and organizational attractiveness to prospective employees[J]. Academy of management journal，1997，40(3)：658-672.

[48]WAHN J. Sex differences in competitive and compliant unethical work behavior[J]. Journal of business and psychology，2003，18(1)：121-128.

[49]WILLIAMS R J. Women on corporate boards of directors and their influence on corporate philanthropy[J]. Journal of business ethics，2003，42(1)：1-10.

[50]XIANG R，LI Q，LI Y. Efficiency of the board and quality of information disclosure：based on the perspective of ultimate ownership structure[C]//Proceedings of the seventh international conference on management science and engineering management. Berlin：Springer，2014：389-403.

[51]ZAHRA S A，PRIEM R L，RASHEED A A. The antecedents and consequences of top management fraud[J]. Journal of management，2005，31(6)：803-828.